普通高等教育机械类国家级特色专业系列规划教材

机械工程计算方法

主　编　韩清凯　王奉涛
副主编　滕儒民　史彦军　翟敬宇

科学出版社
北　京

内 容 简 介

本书面向机械工程计算和分析需求，首先从理论、方法到实例分析，由浅入深较全面地介绍现代工程数学计算方法、结构力学分析的有限元法、机械结构系统多体动力学、机械振动分析等，形成机械工程计算与分析的主要理论技术体系；然后介绍 MATLAB、ANSYS、ADAMS、Isight 等几种常用工程软件，并给出详细的算例；最后介绍起重机、旋转机械等典型结构系统的机械工程计算分析应用案例，为读者运用现代计算与分析方法解决机械工程领域的实际问题奠定了基础。

本书可供高等院校机械工程专业的本科生及研究生使用，也可供机械工程及相关领域的工程技术人员和科研人员参考。

图书在版编目(CIP)数据

机械工程计算方法 / 韩清凯，王奉涛主编. —北京：科学出版社，2018.9

普通高等教育机械类国家级特色专业系列规划教材

ISBN 978-7-03-058864-7

Ⅰ. ①机… Ⅱ. ①韩… ②王… Ⅲ. ①机械计算-高等学校-教材 Ⅳ. ①TH123

中国版本图书馆 CIP 数据核字(2018)第 212817 号

责任编辑：任 俊 / 责任校对：郭瑞芝

责任印制：张 伟 / 封面设计：迷底书装

科学出版社 出版

北京东黄城根北街 16 号

邮政编码：100717

http://www.sciencep.com

涿州市般润文化传播有限公司 印刷

科学出版社发行 各地新华书店经销

*

2018 年 9 月第 一 版 开本：787×1092 1/16

2022 年 1 月第五次印刷 印张：25 1/2

字数：651 000

定价：79.00 元

(如有印装质量问题，我社负责调换)

前　言

2017 年 6 月，教育部在北京召开新工科研究与实践专家组成立暨第一次工作会议，全面启动、系统部署新工科建设，号召全国高校要持续深化工程教育改革，强化工程人才的创新能力培养。掌握机械工程计算方法是机械专业本科生解决复杂工程问题的重要手段。在此背景下，作者结合多年教学和工程实践的经验编写了本书。在本书的编写过程中，力求做到文字简明、内容简练、知识覆盖面广、理论与实践相结合，深入浅出地介绍机械工程领域涉及的计算理论和仿真分析方法，贴近教学实践要求，确保学生在完成当前在校学习任务的前提下，为以后的发展奠定必要的理论和实践基础。

全书分为三部分，共 12 章。第一部分(第 1～7 章)为基础理论与方法，主要介绍工程数学计算及其基于 MATLAB 矩阵运算的数值分析、微积分计算和主要优化算法，以及机械工程分析与计算中重要的弹性力学理论、多体动力学理论和机械振动基础理论；第二部分(第 8～10 章)为常用机械工程计算与分析软件介绍，包括有限元分析软件 ANSYS、机械动力学仿真软件 ADAMS、机械工程计算与分析的集成优化平台软件 Isight，对应地给出多个软件使用的工程算例；第三部分(第 11～12 章)为典型机械工程计算与分析案例，包括起重机结构静力分析与校核的有限元分析案例(基于 ANSYS 软件)、旋转机械典型结构和系统的动力学与振动计算分析案例(包含理论分析以及基于MATLAB、ANSYS和ADAMS等软件的对比计算与分析)。

本书由大连理工大学机械工程学院机械设计与电子教学科研团队编著，韩清凯和王奉涛任本书主编，滕儒民、史彦军、翟敬宇任副主编。第 1~3 章和第 9 章由王奉涛编写，第 4~6 章由韩清凯编写，第 8 章和第 11 章由滕儒民编写，第 10 章由史彦军编写，第 7 章和第 12 章由翟敬宇编写。参加本书编写和整理工作的还有张昊、马平平、刘晓飞、薛宇航、沈少石、邓刚、王洪涛、马琳杰、魏高山等。

由于作者水平有限，书中难免存在疏漏之处，恳请广大读者提出宝贵意见。

作　者

2018 年 7 月

目　录

第 1 章　常用计算方法

工程中需要多种计算方法，基本的算法有矩阵运算，函数插值与拟合，数值微分和积分、优化等，本章主要介绍前两项。

1.1　矩阵及其运算

1.1.1　矩阵的定义

由 $m \times n$ 个数 x_{ij} $(i=1,2,\cdots,m;\ j=1,2,\cdots,n)$ 排成的 m 行 n 列的数表称为 m 行 n 列矩阵，简称 $m \times n$ 矩阵。为表示它是一个整体，总是加上一个括号并用大写黑体字母表示它，记作

$$\boldsymbol{A}=\begin{bmatrix} a_{11} & a_{12} & \cdots & a_{1n} \\ a_{21} & a_{22} & \cdots & a_{2n} \\ \vdots & \vdots & & \vdots \\ a_{m1} & a_{m2} & \cdots & a_{mn} \end{bmatrix} \tag{1-1}$$

1) 矩阵的加减法

定义两个 $m \times n$ 矩阵 $\boldsymbol{A}=(a_{ij})$ 和 $\boldsymbol{B}=(b_{ij})$，那么矩阵 $\boldsymbol{A}$ 和 $\boldsymbol{B}$ 的和记作 $\boldsymbol{A}+\boldsymbol{B}$，规定为

$$\boldsymbol{A}+\boldsymbol{B}=\begin{bmatrix} a_{11}+b_{11} & a_{12}+b_{12} & \cdots & a_{1n}+b_{1n} \\ a_{21}+b_{21} & a_{22}+b_{22} & \cdots & a_{2n}+b_{2n} \\ \vdots & \vdots & & \vdots \\ a_{m1}+b_{m1} & a_{m2}+b_{m2} & \cdots & a_{mn}+b_{mn} \end{bmatrix} \tag{1-2}$$

只有当两个矩阵是同型的矩阵时才能进行加法运算。矩阵的加法满足下列运算规律($\boldsymbol{A}$、$\boldsymbol{B}$、$\boldsymbol{C}$ 均为 $m \times n$ 矩阵)：

(1) $\boldsymbol{A}+\boldsymbol{B}=\boldsymbol{B}+\boldsymbol{A}$；

(2) $(\boldsymbol{A}+\boldsymbol{B})+\boldsymbol{C}=\boldsymbol{A}+(\boldsymbol{B}+\boldsymbol{C})$。

矩阵的减法规定为

$$\boldsymbol{A}-\boldsymbol{B}=\boldsymbol{A}+(-\boldsymbol{B}) \tag{1-3}$$

2) 数与矩阵相乘

数 λ 与矩阵 $\boldsymbol{A}$ 的乘积记作 $\lambda\boldsymbol{A}$，规定为

$$\lambda\boldsymbol{A}=\begin{bmatrix} \lambda a_{11} & \lambda a_{12} & \cdots & \lambda a_{1n} \\ \lambda a_{21} & \lambda a_{22} & \cdots & \lambda a_{2n} \\ \vdots & \vdots & & \vdots \\ \lambda a_{m1} & \lambda a_{m2} & \cdots & \lambda a_{mn} \end{bmatrix} \tag{1-4}$$

数乘矩阵满足下列运算规律（$\boldsymbol{A}$、$\boldsymbol{B}$ 均为 $m \times n$ 矩阵，λ、μ 为数）：

(1) $(\lambda\mu)\boldsymbol{A}=\lambda(\mu\boldsymbol{A})$；

(2) $(\lambda+\mu)\boldsymbol{A}=\lambda\boldsymbol{A}+\mu\boldsymbol{A}$；

(3) $\lambda(\boldsymbol{A}+\boldsymbol{B})=\lambda\boldsymbol{A}+\lambda\boldsymbol{B}$。

3) 矩阵与矩阵相乘

设矩阵 $\boldsymbol{A}=(a_{ij})$ 为 $m \times s$ 矩阵，$\boldsymbol{B}=(b_{ij})$ 为 $s \times n$ 矩阵，规定矩阵 $\boldsymbol{A}$ 与矩阵 $\boldsymbol{B}$ 的乘积 $\boldsymbol{C}$ 是一个 $m \times n$ 矩阵，记作

$$
\begin{aligned}
\boldsymbol{C}=\boldsymbol{AB}&=\begin{bmatrix} a_{11} & a_{12} & \cdots & a_{1n} \\ a_{21} & a_{22} & \cdots & a_{2n} \\ \vdots & \vdots & & \vdots \\ a_{n1} & a_{n2} & \cdots & a_{nn} \end{bmatrix}\begin{bmatrix} b_{11} & b_{12} & \cdots & b_{1n} \\ b_{21} & b_{22} & \cdots & b_{2n} \\ \vdots & \vdots & & \vdots \\ b_{n1} & b_{n2} & \cdots & b_{nn} \end{bmatrix} \\
&=\begin{bmatrix} a_{11}b_{11}+\cdots+a_{1s}b_{s1} & \cdots & a_{11}b_{1n}+\cdots+a_{1s}b_{sn} \\ \vdots & & \vdots \\ a_{m1}b_{11}+\cdots+a_{ms}b_{s1} & \cdots & a_{m1}b_{1n}+\cdots+a_{ms}b_{sn} \end{bmatrix}
\end{aligned}
\tag{1-5}
$$

矩阵乘法满足下列运算规律：

(1) $(\boldsymbol{AB})\boldsymbol{C}=\boldsymbol{A}(\boldsymbol{BC})$；

(2) $\lambda(\boldsymbol{AB})=(\lambda\boldsymbol{A})\boldsymbol{B}=\boldsymbol{A}(\lambda\boldsymbol{B})$；

(3) $\boldsymbol{A}(\boldsymbol{B}+\boldsymbol{C})=\boldsymbol{AB}+\boldsymbol{AC}$；

(4) $(\boldsymbol{B}+\boldsymbol{C})\boldsymbol{A}=\boldsymbol{BA}+\boldsymbol{CA}$。

对于两个 n 阶方阵 $\boldsymbol{A}$、$\boldsymbol{B}$，若 $\boldsymbol{AB}=\boldsymbol{BA}$，则称方阵 $\boldsymbol{A}$ 与 $\boldsymbol{B}$ 是可交换的。

4) 矩阵的转置

把 $m \times n$ 矩阵 $\boldsymbol{A}=(a_{ij})$ 的行换成同序数的列得到一个新矩阵，称为 $\boldsymbol{A}$ 的转置矩阵，记作 $\boldsymbol{A}^{\mathrm{T}}$，表示为

$$
\boldsymbol{A}^{\mathrm{T}}=\begin{bmatrix} a_{11} & a_{12} & \cdots & a_{1n} \\ a_{21} & a_{22} & \cdots & a_{2n} \\ \vdots & \vdots & & \vdots \\ a_{m1} & a_{m2} & \cdots & a_{mn} \end{bmatrix}
\tag{1-6}
$$

矩阵转置满足下列运算规律：

(1) $(\boldsymbol{A}^{\mathrm{T}})^{\mathrm{T}}=\boldsymbol{A}$；

(2) $(\boldsymbol{A}+\boldsymbol{B})^{\mathrm{T}}=\boldsymbol{A}^{\mathrm{T}}+\boldsymbol{B}^{\mathrm{T}}$；

(3) $(\lambda\boldsymbol{A})^{\mathrm{T}}=\lambda\boldsymbol{A}^{\mathrm{T}}$；

(4) $(\boldsymbol{AB})^{\mathrm{T}}=\boldsymbol{B}^{\mathrm{T}}\boldsymbol{A}^{\mathrm{T}}$。

若 $\boldsymbol{A}$ 为 n 阶方阵（$n \times n$ 矩阵），且满足 $\boldsymbol{A}^{\mathrm{T}}=\boldsymbol{A}$，则 $\boldsymbol{A}$ 称为对称矩阵，它的元素以对角线为对称轴对应相等。

5) 方阵的行列式

由 n 阶方阵 $\boldsymbol{A}$ 的元素构成的行列式（各元素位置不变）称为方阵 $\boldsymbol{A}$ 的行列式，记作$|\boldsymbol{A}|$或 $\det\boldsymbol{A}$，表示数表 $\boldsymbol{A}$ 按一定运算法则确定的一个数，表示为

$$|\boldsymbol{A}|=\begin{vmatrix} a_{11} & a_{12} & \cdots & a_{1n} \\ a_{21} & a_{22} & \cdots & a_{2n} \\ \vdots & \vdots & & \vdots \\ a_{n1} & a_{n2} & \cdots & a_{nn} \end{vmatrix}=\sum(-1)^{\tau(i_1 i_2 \cdots i_n)} a_{1i_1} a_{1i_2} \cdots a_{1i_n} \tag{1-7}$$

式中，$\tau(i_1 i_2 \cdots i_n)$ 为排列 $i_1 i_2 \cdots i_n$ 的逆序数。

方阵的行列式满足下列运算规律：

(1) $|\boldsymbol{A}^{\mathrm{T}}|=|\boldsymbol{A}|$；

(2) $|\lambda\boldsymbol{A}|=\lambda^n|\boldsymbol{A}|$；

(3) $|\boldsymbol{AB}|=|\boldsymbol{A}||\boldsymbol{B}|$。

6) 行列式的代数余子式与伴随矩阵

在一个 n 阶行列式 $|\boldsymbol{A}|$ 中，把元素 a_{ij} 所在的行与列划去后，剩下的 $(n-1)^2$ 个元素按照原来的次序组成的一个 $n-1$ 阶行列式 M_{ij}，称为元素 a_{ij} 的余子式，M_{ij} 带上符号 $(-1)^{i+j}$ 称为 a_{ij} 的代数余子式，记作

$$A_{ij}=(-1)^{i+j}M_{ij} \tag{1-8}$$

行列式 $|\boldsymbol{A}|$ 的各个元素的代数余子式按顺序排列构成的矩阵 $\boldsymbol{A}^*$ 称为矩阵 $\boldsymbol{A}$ 的伴随矩阵，表示为

$$\boldsymbol{A}^*=\begin{bmatrix} A_{11} & A_{12} & \cdots & A_{1n} \\ A_{21} & A_{22} & \cdots & A_{2n} \\ \vdots & \vdots & & \vdots \\ A_{n1} & A_{n2} & \cdots & A_{nn} \end{bmatrix} \tag{1-9}$$

伴随矩阵满足下列运算规律：

$$\boldsymbol{AA}^*=\boldsymbol{A}^*\boldsymbol{A}=|\boldsymbol{A}|\boldsymbol{E}$$

7) 共轭矩阵

当矩阵 $\boldsymbol{A}=(a_{ij})$ 为复矩阵时，用 $\overline{a}_{ij}$ 表示 a_{ij} 的共轭复数，则 $\overline{\boldsymbol{A}}=(\overline{a}_{ij})$ 称为 $\boldsymbol{A}$ 的共轭矩阵。共轭矩阵满足下列运算规律：

(1) $\overline{\boldsymbol{A}+\boldsymbol{B}}=\overline{\boldsymbol{A}}+\overline{\boldsymbol{B}}$；

(2) $\overline{\lambda\boldsymbol{A}}=\overline{\lambda}\overline{\boldsymbol{A}}$；

(3) $\overline{\boldsymbol{AB}}=\overline{\boldsymbol{A}}\overline{\boldsymbol{B}}$。

8) 逆矩阵

对于 n 阶方阵 $\boldsymbol{A}$，如果存在一个 n 阶方阵 $\boldsymbol{B}$，使得 $\boldsymbol{AB}=\boldsymbol{BA}=\boldsymbol{E}$（$\boldsymbol{E}$ 为与 $\boldsymbol{A}$、$\boldsymbol{B}$ 同维数的单位矩阵），就称 $\boldsymbol{A}$ 为可逆矩阵，并称 $\boldsymbol{B}$ 是 $\boldsymbol{A}$ 的逆矩阵，简称逆阵，记作 $\boldsymbol{A}^{-1}$，且 $\boldsymbol{A}^{-1}$ 可由方阵 $\boldsymbol{A}$ 的行列式与伴随矩阵计算获得，表示为

$$\boldsymbol{A}^{-1}=\frac{1}{|\boldsymbol{A}|}\boldsymbol{A}^* \tag{1-10}$$

若方阵 $\boldsymbol{A}$ 可逆，则 $\boldsymbol{A}$ 的逆阵是唯一的，且方阵 $\boldsymbol{A}$ 可逆的充分必要条件为 $|\boldsymbol{A}|\neq 0$，即可逆矩阵为非奇异矩阵。

1.1.2 数值矩阵的创建

在 MATLAB 中，数值矩阵的基本形式是复数矩阵，可以定义为数值、向量或符号等多种形式的矩阵。

矩阵的输入必须以方括号“[ ]”作为其开始与结束标志，矩阵的行与行之间要用分号“；”或按 Enter 键分开，矩阵的元素之间要用逗号“，”或空格分隔。矩阵的大小可以不必预先定义，且矩阵元素的值可以用表达式表示。

注意，MATLAB 语言的变量名称字符区分大小写，字符 *a* 与 *A* 分别为独立的矩阵变量名。若在 MATLAB 语言命令行的最后加上分号，则命令窗口中不会显示输入命令所得到的结果。

1) 直接赋值法

元素较小的简单矩阵可以在 MATLAB 命令窗口中以命令行的方式直接输入。

【例 1-1】 矩阵的直接赋值。

```
>> A=[2 3 1;5 4 7;4 6 3]
A =
      2     3     1
      5     4     7
      4     6     3
```

2) 冒号表达式

在 MATLAB 中，冒号是一个重要的运算符，利用它可以产生行向量。冒号表达式的一般格式如下：

```
a1:a2:a3
```

其中，a1 为初始值；a2 为步长；a3 为终止值。冒号表达式可产生一个从 a1 开始，至 a3 结束，以步长 a2 自增的行向量。

【例 1-2】 增量赋值法定义矩阵。

```
>> A=[1:3:30]
A =
      1     4     7    10    13    16    19    22    25    28
>> B=[A/2;A*3;A*6]
B =
0.50   2.00   3.50   5.00   6.50   8.00    9.50   11.00  12.50    14.00
3.00  12.00  21.00  30.00  39.00  48.00   57.00   66.00  75.00    84.00
6.00  24.00  42.00  60.00  78.00  96.00  114.00  132.00 150.00   168.00
```

1.1.3 特殊矩阵的创建

MATLAB 中设有直接创建某些特殊矩阵的专用命令，给编程带来很多方便，主要有以下几种。

1) zeros 函数

zeros 函数用于创建全零矩阵。其调用格式如下：

◎ B=zeros(n)：生成 n×n 全 0 矩阵。

◎ B=zeros(m,n)或 B=zeros([m n])：生成 m×n 全 0 矩阵。

◎ B=zeros(m,n,p,…)或 B=zeros([m n p …])：生成 m×n×p×…全 0 矩阵或数组。

◎ B=zeros(size(A))：生成与矩阵 *A* 相同大小的全 0 矩阵。

◎ B=zeros(m,n,…,classname)或 B=zeros([m,n,…],classname)：生成 m×n×…的全 0 矩阵或数组，并指定输出数据类型为一个类名 classname。

2) eye 函数

eye 函数用于创建单位矩阵。其调用格式如下：

◎ Y=eye(n)：生成 n×n 单位矩阵。

◎ Y=eye(m,n)或 Y=eye([m n])：生成 m×n 单位矩阵。

◎ Y=eye(size(A))：生成与矩阵 *A* 相同大小的单位矩阵。

◎ Y=eye(m,n,classname)：生成 m×n 的单位矩阵，并指定输出数据类型为一个类名 classname。

3) ones 函数

ones 函数用于创建全 1 矩阵。其调用格式如下：

◎ Y=ones(n)：生成 n×n 全 1 矩阵。

◎ Y=ones(m,n)或 Y=ones([m n])：生成 m×n 全 1 矩阵。

◎ Y=ones(m,n,p,…)或 Y=ones([m n p …])：生成 m×n×p×…全 1 矩阵或数组。

◎ Y=ones(size(A))：生成与矩阵 *A* 相同大小的全 1 矩阵。

◎ Y=ones(m,n,…,classname)或 Y=ones([m,n,…],classname)：生成 m×n×…的全 1 矩阵或数组，并指定输出数据类型为一个类名 classname。

4) rand 函数

rand 函数用于创建均匀分布随机矩阵。其调用格式如下：

◎ r=rand(n)：生成 n×n 随机矩阵，其元素在(0,1)内。

◎ r=rand(m,n)或 r=rand([m,n])：生成 m×n 随机矩阵。

◎ r=rand(m,n,p,…)或 r=rand([m,n,p …])：生成 m×n×p×…随机矩阵或数组。

◎ r=rand：无变量输入时只产生一个随机数。

◎ r=rand(size(A))：生成与矩阵 *A* 相同大小的随机矩阵。

◎ r=rand(m,n,…,'double')：生成 m×n×…的随机矩阵，并指定输出数据类型为 double(双精度)。

◎ r=rand(m,n,…,'single')：生成 m×n×…的随机矩阵，并指定输出数据类型为 single(单精度)。

5) randn 函数

randn 函数用于创建正态分布随机矩阵。其调用格式如下：

◎ r=randn(n)：生成 n×n 标准正态分布随机矩阵。

◎ r=randn(m,n)或 r=randn([m,n])：生成 m×n 标准正态分布随机矩阵。

◎ r=randn(m,n,p,…)或 r=randn([m,n,p …])：生成 m×n×p×…标准正态分布随机矩阵或数组。

◎ r=randn(size(A))：生成与矩阵 *A* 相同大小的标准正态分布随机矩阵。

◎ r=randn(m,n,…,'double')：生成 m×n×…的标准正态分布随机矩阵，并指定输出数据类型为 double(双精度)。

◎ r=randn(m,n,…,'single')：生成 m×n×…的标准正态分布随机矩阵，并指定输出数据类型为 single(单精度)。

6) randperm 函数

randperm 函数用于创建随机排列。其调用格式如下：

◎ p=randperm(n)：产生整数 1～n 的随机排列。

7) linspace 函数

linspace 函数用于产生线性等分向量。其调用格式如下：

◎ y=linspace(a,b)：在(a,b)上产生 100 个线性等分点。

◎ y=linspace(a,b,n)：在(a,b)上产生 n 个线性等分点。

8) blkdiag 函数

blkdiag 函数用于产生以输入元素为对角线元素的对角矩阵。其调用格式如下：

◎ out=blkdiag(a,b,c,d,…)：产生以 a,b,c,d,…为对角线元素的对角矩阵。

此外，还有 hilb 函数用于创建 Hilbert 矩阵，magic 函数用于创建魔方矩阵，pascal 函数用于创建 Pascal 矩阵，toeplitz 函数用于创建特普利茨矩阵。

【例 1-3】 特殊矩阵创建示例。

```
>> A=zeros(4)                                   %产生 4 阶全 0 矩阵
A =
     0     0     0     0
     0     0     0     0
     0     0     0     0
     0     0     0     0
>> B=eye(4)                                     %产生 4 阶单位矩阵
B =
     1     0     0     0
     0     1     0     0
     0     0     1     0
     0     0     0     1
>> C=ones(4)                                    %产生 4 阶全 1 矩阵
C =
     1     1     1     1
     1     1     1     1
     1     1     1     1
     1     1     1     1
>> D=rand(4)                                    %产生 4 阶均匀分布随机矩阵
D =
    0.8147    0.6324    0.9575    0.9572
    0.9058    0.0975    0.9649    0.4854
    0.1270    0.2785    0.1576    0.8003
    0.9134    0.5469    0.9706    0.1419
>> E=randn(4)                                   %产生 4 阶正态分布随机矩阵
```

```
E =
   -0.1241    0.6715    0.4889    0.2939
    1.4897   -1.2075    1.0347   -0.7873
    1.4090    0.7172    0.7269    0.8884
    1.4172    1.6302   -0.3034   -1.1471
>> F=blkdiag(1,2,3,4)                %产生 1,2,3,4 为对角线元素的对角矩阵
F =
     1     0     0     0
     0     2     0     0
     0     0     3     0
     0     0     0     4
```

1.1.4 矩阵的数据处理

矩阵由多个元素组成，矩阵的元素由下标来标识。

1) 全下标标识

矩阵中的元素可以用全下标来标识，即用矩阵的行下标和列下标来表示矩阵的元素。一个 $m \times n$ 的矩阵 $\boldsymbol{A}$ 的第 i 行、第 j 列的元素表示为 $a(i,j)$。这种全下标标识方法的优点是：几何概念清楚、引述简单。它在 MATLAB 语言的寻访和赋值中最为常用。

如果在提取矩阵的元素时，矩阵元素的下标行或列 (i,j) 大于矩阵的大小 $m \times n$，则 MATLAB 会提示错误；在对矩阵元素赋值时，如果行或列下标数值 (i,j) 超出矩阵的维数 $m \times n$，则 MATLAB 会自动扩充矩阵，扩充部分未赋值的元素以 0 填充。

【例 1-4】 用全下标标识给矩阵元素赋值。

其实现的 MATLAB 代码如下：

```
>> A=[2 3 4;2 5 6;4 3 7;2 3 8]
A =
     2     3     4
     2     5     6
     4     3     7
     2     3     8
>> A(4,4)=50
A =
     2     3     4     0
     2     5     6     0
     4     3     7     0
     2     3     8    50
```

2) 矩阵的数据获取

获取矩阵的数据有行矩阵元素数据的获取、列矩阵元素数据的获取和一般矩阵元素数据的获取。下面通过实例来演示其应用。

【例 1-5】 已知行矩阵 $\boldsymbol{A}$=[2 3 –4 2 7]，分别实现行矩阵的不同数据的获取。

```
>> A=[2 3 -4 2 7]
A =
     2     3    -4     2     7
```

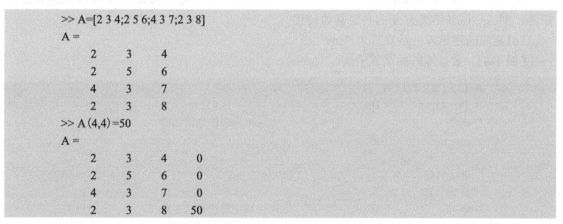

```
>> A(1,3)                    %获取矩阵 A 的第 1 行第 3 列的元素
ans =
    -4
>> A(2)                      %获取矩阵 A 的第 2 个元素
ans =
    3
>> A(2:4)                    %获取矩阵 A 的第 2～4 个元素
ans =
    3    -4     2
```

1.1.5 数值矩阵的运算

1）矩阵的算术运算

MATLAB 对于矩阵的算术运算与线性代数中的规定方法相同。

（1）矩阵的加法和减法：运算符分别为"+"和"−"。例如，矩阵 ***A*** 加矩阵 ***B*** 可写成 A+B，运算结果为 ***A***、***B*** 矩阵对应元素相加。

（2）矩阵的乘法：运算符为"*"。例如，矩阵 ***A*** 与矩阵 ***B*** 相乘可写成 A*B。注意，这里矩阵 ***A*** 与矩阵 ***B*** 的维数满足线性代数对矩阵相乘运算的基本规定，即 ***A*** 的列数等于 ***B*** 的行数。

（3）矩阵的除法：矩阵的除法分左除和右除，运算符分别为"\"和"/"。例如，矩阵 ***A*** 左除矩阵 ***B*** 可表示为 A\B，运算结果与矩阵 ***A*** 的逆矩阵和矩阵 ***B*** 相乘的结果相同；矩阵 ***B*** 右除矩阵 ***C*** 可表示为 B/C，运算结果与矩阵 ***B*** 和矩阵 ***C*** 的逆矩阵相乘的结果相同。

（4）矩阵的乘方：矩阵乘方运算符为"^"。例如，矩阵 ***A*** 的 3 次幂可写成 A^3，结果为 3 个矩阵 ***A*** 相乘。

（5）矩阵的转置：运算符为"′"。例如，矩阵 ***A*** 的转置可写成 A′。如果 ***A*** 矩阵是复数矩阵，则 A′ 运算结果为 ***A*** 的共轭复数转置。

（6）矩阵的逆矩阵：运算符为"inv"。

【例 1-6】 数值矩阵的运算示例。

```
>> A=[2 3 5;5 7 2;6 3 9];
>> B=[9 0 45;2 4 7;20 4 2];
>> C=A+B                                  %矩阵的加法运算
C =
    11     3    50
     7    11     9
    26     7    11
>> D=A-B                                  %矩阵的减法运算
D =
    -7     3   -40
     3     3    -5
   -14    -1     7
>> E=A\B                                  %矩阵的左除运算
E =
    0.7583    1.3667  -20.1917
   -0.8250   -0.3000   12.7250
    1.9917   -0.3667    9.4417
```

```
>> F=A/B                                         %矩阵的右除运算
F =
   -0.0023    0.7211    0.0289
   -0.2070    1.5632    0.1868
    0.1053    0.5526    0.1974
>> H=A*B                                         %矩阵的乘法运算
H =
   124    32   121
    99    36   278
   240    48   309
>> J=A^3                                         %矩阵的乘方运算
J =
          674          624          878
          806          832          938
         1194         1056         1590
>> K=A'                                          %矩阵的转置运算
K =
     2     5     6
     3     7     3
     5     2     9
```

2)矩阵的特殊运算

矩阵常用的特殊运算函数主要如下(具体函数定义可参考软件帮助文件)。

(1)diag 函数提取矩阵对角线元素。

(2)tril 与 triu 函数实现下三角阵与上三角阵的抽取。

(3)使用“:”和 reshape 函数对两个已知维数矩阵之间或对于一个矩阵的变维操作。

(4)rot90 函数用于实现矩阵的旋转。

(5)fliplr 与 flipud 函数用于实现矩阵的左、右与上、下翻转。

(6)repmat 函数用于实现复制与平铺矩阵。

(7)floor、ceil、round、fix 函数对小数构成的矩阵 ***A*** 进行取整。其中，floor 可将矩阵中元素按−∞方向取整，即取不足整数；ceil 将矩阵中元素按+∞方向取整，即取过剩整数；round 将矩阵中元素按最近的整数取整，即四舍五入取整；fix 将矩阵中元素按离 0 最近的方向取整。

(8)rem 函数用于实现矩阵元素的余数运算。

【例 1-7】 上三角阵与下三角阵的抽取应用示例。

```
>> L=tril(ones(3,3),-1)                     %取下三角部分
L =
     0     0     0
     1     0     0
     1     1     0
>> U=triu(ones(3,3),-1)                     %取上三角部分
U =
     1     1     1
     1     1     1
     0     1     1
```

【例 1-8】 利用“:”进行矩阵变维。

```
>> X=[2 3 4 5;6 4 3 6]
X =
     2     3     4     5
     6     4     3     6
>> Y=ones(2,4)
Y =
     1     1     1     1
     1     1     1     1
>> Y(:)=X(:)
Y =
     2     3     4     5
     6     4     3     6
```

【例 1-9】 矩阵的旋转应用示例。

```
>> A=[2 3 6;7 5 3;7 8 4]
A =
     2     3     6
     7     5     3
     7     8     4
>> B=rot90(A)
B =
     6     3     4
     3     5     8
     2     7     7
>> B=rot90(A,-1)
B =
     7     7     2
     8     5     3
     4     3     6
```

【例 1-10】 对小数矩阵元素进行取整运算。

```
>> A=0.3+2*randn(4)                          %创建矩阵 A
A =
    1.3753    0.9375    7.4568    1.7508
    3.9678   -2.3154    5.8389    0.1739
   -4.2177   -0.5672   -2.3998    1.7295
    2.0243    0.9852    6.3698   -0.1099
>> B=floor(A)                                %按-∞方向取整
B =
     1     0     7     1
     3    -3     5     0
    -5    -1    -3     1
     2     0     6    -1
>> C=ceil(A)                                 %按+∞方向取整
C =
     2     1     8     2
```

```
     4    -2     6     1
    -4     0    -2     2
     3     1     7     0
>> D=round(A)                                   %四舍五入取整
D =
     1     1     7     2
     4    -2     6     0
    -4    -1    -2     2
     2     1     6     0
>> E=fix(A)                                     %按离 0 最近的方向取整
E =
     1     0     7     1
     3    -2     5     0
    -4     0    -2     1
     2     0     6     0
```

1.1.6 单元数组

单元数组通常称为元胞数组。元胞数组和结构数组是 MATLAB 中比较特殊的数据类型，元胞数组的每一个元素称为一个 Cell，每一个 Cell 自己本身又是一个数组。而且，元胞数组中的各元胞的内容和维数可以不相同。结构数组中的元素也可以是不同的数据类型，但不同于元胞数组的是：结构数组的引用是通过属性名来实现的。下面分别介绍元胞数组和结构数组。

元胞数组的各个元素为元胞(Cell)，每一个元胞作为一个单元。它可以存放各种不同类型的数据，如数组、矩阵、字符串、元胞数组以及结构数组等，且各个元胞的内容可以是不同的。

建立元胞数组与一般数组相似，只是数组元素用大括号括起来。例如，建立元胞数组 *A*，其实现代码如下：

```
>> A={6,'da',[32 14 53;3 4 56];32,'zhao',[1 2;4 6;8 4];14,'qian',[2 3 4 6;3 2 7 9]}
A =
    [ 6]    'da'      [2x3 double]
    [32]    'zhao'    [3x2 double]
    [14]    'qian'    [2x4 double]
```

可以用带有大括号下标的形式引用元胞数组元素，如 *A*{3,3}。元胞数组的元素可以是结构或元胞数据。例如，先建立结构变量 *B*，给上面建立的元胞数组 *A* 的元素 *A*{2,3}赋值，其实现代码如下：

```
>> B.A1=45;B.A2=90;                        %对结构数组的引用，注意"."的用法
>> A{3,4}=B
A =
    [ 6]    'da'      [2x3 double]              []
    [32]    'zhao'    [3x2 double]              []
    [14]    'qian'    [2x4 double]    [1x1 struct]
```

可以删除元胞数组中的某个元素，如删除 *A* 的第 2 个元素，其实现代码如下：

```
>> A(2)=[]
A =
    [6]    [14]    'da'    'zhao'    'qian'    [2x3 double]    [3x2 double]
    [2x4 double]    []    []    [1x1 struct]
```

元胞数组 A 的第 2 个元素被删除后，A 变成行向量。注意，这里是 $A(2)$，而不是 $A\{2\}$。$A\{2\}$=[]是将 A 的第 2 个元素置为空矩阵，而不是去掉它。

除以上方法可创建元胞数组外，利用 cell 函数也可以创建元胞数组。

【例 1-11】 利用 cell 函数创建元胞数组示例。

```
>> strArray=java_array('java.lang.String',3);
>> strArray(1)=java.lang.String('one');
>> strArray(2)=java.lang.String('two');
>> strArray(3)=java.lang.String('three');
>> cellArray=cell(strArray)
cellArray =
    'one'
    'two'
    'three'
```

利用 cell 函数可以创建元胞数组，使用 celldisp 函数可以用来显示创建好的元胞数组。

1.2 插值与拟合

1.2.1 插值与拟合的基本概念

1) 插值

插值法就是构造函数的近似表达式的方法。其定义为：设函数 $f(x)$ 在区间$[a,b]$上有定义，且已知 y 在 n+1 个节点 $a \leqslant x_0 < \cdots < x_n \leqslant b$ 上的值为 $y_0, y_1, \cdots, y_n$，若存在简单函数 $P(x)$，使 $P(x) = y_i (i = 0,1,\cdots,n)$ 成立，就称 $P(x)$ 为 $f(x)$ 关于节点 $x_0, x_1, \cdots, x_n$ 的插值函数，点 $x_0, x_1, \cdots, x_n$ 称为插值节点，包含插值节点的区间$[a,b]$称为插值区间，而 $f(x)$ 称为被插函数，求插值函数 $P(x)$ 的方法称为插值法。

若 $P(x)$ 是次数不超过 n 次的代数多项式，则有

$$P(x) = a_0 + a_1 x + \cdots + a_n x^n \tag{1-11}$$

式中，a_i 为实数，就称 $P(x)$ 为插值多项式，相应的插值法称为多项式插值；若 $P(x)$ 为分段的多项式，则称为分段插值。

2) 拟合

插值法是一种简单函数近似代替较复杂函数的方法，它的近似标准是在插值点处的误差为零。但在实际应用中，有时不要求具体某些点的误差为零，而是要求考虑整体的误差限制。为达到这个目的，即需要引入拟合概念。对数表形式的函数即离散型函数考虑数据较多的情况。若将每个点都当作插值节点，则插值函数是一个次数很高的多项式，插值运算显得非常复杂。另外，实验中给出的数据总有观测误差，而所求的插值函数要通过所有的节点， 这样

就会保留全部观测误差的影响，如果不是要求近似函数过所有的数据点，而是要求它反映原函数整体的变化趋势，那么就可以用数据拟合的方法得到更简单适用的近似函数。

另外，常常给定一组测定的离散数据 $(x_i, y_i)(i=0,1,\cdots,n)$，要求自变量 x 和因变量 y 的近似表达式为 $y=\varphi(x)$。这种只有一个自变量 x 影响因变量 y 的数据拟合方法称为直线拟合。直线拟合最常用的近似标准是最小二乘原理，它也是最流行的数据处理方法之一。

1.2.2 拉格朗日插值

通过平面上不同的两点可以确定一条直线经过这两点，即拉格朗日线性插值问题， 对于不在同一条直线的 3 个点得到的插值多项式称为抛物线。

拉格朗日插值多项式为

$$l_i(x)=\prod_{\substack{j=0\\ j\neq 1}}^{n}\frac{x-x_i}{x-x_j},\quad i=0,1,2,\cdots,n \tag{1-12}$$

把多项式(1-12)展开，看看如何计算基函数。有了基函数以后就可以直接构造插值多项式，插值多项式为

$$p_n=\sum_{i=0}^{n}f(x_i)l(x_i) \tag{1-13}$$

利用 MATLAB 编写 lang.m 函数实现拉格朗日插值如下：

```
function f = lang(x,y,x0)
%x 为已知数据点的 x 坐标向量
%y 为已知数据点的 y 坐标向量
%x0 为插值点的 x 坐标
%f 为求得的拉格朗日插值多项式
%f0 为在 x0 处的插值
syms t;
if(length(x)== length(y))
    n = length(x);
else
    disp('x 和 y 的维数不相等!')
    return;
end                                          %检错
f= 0;
for(i = 1: n)
    l = y(i);
    for(j = l: i-1)
        l = l*(t-x(j))/(x(i)-x(j));
end
for(j = i+l: n)
    l = l*(t-x(j))/(x(i)-x(j));              %计算拉格朗日基函数
end
f= f + 1                                     %计算拉格朗日插值函数
simplify(f);                                 %化简
if(i==n)
```

```
        if (nargin == 3)
            f = subs (f, 't',x0);                    %计算插值点的函数值
        else
            f = collect(f);                           %将插值多项式展开
            f = vpa (f , 6);                          %将插值多项式的系数化成 6 位精度的小数
            end
        end
    end
```

【例 1-12】 使用拉格朗日多项式插值法计算 cos(−42°)、cos55°、cos73°、cos92°、cos 159°，并给出插值多项式及其效果图。

其实现的 MATLAB 代码如下：

```
>> clc;clear all;
x=[pi/4,pi/6,pi/3,pi/2];
y=[cos(pi/4),cos(pi/6),cos(pi/3),cos(pi/2)];
 %需要插值点
t=[−42*pi/180,55*pi/180, 73*pi/180, 92*pi/180,159*pi/180];
disp('角度')
du=[−42 55 73 92 159]
disp('插值结果')
yt=lang(x,y,t)
disp('cos 函数值')
yreal=[cos(−42*pi/180) cos(55*pi/180) cos(73*pi/180) cos(92*pi/180) cos(159*pi/180)]
disp ('插值与函数值误差')
dy=yt−yreal
yt=lang(x,y)
ezplot(yt,[−pi/4,pi]);                        %画出插值多项式图形
hold on                                       %保持图形
ezplot ('cos(t)',[−pi/4, pi]);                %画出 cos 函数图形
grid on
```

运行程序，输出如下：

角度：

```
du =
    −42     55     73     92    159
```

插值结果：

```
yt =
    0.4944     0.5735     0.2929     −0.0352     −1.0190
```

cos 函数值：

```
yreal =
    0.7431     0.5736     0.2924     −0.0349     −0.9336
```

插值与函数值误差：

```
dy =
-0.2487     -0.0001     0.0005     -0.0003     -0.0854
yt =
0.136489*t^3 - 0.673134*t^2 + 0.0963638*t + 0.98052
```

拉格朗日插值效果如图 1-1 所示。

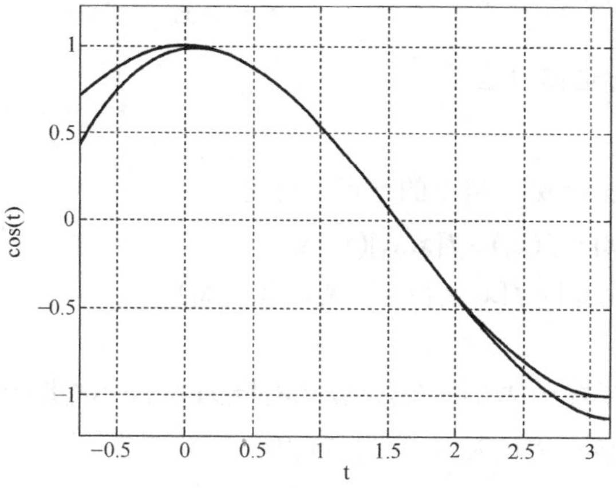

图 1-1　拉格朗日插值效果图

1.2.3　牛顿插值

1) 均差

拉格朗日插值多项式使用非常方便，因为其结构紧凑，所以利用基函数很容易得到插值函数。但是当插值节点增加、减少或其位置变化时，整个插值多项式的结构都会改变，这不利于实际计算，增加了算法复杂度。

假设有 n+1 个不同的节点及函数在节点上的值 $(x_0,y_0),(x_1,y_1),\cdots,(x_n,y_n)$，克服拉格朗日插值多项式缺陷的有效方法之一是把插值多项式构成如下形式：

$$p_n(x)=a_0+a_1(x-x_0)+a_2(x-x_0)(x-x_1)+\cdots+a_n(x-x_0)(x-x_1)\cdots(x-x_n) \qquad (1\text{-}14)$$

其中，系数 $a_i(i)(0,1,2,\cdots,n)$ 为待定系数，可由插值条件 $P_n(x_i)=y_i(i=0,1,2,\cdots,n)$ 确定。

当 $x=x_0$ 时，$P_n(x_0)=a_0=y_0$。

当 $x=x_1$ 时，$P_n(x_1)=a_0+a_1(x_1-x_0)=y_1$，故

$$a_1=\frac{y_1-y_0}{x-x_1}$$

当 $x=x_2$ 时，$P_n(x_2)=a_0+a_1(x_2-x_0)+a_2(x_2-x_0)(x_2-x_1)=y_2$，故

$$a_2=\frac{\dfrac{y_2-y_0}{x_2-x_0}-\dfrac{y_1-y_0}{x_1-x_0}}{x_2-x_1}$$

依此方法递推可得到系数 $a_i(i)(0,1,2,\cdots,n)$ 的一般表达式。为使 a_i 的算法更简明，给出一个明确的算法。

称 $f[x_0,x_1]=\dfrac{f(x_1)-f(x_0)}{x_1-x_0}$ 为函数 $f(x)$ 关于点 x_0、x_1 的一阶均差。令

$$f[x_0,x_1,x_2]=\frac{f[x_0,x_2]-f[x_0,x_1]}{x_2-x_1} \tag{1-15}$$

这是一阶均差的均差，称为 $f(x)$ 的二阶均差。一般地，称

$$f[x_0,x_1,\cdots,x_k]=\frac{f[x_0,x_2,\cdots,x_{k-2},x_k]-f[x_0,x_1,\cdots,x_{k-1}]}{x_k-x_{k-1}} \tag{1-16}$$

为 $f(x)$ 的 k 阶均差(有时也称为差商)。

2) 牛顿插值多项式

根据均差定义，把 x 看成 $[a,b]$ 上的一点，可得

$$\begin{aligned} &f(x)=f(x_0)+f[x,x_0](x-x_0)\\ &f[x,x_0]=f[x_0,x_1]+f[x,x_0,x_1](x-x_1)\\ &\cdots\cdots\\ &f[x,x_0,\cdots,x_{n-1}]=f[x_0,x_1,\cdots,x_n]+f[x,x_0,\cdots,x_n](x-x_n) \end{aligned} \tag{1-17}$$

综合以上公式，把后一式代入前一式，可得

$$\begin{aligned} f(x)&=f(x_0)+f[x_0,x_1](x-x_0)+f[x_0,x_1,x_2](x-x_0)(x-x_1)+\cdots\\ &\quad+f[x_0,x_1,\cdots,x_n](x-x_0)\cdots(x-x_{n-1})+f[x,x_0,x_1\cdots,x_n]\omega_n(x)\\ &=N_n(x)+R_n(x) \end{aligned} \tag{1-18}$$

其中

$$\begin{aligned} N_n(x)&=f(x_0)+f[x_0,x_1](x-x_0)+f[x_0,x_1,x_2](x-x_0)(x-x_1)+\cdots\\ &\quad+f[x_0,x_1,\cdots,x_n](x-x_0)\cdots(x-x_{n-1})\\ R_n(x)&=f(x)-N_n(x)=f[x,x_0,x_1\cdots,x_n]\omega_n(x)\\ \omega_n(x)&=(x-x_0)(x-x_1)\cdots(x-x_{n-1}) \end{aligned} \tag{1-19}$$

利用 MATLAB 编写 jnew.m 函数实现均差牛顿插值如下：

```
function f = jnew (x,y,x0)
%x 为已知数据点的 x 坐标向量
%y 为已知数据点的 y 坐标向量
%x0 为插值点 x 坐标
%f 为求得的均差牛顿插值
syms t;
if (length(x)== length(y))
    n = length(x);
    c (1:n)= 0.0;
else
    disp ('x 和 y 的维数不相等！')
    return;
end
f = y(1);
y1 =0;
```

```
l=1;
for (i=1:n-1)
    for (j=i+1:n)
        y1(j)= (y(j)-y(i))/(x(j)-x(i));
    end
    c(i)= y1(i+1);
    l=l*(t-x(i));
    f = f + c(i) * l;
    simplify(f);
    y = y1;
    if(i==n-1)
        if (nargin == 3)
            f = subs(f,'t',x0);
        else
            f = collect (f);                %将插值多项式展开
            f = vpa (f, 6);
        end
    end
end
```

【例 1-13】 已知 5 阶勒让德多项式为

$$P_5 = \frac{1}{9}(64x^5 + 2x^4 - 15x^3 - 10x + 1)$$

在[−1，1]上任意取 8 个点，如 x=[−1 −0.7 −0.3 0.1 0.3 −0.5 0.8 1]，实现如下要求：

(1) 根据 5 阶勒让德多项式，算出这 8 个点的值。

(2) 根据这 8 个点作均差牛顿插值，绘制出多项式图像，并与勒让德多项式图像比较。

(3) 依据均差牛顿插值，计算出 x=[0.25　0.49　−0.83]时的近似结构，并与真实结果比较。

其实现的 MATLAB 代码如下：

```
>>clear all;
syms x;
fx=(64*x^5+2*x^4-15*x^3-10*x+1)/9;                %勒让德多项式
v=[-1,1,-1,1];
subplot(1,2,1);ezplot(fx);                        %画出勒让德多项式图像
grid on
xlabel('(a)5 阶勒让德多项式')
axis(v)
x0=[-1 -0.7 -0.3 0.1 0.3 -0.5 0.8 1];             %给出的插值点
y0=subs(fx,x0);                                   %插值点的函数值
yt=jnew(x0,y0);
subplot(1,2,2);ezplot(yt);                        %绘制插值图形
axis(v); grid on;
xlabel('(b)插值效果')
tx=[0.25,0.49,-0.83]                              %给出初始点
%计算真值
l5=subs(fx,tx)
ci=jnew(x0,y0,tx)
wc=l5-ci                                          %两者误差
```

运行程序，输出如下：

```
tx =
      0.2500      0.4900     -0.8300
l5 =
     -0.1849     -0.4157     -0.7093
ci=
     -0.1849     -0.4157     -0.7093
wc=
   1.0e-013 *
      0.0056      0.2071      0.0044
```

均差牛顿插值效果如图 1-2 所示。

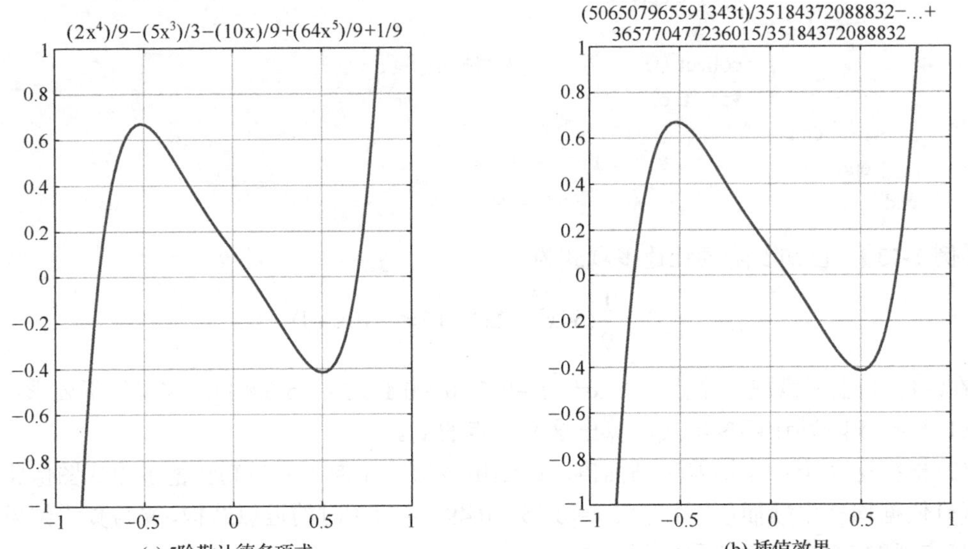

图 1-2　均差牛顿插值效果图

3) 差分牛顿插值

前面讨论的插值多项式的节点都是任意分布的，但是在实际应用中，出现了很多等距节点的情形，这时的插值公式可以进一步简化，计算也简单。

设等距节点 $x_k = x_0 + kh(k = 0,1,2,\cdots,n)$，函数 $y = f(x)$ 在节点上的值 $y_k = f_k(x)$ 也已知,这里常数 h 称为步长。

记

$$
\begin{aligned}
&\Delta y_k = y_{k+1} - y_k \\
&\nabla y_k = y_k - y_{k-1} \\
&\delta y_k = f(x_k + h/2) - f(x_k - h/2) = y_{k+\frac{1}{2}} - y_{k-\frac{1}{2}}
\end{aligned}
\tag{1-20}
$$

上式分别称为 $f(x)$ 在 x_k 处以 h 为步长的向前差分、向后差分和中心差分。它们对应的符号分别为 Δ、∇、δ，分别称为前差分算子、后差分算子和中心差分算子。

二阶差分可由一阶差分来定义，即

$$\Delta^2 y_k = \Delta y_{k+1} - \Delta y_k = y_{k+2} - 2y_{k+1} + y_k \tag{1-21}$$

一般地，有 m 阶差分的定义，即

$$\begin{aligned} \Delta^m y_k &= \Delta^{m-1} y_{k+1} - \Delta^{m-1} y_k \\ \nabla^m y_k &= \nabla^{m-1} y_k - \nabla^{m-1} y_{k-1} \end{aligned} \tag{1-22}$$

即一阶中心差分应记为

$$\delta y_{k+\frac{1}{2}} = y_{k+1} - y_k,\quad \delta y_{k-\frac{1}{2}} = y_k - y_{k-1} \tag{1-23}$$

二阶中心差分应记为

$$\delta^2 y_k = \delta y_{k+\frac{1}{2}} - \delta y_{k-\frac{1}{2}} \tag{1-24}$$

依此类推。

在实际计算中，不变算子 I 及移位算子 E 也是经常遇到的，它们定义如下：

$$I y_k = y_k,\quad E y_k = y_{k+1} \tag{1-25}$$

所以，前向差分可写成：

$$\Delta y_k = y_{k+1} - y_k = E y_k - I y_k = (E - I) y_k \tag{1-26}$$

故

$$\Delta = E - I \tag{1-27}$$

同理可得

$$\nabla = I - E^{-1},\quad \delta = E^{\frac{1}{2}} - E^{-\frac{1}{2}} \tag{1-28}$$

如果节点 $x_k = x_0 + kh(k = 0,1,2,\cdots,n)$，要计算 x_0 附近点 x 的函数 $f(x)$ 的值。令 $x = x_0 + th$, $0 \leqslant t \leqslant 1$，所以

$$\omega_k(x) = \prod_{i=0}^{k}(x - x_i) = t(t-1)\cdots(t-k)h^{k+1} \tag{1-29}$$

称为牛顿前插多项式，即有

$$N_n(x_0 + th) = y_0 + t\Delta y_0 + \frac{t(t-1)}{2!}\Delta^2 y_0 + \cdots + \frac{t(t-1)\cdots(t-n)}{n!}\Delta^n y_0 \tag{1-30}$$

利用 MATLAB 编写 Nforward.m 函数实现牛顿前插值如下：

```
function f = Nforward(x,y,x0)
%x 为已知数据点的 x 坐标向量
%y 为已知数据点的 y 坐标向量
%x0 为插值点的 x 坐标
%f 为返回牛顿前插值多项式
syms t;
if (length(x)== length(y))
    n = length(x);
    c(1:n)= 0.0;
else
```

```
        disp ('x 和 y 的维数不相等!');
        return;
    end
    f = y (1);
    y1 = 0;
    xx =linspace (x(1),x(n), (x(2)-x(1)));
    if(xx~= x)
        disp('节点之间不是等距的！');
        return;
    end
    for(i=1:n-1)
        for(j=1:n-i)
        y1 (j)= y(j+1)-y(j);
        end
        c(i)= y1(1);
        l = t;
        for(k=1:i-1)
        l = l* (t-k);
        end;
        f = f + c(i)*l/factorial (i);
        simplify(f);
        y = y1;
        if(i==n-1)
            if(nargin == 3)
                f = subs(f,'t', (x0-x(1))/(x(2)-x(1)));
            else
                f = collect(f);
                f = vpa(f, 6);
            end
        end
    end
```

如果要求函数表示 x_n 附近的函数值 $f(x)$，此时应用牛顿均差插值多项式，插值点应按 $x_n, x_{n-1}, \cdots, x_0$ 的次序排列，则有

$$\begin{aligned} N_n(x) = y_n = f[x_n, x_{n-1}](x - x_n) + f[x_n, x_{n-1}, x_{n-2}](x - x_n)(x - x_{n-1}) + \cdots \\ + f[x_n, x_{n-1}, \cdots, x_0](x - x_n)\cdots(x - x_1) \end{aligned} \tag{1-31}$$

令 $x_n = x_0 + th(-1 \leqslant t \leqslant 0)$，得

$$N_n(x_n + th) = y_n + t\Delta y_n + \frac{t(t+1)}{2!}\Delta^2 y_n + \cdots + \frac{t(t+1)\cdots(t+n-1)}{n!}\Delta^n y_n \tag{1-32}$$

称为牛顿后插多项式，其余项为

$$R_n(x) = f(x) - N_n(x_n + th) = \frac{t(t+1)\cdots(t+n)}{(n+1)!} h^n f^{(n+1)}(\xi), \quad \xi \in (x_0, x_n) \tag{1-33}$$

等距节点插值多项式在实际中应用非常广泛。例如，在很多工程设计计算时需要查各种函数表，用计算机计算时就必须解决计算机查表问题。如果用一个确定的解析表达来近似该

函数，则可能达不到精度要求。但如果把整个函数表输入并存入内存，往往占用单元太多。因此，在计算机计算中，往往采用“存放大间隔函数表，并用插值公式计算函数近似值”的方案，这种方案的可行性与有效性都较高。

利用 MATLAB 编写 Nback.m 函数实现牛顿后插值如下：

```
function f = Nback(x,y,x0)
%x 为已知数据点的 x 坐标向量
%y 为已知数据点的 y 坐标向量
%x0 为插值点的 x 坐标
%f 为返回牛顿后插值多项式
syms t;
if (length(x)== length(y))
    n = length(x);
    c(1:n)= 0.0;
else
    disp ('x 和 y 的维数不相等!');
    return;
end
f=y (n);
y1 = 0;
xx =linspace (x(1),x(n), (x(2)-x(1)));
if(xx~= x)
    disp('节点之间不是等距的！');
    return;
end
for(i=1:n-1)
    for(j=i+1:n)
    y1(j)= y(j)-y(j-1);
    end
    c(i)= y1(n);
    l = t;
    for(k=1:i-1)
        l = l* (t-k);
    end;
    f = f + c(i) *l/factorial (i);
    simplify(f);
    y = y1;
    if(i==n-1)
        if(nargin == 3)
            f = subs(f,'t', (x0-x(n))/(x(2)-x(1)));
        else
            f = collect(f);
            f = vpa(f, 6);
        end
    end
end
```

1.2.4 埃尔米特插值

在实际问题中，为了增加插值多项式和被插函数的密合程度，不仅要求所得的插值多项式能在插值节点取函数值，还要在节点上取已知微商值。这种带微商的插值方法就是埃尔米特(Hermite)插值。

设在区间$[a,b]$上，被插值函数$y=f(x)$在n+1个节点$a\leqslant x_0<x_1<\cdots<x_n\leqslant b$上的值分别为$y_0,y_1,\cdots,y_n$，微商值分别为$m_0$，$m_1$，…，$m_n$。若插值多项式$H_{2n+1}(x)$满足：

(1) $H_{2n+1}(x_i)=y_i, H'_{2n+1}(x_i)=m_i$， $i=0,1,2,\cdots,n$；

(2) $H_{2n+1}(x)$的次数不超过$2n+1$。

则称插值多项式$H_{2n+1}(x)$是在区间$[a,b]$上数据（x_i,y_i）和（x_i,m_i）（$i=0,1,2,\cdots,n$）的埃尔米特插值多项式。这种插值方法表明，插值曲线$H_{2n+1}(x)$与$y=f(x)$在（x_i,y_i）（$i=0,1,2,\cdots,n$）有相同切线。

为了构造插值多项式，仍采用构造插值基函数的方法。每个插值节点对应两个插值基函数$\alpha_i(x)$、$\beta_i(x)$（$i=0,1,2,\cdots,n$），它们分别满足：

$$\alpha_i(x_k)=\begin{cases}0, & i\neq k\\1, & i=k\end{cases},\quad \alpha'_i(x_k)=0 \tag{1-34}$$

$$\beta_i(x_k)=0,\quad \beta'_i=\begin{cases}0, & i\neq k\\1, & i=k\end{cases}\ (i,k=0,1,2,\cdots,n) \tag{1-35}$$

则埃尔米特插值多项式可表示为

$$H_{2n+1}(x)=\sum_{i=0}^{n}\left[y_i\alpha_i(x)+m_i\beta_i(x)\right] \tag{1-36}$$

利用拉格朗日插值基函数$l_i(x)$，可令

$$\alpha_i(x)=(ax+b)l_i^2(x) \tag{1-37}$$

式中，a、b待定。

$$l_i(x)=\frac{(x-x_0)\cdots(x-x_{i-1})(x-x_{i+1})\cdots(x-x_n)}{(x_i-x_0)\cdots(x_i-x_{i-1})(x_i-x_{i+1})\cdots(x_i-x_n)} \tag{1-38}$$

即有

$$\alpha_i(x_i)=(ax_i+b)l_i^2(l_i^2)=1,\quad \alpha'_i(x_i)=l_i(x_i)[al_i(x_i)+2(ax_i+b)l'_i(x_i)]=0 \tag{1-39}$$

解得

$$a=-2l'_i(x_i),\qquad b=1+2xl'_i(x_i) \tag{1-40}$$

又由$l'_i(x_i)=\sum\limits_{\substack{k=0\\k\neq i}}^{n}\frac{1}{x_i-x_k}$，得

$$\alpha_i(x)=\left[1-2(x-x_i)\sum_{\substack{k=0\\k\neq i}}^{n}\frac{1}{x_i-x_k}\right]l_i^2(x),\qquad i=0,1,2,\cdots,n \tag{1-41}$$

同理可得

$$\beta_i(x)=(x-x_i)l_i^2(x)\text{，}\qquad i=0,1,2,\cdots,n \tag{1-42}$$

利用 MATLAB 编写 Hermitecc.m 函数实现埃尔米特插值如下：

```
function f = Hermitecc(x,y,yl,x0)
%x 为已知数据点的 x 坐标向量
%y 为已知数据点的 y 坐标向量
%y1 为已知数据点的导数向量
%x0 为插值点 x 坐标
%f 为求得的埃尔米特插值多项式
syms t;
f = 0.0;
if(length(x)== length(y))
    if(length(y)== length(yl))
        n = length(x);
    else
        disp('x 和 y 的导数的维数不相等!');
        return;
    end
else
    disp('x 和 y 的维数不相等!');
    return;
end
for i=l:n
    h = 1.0;
    a = 0.0;
    for j=l:n
        if(j ~=i)
            h = h*(t-x(j))^2/((x(i)-x(j))^2);
            a = a + 1/(x(i)-x(j));
        end
    end
    f = f + h*((x(i)-t)*(2*a*y(i)-yl(i))+y(i));
    if (i==n)
        if(nargin == 4)
            f=subs(f,'t',x0);
        else
            f = vpa(f, 6);
        end
    end
end
```

【例 1-14】 已知函数 $f=x^3$，其取任意点 x=[7 –6 2 1 –3 5]，计算这些点上的函数值及其导数值，利用埃尔米特插值方法对矩阵 $\boldsymbol{A}$=[7 10; 9 23]中的每个元素进行插值。

其实现的 MATLAB 代码如下：

```
clear all;
syms x
y=x^4;
t=[7 -6 2 1 -3 5];                  %定义的初始点
yt=subs(y,t)                        %获得系列点的函数值
dy=subs('3*x^2',t)                  %获得系列点的函数的导数值
```

```
zl=hermitecc(t,yt,dy)                          %直接给出插值多项式
x=[7 10; 9 23];                                %计算矩阵的每个元素的插值
z2=hermitecc(t,yt,dy,x)
ezplot(zl);                                    %采用符号法绘制出插值多项式的函数图像
grid on
```

运行程序，输出如下：

```
yt =
[ 2401, 1296, 16, 1, 81, 625]
dy =
[ 147, 108, 12, 3, 27, 75]
zl =
4.34028e-8*(t + 6.0)^2*(t - 7.0)^2*(t - 5.0)^2*(t - 1.0)^2*(t - 2.0)^2*(82.35*t + 328.05) + 
1.73264e-9*(t + 3.0)^2*(t - 7.0)^2*(t - 5.0)^2*(t - 1.0)^2*(t - 2.0)^2*(2101.31*t + 13903.8) + 
0.00000221443*(t + 3.0)^2*(t + 6.0)^2*(5.04762*t - 4.04762)*(t - 7.0)^2*(t - 5.0)^2*(t - 2.0)^2 - 
0.00000277778*(t + 3.0)^2*(t + 6.0)^2*(13.3333*t - 42.6667)*(t - 7.0)^2*(t - 5.0)^2*(t - 1.0)^2 - 
2.24188e-7*(t + 3.0)^2*(t + 6.0)^2*(299.053*t - 2120.27)*(t - 7.0)^2*(t - 1.0)^2*(t - 2.0)^2 - 
1.64366e-8*(t + 3.0)^2*(t + 6.0)^2*(4864.32*t - 36451.2)*(t - 5.0)^2*(t - 1.0)^2*(t - 2.0)^2
z2 =
[ 2401, -48176393032/29645]
[ -26921753523/102245, -11341243192711/125]
```

多项式效果如图 1-3 所示。

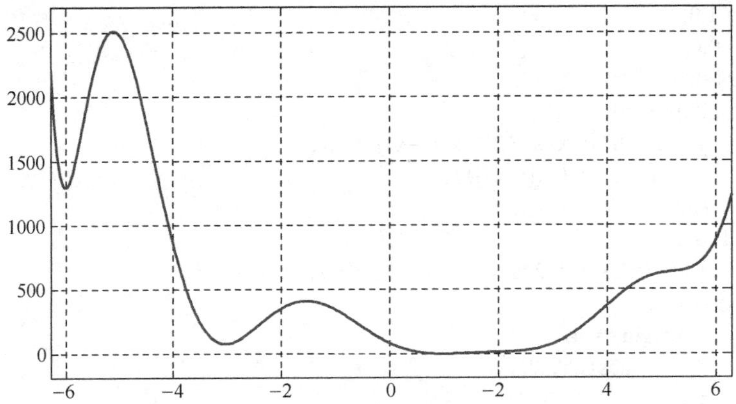

图 1-3　多项式效果图

1.2.5　一维插值

一维插值是进行数据分析的重要手段，MATLAB 提供了 interp1 函数用于一维多项式插值。interp1 函数使用多项式技术，用多项式函数通过所提供的数据点，并计算目标插值点上的插值函数。其调用格式如下：

◎　yi=interp1(x,Y,xi)：对一组节点(x,Y)进行插值，计算插值点 xi 的函数值。x 为节点向量值，Y 为对应的节点函数值；如果 Y 为矩阵，则插值对 Y 的每一列进行；如果 Y 的维数超过 x 或 xi 的维数，则返回 NAN。

◎　yi=interp1(Y,xi)：默认 x=l:n，n 为 Y 的元素个数值。

◎　yi=interp1(x,Y，xi,method)：method 为指定的插值使用算法，默认为线性算法。其

值可以取以下几种类型。

nearest：线性最近项插值。

linear：线性插值(默认项)。

spline：三次样条插值。

pchip：分段三次埃尔米特(Hermite)插值。

cubic：双三次插值。

其中，对于 nearest 与 linear 方法，如果 xi 超出 x 的范围，则返回 NAN；对于其他几种方法，系统将对超出范围的值进行外推计算。

◎ yi=interp1(x,Y,xi,method,'extrap')：利用指定的方法对超出范围的值进行外推计算。

◎ yi=interp1(x,Y,xi,method,'extrapval')：返回标量 extrapval 为超出范围值。

◎ pp=interp1(x,Y,xi,method,'pp')：利用指定的方法产生分段多项式。

【例 1-15】 已知数据点来自函数 $f(x)=(x^2-12x+9)e^{-2x}\cos x$，试根据生成的数据进行插值处理，得出较平滑的曲线。

其实现的 MATLAB 代码如下：

```
clear all;
x=0:0.10:1;
y=(x.^2-12*x+9).*exp(-2*x).*cos(x);
subplot(1,2,1);                                    %利用数据直接绘制曲线
plot(x,y,x,y,'o');
xl=0:0.10:1;
yl=(x.^2-12*x+9).*exp(-2*x).*cos(x);
y2=interp1(x,y,xl);
y3=interp1(x,y,xl,'cubic');
y4=interp1(x,y,xl,'spline');
y5=interp1(x,y,xl,'nearest');
subplot(1,2,2);
plot(xl,[y2',y3',y4',y5'],'-.',x,y,'rp',xl,yl)     %利用插值绘制曲线
```

运行程序，效果如图 1-4 所示。

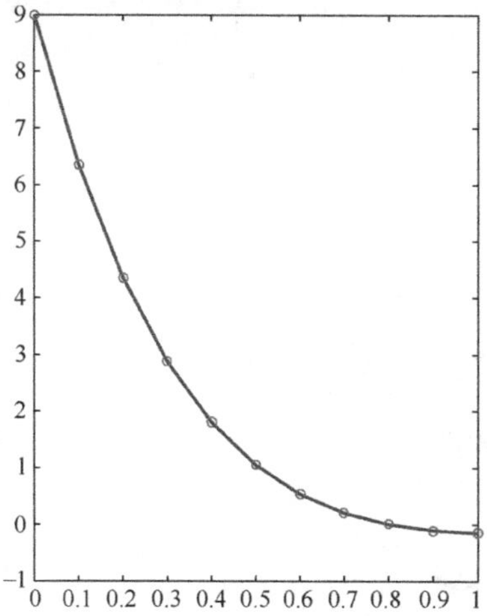

(a) 已知数据点绘制曲线

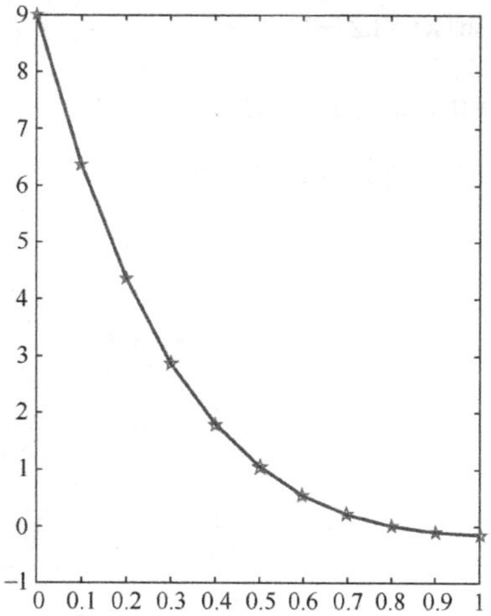

(b) 各种算法插值结果比较

图 1-4 一维函数各种插值结果

1.2.6 二维插值

在实际工程中，一些比较复杂的问题通常是多维问题，因此多维插值就越显重要。

1) 二维网格数据插值

MATLAB 提供了 interp2 函数用于实现二维网格数据插值。其调用格式如下：

◎ ZI = interp2(X,Y,Z,XI,YI)：矩阵 X 与 Y 指定 2-D 区域数据点，在这些数据点处数值矩阵 Z 已知，依此构造插值函数 Z=F(X,Y)，返回在相应数据点 XI、YI 处的函数值 ZI=F(XI,YI)。对超出范围[xmin,xmax,ymin,ymax]的 XI 与 YI 值，将返回 ZI=NAN。

◎ ZI = interp2(Z,XI,YI)：这里默认的设置为 X=1:M, Y=1:N，其中，[M,N]=size(Z)。即 X 为矩阵 Z 的行数，Y 为矩阵 Z 的列数。

◎ ZI = interp2(Z,ntimes)：在 Z 的各点间插入数据点对 Z 进行扩展，一次执行 ntimes 次，默认为 1 次。

◎ ZI = interp2(X,Y,Z,XI,YI,method)：method 指定的是插值使用的算法，默认为线性算法，其值可以是以下几种类型。

- nearest：线性最近项插值。
- linear：线性插值(默认项)。
- spline：三次样条插值。
- pchip：分段三次埃尔米特(Hermite)插值。
- cubic：双三次插值。

◎ ZI = interp2(…,method,extrapval)：返回标量 extrapval 为超出范围值。

【例 1-16】 对 peak 函数创建的峰值进行二维插值。

```
clear all;
[X,Y]=meshgrid(–4:.25:4);
Z=peaks(X,Y);
[XI,YI]=meshgrid(–4:.125:4);
ZI=interp2(X,Y,Z,XI,YI);
mesh(X,Y,Z); hold on;
mesh(XI,YI,ZI+30);
hold off;
axis([–4 4 –4 4 –10 40])
```

运行程序，效果如图 1-5 所示。

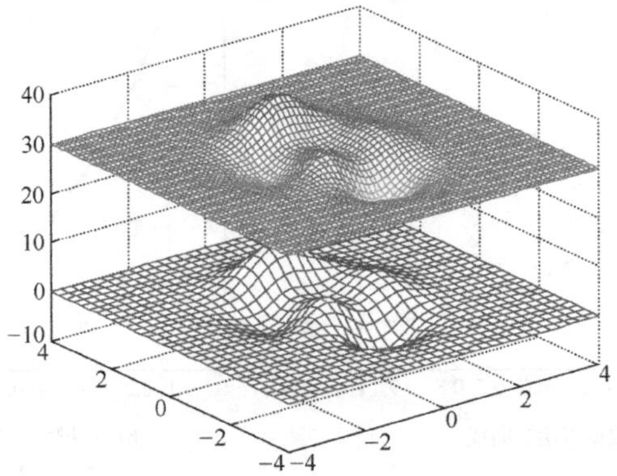

彩图 1-5

图 1-5 对 peak 函数创建的峰值进行二维插值的效果图

【例 1-17】 以下是 1950～1990 年工人的工龄与工资情况，请用 interp2 函数对一名 1975 年、工龄为 15 年的工人的工资求插值。

```
clear all;
years=1970:10:2010;
service=10:10:30;
wage=[150.707 194.592 187.625;179.323 195.072 250.287;203.212...
    179.092 322.767;228.505 153.806 426.720;250.633 120.281 598.243];
w=interp2(service,years,wage,15,1975)
w =
  179.9235
```

2)二维随机数据点插值

通过例 1-17 可以看出，interp2 函数能够很好地进行二维插值运算，但该函数有一个重要的缺陷，就是它只能处理以网格形式给出的数据。如果已知数据不是以网格形式给出的，则该函数就无能为力了。在实际应用中，大部分问题都是以实测的多组(xi,yi,zi)点给出的，所以不能直接使用 interp2 函数进行二维插值。

MATLAB 提供了一个更为一般的 griddata 函数，用于专门解决这样的问题。其调用格式如下：

◎ ZI = griddata(x,y,z,XI,YI)：其中，x、y、z 是已知样本点坐标，这里并不要求是网格型的，可以是任意分布的，均由向量给出。XI、YI 是期望的插值位置，既可以是单个点，也可以是向量或网格型矩阵，得出的 ZI 维数和 XI、YI 一致，表示插值的结果。

◎ [XI,YI,ZI]=griddata(x,y,z,XI,YI)：这里与[XI,YI]=meshgrid(XI,YI)效果相同。

◎ […]=griddata(…，method)：method 用于指定插值的算法，其值可以是以下几种类型。

- nearest：线性最近项插值。
- linear：线性插值(默认项)。
- cubic：双三次插值。
- v4：MATLAB 4.0 版本中提供的插值算法。

【例 1-18】 在区间[−2,2]上创建 100 个随机数据点，用 griddata 函数对这些数据进行插值处理。

```
clear all;
rand('seed',0);
x=rand(100,1)*4-2;
y=rand(100,1)*4-2;
z=x.*exp(-x.^2-y.^2);
ti=-2:.25:2;
[XI,YI]=meshgrid(ti,ti);
ZI=griddata(x,y,z,XI,YI);
mesh(XI,YI,ZI); hold on;
plot3(x,y,z,'rp'); hold off
```

运行程序，效果如图 1-6 所示。

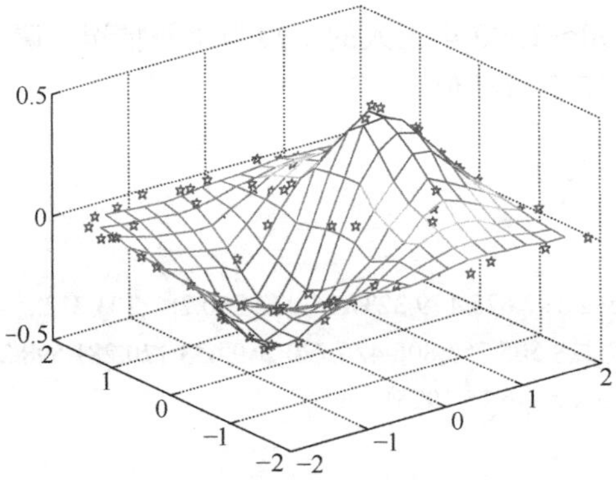

彩图 1-6

图 1-6　随机样本数据插值效果

1.2.7　三维插值

MATLAB 同时提供了 interp3 函数用于实现三维插值效果。其调用格式与 interp2 函数一致，下面通过例子来演示其具体用法。

【例 1-19】 在生成的水流数据处利用 interp3 函数进行三维插值。

其实现的 MATLAB 代码如下：

```
clear all;
[x,y,z,v]=flow(15);
[xi,yi,zi]=meshgrid(0.1:0.25:10,−3:0.25:3,−3:0.25:3);
vi=interp3(x,y,z,v,xi,yi,zi);                    %vi 为一个 25X40X25 的数组
slice(xi,yi,zi,vi,[5 8.5],2,[−2 0.2]);
shading flat
```

运行程序，效果如图 1-7 所示。

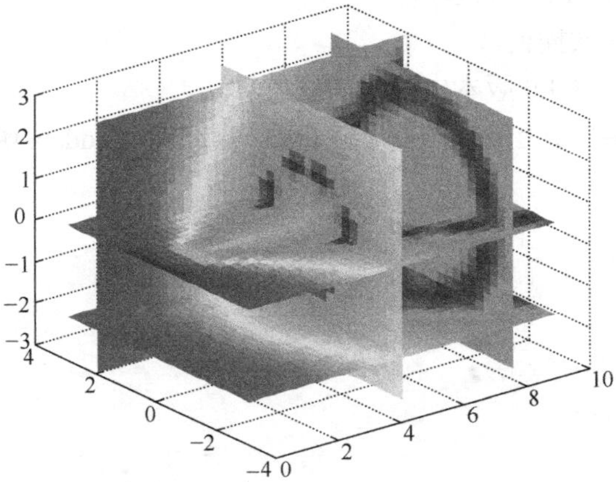

彩图 1-7

图 1-7　三维插值效果图

1.2.8　三次样条插值

当插值基点很多时，使用高次插值多项式未必能取得非常好的效果。例如，采用分段插值法，其基本思想是将插值区间分为若干子区间，然后在各子区间上使用低次插值多项式，

其有一个缺点就是容易导致插值函数在子区间的衔接处不光滑，用数学语言描述就是导数不连续，而三次样条插值就可以有效处理这一问题。

MATLAB 中提供了 spline 函数用于进行三次样条插值。其调用格式如下：

◎ yy= spline(x,Y,xx)：计算出三次样条插值的分段多项式，可以用函数 ppval(pp，x) 计算多项式在 x 处的值。

◎ pp=spline(x,Y)：用三次样条插值利用 x 与 Y 在 x 处进行插值，等同于 yi=interp1(x,Y,xi,'spline')。

【例 1-20】 利用 spline 函数对数据进行样条插值。

```
clear all;
x=0:10;
y=tan(pi*x/24);
xi=linspace(0,10);
yi=spline(x,y,xi);
plot(x,y,'rp',xi,yi);
title('样条插值效果图');
```

运行程序，效果如图 1-8 所示。

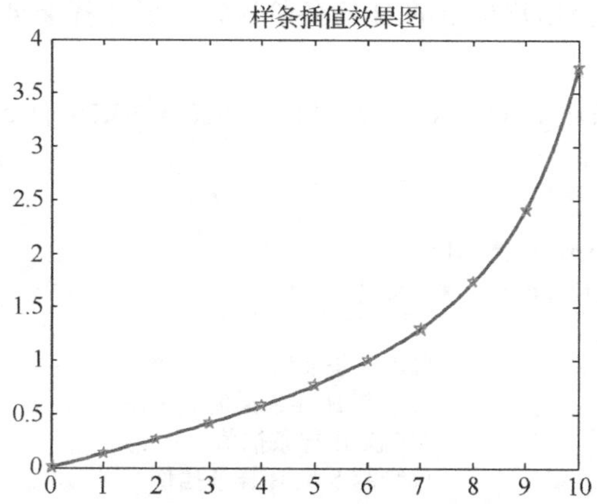

图 1-8　样条插值效果图

例 1-20 只适合于一组内插值的情况，如果需要从相同数据集中获取另一组内插值，再次计算三次样条系数是没有意义的。在这种情况下，可调用仅带前两个参量的 spline 函数。

```
>> pp=spline(x,y)
pp =
      form: 'pp'
    breaks: [0 1 2 3 4 5 6 7 8 9 10]
     coefs: [10x4 double]
    pieces: 10
     order: 4
       dim: 1
```

然后运用 ppval 函数计算该三次样条。例如：

```
>> yi=ppval(pp,xi);
```

类似地，有

```
>> yi=ppval(pp,xi);
>> xi2=linspace(10,13);
>> yi2=ppval(pp,xi2);
>> xi3=10:14
xi3 =
    10      11      12      13      14
>> yi3=ppval(pp,xi3)
yi3 =
    3.7321      6.1314      10.0580      15.9577      24.2763
```

这表明，可在计算三次多项式所覆盖的区间外计算三次样条。当数据出现在最后一个断点之后或第一个断点之前时，分别运用最后一个或第一个三次多项式来寻找内插值。

1.2.9 B 样条插值

B 样条插值为另一类常用的样条函数，MATLAB 提供了 spapi 函数用于实现 B 样条插值。其调用格式如下：

◎ spline=spapi(knots,x,y)：返回样条规则，knots 为序列。

◎ spapi(k,x,y)：k 为用户选定的 B 样条阶次，一般选择 k=4.5 便能得出较好的插值效果，x，y 为其样条插值数据。

【例 1-21】 用 B 样条对 $f(x)=(x^2-4x+5)\mathrm{e}^{-x}\cdot\sin(x)$ 函数进行 5 次 B 样条插值。

```
clear all;
x=0:0.14:2;
y=(x.^2-4*x+5).*exp(-x).*sin(x);
ezplot('(x^2-4*x+5)*exp(-x)*sin(x)',[0,2]);
hold on;
spl=csapi(x,y);                    %B 样条插值
fnplt(spl,'-.');                   %绘制 B 样条插值效果图
sp2=spapi(5,x,y);                  %5 次 B 样条插值
fnplt(sp2,'r—');                   %绘制 5 次 B 样条插值
legend('B 样条插值','5 次 B 样条插值');
```

运行程序，效果如图 1-9 所示。

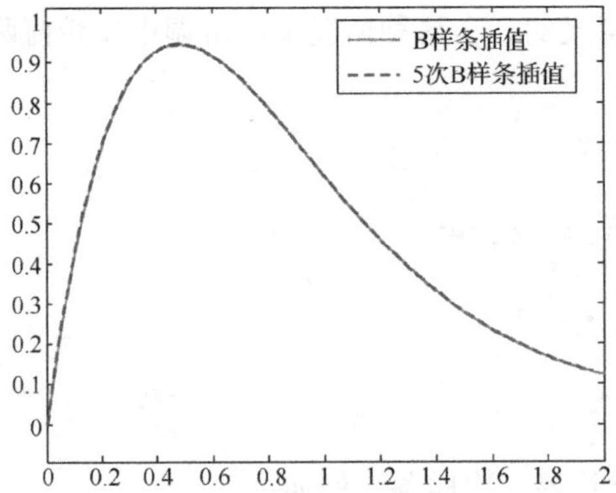

图 1-9　B 样条插值效果图

1.2.10 曲线拟合的最小二乘法

插值函数必须通过所有样本点。然而，在有些情况下，样本点的取得本身就包含实验中的测量误差，这一要求无疑是保留了这些测量误差的影响，满足这一要求虽然使样本点处"误差"为零，但会使非样本点处的误差变得过大，非常不合理。为此，本节提出了另一种函数逼近方法——曲线拟合的最小二乘法，它不要求构造的近似函数 $\varphi(x)$ 全部通过样本点，而是"很好逼近"它们。下面对最小二乘拟合法进行介绍。

给定数据 $(x_i, y_i)(i=1,2,\cdots,n)$，设拟合函数的形式为

$$S(x)=a_0\varphi_0(x)+a_1\varphi_1(x)+\cdots+a_n\varphi_n(x) \tag{1-43}$$

式中，$\varphi_k(x)(k=0,1,2,\cdots,n)$ 为已知的线性无关函数。求系数 $a_0,a_1,\cdots,a_n$，使得

$$\varphi(a_0,a_1,\cdots,a_n)k=0=\sum_{i=1}^{n}\left[S(x_i)-y_i\right]^2=\sum_{i=1}^{n}\left[\sum_{k=0}^{m}a_k\varphi_k(x_i)-y_i\right]^2 \tag{1-44}$$

最小，若

$$\sum_{i=1}^{n}\left[\sum_{k=0}^{m}a_k\varphi_k(x_i)-y_i\right]^2=\min_{\substack{S(x)\in\varphi\\0\leqslant k\leqslant m}}\sum_{i=0}^{n}\left[\sum_{k=0}^{m}a_k\varphi_k(x_i)-y_i\right]^2 \tag{1-45}$$

则称相应的

$$S(x)=a_0^*\varphi_0(x)+a_1^*\varphi_1(x)+\cdots+a_n^*\varphi_n(x) \tag{1-46}$$

为最小二乘拟合函数。

特别是，若

$$S(x)=a_0^*+a_1^*x+\cdots+a_n^*x^m \tag{1-47}$$

则称 $S(x)$ 为 n 次最小二乘拟合多项式。

MATLAB 提供了 lsqcurvefit 函数用于解决最小二乘曲线拟合问题。其调用格式如下：

◎ x=lsqcurvefit(fun,x0,xdata,ydata)：fun 为拟合函数；(xdata,ydata) 为一组观测数据，满足 ydata=fum(xdata,x)；以 x0 为初始点求解该数据拟合问题。

◎ x=lsqcurvefit(fun,x0xdata,ydata,lb,ub)：以 x0 为初始点求解该数据拟合问题，lb、ub 为向量，分别是变量 x 的下界与上界。

◎ x=lsqcurvefit(fun,x0,xdata,ydata,lb,ub,options)：options 为指定优化参数，具体含义见软件帮助文件。

【例 1-22】 在工程实验中，测得下面的一组数据：

X_i=[0 0.3 0.7 1.4 1.7 2.3 2.4 2.8 3.3]

Y_i=[0.2 2.6 3.6 4.5 5.9 6.7 7.7 8.4 9.2]

求系数 a、b、c、d，使得函数 $f(x)=2a+b\cos x+c\cdot(\sin t)/3+dx^2$ 为上述测得数据的最佳拟合函数。

首先根据拟合函数建立 li1_22fit.m 函数如下：

```
function f=li1_22fit(x,xi)
n=length(xi);
for i=1:n
    f(i)=2*x(1)+x(2)*cos(xi(i))+x(3)/3*sin(xi(i))+x(4)*xi(i)^2;
end
```

其实现的 MATLAB 代码如下：

```
clear all;
Xi=[0 0.4 0.8 1.2 1.6 2.0 2.4 2.8 3.2];
Yi=[0.1 2.8 3.7 4.6 5.9 6.7 7.8 8.1 9.2];
x0=[1 1 1 1]';
[x,resnorm,residual,exitflag,output,lambda,jacobian]=lsqcurvefit('li5_21fit',x0,Xi,Yi)
Optimization completed because the size of the gradient is less than
the default value of the function tolerance.
<stopping criteria details>
x =
   -0.3876
    3.9324
    3.8455
    1.1272
resnorm =      0.9389
residual =
    0.4066   -0.6829   -0.0398    0.3776    0.1038    0.0760   -0.3714    0.0718   0.0584
exitflag =      1
output =
    firstorderopt: 1.5421e-08
       iterations: 2
        funcCount: 15
     cgiterations: 0
        algorithm: 'trust-region-reflective'
         stepsize: 3.3305e-06
          message: 'Local minimum found.…'
lambda =
    lower: [4x1 double]
    upper: [4x1 double]
jacobian =
   (1,1)        2.0000
   (2,1)        2.0000
   (3,1)        2.0000
   (4,1)        2.0000
   (5,1)        2.0000
   (6,1)        2.0000
   (7,1)        2.0000
   (8,1)        2.0000
   (9,1)        2.0000
   (2,2)        0.3894
   (3,2)        0.7174
```

```
     (4,2)        0.9320
     (5,2)        0.9996
     (6,2)        0.9093
     (7,2)        0.6755
     (8,2)        0.3350
     (9,2)       -0.0584
     (1,3)        0.3333
     (2,3)        0.3070
     (3,3)        0.2322
     (4,3)        0.1208
     (5,3)       -0.0097
     (6,3)       -0.1387
     (7,3)       -0.2458
     (8,3)       -0.3141
     (9,3)       -0.3328
     (2,4)        0.1600
     (3,4)        0.6400
     (4,4)        1.4400
     (5,4)        2.5600
     (6,4)        4.0000
     (7,4)        5.7600
     (8,4)        7.8400
     (9,4)       10.2400
```

从而拟合函数为

$$f(x)=0.1634+0.7330\cos x+3.0761\sin x+0.9616x^2$$

然后对所得数据进行拟合，效果如图 1-10 所示。

```
xi=0:0.1:3.3;
y=li1_22fit(x,xi);
plot(Xi,Yi,'ro');
grid on; hold on;
plot(xi,y);
legend('观测数据点','拟合曲线');
```

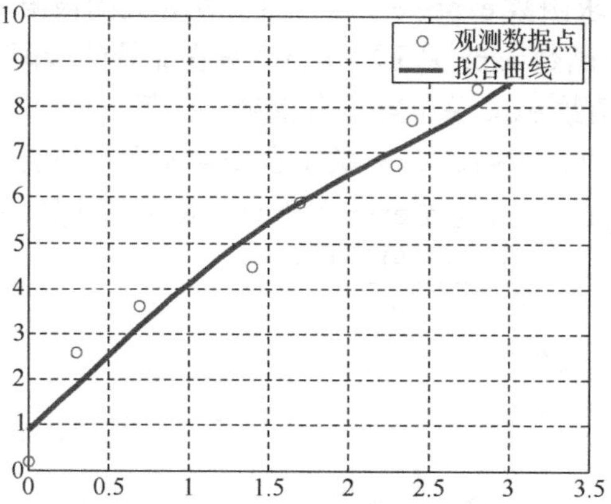

图 1-10　最小二乘拟合效果图

第 2 章　数值微分和积分算法

通过数值计算的方式进行函数的数值微分与数值积分运算，在工程计算中应用广泛，十分重要。

2.1　函数的极限

函数极限问题的定义为：设函数 $f(x)$ 在点 x_0 的某一去心邻域内有定义，如果对任意给定的正数 f（无论它多小），总存在正数使得对于适合不等式 $0<|x-x_0|<\delta$ 的所有 x，对应的函数值 $f(x)$ 都满足不等式：

$$|f(x)-A|<\varepsilon \tag{2-1}$$

那么常数 A 就称为函数 $f(x)$ 当 $x\to x_0$ 时的极限，记为

$$\lim_{x\to x_0} f(x)=A \quad 或 \quad f(x)=A \tag{2-2}$$

上述定义中的 x_0 既可以是某确定的值，也可以为无穷大。

当常数 A 满足 $A=f(x)$ 时，即 $\lim\limits_{x\to x_0} f(x)=f(x)$ 时，称函数 $f(x)$ 在点 x_0 连续。函数在某一点连续又可分为左连续和右连续。如果

$$\lim_{x\to x_0^-} f(x)=f(x_0-0) \tag{2-3}$$

存在且等于 $f(x_0)$，就称函数 $f(x)$ 在点 x_0 处左连续。如果

$$\lim_{x\to x_0^+} f(x)=f(x_0+0) \tag{2-4}$$

存在且等于 $f(x_0)$，就称函数 $f(x)$ 在点 x_0 处右连续。

MATLAB 符号运算工具箱提供了 limit 函数用于求函数极限问题，其调用格式如下。

◎　limit(expr,x,a)：求函数 expr 关于自变量 x 在 a 处的极限。

◎　limit(expr,a)：求函数 expr 关于默认自变量在 a 处的极限。

◎　limit(expr)：求函数 expr 关于默认自变量的极限。

◎　limit(expr,x,a,'left')：求函数 expr 关于自变量 x 在 a 处的左极限。

◎　limit(expr,x,a,'right')：求函数 expr 关于自变量 x 在 a 处的右极限。

【例 2-1】 求 $\lim\limits_{x\to 0}\dfrac{\sin x}{x}$ 及 $\lim\limits_{x\to h}\dfrac{\sin(x+h)-\sin x}{h}$。

其实现的 MATLAB 代码如下：

```
>> syms x h;
limit(sin(x)/x)
limit((sin(x+h)-sin(x))/h,h,0)
ans =
        1
```

```
ans =
        cos(x)
```

【例 2-2】 求 $\lim\limits_{x\to 0^+} x^{\sin x}$ 函数的单边限。

其实现的 MATLAB 代码如下：

```
>> clear all;
>> syms x;
>> expr=x^(sin(x));
>> l=limit(expr,x,0,'right')
l =
 1
```

2.2 函数的导数

函数的导数问题数学上可以表示为

$$\lim_{x\to x_0}\frac{f(x)-f(x_0)}{x-x_0} \tag{2-5}$$

设函数 $y=f(x)$ 在某个邻域内有定义，当自变量 x 在 x_0 处取得增量 Δx 时，相应的函数 y 取得增量 $\Delta y=f(x_0+\Delta x)-f(x_0)$；如果 Δy 与 Δx 之比为 $\Delta x\to 0$ 时的极限存在，则称函数 $y=f(x)$ 在点 x_0 处可导，并称这个极限为函数 $y=f(x)$ 在点 x_0 处的导数，记为 L_0，即

$$y'\big|_{x=x_0}=\lim_{\Delta x\to 0}\frac{\Delta y}{\Delta x}=\lim_{\Delta x\to 0}\frac{f(x_0+\Delta x)-f(x_0)}{\Delta x} \tag{2-6}$$

MATLAB 提供了 diff 函数用于实现函数的导数，其可以解出给定函数的各阶导数。其调用格式如下：

◎ Y= diff(X)：求函数 f(X) 的导数。

◎ Y = diff(X,n)：求函数 f(X) 的 n 阶导数。

◎ Y= diff(X,n,dim)：求多元函数 $f(x,y,\ldots)$ 对 x 的 n 阶导数。

【例 2-3】 求 $y=2^{x/2}+\sqrt{x}\ln 2x$ 的导数。

其实现的 MATLAB 代码如下：

```
>> clear all
>> syms x;
>> f=2^(x/2)+x^(1/2)*log(2*x);
>> d=diff(f)
d =
(2^(x/2)*log(2))/2 + log(2*x)/(2*x^(1/2)) + 1/x^(1/2)
```

【例 2-4】 给定函数 $f(x)=\dfrac{\sin x}{x^3+2x^2+5x+8}$，试求其关于自变量 x 的 5 阶导数。

其实现的 MATLAB 代码如下：

```
>> clear all;
>> syms x;
```

```
>> f=sin(x)/(x^3+2*x^2+5*x+8);
>> f1=diff(f,x)
pretty(f)
f1 =
cos(x)/(x^3 + 2*x^2 + 5*x + 8) - (sin(x)*(3*x^2 + 4*x + 5))/(x^3 + 2*x^2 + 5*x + 8)^2
  sin(x)
  -------------------
   3      2
  x  + 2 x  + 5 x + 8
>> x1=0:0.001:5;
>> y=subs(f,x,x1);
>> y1=subs(f1,x,x1);
>> plot(x1,y,x1,y1,'r');                    %效果如图 2-1 所示
>> %实现函数的 5 阶导数
>> f4=diff(f,x,4)
f4 =
sin(x)/(x^3 + 2*x^2 + 5*x + 8) - (24*cos(x))/(x^3 + 2*x^2 + 5*x + 8)^2 + (6*sin(x)*(6*x + 4))/(x^3 + 2*x^2 + 5*x + 8)^2 + (4*cos(x)*(3*x^2 + 4*x + 5))/(x^3 + 2*x^2 + 5*x + 8)^2 + (48*sin(x)*(3*x^2 + 4*x + 5))/(x^3 + 2*x^2 + 5*x + 8)^3 + (6*sin(x)*(6*x + 4)^2)/(x^3 + 2*x^2 + 5*x + 8)^3 - (24*cos(x)*(3*x^2 + 4*x + 5)^3)/(x^3 + 2*x^2 + 5*x + 8)^4 - (12*sin(x)*(3*x^2 + 4*x + 5)^2)/(x^3 + 2*x^2 + 5*x + 8)^3 + (24*sin(x)*(3*x^2 + 4*x + 5)^4)/(x^3 + 2*x^2 + 5*x + 8)^5 + (24*cos(x)*(6*x + 4)*(3*x^2 + 4*x + 5))/(x^3 + 2*x^2 + 5*x + 8)^3 - (36*sin(x)*(6*x + 4)*(3*x^2 + 4*x + 5)^2)/(x^3 + 2*x^2 + 5*x + 8)^4
```

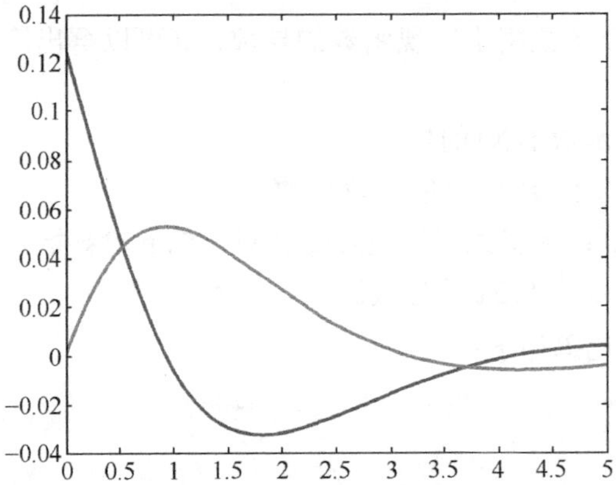

图 2-1 函数及其一阶导数

【例 2-5】 求二元函数 $f = f(x,y) = (y^2 + 2y + x)e^{-(x^2+2y^2+4xy)}$ 的偏导数，并用图形表示出来。

```
>> clear all;
>> syms x y;
>> f=(y^2+2*y+x)*exp(-x^2+2*y+4*x*y);
>> fx=simplify(diff(f,x))        %对所求导数化简
fx =
-exp(- x^2 - 4*x*y - 2*y^2)*(2*x^2 + 2*x*y^2 + 8*x*y + 4*y^3 + 8*y^2 - 1)
```

```
>> fy=diff(f,y)
fy =
exp(- x^2 - 4*x*y - 2*y^2)*(2*y + 2) - exp(- x^2 - 4*x*y - 2*y^2)*(4*x + 4*y)*(y^2 + 2*y + x)
>> %求原函数的三维图形
>> [x,y]=meshgrid(-3:0.1:3,-2:0.1:2);
>> f=(y.^2+2*y+x).*exp(-(x.^2+2*y.^2+4*x.*y));
>> surf(x,y,f)
>> fx=-(2*x.^2+2*x.*y.^2+8*x.*y+4*y.^3+8*y.^2-1)./exp(x.^2+4*x.*y+2*y.^2);
>>figure;surf(x,y,fx);
>> set(gcf,'color','w');
>>fy=(2*y+2)./exp(x.^2+4*x.*y+2*y.^2)-((4*x+4*y).*(y.^2+2*y+x))./exp(x.^2+4*x.*y+2*y.^2);
>> figure;surf(x,y,fy)
>> set(gcf,'color','w');
```

因此原函数的三维图形如图 2-2(a)所示；原函数对 x 的偏导数三维图形如图 2-2(b)所示；原函数对 y 的偏导数三维图形如图 2-2(c)所示。

彩图 2-2(a)

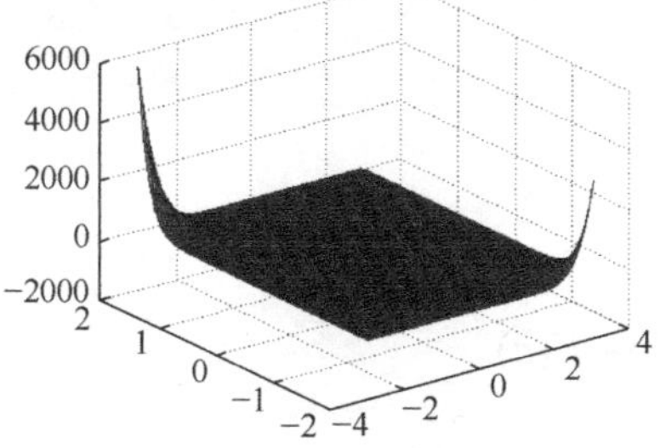

(a) 原函数的三维图形

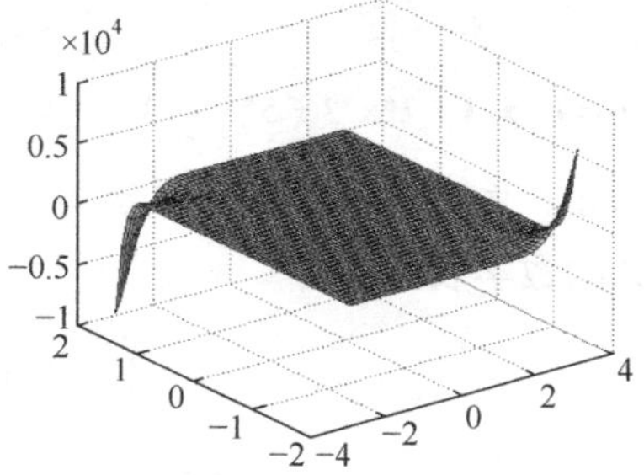

(b) 原函数对x的偏导数三维图形

彩图 2-2(b)

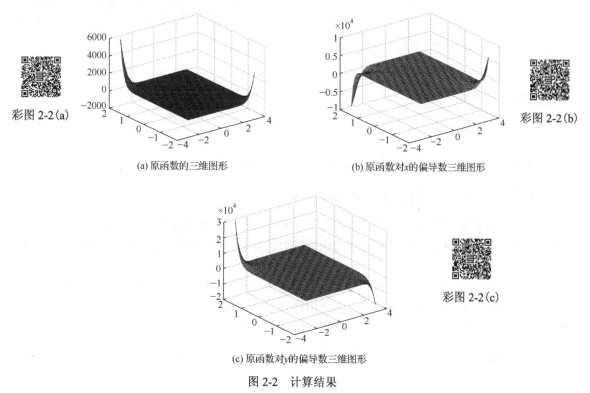

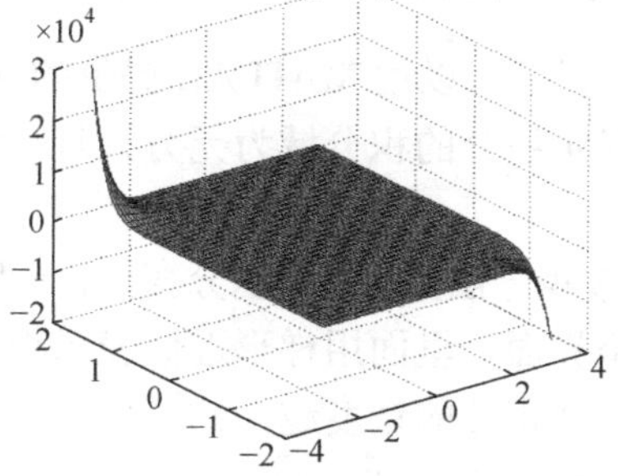

(c) 原函数对y的偏导数三维图形

彩图 2-2(c)

图 2-2 计算结果

2.3 函数的积分

函数的积分问题可分为不定积分、定积分、无穷积分与多重积分。

1) 不定积分

不定积分的数学表达式为

$$\int f(x)\,\mathrm{d}x = F(x) + C，\quad C为任意常数 \tag{2-7}$$

对于可积函数，MATLAB 符号工具箱中提供了 int 函数用于实现积分求解，其调用格式如下：

◎　int(F)：计算函数 F 的默认自变量不定积分。

◎　int(f,x)：计算函数 F 关于变量 x 的不定积分。

对于 int 函数得出的 $F(x)$ 为原函数，不定积分应该是 $F(x)+C$ 组成的函数，C 为任意常数。

考虑函数 $f(x)=\dfrac{\sin x}{x^3+2x^2+5x+8}$，用 diff 函数求其一阶导数后，再对其导数进行积分运算，即可验证该命令是否可以得到正确的结果。MATLAB 代码如下：

```
>> clear all
>> syms x;
>> f=sin(x)/(x^3+2*x^2+5*x+8);
>> df=diff(f);                          %求 f 函数的一阶导数
>> rf=int(df);                          %对其导数进行积分运算
>> rf
rf =
sin(x)/(x^3 + 2*x^2 + 5*x + 8)
```

2)定积分、无穷积分与多重积分

定积分的数学表达式为

$$\int_a^b f(x)\mathrm{d}x = F(b) - F(a) \tag{2-8}$$

此外，无穷积分可表示为 $\int_a^{+\infty} f(x)\,\mathrm{d}x$、$\int_{-\infty}^{a} f(x)\,\mathrm{d}x$、$\int_{-\infty}^{+\infty} f(x)\,\mathrm{d}x$ 三类形式；多重积分可表示为 $\iint f(x,y)\mathrm{d}x\mathrm{d}y$、$\iiint f(x,y,z)\mathrm{d}x\mathrm{d}y\mathrm{d}z$ 等多类形式。

对于积分的这三类问题，仍然可以用 MATLAB 提供的 int 函数来解决。定积分和无穷积分可以归结为一类问题，即当定积分的积分域为无穷大时，便可认为是无穷积分问题。其调用格式如下：

◎　P=int(f,x,a,b)：f 为被积分函数，x 为积分变量，a 和 b 分别为积分的上下限。

以上命令运行后得到一个界面，里面用梯形近似表示积分值，且窗体的右上方的数字是近似积分值，梯形数越大，近似积分的精度越高。

【例 2-6】 对 $f(x)=\dfrac{x+\cos x}{1+\sin x}$,在区间 $\left[0,\dfrac{\pi}{2}\right]$ 上求其定积分，并绘图。

```
>> clear all
>> syms x
>> f=(x+cos(x))/(1+sin(x));
>> rf=int(f,x,0,pi/2)
rf =
log(4)
>> rsums(f,[0,pi/2]);                          %用积分公式近似面积图
```

运行程序，效果如图 2-3 所示。

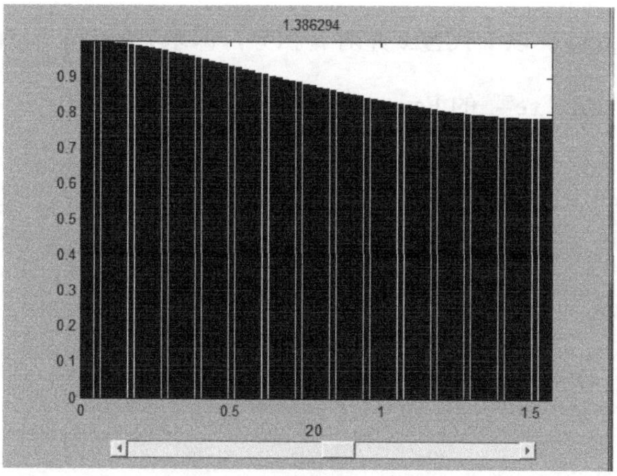

彩图 2-3

图 2-3　近似积分公式效果图

【例 2-7】 求多重积分 $f(x)=\int_1^2\int_{\sqrt{x}}^{x^2}\int_{\sqrt{y}}^{x^3y^2}(x^3+y^3+z^3+3xyz)\mathrm{d}x\mathrm{d}y\mathrm{d}z$ 。

```
>> clear all;
>> syms x y z;
>> f=x^3+y^3+z^3+3*x*y*z;
>> r_int=int(int(int(f,z,sqrt(y),x^3*y^2),y,sqrt(x),x^2),x,1,2)
r_int =                                          %显示多重积分结果
(2048*2^(1/4))/585-(1167158*2^(1/2))/5355+(128*2^(3/4))/57+842177330069477/437367840
>> N_r_int=vpa(r_int)
N_r_int =                                        %积分结果用 32 位表示
1925258.1297458764567241940482699
```

2.4　积 分 变 换

积分变换技术可以将某些难以分析的问题通过映射的方式映射到其他领域内的表达式再进行分析，是非常重要的工程计算手段。重要的积分变换有 Fourier 变换、Laplace 变换等。

2.4.1　Fourier 变换及其逆变换

Fourier 变换是将函数表示成一簇具有不同幅值的正弦函数和或者积分，在物理学、数论、信号处理、概率论等领域都有着广泛的应用。

Fourier 变换的一般定义为

$$F(\omega)=\frac{1}{\sqrt{2\pi}}\int_{-\infty}^{+\infty}f(t)\mathrm{e}^{-\mathrm{j}\omega t}\mathrm{d}t \tag{2-9}$$

MATLAB 提供了 fourier 函数用于实现 Fourier 变换，其调用格式如下。

◎　F = fourier(f)：f 返回对默认自变量 x 的 Fourier 变换，默认的返回形式是 $f(w)$，即 $f=f(x)=>F=F(w)$；如果 $f=f(w)$，则返回 $F=F(t)$，即求 $F(\omega)=\int_{-\infty}^{+\infty}f(x)\mathrm{e}^{-\mathrm{j}\omega x}\mathrm{d}x$ 。

◎　F = fourier(f,v)：返回 Fourier 变换以 v 为默认变量，即求 $F(v)=\int_{-\infty}^{+\infty}f(x)\mathrm{e}^{-\mathrm{j}\omega x}\mathrm{d}x$ 。

◎ F = fourier(f,u,v)：以 v 代替 x 并对 u 积分，即求 $F(v)=\int_{-\infty}^{+\infty} f(u)\mathrm{e}^{-\mathrm{j}\omega u}\mathrm{d}u$。

【例 2-8】 计算 $f(\omega)=x\mathrm{e}^{-|\omega|}$ 的 Fourier 变换。

```
>> syms x w;
>> f=x*exp(-abs(w));
>> F=fourier(f)              %进行 Fourier 变换
F =
-(2*pi*dirac(-w, 1)*i)/exp(abs(-w))
```

【例 2-9】 计算 $g(x)=\dfrac{4\sin(3x)}{x}$ 的 Fourier 变换。

```
>> clear all;
syms x;
g=4*sin(3*x)/x;
G=fourier(g)              %显示 Fourier 变换函数
G =
12*transform::fourier((cos(x)^2*sin(x))/x,x,-w)-4*transform::fourier (sin(x)^3/x,x,-w)
```

Fourier 逆变换的一般定义为

$$f(x)=\frac{1}{2\pi}F(\omega)\mathrm{e}^{\mathrm{i}\omega x}\,\mathrm{d}\omega \tag{2-10}$$

MATLAB 提供了 ifourier 函数用于实现 Fourier 的逆变换，其调用格式如下。

◎ f=ifourier(F)：F 返回对默认自变量 w 的 Fourier 逆变换，默认的返回形式是 $f(x)$，即 $F=F(w)$=>$f=f(x)$；如果 $F=F(x)$，则返回 $f=f(t)$，即求 $f(\omega)=\int_{-\infty}^{+\infty}\frac{1}{2\pi}F(x)\mathrm{e}^{\mathrm{i}\omega x}\,\mathrm{d}\omega$。

◎ f = ifourier(F,u)：返回 Fourier 逆变换以 u 为默认变量，即求 $f(u)=\frac{1}{2\pi}\int_{-\infty}^{+\infty}F(x)\mathrm{e}^{-\mathrm{i}\omega x}\mathrm{d}u$。

◎ f = ifourier(F，v，u)：以 v 代替 u 的 Fourier 逆变换，即求 $f(v)=\frac{1}{2\pi}\int_{-\infty}^{+\infty}F(v)\mathrm{e}^{-\mathrm{i}vx}\mathrm{d}v$。

【例 2-10】 求 $f(\omega)=\mathrm{e}^{-\frac{\omega^2/2}{3a^2}}$ 的 Fourier 逆变换。

```
>> clear all;
>> syms a w real;
>> f=exp(-(w^2/2)/(3*a^3));
>> iF=ifourier(f)                          %Fourier 逆变换
iF =
fourier(exp(-(a^3*w^2)/6), w, -x)/(2*pi)
```

2.4.2 快速 Fourier 变换

快速 Fourier 变换(fast Fourier transform，FFT)是离散傅里叶变换的快速算法，使算法复杂度由原本的 $O(N^2)$ 变为 $O(N\log N)$，离散傅里叶变换定义如下

$$X_k=\sum_{n=0}^{N-1}x_n\mathrm{e}^{-2\pi\mathrm{i}kn/N} \tag{2-11}$$

它是根据离散傅里叶变换的奇、偶、虚、实等特性，对离散傅里叶变换的算法进行改进获得的。计算离散傅里叶变换的快速方法，主要分为按时间抽取的 FFT 算法和按频率抽取的 FFT 算法。前者是将时域信号序列按偶奇分排，后者是将频域信号序列按偶奇分排。它们都借助周期性和对称性两个特点。这样便可以把离散傅里叶变换的计算分成若干步进行，计算效率大为提高。

在 MATLAB 中对实现快速 Fourier 变换的函数有多种，下面分别给予介绍。

1) fft 函数

MATLAB 提供了 fft 函数用于实现一维快速 Fourier 变换。其调用格式如下：

◎ Y=fft(X)：计算对向量 X 的快速 Fourier 变换，如果 X 是矩阵，fft 返回对每一列的快速 Fourier 变换。

◎ Y=fft(X,n)：计算向量的 n 点快速 Fourier 变换。当 X 的长度小于 n 时，系统将在 X 的尾部补 0，以构成 n 点数据；当 x 的长度大于 n 时，系统进行截尾。

◎ Y=fft(X,[],dim) 或 Y= fft(X,n,dim)：计算对指定的第 dim 维的快速 Fourier 变换。

【例 2-11】 Fourier 变换经常被用来计算存在噪声的时域信号的频谱。假设数据采样频率为 1000Hz，一个信号包含频率为 45Hz、振幅为 0.6 的余弦波和频率为 110Hz、振幅为 0.8 的余弦波，噪声为零平均值的随机噪声。试采用 FFT 方法分析其频谱。

```
clear all;
Fs = 1000;                              %采样频率
T = 1/Fs;                               %采样时间
L = 1000;                               %信号长度
t = (0:L-1)*T;                          %时间向量
%包含频率为 45,振幅为 0.6，频率为 110，振幅为 0.8 的余弦波
x = 0.6*cos(2*pi*45*t)+0.8*sin(2*pi*110*t);
y = x+2*randn(size(t));                 %余弦加噪声
plot(Fs*t(1:50),y(1:50));
title('零平均值噪声信号');
xlabel ('时间 (milliseconds)');
figure;
NFFT=2^nextpow2(L);                     %下一步的功率长度 y/2
Y=fft(y,NFFT)/L;
f=Fs/2*linspace(0,1,NFFT/2+1);
%绘制信号的单边振幅频谱图
plot(f,2*abs(Y(1:NFFT/2+1)))
title('y(t) 单边振幅频谱')
xlabel('频率 (Hz)')
ylabel('|Y(f)|')
```

运行程序，效果如图 2-4 所示。

2) ifft 函数

MATLAB 提供了 ifft 函数用于实现一维快速 Fourier 逆变换。其调用格式如下：

◎ y = ifft(X)：计算 X 的快速 Fourier 逆变换。

◎ y = ifft(X,n)：计算向量 X 的 n 点快速 Fourier 逆变换。

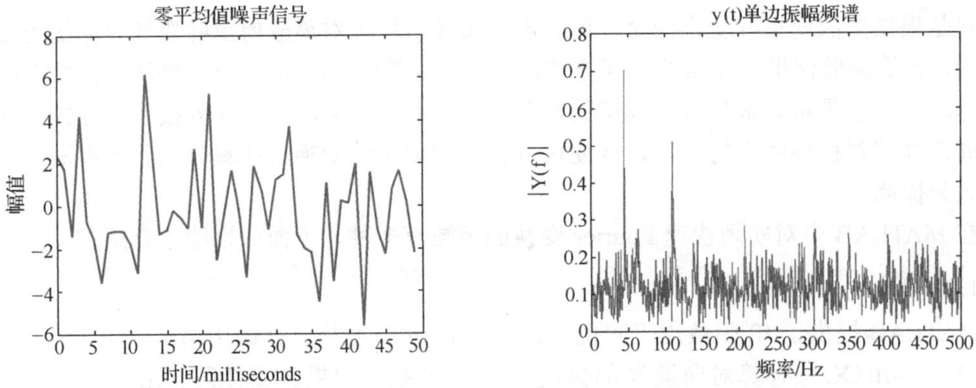

(a) 零平均值噪声信号效果图　　(b) $y(t)$单边振幅频谱效果图

图 2-4　FFT 方法分析结果

◎　y = ifft(X,[],dim) 或 y=ifft(X,n,dim)：计算对第 dim 维的快速 Fourier 逆变换。

【例 2-12】 对以下创建的矩阵实现快速 Fourier 逆变换。

```
>> A=magic(4);  %创建 4 阶魔方矩阵
>> y=ifft(A)
y =
   8.5000 + 0.0000i    8.5000 + 0.0000i    8.5000 + 0.0000i    8.5000 + 0.0000i
   1.7500 + 0.2500i   -1.2500 - 0.7500i   -0.7500 - 1.2500i    0.2500 + 1.7500i
   4.0000 + 0.0000i   -4.0000 + 0.0000i   -4.0000 + 0.0000i    4.0000 + 0.0000i
   1.7500 - 0.2500i   -1.2500 + 0.7500i   -0.7500 + 1.2500i    0.2500 - 1.7500i
>> y=ifft(A,3)
y =
  10.0000 + 0.0000i    6.6667 + 0.0000i    6.3333 + 0.0000i   11.0000 + 0.0000i
   3.0000 - 1.1547i   -2.3333 + 1.1547i   -1.6667 + 1.1547i    1.0000 - 1.1547i
   3.0000 + 1.1547i   -2.3333 - 1.1547i   -1.6667 - 1.1547i    1.0000 + 1.1547i
```

3) fft2 函数

MATLAB 提供了 fft2 函数用于实现二维快速 Fourier 变换。其调用格式如下：

◎　Y=fft2(X)：计算对 X 的二维快速 Fourier 变换，结果 Y 与 X 的维数相同。

◎　Y=fft2(X,m,n)：计算结果为 m×n 阶，系统将视情况对 X 进行截尾或者以 0 来补齐。

2.4.3　Laplace 变换

法国数学家 Pierre-Simon Laplace(1749～1827 年)引入的积分变换可以巧妙地将一般常系数微分方程映射成代数方程，奠定了很多领域(如电路分析、自动控制原理等)的数学基础。

一个时域函数的 Laplace 变换可定义为

$$L(s)=\int_0^{\infty} f(t)\mathrm{e}^{-st}\mathrm{d}t \tag{2-12}$$

MATLAB 提供了 laplace 函数用于实现 Laplace 变换。其调用格式如下：

◎　laplace(F)：默认 t 为时域变量。

◎　laplace(F,t)：用 t 代替默认的变量 s。

◎　laplace(F,w,z)：用 w 代替默认的变量 s，z 代替默认的变量 t 和 s。

【例 2-13】 已知函数 f=cos2t+sinh3t，求取该函数的 Laplace 变换。

```
>> clear all; syms t;
>> f=cos(2*t)+sinh(3*t);
>> Lf=laplace(f)                              %Laplace 变换结果
Lf =
s/(s^2 + 4)+ 3/(s^2 – 9)
>> pretty(Lf)
    s         3
 ––––+––––
   2        2
 s  +4    s  –9
```

Laplace 逆变换的定义可表示为

$$f(t)=\int_{c-\mathrm{i}\infty}^{c+\mathrm{i}\infty} L(s)\mathrm{e}^{st}\mathrm{d}s \tag{2-13}$$

MATLAB 提供了 ilaplace 函数用于实现 Laplace 逆变换。其调用格式如下：

◎ F = ilaplace(L)：计算对默认自变量 s 的 Laplace 逆变换，默认的返回形式是 F(t)，即 L=L(s)=>F=F(t)：如果 L=L(t)，则返回 f=f(x)，即求 $f(w)=\int_{c-\mathrm{i}w}^{c+\mathrm{i}w} L(s)\mathrm{e}^{st}\mathrm{d}s$。

◎ F = ilaplace(L，y)：计算结果以 y 为默认变量，即求 $F(y)=\int_{c-\mathrm{i}w}^{c+\mathrm{i}w} L(y)\mathrm{e}^{sy}\mathrm{d}s$。

◎ F = ilaplace(L，y，x)：以 x 代替 t 的 Laplace 逆变换，即求 $F(x)=\int_{c-\mathrm{i}w}^{c+\mathrm{i}w} L(y)\mathrm{e}^{xy}\mathrm{d}y$。

【例 2-14】 计算 $g(a)=\dfrac{2}{(t^2-a)^3}$ 的 Laplace 逆变换。

其实现的 MATLAB 代码如下：

```
>> clear all
>> syms t a ;
>> g=2/(t^2–a)^3;
>> iLg=ilaplace(g)                     %Laplace 逆变换结果
iLg =
–(x^(5/2)*(sin(a^(1/2)*x*i)*(3/(a*x^2)+1)– (cos(a^(1/2)*x*i)*3*i)/(a^(1/2)*x)))/
(4*(a^(1/2)*i)^(5/2)* (a^(1/2)*x*i)^(1/2))
```

2.4.4 Z 变换及其逆变换

离散序列信号的 Z 变换可定义为

$$F(z)=\sum_{i=0}^{\infty} f(k)z^{-k} \tag{2-14}$$

MATLAB 提供了 ztrans 函数用于实现 Z 变换，其调用格式如下。

◎ F =ztrans(f)：默认变量 k 进行 Z 变换。

◎ F =ztrans(f,w)：用 w 代替默认变量 k 进行 Z 变换。

◎ F =ztrans(f,k,w)：进行 Z 变换，将 k 的函数变换为 w 的函数。

【例 2-15】 已知函数 $f(KT)=akT+2+(akT-2)\mathrm{e}^{-akT/2}$，对其进行 Z 变换。

```
>> clear all;
>> syms a k T;
>> f=a*k*T+2+(a*k*T-2)*exp(-(a*k*T)/2);
>> zf=ztrans(f)                        %进行 Z 变换结果
zf =
(2*z)/(z-1)-(2*z)/(z-exp(-(T*a)/2))+(T*a*z)/(z-1)^2+ (T*a*z*exp((T*a)/2))/(z*exp((T*a)/2)-1)^2
```

Z 逆变换的数学表达式为

$$f(k)=\frac{1}{2\pi i}\int F(z)z^{k-1}\mathrm{d}z \tag{2-15}$$

MATLAB 提供了 iztrans 函数用于实现 Z 逆变换，其调用格式如下。

◎ f=iztrans(F)：默认变量为 z 进行 Z 逆变换。

◎ f=iztrans(F,k)：用 k 代替默认变量 z 进行 Z 逆变换。

◎ f=iztrans(F,w,k)：Z 逆变换，将 w 的函数变换成 k 的函数。

【例 2-16】 对 $F(z)=q/(z^{-1}-p)^m$ 函数进行 Z 逆变换，已知 $w=1,2,\cdots,8$。

```
>> clear all;
>> syms p q z
>> for i=1:8
disp(simple(iztrans(q/(1/z-p)^i)))
end
piecewise([p ~= 0, -(q*(1/p)^n)/p])
piecewise([p ~= 0, (q*(n+1)*(1/p)^n)/p^2])
piecewise([p ~= 0, -(q*(n+1)*(n+2)*(1/p)^n)/(2*p^3)])
piecewise([p ~= 0, (q*(n+1)*(n+2)*(n+3)*(1/p)^n)/(6*p^4)])
piecewise([p ~= 0, -(q*(n+1)*(n+2)*(n+3)*(n+4)*(1/p)^n)/(24*p^5)])
piecewise([p ~= 0, (q*(n+1)*(n+2)*(n+3)*(n+4)*(n+5)*(1/p)^n)/(120*p^6)])
piecewise([p ~= 0, -(q*(n+1)*(n+2)*(n+3)*(n+4)*(n+5)*(n+6)*(1/p)^n)/(720*p^7)])
piecewise([p ~= 0, (q*(n+1)*(n+2)*(n+3)*(n+4)*(n+5)*(n+6)*(n+7)*(1/p)^n)/
(5040*p^8)])
```

2.5 级数展开与求和

多变量或单变量函数的级数展开与求和通常包括 Taylor（泰勒）级数展开、Fourier(傅里叶)级数展开和有/无穷级数求和。

2.5.1 Taylor 级数展开

若函数 $f(x)$ 在 x_0 处 n 阶可微，则

$$f(x)=\sum_{k=0}^{n}\frac{f^{(k)}(x)}{k!}(x-x_0)^k+R_n(x) \tag{2-16}$$

式中，$R_n(x)$ 称为余项。常用的余项公式介绍如下。

(1) Peano 型余项：$R_n(x)=o(x-x_0)^n$。

(2) Lagrange 型余项： $R_n(x)=\dfrac{f^{(n+1)}(x)}{(n+1)!}(x-x_0)^{n+1}$，其中 ξ 介于 $x\sim x_0$。

特别地，当 $x_0=0$ 时，带 Lagrange 型余项的 Taylor 公式为

$$f(x)=f(0)+f'(0)x+\frac{f''(0)}{2!}x^2+\cdots+\frac{f^{(n)}(0)}{n!}x^n+\frac{f^{(n+1)}(\xi)}{(n+1)!}x^{n+1},\quad 0<\xi<x \tag{2-17}$$

称为 Maclaurin 公式。

Maclaurin 公式实际上是要将函数 $f(x)$ 表示成 x^n (n 从 0 到无穷) 的和的形式。MATLAB 提供 taylor 函数用于实现 Taylor 展开。其调用格式如下：

◎ taylor(f)：以系统的默认变量 x 进行 Taylor 展开。

◎ taylor(f,n)：以系统的默认变量 x 进行 Taylor 展开，n 为展开的阶数，其要求为一个正整数。

◎ taylor(f,a)：用于返回 f 的泰勒级展开，展开点为 a，a 可以为符号变量或数值。

◎ taylor(f,n,v;)：用于返回 f 的泰勒级展开，其中 f 为符号表达式，n 为展开的阶数参数，实际返回 n–1 阶，v 为符号自变量。

◎ taylor(f,n,v,a)：按 n=a 进行泰勒级展开。

【例 2-17】 对函数 $f(x)=a\cos x+b\sin x$，求 $f(x)$ 的 8 阶 Taylor 型展开，并求 $f(x)$ 在π/2 处的 8 阶 Taylor 型展开。

```
>> clear all;
>> syms a b x
>> f=a*cos(x)+b*sin(x);
>> f1=taylor(f,8)
>> f1=
-(b*x^7)/5040-(a*x^6)/72+(b*x^5)/120+(a*x^4)/23-(b*x^3)/6-(a*x^2)/2
+b*x+a
>> f2=taylor(f,8,pi/2)
f2=
b-(a*(pi/2-x)^3)/6+(a*(pi/2-x)^5)/120-(a*(pi/2-x)^7)/5040-(b*(pi/2-x)^2)/2+(b*(pi/2-x)^4)/
23-(b*(pi/2-x)^6)/720+a*(pi/2-x)
```

2.5.2 Fourier 级数展开

Fourier 级数的定义可描述为：设函数 $f(x)$ 在区间 $[0,2\pi]$ 上绝对可积，且令

$$\begin{cases} a_n=\dfrac{1}{\pi}\displaystyle\int_0^{2\pi}f(x)\cos nx\mathrm{d}x, & n=1,2,\cdots \\ b_n=\dfrac{1}{\pi}\displaystyle\int_0^{2\pi}f(x)\sin nx\mathrm{d}x, & n=1,2,\cdots \end{cases} \tag{2-18}$$

式(2-18)称为 a_n、b_n 的 Fourier 级数，a_n、b_n 称为 $f(x)$ 的 Fourier 系数。

根据以上定义，编写在区间 $[0,2\pi]$ 上的 Fourier 系数展开 fouriertay.m 函数代码如下：

```
function [a0,an,bn]=fouriertay(f)
syms x n
a0=int(f,0,2*pi)/pi;
an=int(f*cos(n*x),0,2*pi)/pi;
bn=int(f*sin(n*x),0,2*pi)/pi;
```

【例 2-18】 计算 $f(x)=x^3$ 在区间$[0,2\pi]$上的 Fourier 系数。

```
>> clear all;
>> syms x;
>> f=x^3;
>> [a0,an,ab]=fouriertay(f)
a0 =
4*pi^3
an =
(2*(6*sin(pi*n)^2+4*pi^3*n^3*sin(2*pi*n)–6*pi^2*n^2*(2*sin(pi*n)^2–1)–6*pi*n*sin(2*pi*n)))/(pi*n^4)
ab =
–(sin(2*pi*n)*(6/n^4 – (12*pi^2)/n^2) – cos(2*pi*n)*((12*pi)/n^3 – (8*pi^3)/n))/pi
```

编写在区间$[-\pi, \pi]$上的 Fourier 系数展开 fouriertaypi.m 函数代码如下：

```
function [a0,an,bn]=fouriertaypi(f); syms x n;
a0=int(f,–pi, pi)/pi; an=int(f*cos(n*x),–pi,pi)/pi; bn=int(f*sin(n*x),–pi,pi)/pi;
```

【例 2-19】 计算 $f(x)=x^3$ 在区间$[-\pi, \pi]$上的 Fourier 系数。

```
>> clear all;
>> syms x;
>> f=x^3;
>> [a0,an,bn]=fouriertay(f)
a0 =
4*pi^3
an =
(2*(6*sin(pi*n)^2+4*pi^3*n^3*sin(2*pi*n)–6*pi^2*n^2*(2*sin(pi*n)^2–1)–6*pi*n*sin(2*pi*n)))/(pi*n^4)
bn =
–(sin(2*pi*n)*(6/n^4 – (12*pi^2)/n^2) – cos(2*pi*n)*((12*pi)/n^3 – (8*pi^3)/n))/pi
```

2.5.3 级数求和

对于通式 u_n 的级数，其前 m 项和的数学表示方法为

$$S_m=\sum_{n=0}^{n=m}u_n \tag{2-19}$$

MATLAB 的符号运算工具箱中提供了求已知通项的有穷、无穷级数的和函数为 symsum，其调用格式如下：

◎ r = symsum(expr)：计算 expr 关于系统默认变量的有限项和。

◎ r = symsum(expr,v)：v 为求和变量，求和将由 v 等于 1 求至 v^{-1}。

◎ r = symsum(expr,a,b)：求级数 expr 关于系统默认的变量从 a 到 b 的有限项和。

◎ r = symsum(expr,v,a,b)：求级数 expr 关于变量 v 从 a 到 b 的有限项和。

【例 2-20】 求解级数 $s=a^n+b^n+ab$ 的前 n–1 项和。

```
>> clear all;
>> syms a b n;
>> s=a^n+b^n+a*b;
>> S=symsum(s)
```

```
S =
piecewise([a == 1 and b == 1, 3*n], [a == 1 and b  ~= 1, n + b*n + b^n/(b - 1)], [a  ~= 1 and b == 1,
n + a*n + a^n/(a - 1)], [a  ~= 1 and b  ~= 1, a^n/(a - 1) + b^n/(b - 1) + a*b*n])
```

【例 2-21】 求解无穷级数 $S=\frac{e^2}{3}+\frac{e^3}{9}+\frac{e^4}{55}+\frac{e^5}{513}+\cdots+(-1)^{n-1}\frac{e^{n+1}}{2n^{n+1}}$ 的和。

```
>> clear all;
>> syms n;
>> format long;
>> s=symsum((-1)^(n-1)*exp(n+1)/(2*n^n+1),n,1,inf)
s =
sum(((-1)^(n - 1)*exp(n + 1))/(2*n^n + 1), n == 1..Inf)
>> S=double(s)                    %把表达式转化为数值显示
S =
   0.989061728960761
```

【例 2-22】 求级数和 $\sum_{n=1}^{+\infty}\frac{1}{n}$ 与 $\sum_{n=1}^{+\infty}\frac{1}{n^3}$。

其实现的 MATLAB 代码如下：

```
>> clear all;
>> syms n;
>> s1=1/n;
>> v1=symsum(s1,1,inf)
v1 =
Inf
>> s2=1/n^3;
>> v2=symsum(s2,1,inf)
v2 =
zeta(3)
>> vpa(v2)
ans =
1.2020569031595942853997381615114
```

从求解结果可知：从数学分析的级数理论，可知第一个级数是发散的，因此用 MATLAB 求出的值为 Inf。zeta(3)表示 zeta 函数在 3 处的值，其中 zeta 函数的定义为

$$\xi(w)=\sum_{k=1}^{+\infty}\frac{1}{k^w} \tag{2-20}$$

zeta(3)的值为 1.2021。

还需要说明的一点是，并不是对所有的级数 MATLAB 都能够计算出结果，当它求不出级数和时会给出求和形式。

2.6 数 值 积 分

前面介绍了符号法求解积分问题，下面介绍 MATLAB 提供的函数计算数值积分。

对于变化缓慢的被积函数，使用等间距离散采样步长可以保证整体计算的精度。然而，如果被积函数在某个范围内变化很剧烈，为了保证计算精度就需要使用更小的采样步长。因此，如果设计一种算法能在被积函数变化比较大时采用较密集的采样点，而在函数值变化缓慢的区间采用较稀疏的采样点，就可以使用较少的采样点数得到很高的求解精度，这种算法也相应地称为自适应数值积分法。下面介绍一些实现自适应数值积分的 MATLAB 函数。

1) quad 函数

MATLAB 提供了 quad 函数采用自适应辛普森(Simpson)积分公式用于计算数值积分问题，quad 可以用来计算一元定积分问题。其调用格式如下。

◎ q = quad(fun,a,b)：q 为计算的积分结果；fun 为函数的句柄；a 与 b 分别是积分的下限与上限，对于 a 与 b 的大小关系没有限制，如果用户交换 a 与 b 的位置，则所得结果是前面加一个负号。

◎ q = quad(fun,a,b,tol)：tol 为精度控制量，其为一个较小的数，默认值为 le-6。

◎ q = quad(fun,a,b,tol,trace)：trace 参数用于在迭代过程中表示向量[fcnt,a,b-a,q]，其中输入参数 fun，a 与 b 是必需的。

◎ [q,fcnt] = quad(···)：fcnt 为被积函数计算的次数。

【例 2-23】 计算函数 $f=\int_0^2 \frac{1}{x^3-2x-5}\mathrm{d}x$ 的积分。

被积函数可用两种方法定义，即用一个函数文件和内联函数 inline 来定义。

方法一：用函数文件定义，代码如下。

```
function y=li4_35qual(x)
y=1./(x.^3-2*x-5);
```

其实现积分的 MATLAB 代码如下：

```
>> Q=quad('li4_35qual',0,2)
Q =
   -0.460501739742492
```

方法二：直接用内联函数 inline 定义，代码如下。

```
>> f=inline('1./(x.^3-2*x-5');
q=quad(@(x)f(x),0,2)
q=
-0.4605
```

2) quadl 函数

MATLAB 提供了 quadl 函数采用自适应洛巴托(Lobatto)积分法用于计算数值积分。其调用格式如下：

◎ q = quadl(fun,a,b)。

◎ q = quadl(fun,a,b,tol)。

◎ q = quadl(fun,a,b,tol,trace)。

◎ [q,fcnt] = quadl(···)。

从调用格式可观察到，函数 quadl 与函数 quad 完全相同，它们的输入、输出参数的意义也相同，这里不再介绍。函数 quad 一般对于不光滑函数较低精度有效，而函数 quadl 对于光滑函数较高精度有效。

3) quadgk 函数

MATLAB 提供了 quadgk 函数采用自适应高斯-克朗罗德(Gauss-Kronrod)积分法用于计算数值积分，其可以用来解决含有无穷区间端点的积分、端点中等奇异的积分以及沿分段线性路径积分。其调用格式如下。

◎ q=quadgk(fun,a,b)：q 为输出结果；fun 是被积函数对应的句柄；a、b 是积分的上、下限。

◎ [q,errbnd] = quadgk(fun,a,b)：errbnd 为一个绝对误差的近似范围，其不大于 max(AbsTol,RelTol*|q|)。

◎ [q，errbnd] = quadgk(fun,a,b,paraml,vall,param2,val2,...)：paraml 与 param2 表示属性名，val1 与 val2 为属性的相应取值，其中属性名包括 AbsTol 是绝对误差范围,其默认值是 1e-10； RelTol 是相对误差范围，其默认值为 le-6。

Waypoints 是积分区间内所有中断点按单调递增或者递减顺序组成的一个向量，其中奇异点不能包含在 Waypoints 向量中，奇异点只能是区间端点；MaxIntervalCount 是允许区间的最大数目，其默认值是 650，超过这个数值 MATLAB 将会以警告的方式通知用户。

【例 2-24】 计算函数 $f=\int_0^{\infty} x^5 e^{-x}\sin x dx$ 的积分，其中，RelTol 值设为 1e-8, AbsTol 值设为 1e-12，其余属性采用默认值。

```
>> clear all;
>> [q,errbnd]=quadgk(@(x)x.^5.*exp(-x).*sin(x),0,inf,'RelTol',1e-8,'AbsTol',1e-12)
q =
  -15.0000
errbnd =
    9.4386e-09
```

【例 2-25】 计算函数 $q=\int_0^4 p(x)dx$ 的积分，其中 $p(x)$ 为分段线性函数。

$$p(x)=\begin{cases} x, & x\in[0,1] \\ \sin x, & x\in[1,2] \\ \cos x, & x\in[2,3] \\ x^2-2x, & x\in[3,4] \end{cases}$$

首先定义一个 li4_40quadgk.m 的文件，代码如下：

```
function y=li4_40quadgk(x)
y=x.^2-2*x;
%被奇函数表达式
y(x>=0&x<=1)=x(x>=0&x<=1);
y(x>1&x<2)=sin(x(x>1&x<2));
y(x>=2&x<3)=cos(x(x>=2&x<3));
```

其实现的积分代码如下，比较各积分效果。

```
>> clear all;
>> q=quad(@(x)li4_40quadgk(x),0,4,'AbsTol',1e-4)    %利用 quad 求积分
        9      0.0000000000      1.08632000e+00      0.5730288848
```

```
        11      1.0863200000      1.82736000e+00      0.0321423255
        13      2.9136800000      1.08632000e+00      5.2703678459
q =
        5.875539056087324
>> q=quadgk(@(x)li4_40quadgk(x),0,4,'AbsTol',1e-4) %利用 quadgk 求积分
q =
     6.021587109872701
>> %设置中短点，利用 quadgk 求积分
>> q=quadgk(@(x)li4_40quadgk(x),0,4,'Waypoints',[1,2,3],'AbsTol',1e-3)
q =
     6.021605056982800
```

由以上结果可以看出，利用 quadgk 可成功地求解一些特殊的积分问题，对于含有断点的函数可以通过设置断点的属性来改善结果，比较上面的结果可以看出，设置断点位置和不设置断点得到的结果在较小的小数位上不一样。

4) dblquad 函数

MATLAB 提供了 dblquad 函数用于计算二重积分。这是一个在矩形范围内计算二重积分的函数。其调用格式如下。

◎ q=dblquad(fun,xmin,xmax,ymin,ymax)：在[xmin,xmax,ymin,ymax]的矩形内计算 fun(x,y)的二重积分，此时默认的求解积分的数值方法为 quad，默认的公差为 1e-6。

◎ q=dblquad(fun,xmin,xmax,ymin,ymax,tol)：在[xmin,xmax,ymin,ymax]的矩形内计算 fun(x,y)的二重积分，默认的求解积分的数值方法为 quad，用自定义公差 tol 来代替默认公差。

◎ q=dblquad(fun,xmin,xmax,ymin,ymax,tol,method)：在[xmin,xmax,ymin,ymax]的矩形内计算 fun(x,y)的二重积分，用 method 进行求解数值积分方法的选择，用自定义公差 tol 来代替默认公差。

【例 2-26】 计算 $f=\int_0^{2\pi}\int_0^{\pi}[y\sin(x)+x\cos(y)]\mathrm{d}x\mathrm{d}y$ 的积分。

先建立一个函数型 M 文件，代码如下：

```
function f=integrnd(x,y)
f=y*sin(x)+x*cos(y)
```

实现积分的 MATLAB 代码如下：

```
>> clear all
>> Q=dblquad(@integrnd,0,2*pi,0,pi)
Q =
-3.5527e-015
```

【例 2-27】 计算 $f=\iint\limits_E \cos(x^2-2xy+y)\mathrm{d}x\mathrm{d}y$ 的积分，其中 E 表示椭圆 $\frac{x^2}{2}+\frac{y^2}{5}=1$ 的内部区域。

```
>> clear all;
>> tol=1e-6;              %设置精度
>> f=dblquad(@(x,y)cos(x.^2-2*x*y+y).*(x.^2/2+y.^2/5<=1),-sqrt(2),sqrt(2),-sqrt(5),sqrt(5),tol)
f =
    2.7045
```

第3章 优化算法

3.1 线性规划

线性规划(linear programming)是最优化的一个重要分支，其在理论和算法上都比较成熟，在实际中有着广泛的应用。

3.1.1 线性规划的概念

线性规划研究的问题要求目标与约束条件函数均是线性的，而目标函数只能是一个。在经济管理问题中，大量的问题是线性的，有的可以转换为线性的，从而使线性规划有极大的应用价值。线性规划模型包括两个要素，分别介绍如下。

1)决策变量

问题中需要求解的未知量，一般用 n 维向量 $\boldsymbol{x}=(x_1,x_2,\cdots,x_n)^{\mathrm{T}}$ 表示。

2)约束条件

对决策变量的限制条件，即 x 的允许取值范围，它通常是 x 的一组线性不等式或线性等式。线性规划问题的数学模型一般可表示如下。

目标函数：

$$\min(\max)z=\sum_{j=z}^{n}c_jx_j \tag{3-1}$$

约束条件：

$$\begin{cases}\sum\limits_{j=1}^{n}a_{ij}x_j\leqslant b_i, & i=1,2,\cdots,m\\ x_j\geqslant 0, & j=1,2,\cdots,n\end{cases} \tag{3-2}$$

式(3-1)中的 z 称为目标变量，a_{ij}、c_j、$b_i(i=1,2,\cdots,m;j=1,2,\cdots,n)$ 是常数，式(3-2)称为约束条件，简记 s.t.。

称满足约束条件式(3-2)的解 $\boldsymbol{x}=(x_1,x_2,\cdots,x_n)^{\mathrm{T}}$ 为线性规划的可行解，而使目标函数式(3-1)达到最小(最大)值的可行解称为最优解。

式(3-1)和式(3-2)用矩阵与向量形式可表示为

$$\begin{aligned}&\min z=\boldsymbol{c}^{\mathrm{T}}\boldsymbol{x}\\ &\text{s.t.}\begin{cases}\boldsymbol{Ax}\leqslant\boldsymbol{b}\\ \boldsymbol{x}\gg 0\end{cases}\end{aligned} \tag{3-3}$$

通常 $\boldsymbol{A}=(a_{ij})_{m\times n}$ 称为技术系数矩阵；$\boldsymbol{b}=(b_1,b_2,\cdots,b_m)^{\mathrm{T}}$ 称为资源系数向量；$\boldsymbol{c}=(c_1,c_2,\cdots,c_n)^{\mathrm{T}}$ 称为价值系数向量；$\boldsymbol{x}=(x_1,x_2,\cdots,x_n)^{\mathrm{T}}$ 称为决策向量。

但在实际问题中，建立的线性规划数学模型并不一定都有式(3-3)的形式，有的模型还有不等式约束，对自变量 x 的上、下界约束等，这时可以通过简单的变换将它们转化成标准形式。

在线性规划中，普遍存在配对现象，即对一个线性规划问题，都存在一个与之有密切关系的线性规划问题，其中之一为原问题，而另一个称为它的对偶问题。例如，对于线性规划标准形式(3-3)的对偶问题化为下面的极大化问题：

$$\begin{cases}\max & \boldsymbol{\lambda}^{\mathrm{T}}\boldsymbol{b} \\ \text{s.t.} & \boldsymbol{A}^{\mathrm{T}}\boldsymbol{\lambda}\leqslant \boldsymbol{c}\end{cases} \tag{3-4}$$

其中，$\boldsymbol{\lambda}$ 称为对偶变量。对于线性规划，如果原问题有最优解，那么其对偶问题也一定存在最优解，且它们的最优值相等。解线性规划的许多算法都可以同时求出原问题和对偶问题的最优解。

3.1.2 线性规划的 MATLAB 实现

MATLAB 提供了 linprog 函数用于求解线性规划问题，其调用格式如下。

◎ x = linprog(f,A,b)：求 min f'*x 在约束条件 A.x ≤ b 下线性规划的最优解。

◎ x = linprog(f,A,b,Aeq,beq)：等式约束 Aeq.x = beq，如果没有不等式约束 A.x ≤ b，则置 A = [ ]，b = [ ]。

◎ x = linprog(f,A,b,Aeq,beq,lb,ub,)：指定 x 的范围为 lb ≤ x ≤ ub，如果没有等式约束 Aeq.x = beq，则置 Aeq = [ ]，beq = [ ]。

◎ x = linprog(f,A,b,Aeq,beq,lb,ub,x0)：x0 为给定的初始值。

◎ x = linprog(f,A,b,Aeq,beq,lb,ub,x0,option)：option 为指定的优化参数。

◎ [x.fval] = linprog(...)：fval 为返回目标函数的最优值，即 fval = c'x。

◎ [x,fval,exitflag] = linprog(...): exitflag 为终止迭代的错误条件，其参数如表 3-1 所示。

表 3-1 exitflag 的值及说明(线性规划)

exitflag 的值	说明
1	表示函数收敛到解 X
0	表示达到了函数最大评价次数或迭代的最大次数
–2	表示没有找到可行解
–3	表示所求解的线性规划问题是无界的
–4	表示在执行算法时遇到了 NAN
–5	表示原问题和对偶问题都是不可行的
–7	表示搜索方向使得目标函数数值下降得很少

◎ [x,fval,exitflag,output] = linprog(...): output 为关于优化的一些信息，其结构及说明如表 3-2 所示。

表 3-2 output 结构及说明(线性规划)

output 结构	说明
iterations	表示算法的迭代次数
algorithm	表示求解线性规划问题时所用的算法
cgiterations	表示共轭梯度迭代的次数
message	表示算法的退出信息

◎ [x,fval,exitflag,output,lambda] = linprog(...)：lambda 为输出各种约束对应的 Lagrange 乘子(即为相应的对偶变量值)，其是一个结构体变量，它的结构及说明如表 3-3 所示。

表 3-3 lambda 结构及说明

lambda 结构	说明
ineqlin	表示不等式约束对应的 Lagrange 乘子向量
eqlin	表示等式约束对应的 Lagrange 乘子向量
upper	表示上界约束 x<ub 对应的 Lagrange 乘子向量
lower	表示下界约束 x>lb 对应的 Lagrange 乘子向量

【例 3-1】 求解下面的线性规划问题。

$$\min f(z) = -5x_1 - 4x_2 - 6x_3$$

$$\text{s.t.}\begin{cases} x_1 - x_2 + x_3 \leqslant 20 \\ 3x_1 + 2x_2 + 4x_3 \leqslant 42 \\ 3x_1 + 2x_2 \leqslant 30 \\ x_1 \geqslant 0, x_2 \geqslant 0, x_3 \geqslant 0 \end{cases}$$

```
>>clear all;
f = [-5; -4; -6];
A = [1 -1 1;3 2 4;3     2 0];
b = [20; 42; 30];
lb = zeros(3,1);
[x, fval,exitflag, output, lambda] = linprog(f, A,b,[],[],lb);      %线性规划问题求解
Optimization terminated.
x =
     0.0000
    15.0000
     3.0000
fval =
   -78.0000
exitflag =
       1
output =
            iterations: 6
              algorithm: 'interior-point'
          cgiterations: 0
                message: 'Optimization terminated.'
     constrviolation: 0
         firstorderopt: 5.8707e-10
lambda =
     ineqlin: [3x1 double]
        eqlin: [0x1 double]
        upper: [3x1 double]
        lower: [3x1 double]
>> lambda.ineqlin                                    %不等式约束对应的 Lagrange 乘子
ans =
```

```
    0.0000
    1.5000
    0.5000
>> lambda.eqlin                  %等式约束对应的 Lagrange 乘子，因无等式约束，故为空阵
ans =
   Empty matrix: 0-by-1
>> lambda.upper                  %上界约束对应的 Lagrange 乘子
ans =
     0
     0
     0
>> lambda.lower                  %下界约束对应的 Lagrange 乘子
ans =
    1.0000
    0.0000
    0.0000
```

【例 3-2】 某工厂计划生产甲、乙两种产品，主要材料有钢材 3500kg、铁材 1800kg、专用设备能力 2800 台时，材料与设备能力的消耗定额及单位产品所获利润如表 3-4 所示，如何安排生产，才能使该厂所获利润最大？

表 3-4 材料与设备能力的消耗定额及单位产品所获利润

单位产品消耗定额 / 产品 / 材料	甲/件	乙/件	现在材料与设备能力
钢材/kg	8	5	3500
铁材/kg	6	4	1800
设备能力/台时	4	5	2800
单位产品的利润/元	80	125	—

首先建立模型，设甲、乙两种产品计划生产量分别为 x_1、x_2（件），总利润为 $f(x)$（元）。求变量 x_1、x_2 的值为多少时，才能使总利润 $f(x)=80x_1+125x_2$ 最大？

依题意可建立数学模型为

$$\max f(x)=80x_1+125x_2$$

$$\text{s.t.}\begin{cases}8x_1+5x_2\leqslant 3500\\6x_1+4x_2\leqslant 1800\\4x_1+5x_2\leqslant 2800\\x_1+x_2\geqslant 0\\x_1\geqslant 0,x_2\geqslant 0,x_3\geqslant 0\end{cases}$$

因为 linprog 是求极小值问题的函数，所以以上模型可变为

$$\min f(x)=-80x_1-125x_2$$

$$\text{s.t.}\begin{cases}8x_1+5x_2\leqslant 3500\\6x_1+4x_2\leqslant 1800\\4x_1+5x_2\leqslant 2800\\x_1,x_2\geqslant 0\end{cases}$$

根据上述模型，其实现的 MATLAB 代码如下：

```
>>clear all;
F=[-80,-125];
A=[8 5;6 4;4 5];
b=[3500,1800,2800];
lb=[0;0];ub=[inf;inf];
[x,fval] = linprog(F,A,b, [],[],lb)          %线性规划问题求解
```

运行程序，输出如下：

```
Optimization terminated.
x =
      0.0000
   450.0000
fval =
  -5.6250e+004
```

当决策变量 $x=(x_1,x_2)=(0,450)$ 时，规划问题有最优解，此时目标函数的最小值是 fval=56250，即当不生产甲产品、只生产乙产品 450 件时，该厂可获最大利润为 56250 元。

【例 3-3】 利用 MATLAB 对线性规划进行灵敏度分析，其线性规划问题如下。

求解以下问题：

$$\max f(z)=-5x_1+4x_2+10x_3$$

$$\text{s.t.}\begin{cases}x_1-x_2+x_3\leqslant 20\\12x_1+4x_2+10x_3\leqslant 85\\x_1\geqslant 0,x_2\geqslant 0,x_3\geqslant 0\end{cases}$$

(1) 目标函数中 x_3 的系数 c_3 由 10 变为 9.82。

(2) b_1 由 20 变为 22。

(3) $\boldsymbol{A}=\begin{bmatrix}1\\12\end{bmatrix}$ 变为 $\boldsymbol{A}=\begin{bmatrix}-1.2\\12.6\end{bmatrix}$。

(4) 增加约束条件 $3x_1-2x_2+4x_3\leqslant 45$ 。

该问题是极大化问题，将其转化为极小化问题，模型如下：

$$\min f(z)=5x_1-4x_2-10x_3$$

$$\text{s.t.}\begin{cases}x_1-x_2+x_3\leqslant 20\\12x_1+4x_2+10x_3\leqslant 85\\x_1\geqslant 0,x_2\geqslant 0,x_3\geqslant 0\end{cases}$$

```
>> clear all;
%实现原问题的最优解的 MATLAB 代码
F=[5 -4 -10];
A=[1 -1 1;12 4 10];
b=[20 85];
lb=zeros(3,1);
x=linprog(F,A,b,[],[],lb)
Optimization terminated.
```

```
x =
    0.0000
   21.1143
>> %第一个问题的 MATLAB 代码
F1=F;
F1(3)=9.82;
x1=linprog(F1,A,b,[],[],lb)
Optimization terminated.
x1 =
    0.0000
   21.2500
0.0000
>> %第二个问题的 MATLAB 代码
b1=b;
b1(1)=22;
x2=linprog(F,A,b1,[],[],lb)
e2=x2-x
Optimization terminated.
x2 =
    0.0000
   21.1132
    0.0547
e2 =
   -0.0000
   -0.0011
    0.0004
>> %第三个问题的 MATLAB 代码
A1=A;
A1(:,1)=[-1.2 12.6];
x3=linprog(F,A1,b1,[],[],lb)
e3=x3-x
Optimization terminated.
x3 =
    0.0000
   12.0188
    3.6925
e3 =
   -0.0000
   -9.0954
    3.6382
%第四个问题的 MATLAB 代码
A2=[A;3   -2   4];
b2=[b;45];
x4=linprog(F,A2,b2,[],[],lb)
e4=x4-x
Optimization terminated.
x4 =
```

```
      0.0000
     20.5056
      0.2978
  e4 =
      0.0000
     -0.6087
      0.2435
```

3.1.3 线性规划的单纯算法

对于标准形式的线性规划问题：

$$\min f(x)=\boldsymbol{c}^{\mathrm{T}}\boldsymbol{x}$$
$$\text{s.t.}\begin{cases}\boldsymbol{Ax}\leqslant\boldsymbol{b}\\ \boldsymbol{x}\geqslant 0\end{cases}\tag{3-5}$$

若有有限最优值，则目标函数的最优值必在某一基本可行解处达到，因而只需在基本可行解中寻找最优解。这就使我们有可能用穷举法来求得线性规划问题的最优解，但当变量很多、计算量很大时行不通。单纯算法(simplex method)的基本思想就是先找到一个基本可行解，检验是否为最优解或判断问题无解。否则，再转换到另一个使目标函数值减小的基本可行解上。重复上述过程，直至求到问题的最优解或指出问题无解。

设找到初始基本可行解 $\boldsymbol{x}^*$，可行基为 $\boldsymbol{B}$,非基矩阵为 $\boldsymbol{N}$，即可写 $\boldsymbol{A}=(\boldsymbol{B},\boldsymbol{N})$。于是 $\boldsymbol{x}^*=\begin{bmatrix}\boldsymbol{B}^{-1}\boldsymbol{b}\\0\end{bmatrix}=\begin{bmatrix}\boldsymbol{b}^*\\0\end{bmatrix}$。相应地，目标函数值中 $\boldsymbol{c}_B$ 是 $\boldsymbol{c}$ 中与基变量 $\boldsymbol{x}_B$ 对应的分量组成的 $\boldsymbol{m}$ 维行向量。

再设任意可行解为 $\boldsymbol{x}=\begin{bmatrix}\boldsymbol{x}_B\\\boldsymbol{x}_N\end{bmatrix}$，由 $\boldsymbol{Ax}=\boldsymbol{b}$，得

$$\boldsymbol{x}_B=\boldsymbol{B}^{-1}\boldsymbol{b}-\boldsymbol{B}^{-1}\boldsymbol{N}\boldsymbol{x}_N=\boldsymbol{b}^*-\boldsymbol{B}^{-1}\boldsymbol{N}\boldsymbol{x}_N\tag{3-6}$$

相应的目标值函数为

$$f=\boldsymbol{cx}=\boldsymbol{c}_B\boldsymbol{b}^*-(\boldsymbol{c}_B\boldsymbol{B}^{-1}\boldsymbol{N}-\boldsymbol{c}_N)\boldsymbol{x}_N\tag{3-7}$$

若 $\boldsymbol{A}=(a_1,a_2,\cdots,a_n)$，则有

$$f=f^*-\sum_{j\in N_B}(\boldsymbol{c}_B\boldsymbol{B}^{-1}a_j-c_j)x_j\tag{3-8}$$

其中，N_B 为非基变量的指标集，记为

$$z_j-c_j=\boldsymbol{c}_B\boldsymbol{B}^{-1}a_j-c_j\tag{3-9}$$

为检验数，于是有

$$f=f^*-\sum_{j\in N_B}(z_j-c_j)x_j\tag{3-10}$$

变换后的问题为

$$\min f(x)=f^*-\sum_{j\in N_B}(z_j-c_j)x_j$$
$$\text{s.t.}\begin{cases}\boldsymbol{x}_B+\boldsymbol{B}^{-1}\boldsymbol{N}\boldsymbol{x}_N\leqslant\boldsymbol{b}^*\\ x_j\geqslant 0\end{cases}\tag{3-11}$$

其中，f^* 为基本可行解 $\boldsymbol{x}^*$ 所对应的目标函数值。

若基本可行解的所有基变量都取正值，则称它为非退化的；若有取零值的基变量，则称它为退化的；称所有基本可行解非退化的线性规划为非退化的。

对于非退化的线性规划式(3-11)，有以下结论：

(1) 如果所有 $z_j - c_j \leqslant 0$，则 $\boldsymbol{x}^*$ 为式(3-5)的最优解，记为 $\boldsymbol{x}^*$。

(2) 如果 $z_k - c_k > 0$，$k \in N_B$，且相应的 $\boldsymbol{B}^{-1}a_k \leqslant \boldsymbol{0}$，则式(3-5)无有界最优解。

(3) 如果 $z_k - c_k > 0$，$k \in N_B$，且 $a_k^* = \boldsymbol{B}^{-1}a_k$ 至少有一个正分量，则能找到基本可行解 $\hat{\boldsymbol{x}}$，使目标数值下降，有 $\boldsymbol{c}\hat{\boldsymbol{x}} < \boldsymbol{c}\boldsymbol{x}^*$。

对标准形式的线性规划问题，单纯算法如下：

(1) 找初始可行基 $\boldsymbol{B}$ 和初始基本可行解。

(2) 求出 $\boldsymbol{x}_B = \boldsymbol{B}^{-1}\boldsymbol{b} = \boldsymbol{b}^*$，计算目标函数值 $f = \boldsymbol{c}_B\boldsymbol{x}_B$。

(3) 计算检验数 $z_j - c_j$（$j = 1,2,\cdots,n$），并按

$$z_k - c_k = \max\{z_j - c_j \mid j = 1,2,\cdots,n\} \tag{3-12}$$

确定下标 k，则 x_k 为进基变量。

(4) 如果 $z_k - c_k \leqslant 0$，则停止，此时基本可行解 $\boldsymbol{x} = \begin{bmatrix} \boldsymbol{x}_B \\ \boldsymbol{x}_N \end{bmatrix} = \begin{bmatrix} \boldsymbol{b}^* \\ 0 \end{bmatrix}$ 是最优解，目标函数最大值为 $f = \boldsymbol{c}_B\boldsymbol{b}^*$；否则，执行第(5)步。

(5) 计算 $a_k^* = \boldsymbol{B}^{-1}a_k$，若 $a_k^* \leqslant 0$，则停止。此时问题无有界解；否则执行第(6)步。

(6) 求最小比：

$$\frac{b_k^*}{a_{rk}^*} = \min\left\{\frac{b_i^*}{a_{ik}^*} \mid a_{ik}^* > 0\right\} \tag{3-13}$$

确定下标 r，取 x_{B_r} 为离基变量。

(7) 以 a_k 代替 a_{B_r} 得到新基，并令 $x_k = \dfrac{b_k^*}{a_{rk}^*}$，再返回第(2)步。

MATLAB 没有提供函数直接用于实现单纯算法，下面编写 simpleftum.m 函数实现单纯算法。其代码如下：

```
function [x,f]=simplefun(c,A,b)
%c 为线性规划问题
%A 为其系数矩阵
%b 为其约束条件
%x 为最优解
%f 为最优解处的函数值
t=find(b<0);b(t)=-b(t);
A(t,:)=-A(t,:);
[m,n]=size(A);B=A(:,1:m);
x=zeros(n,1);m1=1:m;
while(det(B)==0| ~isempty(find(inv(B)*b<0)))
    tp=randperm(n);
    m1=tp(1:m);
    B=A(:,m1);
```

```
end
xB=B\b; x(m1)=xB;
f=c(m1)*x(m1);
co=c(m1)*(B\A)-c;
[z1, z2]=max(co);
while z1>0
    az=B\A(:,z2);
    if az<0,
  disp('问题无解'),
  break;
else
  t1=find(az>0);
  [tt1,tt2]=min(xB(t1)./az(t1));
  t3=t1(tt2);B(:,t3)=A(:,z2);
  x(m1)=xB-tt1*az;
  m1(t3)=z2; x(z2)=tt1;
  f=c(m1)*xB; xB=x(m1);
  co=(c(m1)/B)*A-c;
  [z1,z2]=max(co);
end
end
x(m1)=xB; f=c*x;
```

【例 3-4】 利用单纯算法计算下列线性规划问题。

$$\min f(z)=x_1+2x_2+3x_3$$

$$\text{s.t.}\begin{cases}x_1+2x_3+3x_3=8\\-x_1+2x_2+4x_4+5x_5=3\\x_1+4x_2-8x_3+3x_4+5x_6=5\\x_j\geqslant 0,\quad j=1,2,\cdots,6\end{cases}$$

其实现的 MATLAB 代码如下：

```
>> clear all;
c=[1 0 0 2 3 0];
b=[8 3 5]';
A= [1 2 3 0 0 0;-1 2 0 4 5 0;1 4 -8 3 0 5];
[x,f]=simplefun(c,A,b)
```

运行程序，输出如下：

```
x =
        0
   1.1429
   1.9048
        0
   0.1429
        0
f =
   0.4286
```

如果在基本可行解中某基变量为零，则称为退化的基本可行解。在基本可行解退化时，有可能发生用单纯算法进行无限多次迭代也得不到最优解的死循环。

用单纯算法解线性规划问题时，需要先有一个初始可行基本解。为解决这个问题可采用随机搜索方法寻找初始可行基 B，但有时会使算法不稳定，可采用大 M 法来解决这个问题。

在约束中引入人工变量 $\boldsymbol{x}_a=(x_{n+1},x_{n+2},\cdots,x_{n+m})^{\mathrm{T}}$，并且在目标函数中加上惩罚项 $\boldsymbol{Mex}_a$（其中 $\boldsymbol{e}=(1,1,\cdots,1)$），原线性规划问题变为

$$\min f(x)=\boldsymbol{cx}+\boldsymbol{Mex}_a$$

$$\text{s.t.}\begin{cases}\boldsymbol{Ax}+\boldsymbol{x}_a=\boldsymbol{b}\\ x_j\geqslant 0,\quad j=1,2,\cdots,n+m\end{cases}$$

其中，M 是足够大的正数。

下面通过采用大 M 法编写单纯算法实现线性规划的 simple_Mfun.m 函数。其代码如下：

```
function [x,f]=simple_Mfun(c,A,b,M,N,eps)
%M 为充分大的数
%N 为引入人工变量的个数，N 应不超过(通常等于)约束等式的个数
%eps 为精度
%x 为最优解
%f 为最优解处的函数值
[m,n]=size(A);
if nargin<6
    eps=0;
end
if nargin<5
    N=0;
end
if N>M
error('N 不能超过约束条件的个数 m!!!');
else
A=[A,[zeros(N,m-N);eye(m-N)]];
c=[c(:)',zeros(1,m-N)];
A=[A,eye(m)];
c=[c,M.*ones(1,m)];
m1=n+m-N+1:n+2*m-N;
B=A(:,m1);
x=zeros(n+2*m-N,1);
x=x(:);
t=find(b<0); b(t)=-b(t);
A(t,:)=-A(t,:);xB=B\b;
x(m1)=xB; f=c*x;
co=c(m1)*(B\A)-c; [z1,z2]=max(co);
while (z1>eps)
   az=B\A(:,z2);
   if az<=eps,
       x=nan*ones(length(c));
       break;
```

```
    else
      t1=find(az>eps);
      p=[xB,B\eye(size(B))];
      pp=[];
      for k=1:length(t1)
          pp(k,:)=p(t1(k),:)./az(t1(k));
      end
      tt1=min(xB(t1)./az(t1));
     [tt0,tt2]=min_M(pp);
     t3=t1(tt2);B(:,t3)=A(:,z2);
     x(m1)=xB-tt1*az;
     m1(t3)=z2;x(z2)=tt1;
     f=c(m1)*xB; xB=x(m1);
     co=c(m1)*(B\A)-c;[z1,z2]=max(co);
end
end
end
if (sum(x(n+m-N+1:n+2*m-N))<=eps*m)
    x(m1)=xB; f=c(1:n)*x(1:n);
    x=x(1:n);
else
x=nan*ones (length(c));
x=x(:);x=x(1:n);
End
```

在以上编写 simple_Mfun.m 函数的过程中，调用到采用字典序最小法编写 min_M.m 函数。其代码如下：

```
function [y,k]=min_M(x)
%线性规划问题
%y 返回值为矩阵 x 字典序最小行向量
%k 为 y 在 x 中的行数
[m,n]=size(x);
k=1;y=x(1,:);
if(m==1),
    k=1;y=x(1,:);
else
    [t1, t2]=min(x);
    t3=zeros(m,n);
    for i=1:n
        t3(:,i)=t1(i).*ones(m,1);
    end
    t4=sum((t3~=x));
    t5=find(t4~=0);
    k=t2(t5(1));y=x(k,:);
end
```

【**例 3-5**】 采用大 M 法来求解如下线性规划问题，看是否出现死循环。

$$\min f(z) = -0.75x_4 + 20x_5 - 0.5x_6 + 6x_7$$

$$\text{s.t.}\begin{cases} x_1 + 0.25x_4 - 8x_5 - x_6 + 9x_7 = 0 \\ x_2 + 0.5x_4 - 12x_5 - 0.6x_6 + 9x_7 = 0 \\ x_3 + x_6 = 1 \\ x_j \geqslant 0, \quad j = 1,2,\cdots,7 \end{cases}$$

其实现的 MATLAB 代码如下：

```
clear all;
c=[0 0 0 -0.75 20 -0.5 6];
a=[1 0 0 0.25 -8 -1 9; 0 1 0 0.5 -12 -0.6 9; 0 0 1 0 0 1 0];
A=[eye(3),a];
b=[0 0 1]';
lb=zeros(7,1);
x=linprog(c,[],[],A,b,lb);
[xx,f]=simple_Mfun(c,A,b,100000,3);
[x,xx]
```

运行程序，输出如下：

```
Optimization terminated.
ans =
     0.7500      0.7500
     0.0000           0
     0.0000           0
     1.0000      1.0000
     0.0000           0
     1.0000      1.0000
0.0000     -0.0000
```

可见采用 simple_Mfim 函数与 linprog 函数计算的结果是一样的，证明没有出现死循环。

3.2 无约束优化

对于无约束优化问题，已经有许多有效的算法。这些算法基本都是迭代的，其都遵循以下步骤：

(1) 选取初始点 x^0，一般来说初始点越靠近最优解越好。

(2) 若当前迭代点 x^k 不是原问题的最优解，则就要找一个搜索方向 p^k，使得目标函数 $f(x)$ 从 x^k 出发，沿方向 p^k 有所下降。

(3) 用适当的方法选择步长 $\alpha^k \geqslant 0$，得到一个迭代点 $x^{k+1} = x^k + \alpha^k p^k$。

(4) 检验新的迭代点 x^{k+1} 是否为原问题的最优解，或者是否与最优解的迭代误差满足预先给定的容忍度。

从上面的算法步骤可以看出，算法是否有效、快速，主要取决于搜索方向的选择，其次是步长的选取。众所周知，目标函数的负梯度方向是一个下降方向，如果算法的搜索方向选为目标函数的负梯度方向，该算法即为最速下降法；常用的算法(主要针对二次函数的无约束优化问题)还有共轭梯度法、牛顿法等。

关于步长，一般选为 $f(x)$ 沿射线 $x^k+\alpha^k p^k$ 的极小值点，这实际上是关于单变量 α 的函数的极小化问题，称其为一维搜索或线性搜索。常用的线性搜索方法有牛顿法、抛物线法、插值法等。其中牛顿法与抛物线法都是利用二次函数来近似目标函数 $f(x)$ 的，并用它的极小点作为 $f(x)$ 的近似极小点。然而，不同的是，牛顿法利用 $f(x)$ 在当前点 x^k 处的二阶 Taylor 展开式来近似 $f(x)$，即利用 $f(x^k)$、$f'(x^k)$、$f''(x^k)$ 来构造二次函数；而抛物线法是利用 3 个点的函数值来构造二次函数。

3.2.1 解析解法与图解法

无约束最优化问题的最优点 x^* 处，目标函数 $f(x)$ 对 x 各个分量的一阶导数为 0,从而可列出下面方程式：

$$\frac{\partial f}{\partial x_1}\bigg|_{x=x^*}=0,\quad \frac{\partial f}{\partial x_2}\bigg|_{x=x^*}=0,\quad \cdots,\quad \frac{\partial f}{\partial x_n}\bigg|_{x=x^*}=0 \tag{3-14}$$

求解这些方程构成的联立方程可得出极值点。实际上，解出的一阶导数均为 0 的极值点不一定都是极小值点，其中有的还可能是极大值点。极小值问题还应该有正的二阶导数。 对于单变量的最优化问题，可考虑采用解析解法进行求解。然而，因为多变量最优化问题都需要将其转换成求解多元非线性方程，其难度也不低于直接求取最优化问题，所以没有必要采用解析法求解。

一元函数最优化问题的图解法也是很直观的，应绘制出该函数的曲线，在曲线上就能看出其最优点。二元函数的最优化也可以通过图解法求出。但三元或多元函数，由于图形没有办法表示，所以不适合用图解法求解。

【例 3-6】 试用解析法和图解法求解方程 $f(t)=\mathrm{e}^{-3t}\sin(4t-2)+4\mathrm{e}^{-0.5t}\cos(2t)-0.5$ 的最优性。

```
clear all;
syms t;
y=exp(-3*t)*sin(4*t-2)+4*exp(-0.5*t)*cos(2*t)-0.5;
y1=diff(y,t)                              %求取一阶导数
subplot(1,2,1);ezplot(y1,[0,4]);  %绘制一阶导数曲线
xlabel('(a)一阶导数曲线');
t0=solve(y1)
subplot(1,2,2);ezplot(y,[0,4]);   %求出一阶导数等于零的点
xlabel('(b)原函数曲线');
y2=diff(y1);                              %求解二阶导数
b=subs(y2,t,t0)                           %验证二阶导数为正
```

运行程序，其输出解析解如下：

```
y1 =
(4*cos(4*t-2))/exp(3*t)-(3*sin(4*t-2))/exp(3*t)-(2*cos(2*t))/exp(t/2)-(8*sin(2*t))/exp(t/2)
t0 =
10.873084956000973451703263011901
 b =
0.071816469798641625152999804153
```

图解法效果如图 3-1 所示。

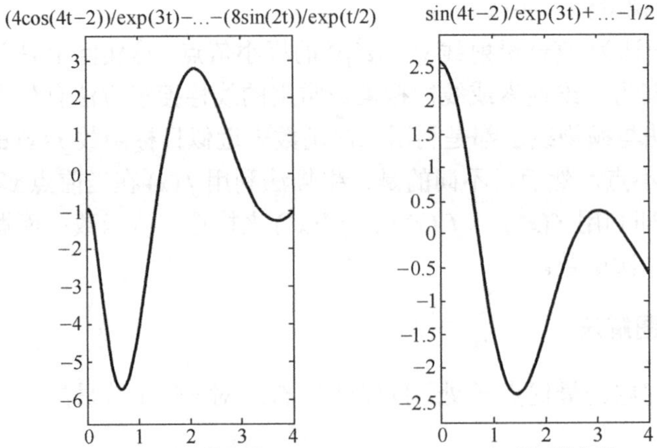

(a) 一阶导数曲线　　(b) 原函数曲线

图 3-1　联立方程图解法效果图

3.2.2　数值解法

MATLAB 提供了 fminsearch 函数与 fininunc 函数用于求解无约束优化问题。

fminsearch 函数是 MATLAB 用于求解无约束优化问题的函数，其优化参数及说明如表 3-5 所示。

表 3-5　fminsearch 函数的优化参数及说明

优化参数	说明
Display	若为 off，即不显示输出；若为 iter，即显示每一次迭代输出；若为 final，则只显示最终结果
MaxFunEvals	函数评价所允许的最大次数
Maxlter	函数所允许的最大迭代次数
TolX	X 的容忍度

fminsearch 函数的调用格式如下：

◎　x = fminsearch(fun,x0)：x0 为初始点，fun 为目标函数的表达式字符串或 MATLAB 自定义函数的函数柄，返回目标函数的局部极小点。

◎　x = fminsearch(fun,x0,options)：options 为指定的优化参数，可以利用 optimset 命令来设置这些参数。

◎　[x,fval] = fminsearch(...)：fval 为最优值。

◎　[x,fval.exitflag] = fminsearch(...)：search 为返回算法的终止标志，它的取值及说明如表 3-6 所示。

表 3-6　exitflag 的值及说明（数值解法）

exitflag 的值	说明
1	表示函数收敛到解 X
0	表示达到了函数最大评价次数或迭代的最大次数
−1	表示算法被输出函数终止

◎ $[x, fval, exitflag, output] = f\min search(...)$： output 为输出关于算法的信息变量，其结构及说明如表 3-7 所示。

表 3-7 output 的结构及说明(数值解法)

优化参数	说明
Iterations	表示算法的迭代次数
uncCount	表示函数的赋值次数
Algorithm	表示所使用的算法名称
message	表示算法终止信息

【例 3-7】 求 Rosenbrock 函数的最优解。

其实现的 MATLAB 代码如下：

```
>>clear all;
f= @(x) 100*(x(2)–x(1)^2)^2+(1–x(1))^2;
xt=[–1 0]     %选择初始点
[x,fval,exitflag,output] = fminsearch(f,xt)
xt =
    –1        0
x =
    1.0000       1.0000
fval =
  9.8363e–010
exitflag =
    1
output =
    iterations: 83
     funcCount: 153
     algorithm: 'Nelder–Mead simplex direct search'
       message: [1x196 char]
>>output.message
ans =
Optimization terminated:
 the current x satisfies the termination criteria using OPTIONS.TolX of 1.000000e–004
and F(X) satisfies the convergence criteria using OPTIONS.TolFun of 1.000000e–004
```

需要说明的是，fminsearch 函数只能处理实函数的极小化问题，返回值也一定为实数，如果自变量为复数，则必须将其分成实部与虚部来处理。

3.3 约 束 优 化

在工程实际中，所建立的数学模型通常都包含各种不同的约束条件，可能是线性等式或线性不等式约束，也可能是非线性等式或非线性不等式约束。对于有约束问题，可描述如下。

(1) 目标函数： $\min f(x)$ 。

(2) 线性不等式约束： $A*x \leqslant b$ 。

(3) 线性等式约束： $Aeq*x \leqslant beq$ 。

(4) 非线性不等式约束：$c(x) \leqslant 0$。

(5) 非线性等式约束：$ceq(x) = 0$。

(6) 变量上下限约束：$lb \leqslant x \leqslant ub$。

3.3.1 单变量约束优化

单变量约束优化问题的标准形式为

$$\begin{aligned} &\min f(x) \\ &\text{s.t. } a < x < b \end{aligned} \tag{3-15}$$

即求目标函数在区间 (a, b) 上的极小点，MATLAB 提供了 fminbnd 函数用于求单变量约束优化问题。其调用格式如下：

◎ x = fminbnd(fun,x1,x2)：返回目标函数 fun 在区间(x1，x2)上的极小值。

◎ x = fminbnd(fun,x1,x2,options)：options 为指定优化参数选项。

◎ [x,fval]= fminbnd(...): fval 为返回相应的目标函数值。

◎ [x,fval,exitflag]= fminbnd(...)：exitflag 为输出终止迭代的条件信息，其取值与说明如表 3-8 所示。

表 3-8 exitflag 的值及说明(单变量约束优化)

exitflag 的值	说明
1	表示函数收敛到解 x
0	表示达到函数的最大估计值或迭代次数
−1	表示算法被输出函数终止
−2	表示输入的区间有误，即 xl>x2

◎ [x,fval,exitflag,output]= fminbnd(...): output 为输出关于算法的信息变量，其结构及说明见帮助文件。

【例 3-8】 利用 fmindnd 函数求解二次函数 $\min f(x) = (x-a)^2 + ab$，已知 a=4，b=2,x 的定义域区间分别为：$x \in [0,6]$ 和 $x \in [0,3]$。

首先建立二次函数的 M 文件，代码如下：

```
function f=li9_10fun(x,a,b)
f=(x-a)^2+a*b;
```

其实现的 MATLAB 代码如下：

```
>> clear all;
a=4; b=2;
[x,fval,exitflag,output]=fminbnd(@(x)li9_10fun(x,a,b),0,6)
x =
        4
fval =
        8
exitflag =
        1
output =
       iterations: 5
```

```
        funcCount: 6
        algorithm: 'golden section search, parabolic interpolation'
          message: [1x111 char]
```

从 exitflag=1 可以看出，fminbnd 函数求解边界约束成功，目标函数收敛于最优解 x=4。当 $x\in[0,3]$ 时，其实现的 MATLAB 代码如下：

```
>> a=4; b=2;
[xf fval,exitflag,output]=fminbnd(@(x)li9_10fun(x,a,b),0,3)
xf =
    3.0000
fval =
    9.0001
exitflag =
     1
output =
    iterations: 22
     funcCount: 23
     algorithm: 'golden section search, parabolic interpolation'
       message: [1x111 char]
```

3.3.2 多元约束优化

多元约束优化问题的标准形式为

$$\min f(x)$$
$$\text{s.t.}\begin{cases} \boldsymbol{A}_1 x \leqslant \boldsymbol{b}_1 \\ \boldsymbol{A}_2 x = \boldsymbol{b}_2 \\ \boldsymbol{C}_1(x) \leqslant 0 \\ \boldsymbol{C}_2(x) = 0 \\ \boldsymbol{lb} \leqslant x \leqslant \boldsymbol{ub} \end{cases} \tag{3-16}$$

其中，$f(x)$为目标函数，其可以是线性函数，也可以是非线性函数；$\boldsymbol{C}_1(x)$、$\boldsymbol{C}_2(x)$为非线性向量函数；$\boldsymbol{A}_1$、$\boldsymbol{A}_2$为矩阵；$\boldsymbol{b}_1$、$\boldsymbol{b}_2$、$\boldsymbol{lb}$、$\boldsymbol{ub}$为向量。MATLAB 提供了 fmincon 函数用于求解多元约束优化问题。其调用格式如下：

◎ x = fmincon(fun, x0, A, b)：fun 为目标函数，x0 为初始值，A、b 满足线性不等式约束 Ax<b，若没有不等式约束，则取 A=[ ]，b=[ ]。

◎ x = fmincon(fun, x0, A, b, Aeq, beq)：Aeq、beq 满足等式约束 Aeqx = beq，若没有，则取 Aeq = [ ], beq = [ ]。

◎ x = fmincon(fun, x0, A, b, Aeq, beq, lb, ub)：lb、ub 满足 lb ⩽ x ⩽ ub，若没有界，则可设 lb = [ ], ub = [ ]

◎ x = fmincon(fun, x0, A, b, Aeq, beq, lb, ub, nonlcon)：nonlcon 参数的作用是通过接受向量 x 来计算非线性不等式约束和等式约束分别在 x 处的 C 和 Ceq，通过指定函数柄来使用，例如：

$$C(x) \leqslant 0, \qquad Ceq(x) = 0$$

x=fmincon(@fun,x0,A,b,Aeq,beq,lb,ub,@mycon),

先建立非线性约束函数，并保存为 mycon.m。

```
function [C,Ceq]=mycor(x)
C=...    %计算 x 处的非线性不等式约束 C(x)在 0 的函数值
Ceq=... %计算 x 处的非线性不等式约束 Ceq(X)=0 的函数值
```

◎　x = fmincon(fun, x0, A, b, Aeq, beq, lb, ub, nonlcon, options)：options 为指定优化参数选项。

◎　[x, fval] = fmincon(...)：fval 为返回相应目标函数最优值。

◎　[x, fval, exitflag] = fmincon(...)：exitflag 为输出终止迭代的条件信息，其取值及说明如表 3-9 所示。

表 3-9　exitflag 的值及说明(多元约束优化)

exitflag 的值	说明
1	表示已满足一阶最优性条件
2	表示相邻两次迭代点的变化小于预先给定的容忍度
3	表示目标函数值在相邻两次迭代点处的变化小于预先给定的容忍度
4	表示搜索方向的级小于给定的容忍度且约束的违背量小于 options.TolCon
5	表示方向导数的级小于给定的容忍度且约束的违背量小于 options.TolCon
0	表示迭代次数超过 options.MaxIlter 或函数的赋值次数超过 options.FunEvals
-1	表示算法被输出函数终止
-2	表示该优化问题没有可行解

◎　[x, fval, exitflag, output] = fmincon(...)：output 为输出关于算法的信息，其结构及说明如表 3-10 所示。

表 3-10　output 的结构及说明(多元约束优化)

output 的结构	说明
Iterations	表示算法的迭代次数
funcCount	表示函数的赋值次数
setsize	表示算法在最后一步所选取的步长
algorithm	表示所使用的算法
cgiterations	表示共轭梯度迭代次数(只适用于大规模算法)
firstorderopt	表示一阶最优性条件
message	表示算法终止信息

◎　[x, fval, exitflag, output, lambda] = fmincon(...)：lambda 为 Lagrange 乘子，其体现哪一个约束有效。

◎　[x, fval, exitflag, output, lambda, grad] = fmincon(...)：grad 表示目标函数在 x 处的梯度。

◎　[x, fval, exitflag, output, lambda, grad, hessian] = fmincon(...)：hessian 为输出目标函数在解 x 处的 Hessian 矩阵。

【例 3-9】 求下面优化问题的最优解，并求出相应的梯度、Hessian 矩阵及 Lagrange 乘子。

$$\min f(x) = -x_1 x_2 x_3$$

$$\text{s.t.}\begin{cases} -x_1 - 2x_2 - 3x_3 \leqslant 0 \\ x_1 + 2x_2 + 2x_3 \leqslant 72 \end{cases}$$

首先建立优化问题目标函数的 M 文件，代码如下：

```
function f=li9_11fun(x);
f=-x(1)*x(2)*x(3);
```

其实现的 MATLAB 代码如下：

```
>> clear all;
>> A=[-1 -2 -3;1 2 2];
>> b=[0 72]';
>> x0=[10;10;10];
>> [x,fval,exitflag,output,lambda,grad,hessian]=fmincon(@li9_11fun,x0,A,b)
```

运行程序，输出如下：

```
Active inequalities (to within options.TolCon = 1e-06):
  lower        upper       ineqlin    ineqnonlin
                              2
x =
    24.0000
    12.0000
    12.0000
fval =
  -3.4560e+03
exitflag =
     5
output =
         iterations: 12
          funcCount: 53
       lssteplength: 1
           stepsize: 4.6551e-05
          algorithm: [1x44 char]
      firstorderopt: 4.7596e-04
     constrviolation: 0
            message: [1x772 char]
lambda =
          lower: [3x1 double]
          upper: [3x1 double]
          eqlin: [0x1 double]
       eqnonlin: [0x1 double]
        ineqlin: [2x1 double]
     ineqnonlin: [0x1 double]
grad =
  -144.0002
  -287.9994
  -288.0002
hessian =
    4.2102   -3.3050   -4.4211
   -3.3050   17.9760   -8.4020
   -4.4211   -8.4020   13.8081
```

3.3.3 最大最小化问题

最大最小化问题可描述为以下标准形式：

$$\min_{x}\max_{F_i}\{F_i(x)\}$$

$$\text{s.t.}\begin{cases}c(x)\leqslant 0\\ \text{ceq}(x)-0\\ A*x=\text{beq}\\ \text{lb}\leqslant x\leqslant \text{ub}\end{cases} \tag{3-17}$$

对于目标函数 $\min\limits_{x}\max\limits_{F_i}\{F_i(x)\}$，其含义表示对于一组目标函数，确定这些目标函数中最大者，然后将该目标函数对优化变量 x 确定其最小值。

MATLAB 提供了 fminimax 函数用于求解最大最小化问题，其调用格式如下：

◎ x = fminimax(fun, x0)： fun 为目标函数，x0 为初始点。

◎ x = fminimax(fun, x0, A, b)： A、b 满足线性不等式约束 Ax ≤ b，若没有不等式约束，取 A = [ ], b = [ ]

◎ x = f minimax(fun, x, A, b, Aeq, beq)： Aeq、beq 满足等式约束 Aeqx = beq，若没有，则取 Aeq = [ ]， beq = [ ]。

◎ x = f minimax(fun, x, A, b, Aeq, beq, lb, ub)： lb、ub 满足 lb ≤ x ≤ ub，若没有界，可设 lb = [ ]， ub = [ ]。

◎ x = fminimax(fun, x0, A, b, Aeq, beq, lb, ub, nonlcon)：nonlcon 参数的作用是通过接受向量 x 来计算非线性不等式约束 C(x) ≤ 0 和等式约束 ceq(x)=0 分别在 x 处的 C 和 Ceq，通过指定函数柄来使用，定义如下：

```
function [c1,c2,gc1,gc2]=nonlcon (x)
cl=...                    %x 处的非线性不等式约束
c2=...                    %x 处的非线性等式约束
if nargout>2              %被调用的函数有 4 个输出变量
gcl=...                   %非线性不等式约束在 x 处的梯度
gc2=...                   %非线性等式约束在 x 处的梯度
end
```

◎ x = fminimax(fun, x, A, b, Aeq, beq, lb, ub, nonlcon, options)： options 为指定优化的参数选项。

◎ [x, fval] = fminimax(…)： fval 为返回目标函数在 x 处的值，即 fval = [fl(x), f2(x), …, fn(x)]。

◎ [x, fval, max fval] = fminimax(…)： maxfval 为 fval 中的最大元。

◎ [x, fval, max fval, exitflag] = fminimax(...)： exitflag 为输出终止迭代的条件信息，其取值及含义如表 3-11 所示。

◎ [x, fval, max fval, exitflag, output] = fminimax(...)： output 为输出关于算法的信息变量，其结构及说明与表 3-11 相同。

◎ [x, fval, max fval, exitflag, output, lambda] = fminimax(…)： lambda 为输出各个约束所对应的 Lagrange 乘子，它是一个结构体变量。

表 3-11　exitflag 的值及说明（最大最小化问题）

exitflag 的值	说明
1	表示目标函数收敛于最优解
4	表示搜索方向的级小于给定的容忍度且约束的违背量小于 foptions.TolCon
5	表示方向导数的级小于给定的容忍度且约束的违背量小于 optiom.TolCon
0	表示迭代次数超过 options.MaxIlter 或函数的赋值次数超过 options.FunEvals
−1	表示算法因为输出函数终止
−2	表示没有可行解

【例 3-10】 求解下面的最大最小化问题。

$$\min_{x}\max_{F_i}\{f_1(x),f_2(x),f_3(x),f_4(x),f_5(x),f_6(x)\}$$

$$\text{s.t.}\begin{cases}x_1^2+x_2^2\leqslant 8\\x_1+x_2\leqslant 3\\-3\leqslant x_1\leqslant 3\\-2\leqslant x_2\leqslant 2\end{cases}$$

其中

$$\begin{cases}f_1(x)=2x_1^2+x_2^2-48x_1-40x_2+304\\f_2(x)=x_1^2-3x_2^2\\f_3(x)=x_1+3x_2-18\\f_4(x)=-x_1-x_2\\f_5(x)=x_1+x_2-8\end{cases}$$

首先编写目标函数的 M 文件，代码如下：

```
function f =li9_13fun(x)
f(1)=2*x(1)^2+x(2)^2–48*x(1)–40*x(2)+304;          %目标函数
f(2)=–x(1)^2–3*x(2)^2;
f(3)=x(1)+3*x(2)–18;
f(4)=–x(1)–x(2);
f(5)=x(1)+x(2)–8;
```

然后编写非线性约束函数的 M 文件，代码如下：

```
function [c1,c2]=li9_13nonlcon(x)
c1=x(1).^2+x(2).^2–8;
c2=[];                          %没有非线性等式约束
```

其实现的 MATLAB 代码如下：

```
>> clear all;
x0=[0.1;0.1];                   %给定的初始点
A=[1 1];                        %线性约束系数矩阵
b=3;
lb=[–3 –2];                     %变量下界
ub=[2,3];                       %变量上界
[x,fval,exitflag]=fminimax(@li9_13fun,x0,A,b,[],[],lb,ub,@li9_13nonlcon);
```

运行程序，输出如下：

```
x =
     2.0000
     1.0000
fval =
   177.0000    -7.0000   -13.0000    -3.0000    -5.0000
exitflag =
    177
```

3.4 二次规划

二次规划(quadratic programing)问题是最简单的一类约束非线性规划问题，它在众多领域都有着广泛的应用。

二次规划的目标函数是二次函数，约束条件仍是线性的，其数学模型的形式为

$$\min \frac{1}{2}\boldsymbol{x}^{\mathrm{T}}\boldsymbol{H}\boldsymbol{x}+\boldsymbol{c}\boldsymbol{x}$$

$$\text{s.t.}\begin{cases}\boldsymbol{A}\boldsymbol{x}\leqslant \boldsymbol{b}\\ \text{Aeq}\boldsymbol{x}=\text{beq}\\ \text{lb}\leqslant \boldsymbol{x}\leqslant \text{ub}\end{cases} \tag{3-18}$$

其中，$\boldsymbol{H}$ 为对称矩阵，约束条件与线性规划相同。MATLAB 提供了 quadprog 函数用于实现二次线性规划。其调用格式如下：

◎ x = quadprog(H,f,A,b)。

◎ x = quadprog(H,f,A,b,Aeq,beq)。

◎ x = quadprog(H,f,A,b,Aeq,beq,lb,ub)。

◎ x = quadprog(H,f,A,b,Aeq,beq,lb,ub,x0)。

◎ x = quadprog(H,f,A,b,Aeq,beq,lb,ub,x0,options)。

◎ [x,fval] = quadprog(...)。

◎ [x,fval,exitflag] = quadprog(...)。

◎ [x,fval,exitflag,output] = quadprog(…)。

◎ [x,fval,exitflag,output,lambda] = quadprog(...)。

其中，$\boldsymbol{H}$ 为二次线性规划目标函数中的开矩阵，其余各个参数含义与线性规划函数 linprog 参数含义完全一致。

【例 3-11】 求解下面二次规划问题。

$$f(x)=\frac{1}{2}x_1^2+x_2^2-x_1x_2-2x_1-6x_2$$

$$\text{s.t.}\begin{cases}x_1+x_2\leqslant 2\\ -x_1+2x_2\leqslant 2\\ 2x_1+x_2\leqslant 3\\ x_1,x_2\geqslant 0\end{cases}$$

将目标函数化为标准形式：

$$f(x)=\frac{1}{2}(x_1,x_2)\begin{bmatrix}1 & -1\\ -1 & 2\end{bmatrix}\begin{bmatrix}x_1\\ x_2\end{bmatrix}+(-2,6)\begin{bmatrix}x_1\\ x_2\end{bmatrix}$$

其实现的 MATLAB 代码如下：

```
>> clear all;
H=[1 -1; -1 2];
f=[-2;-6];
A=[1 1; -1 2; 2 1];
b =[2; 2; 3];
lb=zeros(2,1);
[x,fval,exitflag,output,lambda]=quadprog(H,f,A,b,[],[],lb)
```

运行程序，输出如下：

```
Optimization terminated.
x =
    0.6667
    1.3333
fval =
   -8.2222
exitflag =
     1
output =
           iterations: 3
      constrviolation: 1.1102e-016
            algorithm: 'medium-scale: active-set'
        firstorderopt: 8.8818e-016
         cgiterations: []
              message: 'Optimization terminated.'
lambda =
        lower: [2x1 double]
        upper: [2x1 double]
        eqlin: [0x1 double]
ineqlin: [3x1 double]
```

第 4 章　弹性力学基础

本章介绍弹性力学的基础理论，主要包括线性弹性力学问题的几个基本假设以及应力、应变的定义及其性质，应力平衡微分方程、几何方程和物理方程等基本方程。在此基础上，对弹性力学的几个典型问题(平面问题、轴对称问题和板壳问题)进行分析和讨论，提出弹性力学的一般解法(位移法、应力法以及能量法)。此外，还介绍了机械结构强度与失效的基本理论。这对于后续的机械工程计算与分析具有重要意义。

4.1　弹性力学的几个基本概念

4.1.1　弹性力学及其基本假设

弹性力学是针对不同弹性体结构对象，确定弹性体内应力与应变的分布规律。也就是说，当已知弹性体的形状、物理性质、受力情况和边界条件时，确定其任一点的应力、应变状态和位移。

在很多情况下，弹性力学的研究对象是理想弹性体，其应力与应变之间的关系为线性关系。线性弹性力学的基本假设有如下几点。

(1) 连续性假定。假定整个物体的体积都被组成该物体的介质所填满，不存在任何空隙。尽管一切物体都是由微小粒子组成的，并不能符合这一假定，但是只要粒子的尺寸以及相邻粒子之间的距离都比物体的尺寸小很多，则对于物体的连续性假定，就不会引起显著的误差。有了这一假定，物体内的一些物理量(如应力、应变、位移等)才可能是连续的，因而才可能用坐标的连续函数来表示它们的变化规律。

(2) 完全弹性假定。假定物体服从胡克定律，即应变与引起该应变的应力成正比。反映这一比例关系的常数，就是所谓的弹性常数。弹性常数不随应力或应变的大小和符号而变。由材料力学可知，脆性材料的物体，在应力未超过比例极限前，可以认为是近似的完全弹性体；而韧性材料的物体，在应力未达到屈服极限前，也可以认为是近似的完全弹性体。这个假定使得物体在任意瞬时的应变完全取决于该瞬时物体所受到的外力或温度变化等因素，而与加载的历史和加载顺序无关。

(3) 均匀性假定。假定整个物体是由同一材料组成的。这样，整个物体的所有各部分才具有相同的弹性，因而物体的弹性常数才不会随位置坐标而变。可以取出该物体的任意一小部分来加以分析，然后把分析所得的结果应用于整个物体。如果物体是由多种材料组成的，但是只要每一种材料的颗粒远远小于物体且在物体内是均匀分布的，那么整个物体也就可以假定为均匀的。

(4) 各向同性假定。假定物体的弹性在所有各方向上都是相同的。也就是说，物体的弹性常数不随方向而变化。对于非晶体材料，是完全符合这一假定的。而由木材、竹材等做成的构件，就不能当作各向同性体来研究。至于钢材构件，虽然其内部含有各向异性的晶体，但由于晶体非常微小，并且是随机排列的，所以从统计平均意义上讲，钢材构件的弹性基本上是各向同性的。

(5)小位移和小变形的假定。假定物体受力以后，物体所有各点的位移都远远小于物体原来的尺寸，并且其应变和转角都远小于 1。也就是说，在弹性力学中，为了保证研究的问题限定在线性范围，需要做出小位移和小变形的假定。这样，在建立变形体的平衡方程时，可以用物体变形前的尺寸来代替变形后的尺寸，而不致引起显著的误差，并且在考察物体的变形及位移时，对于转角和应变的二次幂或其乘积都可以略去不计。对于工程实际中不能满足这一假定的要求的情况，需要采用其他理论来进行分析求解(如大变形理论等)。

上述假定都是为了研究问题方便，根据研究对象的性质、结合求解问题的范围做出的。这样可以略去一些暂不考虑的因素，使得问题的力学求解成为可能。

如前所述，弹性力学问题的求解方法可以按求解方式分为两类，即解析方法和数值算法。解析方法是通过弹性力学的基本方程和边界条件，用纯数学的方法进行求解。但是，在实际问题中能够用解析方法进行精确求解的弹性力学问题只是很少一部分。现在工程实际中广泛采用的是数值方法。

4.1.2 外力与内力

1)外力

作用于物体的外力可分为两类，即面力(surface force)和体力(body force)。面力是指分布在物体表面上的外力，包括分布力(distributed force)和集中力(concentrated force)。面力是物体表面上各点的位置坐标的函数。

在物体表面 P 点处取一微小面积ΔS，假设其上作用有面力$\Delta \boldsymbol{F}$，则 P 点所受的面力定义为

$$\boldsymbol{Q}_S = \lim_{\Delta S \to 0} \frac{\Delta \boldsymbol{F}}{\Delta S} \tag{4-1}$$

通常可以用各坐标方向上的分量来表示面力，即

$$\boldsymbol{Q}_S = \begin{bmatrix} \bar{X} \\ \bar{Y} \\ \bar{Z} \end{bmatrix} = [\bar{X} \quad \bar{Y} \quad \bar{Z}]^{\mathrm{T}} \tag{4-2}$$

体力一般是指分布在物体体积内的外力，它作用于弹性体内每一个体积单元。体力通常是弹性体内各点位置坐标的函数。作用在物体内 P 点所受的体力可以按如下方式定义，即在 P 点处取一微小体积ΔV，假定其上作用有体力$\Delta \boldsymbol{R}$，则

$$\boldsymbol{Q}_V = \lim_{\Delta V \to 0} \frac{\Delta \boldsymbol{R}}{\Delta V} \tag{4-3}$$

体力也可以用各坐标方向上的分量来表示，即

$$\boldsymbol{Q}_V = \begin{bmatrix} X \\ Y \\ Z \end{bmatrix} = [X \quad Y \quad Z]^{\mathrm{T}} \tag{4-4}$$

2)内力

物体在外力作用下，可以认为其内部存在抵抗变形的内力。假设用一个经过物体内 P 点的截面 mn 将物体分为两部分 A 和 B。当物体在外力作用下处于平衡状态时，这两部分都应保持平衡。如果假设移去了其中的 B 部分，则在截面 mn 上有力存在，使部分 A 保持平衡，

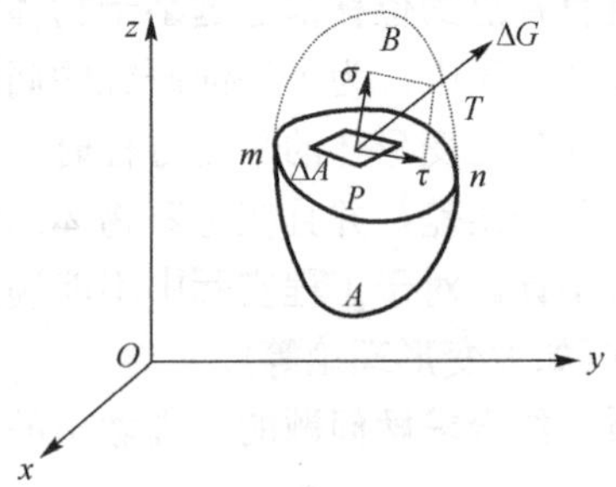

图 4-1　物体内任意点处的应力矢量

该力就称为内力。如图 4-1 所示，在截面 *mn* 上应该有移去的虚线部分 *B* 对部分的平衡起作用的内力。内力是物体内部的相互作用力。

4.1.3　应力

所谓一点处的应力(stress)，就是物体内力在该点处的集度。如图 4-1 所示，在截面 *mn* 上 *P* 点处取一微小面积ΔA，假设作用于ΔA上的内力为$\Delta \boldsymbol{G}$，则定义 *P* 点处的应力矢量 $\boldsymbol{T}$ 为

$$\boldsymbol{T}=\lim_{\Delta A\to 0}\frac{\Delta \boldsymbol{G}}{\Delta \boldsymbol{A}} \tag{4-5}$$

应力矢量 $\boldsymbol{T}$ 可以沿截面ΔA 的法线方向和切线方向进行分解，所得到的分量就是正应力 σ_n 和剪应力 τ_n。它们满足

$$\left|\boldsymbol{T}_n\right|^2=\sigma_n^2+\tau_n^2 \tag{4-6}$$

在物体内的同一个点处，具有不同法线方向的截面上的应力分量(即正应力 σ 和剪应力 τ)是不同的。在表述一点的应力状态时，需要给出物体内的某点坐标且同时给出过该点截面的外法向方向，才能确定物体内该点处在此截面上应力的大小和方向。

在弹性力学中，为了描述弹性体内任一点 *P* 的应力状态，通常还采用三维直角坐标系下的应力分量形式表示。根据连续性假定，弹性体可以看作是由无数个微小正方体元素组成的。如图 4-2 所示，在某点处切取一个微小正方体，该正方体的棱线与坐标轴平行。正方体各面上的应力可按坐标轴方向分解为一个正应力和两个剪应力，即每个面上的应力都用三个应力分量来表示。由于物体内各点的内力都是平衡的，正方体相对两面上的应力分量大小相等、方向相反。这样，用一个包含 9 个应力分量的矩阵来表示正方体各面上的应力，即

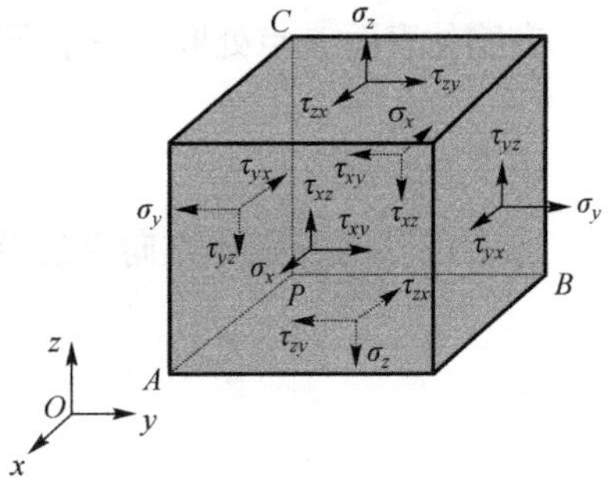

图 4-2　微小正方体元素的应力状态

$$\boldsymbol{\sigma}=\begin{bmatrix}\sigma_x & \tau_{xy} & \tau_{xz}\\ \tau_{yx} & \sigma_y & \tau_{yz}\\ \tau_{zx} & \tau_{zy} & \sigma_z\end{bmatrix} \tag{4-7}$$

其中，σ 表示正应力(normal stress)，下角标同时表示作用面和作用方向；τ 表示剪应力(shear stress)，第一下标表示与截面外法线方向相一致的坐标轴，第二下标表示剪应力的方向。

应力分量的符号有如下规定：若应力作用面的外法线方向与坐标轴的正方向一致，则该面上的应力分量就以沿坐标轴的正方向为正，沿坐标轴的负方向为负。相反，如果应力作用面的外法线是指向坐标轴的负方向，那么该面上的应力分量就以沿坐标轴的负方向为正，沿坐标轴的正方向为负。

正如材料力学中的说明，4.1.4 节也将根据应力平衡方程加以证明，图 4-2 中作用在正方体各面上的剪应力存在互等关系，即作用在两个互相垂直的面上并且垂直于该两面交线的剪

应力是互等的，不仅大小相等，而且正负号相同，即剪应力互等定理：

$$\tau_{xy}=\tau_{yx},\quad \tau_{xz}=\tau_{zx},\quad \tau_{yz}=\tau_{zy} \tag{4-8}$$

因此，某一个剪应力的两个下标是可以对换的。这样，只要用 6 个独立的应力分量σ_x、σ_y、σ_z、τ_{xy}、τ_{yz}、τ_{zx}就可以完全描述微小正方体各面上的应力，记作

$$\boldsymbol{\sigma}=[\sigma_x\quad \sigma_y\quad \sigma_z\quad \tau_{xy}\quad \tau_{yz}\quad \tau_{zx}]^{\mathrm{T}} \tag{4-9}$$

当正方体足够小时，作用在正方体各面上的应力分量就可视为 P 点的应力分量。只要已知 P 点的这六个应力分量，就可以求得过 P 点任何截面上的正应力和剪应力，4.2.1 节中将给出具体的表达式。因此，上述 6 个应力分量可以完全确定该点的应力状态。

4.1.4 应变

物体在外力作用下，其形状发生改变，变形(deformation)指的就是这种物体形状的变化。不管这种形状的改变多么复杂，对于其中的某一个微元体来说，可以认为只包括棱边长度的改变和各棱边之间夹角的改变两种类型。因此，为了考察物体内某一点处的变形，可在该点处从物体内截取一单元体，研究其棱边长度和各棱边夹角之间的变化情况。

对于微分单元体的变形，可以用应变(strain)来表达。分为两方面讨论：①棱边长度的伸长量，即正应变(或线应变，linear strain)；②两棱边间夹角的改变量(用弧度表示)，即剪应变(或角应变，shear strain)。图 4-3 是对这两种应变的几何描述，表示变形前后的微元体在 x、y 面上的投影，微元体的初始位置和变形后的位置分别由实线和虚线表示。物体变形时，物体内一点处产生的应变，与该点的相对位移有关。在小应变情况下(位移导数远小于 1 的情况)，位移分量与应变分量之间的关系(变形几何方程)如下。

在图 4-3(a)中，微元体在 x 方向上有一个 Δu_x 的伸长量。微元体棱边的相对变化量就是 x 方向上的正应变 ε_x，则

$$\varepsilon_x=\frac{\Delta u_x}{\Delta x} \tag{4-10}$$

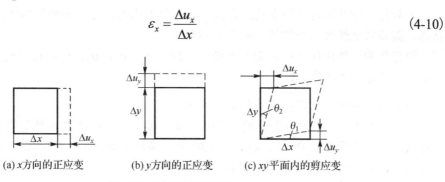

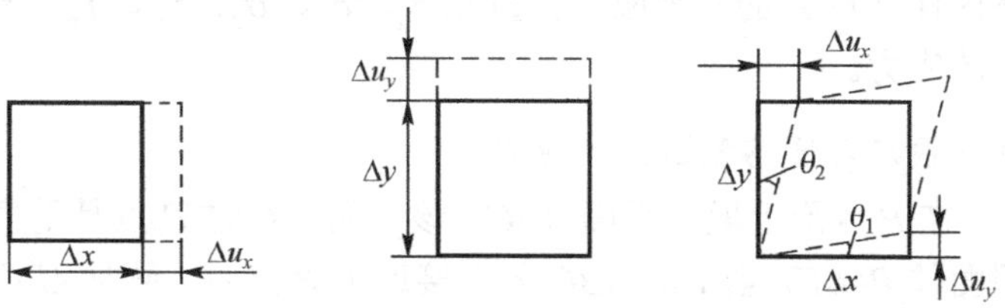

(a) x方向的正应变　(b) y方向的正应变　(c) xy平面内的剪应变

图 4-3　应变的几何描述

相应地，如图 4-3(b)所示为 y 方向的正应变。

$$\varepsilon_y=\frac{\Delta u_y}{\Delta y} \tag{4-11}$$

图 4-3(c)所示为 xy 平面内的剪应变 γ_{xy}，剪应变定义为微单元体棱边之间夹角的变化。图中总的角变化量为 $\theta_1+\theta_2$。假设 θ_1 和 θ_2 都非常小，可以认为 $\theta_1+\theta_2\approx\tan\theta_1+\tan\theta_2$。

根据图 4-3(c)可知

$$\tan\theta_1 = \frac{\Delta u_y}{\Delta x}, \quad \tan\theta_2 = \frac{\Delta u_x}{\Delta y}$$

由于小变形假设，有 $\theta_1 = \tan\theta_1$，$\theta_2 = \tan\theta_2$，因此剪应变 γ_{xy} 可以表示为

$$\gamma_{xy} = \theta_1 + \theta_2 = \frac{\Delta u_y}{\Delta x} + \frac{\Delta u_x}{\Delta y} \tag{4-12}$$

由于正向剪应力 τ_{xy} 和 τ_{yx} 分别引起微元体棱边夹角的减小，所以在弹性力学中，把相对初始角度的减小量视为正向剪应变。

依次类推，ε_x、ε_y、ε_z 分别代表了一点 x、y、z 方向的线应变，γ_{xy}、γ_{yz}、γ_{xz} 则分别代表了 xy、yz 和 xz 平面上的剪应变。与直角应力分量类似，上面的六个应变分量称为直角应变分量。这六个应变分量用矩阵形式表示，即

$$\boldsymbol{\varepsilon} = \begin{bmatrix} \varepsilon_x & \gamma_{xy} & \gamma_{xz} \\ \gamma_{yx} & \varepsilon_y & \gamma_{yz} \\ \gamma_{zx} & \gamma_{zy} & \varepsilon_z \end{bmatrix} \tag{4-13}$$

线应变 ε 和剪应变 γ 都是无量纲的量。

4.2 应力状态的描述

弹性体在外力作用下产生应力场，弹性体内任意一点的应力状态可以用 6 个应力分量描述。一点的应力状态与所选定的坐标系相关。以下从应力坐标变换、任意截面的应力分解实现对一点的应力状态进行分析，并介绍主应力等概念。

4.2.1 任意截面上的应力分解

一般地，弹性体内不同点的应力状态通常是不同的。为了弄清楚物体内任一点处的应力状态，需要知道经过该点的任意截面上的应力。

设已知弹性体内任一点 P 的六个应力分量是 σ_x、σ_y、σ_z、τ_{xy}、τ_{yz}、τ_{zx}，有两种方法求得过该点任意截面上的应力。

1) 用应力坐标变换法求任意截面上的应力

如图 4-4 所示，在 P 点附近取一平面 ABC，该平面与经过 P 点且垂直于坐标轴的三个平面形成一个微小四面体 $PABC$。当平面 ABC 无限接近于 P 点时，平面 ABC 上的应力就无限接近于过 P 点、法线方向为 $\boldsymbol{n}$ 的斜平面上的应力。

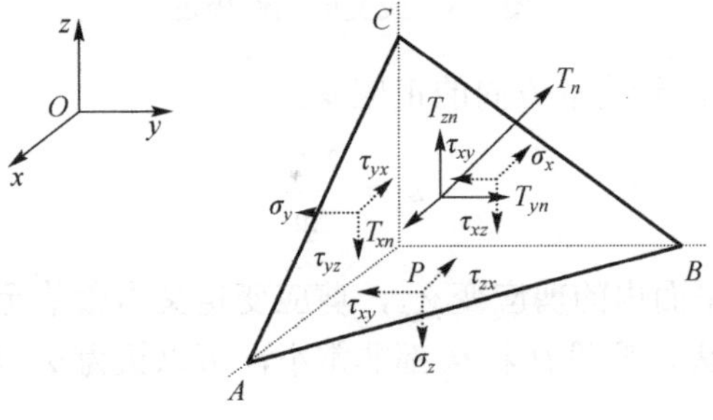

图 4-4　一点的应力状态

设平面 ABC 的外法线为 $\boldsymbol{n}$，记 $\boldsymbol{n}$ 的方向余弦为

$$\cos(\boldsymbol{n}, x) = n_x, \quad \cos(\boldsymbol{n}, y) = n_y, \quad \cos(\boldsymbol{n}, z) = n_z \tag{4-14}$$

可见，如果把平面 ABC 的外法线 $\boldsymbol{n}$ 作为变换后的一个坐标轴，则法线 $\boldsymbol{n}$ 的方向余弦对应着变换矩阵 $\boldsymbol{T}$ 的一行。用应力坐标变换方法求得平面 ABC 上的正应力 σ_n 如下：

$$\begin{aligned}\sigma_n &= [n_x \quad n_y \quad n_z]\begin{bmatrix}\sigma_x & \tau_{xy} & \tau_{xz} \\ \tau_{yx} & \sigma_y & \tau_{yz} \\ \tau_{zx} & \tau_{zy} & \sigma_z\end{bmatrix}\begin{bmatrix}n_x \\ n_y \\ n_z\end{bmatrix} \\ &= n_x^2\sigma_x + n_y^2\sigma_y + n_z^2\sigma_z + 2n_x n_y \tau_{xy} + 2n_y n_z \tau_{yz} + 2n_z n_x \tau_{zx}\end{aligned} \tag{4-15}$$

2) 用静力平衡推导任一截面上的应力

图 4-4 所示的三角形 ABC 的面积为 ΔA，则三角形 PBC、三角形 PCA、三角形 PAB 的面积分别为 $n_x\Delta A$、$n_y\Delta A$、$n_z\Delta A$。令 T_{xn}、T_{yn}、T_{zn} 分别为三角形 ABC 上的 T_n 在三个坐标轴上的投影。由力平衡条件 $\Sigma F_x = 0$ 可得

$$T_{xn}\Delta A - \sigma_x n_x \Delta A - \tau_{yx} n_y \Delta A - \tau_{zx} n_z \Delta A = 0 \tag{4-16}$$

即

$$T_{xn} = n_x\sigma_x + n_y\tau_{yx} + n_z\tau_{zx}$$

这里没有考虑体积力，因为当平面 ABC 趋近于 P 点时，四面体的体积与各面的表面积相比是高阶的微量，故可以忽略体积力。

同理，由平衡条件 $\Sigma F_y = 0$ 和 $\Sigma F_z = 0$，可以分别得到另外两个相类似的方程，整理后得

$$\begin{aligned}T_{xn} &= n_x\sigma_x + n_y\tau_{yx} + n_z\tau_{zx} \\ T_{yn} &= n_x\tau_{xy} + n_y\sigma_y + n_z\tau_{zy} \\ T_{zn} &= n_x\tau_{xz} + n_y\tau_{yz} + n_z\sigma_z\end{aligned} \tag{4-17}$$

该方程又称为柯西应力公式(Cauchy's stress formula)。该公式描述了弹性体内任一点 P 的 6 个应力分量与通过 P 点任一平面上的应力关系。

由式(4-17)很容易求出平面 ABC 上的全应力 T_n：

$$\begin{aligned}T_n &= \sqrt{T_{xn}^2 + T_{yn}^2 + T_{zn}^2} \\ &= \sqrt{(n_x\sigma_x + n_y\tau_{xy} + n_z\tau_{zx})^2 + (n_x\tau_{xy} + n_y\sigma_y + n_z\tau_{yz})^2 + (n_x\tau_{zx} + n_y\tau_{yz} + n_z\sigma_z)^2}\end{aligned} \tag{4-18}$$

而平面 ABC 上的正应力 σ_n 则可通过 T_{xn}、T_{yn}、T_{zn} 三个分量投影后合成得到，即

$$\begin{aligned}\sigma_n &= n_x T_{xn} + n_y T_{yn} + n_z T_{zn} \\ &= n_x^2\sigma_x + n_y^2\sigma_y + n_z^2\sigma_z + 2n_x n_y\tau_{xy} + 2n_y n_z\tau_{yz} + 2n_z n_x\tau_{zx}\end{aligned} \tag{4-19}$$

此式与式(4-15)一致。

因为全应力 T_n 与正应力、剪应力之间满足如下关系

$$T_n^2 = \sigma_n^2 + \tau_n^2 \tag{4-20}$$

所以有

$$\tau_n = \sqrt{T_n^2 - \sigma_n^2} \tag{4-21}$$

由此可见，在弹性体内任意一点处，只要已知该点的 6 个直角坐标应力分量，就可求得过该点任一平面上的正应力和剪应力。也就是说，一点的 6 个直角坐标应力分量可以完全确定该点的应力状态。

4.2.2 主应力及其求解方法

1) 主应力

已经证明，在过一点的所有截面中，存在着三个互相垂直的特殊截面，在这三个截面上没有剪应力，而仅有正应力。这种没有剪应力仅有正应力存在的截面称为过该点的主平面。主平面上的正应力称为该点的主应力，主平面的外法线方向是主应力的方向，称为该点的主应力方向。

设某一点的一个主应力方向的方向余弦为 n_x、n_y、n_z，因为在主平面上没有剪应力，可用 σ 代表该主平面上的全应力，则全应力在 x、y、z 轴的投影可表示为

$$T_{xn} = \sigma n_x,\quad T_{yn} = \sigma n_y,\quad T_{zn} = \sigma n_z \tag{4-22}$$

由柯西应力公式，可知

$$\begin{aligned} T_{xn} &= \sigma n_x = \sigma_x n_x + \tau_{yx} n_y + \tau_{zx} n_z \\ T_{yn} &= \sigma n_y = \tau_{xy} n_x + \sigma_y n_y + \tau_{zy} n_z \\ T_{zn} &= \sigma n_z = \tau_{xz} n_x + \tau_{yz} n_y + \sigma_z n_z \end{aligned} \tag{4-23}$$

整理得

$$\begin{aligned} &(\sigma_x - \sigma) n_x + \tau_{yx} n_y + \tau_{zx} n_z = 0 \\ &\tau_{xy} n_x + (\sigma_y - \sigma) n_y + \tau_{zy} n_z = 0 \\ &\tau_{xz} n_x + \tau_{yz} n_y + (\sigma_z - \sigma) n_z = 0 \end{aligned} \tag{4-24}$$

因为 $n_x^2 + n_y^2 + n_z^2 = 1$，即 n_x、n_y、n_z 不全为 0，上述方程组中 n_x、n_y、n_z 有非平凡解的条件是其系数矩阵的行列式为 0，即

$$\begin{vmatrix} (\sigma_x - \sigma) & \tau_{yx} & \tau_{zx} \\ \tau_{xy} & (\sigma_y - \sigma) & \tau_{zy} \\ \tau_{xz} & \tau_{yz} & (\sigma_z - \sigma) \end{vmatrix} = 0 \tag{4-25}$$

将此行列式展开，得到一个关于应力的一元三次方程

$$\begin{aligned} &\sigma^3 - (\sigma_x + \sigma_y + \sigma_z)\sigma^2 + (\sigma_x\sigma_y + \sigma_y\sigma_z + \sigma_z\sigma_x - \tau_{xy}^2 - \tau_{yz}^2 - \tau_{zx}^2)\sigma \\ &- (\sigma_x\sigma_y\sigma_z + 2\tau_{xy}\tau_{yz}\tau_{zx} - \sigma_x\tau_{yz}^2 - \sigma_y\tau_{zx}^2 - \sigma_z\tau_{xy}^2) = 0 \end{aligned} \tag{4-26}$$

该方程有三个实根 σ_1、σ_2、σ_3，这三个实根就是 P 点处的三个主应力。将主应力分别代入式(4-23)，结合式(4-24)便可分别求出各主应力方向的方向余弦。还可以证明，三个主应力方向是相互垂直的。

如前所述，一点的应力状态可以用 6 个直角坐标应力分量组成的矩阵 $\boldsymbol{\sigma} = \begin{bmatrix} \sigma_x & \tau_{xy} & \tau_{xz} \\ \tau_{xy} & \sigma_y & \tau_{yz} \\ \tau_{xz} & \tau_{yz} & \sigma_z \end{bmatrix}$

来表示，与此类似，通过选择主应力方向作为坐标轴可以把一点的应力状态用主应力组成的矩阵来表示，即

$$\boldsymbol{\sigma}=\begin{bmatrix}\sigma_1 & 0 & 0\\ 0 & \sigma_2 & 0\\ 0 & 0 & \sigma_3\end{bmatrix} \tag{4-27}$$

2) 应力不变量

方程式(4-26)中，σ^2、σ 的系数和常数项分别记为

$$I_1=\sigma_x+\sigma_y+\sigma_z \tag{4-28}$$

$$\begin{aligned}I_2&=\sigma_x\sigma_y+\sigma_y\sigma_z+\sigma_z\sigma_x-\tau_{xy}^2-\tau_{yz}^2-\tau_{zx}^2\\ &=\begin{vmatrix}\sigma_x & \tau_{yx}\\ \tau_{xy} & \sigma_y\end{vmatrix}+\begin{vmatrix}\sigma_y & \tau_{zy}\\ \tau_{yz} & \sigma_z\end{vmatrix}+\begin{vmatrix}\sigma_z & \tau_{xz}\\ \tau_{zx} & \sigma_x\end{vmatrix}\end{aligned} \tag{4-29}$$

$$\begin{aligned}I_3&=\sigma_x\sigma_y\sigma_z+2\tau_{xy}\tau_{yz}\tau_{zx}-\sigma_x\tau_{yz}^2-\sigma_y\tau_{zx}^2-\sigma_z\tau_{xy}^2\\ &=\begin{vmatrix}\sigma_x & \tau_{xy} & \tau_{xz}\\ \tau_{xy} & \sigma_y & \tau_{yz}\\ \tau_{xz} & \tau_{yz} & \sigma_z\end{vmatrix}\end{aligned} \tag{4-30}$$

这三个量 I_1、I_2、I_3 分别定义为第一应力不变量、第二应力不变量和第三应力不变量。

应力不变量的含义是指 I_1、I_2、I_3 的值与坐标轴的选择无关。假如在同一点，有另一坐标系 $x'y'z'$,对应的直角应力分量分别为 σ_x'、σ_y'、σ_z'、τ_{xy}'、τ_{yz}'、τ_{zx}'，由式(4-28)～式(4-30)计算出应力不变量，分别为 I_1'、I_2'、I_3'，可以证明 $I_1=I_1'$、$I_2=I_2'$、$I_3=I_3'$。

应力不变量用主应力 σ_1、σ_2、σ_3 表示为

$$\begin{aligned}I_1&=\sigma_1+\sigma_2+\sigma_3\\ I_2&=\sigma_1\sigma_2+\sigma_2\sigma_3+\sigma_3\sigma_1\\ I_3&=\sigma_1\sigma_2\sigma_3\end{aligned} \tag{4-31}$$

方程式(4-26)可以用应力不变量表示为

$$\sigma^3-I_1\sigma^2+I_2\sigma-I_3=0 \tag{4-32}$$

3) 主应力和摩尔圆

因为应力不变量的值与坐标轴的选取无关，由式(4-32)可知，计算中不管如何选择坐标系，主应力的大小和方向也与坐标系的选择无关，而只与物体所受的外力有关。当外力给定时，物体内任一点都会有确定的应力状态，则都有三个相互垂直的主应力，而且只有这三个主应力。

在弹性体的任意一点处，过该点的任何斜面上的正应力都介于三个主应力中的最大值和最小值之间，即任一点的最大正应力就是三个主应力中的最大的一个，而最小主应力则是三个主应力中最小的一个。

主应力按代数值排列为 $\sigma_1\geqslant\sigma_2\geqslant\sigma_3$，以 σ 和 τ 为坐标轴的横轴与纵轴，沿着 σ 轴标记出 σ_1、σ_2 和 σ_3。分别用直径为 $(\sigma_1-\sigma_2)$、$(\sigma_2-\sigma_3)$ 和 $(\sigma_1-\sigma_3)$ 画出三个圆，如图 4-5 所示，即应力摩尔圆图形。

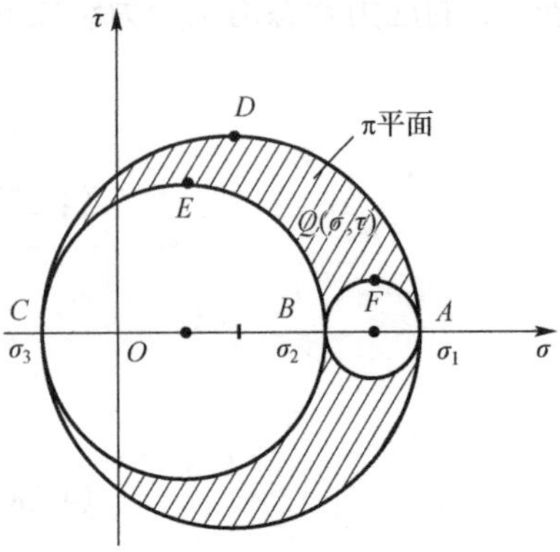

图 4-5　应力摩尔圆图形

弹性体内任一点的应力状态可以用应力摩尔圆来表示，一点的应力状态的具体值应落在阴影区域内。这个阴影区域称为摩尔应力的 π 平面，表示任一可能截面上的应力。

根据应力摩尔圆图形可知：

(1) 主应力 σ_1、σ_2 和 σ_3 在图上的点为 A、B 和 C，这些点对应的剪应力为 0。

(2) 最大剪应力为 $(\sigma_1-\sigma_3)/2$，对应的正应力为 $(\sigma_1+\sigma_3)/2$，可用图 4-5 上 D 点表示。

(3) 主应力所对应的平面称为主应力平面，相应的剪应力也有三个极限值，分别是 $(\sigma_1-\sigma_2)/2$、$(\sigma_2-\sigma_3)/2$ 和 $(\sigma_1-\sigma_3)/2$，对应的面为主剪应力平面。从图 4-5 可知，在主剪应力平面上，正应力并不等于 0，相应的正应力分别为 $(\sigma_1+\sigma_2)/2$、$(\sigma_2+\sigma_3)/2$ 和 $(\sigma_1+\sigma_3)/2$，对应于图上 F 点、E 点和 D 点。可以推出，主剪应力平面与主应力平面成 45°，主剪应力表示为

$$\tau_1=(\sigma_2-\sigma_3)/2,\quad \tau_2=(\sigma_1-\sigma_3)/2,\quad \tau_3=(\sigma_1-\sigma_2)/2 \tag{4-33}$$

4.3　应力平衡微分方程

物体内不同的点将有不同的应力。这就是说，各点的应力分量都是点的位置坐标 (x, y, z) 的函数，而且在一般情况下，都是坐标的单值连续函数。当弹性体在外力作用下保持平衡时，可以根据平衡条件来导出应力分量与体积力分量之间的关系式，即应力平衡微分方程。应力平衡微分方程是弹性力学基础理论中的一个重要方程。

设有一个物体在外力作用下而处于平衡状态。由于整个物体处于平衡，其内各部分也都处于平衡状态。为导出平衡微分方程，我们从中取出一个微元体(这里是一个微小正六面体)进行研究，其棱边尺寸分别为 dx、dy、dz，如图 4-6 所示。为清楚起见，图中仅画出了在 x 方向有投影的应力分量。考虑两个对应面上的应力分量，由于其坐标位置不同，而存在一个应力增量。例如，在 $AA'D'D$ 面上作用有正应力 σ_x，那么由于 $BB'C'C$ 面与 $AA'D'D$ 面在 x 坐标方向上相差了 dx，由 Taylor 级数展开原则，并舍弃高阶项，可导出 $BB'C'C$ 面上的正应力应表示为 $\sigma_x+\dfrac{\partial\sigma_x}{\partial x}\mathrm{d}x$。其余情况可类推。

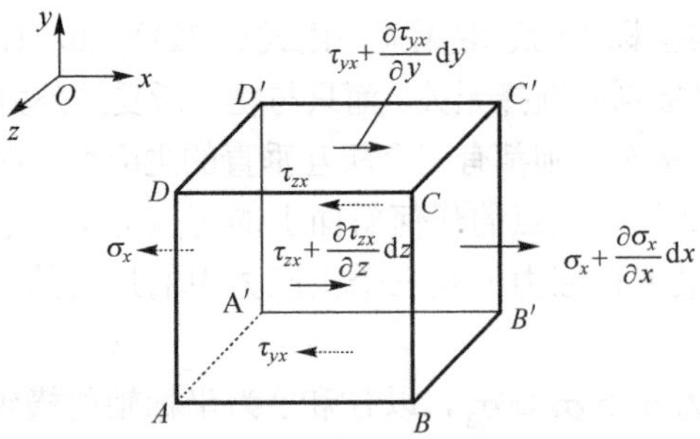

图 4-6　微元体的应力平衡

由于所取的六面体是微小的，其各 0 面上所受的应力可以认为是均匀分布的。另外，若微元体上除应力之外，还作用有体积力，那么也假定体积力是均匀分布的。这样，在 x 方向上，根据平衡方程$\Sigma F_x=0$，有

$$\left(\sigma_x+\frac{\partial\sigma_x}{\partial x}\mathrm{d}x\right)\mathrm{d}y\mathrm{d}z-\sigma_x\mathrm{d}y\mathrm{d}z+\left(\tau_{yx}+\frac{\partial\tau_{yx}}{\partial y}\mathrm{d}y\right)\mathrm{d}x\mathrm{d}z-\tau_{yx}\mathrm{d}x\mathrm{d}z$$
$$+\left(\tau_{zx}+\frac{\partial\tau_{zx}}{\partial z}\mathrm{d}z\right)\mathrm{d}x\mathrm{d}y-\tau_{zx}\mathrm{d}x\mathrm{d}y+X\mathrm{d}x\mathrm{d}y\mathrm{d}z=0 \tag{4-34}$$

整理得

$$\frac{\partial\sigma_x}{\partial x}+\frac{\partial\tau_{yx}}{\partial y}+\frac{\partial\tau_{zx}}{\partial z}+X=0 \tag{4-35}$$

同理，可得 y 方向和 z 方向上的平衡微分方程，即

$$\begin{aligned}&\frac{\partial\sigma_x}{\partial x}+\frac{\partial\tau_{yx}}{\partial y}+\frac{\partial\tau_{zx}}{\partial z}+X=0\\&\frac{\partial\tau_{xy}}{\partial x}+\frac{\partial\sigma_y}{\partial y}+\frac{\partial\tau_{zy}}{\partial z}+Y=0\\&\frac{\partial\tau_{xz}}{\partial x}+\frac{\partial\tau_{yz}}{\partial y}+\frac{\partial\sigma_z}{\partial z}+Z=0\end{aligned} \tag{4-36}$$

上述微分方程即应力平衡微分方程，这是弹性力学中的基本关系之一。凡处于平衡状态的物体，其任一点的应力分量都应满足这组基本力学方程。

再回到图 4-6 中微元体的平衡问题。前面已经列出了在 x、y、z 轴上的投影方程，现在再列出三个力矩方程。将各面上的应力分量全部写出后，列写$\sum M_{AA'}=0$如下：

$$\sigma_x\mathrm{d}y\mathrm{d}z\frac{\mathrm{d}y}{2}-\left(\sigma_x+\frac{\partial\sigma_x}{\partial x}\mathrm{d}x\right)\mathrm{d}y\mathrm{d}z\frac{\mathrm{d}y}{2}+\left(\tau_{xy}+\frac{\partial\tau_{xy}}{\partial x}\mathrm{d}x\right)\mathrm{d}y\mathrm{d}z\mathrm{d}x$$
$$+\left(\sigma_y+\frac{\partial\sigma_y}{\partial y}\mathrm{d}y\right)\mathrm{d}x\mathrm{d}z\frac{\mathrm{d}x}{2}-\sigma_y\mathrm{d}x\mathrm{d}z\frac{\mathrm{d}x}{2}-\left(\tau_{yx}+\frac{\partial\tau_{yx}}{\partial y}\right)\mathrm{d}x\mathrm{d}z\mathrm{d}y$$
$$+\left(\tau_{zy}+\frac{\partial\tau_{zy}}{\partial z}\mathrm{d}z\right)\mathrm{d}x\mathrm{d}y\frac{\mathrm{d}x}{2}-\tau_{zy}\mathrm{d}x\mathrm{d}y\frac{\mathrm{d}x}{2}-\left(\tau_{zx}+\frac{\partial\tau_{zx}}{\partial z}\mathrm{d}z\right)\mathrm{d}x\mathrm{d}y\frac{\mathrm{d}y}{2}$$
$$+\tau_{zx}\mathrm{d}x\mathrm{d}y\frac{\mathrm{d}y}{2}=0 \tag{4-37}$$

将此式展开并略去高阶小量，整理后可以得到

$$\tau_{xy}\mathrm{d}x\mathrm{d}y\mathrm{d}z-\tau_{yx}\mathrm{d}x\mathrm{d}y\mathrm{d}z=0$$

上式就是

$$\tau_{xy}=\tau_{yx} \tag{4-38}$$

在列写上面的平衡方程时，未计入体积力对应的力矩，但即使计入，也因它们是四阶微量而将被略去。

用同样的方法列出另外两个力矩平衡方程$\sum M_{A'B'}=0$和$\sum M_{A'D'}=0$，则可以得到

$$\tau_{yz}=\tau_{zy}\,,\quad \tau_{zx}=\tau_{xz}$$

将上面式(4-38)和式(4-39)整理在一起，得到任意一点处的剪应力分量的关系式为

$$\tau_{xy}=\tau_{yx}\,,\quad \tau_{yz}=\tau_{zy}\,,\quad \tau_{zx}=\tau_{xz} \tag{4-39}$$

该式表明，任意一点处的 6 个剪应力分量成对相等，即剪应力互等定理。由此可知，弹性体内任一点的 9 个直角坐标应力分量中只有 6 个是独立的。为便于表示，可把它们写成一个应力列阵，即

$$\boldsymbol{\sigma}=[\sigma_x \quad \sigma_y \quad \sigma_z \quad \tau_{xy} \quad \tau_{yz} \quad \tau_{zx}]^{\mathrm{T}} \tag{4-40}$$

4.4 几何方程

弹性体受到外力作用时，其形状和尺寸会发生变化，即产生变形，在弹性力学中需要考虑几何学方面的问题。弹性力学中用几何方程来表达这种变形关系，其实质是反映弹性体内任一点的应变分量与位移分量之间的关系，或称为柯西几何方程(geometrical equations)。

考察物体内任一点 $P(x, y, z)$ 的变形时，与研究物体的平衡状态一样，也是从物体内 P 点处取出一个正方微元体，其三个棱边长分别为 dx、dy 和 dz，如图 4-7 所示。当物体受到外力作用产生变形时，不仅微元体的棱边长度会随之改变，而且各棱边之间的夹角也会发生变化。为研究方便，可将微元体分别投影到 xOy、yOz 和 zOx 三个坐标面上，如图 4-8 所示。

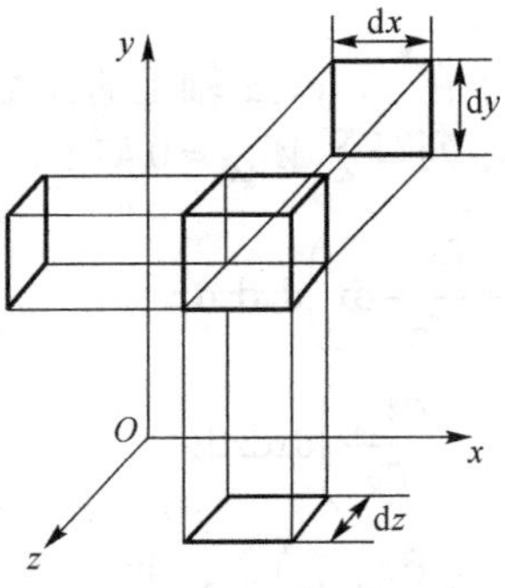

图 4-7　微元体的几何投影

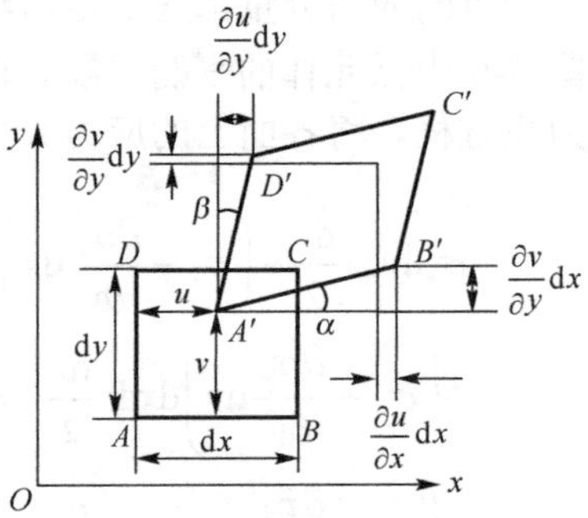

图 4-8　位移与应变关系

在外力作用下，物体可能发生两种位移，一种是与位置改变有关的刚体位移；另一种是与形状改变有关的形变位移。在研究物体的弹性变形时，可以认为物体内各点的位移都是坐标的单值连续函数。在图 4-8 中，若假设 A 点沿坐标方向的位移分量为 u、v，则 B 点沿坐标方向的位移分量应分别为 $u+\dfrac{\partial u}{\partial x}\mathrm{d}x$ 和 $v+\dfrac{\partial v}{\partial x}\mathrm{d}x$，而 D 点的位移分量分别为 $u+\dfrac{\partial u}{\partial y}\mathrm{d}y$ 及 $v+\dfrac{\partial v}{\partial y}\mathrm{d}y$。据此，可以求得

$$\overline{A'B'}^2=\left(dx+\frac{\partial u}{\partial x}\mathrm{d}x\right)^2+\left(\frac{\partial v}{\partial x}\mathrm{d}x\right)^2 \tag{4-41}$$

根据线应变(正应变)的定义，AB 线段的正应变为

$$\varepsilon_x = \frac{\overline{A'B'} - \overline{AB}}{\overline{AB}} \tag{4-42}$$

因 $\overline{AB} = \mathrm{d}x$，故由式(4-42)可得 $\overline{A'B'} = (1+\varepsilon_x)\overline{AB} = (1+\varepsilon_x)\mathrm{d}x$，代入式(4-41)，得

$$2\varepsilon_x + \varepsilon_x^2 = 2\frac{\partial u}{\partial x} + \left(\frac{\partial u}{\partial x}\right)^2 + \left(\frac{\partial v}{\partial x}\right)^2 \tag{4-43}$$

由于只是微小变形的情况，可略去式(4-43)中的高阶小量，这样有

$$\varepsilon_x = \frac{\partial u}{\partial x} \tag{4-44}$$

当微元体趋于无限小时，即 *AB* 线段趋于无限小，*AB* 线段的正应变就是 *P* 点沿 *x* 方向的正应变。用同样的方法考察 *AD* 线段，则可得到 *P* 点沿 *y* 方向的正应变为

$$\varepsilon_y = \frac{\partial v}{\partial y} \tag{4-45}$$

现在再来分析 *AB* 和 *AD* 两线段之间夹角(直角)的变化情况。在微小变形时，变形后 *AB* 线段的转角为

$$\alpha \approx \tan\alpha = \frac{\frac{\partial v}{\partial x}\mathrm{d}x}{\mathrm{d}x + \frac{\partial u}{\partial x}\mathrm{d}x} = \frac{\frac{\partial v}{\partial x}}{1+\frac{\partial u}{\partial x}} \tag{4-46}$$

其中，$\frac{\partial u}{\partial x}$ 与 1 相比可以略去，故

$$\alpha = \frac{\partial v}{\partial x} \tag{4-47}$$

同理，*AD* 线段的转角为

$$\beta = \frac{\partial u}{\partial y} \tag{4-48}$$

由此可见，*AB* 和 *AD* 两线段之间夹角变形后的改变(减小)量为

$$\gamma_{xy} = \frac{\partial v}{\partial x} + \frac{\partial u}{\partial y} \tag{4-49}$$

把 *AB* 和 *AD* 两线段之间直角的改变量 γ_{xy} 称为 *P* 点的角应变(或称剪应变)，它由两部分组成，一部分是由 *y* 方向的位移引起的，另一部分则是由 *x* 方向位移引起的；并规定角度减小时为正、增大时为负。

至此，讨论了微元体在 *xOy* 投影面上的变形情况。如果再进一步考察微元体在另外两个投影面上的变形情况，还可以得到 *P* 点沿其他方向的线应变和角应变。ε_x、ε_y 和 ε_z 是任意一点在 *x*、*y* 和 *z* 方向上的线应变(正应变)，γ_{xy}、γ_{yz} 和 γ_{xz} 分别代表在 *xy*、*yz* 和 *xz* 平面上的剪应变。类似于直角坐标应力分量，上面 6 个应变分量可定义为直角坐标应变分量。在三维空间中，这 6 个应变分量完全确定了该点的应变状态。也就是说，若已知这 6 个应变分量，就可以求得过该点任意方向的正应变及任意两垂直方向间的角应变，也可以求得过该点的任意两线段之间的夹角的改变。可以证明，在变形状态下，物体内的任意一点也一定存在着三

个相互垂直的主应变，对应的主应变方向所构成的三个直角，在变形之后仍保持为直角(即剪应变为零)。

弹性力学几何方程完整表示如下：

$$\varepsilon=\begin{bmatrix}\varepsilon_x\\ \varepsilon_y\\ \varepsilon_z\\ \gamma_{xy}\\ \gamma_{yz}\\ \gamma_{zx}\end{bmatrix}=\begin{bmatrix}\dfrac{\partial u}{\partial x}\\ \dfrac{\partial v}{\partial y}\\ \dfrac{\partial w}{\partial z}\\ \dfrac{\partial v}{\partial x}+\dfrac{\partial u}{\partial y}\\ \dfrac{\partial w}{\partial y}+\dfrac{\partial v}{\partial z}\\ \dfrac{\partial u}{\partial z}+\dfrac{\partial w}{\partial x}\end{bmatrix}=\left[\dfrac{\partial u}{\partial x}\quad \dfrac{\partial v}{\partial y}\quad \dfrac{\partial w}{\partial z}\quad \dfrac{\partial v}{\partial x}+\dfrac{\partial u}{\partial y}\quad \dfrac{\partial w}{\partial y}+\dfrac{\partial v}{\partial z}\quad \dfrac{\partial u}{\partial z}+\dfrac{\partial w}{\partial x}\right]^{\mathrm{T}} \tag{4-50}$$

【例 4-1】 考虑位移场 $s=[y^2\boldsymbol{i}+3yz\boldsymbol{j}+(4+6x^2)\boldsymbol{k}]\times10^{-2}$，求在某一点 $P(1,0,2)$ 处的直角坐标应变分量是多少？(式中 $\boldsymbol{i}$、$\boldsymbol{j}$、$\boldsymbol{k}$ 是 x、y、z 轴的单位矢量标记。)

$u=y^2\times10^{-2}$	$v=3yz\times10^{-2}$	$w=(4+6x^2)\times10^{-2}$
$\dfrac{\partial u}{\partial x}=0$	$\dfrac{\partial v}{\partial x}=0$	$\dfrac{\partial w}{\partial x}=12x\times10^{-2}$
$\dfrac{\partial u}{\partial y}=2y\times10^{-2}$	$\dfrac{\partial v}{\partial y}=3z\times10^{-2}$	$\dfrac{\partial w}{\partial y}=0$
$\dfrac{\partial u}{\partial z}=0$	$\dfrac{\partial v}{\partial z}=3y\times10^{-2}$	$\dfrac{\partial w}{\partial z}=0$

解：在(1,0,2)线应变为

$$\varepsilon_x=\frac{\partial u}{\partial x}=0,\quad \varepsilon_y=\frac{\partial v}{\partial y}=6\times10^{-2},\quad \varepsilon_z=\frac{\partial w}{\partial z}=0$$

在(1,0,2)剪应变为

$$\gamma_{xy}=\frac{\partial u}{\partial y}+\frac{\partial v}{\partial x}=0+0=0$$

$$\gamma_{yz}=\frac{\partial v}{\partial z}+\frac{\partial w}{\partial y}=0+0=0$$

$$\gamma_{xz}=\frac{\partial u}{\partial z}+\frac{\partial w}{\partial x}=0+12\times10^{-2}=12\times10^{-2}$$

4.5 应变状态的描述

与一点的应力状态类似，以下对弹性体内任意一点的应变状态进行分析。

1)应变的直角坐标分量表达及其坐标变换

前面已述，弹性体内任一点的应变也可以由 6 个直角坐标应变分量来表示，即线应变

ε_x、ε_y、ε_z和剪应变γ_{xy}、γ_{yz}、γ_{xz}。可以写出该点应变矩阵如下：

$$\boldsymbol{\varepsilon}_{ij}=\begin{bmatrix}\varepsilon_x & \gamma_{yx} & \gamma_{zx}\\ \gamma_{xy} & \varepsilon_y & \gamma_{zy}\\ \gamma_{xz} & \gamma_{yz} & \varepsilon_z\end{bmatrix} \tag{4-51}$$

其中，$\gamma_{xy}=\gamma_{yx},\gamma_{yz}=\gamma_{zy},\gamma_{xz}=\gamma_{zx}$。

假如弹性体内一点 P 的 6 个应变分量已知，则可以计算出任意方向 PQ 上的线应变。设 PQ 方向与坐标轴的夹角方向余弦为 n_x、n_y 和 n_z，可推导出 PQ 方向的线应变为

$$\boldsymbol{\varepsilon}_{PQ}=\varepsilon_x n_x^2+\varepsilon_y n_y^2+\varepsilon_z n_z^2+\gamma_{xy}n_x n_y+\gamma_{yz}n_y n_z+\gamma_{xz}n_x n_z \tag{4-52}$$

如果用如下形式的弹性应变矩阵来表示一点的应变状态，其表达方法如下

$$\boldsymbol{\varepsilon}=\begin{bmatrix}\varepsilon_x & e_{yx} & e_{zx}\\ e_{xy} & \varepsilon_y & e_{zy}\\ e_{xz} & e_{yz} & \varepsilon_z\end{bmatrix} \tag{4-53}$$

在这里，e_{xy}、e_{yz}、e_{xz} 的定义为

$$e_{xy}=\frac{1}{2}\gamma_{xy},\quad e_{yz}=\frac{1}{2}\gamma_{yz},\quad e_{xz}=\frac{1}{2}\gamma_{xz} \tag{4-54}$$

因此,可以用如下应变变换矩阵方法求出任意 PQ 方向的线应变为

$$\begin{aligned}\boldsymbol{\varepsilon}_{PQ}&=[n_x\quad n_y\quad n_z]\begin{bmatrix}\varepsilon_x & e_{yx} & e_{zx}\\ e_{xy} & \varepsilon_y & e_{zy}\\ e_{xz} & e_{yz} & \varepsilon_z\end{bmatrix}\begin{bmatrix}n_x\\ n_y\\ n_z\end{bmatrix}\\ &=\varepsilon_x n_x^2+\varepsilon_y n_y^2+\varepsilon_z n_z^2+2e_{xy}n_x n_y+2e_{yz}n_y n_z+2e_{xz}n_x n_z\end{aligned} \tag{4-55}$$

2) 主应变

对于弹性体内任一点，存在这样一个面，在该面内只有线应变没有剪应变，则称该线应变为主应变，该平面的法线方向称为主应变方向(或主应变轴)。可以证明，任一点都有三个互相垂直的主平面。通常情况下，对于各向同性的材料，主应变平面与主应力平面重合。

主应变的求解式为

$$\varepsilon^3-J_1\varepsilon^2+J_2\varepsilon-J_3=0 \tag{4-56}$$

其中，J_1、J_2、J_3 分别是第一应变不变量、第二应变不变量和第三应变不变量，它们分别为

$$J_1=\varepsilon_x+\varepsilon_y+\varepsilon_z \tag{4-57}$$

$$J_2=\begin{vmatrix}\varepsilon_x & e_{xy}\\ e_{yx} & \varepsilon_y\end{vmatrix}+\begin{vmatrix}\varepsilon_y & e_{yz}\\ e_{zy} & \varepsilon_z\end{vmatrix}+\begin{vmatrix}\varepsilon_z & e_{zx}\\ e_{xz} & \varepsilon_x\end{vmatrix} \tag{4-58}$$

$$J_3=\begin{vmatrix}\varepsilon_x & e_{xy} & e_{xz}\\ e_{yx} & \varepsilon_y & e_{yz}\\ e_{zx} & e_{zy} & \varepsilon_z\end{vmatrix} \tag{4-59}$$

J_1、J_2和 J_3这三个应变不变量的含义与应力不变量相似，即 J_1、J_2 和 J_3的大小与坐标轴

的选择无关，也就是主应变的大小和方向与坐标系的选择无关，只与物体所受的外力有关。当外力给定时，物体内任一点都会有确定的应变状态，并都有三个相互垂直的主应变，而且只有这三个主应变。利用式(4-56)求出的三个应变即主应变ε_1、ε_2和ε_3。

4.6 相容性条件

弹性体的变形协调方程也称为变形连续方程或相容方程，它描述了应变分量之间所存在的关系。

在弹性力学中，认为物体的材料是一个连续体，它是由无数个点构成的，这些点充满了物体所占的空间。从物理意义上讲，物体在变形前是连续的，那么在变形后仍然是连续的。对于假定材料是连续分布且无裂隙的物体，其位移分量应是单值连续的，即u、v和w是单值连续函数。对于前面所讨论的六个应变分量，都是通过三个单值连续函数对坐标求偏导数来确定的。因此，这六个应变分量并不是互不相关的，它们之间必然存在一定的内在关系。

六个应变分量之间的关系可以分两组进行讨论。由几何方程知：

$$\varepsilon_x=\frac{\partial u}{\partial x},\quad \varepsilon_y=\frac{\partial v}{\partial y},\quad \gamma_{xy}=\frac{\partial u}{\partial y}+\frac{\partial v}{\partial x}$$

若ε_x、ε_y分别对y、x求二阶偏导数，并注意到位移分量是坐标的单值连续函数，有

$$\begin{cases}\dfrac{\partial^2\varepsilon_x}{\partial y^2}=\dfrac{\partial^3 u}{\partial x\partial y^2}=\dfrac{\partial^2}{\partial x\partial y}\left(\dfrac{\partial u}{\partial y}\right)\\ \dfrac{\partial^2\varepsilon_y}{\partial x^2}=\dfrac{\partial^3 v}{\partial y\partial x^2}=\dfrac{\partial^2}{\partial x\partial y}\left(\dfrac{\partial v}{\partial x}\right)\end{cases}\tag{4-60}$$

两式相加，得

$$\frac{\partial^2\varepsilon_x}{\partial y^2}+\frac{\partial^2\varepsilon_y}{\partial x^2}=\frac{\partial^2}{\partial x\partial y}\left(\frac{\partial u}{\partial y}+\frac{\partial v}{\partial x}\right)=\frac{\partial^2\gamma_{xy}}{\partial x\partial y}\tag{4-61}$$

进行类似的推导可得到另外两个关系式。

对于几何方程的剪切应变与位移关系式

$$\gamma_{xy}=\frac{\partial u}{\partial y}+\frac{\partial v}{\partial x},\quad \gamma_{yz}=\frac{\partial v}{\partial z}+\frac{\partial w}{\partial y},\quad \gamma_{zx}=\frac{\partial w}{\partial x}+\frac{\partial u}{\partial z}$$

分别对z、x、y求偏导，得

$$\frac{\partial\gamma_{xy}}{\partial z}=\frac{\partial^2 u}{\partial z\partial y}+\frac{\partial^2 v}{\partial z\partial x},\quad \frac{\partial\gamma_{yz}}{\partial x}=\frac{\partial^2 v}{\partial x\partial z}+\frac{\partial^2 w}{\partial x\partial y},\quad \frac{\partial\gamma_{zx}}{\partial y}=\frac{\partial^2 w}{\partial x\partial y}+\frac{\partial^2 u}{\partial y\partial z}\tag{4-62}$$

则有

$$\frac{\partial\gamma_{yz}}{\partial x}+\frac{\partial\gamma_{zx}}{\partial y}-\frac{\partial\gamma_{xy}}{\partial z}=2\frac{\partial^2 w}{\partial x\partial y}\tag{4-63}$$

再求式(4-63)对z的偏导，即

$$\frac{\partial}{\partial z}\left(\frac{\partial \gamma_{yz}}{\partial x}+\frac{\partial \gamma_{zx}}{\partial y}-\frac{\partial \gamma_{xy}}{\partial z}\right)=2\frac{\partial^3 w}{\partial x\partial y\partial z}=2\frac{\partial^2 \varepsilon_z}{\partial x\partial y} \tag{4-64}$$

同样可得到另外两个与式(4-64)相似的关系式。

综合式(4-61)和式(4-64)，即得到变形协调方程如下：

$$\left\{\begin{aligned}
&\frac{\partial^2 \varepsilon_x}{\partial y^2}+\frac{\partial^2 \varepsilon_y}{\partial x^2}=\frac{\partial^2 \gamma_{xy}}{\partial x\partial y}\\
&\frac{\partial^2 \varepsilon_y}{\partial z^2}+\frac{\partial^2 \varepsilon_z}{\partial y^2}=\frac{\partial^2 \gamma_{yz}}{\partial y\partial z}\\
&\frac{\partial^2 \varepsilon_z}{\partial x^2}+\frac{\partial^2 \varepsilon_x}{\partial z^2}=\frac{\partial^2 \gamma_{zx}}{\partial z\partial x}\\
&\frac{\partial}{\partial z}\left(\frac{\partial \gamma_{yz}}{\partial x}+\frac{\partial \gamma_{zx}}{\partial y}-\frac{\partial \gamma_{xy}}{\partial z}\right)=2\frac{\partial^2 \varepsilon_z}{\partial x\partial y}\\
&\frac{\partial}{\partial x}\left(\frac{\partial \gamma_{zx}}{\partial y}+\frac{\partial \gamma_{xy}}{\partial z}-\frac{\partial \gamma_{yz}}{\partial x}\right)=2\frac{\partial^2 \varepsilon_x}{\partial y\partial z}\\
&\frac{\partial}{\partial y}\left(\frac{\partial \gamma_{xy}}{\partial z}+\frac{\partial \gamma_{yz}}{\partial x}-\frac{\partial \gamma_{zx}}{\partial y}\right)=2\frac{\partial^2 \varepsilon_y}{\partial z\partial x}
\end{aligned}\right. \tag{4-65}$$

上述方程从数学上保证了物体变形后仍保持为连续，各微元体之间的变形相互协调，即各应变分量之间要满足相容性协调条件。

4.7 物 理 方 程

物理方程与材料特性有关，它描述材料抵抗变形的能力，也称为本构方程(constitutive equation)。物理方程是物理现象的数学描述，是建立在实验观察基础上的。另外，物理方程只描述材料的行为而不是物体的行为，它描述的是同一点的应力状态与其相应的应变状态之间的关系。

4.7.1 广义胡克定律

在进行材料的简单拉伸实验时，从应力应变关系曲线上可以发现，在材料达到屈服极限前，试件的轴向应力σ正比于轴向应变 ε，这个比例常数定义为杨氏模量 E，有如下表达式：

$$\varepsilon=\sigma/E \tag{4-66}$$

在材料拉伸实验中还可发现，当试件被拉伸时，它的径向尺寸(如直径)将减少。当应力不超过屈服极限时，其径向应变与轴向应变的比值也是常数，定义为泊松比μ。

实验证明，弹性体剪切应力与剪应变也呈正比关系，比例系数称为剪切弹性模量，用G表示。拉压弹性模量、剪切弹性模量和泊松比三者之间有如下关系：

$$G=\frac{E}{2(1+\mu)} \tag{4-67}$$

对于理想弹性体，可以设 6 个直角坐标应力分量与对应的应变分量呈线性关系，即

$$\boldsymbol{\sigma}=\begin{bmatrix}\sigma_x\\ \sigma_y\\ \sigma_z\\ \tau_{xy}\\ \tau_{yz}\\ \tau_{zx}\end{bmatrix}=\begin{bmatrix}a_{11}&a_{12}&a_{13}&a_{14}&a_{15}&a_{16}\\ a_{21}&a_{22}&a_{23}&a_{24}&a_{25}&a_{26}\\ a_{31}&a_{32}&a_{33}&a_{34}&a_{35}&a_{36}\\ a_{41}&a_{42}&a_{43}&a_{44}&a_{45}&a_{46}\\ a_{51}&a_{52}&a_{53}&a_{54}&a_{55}&a_{56}\\ a_{61}&a_{62}&a_{63}&a_{64}&a_{65}&a_{66}\end{bmatrix}\begin{bmatrix}\varepsilon_x\\ \varepsilon_y\\ \varepsilon_z\\ \gamma_{xy}\\ \gamma_{yz}\\ \gamma_{zx}\end{bmatrix}=\boldsymbol{D\varepsilon} \tag{4-68}$$

式(4-68)即广义胡克定律的一般表达式。这里 $a_{ij}(i,j=1,2,\cdots,6)$ 描述了应力和应变之间的关系，对于线弹性材料，式(4-68)可进一步变为

$$\boldsymbol{\sigma}=\begin{bmatrix}\sigma_x\\ \sigma_y\\ \sigma_z\\ \tau_{xy}\\ \tau_{yz}\\ \tau_{zx}\end{bmatrix}=\begin{bmatrix}a_{11}&a_{12}&a_{13}&0&0&0\\ a_{21}&a_{22}&a_{23}&0&0&0\\ a_{31}&a_{32}&a_{33}&0&0&0\\ 0&0&0&a_{44}&0&0\\ 0&0&0&0&a_{55}&0\\ 0&0&0&0&0&a_{66}\end{bmatrix}\begin{bmatrix}\varepsilon_x\\ \varepsilon_y\\ \varepsilon_z\\ \gamma_{xy}\\ \gamma_{yz}\\ \gamma_{zx}\end{bmatrix} \tag{4-69}$$

4.7.2 线弹性结构的物理方程

对于各向同性的线弹性材料，在工程上广义胡克定律常采用的表达式为

$$\begin{cases}\varepsilon_x=\dfrac{1}{E}[\sigma_x-\mu(\sigma_y+\sigma_z)]\\ \varepsilon_y=\dfrac{1}{E}[\sigma_y-\mu(\sigma_z+\sigma_x)]\\ \varepsilon_z=\dfrac{1}{E}[\sigma_z-\mu(\sigma_x+\sigma_y)]\end{cases} \tag{4-70}$$

它与下面的表达式等价：

$$\begin{cases}\sigma_x=\dfrac{E}{(1+\mu)(1-2\mu)}[(1-\mu)\varepsilon_x+\mu(\varepsilon_y+\varepsilon_z)]\\ \sigma_y=\dfrac{E}{(1+\mu)(1-2\mu)}[(1-\mu)\varepsilon_y+\mu(\varepsilon_z+\varepsilon_x)]\\ \sigma_z=\dfrac{E}{(1+\mu)(1-2\mu)}[(1-\mu)\varepsilon_z+\mu(\varepsilon_x+\varepsilon_y)]\end{cases} \tag{4-71}$$

对于剪应力和剪应变，线性的各向同性材料的剪应变与剪应力的关系为

$$\gamma_{xy}=\frac{\tau_{xy}}{G} \tag{4-72a}$$

与此类似，其他剪应变与其相应的剪应力的关系为

$$\gamma_{yz}=\frac{\tau_{yz}}{G} \tag{4-72b}$$

$$\gamma_{zx} = \frac{\tau_{zx}}{G} \tag{4-72c}$$

这样，一点的 6 个应力分量和 6 个应变分量之间的关系可以用如下矩阵形式来表示：

$$\begin{bmatrix} \sigma_x \\ \sigma_y \\ \sigma_z \\ \tau_{xy} \\ \tau_{yz} \\ \tau_{zx} \end{bmatrix} = \boldsymbol{D} \begin{bmatrix} \varepsilon_x \\ \varepsilon_y \\ \varepsilon_z \\ \gamma_{xy} \\ \gamma_{yz} \\ \gamma_{zx} \end{bmatrix} \tag{4-73}$$

式中，$\boldsymbol{D}$ 为弹性矩阵，它是一个常数矩阵，只与材料常数杨氏模量 E 和泊松比 μ 有关，其表达式为

$$\boldsymbol{D} = \frac{E(1-\mu)}{(1+\mu)(1-2\mu)} \begin{bmatrix} 1 & \frac{\mu}{1-\mu} & \frac{\mu}{1-\mu} & 0 & 0 & 0 \\ \frac{\mu}{1-\mu} & 1 & \frac{\mu}{1-\mu} & 0 & 0 & 0 \\ \frac{\mu}{1-\mu} & \frac{\mu}{1-\mu} & 1 & 0 & 0 & 0 \\ 0 & 0 & 0 & \frac{1-2\mu}{2(1-\mu)} & 0 & 0 \\ 0 & 0 & 0 & 0 & \frac{1-2\mu}{2(1-\mu)} & 0 \\ 0 & 0 & 0 & 0 & 0 & \frac{1-2\mu}{2(1-\mu)} \end{bmatrix} \tag{4-74}$$

应变与应力的关系用弹性矩阵的另一种表达方式为

$$\boldsymbol{\varepsilon} = \boldsymbol{D}^{-1}\boldsymbol{\sigma} \tag{4-75}$$

其中，$\boldsymbol{D}^{-1}$ 为

$$\boldsymbol{D}^{-1} = \begin{bmatrix} \frac{1}{E} & -\frac{\mu}{E} & -\frac{\mu}{E} & 0 & 0 & 0 \\ -\frac{\mu}{E} & \frac{1}{E} & -\frac{\mu}{E} & 0 & 0 & 0 \\ -\frac{\mu}{E} & -\frac{\mu}{E} & \frac{1}{E} & 0 & 0 & 0 \\ 0 & 0 & 0 & \frac{2(\mu+1)}{E} & 0 & 0 \\ 0 & 0 & 0 & 0 & \frac{2(\mu+1)}{E} & 0 \\ 0 & 0 & 0 & 0 & 0 & \frac{2(\mu+1)}{E} \end{bmatrix} \tag{4-76}$$

对于用主应力和主应变表达的情况，物理方程如下所示：

$$
\begin{cases}
\varepsilon_1 = \dfrac{1}{E}[\sigma_1 - \mu(\sigma_2 + \sigma_3)] \\
\varepsilon_2 = \dfrac{1}{E}[\sigma_2 - \mu(\sigma_3 + \sigma_1)] \\
\varepsilon_3 = \dfrac{1}{E}[\sigma_3 - \mu(\sigma_1 + \sigma_2)]
\end{cases}
\tag{4-77}
$$

4.8 边 界 条 件

弹性力学分析中的边界条件是一个重要概念，只有将边界条件引入才能得到相应的力学问题的求解。边界条件一般可以分为应力边界条件和位移边界条件。有些情况下一个弹性体还可能同时存在上述两种边界条件，称为混合边界条件。

4.8.1 应力边界条件

若物体在外力的作用下处于平衡状态，那么物体内部各点的应力分量必须满足前述的平衡微分方程(4-36)。该方程是基于各点的应力分量、以点的坐标函数为前提导出的。

现在考察位于物体表面上的点，即边界点。显然，这些点的应力分量(代表由内部作用于这些点上的力)应当与作用在该点处的外力相平衡。这种边界点的平衡条件称为用表面力表示的边界条件，也称为应力边界条件，即面力分量与应力分量之间的关系。物体边界上的点同样满足柯西应力公式，设弹性体上某一点的面力为 $\overline{X}$、$\overline{Y}$、$\overline{Z}$，由柯西应力公式有

$$
\begin{aligned}
\overline{X} &= n_x\sigma_x + n_y\tau_{yx} + n_z\tau_{zx} \\
\overline{Y} &= n_x\tau_{xy} + n_y\sigma_y + n_z\tau_{yz} \\
\overline{Z} &= n_x\tau_{zx} + n_y\tau_{yz} + n_z\sigma_z
\end{aligned}
\tag{4-78}
$$

式(4-78)即物体应力边界条件的表达式。

【例 4-2】 设一弹性体受力状态为平面应力状态($\sigma_z = \tau_{xz} = \tau_{yz} = 0$)，如图 4-9 所示，$P_1$ 和 P_2 为边界上的点，在这两点分别作用有面力(F_{x1}, F_{y1})和(F_{x2}, F_{y2})，写出 P_1 和 P_2 两点的应力边界条件。

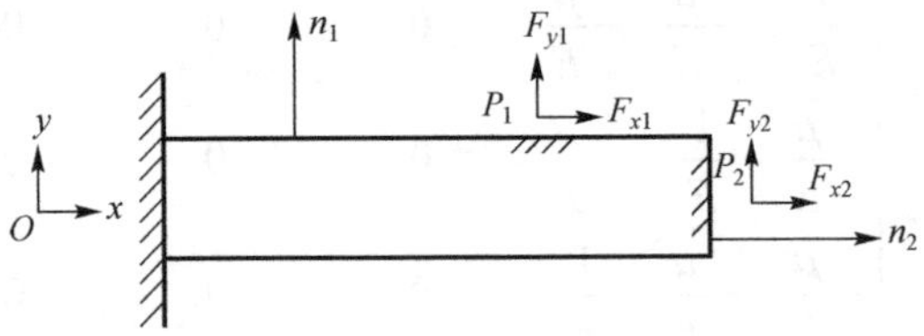

图 4-9　弹性体边界微分单元应力

解： (1) P_1 点的应力边界条件。

由柯西应力公式可知

$$
\begin{aligned}
F_{x1} &= \sigma_x n_{1x} + \tau_{xy} n_{1y} \\
F_{y1} &= \tau_{xy} n_{1x} + \sigma_y n_{1y}
\end{aligned}
\tag{a}
$$

这里 $n_{1x} = \cos 90^\circ = 0,\ n_{1y} = \cos 0^\circ = 1$，因此有

$$F_{x1}=\tau_{xy}$$
$$F_{y1}=\sigma_y \tag{b}$$

(2) P_2 点的应力边界条件。

P_2 点的方向余弦为 $n_{2x}=\cos0°=1, n_{2y}=\cos90°=0$，代入柯西应力公式有

$$F_{x2}=\sigma_x\cdot1+\tau_{xy}\cdot0=\sigma_x$$
$$F_{y2}=\tau_{xy}\cdot1+\sigma_y\cdot0=\tau_{xy} \tag{c}$$

【**例 4-3**】图 4-10 是重力水坝截面，坐标轴是 Ox 和 Oy，OB 面上的面力为 $F_x=\gamma y, F_y=0$。求 OB 面的应力边界条件。

解：OB 面外法线方向余弦为

$$n_x=\cos180°=-1,\quad n_y=\cos270°=0$$

由柯西应力公式有

$$F_x=\sigma_x n_x+\tau_{xy}n_y=-1\cdot\sigma_x+\tau_{xy}\cdot0=\gamma y$$
$$F_y=\tau_{xy}n_x+\sigma_y n_y=-1\cdot\tau_{xy}+\sigma_y\cdot0=0$$

所以应力边界条件为 $\sigma_x=-\gamma y$、$\tau_{xy}=0$。

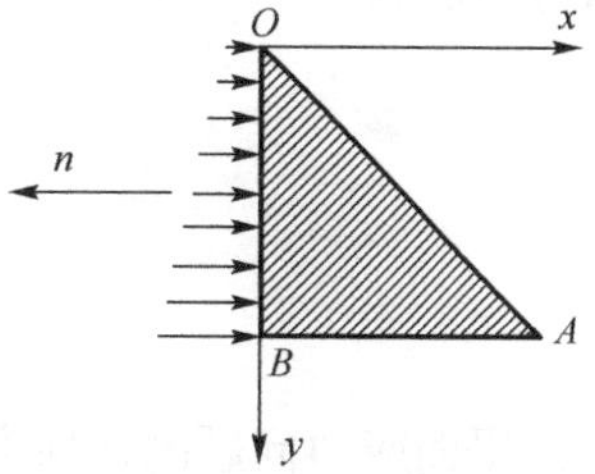

图 4-10　重力水坝截面

4.8.2　位移边界条件

对于一个弹性体，往往只在其中一部分面积 S_σ 上给定了外力，即前面所述的应力边界条件，而另一部分面积属于 S_u 上，则给定的是位移，所给定的位移就是位移边界条件。

现设 $\bar{u}$、$\bar{v}$ 和 $\bar{w}$ 表示给定的 S_u 上的点在 x、y、z 轴方向的位移，则位移边界条件在 S_u 上可表示为

$$u=\bar{u},\quad v=\bar{v},\quad w=\bar{w} \tag{4-79}$$

通常情况下，遇到的问题是指定边界条件上位移为 0。

4.9　弹性力学平面问题

任何一个弹性体都是一个空间物体，其所受的外力也都是空间力系，所以严格地讲，任何一个实际的弹性力学问题都是空间问题。但是，如果所分析的弹性体具有某种特殊的形状，并且所承受的外力是某种特殊形式的外力，那么就可以把空间问题简化为相对简单的典型弹性力学问题进行求解。这样的处理可以简化分析计算的工作量，且所获得的结果仍然能够满足工程上的精度要求。

弹性力学平面问题是工程实际中最常遇到的问题，许多工程实际问题都可以简化为平面问题来进行分析。平面问题一般可以分为两类，即平面应力问题和平面应变问题。

所谓平面应力问题是指所研究的对象在 z 方向上的尺寸很小，即呈平板状，外载荷(包括体积力)都与 z 轴垂直且沿 z 方向没有变化，如图 4-11 所示。

如果一个弹性体属于平面应力问题，根据弹性力学的边界条件原理，有如下应力分布规律。在 $z=\pm t/2$ 处的两个外表面上的任何一点，都有 $\sigma_z=\tau_{zx}=\tau_{zy}=0$；由于 z 方向上的尺寸很小，可以认为物体内任意一点的 σ_z、τ_{zx}、τ_{yz} 也都等于零；其余的三个应力分量 σ_x、σ_y、τ_{xy} 则都是 x、y 的函数。此时物体各点的应力状态就称为平面应力状态。

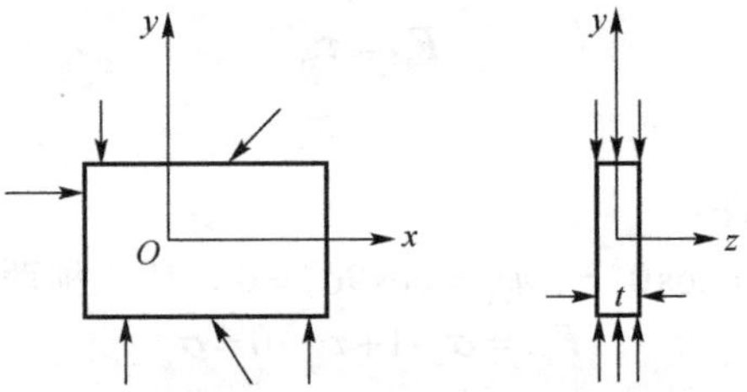

图 4-11 平面应力问题

在平面应力状态下，由于 $\sigma_z = \tau_{zx} = \tau_{zy} = 0$，所以可以很容易得到如下平面应力问题的平衡微分方程为

$$\begin{cases} \dfrac{\partial \sigma_x}{\partial x} + \dfrac{\partial \tau_{xy}}{\partial y} + X = 0 \\ \dfrac{\partial \sigma_y}{\partial y} + \dfrac{\partial \tau_{xy}}{\partial x} + Y = 0 \end{cases} \tag{4-80}$$

平面应力问题的几何方程为

$$\boldsymbol{\varepsilon} = \begin{bmatrix} \varepsilon_x \\ \varepsilon_y \\ \gamma_{xy} \end{bmatrix} = \begin{bmatrix} \dfrac{\partial u}{\partial x} \\ \dfrac{\partial v}{\partial y} \\ \dfrac{\partial v}{\partial x} + \dfrac{\partial u}{\partial y} \end{bmatrix} = \begin{bmatrix} \dfrac{\partial u}{\partial x} & \dfrac{\partial v}{\partial y} & \dfrac{\partial v}{\partial x} + \dfrac{\partial u}{\partial y} \end{bmatrix}^{\mathrm{T}} \tag{4-81}$$

平面应力问题的物理方程为

$$\begin{bmatrix} \sigma_x \\ \sigma_y \\ \tau_{xy} \end{bmatrix} = \boldsymbol{D} \begin{bmatrix} \varepsilon_x \\ \varepsilon_y \\ \gamma_{xy} \end{bmatrix} \tag{4-82}$$

其中，$\boldsymbol{D}$ 为平面应力问题的弹性矩阵，具体为

$$\boldsymbol{D} = \frac{E}{1-\mu^2} \begin{bmatrix} 1 & \mu & 0 \\ \mu & 1 & 0 \\ 0 & 0 & \dfrac{1-\mu}{2} \end{bmatrix} \tag{4-83}$$

式中，E 为弹性模量；μ 为泊松比。

另外，式(4-82)还可以写成如下形式：

$$\begin{cases} \varepsilon_x = \dfrac{1}{E}[\sigma_x - \mu\sigma_y] \\ \varepsilon_y = \dfrac{1}{E}[\sigma_y - \mu\sigma_x] \\ \gamma_{xy} = \dfrac{1}{G}\tau_{xy} \end{cases} \tag{4-84}$$

平面应力状态下的三个应力不变量分别为

$$I_1=\sigma_x+\sigma_y\,,\quad I_2=\sigma_x\sigma_y-\tau_{xy}^2\,,\quad I_3=0 \tag{4-85}$$

因此，求解平面应力状态下主应力的方程为

$$\sigma^3-I_1\sigma^2+I_2\sigma=0 \tag{4-86}$$

解出的平面应力状态下的主应力具体为

$$\sigma_1、\sigma_2=\frac{\sigma_x+\sigma_y}{2}\pm\left[\left(\frac{\sigma_x-\sigma_y}{2}\right)^2+\tau_{xy}^2\right]^{\frac{1}{2}},\quad \sigma_3=0 \tag{4-87}$$

4.10 弹性力学空间轴对称问题

在空间问题中，如果弹性体的几何形状、约束状态以及外载荷都对称于某一根轴，也就是过该轴的任一平面都是对称面，那么该弹性体的所有应力、应变和位移也都对称于这根轴。这类问题称为空间轴对称问题。

对于轴对称问题，采用圆柱坐标 r、θ、z 比采用直角坐标 x、y、z 方便得多。这是因为，当以弹性体的对称轴为 z 轴时(图 4-12)，所有的应力分量、应变分量和位移分量都将只是 r 和 z 的函数，而与 θ 无关(即不随 θ 变化)。

对图 4-12 所示的轴对称问题，取 z 轴垂直向上，用间距为 dr 的两个圆柱面，且互成 dθ 角的两个垂直面及两个相距 dz 的水平面，从弹性体中割取一个微小六面体 $PABC$，如图 4-12(b)、(c)所示。沿 r 方向的正应力，称为径向正应力，用 σ_r 表示；沿 θ 方向的正应力，称为环向正应力，用 σ_θ 表示；沿 z 方向的正应力，称为轴向正应力，用 σ_z 来表示。作用在水平面上沿 r 方向的剪应力，用 τ_{zr} 来代表，按剪应力互等定理，有 $\tau_{zr}=\tau_{rz}$。另外，由于对称性，$\tau_{r\theta}=\tau_{\theta r}$ 和 $\tau_{z\theta}=\tau_{\theta z}$ 都不存在。这样，轴对称问题总共只有四个应力分量，即 σ_r、σ_θ、σ_z 和 τ_{zr}，它们都只是 r 和 z 的函数。

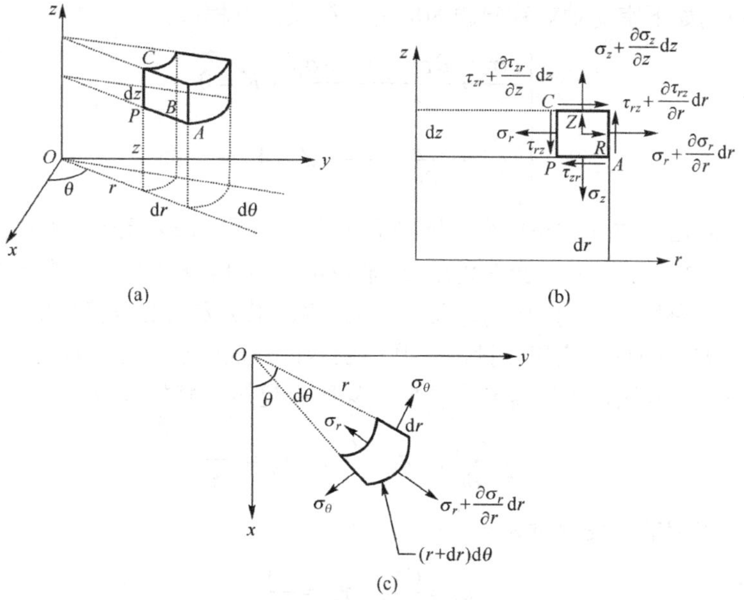

图 4-12　轴对称问题示意图

图 4-12(c)所示的微元体的内侧面的正应力是 σ_r，外侧面上的正应力近似为 $\sigma_r+\frac{\partial\sigma_r}{\partial r}\mathrm{d}r$。由于对称，$\sigma_\theta$ 在方向(环向)没有增量。下侧面的正应力是 σ_z，上侧面的正应力近似为 $\sigma_z+\frac{\partial\sigma_z}{\partial z}\mathrm{d}z$。内侧面和外侧面上的剪应力分别为 τ_{rz} 及 $\tau_{rz}+\frac{\partial\tau_{rz}}{\partial r}\mathrm{d}r$，下面及上面的剪应力则分别为 τ_{zr} 及 $\tau_{zr}+\frac{\partial\tau_{zr}}{\partial r}\mathrm{d}r$。径向体力用 K 表示，而轴向体力(z 方向的体力)用 Z 表示。将该微元体所受的各力都投影到六面体中心的径向轴上，并取 $\sin\frac{\mathrm{d}\theta}{2}\approx\frac{\mathrm{d}\theta}{2}$ 及 $\cos\frac{\mathrm{d}\theta}{2}\approx 1$，可得到如下力平衡关系式：

$$\left(\sigma_r+\frac{\partial\sigma_r}{\partial r}\mathrm{d}r\right)(r+\mathrm{d}r)\mathrm{d}\theta\mathrm{d}z-\sigma_r r\mathrm{d}\theta\mathrm{d}z-2\sigma_\theta\mathrm{d}r\mathrm{d}z\frac{\mathrm{d}\theta}{2}$$
$$+\left(\sigma_{zr}+\frac{\partial\tau_{zr}}{\partial z}\mathrm{d}z\right)r\mathrm{d}\theta\mathrm{d}z-\tau_{zr}r\mathrm{d}\theta\mathrm{d}r+Kr\mathrm{d}\theta\mathrm{d}r\mathrm{d}z=0 \tag{4-88}$$

化简，同时除以 $r\mathrm{d}\theta\mathrm{d}r\,\mathrm{d}z$，并略去微量，得轴对称问题的一个方向上的应力平衡微分方程式如下：

$$\frac{\partial\sigma_r}{\partial r}+\frac{\partial\tau_{zr}}{\partial z}+\frac{\sigma_r-\sigma_\theta}{r}+K=0 \tag{4-89}$$

将微元体所受的各力都投影到 z 轴上，则得力平衡关系式：

$$\left(\tau_{rz}+\frac{\partial\tau_{rz}}{\partial r}\mathrm{d}r\right)(r+\mathrm{d}r)\mathrm{d}\theta\mathrm{d}z-\tau_{rz}r\mathrm{d}\theta\mathrm{d}z+\left(\sigma_z+\frac{\partial\sigma_z}{\partial z}\mathrm{d}z\right)r\mathrm{d}\theta\mathrm{d}r$$
$$-\sigma_z\,r\mathrm{d}\theta\mathrm{d}r+Zr\mathrm{d}\theta\mathrm{d}r\mathrm{d}z=0 \tag{4-90}$$

同样可以由式(4-90)导出另一方向上的应力平衡微分方程式：

$$\frac{\partial\sigma_z}{\partial z}+\frac{\partial\tau_{rz}}{\partial r}+\frac{\tau_{rz}}{r}+Z=0 \tag{4-91}$$

综合起来得到如下空间轴对称问题的应力平衡微分方程：

$$\begin{cases}\dfrac{\partial\sigma_r}{\partial r}+\dfrac{\partial\tau_{zr}}{\partial z}+\dfrac{\sigma_r-\sigma_\theta}{r}+K=0\\[2ex]\dfrac{\partial\sigma_r}{\partial z}+\dfrac{\partial\tau_{rz}}{\partial r}+\dfrac{\tau_{rz}}{r}+Z=0\end{cases} \tag{4-92}$$

如果用 ε_r 表示沿 r 方向的正应变，即径向正应变；用 ε_θ 表示沿 θ 方向的正应变，即环向正应变；而沿 z 方向的轴向正应变仍用 ε_z 来表示。另外，r 方向与 z 方向之间的剪应变用 γ_{zr} 表示，由于轴对称特性，剪应变 $\gamma_{r\theta}$ 及 $\gamma_{\theta z}$ 均为零。沿 r 方向的位移分量，称为径向位移，用 u_r 表示。沿 z 方向的轴向位移分量，仍用 w 表示，并且由于轴对称特性，环向位移 $u_\theta=0$。根据几何方程的定义方法，可以得到由径向位移所引起的应变分量为

$$\varepsilon_r=\frac{\partial u_r}{\partial r},\quad \varepsilon_\theta=\frac{u_r}{r},\quad \gamma_{zr}=\frac{\partial u_r}{\partial z} \tag{4-93}$$

轴向位移 w 引起的应变分量为

$$\varepsilon_r=\frac{\partial w}{\partial z},\quad \gamma_{zr}=\frac{\partial w}{\partial r} \tag{4-94}$$

由此得到空间轴对称问题的几何方程为

$$\begin{bmatrix} \varepsilon_r \\ \varepsilon_\theta \\ \varepsilon_z \\ \gamma_{zr} \end{bmatrix} = \begin{bmatrix} \dfrac{\partial u_r}{\partial r} \\ \dfrac{u_r}{r} \\ \dfrac{\partial w}{\partial z} \\ \dfrac{\partial u_r}{\partial z} + \dfrac{\partial w}{\partial r} \end{bmatrix} \tag{4-95}$$

空间轴对称问题的物理方程可以根据广义胡克定律直接推广到极坐标系得到，即

$$\begin{cases} \varepsilon_r = \dfrac{1}{E}[\sigma_r - \mu(\sigma_\theta + \sigma_z)] \\ \varepsilon_\theta = \dfrac{1}{E}[\sigma_\theta - \mu(\sigma_z + \sigma_r)] \\ \varepsilon_z = \dfrac{1}{E}[\sigma_z - \mu(\sigma_r + \sigma_\theta)] \\ \gamma_{zr} = \dfrac{1}{G}\tau_{zr} = \dfrac{2(1+\mu)}{E}\tau_{zr} \end{cases} \tag{4-96}$$

4.11 弹性力学板壳问题

1. 薄板弯曲问题

把两个平行面和垂直于这两个平行面的柱面或棱柱面所围成的物体称为平板，简称为板，如图 4-13 所示。两个板面之间的距离 t 称为板的厚度，而平分厚度 t 的平面称为板的中间平面，简称中面。如果板的厚度 t 远小于中面的最小尺寸 b，该板就称为薄板，否则就称为厚板。对于薄板，通过一些计算假定已建立了一套完整的理论。

当薄板受到一般载荷时，总可将载荷分解为两个分量，一个是作用在薄板的中面之内的所谓纵向载荷，另一个是垂直于中面的所谓横向载荷。对于纵向载荷，可以认为它们沿厚度方向均匀分布，因而它们所引起的应力、应变和位移，都可以按平面应力问题进行计算。而横向载荷将使薄板产生弯曲，所引起的应力、应变和位移，可以按薄板弯曲问题进行计算。

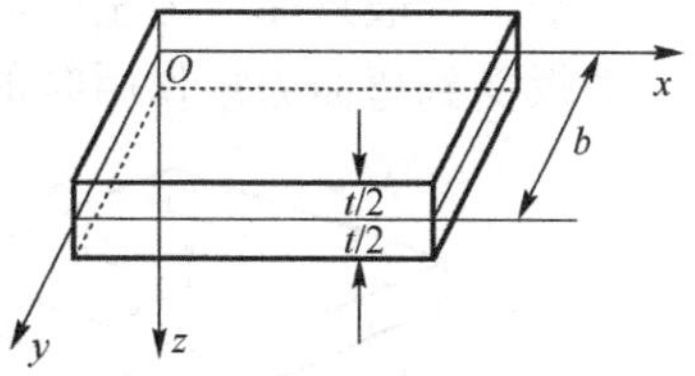

图 4-13 薄板弯曲的几何示意图

在分析薄板弯曲问题时，中面所弯成的曲面，称为薄板的弹性曲面，而中面内各点在垂直于中面方向的位移称为挠度。线弹性薄板理论只讨论所谓的小挠度弯曲的情况。也就是，薄板具有相当的弯曲刚度，因而它的挠度远小于它的厚度。如果薄板的弯曲刚度很小，以至于其挠度与厚度属于同阶大小，则必须建立所谓的大挠度弯曲理论(大变形理论)。

薄板的小挠度弯曲理论是以三个计算假定为基础的，这些假定已被大量的实验所证实。取薄板的中面为 xy，这些假定可陈述如下：

(1) 垂直于中面方向的正应变(即应变分量 ε_z) 极其微小，可以忽略不计。取 $\varepsilon_z=0$，所以有 $w=w(x,y)$。这说明，在中面的任一根法线上，薄板全厚度内的所有各点都具有相同的位移 w，且等于挠度。

(2) 应力分量 σ_z、τ_{zx} 和 τ_{zy} 远小于其余三个应力分量，因而是次要的，由它们所引起的应变可以忽略不计，但它们本身是维持平衡所必需的，不能不计。这样，有 $\gamma_{zx}=0$、$\gamma_{zy}=0$。由于 $\varepsilon_z=0$、$\gamma_{zx}=0$ 和 $\gamma_{zy}=0$，所以中面的法线在薄板弯曲时保持不伸缩，并成为弹性曲面的法线。此外，由于不计 σ_z 所引起的应变，故薄板弯曲问题的物理方程与平面应力问题的物理方程是一样的。

(3) 薄板中面内的各点都没有平行于中面的位移，即 $u|_{z=0}=0$、$v|_{z=0}=0$。也就是，$\varepsilon_x|_{z=0}=0, \varepsilon_y|_{z=0}=0, \gamma_{xy}|_{z=0}=0$。

2. 壳体问题

对于两个曲面所限定的物体，如果曲面之间的距离比物体的其他尺寸小，就称为壳体，并且这两个曲面就称为壳面。距两壳面等远的点所形成的曲面，称为中间曲面，简称为中面。中面的法线被两壳面截断的长度，称为壳体的厚度。对于非闭合曲面(开敞壳体)，一般都假定其边缘(壳边)总是由垂直于中面的直线所构成的直纹曲面。

在壳体理论中，有以下几个计算假设：

(1) 垂直于中面方向的正应变极其微小，可以不计。

(2) 中面的法线总保持为直线，且中面法线及其垂直线段之间的直角也保持不变，即这两方向的剪应变为零。

(3) 与中面平行的截面上的正应力(即挤压应力)，远小于其垂直面上的正应力，因而它对变形的影响可以不计。

(4) 体力及面力均可化为作用在中面的载荷。

如果壳体的厚度 t 远小于壳体中面的最小曲率半径 R，则比值 t/R 将是很小的一个数值，这种壳体就称为薄壳。反之，为厚壳。对于薄壳，可以在壳体的基本方程和边界条件中略去某些很小的量(一般是随着比值 t/R 的减小而减小的量)，从而使得这些基本方程在边界条件下可以求得一些近似的、工程上足够精确的解答。对于厚壳，与厚板类似，尚无完善可行的计算方法，一般只能作为空间问题来处理。

薄板受到弯曲力矩作用时的受力关系可用图 4-14 表示。

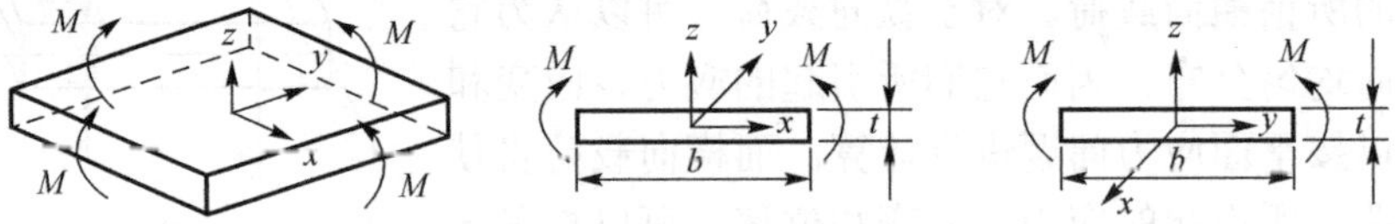

图 4-14　薄板弯曲时受到的弯曲力矩作用

根据薄板的小挠度弯曲假设，薄板弯曲问题的全部应力和应变均可用板的中面的挠度 w 表示。

1) 薄板弯曲的几何方程

根据假设(1)可知：薄板全厚度内的所有各点都具有相同的位移 w。再由 $\gamma_{zx}=0$、$\gamma_{zy}=0$，根据几何方程得

$$\frac{\partial u}{\partial z}+\frac{\partial w}{\partial x}=0,\quad \frac{\partial w}{\partial y}+\frac{\partial v}{\partial z}=0 \tag{4-97}$$

将式(4-97)对 z 积分，注意到$\frac{\partial w}{\partial x}$、$\frac{\partial w}{\partial y}$都与 z 无关，可得$u=-z\frac{\partial w}{\partial x}+u_0(x,y)$、$v=-z\frac{\partial w}{\partial y}+v_0(x,y)$。由于假设了薄板中面内的各点都没有平行于中面的位移，即$u|_{z=0}=0$、$v|_{z=0}=0$，可知

$$u=-z\frac{\partial w}{\partial x},\quad v=-z\frac{\partial w}{\partial y} \tag{4-98}$$

因为$\varepsilon_x=\frac{\partial u}{\partial x}$、$\varepsilon_y=\frac{\partial v}{\partial y}$、$\gamma_{xy}=\frac{\partial v}{\partial x}+\frac{\partial u}{\partial y}$，所以得到如下几何方程，即薄板内各点不为零的三个应变分量为

$$\boldsymbol{\varepsilon}=\begin{bmatrix}\varepsilon_x\\ \varepsilon_y\\ \gamma_{xy}\end{bmatrix}=\begin{bmatrix}\dfrac{\partial u}{\partial x}\\ \dfrac{\partial v}{\partial y}\\ \dfrac{\partial u}{\partial y}+\dfrac{\partial v}{\partial x}\end{bmatrix}=-z\begin{bmatrix}\dfrac{\partial^2 w}{\partial x^2}\\ \dfrac{\partial^2 w}{\partial y^2}\\ 2\dfrac{\partial^2 w}{\partial x\partial y}\end{bmatrix} \tag{4-99}$$

式中，$-\frac{\partial^2 w}{\partial x^2}$和$-\frac{\partial^2 w}{\partial y^2}$分别称为薄板弹性曲面在 x 方向和 y 方向上的曲率；$-2\frac{\partial^2 w}{\partial x\partial y}$表示它在 x 方向和 y 方向上的扭率。

2) 薄板弯曲的物理方程

薄板弯曲问题的物理方程与薄板平面应力问题的物理方程是一样的，为

$$\varepsilon_x=\frac{1}{E}(\sigma_x-\mu\sigma_y),\quad \varepsilon_y=\frac{1}{E}(\sigma_y-\mu\sigma_x),\quad \gamma_{xy}=\frac{2(1+\mu)}{E}\tau_{xy}$$

或者写成如下形式：

$$\boldsymbol{\sigma}=\begin{bmatrix}\sigma_x\\ \sigma_y\\ \tau_{xy}\end{bmatrix}=\boldsymbol{D}\begin{bmatrix}\varepsilon_x\\ \varepsilon_y\\ \gamma_{xy}\end{bmatrix}=\frac{E}{1-\mu^2}\begin{bmatrix}1&\mu&0\\ \mu&1&0\\ 0&0&\dfrac{1-\mu}{2}\end{bmatrix}\begin{bmatrix}\varepsilon_x\\ \varepsilon_y\\ \gamma_{xy}\end{bmatrix}=\frac{Ez}{1-\mu^2}\begin{bmatrix}1&\mu&0\\ \mu&1&0\\ 0&0&\dfrac{1-\mu}{2}\end{bmatrix}\begin{bmatrix}-\dfrac{\partial^2 w}{\partial x^2}\\ -\dfrac{\partial^2 w}{\partial y^2}\\ -2\dfrac{\partial^2 w}{\partial x\partial y}\end{bmatrix} \tag{4-100}$$

式中，$\boldsymbol{D}$ 是平板的弹性矩阵，与平面应力问题中的弹性矩阵完全相同，即

$$\boldsymbol{D}=\frac{E}{1-\mu^2}\begin{bmatrix}1&\mu&0\\ \mu&1&0\\ 0&0&\dfrac{1-\mu}{2}\end{bmatrix}$$

σ_x、σ_y、τ_{xy} 这三个应力分量沿板厚按直线分布。薄板弯曲中另外三个应力分量τ_{zx}、τ_{zy}和σ_z远小于上述三个应力分量，是次要的。

3) 薄板弯曲的内力矩平衡方程

已知薄板弯曲的板内各点的几何方程为$u=-z\dfrac{\partial w}{\partial x}$、$v=-z\dfrac{\partial w}{\partial y}$、$w=w(x,y)$。在板中面上的各点都有位移$u=v=0$，即中面上不产生平面方向的位移，中面在受力后不会伸长。因为平板中面的挠度w与坐标z无关，代表了板内各点的挠度。板内各点的应变分量和应力分量分别为

$$\boldsymbol{\varepsilon}=\begin{bmatrix}\varepsilon_x\\ \varepsilon_y\\ \gamma_{xy}\end{bmatrix}=\begin{bmatrix}\dfrac{\partial u}{\partial x}\\ \dfrac{\partial v}{\partial y}\\ \dfrac{\partial u}{\partial y}+\dfrac{\partial v}{\partial x}\end{bmatrix}=-z\begin{bmatrix}\dfrac{\partial^2 w}{\partial x^2}\\ \dfrac{\partial^2 w}{\partial y^2}\\ 2\dfrac{\partial^2 w}{\partial x\partial y}\end{bmatrix},\qquad \boldsymbol{\sigma}=\begin{bmatrix}\sigma_x\\ \sigma_y\\ \tau_{xy}\end{bmatrix}=\boldsymbol{D\varepsilon}=-z\boldsymbol{D}\begin{bmatrix}\dfrac{\partial^2 w}{\partial x^2}\\ \dfrac{\partial^2 w}{\partial y^2}\\ 2\dfrac{\partial^2 w}{\partial x\partial y}\end{bmatrix}$$

若用M_x、M_y和M_{xy}表示单位宽度上的内力矩，考虑到$\int_{-h/2}^{h/2}z^2\mathrm{d}z=-\dfrac{h^3}{12}$，则可以得到薄板弯曲的内力矩平衡方程为

$$\boldsymbol{M}=\begin{bmatrix}M_x\\ M_y\\ M_{xy}\end{bmatrix}=\int_{-h/2}^{h/2}z\boldsymbol{\sigma}\mathrm{d}z=-\frac{h^3}{12}\boldsymbol{D}\begin{bmatrix}\dfrac{\partial^2 w}{\partial x^2}\\ \dfrac{\partial^2 w}{\partial y^2}\\ 2\dfrac{\partial^2 w}{\partial x\partial y}\end{bmatrix}=-\frac{Eh^3}{12(1-\mu^2)}\begin{bmatrix}1&\mu&0\\ \mu&1&0\\ 0&0&\dfrac{1-\mu}{2}\end{bmatrix}\begin{bmatrix}\dfrac{\partial^2 w}{\partial x^2}\\ \dfrac{\partial^2 w}{\partial y^2}\\ 2\dfrac{\partial^2 w}{\partial x\partial y}\end{bmatrix}\tag{4-101}$$

因此，薄板内的应力也可以用内力矩来表示，即

$$\boldsymbol{\sigma}=\frac{12z}{h^3}\boldsymbol{M}\tag{4-102}$$

4.12 弹性力学问题的一般解法

根据前面的讨论可知，弹性力学问题中共有 15 个待求的基本未知量，即 6 个应力分量、6 个应变分量和 3 个位移分量，而基本方程也正好有 15 个，即平衡微分方程 3 个、几何方程或变形协调方程 6 个(几何方程和变形协调方程实质上是等效的)和物理方程 6 个。于是，15 个方程中有 15 个未知函数，加上边界条件用于确定积分常数，原则上讲，这些方程足以求解各种弹性力学问题。可以证明，当这些方程的解存在时，在没有刚体位移的前提下，所求得的解将是唯一的。但是，在实际求解时，其数学上的计算难度往往很大。事实上，只是对一些简单的问题才可进行解析求解，而对大量的工程实际问题，一般都要借助数值方法来获得数值解或半数值解。

求解弹性力学问题主要有两种不同的方法，一种是按位移求解；另一种是按应力求解。按位移求解就是先以位移分量为基本未知函数，求得位移分量之后再用几何方程求出应变分量，继而用物理方程求得应力分量。从原则上讲，按位移求解可以适用于任何边界问题，不管是位移边界问题还是应力边界问题或者是混合边界问题，对于某些弹性力学问题，很多情况下虽然不能按位移求解方式得到具体的、详尽的解答，但可以得出一些普遍的重要结论，这是按应力求解时所不能办到的。按位移求解时，只要所确定的位移函数是单值连续的，那么用几何方程所求得的应变分量就必定满足相容方程，关键的问题是由位移分量和应变分量

所确定的应力分量还必须要满足平衡微分方程。因此，按位移求解弹性力学问题时，往往要比按应力求解更难于处理，这是按位移求解的缺点所在，也就是按位移求解尚不能得到很多有用解答的原因。然而，在有限单元法中，按位移求解则是一种比较简单而普遍适用的求解方式，本书中所介绍的有限单元法都是以这种位移解法为出发点。

求解弹性力学问题的另一种方式是按应力求解，即先以 6 个应力分量为基本未知量，求得满足平衡微分方程的应力分量之后，再通过物理方程和几何方程求出应变分量与位移分量。需要特别注意的是，应使所求得的应变分量满足相容方程，否则将会因变形不协调而导致错误。此外，应力分量在边界上还应当满足应力边界条件。由于位移边界条件一般是无法改用应力分量来表示的，所以对于位移边界问题和混合边界问题，一般都不可能按应力求解得到精确的解答。因此，用弹性力学求解某一具体问题，就是设法寻求弹性力学基本方程的解，并使之满足该问题的所有边界条件。然而，要在各种具体条件下寻求问题的精确解答，实际上是很困难的。研究发现，对一些重要的实际问题，只要对其应力或应变的分布进行若干的简化，则求解将变得比较简单。为此，通常可以根据求解对象的几何形状和受载情况，将具体问题简化为平面问题、轴对称问题、板壳问题等来进行求解。

4.12.1 位移法

位移法是以位移分量作为基本变量进行求解的，因此对于弹性体的基本方程(平衡微分方程、几何方程和物理方程)，需要消去应力分量和应变分量，以得到只包含位移分量的方程，同时边界条件也必须用位移分量表示。

下面以平面应力问题为例，说明用位移法求解的基本原理。对于平面应力状态，其物理方程可表示为

$$\begin{cases} \sigma_x = \dfrac{E}{1-\mu^2}(\varepsilon_x + \mu\varepsilon_y) \\ \sigma_y = \dfrac{E}{1-\mu^2}(\varepsilon_y + \mu\varepsilon_x) \\ \tau_{xy} = \dfrac{E}{2(1+\mu)}\gamma_{xy} \end{cases} \tag{4-103}$$

将平面应力问题对应的几何方程代入式(4-103)得

$$\begin{cases} \sigma_x = \dfrac{E}{1-\mu^2}\left(\dfrac{\partial u}{\partial x} + \mu\dfrac{\partial v}{\partial y}\right) \\ \sigma_y = \dfrac{E}{1-\mu^2}\left(\dfrac{\partial v}{\partial y} + \mu\dfrac{\partial u}{\partial x}\right) \\ \tau_{xy} = \dfrac{E}{2(1+\mu)}\left(\dfrac{\partial v}{\partial x} + \dfrac{\partial u}{\partial y}\right) \end{cases} \tag{4-104}$$

进一步，将式(4-104)代入平面应力问题的应力平衡微分方程，得

$$\begin{cases} \dfrac{E}{1-\mu^2}\left(\dfrac{\partial^2 u}{\partial x^2} + \dfrac{1-\mu}{2}\dfrac{\partial^2 u}{\partial y^2} + \dfrac{1+\mu}{2}\dfrac{\partial^2 v}{\partial x\partial y}\right) + X = 0 \\ \dfrac{E}{1-\mu^2}\left(\dfrac{\partial^2 v}{\partial y^2} + \dfrac{1-\mu}{2}\dfrac{\partial^2 v}{\partial x^2} + \dfrac{1+\mu}{2}\dfrac{\partial^2 u}{\partial x\partial y}\right) + Y = 0 \end{cases} \tag{4-105}$$

式(4-105)即用位移表示的平面应力问题的平衡微分方程，是位移法求解平面应力问题的基本微分方程。

下一步需要将边界条件引入其中。对于位移边界条件，例如，在 s 边界上有已知的位移，则引入的边界条件为

$$\begin{cases} u_s = \bar{u} \\ v_s = \bar{v} \end{cases} \tag{4-106}$$

对于用应力表达的边界条件则需要进行变换。由柯西应力公式，得

$$\begin{cases} n_x(\sigma_x)_s + n_y(\tau_{xy})_s + \bar{X} = 0 \\ n_y(\sigma_y)_s + n_x(\tau_{xy})_s + \bar{Y} = 0 \end{cases} \tag{4-107}$$

用物理方程及几何方程进行变换，整理得

$$\begin{cases} \dfrac{E}{1-\mu^2}\left[n_x\left(\dfrac{\partial u}{\partial x} + \mu\dfrac{\partial v}{\partial y}\right) + n_y\dfrac{1-\mu}{2}\left(\dfrac{\partial u}{\partial y} + \dfrac{\partial v}{\partial x}\right)\right]_s + \bar{X} = 0 \\ \dfrac{E}{1-\mu^2}\left[n_y\left(\dfrac{\partial v}{\partial y} + \mu\dfrac{\partial u}{\partial x}\right) + n_x\dfrac{1-\mu}{2}\left(\dfrac{\partial v}{\partial x} + \dfrac{\partial u}{\partial y}\right)\right]_s + \bar{Y} = 0 \end{cases} \tag{4-108}$$

综上所述，按位移求解平面应力问题时，应使位移分量满足以位移表示的平衡微分方程式(4-105)，并在边界上满足位移边界条件式(4-106)或以位移分量表达的应力边界条件式(4-108)。求出位移分量以后，再由几何方程求出应变，用物理方程求出应力。

对于平面应变问题，只需在上面的各个方程中将 E 换成 $E/(1-\mu^2)$，将 μ 换成 $\mu/(1-\mu)$。

按位移法求解平面问题需要处理两个偏微分方程，较为复杂，甚至不能求得确切解。但这种方法可以对所求问题进行定性描述，因此可以得到一些有价值的结论。

4.12.2 应力法

应力法是以应力作为变量进行求解，要求在弹性体内满足平衡微分方程，其相应的应变分量还须满足应变协调方程。因此，应力法就是在给定的边界条件下求解弹性体的应力平衡微分方程、物理方程和变形协调方程，对这些方程进行变换消去应变分量，具体为从变形协调方程和物理方程中消去应变分量，从而进行求解。

以下以平面应力问题为例说明应力法求解弹性力学问题的基本原理。xy 平面内的变形协调方程为

$$\frac{\partial^2 \varepsilon_x}{\partial y^2} + \frac{\partial^2 \varepsilon_y}{\partial x^2} = \frac{\partial^2}{\partial x \partial y}\gamma_{xy} \tag{4-109}$$

将平面应力问题的物理方程(4-82)代入式(4-109)得

$$\frac{\partial^2}{\partial y^2}(\sigma_x - \mu\sigma_y) + \frac{\partial^2}{\partial x^2}(\sigma_y - \mu\sigma_x) = 2(1+\mu)\frac{\partial^2 \tau_{xy}}{\partial x \partial y} \tag{4-110}$$

然后，分别对平面应力问题的应力平衡微分方程：

$$\begin{cases}\dfrac{\partial \sigma_x}{\partial x}+\dfrac{\partial \tau_{xy}}{\partial y}+X=0\\ \dfrac{\partial \sigma_y}{\partial y}+\dfrac{\partial \tau_{xy}}{\partial x}+X=0\end{cases}$$

中的 x 和 y 求偏导数，相加并整理得

$$2\frac{\partial^2 \tau_{xy}}{\partial x \partial y}=-\left(\frac{\partial X}{\partial x}+\frac{\partial Y}{\partial y}\right)-\left(\frac{\partial^2 \sigma_x}{\partial x^2}+\frac{\partial^2 \sigma_y}{\partial y^2}\right) \tag{4-111}$$

将式(4-111)代入式(4-110)并整理得

$$\left(\frac{\partial^2}{\partial x^2}+\frac{\partial^2}{\partial y^2}\right)(\sigma_x+\sigma_y)=-(1+\mu)\left(\frac{\partial X}{\partial x}+\frac{\partial Y}{\partial y}\right) \tag{4-112}$$

式(4-112)即用应力表示的变形协调方程，为应力法求解平面应力问题的基本方程式。

应力法只能引入应力边界条件，可以归结为在给定应力边界条件下，求解由平衡微分方程和变相协调方程组成的偏微分方程。

对于平面应变问题，只要将式(4-112)中的 μ 换成 $\mu/(1-\mu)$ 即可。

4.12.3 用应力函数求解平面问题

用应力作为基本变量求解弹性力学的平面问题时，在体力为常量时，归结为在给定边界条件下，求解由平衡微分方程和用应力表示的变形协调方程所组成的偏微分方程组，即

$$\begin{cases}\dfrac{\partial \sigma_x}{\partial x}+\dfrac{\partial \tau_{xy}}{\partial y}+X=0\\ \dfrac{\partial \sigma_y}{\partial y}+\dfrac{\partial \tau_{xy}}{\partial x}+X=0\end{cases} \tag{4-113}$$

$$\left(\frac{\partial^2}{\partial x^2}+\frac{\partial^2}{\partial y^2}\right)(\sigma_x+\sigma_y)=0 \tag{4-114}$$

方程(4-113)的解包含两部分：特解和通解。构造齐次微分方程为

$$\frac{\partial \sigma_x}{\partial x}+\frac{\partial \tau_{xy}}{\partial y}=0,\quad \frac{\partial \sigma_y}{\partial y}+\frac{\partial \tau_{xy}}{\partial x}=0 \tag{4-115}$$

得到上述两方程的通解为

$$\sigma_x=\frac{\partial^2 \varphi}{\partial y^2},\quad \sigma_y=\frac{\partial^2 \varphi}{\partial x^2},\quad \tau_{xy}=-\frac{\partial^2 \varphi}{\partial x \partial y} \tag{4-116}$$

选择如下形式的特解：

$$\sigma_x=-Xx,\quad \sigma_y=-Yy,\quad \tau_{xy}=0 \tag{4-117}$$

则该应力平衡微分方程的全解为

$$\sigma_x=\frac{\partial^2 \varphi}{\partial y^2}-Xx,\quad \sigma_y=\frac{\partial^2 \varphi}{\partial x^2}-Yy,\quad \tau_{xy}=-\frac{\partial^2 \varphi}{\partial x \partial y} \tag{4-118}$$

式中，$\varphi(x,y)$ 为应力函数。该应力函数由 Airy 提出，在求解弹性力学问题时较为重要。

应力分量也应满足相容方程，把包含应力函数的应力全解式(4-118)代入式(4-114)，得

$$\left(\frac{\partial^2}{\partial x^2}+\frac{\partial^2}{\partial y^2}\right)\left(\frac{\partial^2\varphi}{\partial y^2}-Xx+\frac{\partial^2\varphi}{\partial x^2}-Yy\right)=0 \tag{4-119}$$

整理后可得

$$\frac{\partial^4\varphi}{\partial x^4}+2\frac{\partial^4\varphi}{\partial x^2\partial y^2}+\frac{\partial^4\varphi}{\partial y^4}=0 \tag{4-120}$$

式(4-120)即用应力函数 $\varphi(x,y)$ 表达的相容方程。

如果 $X=0$、$Y=0$，按应力函数进行求解，得到如下公式：

$$\sigma_x=\frac{\partial^2\varphi}{\partial y^2},\quad \sigma_y=\frac{\partial^2\varphi}{\partial x^2},\quad \tau_{xy}=-\frac{\partial^2\varphi}{\partial x\partial y} \tag{4-121}$$

用上述方法计算出应力后，再进一步计算出应变，最后通过应变计算出位移。

应力函数的创建需要一定的经验，不同的问题应使用不同的应力函数。为简便起见，可以采用多项式形式创建应力函数以对简单的弹性力学问题求解。下面给出几个构建应力函数求解弹性力学平面问题的例子，这里仍设弹性体体积力 $X=0$、$Y=0$。

1) 取一次多项式 $\varphi=a+bx+cy$

这是一个最简单的线性应力函数，不管系数取何值，对于应力函数的相容方程总是满足的。从式(4-121)可得各应力分量为

$$\sigma_x=0,\quad \sigma_y=0,\quad \tau_{xy}=0$$

因此，线性应力函数状态是没有应力、没有体积力和表面力的情况。这对于任何弹性问题都是没有意义的。

2) 取二次多项式 $\varphi=ax^2+bxy+cy^2$

此二次多项式在任何情况下都满足相容方程。下面分别进行讨论。

设 $\varphi=ax^2$，由式(4-121)得应力分量为

$$\sigma_x=0,\quad \sigma_y=2a,\quad \tau_{xy}=0$$

这种应力状态对应长方形平板沿 y 轴受拉力或压力的情况，如图 4-15(a)所示。

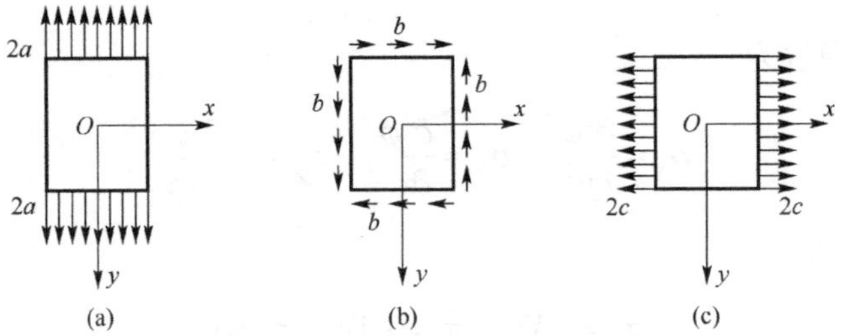

图 4-15　应力函数为三阶多项式的讨论

设 $\varphi=bxy$，可得

$$\sigma_x=0,\quad \sigma_y=0,\quad \tau_{xy}=-b$$

这种应力状态对应长方形平板沿四周作用剪切力，如图 4-15(b)所示。

设 $\varphi = cy^2$，与 $\varphi = ax^2$ 时的状态相似，作用力的方向变成 x 轴，如图 4-15(c)所示。

3)取简单的三次多项式 $\varphi = ay^3$

可以证明，$\varphi = ay^3$ 在任何情况下都满足应力函数相容方程，则可以求得

$$\sigma_x = 6ay, \quad \sigma_y = 0, \quad \tau_{xy} = 0$$

这种应力状态对应梁纯弯曲情况，以下详细说明。

例如，设有矩形截面的梁，它的厚度远小于长度和宽度(近似平面应力情况)，在两端受相反的力偶 M 而弯曲，体力可以不计，如图 4-16 所示。

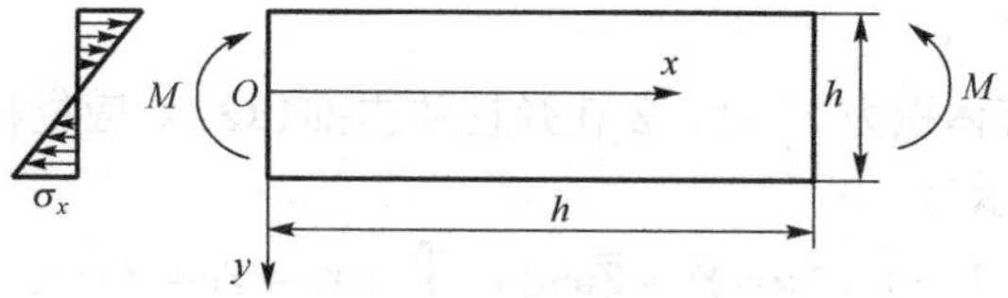

图 4-16　受力偶作用的矩形截面梁

水平面力可合成力偶矩 M，表达为

$$M = \int_{-\frac{h}{2}}^{\frac{h}{2}} \sigma_x y \mathrm{d}y = 6a\int_{-\frac{h}{2}}^{\frac{h}{2}} y^2 \mathrm{d}y$$

由上式可确定

$$a = \frac{2M}{h^3}$$

4)取复杂的三次多项式 $\varphi = Ax^3 + Bx^2y + Cxy^2 + Dy^3$

当 A、B、C 和 D 是常数时，有

$$\sigma_x = \frac{\partial^2\varphi}{\partial y^2} = 2Cx + 6Dy$$

$$\sigma_y = \frac{\partial^2\varphi}{\partial x^2} = 6Ax + 2By$$

$$\tau_{xy} = \frac{-\partial^2\varphi}{\partial x\partial y} = -2(2Bx + 2Cy)$$

由上式可知，所有的应力是随 x 和 y 线性变化的。如果 $A=B=C=0$，那么这种应力状态相应于梁的纯弯曲的应力状态。因此，函数 $\Phi = Dy^3$ 能够用于弯曲。此外，由于 $\nabla^4\Phi = 0$，上述应力函数都满足相容方程。

4.13　弹性力学分析的能量法

弹性体的变形分析也可以采用能量法的有关概念和分析方法，也就是利用能量法来分析弹性力学有关问题，在某些场合下可以使求解大为简化。

4.13.1 能量法的基本原理

物体变形问题的能量包括两类：一类是施加外力在可能位移上所做的功;另一类是变形体由于变形而储存的能量。涉及的概念包括外力功、应变能和系统总势能等。

1) 外力功

外力功也称为虚功，即所施加的力在可能位移上所做的功。外力有两种，包括作用在物体上的面力和体力，这些力被假设为与变形无关的不变力系，即保守力系，则外力功(work by force)包括这两部分力在可能位移上所做的功。

(1) 在力边界条件上，有外力(面力) $\bar{X}$、$\bar{Y}$、$\bar{Z}$ 在弹性体表面(s)对应位移 u、v、w 上所做的功。

(2) 在物体内部，有体积力 X、Y、Z 在弹性体内部(Ω)对应位移 u、v、w 上所做的功。

则外力的总功可表示为

$$W = \int_s (\bar{X}u + \bar{Y}v + \bar{Z}w)\mathrm{d}A + \int_\Omega (Xu + Yv + Zw)\mathrm{d}\Omega \tag{4-122}$$

有时考虑力是非均匀地作用到物体上，外力功也经常表示为

$$W = \frac{1}{2}\left[\int_s (\bar{X}u + \bar{Y}v + \bar{Z}w)\mathrm{d}A + \int_\Omega (Xu + Yv + Zw)\mathrm{d}\Omega\right] \tag{4-123}$$

2) 应变能

对于理想弹性体，假设外力作用过程中没有能量损失，外力所做的功将以一种能的形式积累在弹性体内，一般把这种能称为弹性变形势能。以位移(或应变)为基本变量的变形能称为应变能(strain energy)。三维情形下变形体的应力与应变的对应关系为

$$[\sigma_x\ \sigma_y\ \sigma_z\ \tau_{xy}\ \tau_{yz}\ \tau_{zx}]^{\mathrm{T}} \xrightarrow{\text{对应于}} [\varepsilon_x\ \varepsilon_y\ \varepsilon_z\ \gamma_{xy}\ \gamma_{yz}\ \gamma_{zx}]^{\mathrm{T}}$$

可以看出，其应变能应包括两个部分：①对应于正应力与正应变的应变能；②对应于剪应力与剪应变的应变能。下面分别讨论这两种情形。

(1) 对应于正应力与正应变的应变能。

如图 4-17 所示，在 xOy 平面内考察由于正应力和正应变的作用所产生的应变能。设在微元体 $\mathrm{d}\Omega = \mathrm{d}x\mathrm{d}y\mathrm{d}z$ 上只作用有 σ_x 与 ε_x，这时微元体的厚度为 $\mathrm{d}z$，则由力与位移的关系可求得微元体的应变能为

$$\Delta U_{(\sigma,\varepsilon)x} = \frac{1}{2}F\cdot\Delta u = \frac{1}{2}(\sigma_x \mathrm{d}y\mathrm{d}z)(\varepsilon_x \mathrm{d}x) = \frac{1}{2}\sigma_x\varepsilon_x \mathrm{d}\Omega \tag{4-124}$$

则在整个物体 Ω 上，σ_x 与 ε_x 所对应的应变能为

$$U_{(\sigma,\varepsilon)x} = \int_\Omega \Delta U_{(\sigma,\varepsilon)x} = \frac{1}{2}\int_\Omega \sigma_x\varepsilon_x \mathrm{d}\Omega \tag{4-125}$$

另外两个方向上的正应力和正应变(σ_y 与 ε_y，σ_x 与 ε_x)所对应的应变能与上面的计算公式类似。

(2) 对应于剪应力与剪应变的应变能。

先考察一对剪应力与剪应变，如图 4-18 所示，假设在微元体 $\mathrm{d}x\mathrm{d}y\mathrm{d}z$ 上只作用有 τ_{xy} 并产生剪应变 γ_{xy}，这时微元体的厚度为 $\mathrm{d}z$，由于 τ_{xy} 是剪应力对，且有 $\tau_{xy} = \tau_{yx}$，将其分解为两组情况分别计算应变能。

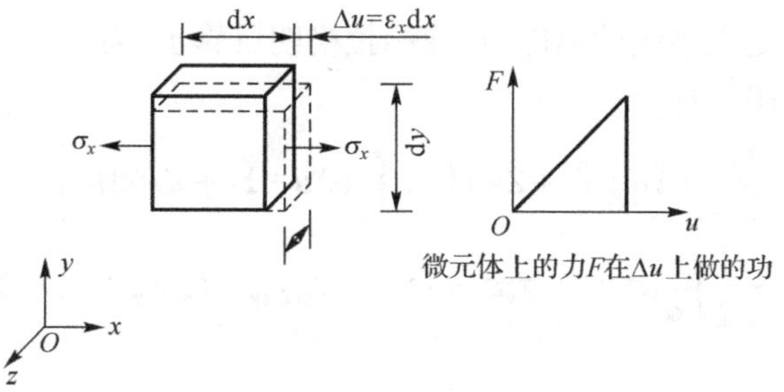

图 4-17　微元体上的正应力与正应变对应的应变能

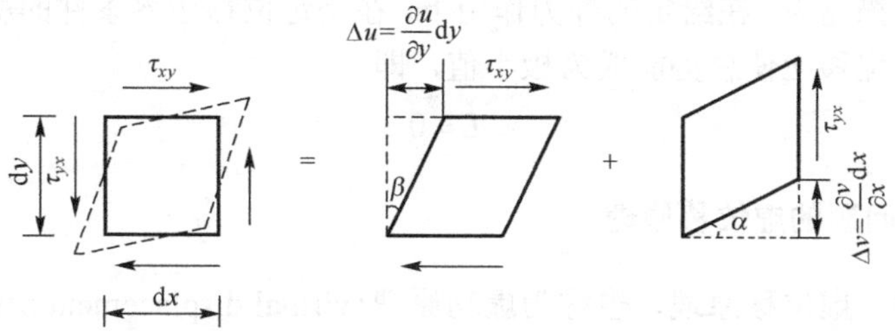

图 4-18　微元体上的剪应力与剪应变对应的应变能

在微元体上产生的应变能为

$$
\begin{aligned}
\Delta U_{(\tau,\gamma)xy} &= \frac{1}{2}(\tau_{xy}\mathrm{d}x\mathrm{d}z)\beta\mathrm{d}y + \frac{1}{2}(\tau_{yx}\mathrm{d}y\mathrm{d}z)\alpha\mathrm{d}x = \frac{1}{2}\tau_{yx}(\alpha+\beta)\mathrm{d}x\mathrm{d}y\mathrm{d}z \\
&= \frac{1}{2}\tau_{xy}\gamma_{xy}\mathrm{d}\Omega
\end{aligned}
\tag{4-126}
$$

在整个物体 Ω 上，τ_{xy} 与 γ_{xy} 所产生的应变能为

$$
U_{(\tau,\gamma)xy} = \frac{1}{2}\int_{\Omega}\tau_{xy}\gamma_{xy}\mathrm{d}\Omega \tag{4-127}
$$

另外的剪应力和剪应变（τ_{yz} 与 γ_{yz}，τ_{zx} 与 γ_{zx}）对所产生的应变能与上面的计算公式类似。

(3)包含正应变和剪应变的整体应变能。

由叠加原理，将各个方向的正应力与正应变、剪应力与剪应变所产生的应变能相加，可得到整体应变能为

$$
U = \frac{1}{2}\int_{\Omega}(\sigma_x\varepsilon_x + \sigma_y\varepsilon_y + \sigma_z\varepsilon_z + \tau_{xy}\gamma_{xy} + \tau_{yz}\gamma_{yz} + \tau_{zx}\gamma_{zx})\mathrm{d}\Omega \tag{4-128}
$$

则弹性体的单位体积的应变能，即应变能密度(strain energy density)表示为

$$
u = \frac{1}{2}\boldsymbol{\sigma}^{\mathrm{T}}\boldsymbol{\varepsilon} = \frac{1}{2}(\sigma_x\varepsilon_x + \sigma_y\varepsilon_y + \sigma_z\varepsilon_z + \tau_{xy}\gamma_{xy} + \tau_{yz}\gamma_{yz} + \tau_{xz}\gamma_{xz}) \tag{4-129}
$$

根据物理方程可将式(4-129)中的应变换成应力，得

$$
u = \frac{1}{2E}\left[\sigma_x^2 + \sigma_y^2 + \sigma_z^2 - 2\mu(\sigma_x\sigma_y + \sigma_y\sigma_z + \sigma_x\sigma_z) + 2(1+\mu)(\tau_{xy}^2 + \tau_{yz}^2 + \tau_{xz}^2)\right] \tag{4-130}
$$

3) 系统总势能

对于受外力作用的弹性体，基于它的外力功和应变能的表达，根据汉密尔顿定理

(Hamilton principle)，定义系统的总能量(或称拉格朗日算子)为

$$\begin{aligned}L&=W-U\\&=\frac{1}{2}\left[\int_{s}(\bar{X}u+\bar{Y}v+\bar{Z}w)\mathrm{d}A+\int_{\Omega}(Xu+Yv+Zw)\mathrm{d}\Omega\right]\\&\quad-\frac{1}{2}\int_{\Omega}(\sigma_x\varepsilon_x+\sigma_y\varepsilon_y+\sigma_z\varepsilon_z+\tau_{xy}\gamma_{xy}+\tau_{yz}\gamma_{yz}+\tau_{zx}\gamma_{zx})\mathrm{d}\Omega\end{aligned}\tag{4-131}$$

4)最小势能原理

对于理想弹性体，依照变分法可知，在静平衡状态时，要求满足最小势能原理。弹性体的最小势能原理可描述为：在给定的外力作用下，在满足位移边界条件的所有可能的位移中，能满足平衡条件的位移应使总势能成为极小值，即

$$L=0\tag{4-132}$$

4.13.2 弹性力学问题的虚位移原理

在理论力学中，虚位移原理，也称为虚功原理(virtual displacement principle)是指：如果一个质点处于平衡状态，则作用于质点上的力，在该质点的任意虚位移上所做的虚功总和等于零。从本质上讲，虚位移原理是以能量(功)形式表示的平衡条件。对于弹性体，可以看作一个特殊的质点系，如果弹性体在若干个面力和体力作用下处于平衡，那么弹性体内的每个质点也都是处于平衡状态的。假定弹性体有一虚位移，由于作用在每个质点上的力系在相应的虚位移上的虚功总和为零，所以作用于弹性体所有质点上的一切力(包括体力和面力)，在虚位移上的虚功总和也等于零。由于弹性体内部的各个质点应始终保持连续，在给定虚位移时，必须使其满足材料的连续性条件和几何边界条件。

假定弹性体在一组外力 X_i、Y_i、Z_i、X_j、Y_j、Z_j、…的作用下处于平衡状态，由外力所引起的任一点的应力为 σ_x、σ_y、σ_z、τ_{xy}、τ_{yz}、τ_{zx}。另外，按前述条件对弹性体取了任意的虚位移 δu_i、δv_i、δw_i、δu_j、δv_j、δw_j、…，由虚位移所引起的虚应变为 $\delta\varepsilon_x$、$\delta\varepsilon_y$、$\delta\varepsilon_z$、$\delta\gamma_{xy}$、$\delta\gamma_{yz}$、$\delta\gamma_{zx}$，这些虚应变分量满足相容方程。因此，外力在虚位移上所做的功为

$$\begin{aligned}\delta W&=X_i\delta u_i+Y_i\delta v_i+Z_i\delta w_i+X_j\delta u_j+Y_j\delta v_j+Z_j\delta w_j+\cdots\\&=\begin{bmatrix}\delta u_i\\\delta v_i\\\delta w_i\\\delta u_j\\\delta v_j\\\delta w_j\\\cdots\end{bmatrix}^{\mathrm{T}}\cdot\begin{bmatrix}X_i\\Y_i\\Z_i\\X_j\\Y_j\\Z_j\\\cdots\end{bmatrix}\overset{\text{记作}}{=}\delta\boldsymbol{u}^{*\mathrm{T}}\boldsymbol{F}\end{aligned}\tag{4-133}$$

受到外力作用而处于平衡状态的弹性体，在其变形过程中，外力将做功。对于完全弹性体，当外力移去时，弹性体将会完全恢复到原来的状态。在恢复过程中，弹性体可以把加载过程中外力所做的功全部还原出来，即可以对外做功。这就说明，在产生变形时外力所做的功以一种能的形式积累在弹性体内，即前面所述的弹性变形势能(或称应变能)。

对弹性体取虚位移之后，外力在虚位移上所做的虚功将在弹性体内部积累有虚应变能。

根据能量守恒定律，可以推出弹性体内单位体积中的虚应变能(即一点的虚应变能密度)为

$$\delta \mathrm{d}V = \sigma_x \delta\varepsilon_x + \sigma_y \delta\varepsilon_y + \sigma_z \delta\varepsilon_z + \tau_{xy}\delta\gamma_{xy} + \tau_{yz}\delta\gamma_{yz} + \tau_{zx}\delta\gamma_{zx}$$

$$= \begin{bmatrix} \delta\varepsilon_x \\ \delta\varepsilon_y \\ \delta\varepsilon_z \\ \delta\gamma_{xy} \\ \delta\gamma_{yz} \\ \delta\gamma_{zx} \end{bmatrix}^{\mathrm{T}} \begin{bmatrix} \sigma_x \\ \sigma_y \\ \sigma_z \\ \tau_{xy} \\ \tau_{yz} \\ \tau_{zx} \end{bmatrix} \overset{\text{记作}}{=} \delta\boldsymbol{\varepsilon}^{*\mathrm{T}}\boldsymbol{\sigma} \tag{4-134}$$

整个弹性体的虚应变能为

$$\delta W = \iiint_V (\delta\boldsymbol{\varepsilon}^{*\mathrm{T}}\boldsymbol{\sigma})\mathrm{d}V \tag{4-135}$$

弹性体的虚位移原理可以叙述为：若弹性体在已知的面力和体力的作用下处于平衡状态，那么使弹性体产生虚位移时，所有作用在弹性体上的外力在虚位移上所做的功就等于弹性体所具有的虚应变能，即

$$\delta\boldsymbol{u}^{*\mathrm{T}}\boldsymbol{F} = \iiint_V (\delta\boldsymbol{\varepsilon}^{*\mathrm{T}}\boldsymbol{\sigma})\mathrm{d}V \tag{4-136}$$

4.14 机械结构的强度失效准则

对于具有复杂应力状态的机械结构，利用弹性力学理论或后续的有限元法及数值方法得到应力状态后，可以判断在此应力状态下机械结构是否失效是十分重要的任务。本节介绍几种机械结构静强度失效的常用判据，即最大主应力准则、最大剪应力准则(也称 Tresca 准则)和最大变形能准则(也称 von Mises 准则)。

4.14.1 材料的失效应力

通过拉伸实验来获得材料的应力-应变曲线。图 4-19 为几种不同材料的典型应力-应变曲线。从图中可以看出，不同的材料有不同的特性。脆性材料(如铸铁)，失效现象时突然断裂，断裂时的强度极限用 S_b 表示。而碳钢、铝合金等塑性材料，应力达到了弹性极限，材料开始产生屈服，即产生塑性变形，该点的应力值为屈服极限 S_y。

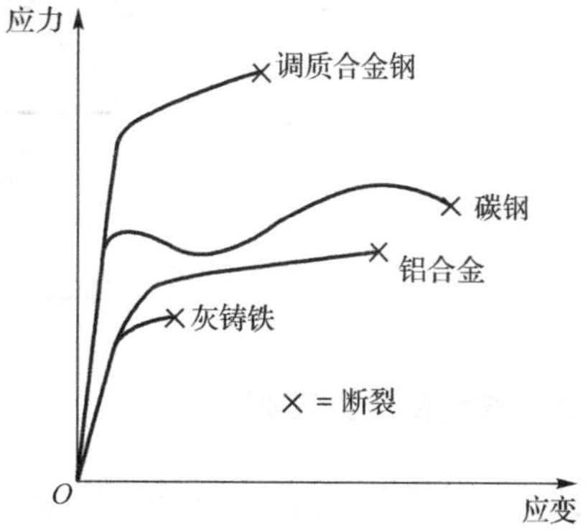

图 4-19　不同材料的典型拉伸应力-应变曲线

如果材料始终受纯拉力作用，可以用材料的断裂强度极限 S_b 或屈服极限 S_y 作为判断失效的标准，即材料所受的应力不能超过上述极限。S_b 和 S_y 可统称为失效应力。以安全系数 n 除去失效应力，便得到许用应力 $[\sigma]$，于是建立强度准则为

$$\sigma \geqslant [\sigma] \tag{4-137}$$

在工程实际中，材料所承受的应力情况通常比较复杂(如平面或三维应力状态)，很显然，

这时用拉伸实验获得的屈服极限值作为失效判据是行不通的。例如，塑性材料不管是受压力还是受拉力作用，在相同的纯法向应力下，总是容易在45°方向的“滑移”面上发生断裂。而脆性材料试样很容易在拉力下失效，而在压力情况下，脆性材料通常在剪应力的作用下失效。针对材料不同的受力状况，要求使用不同的失效准则。

4.14.2 最大主应力准则

最大主应力准则最早由 Rankine 提出，认为材料所能承受的最大主应力是引起材料失效的主要原因。因此，判断材料是否失效，只要求得材料的最大主应力。前面已述，弹性体内任一点共有三个互相垂直的主应力，即σ_1、σ_2、σ_3，且有$\sigma_1 > \sigma_2 > \sigma_3$，因此，只要求得$\sigma_1$而不必考虑其他两个主应力。设$S_y$是材料的屈服极限，则最大主应力准则的失效判据为

$$\sigma_1 \geqslant S_y \tag{4-138}$$

这里及以下内容暂且不考虑安全系数的问题。

由于最大主应力准则十分简单，人们经常利用它进行初步判定，它还可以应用于不发生屈服失效的脆性材料。

但是，最大主应力准则没有在实验结果中得到足够的验证。绝大多数材料能够承受很高的各面均匀作用的静水压力而不发生断裂或永久变形。下面给出的例子就可以证明最大主应力准则不能作为很好的失效准则。

如图 4-20 所示，一物体受应力σ_1和σ_2作用，其中σ_1为拉应力，σ_2为压应力。当杆受纯扭转时，如果σ_1和σ_2大小相等，那么在45°平面上，剪应力τ与σ_1大小相等。根据最大主应力失效准则，σ_1是有限值，但是实验证明，对于受纯扭转塑性材料，当发生屈服时，剪应力要远远小于σ_1。

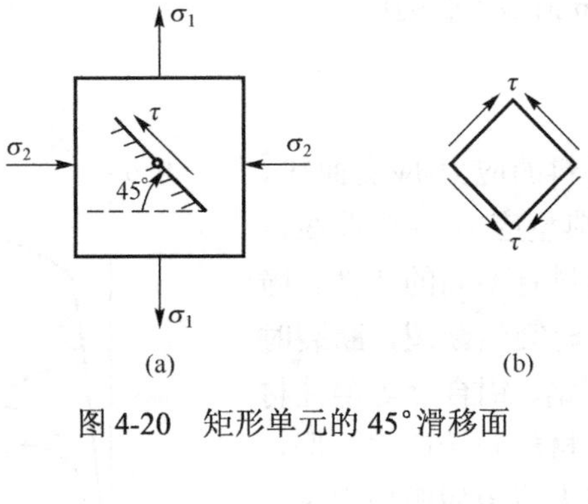

图 4-20 矩形单元的 45°滑移面

4.14.3 最大剪应力准则

最大剪应力准则又称 Tresca 理论。对于主应力$\sigma_1 > \sigma_2 > \sigma_3$，材料失效准则为

$$\tau_{\max} = \frac{\sigma_1 - \sigma_3}{2} \geqslant \frac{S_y}{2} \tag{4-139}$$

即当最大剪应力的值达到材料屈服极限 S_y 的 1/2 时，材料发生失效。也可以认为$S_y/2$是单轴拉伸实验在屈服点的剪切应力。最大剪应力理论适用于塑性材料的失效判断。

对塑性材料进行简单拉伸或压缩实验，可以发现最大剪应力发生在与轴线成45°的平面

上。实验中试件断裂时就沿着45°面断裂，即滑移线与轴线大致成45°。简单拉伸实验验证了最大剪应力理论。同样可以验证，对于塑性材料在三维应力状态下，最大剪应力理论也是适用的。

脆性材料的拉伸实验表明，试件通常不会发生塑性变形而会直接发生断裂。脆性材料的压缩实验表明，滑移面或剪切失效面与最大剪应力面完全不同。另外，对于脆性材料，拉伸和压缩时最大剪应力也不同。对于承受三维应力状态的脆性材料，最大剪应力准则也不适用。因此，可以说最大剪应力理论并不适用于脆性材料。

4.14.4 最大变形能准则

最大变形能准则是工程中最常用的一种失效准则。这个准则把在一般应力状态下某一点的变形能密度和材料的拉伸屈服极限 S_y 联系起来，认为变形能密度是引起屈服的主要因素。

在任意应力状态下，变形能密度可用主应力表示为

$$u_d = \frac{1}{2}\sigma_1\varepsilon_1 + \frac{1}{2}\sigma_2\varepsilon_2 + \frac{1}{2}\sigma_3\varepsilon_3 \tag{4-140}$$

并结合式(4-141)：

$$\begin{cases} \varepsilon_1 = \dfrac{1}{E}[\sigma_1 - \mu(\sigma_2 + \sigma_3)] \\ \varepsilon_2 = \dfrac{1}{E}[\sigma_2 - \mu(\sigma_3 + \sigma_1)] \\ \varepsilon_3 = \dfrac{1}{E}[\sigma_3 - \mu(\sigma_1 + \sigma_2)] \end{cases} \tag{4-141}$$

整理得

$$u_d = \frac{1+\mu}{6E}\left[(\sigma_1-\sigma_2)^2 + (\sigma_2-\sigma_3)^2 + (\sigma_3-\sigma_1)^2\right] \tag{4-142}$$

在纯拉伸状态下，材料发生屈服时，$\sigma_1 = S_y$，$\sigma_2 = \sigma_3 = 0$，材料屈服时的变形能密度表示为

$$u_d = \frac{1+\mu}{3E}S_y^2 \tag{4-143}$$

令式(4-142)和式(4-143)相等，得到在一般应力情况下的 von Mises 准则为

$$\sqrt{0.5\left[(\sigma_1-\sigma_2)^2 + (\sigma_2-\sigma_3)^2 + (\sigma_3-\sigma_1)^2\right]} = S_y \tag{4-144}$$

按照变形能理论，当主应力 σ_1、σ_2、σ_3 满足式(4-145)时会发生屈服变形，即

$$\sqrt{0.5\left[(\sigma_1-\sigma_2)^2 + (\sigma_2-\sigma_3)^2 + (\sigma_3-\sigma_1)^2\right]} \geqslant S_y \tag{4-145}$$

若定义 von Mises 应力为

$$\sigma_{\text{von Mises}} = \sqrt{0.5\left[(\sigma_1-\sigma_2)^2 + (\sigma_2-\sigma_3)^2 + (\sigma_3-\sigma_1)^2\right]} \tag{4-146}$$

则最大变形能准则可表示为

$$\sigma_{\text{von Mises}} \geqslant S_y \tag{4-147}$$

第 5 章　有限元法基础

本章以弹性力学平面问题、梁单元分析为例介绍有限元法。

5.1　平面三角形单元基本理论

弹性力学平面问题可以用有限元法求解和分析。平面问题的有限元法不仅可以直接用于计算分析具有平面问题特征的实际机械结构，更重要的是可以通过它掌握有限元法的基本思想和基本步骤。

5.1.1　平面三角形单元的单元刚度矩阵推导

在有限元分析中，实际连续体的内部没有自然直观的连接节点。在有限元中，通过用不同类型的单元进行人为地离散化处理，即以分区的形式来逼近原来复杂的几何形状。当然，节点位置、单元类型和单元大小等因素会对原结构的描述以及分析的精确度有不同程度的影响。

平面问题可以用最简单的平面三角形常应变单元加以分析。在本节中讨论平面三角形单元的构造方法。平面三角形单元刚度矩阵的推导包括如下 6 个步骤。

1) 选择合适的单元，建立坐标系，进行结构离散

在有限元法分析问题时，第一步就是要选择合适的单元，确定合理的坐标系统，对弹性体进行离散化，把一个连续的弹性体转化为一个离散化的有限元计算模型。

当采用三角形单元时，就是把弹性体划分为有限个互不重叠的三角形。用平面三角形分析时，可以只建立一个整体坐标系 xOy。这些三角形在其顶点(即节点)处互相连接，组成一个由若干个单元组成的集合体，以替代原来的弹性体。同时，将所有作用在单元上的载荷(包括集中载荷、表面载荷和体积载荷)，都按虚功等效的原则移置到节点上，成为等效节点载荷。由此得到平面问题的有限元计算模型，如图 5-1 所示。

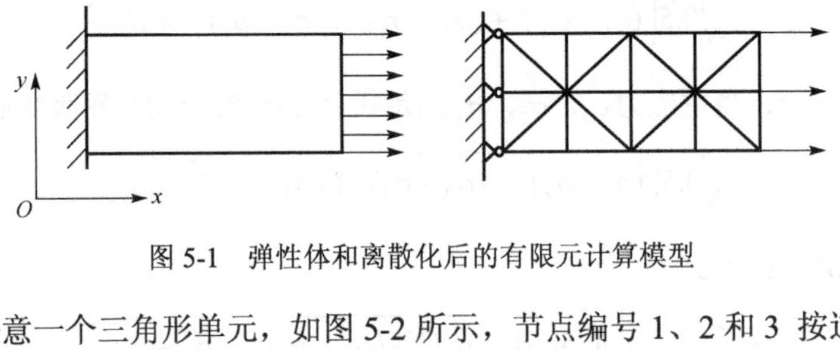

图 5-1　弹性体和离散化后的有限元计算模型

对于其中任意一个三角形单元，如图 5-2 所示，节点编号 1、2 和 3 按逆时针顺序编排，三个节点的位置坐标分别是 (x_1,y_1)、(x_2,y_2) 和 (x_3,y_3)。

对于平面问题，每个节点有 x 和 y 两个方向的自由度，对应的位移是 u 和 v。可以认为三角形单元共有 6 个自由度，即 u_1、v_1、u_2、v_2、u_3、v_3，相应的单元节点力分量分别为 F_{x1}、F_{y1}、F_{x2}、F_{y2}、F_{x3}、F_{y3}。

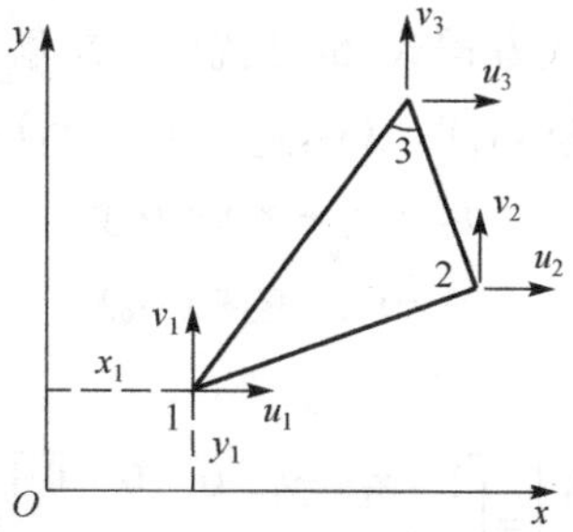

图 5-2　直角坐标系下平面三角形单元的节点位移和节点力

三角形单元的节点位移矢量 $\boldsymbol{\delta}^e$ 是一个由 6 个节点位移分量组成的列阵，即

$$\boldsymbol{\delta}^e=\begin{bmatrix}\boldsymbol{\delta}_1\\ \boldsymbol{\delta}_2\\ \boldsymbol{\delta}_3\end{bmatrix}=[u_1\quad v_1\quad u_2\quad v_2\quad u_3\quad v_3]^{\mathrm{T}} \tag{5-1}$$

三角形单元的节点载荷列阵为

$$\boldsymbol{R}^e=[\boldsymbol{R}_1^{\mathrm{T}}\quad \boldsymbol{R}_2^{\mathrm{T}}\quad \boldsymbol{R}_3^{\mathrm{T}}]^{\mathrm{T}}=[\boldsymbol{F}_{x1}\quad \boldsymbol{F}_{y1}\quad \boldsymbol{F}_{x2}\quad \boldsymbol{F}_{y2}\quad \boldsymbol{F}_{x3}\quad \boldsymbol{F}_{y3}]^{\mathrm{T}} \tag{5-2}$$

单元节点载荷列阵和节点位移列阵之间的关系可用式(5-3)表示：

$$\boldsymbol{R}^e=\boldsymbol{k}^e\boldsymbol{\delta}^e \tag{5-3}$$

式中，$\boldsymbol{k}^e$ 为单元刚度矩阵。

对于平面三角形单元，节点位移列阵和节点载荷列阵都是 6 阶的，单元刚度矩阵 $\boldsymbol{k}^e$ 是一个 6×6 阶的矩阵。下面将利用函数插值、弹性力学几何方程和物理方程、虚位移原理，建立式(5-3)所表述的单元刚度矩阵表达式的具体关系。

2)选择合适的位移函数

在有限元法中，用离散化模型来代替原来的连续体，每一个单元体仍是一个弹性体，所以在其内部依然是符合弹性力学基本假设，弹性力学的基本方程在每个单元内部同样适用。如果弹性体内的位移分量函数已知，则应变分量和应力分量也就确定了。但是，如果只知道弹性体中某几个点的位移分量的值，仍然不能直接求得单元内各点的应变分量和应力分量。因此，在进行有限元分析时，必须首先假定一个位移模式，也就是单元内部各点位移的变化规律。在每个单元的局部范围内，可以采用比较简单的函数来近似地表示单元的位移。

考虑建立以单元节点位移表示的单元内各点位移的表达式，选择一个简单的单元位移模式，单元内各点的位移可按此位移模式由单元节点位移通过插值得到。设平面三角形单元的位移模式为

$$\begin{aligned}u&=\alpha_1+\alpha_2x+\alpha_3y\\ v&=\alpha_4+\alpha_5x+\alpha_6y\end{aligned} \tag{5-4}$$

式中，x、y 是单元内任意点的坐标；$\alpha_1,\alpha_2,\cdots,\alpha_6$ 为插值系数。

由于在 x 和 y 方向的位移都是线性的，从而保证了沿接触面方向相邻单元间任意节点位移的连续性。

3)用节点位移表示单元内部各点位移

三角形单元的三个节点也必定满足位移模式方程式(5-4)的要求。将单元三个节点的坐标

和三个节点的位移都代入位移模式方程式(5-4)就可以求解系数 $\boldsymbol{\alpha}=[\alpha_1 \quad \cdots \quad \alpha_6]^{\mathrm{T}}$ 的表达式。已知单元三个节点的坐标分别为 (x_1,y_1)、(x_2,y_2) 和 (x_3,y_3)，对于节点 1 有

$$u_1=\alpha_1+\alpha_2 x+\alpha_3 y$$
$$v_1=\alpha_4+\alpha_5 x+\alpha_6 y$$

写成矩阵形式为

$$\boldsymbol{\delta}_1=\begin{bmatrix}u_1\\v_1\end{bmatrix}=\begin{bmatrix}1 & x_1 & y_1 & 0 & 0 & 0\\0 & 0 & 0 & 1 & x_1 & y_1\end{bmatrix}\boldsymbol{\alpha}=\boldsymbol{A}_1\boldsymbol{\alpha}$$

类似地，节点 2、3 也按上述方法处理，三个节点的位移模型表达式可以组成如下方程组：

$$\boldsymbol{\delta}^e=[\boldsymbol{\delta}_1^{\mathrm{T}} \quad \boldsymbol{\delta}_2^{\mathrm{T}} \quad \boldsymbol{\delta}_3^{\mathrm{T}}]^{\mathrm{T}}=\boldsymbol{A}\boldsymbol{\alpha}=[\boldsymbol{A}_1^{\mathrm{T}} \quad \boldsymbol{A}_2^{\mathrm{T}} \quad \boldsymbol{A}_3^{\mathrm{T}}]^{\mathrm{T}}\boldsymbol{\alpha} \tag{5-5}$$

利用式(5-5)就可求出未知的多项式系数 $\boldsymbol{\alpha}$，即

$$\boldsymbol{\alpha}=\boldsymbol{A}^{-1}\boldsymbol{\delta}^e \tag{5-6}$$

可以求得

$$\begin{aligned}
\alpha_1&=\frac{1}{2\varDelta}\begin{vmatrix}u_1 & x_1 & y_1\\u_2 & x_2 & y_2\\u_3 & x_3 & y_3\end{vmatrix},\quad \alpha_2=\frac{1}{2\varDelta}\begin{vmatrix}1 & u_1 & y_1\\1 & u_2 & y_2\\1 & u_3 & y_3\end{vmatrix},\quad \alpha_3=\frac{1}{2\varDelta}\begin{vmatrix}1 & x_1 & u_1\\1 & x_2 & u_2\\1 & x_3 & u_3\end{vmatrix}\\
\alpha_4&=\frac{1}{2\varDelta}\begin{vmatrix}v_1 & x_1 & y_1\\v_2 & x_2 & y_2\\v_3 & x_3 & y_3\end{vmatrix},\quad \alpha_5=\frac{1}{2\varDelta}\begin{vmatrix}1 & v_1 & y_1\\1 & v_2 & y_2\\1 & v_3 & y_3\end{vmatrix},\quad \alpha_6=\frac{1}{2\varDelta}\begin{vmatrix}1 & x_1 & v_1\\1 & x_2 & v_2\\1 & x_3 & v_3\end{vmatrix}
\end{aligned} \tag{5-7}$$

这样，式(5-4)可以表达成如下形式，也就是单元内任意一点 (x,y) 的位移为

$$\boldsymbol{\delta}(x,y)=\begin{bmatrix}u\\v\end{bmatrix}=\boldsymbol{f}(x,y)\boldsymbol{A}^{-1}\boldsymbol{\delta}^e=\boldsymbol{N}\boldsymbol{\delta}^e \tag{5-8}$$

式中，$\boldsymbol{N}$ 为形函数矩阵(shape function matrix)，$\boldsymbol{N}=\boldsymbol{f}(x,y)\boldsymbol{A}^{-1}$；多项式插值函数 $\boldsymbol{f}(x,y)$ 为

$$\boldsymbol{f}(x,y)=\begin{bmatrix}1 & x & y & 0 & 0 & 0\\0 & 0 & 0 & 1 & x & y\end{bmatrix} \tag{5-9}$$

平面三角形单元的形函数矩阵 $\boldsymbol{N}$ 的具体表达式如下：

$$\boldsymbol{N}=[N_1\boldsymbol{I} \quad N_2\boldsymbol{I} \quad N_3\boldsymbol{I}] \tag{5-10}$$

式中，$\boldsymbol{I}$ 为 2 阶单位矩阵，$\boldsymbol{I}=\begin{bmatrix}1 & 0\\0 & 1\end{bmatrix}$；形函数矩阵 $\boldsymbol{N}$ 的每个元素为

$$N_i=\frac{1}{2\varDelta}(a_i+b_i x+c_i y),\quad i=1,2,3 \tag{5-11}$$

其中，$\varDelta$ 为三角形单元的面积，即

$$2\varDelta=\begin{vmatrix}1 & x_1 & y_1\\1 & x_2 & y_2\\1 & x_3 & y_3\end{vmatrix} \tag{5-12}$$

式中的各个系数为

$$a_1=\begin{vmatrix}x_2 & y_2\\ x_3 & y_3\end{vmatrix}=x_2y_3-x_3y_2$$

$$b_1=-\begin{vmatrix}1 & y_2\\ 1 & y_3\end{vmatrix}=y_2-y_3 \quad （1、2、3 轮换） \tag{5-13}$$

$$c_1=\begin{vmatrix}1 & x_2\\ 1 & x_3\end{vmatrix}=-(x_2-x_3)$$

位移模式方程式(5-8)经过整理，还可以写成如下展开形式

$$u=\frac{1}{2\varDelta}\left[(a_1+b_1x+c_1y)u_1+(a_2+b_2x+c_2y)u_2+(a_3+b_3x+c_3y)u_3\right]$$

$$v=\frac{1}{2\varDelta}\left[(a_1+b_1x+c_1y)v_1+(a_2+b_2x+c_2y)v_2+(a_3+b_3x+c_3y)v_3\right] \tag{5-14}$$

4)用节点位移表达单元内任一点的应变

三角形单元用于解决弹性力学平面问题，单元内任一点的应变列阵满足如下平面问题的几何方程：

$$\boldsymbol{\varepsilon}=\begin{bmatrix}\varepsilon_x\\ \varepsilon_y\\ \gamma_{xy}\end{bmatrix}=\begin{bmatrix}\dfrac{\partial u}{\partial x}\\ \dfrac{\partial v}{\partial y}\\ \dfrac{\partial u}{\partial y}+\dfrac{\partial v}{\partial x}\end{bmatrix} \tag{5-15}$$

式中，ε_x和ε_y是线应变；γ_{xy}是剪应变。

式(5-15)中的u、v分别用位移模式方程式(5-8)代入即可求解应变分量。由于$\boldsymbol{N}$是x、y的函数，对其进行偏微分处理，可得

$$\boldsymbol{\varepsilon}=\begin{bmatrix}\dfrac{\partial N_1}{\partial x} & 0 & \dfrac{\partial N_2}{\partial x} & 0 & \dfrac{\partial N_3}{\partial x} & 0\\ 0 & \dfrac{\partial N_1}{\partial y} & 0 & \dfrac{\partial N_2}{\partial y} & 0 & \dfrac{\partial N_3}{\partial y}\\ \dfrac{\partial N_1}{\partial y} & \dfrac{\partial N_1}{\partial x} & \dfrac{\partial N_2}{\partial y} & \dfrac{\partial N_2}{\partial x} & \dfrac{\partial N_3}{\partial y} & \dfrac{\partial N_3}{\partial x}\end{bmatrix}\boldsymbol{\delta}^e=\frac{1}{2\varDelta}\begin{bmatrix}b_1 & 0 & b_2 & 0 & b_3 & 0\\ 0 & c_1 & 0 & c_2 & 0 & c_3\\ c_1 & b_1 & c_2 & b_2 & c_3 & b_3\end{bmatrix}\boldsymbol{\delta}^e \tag{5-16}$$

式(5-16)简记为用如下单元应变矩阵表达的形式：

$$\boldsymbol{\varepsilon}=\boldsymbol{B}\boldsymbol{\delta}^e \tag{5-17}$$

式中，$\boldsymbol{B}$为单元应变矩阵，其表达式为

$$\boldsymbol{B}=\frac{1}{2\varDelta}\begin{bmatrix}b_1 & 0 & b_2 & 0 & b_3 & 0\\ 0 & c_1 & 0 & c_2 & 0 & c_3\\ c_1 & b_1 & c_2 & b_2 & c_3 & b_3\end{bmatrix} \tag{5-18}$$

平面三角形单元的应变矩阵$\boldsymbol{B}$中的诸元素$\varDelta$和b_1、b_2、b_3、c_1、c_2、c_3等都是常量，因而平面三角形单元中各点的应变分量也都是常量。

5) 用应变和节点位移表达单元内任一点的应力

对于平面应力问题，一点的应力状态 $\boldsymbol{\sigma}(x,y)$ 可以用 σ_x 、σ_y 和 τ_{xy} 这三个应力分量来表示，应力应变关系为

$$\boldsymbol{\sigma}(x,y)=\boldsymbol{D\varepsilon}(x,y) \tag{5-19}$$

式中，$\boldsymbol{D}$ 为弹性矩阵；其表达式为

$$\boldsymbol{D}=\frac{E}{1-\mu^2}\begin{bmatrix}1 & \mu & 0\\ \mu & 1 & 0\\ 0 & 0 & \dfrac{1-\mu}{2}\end{bmatrix} \tag{5-20}$$

其中，E 为杨氏模量；μ 为泊松比。

把导出的应变表达式(5-16)代入式(5-19)，可得用单元节点位移表示的单元内任一点的应力，即

$$\boldsymbol{\sigma}=\boldsymbol{DB\delta}^e \tag{5-21}$$

令 $\boldsymbol{S}$ 为应力矩阵，则为

$$\boldsymbol{S}=\boldsymbol{DB} \tag{5-22}$$

6) 单元刚度矩阵的形成

利用虚位移原理对图 5-2 所示的一个三角形单元建立节点力和节点位移之间的关系，即形成单元刚度矩阵表达的节点力和节点位移关系。

设该三角形单元在等效节点力的作用下处于平衡状态。单元节点载荷列阵为 $\boldsymbol{R}^e$，相应的三个节点虚位移为 $\boldsymbol{\delta}^{*e}$，作用在单元体上的外力所做的虚功为

$$U=(\boldsymbol{\delta}^{*e})^{\mathrm{T}}\boldsymbol{R}^e \tag{5-23}$$

设单元内任一点的虚位移也具有与真实位移相同的位移模式，即

$$\boldsymbol{\delta}^*=\boldsymbol{N\delta}^{*e} \tag{5-24}$$

因此，由式(5-17)可知，单元内的虚应变 $\boldsymbol{\varepsilon}^*$ 为

$$\boldsymbol{\varepsilon}^*=\boldsymbol{B\delta}^{*e} \tag{5-25}$$

于是，单元的应变能为

$$W=\iint\boldsymbol{\varepsilon}^{*\mathrm{T}}\boldsymbol{\sigma}t\mathrm{d}x\mathrm{d}y \tag{5-26}$$

式中，t 为单元的厚度，在这里假定 t 为常量。引入单元应变的表达式(5 17)，注意到虚位移的任意性，可将 $(\boldsymbol{\delta}^{*e})^{\mathrm{T}}$ 提到积分号的前面，有

$$W=(\boldsymbol{\delta}^{*e})^{\mathrm{T}}\iint\boldsymbol{B}^{\mathrm{T}}\boldsymbol{DB\delta}^e t\mathrm{d}x\mathrm{d}y \tag{5-27}$$

根据虚位移原理，即 $U=W$，可以得到任一个单元都满足如下关系：

$$(\boldsymbol{\delta}^{*e})^{\mathrm{T}}\boldsymbol{R}^e=(\boldsymbol{\delta}^{*e})^{\mathrm{T}}\iint\boldsymbol{B}^{\mathrm{T}}\boldsymbol{DB\delta}^e t\mathrm{d}x\mathrm{d}y \tag{5-28}$$

对应去掉等号两边的 $(\boldsymbol{\delta}^{*e})^{\mathrm{T}}$，得到单元节点力矢量与单元节点位移矢量之间的关系：

$$\boldsymbol{R}^e=\iint\boldsymbol{B}^{\mathrm{T}}\boldsymbol{DB}t\mathrm{d}x\mathrm{d}y\boldsymbol{\delta}^e \tag{5-29}$$

将式(5-29)写成用单元刚度矩阵表达的方式，即

$$\boldsymbol{R}^e = \boldsymbol{k}^e \boldsymbol{\delta}^e \tag{5-30}$$

式中，$\boldsymbol{k}^e$ 就是单元刚度矩阵，其表达式为

$$\boldsymbol{k}^e = \iint \boldsymbol{B}^{\mathrm{T}} \boldsymbol{DB} t \mathrm{d}x\mathrm{d}y \tag{5-31}$$

上述单元刚度矩阵可以进一步化简。对于材料是均质的单元，$\boldsymbol{D}$ 的元素就是常量，并且对于平面三角形单元，$\boldsymbol{B}$ 矩阵中的元素也是常量。单元的面积是 $\iint \mathrm{d}x\mathrm{d}y = \varDelta$，这样，式(5-31)所示的平面三角形单元的单元刚度矩阵具有如下形式：

$$\boldsymbol{k}^e = \boldsymbol{B}^{\mathrm{T}} \boldsymbol{DB} t \varDelta \tag{5-32}$$

单元刚度矩阵的物理意义是：其任一列的元素分别等于该单元的某个节点沿坐标方向发生单位位移时，在各节点上所引起的节点力。单元的刚度取决于单元的大小、方向和弹性常数，而与单元的位置无关，即不随单元或坐标轴的平行移动而改变。单元刚度矩阵一般具有如下三个特性：对称性、奇异性和具有分块形式。对于平面三角形单元，按照每个节点两个自由度的构成方式，可以将单元刚度矩阵列写成 3×3 个子块、每个子块为 2×2 阶的分块矩阵形式，即

$$\boldsymbol{k}^e = \begin{bmatrix} \boldsymbol{k}_{11}^e & \boldsymbol{k}_{12}^e & \boldsymbol{k}_{13}^e \\ \boldsymbol{k}_{21}^e & \boldsymbol{k}_{22}^e & \boldsymbol{k}_{23}^e \\ \boldsymbol{k}_{31}^e & \boldsymbol{k}_{32}^e & \boldsymbol{k}_{33}^e \end{bmatrix} \tag{5-33}$$

*[附]形函数矩阵 $\boldsymbol{N}$ 和应变矩阵 $\boldsymbol{B}$ 的程序推导

```
Clear
syms x y x1 y1 x2 y2 x3 y3;
F=[1 x y];
A=[1 x1 y1; 1 x2 y2; 1 x3 y3];
N=f*inv(A);
simplify(factor(N));
N1=N(1,1);
N2=N(1,2);
N3=N(1,3);
b1=diff(N1,x);
b2=diff(N2,x);
b3=diff(N3,x);
c1=diff(N1,y);
c2=diff(N2,y);
c3=diff(N3,y);
```

5.1.2 利用平面三角形单元进行结构的整体分析

讨论了平面三角形单元的基本特性之后，本节利用这类进行平面结构的整体分析，主要包括单元的组集、整体有限元方程的建立、边界条件的引入和求解方法等。

设一个平面弹性结构划分为 N 个单元和 n 个节点，对每个单元按上述方法进行分析计算，

可得到N个形如式(5-32)的单元刚度矩阵$\boldsymbol{k}^e, e=1,2,\cdots,N$。每个单元对应的刚度方程见式(5-30)，将这些方程组集起来，得到描述整个弹性体的平衡关系式的有限元方程。

对于平面问题，每个节点有x和y两个方向的自由度。首先，引入整个弹性体的节点位移列阵$\boldsymbol{\delta}_{2n\times1}$，它由所有节点位移按节点整体编号顺序从小到大排列而成，即

$$\boldsymbol{\delta}_{2n\times1}=[\delta_1^{\mathrm{T}} \quad \delta_2^{\mathrm{T}} \quad \cdots \quad \delta_n^{\mathrm{T}}]^{\mathrm{T}} \tag{5-34}$$

其中，节点i的位移分量为

$$\boldsymbol{\delta}_i=[u_i \quad v_i]^{\mathrm{T}}, \quad i=1,2,\cdots,n \tag{5-35}$$

然后，确定结构整体载荷列阵。设某单元三个节点(1、2、3 节点)对应的整体编号分别为 i、j、m(i、j、m 的次序从小到大排列)，每个单元三个节点的等效节点力分别记为$\boldsymbol{R}_i^e$、$\boldsymbol{R}_j^e$、$\boldsymbol{R}_m^e$，其中$\boldsymbol{R}_i^e=[F_{xi}^e \quad F_{yi}^e]^{\mathrm{T}}$。将弹性体的所有单元的节点力列阵$\{\boldsymbol{R}\}_{6\times1}^e$加以扩充，使之成为$2n\times1$阶的列阵，即

$$\boldsymbol{R}_{2n\times1}^e=\left[\overset{1}{\boldsymbol{R}_1^{e\mathrm{T}}}\cdots \quad \overset{i}{\boldsymbol{R}_i^{e\mathrm{T}}} \quad \cdots \quad \overset{j}{\boldsymbol{R}_j^{e\mathrm{T}}} \quad \cdots \quad \overset{m}{\boldsymbol{R}_m^{e\mathrm{T}}} \quad \cdots\right]^{\mathrm{T}} \tag{5-36}$$

各单元的节点力列阵经过扩充之后就可以进行相加。把全部单元的节点力列阵叠加在一起，便可得到整个弹性体的载荷列阵$\boldsymbol{R}$。结构整体载荷列阵记为

$$\boldsymbol{R}_{2n\times1}=\sum_{e=1}^{N}\boldsymbol{R}_{2n\times1}^e=[\boldsymbol{R}_1^{\mathrm{T}} \quad \boldsymbol{R}_2^{\mathrm{T}} \quad \cdots \quad \boldsymbol{R}_n^{\mathrm{T}}\}^{\mathrm{T}} \tag{5-37}$$

其中，节点i上的等效节点载荷为

$$\boldsymbol{R}_i=[F_{xi} \quad F_{yi}]^{\mathrm{T}}, \quad i=1,2,\cdots,n \tag{5-38}$$

由于结构整体载荷列阵是由节点上的等效节点载荷按节点号码对应叠加而成的，相邻单元公共边内力引起的等效节点力在叠加过程中必然会全部相互抵消，所以结构整体载荷列阵只会剩下外载荷所引起的等效节点力，因此在结构整体载荷列阵中大量元素一般都为0值。

最后，直接集成结构的整体刚度矩阵。把平面三角形单元的6阶单元刚度矩阵$\boldsymbol{k}^e$进行扩充，使之成为一个$2n\times2n$阶的方阵$\boldsymbol{k}_{\mathrm{ext}}^e$。单元三个节点(1、2、3 节点)分别对应的整体编号为i、j和m，即单元刚度矩阵$\boldsymbol{k}^e$中的2×2阶子矩阵$\boldsymbol{k}_{ij}$将处于扩展矩阵中的第i双行、第j双列中。扩充后的单元刚度矩阵$\boldsymbol{k}_{\mathrm{ext}}^e$为

$$\boldsymbol{k}_{\mathrm{ext}}^e=\begin{array}{c}\begin{matrix}1 & & i & & j & & m & & n\end{matrix}\\ \left[\begin{matrix}\cdots & \cdots & \cdots & \cdots & \cdots & \cdots & \cdots & \cdots & \cdots\\ \vdots & & \vdots & & \vdots & & \vdots & & \vdots\\ \cdots & \cdots & \boldsymbol{k}_{ii} & \cdots & \boldsymbol{k}_{ij} & \cdots & \boldsymbol{k}_{im} & \cdots & \cdots\\ \vdots & & \vdots & & \vdots & & \vdots & & \vdots\\ \cdots & & \boldsymbol{k}_{ji} & \cdots & \boldsymbol{k}_{jj} & \cdots & \boldsymbol{k}_{jm} & \cdots & \cdots\\ \vdots & & \vdots & & \vdots & & \vdots & & \vdots\\ \cdots & \cdots & \boldsymbol{k}_{mi} & \cdots & \boldsymbol{k}_{mj} & \cdots & \boldsymbol{k}_{mm} & \cdots & \cdots\\ \vdots & & \vdots & & \vdots & & \vdots & & \vdots\\ \cdots & \cdots & \cdots & \cdots & \cdots & \cdots & \cdots & \cdots & \cdots\end{matrix}\right]\begin{matrix}1\\ \\ i\\ \\ j\\ \\ m\\ \\ n_{(2n\times2n)}\end{matrix}\end{array} \tag{5-39}$$

单元刚度矩阵经过扩充以后，除了对应的 i、j 和 m 双行和双列上的九个子矩阵之外，其余元素均为零。

把式(5-39)对 N 个单元进行求和叠加，得到结构整体刚度矩阵，记为

$$\boldsymbol{K}=\sum_{e=1}^{N}\boldsymbol{k}_{\text{ext}}^{e} \tag{5-40}$$

另外，结构整体的有限元方程也可以根据虚功原理建立起来。用整体刚度矩阵、节点位移列阵和节点载荷列阵表达的结构有限元方程为

$$\boldsymbol{K\delta}=\boldsymbol{R} \tag{5-41}$$

这是一个关于节点位移的 $2n$ 阶线性方程组。

弹性体有限元的整体刚度矩阵 $\boldsymbol{K}$ 中每一列元素的物理意义为：欲使弹性体的某一节点在坐标轴方向发生单位位移而其他节点都保持为零的变形状态，在各节点上所需要施加的节点力。

如上所述，对于离散化的弹性体有限元计算模型，首先求得或列写出的是各个单元的刚度矩阵、单元位移列阵和单元载荷列阵。在进行整体分析时，需要把结构的各项矩阵(包括列阵)表达成各个单元对应矩阵之和，同时要求单元各项矩阵的阶数和结构各项矩阵的阶数(即结构的节点自由度数)相同。为此，引入单元节点自由度对应扩充为结构节点自由度的转换矩阵 $\boldsymbol{G}$。设结构的节点总数为 n，某平面三角形单元对应的整体节点序号为 i、j、m，该单元节点自由度的转换矩阵为

$$\begin{array}{c} \qquad\qquad 1,\ 2,\ \cdots,\ (2i-1), 2i,\ \ \cdots,\ (2j-1), 2j,\ \ \cdots,\ (2m-1), 2m,\ \cdots,\ (2n-1), 2n \\ \boldsymbol{G}_{6\times 2n}^{e}=\left[\begin{array}{ccc|cc|c|cc|c|cc|c|cc} 0 & 0 & \cdots & 1 & 0 & \cdots & 0 & 0 & \cdots & 0 & 0 & \cdots & 0 & 0 \\ 0 & 0 & \cdots & 0 & 1 & \cdots & 0 & 0 & \cdots & 0 & 0 & \cdots & 0 & 0 \\ 0 & 0 & \cdots & 0 & 0 & \cdots & 1 & 0 & \cdots & 0 & 0 & \cdots & 0 & 0 \\ 0 & 0 & \cdots & 0 & 0 & \cdots & 0 & 1 & \cdots & 0 & 0 & \cdots & 0 & 0 \\ 0 & 0 & \cdots & 0 & 0 & \cdots & 0 & 0 & \cdots & 1 & 0 & \cdots & 0 & 0 \\ 0 & 0 & \cdots & 0 & 0 & \cdots & 0 & 0 & \cdots & 0 & 1 & \cdots & 0 & 0 \end{array}\right] \end{array} \tag{5-42}$$

也就是，在 $\boldsymbol{G}$ 矩阵中，单元三个节点对应的整体编号位置$(i,\ j,\ m)$所在的子块设为 2 阶单位矩阵，其他均为 0。利用转换矩阵 $\boldsymbol{G}^{e}$ 可以直接求和得到结构的整体刚度矩阵为

$$\boldsymbol{K}=\sum_{e=1}^{N}\boldsymbol{G}^{e\mathrm{T}}\boldsymbol{k}^{e}\boldsymbol{G}^{e} \tag{5-43}$$

结构节点载荷列阵为

$$\boldsymbol{P}=\sum_{e=1}^{N}\boldsymbol{G}^{e\mathrm{T}}\boldsymbol{P}^{e} \tag{5-44}$$

5.1.3 边界条件的引入

对于式(5-41)所描述的有限元方程，尚不能直接用于求解，这是由整体刚度矩阵的性质所决定的，而为了求解则必须引入边界条件。以下首先介绍整体刚度矩阵的性质，进一步叙述在有限元方程引入边界条件的方法。

1)整体刚度矩阵的性质

弹性体有限元的整体刚度矩阵具有如下性质。

(1)整体刚度矩阵 $\boldsymbol{K}$ 中每一列元素的物理意义为：欲使弹性体的某一节点在坐标轴方向发生单位位移而其他节点都保持为零的变形状态，在各节点上所需要施加的节点力。

令节点 1 在坐标 x 方向的位移 $u_1=1$，而其余的节点位移 $v_1=u_2=v_2=u_3=v_3=\cdots=u_n=v_n=0$，可得到节点载荷列阵等于 $\boldsymbol{K}$ 的第一列元素组成的列阵，即

$$[R_{1x} \quad R_{1y} \quad R_{2x} \quad R_{2y} \quad \cdots \quad R_{nx} \quad R_{ny}]^{\mathrm{T}}=[k_{11} \quad k_{21} \quad k_{31} \quad k_{41} \quad \cdots \quad k_{2n-1\,1} \quad k_{2n\,1}]^{\mathrm{T}}$$

(2)整体刚度矩阵中主对角元素总是正的。

例如，整体刚度矩阵中的元素 k_{33} 是表示节点 2 在 x 方向产生的单位位移，而其他位移均为零时，在节点 2 的 x 方向上必须施加的力，很显然，力的方向应该与位移方向一致，故应为正号。

(3)整体刚度矩阵是一个对称矩阵，即 $\boldsymbol{K}_{rs}=\boldsymbol{K}_{sr}^{\mathrm{T}}$。

(4)整体刚度矩阵是一个稀疏矩阵。如果遵守一定的节点编号规则，就可使矩阵的非零元素都集中在主对角线附近呈带状。

如前所述，整体刚度矩阵中第 r 双行的子矩阵 $\boldsymbol{K}_{rs}$，有很多位置上的元素都等于零，只有当第二个下标 s 等于 r 或者 s 与 r 同属于一个单元的节点号码时才不为零。这就说明，在第 r 双行中非零子矩阵的块数，应该等于节点 r 周围直接相邻的节点数目加 1。可见，$\boldsymbol{K}$ 的元素一般都不是填满的，而是呈稀疏状(带状)。

若第 r 双行的第一个非零元素子矩阵是 $\boldsymbol{K}_{rl}$，则从 $\boldsymbol{K}_{rl}$ 到 $\boldsymbol{K}_{rr}$ 共有 $(r-l+1)$ 个子矩阵，于是 $\boldsymbol{K}$ 的第 $2r$ 行从第一个非零元素到对角元共有 $2(r-l+1)$ 个元素。显然，带状刚度矩阵的带宽取决于单元网格中相邻节点号码的最大差值 D。把半个斜带形区域中各行所具有的非零元素的最大个数称为整体刚度矩阵的半带宽(包括主对角元素)，用 B 表示，即 $B=2(D+1)$。

(5)整体刚度矩阵是一个奇异矩阵，在排除刚体位移之后，它是一个正定矩阵。

2)边界条件的引入

只有在消除了整体刚度矩阵奇异性之后，才能联立方程组并求解出节点位移。一般情况下，所要求解的问题，其边界往往具有一定的位移约束条件，本身已排除了刚体运动的可能性。整体刚度矩阵的奇异性需要通过引入边界约束条件、消除结构的刚体位移来实现。这里介绍两种引入已知节点位移的方法，这两种方法都可以保持原矩阵的稀疏、带状和对称等特性。

方法一：保持方程组为 $2n\times2n$ 阶不变，仅对 $\boldsymbol{K}$ 和 $\boldsymbol{R}$ 进行修正。例如，若指定节点 i 在方向 y 的位移为 v_i，则令 $\boldsymbol{K}$ 中的元素 $k_{2i,2i}$ 为 1，而第 $2i$ 行和第 $2i$ 列的其余元素都为零。$\boldsymbol{R}$ 中的第 $2i$ 个元素则用位移 v_i 的已知值代入，$\boldsymbol{R}$ 中的其他各行元素均减去已知节点位移的指定值和原来 $\boldsymbol{K}$ 中该行的相应列元素的乘积。

下面为一个只有 4 个方程的简单例子：

$$\begin{bmatrix} K_{11} & K_{12} & K_{13} & K_{14} \\ K_{21} & K_{22} & K_{23} & K_{24} \\ K_{31} & K_{32} & K_{33} & K_{34} \\ K_{41} & K_{42} & K_{43} & K_{44} \end{bmatrix} \begin{bmatrix} u_1 \\ v_1 \\ u_2 \\ v_2 \end{bmatrix} = \begin{bmatrix} R_1 \\ R_2 \\ R_3 \\ R_4 \end{bmatrix} \tag{5-45}$$

假定该系统中节点位移 u_1 和 u_2 分别被指定为

$$u_1 = \beta_1, \ u_2 = \beta_2 \tag{5-46}$$

当引入这些节点的已知位移之后，方程(5-45)就变成

$$\begin{bmatrix} 1 & 0 & 0 & 0 \\ 0 & K_{22} & 0 & K_{24} \\ 0 & 0 & 1 & 0 \\ 0 & K_{42} & 0 & K_{44} \end{bmatrix} \begin{bmatrix} u_1 \\ v_1 \\ u_2 \\ v_2 \end{bmatrix} = \begin{bmatrix} \beta_1 \\ R_2 - K_{21}\beta_1 - K_{23}\beta_2 \\ \beta_2 \\ R_4 - K_{41}\beta_1 - K_{43}\beta_2 \end{bmatrix} \tag{5-47}$$

利用这组维数不变的方程来求解所有的节点位移，显然其解仍为原方程(5-45)的解。

如果在整体刚度矩阵、整体位移列阵和整体节点力列阵中对应去掉边界条件中位移为 0 的行和列，将会获得新的减少了阶数的矩阵，达到消除整体刚度矩阵奇异性的目的，这样处理与本方法在原理和最终结果等方面都是一致的。

方法二：将整体刚度矩阵 $\boldsymbol{K}$ 中与指定的节点位移有关的主对角元素乘上一个大数，如 10^{15}，将 $\boldsymbol{R}$ 中的对应元素换成指定的节点位移值与该大数的乘积。实际上，这种方法就是使 $\boldsymbol{K}$ 中相应行的修正项远大于非修正项。

把此方法用于上面的例子，则方程(5-45)就变成：

$$\begin{bmatrix} K_{11}\times 10^{15} & K_{12} & K_{13} & K_{14} \\ K_{21} & K_{22} & K_{23} & K_{24} \\ K_{31} & K_{32} & K_{33}\times 10^{15} & K_{34} \\ K_{41} & K_{42} & K_{43} & K_{44} \end{bmatrix} \begin{bmatrix} u_1 \\ v_1 \\ u_2 \\ v_2 \end{bmatrix} = \begin{bmatrix} \beta_1 K_{11}\times 10^{15} \\ R_2 \\ \beta_3 K_{33}\times 10^{15} \\ R_4 \end{bmatrix} \tag{5-48}$$

该方程组的第一个方程为

$$K_{11}\times 10^{15} u_1 + K_{12}v_1 + K_{13}u_2 + K_{14}v_2 = \beta_1 K_{11}\times 10^{15} \tag{5-49}$$

由于

$$K_{11}\times 10^{15} >> K_{1j}, \quad j=2, 3, 4 \tag{5-50}$$

所以有

$$u_1 = \beta_1 \tag{5-51}$$

依次类推。

【例 5-1】 如图 5-3 所示为由两个三角形单元所组成的结构系统，试分别采用直接组集法和转换矩阵法进行刚度矩阵的组集，并进行边界条件的引入构建新的有限元方程。

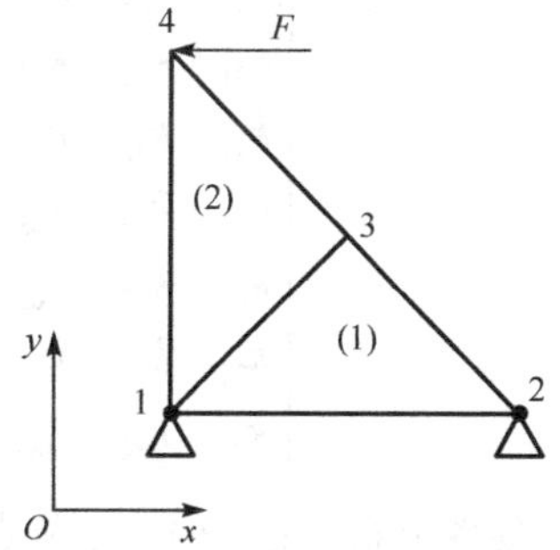

图 5-3　两个三角形单元组成的结构系统

解：(1) 采用直接组集法进行整体刚度矩阵的组集。

整个系统中共有 4 个节点，每个节点有两个自由度，则整体刚度矩阵的维数为 $4\times 2=8$。三角形单元刚度矩阵的维数为 6×6，因而需要将每个单元扩展成 8×8 的矩阵再进行叠加。用分块矩阵表示，扩展完成的单元(1)和单元(2)的刚度矩阵可表示为

$$
\boldsymbol{k}^{(1)}=\begin{bmatrix}\boldsymbol{k}_{11}^{(1)} & \boldsymbol{k}_{12}^{(1)} & \boldsymbol{k}_{13}^{(1)} & 0\\ \boldsymbol{k}_{21}^{(1)} & \boldsymbol{k}_{22}^{(1)} & \boldsymbol{k}_{23}^{(1)} & 0\\ \boldsymbol{k}_{31}^{(1)} & \boldsymbol{k}_{32}^{(1)} & \boldsymbol{k}_{33}^{(1)} & 0\\ 0 & 0 & 0 & 0\end{bmatrix},\quad \boldsymbol{k}^{(2)}=\begin{bmatrix}\boldsymbol{k}_{11}^{(2)} & 0 & \boldsymbol{k}_{13}^{(2)} & \boldsymbol{k}_{14}^{(2)}\\ 0 & 0 & 0 & 0\\ \boldsymbol{k}_{31}^{(2)} & 0 & \boldsymbol{k}_{33}^{(2)} & \boldsymbol{k}_{34}^{(2)}\\ \boldsymbol{k}_{41}^{(2)} & 0 & \boldsymbol{k}_{43}^{(2)} & \boldsymbol{k}_{44}^{(2)}\end{bmatrix} \tag{a}
$$

矩阵中各元素的下标表示整体节点编号，$\boldsymbol{k}^{(1)}$和$\boldsymbol{k}^{(2)}$则表示单元(1)和单元(2)对整个系统刚度矩阵的贡献。

两者相加则得到整体刚度矩阵，表示为

$$
\boldsymbol{K}=\begin{bmatrix}\boldsymbol{k}_{11}^{(1)}+\boldsymbol{k}_{11}^{(2)} & \boldsymbol{k}_{12}^{(1)} & \boldsymbol{k}_{13}^{(1)}+\boldsymbol{k}_{13}^{(2)} & \boldsymbol{k}_{14}^{(2)}\\ \boldsymbol{k}_{21}^{(1)} & \boldsymbol{k}_{22}^{(1)} & \boldsymbol{k}_{23}^{(1)} & 0\\ \boldsymbol{k}_{31}^{(1)}+\boldsymbol{k}_{31}^{(2)} & \boldsymbol{k}_{32}^{(1)} & \boldsymbol{k}_{33}^{(1)}+\boldsymbol{k}_{33}^{(2)} & \boldsymbol{k}_{34}^{(2)}\\ \boldsymbol{k}_{41}^{(2)} & 0 & \boldsymbol{k}_{43}^{(2)} & \boldsymbol{k}_{44}^{(2)}\end{bmatrix} \tag{b}
$$

(2)采用转换矩阵法进行整体刚度矩阵的组集。

采用转换矩阵法进行整体刚度矩阵组集的关键是获得每个单元的转换矩阵。单元转换矩阵的行数为单元自由度数，转换矩阵的列数为整体刚度矩阵的维数。对于上述结构，每个转换矩阵的维数为6×8，两个单元的转换矩阵分别为

$$
\boldsymbol{G}_{6\times8}^{(1)}=\begin{bmatrix}1&0&0&0&0&0&0&0\\0&1&0&0&0&0&0&0\\0&0&1&0&0&0&0&0\\0&0&0&1&0&0&0&0\\0&0&0&0&1&0&0&0\\0&0&0&0&0&1&0&0\end{bmatrix},\quad \boldsymbol{G}_{6\times8}^{(2)}=\begin{bmatrix}1&0&0&0&0&0&0&0\\0&1&0&0&0&0&0&0\\0&0&0&0&1&0&0&0\\0&0&0&0&0&1&0&0\\0&0&0&0&0&0&1&0\\0&0&0&0&0&0&0&1\end{bmatrix} \tag{c}
$$

获得了每个单元的转换矩阵后，可按$\boldsymbol{K}=\sum_{e=1}^{2}\boldsymbol{G}^{e\mathrm{T}}\boldsymbol{k}^{e}\boldsymbol{G}^{e}$进行整体刚度矩阵的求解。

(3)边界条件的引入。

图 5-3 所示的结构，引入约束前有限元方程可表示为

$$
\begin{bmatrix}k_{11}&k_{12}&k_{13}&k_{14}&k_{15}&k_{16}&k_{17}&k_{18}\\k_{21}&k_{22}&k_{23}&k_{24}&k_{25}&k_{26}&k_{27}&k_{28}\\k_{31}&k_{32}&k_{33}&k_{34}&k_{35}&k_{36}&k_{37}&k_{38}\\k_{41}&k_{42}&k_{43}&k_{44}&k_{45}&k_{46}&k_{47}&k_{48}\\k_{51}&k_{52}&k_{53}&k_{54}&k_{55}&k_{56}&k_{57}&k_{58}\\k_{61}&k_{62}&k_{63}&k_{64}&k_{65}&k_{66}&k_{67}&k_{68}\\k_{71}&k_{72}&k_{73}&k_{74}&k_{75}&k_{76}&k_{77}&k_{78}\\k_{81}&k_{82}&k_{83}&k_{84}&k_{85}&k_{96}&k_{87}&k_{88}\end{bmatrix}\begin{bmatrix}u_1\\v_1\\u_2\\v_2\\u_3\\v_3\\u_4\\v_4\end{bmatrix}=\begin{bmatrix}R_{1x}\\R_{1y}\\R_{2x}\\R_{2y}\\R_{3x}\\R_{3y}\\R_{4x}\\R_{4y}\end{bmatrix} \tag{d}
$$

边界条件分析：由于 1、2 节点为固定约束，位移边界条件为$u_1=0, v_1=0, u_2=0, v_2=0$，另外，在节点 4 的$x$轴负方向有作用力，对应$R_{4x}=-F$。

在整体刚度矩阵、整体位移列阵和整体节点力列阵中对应去掉边界条件中位移为 0 的行和列，并引入节点上的外部作用力，则最终引入边界条件的有限元方程为

$$
\begin{bmatrix} k_{55} & k_{56} & k_{57} & k_{58} \\ k_{65} & k_{66} & k_{67} & k_{68} \\ k_{75} & k_{76} & k_{77} & k_{78} \\ k_{85} & k_{86} & k_{87} & k_{88} \end{bmatrix} \begin{bmatrix} u_3 \\ v_3 \\ u_4 \\ v_4 \end{bmatrix} = \begin{bmatrix} 0 \\ 0 \\ -F \\ 0 \end{bmatrix} \tag{e}
$$

上述方程已消除整体刚度矩阵的奇异性，可直接进行求解。

5.1.4 有限元法的求解步骤

总结机械结构有限元法分析的主要步骤，主要包括以下方面。

1) 结构的离散化

将分析的对象划分为有限个单元体，并在单元体上选定一定数量的点作为节点，各单元体之间仅在指定的节点处相连。单元的划分，通常需要考虑分析对象的结构形状和受载情况。

为了提高有限元分析计算的效率和达到一定的精度，在进行结构离散化时，还应该注意以下几个方面的问题。

首先，在划分单元之前，有必要研究一下计算对象的对称或反对称的情况，以便确定是取整个结构还是部分结构作为计算模型。例如，如果结构对于 x、y 轴是几何对称的，而所受的载荷关于 y 轴对称，对于 x 轴反对称，可见结构的应力和变形也将具有同样的对称特性，所以只需取结构的 1/4 部分进行计算即可。对于其他部分结构对此分离体的影响，可以进行相应的处理，即对处于 y 轴对称面内各节点的 x 方向位移都设置为零，而对于在 x 轴反对称面上的各节点的 x 方向位移也都设置为零。这些处理等价于在相应节点位置处施加约束，如图 5-4 所示。

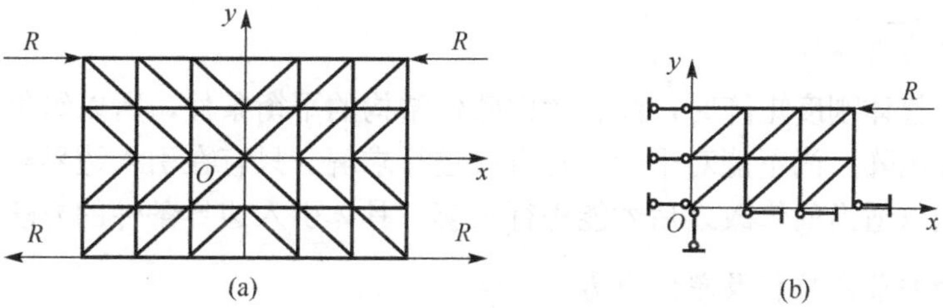

图 5-4 结构的对称性利用

此外，节点的布置是与单元的划分互相联系的。通常集中载荷的作用点、分布载荷强度的突变点、分布载荷与自由边界的分界点、支承点等都应该取为节点。并且，当结构是由不同的材料组成时，厚度不同或材料不同的部分，也应该划分为不同的单元。

另外，节点的多少及其分布的疏密程度(即单元的大小)，一般要根据所要求的计算精度等方面来综合考虑。从计算结果的精度上讲，当然是单元越小越好，但计算所需要的时间也会大大增加。此外，在微机上进行有限元分析时，还要考虑计算机的容量。因此，在保证计算精度的前提下，应力求采用较少的单元。为了减少单元，在划分单元时，对于应力变化梯度较大的部位单元可小一些，而在应力变化比较平缓的区域可以划分得粗一些。单元各边的长度不要相差太大，以免出现过大的计算误差。在进行节点编号时，应该注意要尽量使同一单元的相邻节点的号码差尽可能地小，以便最大限度地缩小刚度矩阵的带宽，节省存储、提高计算效率。

2) 单元位移模式的选择

根据分块近似的思想，选择一个简单的函数来近似地构造每一单元内的近似解。例如，若以节点位移为基本未知量，为了能用节点位移表示单元体的位移、应变和应力，在分析求解时，必须对单元中位移的分布做出一定的假设，即选择一个简单的函数来近似地表示单元位移分量随坐标变化的分布规律，这种函数称为位移模式。位移模式的选择是有限元法分析中的关键。由于多项式的数学运算比较简单、易于处理，所以通常选用多项式作为位移模式。多项式的项数和阶数的选择一般要考虑单元的自由度和解答的收敛性要求等。

3) 单元刚度分析

通过分析单元的力学特性，建立单元刚度矩阵。首先利用几何方程建立单元应变与节点位移的关系式，然后利用物理方程导出单元应力与节点位移的关系式，最后由虚功原理或最小势能原理推出作用于单元上的节点力与节点位移之间的关系式，即单元刚度矩阵。

4) 等效节点力计算

分析对象经过离散化以后，单元之间仅通过节点进行力的传递，但实际上力是从单元的公共边界上传递的。为此，必须把作用在单元边界上的表面力，以及作用在单元上的体积力、集中力等，根据静力等效的原则全都移到节点上，节点上的力称为等效节点力。

5) 整体结构平衡方程建立

建立整体结构的平衡方程也称为结构的整体分析，也就是把所有的单元刚度矩阵集合并形成一个整体刚度矩阵，同时还将作用于各单元的等效节点力向量组集成整体结构的节点载荷向量。从单元到整体的组集过程主要是依据两点：一是所有相邻的单元在公共节点处的位移相等；二是所有各节点必须满足平衡条件。在本书中，组集整体刚度矩阵的方法包括直接组集法与转换矩阵法。

6) 引入边界约束条件

在上述组集整体刚度矩阵时，没有考虑整体结构的平衡条件，所以组集得到的整体刚度矩阵是一个奇异矩阵，尚不能对平衡方程直接进行求解。只有在引入边界约束条件、对所建立的平衡方程加以适当的修改之后才能进行求解。具体引入边界条件的方法可参照 5.1.3 节。

7) 求解未知的节点位移及单元应力

引入边界条件，消除了整体刚度矩阵奇异性的有限元方程组，根据方程组的具体特点选择恰当的计算方法来求得节点位移。

静态有限元分析的计算结果主要包括位移和应力两方面。位移已经获得，而对于应力计算结果则需要进行如下整理。

以平面三角形单元为例加以说明。如前所述，平面三角形单元是常应变单元，也就是常应力单元。计算得到的单元应力通常视为单元形心处的应力。为了能根据计算结果推算出结构任一点处的应力值，一般采用绕节点平均法或两单元平均法进行处理。

所谓的绕节点平均法，就是将环绕某一节点的各单元常应力加以平均，用以表示该节点的应力。为了使求得的应力能较好地表示节点处的实际应力，环绕该节点的各个单元的面积不应相差太大。一般而言，绕节点平均法计算出来的节点应力，在内节点处较好，而在边界节点处则可能很差。因此，边界节点处的应力不宜直接由单元应力平均来获得，而应该由内节点的应力进行推算。

另一种推算节点应力值的方法是两单元平均法，即把两个相邻单元中的常应力加以平均，用来表示公共边界中点处的应力。这种情况下，两相邻单元的面积也不应相差太大。

具体而言，对于本章所介绍的三角形常应变单元，应用有限元法求解弹性力学平面问题的步骤可简单概括为：

(1)将计算对象进行离散化，即把结构划分为许多三角形单元，并对节点进行编号，确定全部节点的坐标值；

(2)对单元进行编号，并列出各单元三个节点的节点号；

(3)计算外载荷的等效节点力，列写结构节点载荷列阵；

(4)计算各单元的常数 b_1、c_1、b_2、c_2、b_3、c_3 及行列式 2Δ，计算单元刚度矩阵；

(5)组集结构整体刚度矩阵；

(6)引入边界条件，处理约束，消除刚体位移；

(7)求解线性方程组，得到节点位移；

(8)整理计算结果，计算应力矩阵，求得单元应力，并根据需要计算主应力和主方向。

5.1.5 平面三角形单元举例

如图 5-5 所示的平面应力问题，$a=4\,\text{cm}$，单元厚度 $t=1\,\text{mm}$，弹性模量 $E=2.06\times10^{11}\,\text{Pa}$，泊松比 $\mu=0.3$，$F_x=100\text{N}, F_y=50\text{N}$，求解各节点位移、单元应力和单元应变。

作为示例，该平板分成 6 个平面三角形单元、8 个节点。有限元求解的具体过程如下。

(1)建立平面直角坐标系 xOy，原点设在节点 1 处，水平为 x 轴，垂直为 y 轴。列写节点坐标值及单元编码，如表 5-1 和表 5-2 所示(这里采用国际单位制进行了单位的统一)。

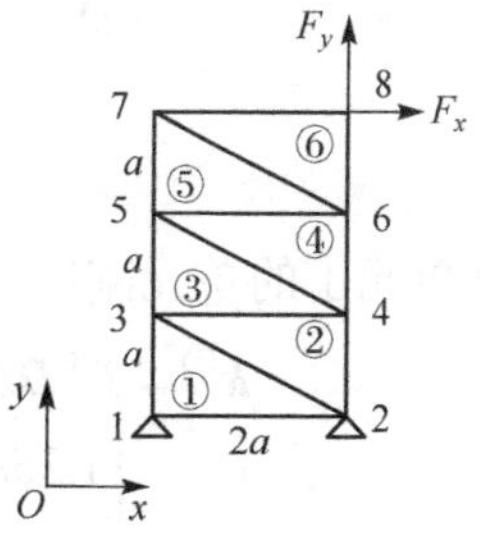

图 5-5　平面应力状态结构

表 5-1　节点坐标值

节点号	1	2	3	4	5	6	7	8
x 坐标值/m	0	0.08	0	0.08	0	0.08	0	0.08
y 坐标值/m	0	0	0.04	0.04	0.08	0.08	0.12	0.12

表 5-2　单元编码

单元号	1	2	3	4	5	6
节点 1	1	3	3	5	5	7
节点 2	2	2	4	4	6	6
节点 3	3	4	5	6	7	8

(2)计算各单元的单元刚度矩阵并进行扩展。首先计算出所需的系数 b_1、b_2、b_3、c_1、c_2、c_3。根据式(5-13)，对于单元 1，三个节点对应的整体编码为 $(i,j,m)=(1,2,3)$，求得

$$2\Delta=\begin{vmatrix}1 & x_1 & y_1\\ 1 & x_2 & y_2\\ 1 & x_3 & y_3\end{vmatrix}=\begin{vmatrix}1 & 0 & 0\\ 1 & 0.08 & 0\\ 1 & 0 & 0.04\end{vmatrix}=0.0032$$

$$b_1=-\begin{vmatrix}1 & y_2\\ 1 & y_3\end{vmatrix}=y_2-y_3=0-0.04=-0.04$$

$$c_1=\begin{vmatrix}1 & x_2\\ 1 & x_3\end{vmatrix}=-\left(x_2-x_3\right)=-(0.08-0)=-0.08$$

类似地求得

$$b_2 = 0.04,\quad b_3 = 0,\quad c_2 = 0,\quad c_3 = 0.08$$

应变矩阵为

$$\boldsymbol{B} = \frac{1}{2\varDelta}\begin{bmatrix} b_1 & 0 & b_2 & 0 & b_3 & 0 \\ 0 & c_1 & 0 & c_2 & 0 & c_3 \\ c_1 & b_1 & c_2 & b_2 & c_3 & b_3 \end{bmatrix} = \frac{1}{0.0032}\begin{bmatrix} -0.04 & 0 & 0.04 & 0 & 0 & 0 \\ 0 & -0.08 & 0 & 0 & 0 & 0.08 \\ -0.08 & -0.04 & 0 & 0.04 & 0.08 & 0 \end{bmatrix}$$

$$= \begin{bmatrix} -12.5 & 0 & 12.5 & 0 & 0 & 0 \\ 0 & -25 & 0 & 0 & 0 & 25 \\ -25 & -12.5 & 0 & 12.5 & 25 & 0 \end{bmatrix}$$

弹性力学平面问题的弹性矩阵为

$$\boldsymbol{D} = \frac{E}{1-\mu^2}\begin{bmatrix} 1 & \mu & 0 \\ \mu & 1 & 0 \\ 0 & 0 & \dfrac{1-\mu}{2} \end{bmatrix} = \frac{2.06\times 10^{11}}{1-0.3^2}\begin{bmatrix} 1 & 0.3 & 0 \\ 0.3 & 1 & 0 \\ 0 & 0 & \dfrac{1-0.3}{2} \end{bmatrix}$$

得到单元 1 的单元刚度矩阵为

$$\boldsymbol{k}^{(1)} = \boldsymbol{B}^{\mathrm{T}}\boldsymbol{D}\boldsymbol{B}t\varDelta$$

$$= \begin{bmatrix} 1.3582 & 0.7357 & -0.5659 & -0.3962 & -0.7923 & -0.3396 \\ & 2.4618 & -0.3396 & -0.1981 & -0.3962 & -2.2637 \\ & & 0.5659 & 0 & 0 & 0.3396 \\ & & & 0.1981 & 0.3962 & 0 \\ & & & & 0.7923 & 0 \\ & & & & & 2.2637 \end{bmatrix}\times 10^8$$

单元 1 的单元刚度矩阵进行扩展，得到一个 16×16 阶的方阵 $\boldsymbol{k}_{\mathrm{ext}}^{(1)}$。$\boldsymbol{k}_{\mathrm{ext}}^{(1)}$ 只在上述(节点 1、2、3)三个节点对应的元素上有值，其他元素上均为 0。

全部 6 个单元均按上述同样的过程进行计算。

(3) 对上述 6 个单元的扩展刚度矩阵进行叠加，得到该结构的整体刚度矩阵为

$$\boldsymbol{K} = \sum_{e=1}^{8}\boldsymbol{k}_{\mathrm{ext}}^{(e)} = \begin{bmatrix} 1.3187 & 0.7143 & -0.5495 & \cdots & 0 & 0 \\ 0.7143 & 2.3901 & -0.3297 & \cdots & 0 & 0 \\ \vdots & \vdots & \vdots & & \vdots & \vdots \\ 0 & 0 & 0 & \cdots & 1.3187 & 0.7143 \\ 0 & 0 & 0 & \cdots & 0.7143 & 2.3901 \end{bmatrix}\times 10^8$$

(4) 在考虑位移约束条件的情况下列写结构节点位移列阵。在本示例中，节点 1、2 处均为全约束，即这两个节点的 x、y 方向对应的位移分量为 0，即

$$\begin{aligned}\boldsymbol{\delta}_{16\times 1} &= [\boldsymbol{\delta}_1^{\mathrm{T}}\quad \boldsymbol{\delta}_2^{\mathrm{T}}\quad \cdots\quad \boldsymbol{\delta}_8^{\mathrm{T}}]^{\mathrm{T}} = [u_1\quad v_1\quad u_2\quad v_2\quad u_3\quad v_3\quad u_4\quad v_4\quad \cdots\quad u_8\quad v_8]^{\mathrm{T}} \\ &= [0\quad 0\quad 0\quad 0\quad u_3\quad v_3\quad u_4\quad v_4\quad \cdots\quad u_8\quad v_8]^{\mathrm{T}}\end{aligned}$$

(5) 考虑结构的外载荷，构造结构载荷列阵。在本示例中，只在节点 8 处作用水平载荷和

垂直载荷，因此可以得到

$$\boldsymbol{R}_{16\times1}=[\boldsymbol{R}_1^{\mathrm{T}}\quad \boldsymbol{R}_2^{\mathrm{T}}\quad \cdots\quad \boldsymbol{R}_8^{\mathrm{T}}]^{\mathrm{T}}=[F_{x1}\quad F_{y1}\quad \cdots\quad F_{x8}\quad F_{y8}]^{\mathrm{T}}$$
$$=[0\quad 0\quad \cdots\quad 100\quad 50]^{\mathrm{T}}$$

(6)根据本节内容引入边界条件，即根据约束情况修正结构有限元方程，特别是消除整体刚度矩阵的奇异性，得到考虑约束条件的、可解的有限元方程。

(7)利用线性方程组的数值解法，对上述结构的有限元方程进行求解，得到所有各节点的位移向量。最后根据需要求解单元应力，得到的节点位移值和单元应力值可参见如下程序计算出的结果。

以下给出相应的软件并求解该示例，用 MATLAB 编写的程序如下：

```
%基本数据
clear
NJ=8            %节点总数
Ne=6            %单元总数
XY=...          %节点坐标
[0   0
0.08   0
0   0.04
0.08   0.04
0   0.08
0.08   0.08
0   0.12
0.08   0.12]
Code=...        %单元编码
[1 2 3
3 2 4
3 4 5
5 4 6
5 6 7
7 6 8];
E=2.06e11       %材料参数
Nu=0.3
t=0.001
%计算单元刚度矩阵
D=E/(1-Nu*Nu)*[1 Nu 0;Nu 1 0;0 0 (1-Nu)/2];
Kz=zeros(2*NJ,2*NJ);

for e=1:Ne
    I=Code(e,1);
    J=Code(e,2);
    M=Code(e,3);
    x1=XY(I,1);
    x2=XY(J,1);
    x3=XY(M,1);
    y1=XY(I,2);
```

```
    y2=XY(J,2);
    y3=XY(M,2);
 A=0.5*det([1 x1 y1;1 x2 y2;1 x3 y3]);
   b1=y2-y3;b2=y4-y1;b3=y1-y2;
c1=-(x2-x3); c2=x1-x3;c3=x2-x1;
B=...
[b1 0 b2 0 b3 0
0 c1 0 c2 0 c3
c1 b1 c2 b2 c3 b3]/(2*A);
Ke=t*A*B'*D*B;
%单元刚度矩阵的扩展与叠加
Kz(2*I-1:2*I,2*I-1:2*I)=Kz(2*I-1:2*I,2*I-1:2*I)+Ke(1:2,1:2);
Kz(2*I-1:2*I,2*J-1:2*J)=Kz(2*I-1:2*I,2*J-1:2*J)+Ke(1:2,3:4);
Kz(2*I-1:2*I,2*M-1:2*M)=Kz(2*I-1:2*I,2*M-1:2*M)+Ke(1:2,5:6);
%==============================
Kz(2*J-1:2*J,2*I-1:2*I)=Kz(2*J-1:2*J,2*I-1:2*I)+Ke(3:4,1:2);
Kz(2*J-1:2*J,2*J-1:2*J)=Kz(2*J-1:2*J,2*J-1:2*J)+Ke(3:4,3:4);
Kz(2*J-1:2*J,2*M-1:2*M)=Kz(2*J-1:2*J,2*M-1:2*M)+Ke(3:4,5:6);
%==============================
Kz(2*M-1:2*M,2*I-1:2*I)=Kz(2*M-1:2*M,2*I-1:2*I)+Ke(5:6,1:2);
Kz(2*M-1:2*M,2*J-1:2*J)=Kz(2*M-1:2*M,2*J-1:2*J)+Ke(5:6,3:4);
Kz(2*M-1:2*M,2*M-1:2*M)=Kz(2*M-1:2*M,2*M-1:2*M)+Ke(5:6,5:6);
end
Kz     %Kz 整体刚度矩阵: 16X16, NJXNJ 子矩阵组成
%F=Kz*U 节点力列阵 F 都是外力，支反力不计，因为支座位移为 0
%F=[0 0 0 0 0 0 0 0 0 0 0 0 0 0 0 0 0 0 0 0 100 50];
F=zeros(2*NJ,1);
F(15)=100;
F(16)=50;

%引入约束条件：u1=v1=0;u2=v2=0 相当于
Kz(1,:)=0;Kz(:,1)=0;Kz(1,1)=1;
Kz(2,:)=0;Kz(:,2)=0;Kz(2,2)=1;
Kz(3,:)=0;Kz(:,3)=0;Kz(3,3)=1;
Kz(4,:)=0;Kz(:,4)=0;Kz(4,4)=1;

Kz     %新的总体刚度矩阵
%新的载荷列阵
F(1)=0;F(2)=0;F(3)=0;F(4)=0;
F
%求解节点位移
U=inv(Kz)*F

%%%后处理，计算单元应变应力
Strain=[];
Stress=[];
for e=1:Ne
     I=Code(e,1);
```

```
        J=Code(e,2);
        M=Code(e,3);
        x1=XY(I,1);
        x2=XY(J,1);
        x3=XY(M,1);
        y1=XY(I,2);
        y2=XY(J,2);
        y3=XY(M,2);
        A=0.5*det([1 x1 y1;1 x2 y2;1 x3 y3]);
         b1=y2-y3;
         b2=y4-y1;
         b3=y1-y2;
         c1=-(x2-x3);
         c2=x1-x3;
         c3=x2-x1;
    B=...
    [b1 0 b2 0 b3 0
    0 c1 0 c2 0 c3
    c1 b1 c2 b2 c3 b3]/(2*A);
    %把当前单元的节点位移从总体位移列阵中提取出来
    dlta=[U(2*I-1),U(2*I),U(2*J-1),U(2*J),U(2*M-1),U(2*M)]';
    Strain_e=B*dlta;
    Stress_e=D*Strain_e;
    Strain=[Strain Strain_e];
    Stress=[Stress Stress_e];
    end

    Stress    %Sx Sy Txy
    Strain
```

计算结果如下。

(1)节点位移($\boldsymbol{U}=[u_1 \quad v_1 \quad u_2 \quad v_2 \quad \cdots \quad u_8 \quad v_8]$):

```
    U =
      1.0e-005 *
    {0   0   0   0   0.0825   0.0538   0.0906   -0.0323   0.1966   0.0857
0.2150   -0.0453   0.3075   0.0977   0.3720   -0.0471}
```

(2)单元应力:

单元	1	2	3	4	5	6
1.0e+006 *						
σ_x	0.8871	-0.3098	0.7472	0.2883	0.7024	1.7442
σ_y	2.9569	-1.7069	1.8163	-0.5663	0.8140	0.4360
τ_{xy}	1.5861	0.9139	1.3674	1.1326	0.8721	1.6279

(3)单元应变:

单元	1	2	3	4	5	6
1.0e-004 *						
ε_x	0	0.0101	0.0101	0.0229	0.0229	0.0807

ε_y	0.1345	−0.0807	0.0796	−0.0326	0.0302	−0.0044
γ_{xy}	0.2062	0.1188	0.1778	0.1472	0.1134	0.2116

作为对照，用 ANSYS 求解该示例。利用 ANSYS 求解的命令流文件如下：

```
/prep7
ET,1,plane42,,,3 !选单元
!定义材料特性
MP,EX,1,2E11
MP,PRXY,1,0.3
type, 1
r,1,0.001
!绘制模型
n,1,0,0
n,2,0.08
n,3,0,0.04
n,4,0.08,0.04
n,5,0,0.08
n,6,0.08,0.08
n,7,0,0.12
n,8,0.08,0.12

e,1,2,3
e,3 ,2 ,4
e,3 ,4 ,5
e,5 ,4, 6
e,5 ,6 ,7
e,7 ,6 ,8

d,1,all!加约束
d,2,all

f,8,fx,100   !加力
f,8,fy,50


/solu
solve

/post1!进入后处理
PRNSOL, dof !列表显示位移、应力、应变
PRESOL, s, comp
PRESOL, epel, comp
```

用 ANSYS 计算该示例得到的结果如下。

(1) 节点位移：

NODE	UX	UY
1	0.0000	0.0000

2	0.0000	0.0000
3	8.2478E−07	5.3816E−07
4	9.0570E−07	−4.2280E−07
5	1.9663E−06	8.5659E−07
6	2.1496E−06	−4.5336E−07
7	4.0748E−06	9.7724E−07
8	4.7201E−06	−4.7080E−07

(2) 单元应力：

ELEM	SX	SY	SZ	SXY	SYZ	SXZ
1	8.87E+05	2.96E+06	0	1.59E+06	0	0
2	−4.10E+05	−1.71E+06	0	9.14E+05	0	0
3	7.47E+05	1.82E+06	0	1.37E+06	0	0
4	2.88E+05	−5.66E+05	0	1.13E+06	0	0
5	7.02E+05	8.14E+05	0	8.72E+05	0	0
6	1.74E+06	4.36E+05	0	1.63E+06	0	0

(3) 单元应变：

ELEM	EPELX	EPELY	EPELZ	EPELXY	EPELYZ	EPELXZ
1	0.0000	1.3454E−05	−5.7660E−06	2.0620E−05	0.0000	0.0000
2	1.0114E−06	−8.0700E−06	4.0251E−06	1.1880E−05	0.0000	0.0000
3	1.0114E−06	7.9607E−06	−4.8452E−06	1.7777E−05	0.0000	0.0000
4	2.2910E−06	−4.2639E−06	4.1697E−07	1.4723E−05	0.0000	0.0000
5	2.2910E−06	4.0162E−06	−2.2745E−06	1.1337E−05	0.0000	0.0000
6	8.0668E−06	−4.3605E−07	−4.2703E−06	2.1163E−05	0.0000	0.0000

对比两种软件求得的结果，可以看出用 MATLAB 程序和 ANSYS 得到的结果一致。

5.2 梁单元分析

对于只利用梁单元进行结构静力学分析的有限元法，介绍平面梁单元的刚度矩阵特点，给出详细的推导过程。以平面悬臂梁为对象，分别采用材料力学简化计算、弹性力学解析计算以及本章的梁单元有限元分析方法，进行弹性变形求解的对比。

5.2.1 平面悬臂梁问题的解析分析

以平面悬臂梁弯曲分析为例，其力学原理图如图 5-6 所示，先采用经典材料力学法和弹性力学法对该平面悬臂梁进行分析求解。

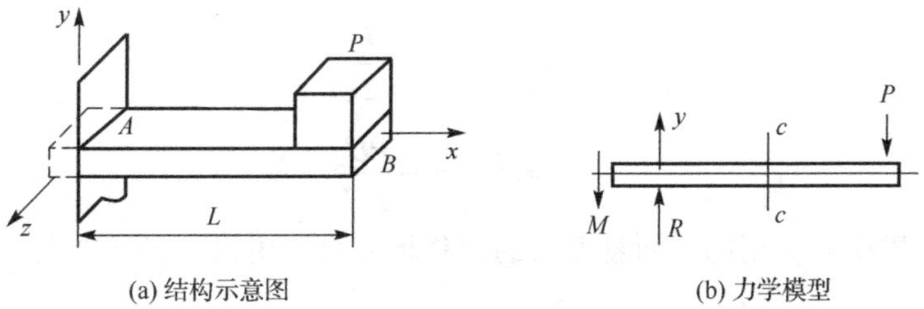

图 5-6 平面悬臂梁力学模型

对于如图 5-6(a)所示的一端受载荷作用的悬臂梁，选取坐标系如图 5-6(b)，则任意横截面上的弯矩为

$$M=-P(L-x) \tag{5-52}$$

式中，M 为弯矩；P 为作用力；L 为梁的长度；x 为位置坐标。

受弯曲载荷作用的梁产生挠曲变形，在 xy 平面内梁的轴线将变成一条曲线，即挠曲线。根据材料力学有关假设，梁弯曲的挠曲线的近似微分方程为

$$\frac{\mathrm{d}^2v}{\mathrm{d}x^2}=\frac{M}{EI} \tag{5-53}$$

式中，E 为杨氏模量；I 为惯性矩；v 为挠曲线上横坐标为 x 的任意点的纵向变形量，即挠度。

由式(5-52)和式(5-53)可得挠曲线的微分方程为

$$EI\frac{\mathrm{d}^2v}{\mathrm{d}x^2}=M=-P\left(L-x\right)$$

积分得

$$\begin{aligned} EI\frac{\mathrm{d}v}{\mathrm{d}x}&=\frac{P}{2}x^2-Px+C \\ EIv&=\frac{P}{6}x^3-\frac{PL}{2}x^2+Cx+D \end{aligned} \tag{5-54}$$

式中，C、D 为积分常数，引入边界，左侧固定端 A 处的转角和挠度均等于零，即当 $x=0$ 时，有以下边界条件：

$$\begin{aligned} v'_A&=\theta_A=0 \\ v_A&=0 \end{aligned} \tag{5-55}$$

代入式(5-54)，得

$$\begin{aligned} C&=EI\theta_A=0 \\ D&=EIv_A=0 \end{aligned}$$

再将所得积分常数 C 和 D 代入式(5-54)，得转角方程和挠曲线方程分别为

$$\begin{aligned} EI\frac{\mathrm{d}v}{\mathrm{d}x}&=\frac{P}{2}x^2-PLx \\ EIv&=\frac{P}{6}x^3-\frac{PL}{2}x^2 \end{aligned} \tag{5-56}$$

将悬臂梁的右端受载荷 W 处的横坐标 $x=L$ 代入式(5-56)，得右端受载荷截面的转角和挠度分别为

$$\begin{aligned} \theta_B&=\left.\frac{\mathrm{d}v}{\mathrm{d}x}\right|_{x=L}=-\frac{PL^2}{2EI} \\ v_B&=v\big|_{x=L}=-\frac{PL^3}{3EI} \end{aligned} \tag{5-57}$$

末端受集中载荷 P 作用的平面悬臂梁的位移场还可以用以下多项式表示。

x 方向：$u(x,y)=\dfrac{Py}{6EI}(6Lx-3x^2-\mu y^2)$

y 方向：$v(x,y)=-\dfrac{P}{6EI}[3Lx^2-x^3+3\mu y^2(L-x)]$

式中，E 为杨氏模量；I 为惯性矩；μ 为泊松比。

梁的中性面（$y=0$ 的面）上的挠曲为

$$v(x,0)=-\frac{W}{6EI}(3Lx^2-x^3) \tag{5-58}$$

左侧悬臂处（$x=0$）的挠曲为 $v=0$，右端处（$x=L$）受到集中载荷作用，挠曲为 $v=-\dfrac{PL^3}{3EI}$，该结果与材料力学中的挠曲线公式相同。

受载荷作用的悬臂梁上任何位置处的转角为

$$\theta_{xy}=\frac{1}{2}\left(\frac{\partial v}{\partial x}-\frac{\partial u}{\partial y}\right)=-\frac{P}{6EI}(6Lx-3x^2-3\mu y^2) \tag{5-59}$$

梁中性面（$y=0$）上的转角为

$$\theta_{xy}(x,0)=-\frac{P}{6EI}(6Lx-3x^2)$$

左端点（$x=0$）为悬臂点，转角为

$$\theta_{xy}=0$$

右端点（$x=L$）为受集中载荷点，转角为

$$\theta_{xy}=-\frac{PL^2}{2EI}$$

受载荷作用的悬臂梁的应变场可由弹性力学几何方程求出，为

$$\varepsilon_x=\frac{\partial u}{\partial x}=\frac{Py}{EI}(L-x)\text{，}\quad \varepsilon_y=\frac{\partial v}{\partial y}=-\frac{P\mu}{EI}(L-x)y\text{，}\quad \gamma_{xy}=\frac{\partial u}{\partial y}+\frac{\partial v}{\partial x}=0 \tag{5-60}$$

受载荷作用的悬臂梁的应力场可在应变场的基础上，由弹性力学物理方程直接求出，为

$$\begin{gathered}\sigma_x=\frac{E}{1-\mu^2}(\varepsilon_x+\mu\varepsilon_y)=\frac{E}{1-\mu^2}\left[\frac{Py}{EI}(L-x)-\frac{P\mu^2}{EI}(L-x)y\right]=\frac{P}{I}(L-x)y\\ \sigma_y=\frac{E}{1-\mu^2}(\varepsilon_y+\mu\varepsilon_x)=0,\quad \tau_{xy}=G\gamma_{xy}=0\end{gathered} \tag{5-61}$$

5.2.2 平面梁单元的分析与求解

下面针对图 5-6 所示平面梁单元进行具体的单元刚度特性的推导，主要包括以下几个步骤。

(1) 建立坐标系，进行单元离散。

所建立的坐标系包括结构的整体坐标系和单元局部坐标系。

(2) 建立平面梁单元的位移模式。

设一个平面梁单元有两个节点，如图 5-7 所示。在局部坐标系内，平面梁单元共有 6 个自由度，即平面梁单元节点位移矢量为

$$\boldsymbol{\delta}^e=[u_1\quad v_1\quad \theta_{z1}\quad u_2\quad v_2\quad \theta_{z2}]^{\mathrm{T}} \tag{5-62}$$

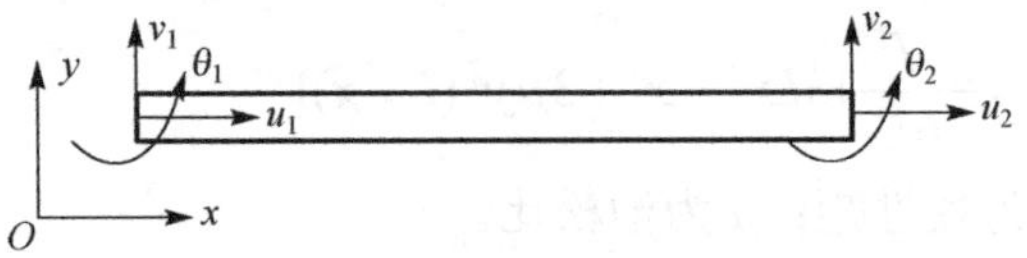

图 5-7　平面梁单元模型

略去轴向位移，平面梁单元具有如下 4 个自由度：

$$\boldsymbol{\delta}^e = [v_1 \quad \theta_{z1} \quad v_2 \quad \theta_{z2}]^{\mathrm{T}} \tag{5-63}$$

平面梁单元的弯曲变形的位移场 $v(x)$ 可以用如下位移插值函数来近似：

$$v(x) = \alpha_1 + \alpha_2 x + \alpha_3 x^2 + \alpha_4 x^3 \tag{5-64}$$

梁的斜率 $\theta_z(x)$ 具有如下形式(也就是所谓的 Hermite 型单元)：

$$\theta_z = \frac{\mathrm{d}v}{\mathrm{d}x} = \alpha_2 + 2\alpha_3 x + 3\alpha_4 x^2 \tag{5-65}$$

因此，平面梁单元的位移模式具有如下形式：

$$\begin{bmatrix} v(x) \\ \theta_z(x) \end{bmatrix} = \begin{bmatrix} 1 & x & x^2 & x^3 \\ 0 & 1 & 2x & 3x^2 \end{bmatrix} \begin{bmatrix} \alpha_1 \\ \alpha_2 \\ \alpha_3 \\ \alpha_4 \end{bmatrix} \tag{5-66}$$

(3)推导形函数矩阵。

代入两个节点处的位移和节点坐标，有

$$v(0) = v_1, \quad \left.\frac{\mathrm{d}v}{\mathrm{d}x}\right|_{x=0} = \theta_1, \quad v(L) = v_2, \quad \left.\frac{\mathrm{d}v}{\mathrm{d}x}\right|_{x=L} = \theta_2$$

式中，L 为梁单元的长度。

经整理，得

$$\begin{aligned} v_1 &= \alpha_1 \\ \theta_1 &= \alpha_2 \\ v_2 &= \alpha_1 + \alpha_2 L + \alpha_3 L^2 + \alpha_4 L^3 \\ \theta_2 &= \alpha_2 + 2\alpha_3 L + 3\alpha_4 L^2 \end{aligned}$$

由前两个方程直接解出 α_1 和 α_2，代入后两个方程，解出 α_3 和 α_4，具体如下：

$$\begin{aligned} \alpha_1 &= v_1 \\ \alpha_2 &= \theta_1 \\ \alpha_3 &= \frac{3}{L^2}(v_2 - v_1) - \frac{1}{L}(2\theta_1 + \theta_2) \\ \alpha_4 &= \frac{2}{L^3}(v_1 - v_2) + \frac{1}{L^2}(\theta_1 + \theta_2) \end{aligned}$$

上面的推导可以写成如下矩阵形式：

$$\begin{bmatrix} v_1 \\ \theta_{z1} \\ v_2 \\ \theta_{z2} \end{bmatrix} = \begin{bmatrix} 1 & x_1 & {x_1}^2 & {x_1}^3 \\ 0 & 1 & 2x_1 & 3{x_1}^2 \\ 1 & x_2 & {x_2}^2 & {x_2}^3 \\ 0 & 1 & 2x_2 & 3{x_2}^2 \end{bmatrix} \begin{bmatrix} \alpha_1 \\ \alpha_2 \\ \alpha_3 \\ \alpha_4 \end{bmatrix} = \begin{bmatrix} 1 & 0 & 0 & 0 \\ 0 & 1 & 0 & 0 \\ 1 & L & L^2 & L^3 \\ 0 & 1 & 2L & 3L^2 \end{bmatrix} \begin{bmatrix} \alpha_1 \\ \alpha_2 \\ \alpha_3 \\ \alpha_4 \end{bmatrix}$$

求得

$$\begin{bmatrix}\alpha_1\\ \alpha_2\\ \alpha_3\\ \alpha_4\end{bmatrix}=\begin{bmatrix}1 & x_1 & x_1^2 & x_1^3\\ 0 & 1 & 2x_1 & 3x_1^2\\ 1 & x_2 & x_2^2 & x_2^3\\ 0 & 1 & 2x_2 & 3x_2^2\end{bmatrix}^{-1}\begin{bmatrix}v_i\\ \theta_{zi}\\ v_j\\ \theta_{zj}\end{bmatrix} \tag{5-67}$$

将式(5-67)代入式(5-66)，$v(x)=\alpha_1+\alpha_2 x+\alpha_3 x^2+\alpha_4 x^3$，用节点的位移形式重新整理，得

$$v(x)=\left[1-3\left(\frac{x}{L}\right)^2+2\left(\frac{x}{L}\right)^3\right]v_1+\left[x-2\frac{x^2}{L}+\frac{x^3}{L^2}\right]\theta_1+\left[3\left(\frac{x}{L}\right)^2-2\left(\frac{x}{L}\right)^3\right]v_2+\left[-\frac{x^2}{L}+\frac{x^3}{L^2}\right]\theta_2$$

因此，得到用形函数矩阵表达的单元内任一点的位移为

$$\boldsymbol{v}(x)=[1\quad x\quad x^2\quad x^3]\begin{bmatrix}\alpha_1\\ \alpha_2\\ \alpha_3\\ \alpha_4\end{bmatrix}=[1\quad x\quad x^2\quad x^3]\begin{bmatrix}1 & x_1 & x_1^2 & x_1^3\\ 0 & 1 & 2x_1 & 3x_1^2\\ 1 & x_2 & x_2^2 & x_2^3\\ 0 & 1 & 2x_2 & 3x_2^2\end{bmatrix}^{-1}\begin{bmatrix}v_1\\ \theta_{z1}\\ v_2\\ \theta_{z2}\end{bmatrix}=\boldsymbol{N}(x)\boldsymbol{\delta}^e \tag{5-68}$$

式中，$\boldsymbol{N}(x)$为平面梁单元的形函数；$\boldsymbol{\delta}^e$为节点位移向量，$\boldsymbol{\delta}^e=[v_i\quad \theta_i\quad v_j\quad \theta_j]^{\mathrm{T}}$。

需要说明的是，由于在单元刚度推导的过程中只用到平动自由度位移的形函数，这里只关心平动自由度位移的形函数表达式。因此，对于$v(x)$，有

$$\boldsymbol{v}(x)=\left[(N_v)_1\quad (N_\theta)_1\quad (N_v)_2\quad (N_\theta)_2\ \right]\boldsymbol{\delta}^e$$

形函数矩阵$\boldsymbol{N}(x)$的具体表达式为

$$\begin{cases}(N_v)_1=1-3\left(\dfrac{x}{L}\right)^2+2\left(\dfrac{x}{L}\right)^3, & (N_\theta)_1=x-2\dfrac{x^2}{L}+\dfrac{x^3}{L^2}\\ (N_v)_2=3\left(\dfrac{x}{L}\right)^2-2\left(\dfrac{x}{L}\right)^3, & (N_\theta)_2=-\dfrac{x^2}{L}+\dfrac{x^3}{L^2}\end{cases} \tag{5-69}$$

(4) 推导应变、应力，根据最小势能原理导出单元刚度矩阵。

在这里，直接采用瑞利法导出以节点位移的形式来表达梁单元的应变能。根据材料力学的有关知识，弯曲梁的弯曲应变能为

$$U=\frac{1}{2}\int_L M\mathrm{d}\theta=\frac{1}{2}\int_L \frac{M^2}{EI}\mathrm{d}x=\frac{1}{2}\int_L EI\left(\frac{\mathrm{d}^2 v}{\mathrm{d}x^2}\right)^2\mathrm{d}x \tag{5-70}$$

式中，$\mathrm{d}\theta=\dfrac{M}{EI}\left[1+\left(\dfrac{\mathrm{d}v}{\mathrm{d}x}\right)\right]^2\approx\dfrac{M}{EI}\mathrm{d}x$，注意到挠曲线$\dfrac{\mathrm{d}v}{\mathrm{d}x}$一般很小。

式(5-70)中的二阶导数可由方程(5-68)决定，表示为

$$\frac{\mathrm{d}^2 v}{\mathrm{d}x^2}=\left[\frac{\mathrm{d}^2(N_v)_1}{\mathrm{d}x^2}\quad \frac{\mathrm{d}^2(N_\theta)_1}{\mathrm{d}x^2}\quad \frac{\mathrm{d}^2(N_v)_2}{\mathrm{d}x^2}\quad \frac{\mathrm{d}^2(N_\theta)_2}{\mathrm{d}x^2}\right]\begin{bmatrix}v_1\\ \theta_1\\ v_2\\ \theta_2\end{bmatrix}$$

$$=\begin{bmatrix}B_1 & B_2 & B_3 & B_4\end{bmatrix}\begin{bmatrix}v_1\\ \theta_1\\ v_2\\ \theta_2\end{bmatrix}=\boldsymbol{B}\boldsymbol{\delta}^e \tag{5-71}$$

其中

$$\boldsymbol{B}=[B_1 \quad B_2 \quad B_3 \quad B_4]$$

$$\begin{aligned}&B_1=\frac{\mathrm{d}^2(N_v)_1}{\mathrm{d}x^2}=-\frac{6}{L^2}+12\frac{x}{L^3},\quad B_2=\frac{\mathrm{d}^2(N_\theta)_1}{dx^2}=-\frac{4}{L}+6\frac{x}{L^2}\\&B_3=\frac{\mathrm{d}^2(N_v)_2}{\mathrm{d}x^2}=\frac{6}{L^2}-12\frac{x}{L^3},\quad B_4=\frac{\mathrm{d}^2(N_\theta)_2}{\mathrm{d}x^2}=-\frac{2}{L}+6\frac{x}{L^2}\end{aligned} \tag{5-72}$$

代入梁单元应变能公式，同时假设(EI)对于该单元而言是常量，得到单元应变能为

$$U=\frac{1}{2}(EI)\int_L \boldsymbol{\delta}^{e\mathrm{T}}\boldsymbol{B}^{\mathrm{T}}\boldsymbol{B}\boldsymbol{\delta}^e\mathrm{d}x \tag{5-73}$$

由于节点位移向量$\boldsymbol{\delta}^e$不是x的函数，式(5-62)可以写成

$$U=\frac{1}{2}\boldsymbol{\delta}^{e\mathrm{T}}\left[(EI)\int_L \boldsymbol{B}^{\mathrm{T}}\boldsymbol{B}\mathrm{d}x\right]\boldsymbol{\delta}^e$$

考虑到单元应变能的一般形式可以表达为

$$U=\frac{1}{2}\boldsymbol{\delta}^{e\mathrm{T}}\boldsymbol{k}^e\boldsymbol{\delta}^e \tag{5-74}$$

这样，式中的$\boldsymbol{k}^e$即平面梁单元的单元刚度矩阵，其表达式为

$$\boldsymbol{k}^e=(EI)\int_L \boldsymbol{B}^{\mathrm{T}}\boldsymbol{B}\mathrm{d}x \tag{5-75}$$

考虑到$\boldsymbol{B}$是x的函数，对式(5-75)进行积分后，得到局部坐标系下的平面梁单元的单元刚度矩阵具体表达式为

$$\boldsymbol{k}^e=\left(\frac{EI}{L^3}\right)\begin{bmatrix}12 & 6L & -12 & 6L\\ 6L & 4L^2 & -6L & 2L^2\\ -12 & -6L & 12 & -6L\\ 6L & 2L^2 & -6L & 4L^2\end{bmatrix} \tag{5-76}$$

可以看出，$\boldsymbol{k}^e$是一个 4×4 维的对称矩阵，它对应的平面梁单元节点位移矢量是$\boldsymbol{\delta}^e=[v_1 \quad \theta_1 \quad v_2 \quad \theta_2]^{\mathrm{T}}$。

(5)整体刚度矩阵的组集与坐标变换。

前面给出的平面单元刚度矩阵是局部坐标系下的表达式，其坐标方向是由单元方向确定的。在这种局部坐标系下，各个不同方向的梁单元都具有统一形式的单元刚度矩阵。在组集整体刚度矩阵时，不能把局部坐标系下的单元刚度矩阵进行简单地直接叠加，必须建立一个统一的整体坐标系，将所有单元上的节点力、节点位移和单元刚度矩阵都进行坐标变换，变成整体坐标系下的表达式之后，再叠加组集成整体刚度矩阵。

➢ 局部坐标系向整体坐标系的转换。设$\boldsymbol{R}^e$、$\boldsymbol{\delta}^e$、$\boldsymbol{k}^e$分别表示局部坐标系 $Oxyz$ 下的单

元节点力(包括等效节点力)、节点位移和单元刚度矩阵，$\overline{\boldsymbol{R}}^e$ 、$\overline{\boldsymbol{\delta}}^e$ 、$\overline{\boldsymbol{k}}^e$ 分别表示整体坐标系 $\overline{Oxyz}$ 下的单元节点力、节点位移和单元刚度矩阵，$\boldsymbol{T}$ 是两种坐标系之间的转换矩阵。两种坐标系下的节点载荷、节点位移和单元刚度矩阵的变换关系为

$$\boldsymbol{R}^e=\boldsymbol{T}\overline{\boldsymbol{R}}^e,\quad \boldsymbol{\delta}^e=\boldsymbol{T}\overline{\boldsymbol{\delta}}^e,\quad \overline{\boldsymbol{k}}^e=\boldsymbol{T}^{-1}\boldsymbol{k}^e\boldsymbol{T} \tag{5-77}$$

其中，坐标变换矩阵为

$$\boldsymbol{T}=\begin{bmatrix}\cos\theta & \sin\theta & 0 & 0\\ -\sin\theta & \cos\theta & 0 & 0\\ 0 & 0 & \cos\theta & \sin\theta\\ 0 & 0 & -\sin\theta & \cos\theta\end{bmatrix} \tag{5-78}$$

式中，θ 是 x' 轴相对于 x 轴的夹角。可以证明，转换矩阵 $\boldsymbol{T}$ 的逆矩阵等于它的转置矩阵，所以在整体坐标系下的单元刚度矩阵为

$$\overline{\boldsymbol{k}}^e=\boldsymbol{T}^{\mathrm{T}}\boldsymbol{k}^e\boldsymbol{T} \tag{5-79}$$

➢ 进行整体刚度矩阵的组集。可以采用直接刚度法，具体思路可参见 5.2.3 节的举例。

(6)引入约束条件。

(7)求解系统方程，得到所有的节点位移。

(8)进而求出单元的应力应变等。

5.2.3 平面梁单元分析举例

【例 5-2】 设一方形截面的悬臂梁(图 5-8)，截面每边长为 5cm，长度为 10m，在左端约束固定，在右端施以一个沿 y 轴负方向的集中力 w=100N，求其挠度与转角。

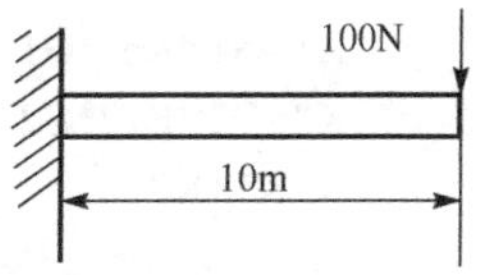

图 5-8 平面梁单元实例图

解：将整个梁分成两个平面梁单元，求出每个单元的刚度矩阵，然后将两个单元组集成总体刚度矩阵，引入边界条件后，再求解出各节点的挠度和转角。

具体的计算过程可参见以下 MATLAB 程序。注意到其中的有关坐标变换部分利用了直接给出的转换矩阵 $\boldsymbol{G}$，其具体含义还可参考第 3 章中的有关内容。

```
clear
x1=0;
x2=sym('L');
x=sym('x');
j=0:3;
v=x.^j
m=...
    [1 x1 x1^2 x1^3
     0 1 2*x1 3*x1^2
     1 x2 x2^2 x2^3
0 1 2*x2 3*x2^2]
mm=inv(m);
N=v*mm
%N=[1 x x^2 x^3]*(inv(m))
```

```
B=diff(N,2)
k=transpose(B)*B;
Ke=int(k,0,'L')

%Element 1: E=4.0e11, I =bh^3/12=5.2e-7
EI=4.0e11*5.2e-7
Ke1=EI*subs(Ke,'L',5)
Ke2=Ke1
T=eye(4,4)
Ke1=T*Ke1*T';
Ke2=T*Ke2*T';

%   system analysis   F=[K]u
G1=...
    [1 0 0 0 0 0
     0 1 0 0 0 0
     0 0 1 0 0 0
     0 0 0 1 0 0];
G2=...
    [0 0 1 0 0 0
     0 0 0 1 0 0
     0 0 0 0 1 0
     0 0 0 0 0 1];

K1=G1'*Ke1*G1
K2=G2'*Ke2*G2
K=K1+K2

F=[0, 0,0,0,-100,0 ]'

%u=F*inv(K) u=[v1,xta1,v2,xta2,v3,xta3]',v1=0 xta1=0
%
K(1,:)=0;K(:,1)=0;
K(2,:)=0;K(:,2)=0;
KX=K(3:6,3:6)
F(1,1)=0;F(2,1)=0;
FX=F(3:6,1)
u=inv(KX)*FX
```

利用该程序求得悬臂梁节点 1(左端点)、节点 2(中间点)和节点 3(右端点)处的挠曲和转角为

$$[0 \quad 0 \quad -0.0501 \quad -0.0180 \quad -0.1603 \quad -0.0240]^{T}$$

作为对照，利用 ANSYS 对该例进行同样的分析计算，把该悬臂梁划分成两个平面梁单元，得到的节点位移分别如下。

左端点沿 y 方向位移(挠曲)：0。

左端点绕 z 轴的转角：0。

中间点沿 y 方向位移(挠曲)：–0.05。

中间点绕 z 轴的转角：–0.018。

右端节点沿 y 方向位移(挠曲)：–0.16。

右端节点绕 z 轴的转角：–0.024。

ANSYS 的命令流如下：

```
/CONFIG,NRES,1E5
/title,analysis of the beam element
/prep7
!选单元
ET,1,beam3!每个节点有 3 个自由度的梁单元
!定义材料特性
MP,EX,1,4.0e11
MP,DENS,1,7850
MP,PRXY,1,0.3

type, 1
b=5e–2!截面的尺寸参数
h=b
s=b*h
I=(b*h*h*h)/12!截面的惯性矩
r,1,s,I,h

!绘制模型    用的是 4 个节点的板单元
n,1,0,0
n,2,5,0
n,3,10,0

e,1,2!自动分配单元号
e,2,3

d,1,all!加约束
f,3,fy,–100!外力

/solu
solve

/post1!进入后处理
PRNSOL, dof !列表显示节点位移、应力、应变
PRNSOL, s,comp
PRNSOL,epel,comp
```

利用前面提到的材料力学公式求得右端点处的挠度值为

$$y=\frac{WL^3}{3EI}=\frac{-100\times 1000}{3\times 4\times 10^{11}\times 5.2\times 10^{-7}}=-0.1602564$$

可见，用有限元法、材料力学方法和用 ANSYS 计算得到的结果基本一致。

5.3 等参元理论

本章介绍有限元法中的等参元(即等参数单元)基本概念及应用方法，主要包括四节点四边形等参元、八节点二次四边形等参元的单元分析方法。

5.3.1 等参元的基本概念

等参数单元(isoparametric elements)，是根据特定方法设定的一类单元，不一定具有相同的几何形状。等参元具有规范的定义和较强的适应复杂几何形状的能力，在有限元理论中占有重要的地位。采用等参元，一方面能够很好地适应曲线边界和曲面边界，准确地模拟结构形状；另一方面等参元一般具有高阶位移模式，能够较好地反映结构的复杂应力分布情况，即使单元网格划分比较稀疏，也可以得到比较好的计算精度。

等参元的基本思想是：首先导出关于局部坐标系(local coordinate，或称自然坐标系，natural coordinate)下的规整形状的单元(母单元)的高阶位移模式，然后利用形函数多项式进行坐标变换，得到关于整体坐标系(global coordinate)的复杂形状的单元(子单元)，其中子单元的位移函数插值节点数与其位置坐标变换的节点数相等，位移函数插值公式与位置坐标变换式都采用相同的形函数与节点参数，这样的单元称为等参元。

下面以平面四边形单元为例说明等参元的基本概念。

1)局部坐标系下的位移模式

在局部坐标系中，建立起几何形状简单且规整的单元，称为母单元。母单元是(ξ,η)平面中的 2×2 正方形，$-1 \leqslant \xi \leqslant +1$，$-1 \leqslant \eta \leqslant +1$，如图 5-9 所示，坐标原点在单位形心上。单元边界是四条直线：$\xi=\pm 1$，$\eta=\pm 1$。

根据形函数的定义，为保证用形函数定义的未知量在相邻单元之间的连续性，单元节点数目应与形函数阶次相适应。对于具有线性位移模式的四边形单元，共有四个节点，如图 5-9 所示。

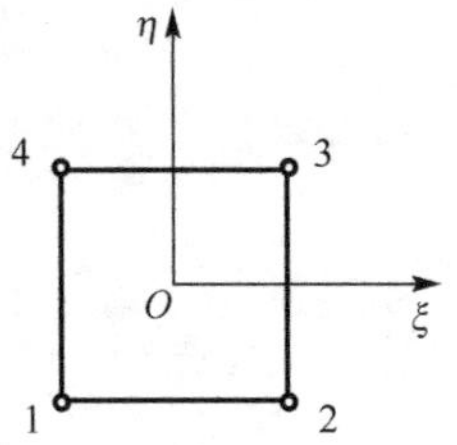

(a) 母单元

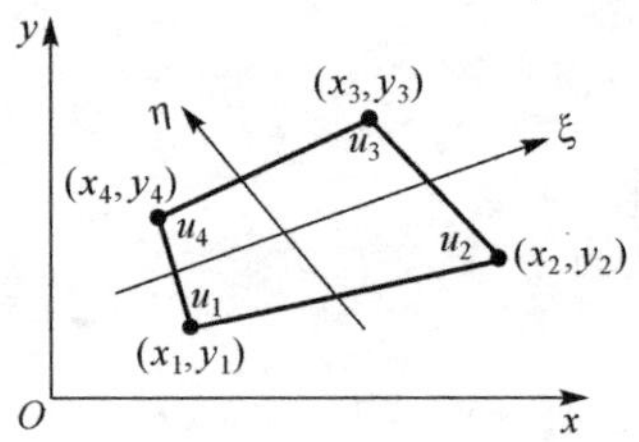

(b) 子单元

图 5-9 线性矩形单元及其平面坐标变换

对于如图 5-9 所示的线性四节点四边形等参元(bilinear isoparametric element)，可按照 3.1 节相关知识点确定形函数，求解式可表示为

$$N(\xi,\eta)=\begin{bmatrix}1 & \xi & \eta & \xi\eta\end{bmatrix}\begin{bmatrix}1 & \xi_1 & \eta_1 & \xi_1\eta_1 \\ 1 & \xi_2 & \eta_2 & \xi_2\eta_2 \\ 1 & \xi_3 & \eta_3 & \xi_3\eta_3 \\ 1 & \xi_4 & \eta_4 & \xi_4\eta_4\end{bmatrix}^{-1} \tag{5-80}$$

式中，ξ_i、$\eta_i (i=1,2,\cdots,4)$ 为 4 个节点对应的局部坐标值，分别为 $\xi_1=-1, \eta_1=-1, \xi_2=1, \eta_2=-1, \xi_3=1, \eta_3=1, \xi_4=-1, \eta_4=1$。

最终求得的局部坐标系下的形函数可表示为

$$N_i = \frac{(1+\xi_0)(1+\eta_0)}{4}, \quad i=1, 2, 3, 4 \tag{5-81}$$

式中，$\xi_0=\xi_i\xi$; $\eta_0=\eta_i\eta$，该形函数是定义成自然坐标下的归一化变量 ξ、η 的函数。

同理，如果采用二次形函数的四边形单元，单元每边的节点为 3 个，如图 5-10 所示。对于图 5-10 所示的八节点二次四边形等参元，角点的形函数为

$$N_i = \frac{1}{4}(1+\xi_0)(1+\eta_0)(\xi_0+\eta_0-1), \quad i=1, 2, 3, 4 \tag{5-82}$$

边中点的形函数为

$$N_i = \frac{1}{2}(1-\xi^2)(1+\eta_0), \quad i=5, 7 \tag{5-83}$$

$$N_i = \frac{1}{2}(1-\eta^2)(1+\xi_0), \quad i=6, 8 \tag{5-84}$$

可见,线性四边形单元和八节点二次四边形单元用局部坐标形函数表达的位移模式如下：

$$u=\sum_{i=1}^{n} N_i(\xi,\eta)u_i, \quad v=\sum_{i=1}^{n} N_i(\xi,\eta)v_i, \quad n=4, 8 \tag{5-85}$$

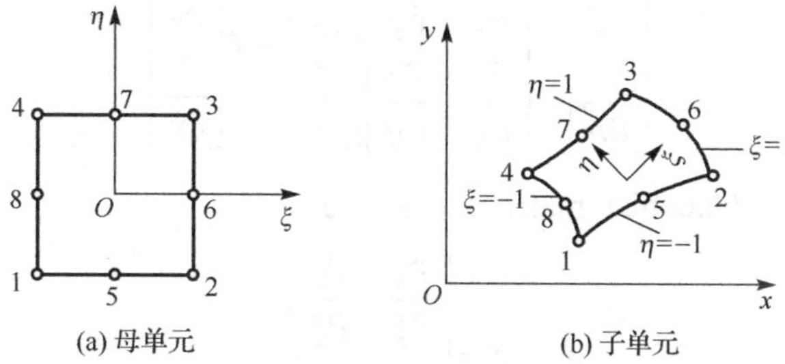

图 5-10　二次矩形平面四边形单元

2) 等参坐标变换

等参元需要用坐标变换把形状规整的母单元转换成具有曲线(面)边界的、形状复杂的单元。转换后的单元即子单元。子单元在几何上可以较方便地适应实际结构的复杂几何形状。也就是，可以采用各种形状复杂的子单元在整体坐标系中对实际结构进行划分。

子单元通过坐标变换映射成一个局部坐标系下的规整的母单元。坐标变换是指在局部坐标 (ξ,η,ζ) 和整体坐标 (x,y,z) 之间建立一一对应关系。在这里，坐标变换关系可利用形函数建立起来。例如，对于上述四节点线性四边形单元，有

$$\begin{aligned} x &= \sum_{i=1}^{4} N_i(\xi,\eta)x_i = N_1(\xi,\eta)x_1 + N_2(\xi,\eta)x_2 + N_3(\xi,\eta)x_3 + N_4(\xi,\eta)x_4 \\ y &= \sum_{i=1}^{4} N_i(\xi,\eta)y_i = N_1(\xi,\eta)y_1 + N_2(\xi,\eta)y_2 + N_3(\xi,\eta)y_3 + N_4(\xi,\eta)y_4 \end{aligned} \tag{5-86}$$

对于上述八节点二次四边形单元，有

$$
\begin{aligned}
x&=\sum_{i=1}^{8}N_i(\xi,\eta)x_i=N_1(\xi,\eta)x_1+N_2(\xi,\eta)x_2+\cdots+N_8(\xi,\eta)x_8\\
y&=\sum_{i=1}^{8}N_i(\xi,\eta)y_i=N_1(\xi,\eta)y_1+N_2(\xi,\eta)y_2+\cdots+N_8(\xi,\eta)y_8
\end{aligned}
\tag{5-87}
$$

式中，$N_i(\xi,\eta)$是用局部坐标表示的形函数；(x_i,y_i)是节点 i 的整体坐标，式(5-87)即平面坐标变换公式。

如图 5-9 和图 5-10 所示的二维单元的平面坐标变换，其中母单元是正方形，子单元变换成曲边四边形，且相邻子单元在公共边上的整体坐标是连续的，在公共节点上具有相同的坐标，即相邻单元是连续的。

3)局部坐标系与整体坐标系之间的关系——雅可比矩阵

局部坐标系和整体坐标系之间具有如下偏导数的关系。根据复合函数的求导法则，有

$$
\begin{aligned}
\frac{\partial}{\partial\xi}&=\frac{\partial x}{\partial\xi}\frac{\partial}{\partial x}+\frac{\partial y}{\partial\xi}\frac{\partial}{\partial y}\\
\frac{\partial}{\partial\eta}&=\frac{\partial x}{\partial\eta}\frac{\partial}{\partial x}+\frac{\partial y}{\partial\eta}\frac{\partial}{\partial y}
\end{aligned}
\tag{5-88}
$$

式(5-88)写成矩阵形式为

$$
\begin{bmatrix}\dfrac{\partial}{\partial\xi}\\ \dfrac{\partial}{\partial\eta}\end{bmatrix}=\begin{bmatrix}\dfrac{\partial x}{\partial\xi} & \dfrac{\partial y}{\partial\xi}\\ \dfrac{\partial x}{\partial\eta} & \dfrac{\partial y}{\partial\eta}\end{bmatrix}\begin{bmatrix}\dfrac{\partial}{\partial x}\\ \dfrac{\partial}{\partial y}\end{bmatrix}=\boldsymbol{J}\begin{bmatrix}\dfrac{\partial}{\partial x}\\ \dfrac{\partial}{\partial y}\end{bmatrix}
\tag{5-89}
$$

式中，$\boldsymbol{J}$称为雅可比矩阵(Jacobian matrix)，定义为

$$
\boldsymbol{J}=\begin{bmatrix}\dfrac{\partial x}{\partial\xi} & \dfrac{\partial y}{\partial\xi}\\ \dfrac{\partial x}{\partial\eta} & \dfrac{\partial y}{\partial\eta}\end{bmatrix}
\tag{5-90}
$$

可以将式(5-86)和式(5-87)的表达式代入雅可比矩阵式(5-90)，求得雅可比矩阵。例如，对于式(5-86)表示的四节点线性四边形单元，有

$$
\frac{\partial x}{\partial\xi}=\sum_{i=1}^{4}\frac{\partial N_i(\xi,\eta)}{\partial\xi}x_i,\quad \frac{\partial y}{\partial\eta}=\sum_{i=1}^{4}\frac{\partial N_i(\xi,\eta)}{\partial\eta}y_i
\tag{5-91}
$$

雅可比矩阵的逆变换 $\boldsymbol{J}^{-1}$ 具有如下形式：

$$
\boldsymbol{J}^{-1}=\frac{1}{|\boldsymbol{J}|}\begin{bmatrix}\dfrac{\partial y}{\partial\eta} & -\dfrac{\partial y}{\partial\xi}\\ -\dfrac{\partial x}{\partial\eta} & \dfrac{\partial x}{\partial\xi}\end{bmatrix}
\tag{5-92}
$$

用逆雅可比矩阵表示的偏导关系如下：

$$\begin{bmatrix} \dfrac{\partial}{\partial x} \\ \dfrac{\partial}{\partial y} \end{bmatrix} = \boldsymbol{J}^{-1} \begin{bmatrix} \dfrac{\partial}{\partial \xi} \\ \dfrac{\partial}{\partial \eta} \end{bmatrix} \tag{5-93}$$

4) 按等参元思想进行载荷移置

以下以具有 n 个节点的平面单元为例，说明按等参元思想进行载荷移置的方法。假设单元作用有集中载荷 F、体积力 P 和表面力 Q 等，对上述载荷进行移置。

对于集中载荷，设单元任意点 c 作用有集中载荷 $\boldsymbol{F}=[F_x \quad F_y]^{\mathrm{T}}$，则移置到单元有关节点上的等效节点载荷为

$$\boldsymbol{F}_i^e=[F_{ix}^e \quad F_{iy}^e]^{\mathrm{T}}=(N_i)_c\boldsymbol{F}, \quad i=1,2,\cdots,n \tag{5-94}$$

式中，$(N_i)c$ 是形函数 N_i 在集中力作用点 c 处的取值，可以先根据作用点 c 的整体坐标 (x_c,y_c) 求得其局部坐标 (ξ_c,η_c) 后，再将局部坐标 (ξ_c,η_c) 分别代入形函数公式得到。

对于体积力，设单元上作用的体力为 $\boldsymbol{P}=[p_x \quad p_y]^{\mathrm{T}}$，移置到单元各节点上的等效载荷为

$$\boldsymbol{P}_i^e=[P_{ix}^e \quad P_{iy}^e]^{\mathrm{T}}=\iint N_i\boldsymbol{p}\, t\mathrm{d}x\mathrm{d}y=\int_{-1}^{1}\int_{-1}^{1}N_i\begin{bmatrix} p_x \\ p_y \end{bmatrix}t|\boldsymbol{J}|\mathrm{d}\xi\mathrm{d}\eta, \quad i=1,2,\cdots,n \tag{5-95}$$

对于表面力，设单元某边界上作用的表面力为 $\boldsymbol{q}=[q_x \quad q_y]^{\mathrm{T}}$，则这条边上三个节点的等效载荷为

$$\boldsymbol{Q}_i^e=[Q_{ix}^e \quad Q_{iy}^e]^{\mathrm{T}}=\int_{\Gamma}N_i\begin{bmatrix} q_x \\ q_y \end{bmatrix}t\mathrm{d}s, \quad i=1,2,\cdots,n \tag{5-96}$$

式中，Γ 是单元作用有面力的边界域；$\mathrm{d}s$ 是边界域内的微段弧长。

移置后，对于具有 N 个单元的结构系统的载荷列阵可表示为

$$\boldsymbol{R}=\sum_{e=1}^{N}\boldsymbol{R}^e=\sum_{e=1}^{N}(\boldsymbol{F}^e+\boldsymbol{Q}^e+\boldsymbol{P}^e) \tag{5-97}$$

【例 5-3】 利用等参坐标变换，可以使局部坐标系下的母单元同整体坐标系下的子单元存在一一对应的关系。如图 5-11 所示的四变形单元，假如母单元上有一点 $A(0.2,0.5)$。试求与 A 点相对应的子单元中的 A' 点的坐标值；进一步，求解描述两种坐标之间的关系的雅可比矩阵。

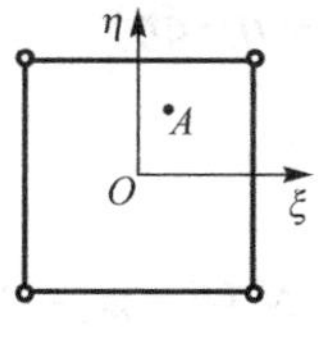

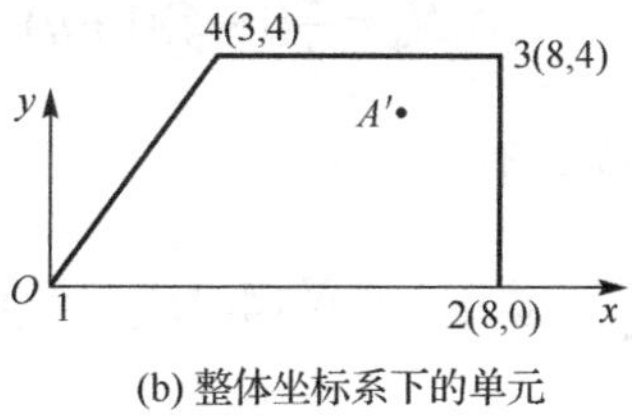

图 5-11　母单元与子单元

解：由等参坐标变换有

$$\begin{cases} x=\dfrac{(1-\xi)(1-\eta)}{4}x_1+\dfrac{(1+\xi)(1-\eta)}{4}x_2+\dfrac{(1+\xi)(1+\eta)}{4}x_3+\dfrac{(1-\xi)(1+\eta)}{4}x_4 \\ y=\dfrac{(1-\xi)(1-\eta)}{4}y_1+\dfrac{(1+\xi)(1-\eta)}{4}y_2+\dfrac{(1+\xi)(1+\eta)}{4}y_3+\dfrac{(1-\xi)(1+\eta)}{4}y_4 \end{cases} \tag{a}$$

代入点 $A(0.2,0.5)$ 坐标，即 $\xi=0.2$，$\eta=0.5$，则可得 A' 点坐标为 $(5.7, 3)$。

雅可比矩阵的表达式 $\boldsymbol{J}=\begin{bmatrix}\dfrac{\partial x}{\partial \xi} & \dfrac{\partial y}{\partial \xi}\\ \dfrac{\partial x}{\partial \eta} & \dfrac{\partial y}{\partial \eta}\end{bmatrix}$ 各元素的具体值为

$$
\begin{aligned}
J_{11}&=\frac{\partial x}{\partial \xi}=\frac{1}{4}[-x_1(1-\eta)+x_2(1-\eta)+x_3(1+\eta)-x_4(1+\eta)]\\
J_{12}&=\frac{\partial y}{\partial \xi}=\frac{1}{4}[-y_1(1-\eta)+y_2(1-\eta)+y_3(1+\eta)-y_4(1+\eta)]\\
J_{21}&=\frac{\partial x}{\partial \eta}=\frac{1}{4}[-x_1(1-\xi)-x_2(1+\xi)+x_3(1+\xi)+x_4(1-\xi)]\\
J_{22}&=\frac{\partial y}{\partial \eta}=\frac{1}{4}[-y_1(1-\xi)-y_2(1+\xi)+y_3(1+\xi)+y_4(1-\xi)]
\end{aligned}
\tag{b}
$$

分别代入节点 1、2、3、4 的坐标后，可得

$$
\boldsymbol{J}=\begin{bmatrix}13-3\eta & 0\\ 3-3\xi & 8\end{bmatrix}
\tag{c}
$$

5.3.2 四节点四边形等参元分析

1) 母单元的形函数

对于如图 5-9 所示的线性四节点四边形等参元，它在局部坐标系形函数如下：

$$
\begin{aligned}
N_1&=\frac{1}{4}(1-\xi)(1-\eta)=\frac{1}{4}(1-\xi-\eta+\xi\eta)\\
N_2&=\frac{1}{4}(1+\xi)(1-\eta)=\frac{1}{4}(1+\xi-\eta-\xi\eta)\\
N_3&=\frac{1}{4}(1+\xi)(1+\eta)=\frac{1}{4}(1+\xi+\eta+\xi\eta)\\
N_4&=\frac{1}{4}(1-\xi)(1+\eta)=\frac{1}{4}(1-\xi+\eta-\xi\eta)
\end{aligned}
\tag{5-98}
$$

进行等参坐标变换，有

$$
x=\sum_{i=1}^{4}N_i(\xi,\eta)x_i=N_1(\xi,\eta)x_1+N_2(\xi,\eta)x_2+N_3(\xi,\eta)x_3+N_4(\xi,\eta)x_4
$$

$$
y=\sum_{i=1}^{4}N_i(\xi,\eta)y_i=N_1(\xi,\eta)y_1+N_2(\xi,\eta)y_2+N_3(\xi,\eta)y_3+N_4(\xi,\eta)y_4
$$

进行位移插值，有

$$
u=N_1(\xi,\eta)u_1+N_2(\xi,\eta)u_2+N_3(\xi,\eta)u_3+N_4(\xi,\eta)u_4
$$

$$
v=N_1(\xi,\eta)v_1+N_2(\xi,\eta)v_2+N_3(\xi,\eta)v_3+N_4(\xi,\eta)v_4
$$

2) 应变矩阵

将上述等参元的位移模式代入弹性力学平面问题的几何方程，将会得到如下形式的、用应变矩阵 $\boldsymbol{B}$ 表示的单元应变分量计算式：

$$\boldsymbol{\varepsilon}=\begin{bmatrix}\varepsilon_x\\ \varepsilon_y\\ \gamma_{xy}\end{bmatrix}=\begin{bmatrix}\dfrac{\partial u}{\partial x}\\ \dfrac{\partial v}{\partial y}\\ \dfrac{\partial u}{\partial y}+\dfrac{\partial v}{\partial x}\end{bmatrix}=\boldsymbol{B}\boldsymbol{\delta}^e=\begin{bmatrix}\boldsymbol{B}_1 & \boldsymbol{B}_2 & \boldsymbol{B}_3 & \boldsymbol{B}_4\end{bmatrix}\boldsymbol{\delta}^e \tag{5-99}$$

式中，$\boldsymbol{\delta}^e=[\boldsymbol{\delta}_1\quad \boldsymbol{\delta}_2\quad \boldsymbol{\delta}_3\quad \boldsymbol{\delta}_4]^{\mathrm{T}}$ 是单元节点位移列阵；$\boldsymbol{\delta}_i=\begin{bmatrix}u_i\\ v_i\end{bmatrix}$，i=1, 2, 3, 4。

$$\boldsymbol{B}=\begin{bmatrix}\dfrac{\partial N_1(\xi,\eta)}{\partial x} & 0 & \dfrac{\partial N_2(\xi,\eta)}{\partial x} & 0 & \dfrac{\partial N_3(\xi,\eta)}{\partial x} & 0 & \dfrac{\partial N_4(\xi,\eta)}{\partial x} & 0\\ 0 & \dfrac{\partial N_1(\xi,\eta)}{\partial y} & 0 & \dfrac{\partial N_2(\xi,\eta)}{\partial y} & 0 & \dfrac{\partial N_3(\xi,\eta)}{\partial y} & 0 & \dfrac{\partial N_4(\xi,\eta)}{\partial y}\\ \dfrac{\partial N_1(\xi,\eta)}{\partial y} & \dfrac{\partial N_1(\xi,\eta)}{\partial x} & \dfrac{\partial N_2(\xi,\eta)}{\partial y} & \dfrac{\partial N_2(\xi,\eta)}{\partial x} & \dfrac{\partial N_3(\xi,\eta)}{\partial y} & \dfrac{\partial N_3(\xi,\eta)}{\partial x} & \dfrac{\partial N_4(\xi,\eta)}{\partial y} & \dfrac{\partial N_4(\xi,\eta)}{\partial x}\end{bmatrix} \tag{5-100}$$

为了求应变矩阵 $\boldsymbol{B}$，进行如下推导。由于形函数 $N_i(\xi,\eta)$ 是局部坐标的函数，需要进行偏导数的变换：

$$\begin{bmatrix}\dfrac{\partial N_i}{\partial x}\\ \dfrac{\partial N_i}{\partial y}\end{bmatrix}=\boldsymbol{J}^{-1}\begin{bmatrix}\dfrac{\partial N_i}{\partial \xi}\\ \dfrac{\partial N_i}{\partial \eta}\end{bmatrix} \tag{5-101}$$

式(5-101)中的雅可比矩阵的逆矩阵 $\boldsymbol{J}^{-1}$ 由式(5-92)给出，即

$$\boldsymbol{J}^{-1}=\frac{1}{|\boldsymbol{J}|}\begin{bmatrix}\dfrac{\partial y}{\partial \eta} & -\dfrac{\partial y}{\partial \xi}\\ -\dfrac{\partial x}{\partial \eta} & \dfrac{\partial x}{\partial \xi}\end{bmatrix}$$

其中

$$\boldsymbol{J}=\begin{bmatrix}\dfrac{\partial x}{\partial \xi} & \dfrac{\partial y}{\partial \xi}\\ \dfrac{\partial x}{\partial \eta} & \dfrac{\partial y}{\partial \eta}\end{bmatrix}=\begin{bmatrix}J_{11} & J_{12}\\ J_{21} & J_{22}\end{bmatrix}$$

而

$$J_{11}=\frac{\partial x}{\partial \xi}=\frac{1}{4}\left[-x_1(1-\eta)+x_2(1-\eta)+x_3(1+\eta)-x_4(1+\eta)\right]$$

$$J_{12}=\frac{\partial y}{\partial \xi}=\frac{1}{4}\left[-y_1(1-\eta)+y_2(1-\eta)+y_3(1+\eta)-y_4(1+\eta)\right]$$

$$J_{21}=\frac{\partial x}{\partial \eta}=\frac{1}{4}\left[-x_1(1-\xi)-x_2(1+\xi)+x_3(1+\xi)+x_4(1-\xi)\right]$$

$$J_{22}=\frac{\partial y}{\partial \eta}=\frac{1}{4}\left[-y_1(1-\xi)-y_2(1+\xi)+y_3(1+\xi)+y_4(1-\xi)\right]$$

可见

$$\begin{aligned}\frac{\partial N_i(\xi,\eta)}{\partial x}&=\frac{1}{|\boldsymbol{J}|}\left(\frac{\partial y}{\partial \eta}\frac{\partial N_i(\xi,\eta)}{\partial \xi}-\frac{\partial y}{\partial \xi}\frac{\partial N_i(\xi,\eta)}{\partial \eta}\right)=\frac{1}{|\boldsymbol{J}|}\left(J_{22}\frac{\partial N_i}{\partial \xi}-J_{12}\frac{\partial N_i}{\partial \eta}\right)\\ \frac{\partial N_i(\xi,\eta)}{\partial y}&=\frac{1}{|\boldsymbol{J}|}\left(-\frac{\partial x}{\partial \eta}\frac{\partial N_i(\xi,\eta)}{\partial \xi}+\frac{\partial x}{\partial \xi}\frac{\partial N_i(\xi,\eta)}{\partial \eta}\right)=\frac{1}{|\boldsymbol{J}|}\left(-J_{21}\frac{\partial N_i}{\partial \xi}+J_{11}\frac{\partial N_i}{\partial \eta}\right)\end{aligned}\tag{5-102}$$

式(5-100)应变矩阵中的每一项为

$$\boldsymbol{B}_i=\frac{1}{|\boldsymbol{J}|}\begin{bmatrix}J_{22}\dfrac{\partial N_i}{\partial \xi}-J_{12}\dfrac{\partial N_i}{\partial \eta} & 0\\ 0 & J_{11}\dfrac{\partial N_i}{\partial \eta}-J_{21}\dfrac{\partial N_i}{\partial \xi}\\ J_{11}\dfrac{\partial N_i}{\partial \eta}-J_{21}\dfrac{\partial N_i}{\partial \xi} & J_{22}\dfrac{\partial N_i}{\partial \xi}-J_{12}\dfrac{\partial N_i}{\partial \eta}\end{bmatrix},\quad i=1,2,3,4\tag{5-103}$$

3)单元刚度矩阵

类似于平面三角形单元，应用虚位移原理也可以确定四节点四边形单元的刚度矩阵表达式，即 $\boldsymbol{k}^e=t\iint \boldsymbol{B}^{\mathrm{T}}\boldsymbol{D}\boldsymbol{B}\mathrm{d}x\mathrm{d}y$ 。

又因为

$$\iint \mathrm{d}x\mathrm{d}y=\int_{-1}^{1}\int_{-1}^{1}\det\begin{bmatrix}\dfrac{\partial x}{\partial \xi} & \dfrac{\partial x}{\partial \eta}\\ \dfrac{\partial y}{\partial \xi} & \dfrac{\partial y}{\partial \eta}\end{bmatrix}\mathrm{d}\xi\mathrm{d}\eta=\int_{-1}^{1}\int_{-1}^{1}|\boldsymbol{J}|\mathrm{d}\xi\mathrm{d}\eta\tag{5-104}$$

所以，四节点四边形单元的单元刚度矩阵的最终表达式可以写成如下形式：

$$\boldsymbol{k}^e=t\int_{-1}^{1}\int_{-1}^{1}\boldsymbol{B}^{\mathrm{T}}\boldsymbol{D}\boldsymbol{B}|\boldsymbol{J}|\mathrm{d}\xi\mathrm{d}\eta\tag{5-105}$$

矩形单元的位移模式比平面三角形单元的线性位移模式增添了$\xi\eta$项(相当于 xy 项)，这种位移模式称为双线性模式。在这种模式下，单元内的应变分量不是常量，这一点可以从应变矩阵 $\boldsymbol{B}$ 的表达式中看出。

由矩形单元的应力矩阵表达式可以看出，矩形单元中的应力分量也都不是常量。其中，正应力分量σ_x的主要项(即不与μ相乘的项)沿 y 方向线性变化，而正应力分量σ_y的主要项则是沿 x 方向线性变化、剪应力分量τ_{xy}沿 x 及 y 两个方向都是线性变化的。因此，采用相同数目的节点，矩形单元的精度要比平面三角形单元的精度高。

但是，矩形单元存在一些明显的缺点：①矩形单元不能适应斜交的边界和曲线边界；②不便于对不同部位采用不同大小的单元。

4)整体结构有限元方程

与平面三角形单元相同，将各单元的$\boldsymbol{k}^e$、$\boldsymbol{\delta}^e$和$\boldsymbol{R}^e$都扩充到整体结构自由度的维数，再进行叠加，可得到整个结构的平衡方程，即$\boldsymbol{K\delta}=\boldsymbol{R}$。方法有直接组集法和转换矩阵法。

5.3.3 高斯积分法简介

在等参元的单元刚度矩阵计算的积分中，由于矩阵中的每个元素都很复杂，必须采用数值积分方法加以完成，如高斯积分法。在这里对高斯积分法的基本原理进行介绍。

高斯积分法是计算复杂函数的定积分时通常采用的一种数值方法。对于一维定积分问题：

$$\int_{-1}^{1} f(\xi)\mathrm{d}\xi \tag{5-106}$$

近似地化为加权求和问题。在积分区间选定某些点，称为积分点，求出积分点处的函数值，然后乘上与这些积分点相对应的求积系数(又称加权系数)，再求和，所得的结果认为是被积函数的近似积分值。这种求积方法表达如下：

$$\int_{-1}^{1} f(\xi)\mathrm{d}\xi \approx \sum_{i=1}^{n} H_i f(\xi_i) \tag{5-107}$$

式中，n是积分点的个数；ξ_i是积分点i的坐标；H_i是加权系数。

高斯积分法采用以上这种格式，其中积分点坐标ξ_i及其对应的加权系数H_i如表5-3所示。逐次利用一维高斯求积公式可以构造出二维和三维高斯求积公式，即

$$\int_{-1}^{1}\int_{-1}^{1} f(\xi,\eta)\mathrm{d}\xi\mathrm{d}\eta \approx \sum_{i=1}^{n}\sum_{j=1}^{m} H_i H_j f(\xi_i,\eta_j) \tag{5-108}$$

$$\int_{-1}^{1}\int_{-1}^{1}\int_{-1}^{1} f(\xi,\eta,\zeta)\mathrm{d}\xi\mathrm{d}\eta\mathrm{d}\zeta \approx \sum_{i=1}^{n}\sum_{j=1}^{m}\sum_{k=1}^{l} H_i H_j H_k f(\xi_i,\eta_j,\zeta_k) \tag{5-109}$$

表5-3 高斯积分法中的积分点坐标和加权系数

积分点数 n	积分点坐标 ξ_i	加权系数 H_i
2	±0.5773503	1.0000000
3	0000000	8888889
	±0.7745967	0.5555556
4	±0.8611363	3478548
	±0.3399810	0.6521452
5	0.0000000	5688889
	±0.9061798	0.2369269
	±0.5384693	0.4786287

高斯积分的阶数通常根据等参元的维数和节点数来选取。例如，平面4节点等参元可取2阶，平面8节点等参元可取3阶，空间8节点等参元可取2阶，而空间20节点等参元可取3阶。

5.3.4 四节点矩形等参元分析举例

现有一个受均匀分布载荷作用的薄板结构，几何尺寸及受力情况如图5-12(a)所示，本节将采用四节点矩形等参元对其静力学问题求解，读者应掌握具体的求解过程。设该结构的弹性模量E=210GPa，泊松比$\mu=0.3$，板厚度t=0.025m，均布载荷$W=3000\mathrm{kN/m^2}$。

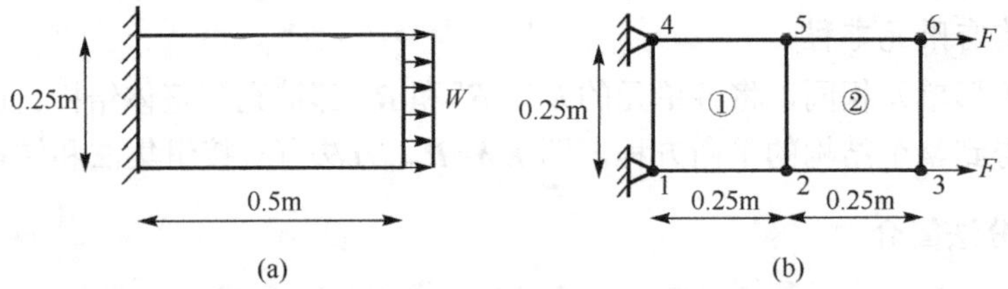

图 5-12　薄板结构力学模型及有限元模型

求解过程如下。

(1)对结构进行离散化。

为了方便说明，将平板仅仅分解为 2 个单元、6 个节点，如图 5-12(b)所示。分布载荷的总作用力平均分给节点 3 和节点 6。每个节点力为

$$F=\frac{3000\times 0.025\times 0.25}{2}=9.375\ (\text{kN})$$

节点坐标如表 5-4 所示。

表 5-4　节点坐标

坐标值＼节点	1	2	3	4	5	6
x	0	0.25	0.5	0	0.25	0.5
y	0	0	0	0.25	0.25	0.25

(2)求解单元的刚度矩阵。

四节点四边形单元的单元刚度矩阵的表达式为

$$\boldsymbol{k}^e=t\int_{-1}^{1}\int_{-1}^{1}\boldsymbol{B}^{\mathrm{T}}\boldsymbol{D}\boldsymbol{B}\left|\boldsymbol{J}\right|\mathrm{d}\xi\mathrm{d}\eta$$

其中

$$\boldsymbol{J}=\begin{bmatrix}J_{11} & J_{12}\\ J_{21} & J_{22}\end{bmatrix}$$

而

$$J_{11}=\frac{\partial x}{\partial \xi}=\frac{1}{4}\left[-x_1(1-\eta)+x_2(1-\eta)+x_3(1+\eta)-x_4(1+\eta)\right]$$

$$J_{12}=\frac{\partial y}{\partial \xi}=\frac{1}{4}\left[-y_1(1-\eta)+y_2(1-\eta)+y_3(1+\eta)-y_4(1+\eta)\right]$$

$$J_{21}=\frac{\partial x}{\partial \eta}=\frac{1}{4}\left[-x_1(1-\xi)-x_2(1+\xi)+x_3(1+\xi)+x_4(1-\xi)\right]$$

$$J_{21}=\frac{\partial y}{\partial \eta}=\frac{1}{4}\left[-y_1(1-\xi)-y_2(1+\xi)+y_3(1+\xi)+y_4(1-\xi)\right]$$

$$\boldsymbol{B}=\frac{1}{\left|\boldsymbol{J}\right|}\left[\boldsymbol{B}_1\quad \boldsymbol{B}_2\quad \boldsymbol{B}_3\quad \boldsymbol{B}_4\right]$$

应变矩阵中的每一项为

$$
\boldsymbol{B}_i=\begin{bmatrix} J_{22}\dfrac{\partial N_i}{\partial \xi}-J_{12}\dfrac{\partial N_i}{\partial \eta} & 0 \\ 0 & J_{11}\dfrac{\partial N_i}{\partial \eta}-J_{21}\dfrac{\partial N_i}{\partial \xi} \\ J_{11}\dfrac{\partial N_i}{\partial \eta}-J_{21}\dfrac{\partial N_i}{\partial \xi} & J_{22}\dfrac{\partial N_i}{\partial \xi}-J_{12}\dfrac{\partial N_i}{\partial \eta} \end{bmatrix},\quad i=1,2,3,4
$$

弹性矩阵 $\boldsymbol{D}$ 为

$$
\boldsymbol{D}=\frac{E}{1-\mu^2}\begin{bmatrix} 1 & \mu & 0 \\ \mu & 1 & 0 \\ 0 & 0 & \dfrac{1-\mu}{2} \end{bmatrix}
$$

由此可以求得两个单元的刚度矩阵，分别为

K1=

1.0e+006*

2.5962	0.9375	−1.5865	−0.0721	−1.2981	−0.9375	0.2885	0.0721
0.9375	2.5962	0.0721	0.2885	−0.9375	−1.2981	−0.0721	−1.5865
−1.5865	0.0721	2.5962	−0.9375	0.2885	−0.0721	−1.2981	0.9375
−0.0721	0.2885	−0.9375	2.5962	0.0721	−1.5865	0.93750	−1.2981
−1.2981	−0.9375	0.2885	0.0721	2.5962	0.9375	−1.5865	−0.07211
−0.9375	−1.2981	−0.0721	−1.5865	0.9375	2.5962	0.0721	0.2885
0.2885	−0.0721	−1.2981	0.9375	−1.5865	0.0721	2.5962	−0.9375
0.0721	−1.5865	0.9375	−1.2981	−0.07218	0.2885	−0.9375	2.5962

K2=

1.0e+006*

2.5962	0.9375	−1.5865	−0.0721	−1.2981	−0.9375	0.2885	0.0721
0.9375	2.5962	0.0721	0.2885	−0.9375	−1.2981	−0.0721	−1.5865
−1.5865	0.0721	2.5962	−0.9375	0.2885	−0.0721	−1.2981	0.9375
−0.0721	0.2885	−0.9375	2.5962	0.0721	−1.5865	0.93750	−1.2981
−1.2981	−0.9375	0.2885	0.0721	2.5962	0.9375	−1.5865	−0.07211
−0.9375	−1.2981	−0.0721	−1.5865	0.9375	2.5962	0.0721	0.2885
0.2885	−0.0721	−1.2981	0.9375	−1.5865	0.0721	2.5962	−0.9375
0.0721	−1.5865	0.9375	−1.2981	−0.07218	0.2885	−0.9375	2.5962

(3)组集整体刚度矩阵。

利用直接组集法，可以将上述单元组集成整体刚度矩阵，由于共有 6 个节点，整体刚度矩阵是一个 12×12 的方阵，具体值为

K=

1.0e+006*

Columns 1 through 7

2.5962	0.9375	−1.5865	−0.0721	0	0	0.2885
0.9375	2.5962	0.0721	0.2885	0	0	−0.0721
−1.5865	0.0721	5.1923	0	−1.5865	−0.0721	−1.2981
−0.0721	0.2885	0	5.1923	0.0721	0.2885	0.9375
0	0	−1.5865	0.0721	2.5962	−0.9375	0
0	0	−0.0721	0.2885	−0.9375	2.5962	0
0.2885	−0.0721	−1.2981	0.9375	0	0	2.5962
0.0721	−1.5865	0.9375	−1.2981	0	0	−0.9375
−1.2981	−0.9375	0.5769	0	−1.2981	0.9375	−1.5865
−0.9375	−1.2981	0	−3.1731	0.9375	−1.2981	0.0721
0	0	−1.2981	−0.9375	0.2885	0.0721	0
0	0	−0.9375	−1.2981	−0.0721	−1.5865	0

Columns 8 through 12

0.0721	−1.2981	−0.9375	0	0
−1.5865	−0.9375	−1.2981	0	0
0.9375	0.5769	0	−1.2981	−0.9375
−1.2981	0	−3.1731	−0.9375	−1.2981
0	−1.2981	0.9375	0.2885	−0.0721
0	0.9375	−1.2981	0.0721	−1.5865
−0.9375	−1.5865	0.0721	0	0
2.5962	−0.0721	0.2885	0	0
−0.0721	5.1923	0	−1.5865	0.0721
0.2885	0	5.1923	−0.0721	0.2885
0	−1.5865	−0.0721	2.5962	0.9375
0	0.0721	0.2885	0.9375	2.5962

(4)引入边界条件。

节点位移列阵为

$$\boldsymbol{U}=[U_{1x}\quad U_{1y}\quad U_{2x}\quad U_{2y}\quad U_{3x}\quad U_{3y}\quad U_{4x}\quad U_{4y}\quad U_{5x}\quad U_{5y}\quad U_{6x}\quad U_{6y}]^{\mathrm{T}}$$

节点力列阵为

$$\boldsymbol{F}=[F_{1x}\quad F_{1y}\quad F_{2x}\quad F_{2y}\quad F_{3x}\quad F_{3y}\quad F_{4x}\quad F_{4y}\quad F_{5x}\quad F_{5y}\quad F_{6x}\quad F_{6y}]^{\mathrm{T}}$$

由图 5-12(b)可知

$$U_{1x}=U_{1y}=U_{4x}=U_{4y}=0$$

$$F_{2x}=F_{2y}=F_{5x}=F_{5y}=0$$

$$F_{3x}=9.375,\quad F_{3y}=0,\quad F_{6x}=9.375,\quad F_{6y}=0$$

整体节点位移的求解方程为

$$\boldsymbol{K}_{12\times12}\cdot\boldsymbol{U}=\boldsymbol{F}$$

将边界条件代入上述方程，即引入了位移边界条件和力边界条件。因为节点 1 和节点 4

的位移为 0，所以提取整体刚度矩阵的第 3～6 行、第 9～12 行的第 3～6 列、第 9～12 列作为子矩阵，得到新的求解方程：

$$\boldsymbol{K}'_{8\times8}\cdot\boldsymbol{U}'=\boldsymbol{F}'$$

$$\boldsymbol{U}'=[U_{2x}\quad U_{2y}\quad U_{3x}\quad U_{3y}\quad U_{5x}\quad U_{5y}\quad U_{6x}\quad U_{6y}]^{\mathrm{T}}$$

$$\boldsymbol{F}'=[0\quad 0\quad 9.375\quad 0\quad 0\quad 0\quad 9.375\quad 0]^{\mathrm{T}}$$

(5)解方程。

引入边界条件后可以进行求解，结果为

```
U'=
  1.0e-008*
    0.3440
    0.0632
    0.7030
    0.0503
    0.3440
   -0.0632
    0.7030
   -0.0503
```

接下来可以求出节点 1、4 的节点力，以及利用几何方程及物理方程求出每个单元的应变和应力，不再叙述。

以上计算过程的 MATLAB 程序如下：

```
clear
format short
%(1)赋值
E=210e9;                %弹性模量
NU=0.3;                 %泊松比
h=0.025;                %单元厚度
xy1=...
  [0     0
  0.25 0
  0.25 0.25
  0       0.25];        %单元(1)的节点坐标
xy2=...
    [0.25 0
     0.5    0
     0.5    0.25
     0.25 0.25];        %单元(2)的节点坐标
 p=1;                   %平面应力问题
NJ=6;                   %节点总数
Nd=2;                   %单元总数
Code=...                %单元编码
[1 2 5 4
 2 3 6 5];
```

```
%(2)求第一个单元的刚度矩阵
x1=xy1(1,1);
y1=xy1(1,2);
x2=xy1(2,1);
y2=xy1(2,2);
x3=xy1(3,1);
y3=xy1(3,2);
x4=xy1(4,1);
y4=xy1(4,2);
syms s t;%局部坐标
a=(y1*(s-1)+y2*(-1-s)+y3*(1+s)+y4*(1-s))/4;
b=(y1*(t-1)+y2*(1-t)+y3*(1+t)+y4*(-1-t))/4;
c=(x1*(t-1)+x2*(1-t)+x3*(1+t)+x4*(-1-t))/4;
d=(x1*(s-1)+x2*(-1-s)+x3*(1+s)+x4*(1-s))/4;
B1=...
   [a*(t-1)/4-b*(s-1)/4      0
    0                        c*(s-1)/4-d*(t-1)/4
    c*(s-1)/4-d*(t-1)/4      a*(t-1)/4-b*(s-1)/4];
B2=...
    [a*(1-t)/4-b*(-1-s)/4    0
    0                        c*(-1-s)/4-d*(1-t)/4
    c*(-1-s)/4-d*(1-t)/4     a*(1-t)/4-b*(-1-s)/4];
B3=...
    [a*(t+1)/4-b*(s+1)/4     0
     0                       c*(s+1)/4-d*(t+1)/4
     c*(s+1)/4-d*(t+1)/4     a*(t+1)/4-b*(s+1)/4];
 B4=...
     [a*(-1-t)/4-b*(1-s)/4   0
      0                      c*(1-s)/4-d*(-1-t)/4
      c*(1-s)/4-d*(-1-t)/4   a*(-1-t)/4-b*(1-s)/4];
  Bfirst=[B1 B2 B3 B4];
  Jfirst=...
      [0    1-t   t-s   s-1
      t-1    0    s+1   -s-t
      s-t   -s-1   0    t+1
      1-s   s+t   -t-1   0];
  J=[x1 x2 x3 x4]*Jfirst*[y1;y2;y3;y4]/8;
  B=Bfirst/J; %以上求出应变矩阵
  if p==1 %平面应力问题
     D=(E/(1-NU^2))*...
       [ 1   NU   0
         NU   1    0
         0    0    (1-NU)/2];
 else P==2 %平面应变问题，仅 D 矩阵不同
      D=(E/(1+NU)/(1-2*NU))*...
          [1-NU    NU    0
```

```
            NU       1-NU     0
            0          0       (1-2*NU)/2];
    end
    BD=J*transpose(B)*D*B;
    r=int(int(BD,t,-1,1),s,-1,1);
    z=h*r;
    K1=double(z);%该语句把原来字符型变成数值型
 %(3)求第二个单元的刚度矩阵
x1=xy2(1,1);
y1=xy2(1,2);
x2=xy2(2,1);
y2=xy2(2,2);
x3=xy2(3,1);
y3=xy2(3,2);
x4=xy2(4,1);
y4=xy2(4,2);
syms s t;
a=(y1*(s-1)+y2*(-1-s)+y3*(1+s)+y4*(1-s))/4;
b=(y1*(t-1)+y2*(1-t)+y3*(1+t)+y4*(-1-t))/4;
c=(x1*(t-1)+x2*(1-t)+x3*(1+t)+x4*(-1-t))/4;
d=(x1*(s-1)+x2*(-1-s)+x3*(1+s)+x4*(1-s))/4;
B1=...
    [a*(t-1)/4-b*(s-1)/4        0
     0                           c*(s-1)/4-d*(t-1)/4
     c*(s-1)/4-d*(t-1)/4        a*(t-1)/4-b*(s-1)/4];
B2=...
     [a*(1-t)/4-b*(-1-s)/4      0
      0                          c*(-1-s)/4-d*(1-t)/4
      c*(-1-s)/4-d*(1-t)/4      a*(1-t)/4-b*(-1-s)/4];
B3=...
     [a*(t+1)/4-b*(s+1)/4       0
      0                          c*(s+1)/4-d*(t+1)/4
      c*(s+1)/4-d*(t+1)/4       a*(t+1)/4-b*(s+1)/4];
 B4=...
      [a*(-1-t)/4-b*(1-s)/4     0
       0                         c*(1-s)/4-d*(-1-t)/4
       c*(1-s)/4-d*(-1-t)/4     a*(-1-t)/4-b*(1-s)/4];
    Bfirst=[B1 B2 B3 B4];
    Jfirst=...
        [0     1-t    t-s    s-1
         t-1    0     s+1    -s-t
         s-t   -s-1    0     t+1
         1-s   s+t   -t-1    0];
    J=[x1 x2 x3 x4]*Jfirst*[y1;y2;y3;y4]/8;
    B=Bfirst/J; %以上求出应变矩阵
    if p==1 %平面应力问题
       D=(E/(1-NU^2))*...
```

```
        [1   NU   0
         NU   1    0
         0    0    (1-NU)/2];
  else P==2
        D=(E/(1+NU)/(1-2*NU))*...
          [1-NU    NU    0
           NU      1-NU    0
           0       0     (1-2*NU)/2];
  end
  BD=J*transpose(B)*D*B;
  r=int(int(BD,t,-1,1),s,-1,1);%数值积分
  z=h*r;
  K2=double(z);%该语句把原来字符型变成数值型
  %(4)刚度矩阵的组集
Kd=[];%存放单元刚度矩阵
Kd(:,:,1)=K1;
Kd(:,:,2)=K2;
Kz=zeros(2*NJ,2*NJ);
for e=1:2  %共两个单元
    I=Code(e,1);
    J=Code(e,2);
    M=Code(e,3);
    N=Code(e,4);
%单元刚度矩阵的扩展
Kz(2*I-1:2*I,2*I-1:2*I)=Kz(2*I-1:2*I,2*I-1:2*I)+Kd(1:2,1:2,e);
Kz(2*I-1:2*I,2*J-1:2*J)=Kz(2*I-1:2*I,2*J-1:2*J)+Kd(1:2,3:4,e);
Kz(2*I-1:2*I,2*M-1:2*M)=Kz(2*I-1:2*I,2*M-1:2*M)+Kd(1:2,5:6,e);
Kz(2*I-1:2*I,2*N-1:2*N)=Kz(2*I-1:2*I,2*N-1:2*N)+Kd(1:2,7:8,e);
%========================
Kz(2*J-1:2*J,2*I-1:2*I)=Kz(2*J-1:2*J,2*I-1:2*I)+Kd(3:4,1:2,e);
Kz(2*J-1:2*J,2*J-1:2*J)=Kz(2*J-1:2*J,2*J-1:2*J)+Kd(3:4,3:4,e);
Kz(2*J-1:2*J,2*M-1:2*M)=Kz(2*J-1:2*J,2*M-1:2*M)+Kd(3:4,5:6,e);
Kz(2*J-1:2*J,2*N-1:2*N)=Kz(2*J-1:2*J,2*N-1:2*N)+Kd(3:4,7:8,e);
%========================
Kz(2*M-1:2*M,2*I-1:2*I)=Kz(2*M-1:2*M,2*I-1:2*I)+Kd(5:6,1:2,e);
Kz(2*M-1:2*M,2*J-1:2*J)=Kz(2*M-1:2*M,2*J-1:2*J)+Kd(5:6,3:4,e);
Kz(2*M-1:2*M,2*M-1:2*M)=Kz(2*M-1:2*M,2*M-1:2*M)+Kd(5:6,5:6,e);
Kz(2*M-1:2*M,2*N-1:2*N)=Kz(2*M-1:2*M,2*N-1:2*N)+Kd(5:6,7:8,e);
%========================
Kz(2*N-1:2*N,2*I-1:2*I)=Kz(2*N-1:2*N,2*I-1:2*I)+Kd(7:8,1:2,e);
Kz(2*N-1:2*N,2*J-1:2*J)=Kz(2*N-1:2*N,2*J-1:2*J)+Kd(7:8,3:4,e);
Kz(2*N-1:2*N,2*M-1:2*M)=Kz(2*N-1:2*N,2*M-1:2*M)+Kd(7:8,5:6,e);
Kz(2*N-1:2*N,2*N-1:2*N)=Kz(2*N-1:2*N,2*N-1:2*N)+Kd(7:8,7:8,e);
end
  %(4)引入边界条件
%提取出的新总体刚度矩阵
Kx=[Kz(3:6,3:6) Kz(3:6,9:12);Kz(9:12,3:6) Kz(9:12,9:12)];
F=...
```

```
    [0
     0
     9.375
     0
     0
     0
     9.375
     0];
  U=Kx\F;
  %求解出的整体位移，不包括约束位移点
```

5.4 机械结构的动力有限元法

对于机械工程中的结构和系统动力学问题，有限元法也是非常有效的数值计算方法。与机械结构静力学分析的有限元法一样，动力学问题的有限元法也是把要分析的对象离散为有限个单元群的组合体，即离散为以有限个节点位移为广义坐标的多自由度系统。其主要过程为：首先进行每个单元的特性分析，包括进行单元刚度矩阵、单元质量矩阵的计算、单元阻尼矩阵的计算，再把各个单元的特性矩阵组集起来，组成结构的总刚度矩阵、总质量矩阵和总阻尼矩阵，从而形成整个结构的动力学方程，之后再进行求解。本节介绍机械结构的动力有限元法，包括利用有限元求解机械结构的固有动特性、典型工况下的动态响应。

5.4.1 单元动力学方程的建立

采用有限元法进行机械结构的动力学分析时，用单元进行结构离散化的过程和离散时所采用的单元类型，以及结构整体刚度矩阵的组集过程，都与前述静力学分析相似，不再重复介绍，这里重点介绍动力学方程的建立方法。

1) 单元位移、速度和加速度定义

有限元法是将结构离散为有限个单元的组合体。在结构动力学分析中，单元内任意点的位移不仅是坐标的函数，而且是时间的函数。将位移分解为三个坐标轴方向的分量，相应地速度和加速度(位移对时间的一阶导数和二阶导数)也分解为三个分量，即有

$$\boldsymbol{\delta}=\begin{bmatrix}u\\v\\w\end{bmatrix},\quad \dot{\boldsymbol{\delta}}=\frac{\mathrm{d}(\boldsymbol{\delta})}{\mathrm{d}t}=\begin{bmatrix}\dfrac{\mathrm{d}u}{\mathrm{d}t}\\\dfrac{\mathrm{d}v}{\mathrm{d}t}\\\dfrac{\mathrm{d}\omega}{\mathrm{d}t}\end{bmatrix}=\begin{bmatrix}\dot{u}\\\dot{v}\\\dot{w}\end{bmatrix},\quad \ddot{\boldsymbol{\delta}}=\frac{\mathrm{d}^2(\boldsymbol{\delta})}{\mathrm{d}t^2}=\begin{bmatrix}\dfrac{\mathrm{d}^2u}{\mathrm{d}t^2}\\\dfrac{\mathrm{d}^2v}{\mathrm{d}t^2}\\\dfrac{\mathrm{d}^2w}{\mathrm{d}t^2}\end{bmatrix}=\begin{bmatrix}\ddot{u}\\\ddot{v}\\\ddot{w}\end{bmatrix}\tag{5-110}$$

在静力学问题中，单元内任意一点的位移可以写成以节点位移为参数的插值多项式的形式，用形函数矩阵的方式来表示如下：

$$\boldsymbol{\delta}=\boldsymbol{N}\boldsymbol{\delta}^e\tag{5-111}$$

相应地写出单元内任一点的应变与节点位移的关系，以及应力与节点位移的关系，分别对应用应变矩阵 $\boldsymbol{B}$ 和应力矩阵 $\boldsymbol{S}$ 来表达，即

$$\boldsymbol{\varepsilon} = \boldsymbol{B\delta}^e \tag{5-112}$$

$$\boldsymbol{\sigma} = \boldsymbol{S\delta}^e \tag{5-113}$$

在结构动力学分析中，由式(5-110)和式(5-111)可以得到单元内任一点的速度和加速度也分别满足如下形函数矩阵表达的插值关系：

$$\dot{\boldsymbol{\delta}} = \boldsymbol{N}\dot{\boldsymbol{\delta}}^e \tag{5-114}$$

$$\ddot{\boldsymbol{\delta}} = \boldsymbol{N}\ddot{\boldsymbol{\delta}}^e \tag{5-115}$$

2)单元动力学方程的推导

采用虚功原理推导单元的动力学方程。在动载荷作用下，对于任一瞬时，假定单元中的任一点的虚位移为 $\boldsymbol{\delta}^*$，且该点产生了与虚位移相协调的虚应变 $\boldsymbol{\varepsilon}^*$。对于一个已知的瞬态应力 $\boldsymbol{\sigma}$，可以写出结构在给定瞬时的单元上的全部应力对应虚应变的单元应变能为

$$U = \iiint_V \boldsymbol{\varepsilon}^{*\mathrm{T}} \boldsymbol{\sigma} \mathrm{d}x\mathrm{d}y\mathrm{d}z = \iiint_V \boldsymbol{\varepsilon}^{*\mathrm{T}} \boldsymbol{\sigma} \mathrm{d}V \tag{5-116}$$

在动力学问题中，除了施加在节点上、与时间有关系的外载荷外，还应包括结构的惯性力和阻尼力。其中，惯性力与结构的加速度成正比，但方向相反。设单元材料的密度为 ρ，则单位体积的惯性力为

$$\boldsymbol{f}_\rho = -\rho\ddot{\boldsymbol{\delta}} \tag{5-117}$$

对于黏性阻尼力，其与速度成正比，但方向相反。假设黏性阻尼系数为 v，则单位体积的阻尼力为

$$\boldsymbol{f}_v = -v\dot{\boldsymbol{\delta}} \tag{5-118}$$

这样，单元上的惯性力和阻尼力所做的虚功，可由式(5-117)和式(5-118)分别乘以单元任意点上的虚位移 $\boldsymbol{\delta}^{*e}$，并对单元体积域积分得到，即

$$W_\rho = -\iiint_V \boldsymbol{\delta}^{*e\mathrm{T}} \rho\ddot{\boldsymbol{\delta}} \mathrm{d}V \tag{5-119}$$

$$W_v = -\iiint_V \boldsymbol{\delta}^{*e\mathrm{T}} v\dot{\boldsymbol{\delta}} \mathrm{d}V \tag{5-120}$$

设单元节点上还作用有外激力 $\boldsymbol{F}^e$，所对应的虚功为

$$W_F = \boldsymbol{\delta}^{*e\mathrm{T}} \boldsymbol{F}^e \tag{5-121}$$

式中，$\boldsymbol{\delta}^{*e\mathrm{T}}$ 为单元的节点虚位移矢量。

把虚功方程中的外力理解为外加激励力、惯性力和阻尼力，则虚功原理可以表述为：单元节点外激励力、单元的惯性力、单元的阻尼力的虚功之和与单元的应变能相等；即

$$W_F + W_\rho + W_v = U$$

写成如下具体形式

$$\boldsymbol{\delta}^{*e\mathrm{T}} \boldsymbol{F}^e - \iiint_V \boldsymbol{\delta}^{*e\mathrm{T}} \rho\ddot{\boldsymbol{\delta}} \mathrm{d}V - \iiint_V \boldsymbol{\delta}^{*e\mathrm{T}} v\dot{\boldsymbol{\delta}} \mathrm{d}V = \iiint_V \boldsymbol{\varepsilon}^{*\mathrm{T}} \boldsymbol{\sigma} \mathrm{d}V \tag{5-122}$$

由式(5-111)和式(5-112)，可知单元内任一点的速度和加速度分别可以用形函数矩阵与单元节点位移表示，这样式(5-122)可以写成

$$\boldsymbol{\delta}^{*e\mathrm{T}}\boldsymbol{F}^e-\iiint_V\boldsymbol{\delta}^{*e\mathrm{T}}\boldsymbol{N}^{\mathrm{T}}\rho\boldsymbol{N}\ddot{\boldsymbol{\delta}}^e\mathrm{d}V-\iiint_V\boldsymbol{\delta}^{*e\mathrm{T}}\boldsymbol{N}^{\mathrm{T}}\nu\boldsymbol{N}\dot{\boldsymbol{\delta}}^e\mathrm{d}V=\iiint_V\boldsymbol{\delta}^{*e\mathrm{T}}\boldsymbol{B}^{\mathrm{T}}\boldsymbol{D}\boldsymbol{B}\boldsymbol{\delta}^e\mathrm{d}V$$

由于虚位移 $\boldsymbol{\delta}^{*e}$ 取任意值时上式均成立，可以把它从等式两端消去，则变为

$$\left(\iiint_V\boldsymbol{B}^{\mathrm{T}}\boldsymbol{D}\boldsymbol{B}\mathrm{d}V\right)\boldsymbol{\delta}^e+\left(\iiint_V\boldsymbol{N}^{\mathrm{T}}\rho\boldsymbol{N}\mathrm{d}V\right)\ddot{\boldsymbol{\delta}}^e+\left(\iiint_V\boldsymbol{N}^{\mathrm{T}}\nu\boldsymbol{N}\mathrm{d}V\right)\dot{\boldsymbol{\delta}}^e=\boldsymbol{F}^e \tag{5-123}$$

式(5-123)中左端第一项是单元刚度矩阵乘以节点位移，代表单元的节点等效弹性力；左端第二项、第三项分别是节点等效惯性力和节点等效阻尼力。

式(5-123)的物理意义是：在结构动力学问题中，单元节点上的等效弹性力、等效惯性力和等效阻尼力将与外加激励力相平衡。

从式(5-123)还可看出，$\iiint_V\boldsymbol{N}^{\mathrm{T}}\rho\boldsymbol{N}\mathrm{d}V$ 和 $\iiint_V\boldsymbol{N}^{\mathrm{T}}\nu\boldsymbol{N}\mathrm{d}V$ 对单元来说，具有质量和阻尼的性质。因此，令

$$\boldsymbol{m}^e=\iiint_V\boldsymbol{N}^{\mathrm{T}}\rho\boldsymbol{N}\mathrm{d}\boldsymbol{V} \tag{5-124}$$

$$\boldsymbol{c}^e=\iiint_V\boldsymbol{N}^{\mathrm{T}}\nu\boldsymbol{N}\mathrm{d}\boldsymbol{V} \tag{5-125}$$

式中，$\boldsymbol{m}^e$ 为单元质量矩阵；$\boldsymbol{c}^e$ 为单元阻尼矩阵。而 $\iiint_V\boldsymbol{B}^{\mathrm{T}}\boldsymbol{D}\boldsymbol{B}\mathrm{d}V$ 就是单元刚度矩阵，即 $\boldsymbol{k}^e=\iiint_V\boldsymbol{B}^{\mathrm{T}}\boldsymbol{D}\boldsymbol{B}\mathrm{d}V$ 。

这样，在动力学分析中，单元的动力学方程具有如下形式，其中单元质量矩阵、单元阻尼矩阵分别如式(5-124)和式(5-125)所示，即

$$\boldsymbol{m}^e\ddot{\boldsymbol{\delta}}^e+\boldsymbol{c}^e\dot{\boldsymbol{\delta}}^e+\boldsymbol{k}^e\boldsymbol{\delta}^e=\boldsymbol{F}^e \tag{5-126}$$

3)单元质量矩阵和单元阻尼矩阵

在有限元动力学分析中，单元质量矩阵、单元阻尼矩阵与单元刚度矩阵都是十分重要的。为了更好地理解单元质量矩阵和单元阻尼矩阵，以下做进一步的解释。

如式(5-127)所表达的单元质量矩阵又称为单元协调质量矩阵或单元一致质量矩阵：

$$\boldsymbol{m}^e=\int_{V_e}\rho\boldsymbol{N}^{\mathrm{T}}\boldsymbol{N}\mathrm{d}V \tag{5-127}$$

单元协调质量矩阵采用了与推导单元刚度矩阵一致的形函数矩阵。

对于一个平面三角形常应变单元，如前所述，其形函数矩阵为 $\boldsymbol{N}=[N_1\ N_2\ N_3]\boldsymbol{I}$ ，其中，$\boldsymbol{I}$ 是 2×2 单位矩阵，$N_i=(a_i+b_ix+c_iy)/(2\varDelta)$, $i=1,2,3$ ，系数 a_i、b_i、c_i 的具体表达式见前面介绍内容，$\varDelta$ 是三角形单元面积。可以计算得到平面三角形常应变单元的协调质量矩阵的具体表达式为

$$\boldsymbol{m}^e = \frac{\rho t \Delta}{12}\begin{bmatrix} 2 & 0 & 1 & 0 & 1 & 0 \\ 0 & 2 & 0 & 1 & 0 & 1 \\ 1 & 0 & 2 & 0 & 1 & 0 \\ 0 & 1 & 0 & 2 & 0 & 1 \\ 1 & 0 & 1 & 0 & 2 & 0 \\ 0 & 1 & 0 & 1 & 0 & 2 \end{bmatrix} \tag{5-128}$$

对于等参数单元，设其形函数矩阵为 $\boldsymbol{N}(\xi,\eta,\zeta)$，单元协调质量矩阵的表达式为

$$\boldsymbol{m}^e = \int_{-1}^{1}\int_{-1}^{1}\int_{-1}^{1} \rho \boldsymbol{N}^{\mathrm{T}} \boldsymbol{N} \,|\, \boldsymbol{J} \,|\, \mathrm{d}\xi \mathrm{d}\eta \mathrm{d}\zeta \tag{5-129}$$

在有限元动力学计算中，还经常采用单元集中质量矩阵的形式。也就是，假设单元的质量分散在单元的所有节点上，即把每个单元的分布质量按静力学的平行分解原理分配到每个节点上，形成一个阶数等于单元自由度数的主对角线质量矩阵，其他非主角线元素均为 0。例如，对于平面三角形常应变单元，其单元集中质量矩阵为

$$\boldsymbol{m}^e = \frac{\rho t \Delta}{3}\begin{bmatrix} 1 & 0 & 0 & 0 & 0 & 0 \\ 0 & 1 & 0 & 0 & 0 & 0 \\ 0 & 0 & 1 & 0 & 0 & 0 \\ 0 & 0 & 0 & 1 & 0 & 0 \\ 0 & 0 & 0 & 0 & 1 & 0 \\ 0 & 0 & 0 & 0 & 0 & 1 \end{bmatrix} \tag{5-130}$$

对于前面所述的单元阻尼矩阵即单元协调阻尼矩阵

$$\boldsymbol{c}^e = \int_{V_e} v \boldsymbol{N}^{\mathrm{T}} \boldsymbol{N} \mathrm{d}V \tag{5-131}$$

它取决于假设阻尼力正比于质点运动速度，即通常的黏性阻尼假设。除了这种形式的单元阻尼矩阵外，在有限元动力学分析中，还经常采用另一种形式的比例阻尼，即采用单元质量矩阵和单元刚度矩阵的线性组合作为单元阻尼矩阵，具体如下：

$$\boldsymbol{c}^e = \alpha \boldsymbol{m}^e + \beta \boldsymbol{k}^e \tag{5-132}$$

式中，α、β 是不依赖于频率的常数，称为比例阻尼系数。比例阻尼又称为瑞利阻尼(Rayleigh damping)。

5.4.2 机械结构整体动力学方程的建立

在建立了单元的动力学方程之后，接下来需要建立机械结构的整体动力学有限元方程。考虑单元刚度矩阵、单元质量矩阵和单元阻尼矩阵均是在本单元自己的局部坐标系下定义的情况，首先需要对它们进行坐标变换。

根据前面给出的单元局部坐标系与结构整体坐标系的坐标变换关系，可以写出这两种坐标系之间、单元节点位移之间的变换关系为

$$\boldsymbol{\delta}^e = \boldsymbol{T} \bar{\boldsymbol{\delta}}^e \tag{5-133}$$

式中，$\boldsymbol{\delta}^e$ 为节点相对于局部坐标系的位移矢量；$\bar{\boldsymbol{\delta}}^e$ 为节点相对于统一坐标系的位移矢量；$\boldsymbol{T}$ 为单元的坐标变换矩阵。

相应地，单元节点速度和加速度的变换关系为

$$\dot{\boldsymbol{\delta}}^e = \boldsymbol{T}\dot{\overline{\boldsymbol{\delta}}}^e,\quad \ddot{\boldsymbol{\delta}}^e = \boldsymbol{T}\ddot{\overline{\boldsymbol{\delta}}}^e \tag{5-134}$$

由于虚功是一个标量，与坐标系无关，所以在两种坐标系中，单元惯性力所做的虚功应相等，即

$$\overline{\boldsymbol{\delta}}^{*e\mathrm{T}}(-\overline{\boldsymbol{m}}^e\ddot{\overline{\boldsymbol{\delta}}}^e) = \boldsymbol{\delta}^{*e\mathrm{T}}(-\boldsymbol{m}^e\ddot{\boldsymbol{\delta}}^e) \tag{5-135}$$

式中，$\overline{\boldsymbol{m}}^e$、$\boldsymbol{m}^e$ 分别为整体坐标系和局部坐标系下的单元质量矩阵。

将式(5-133)和式(5-134)代入式(5-135)，可得

$$\overline{\boldsymbol{\delta}}^{*e\mathrm{T}}(-\overline{\boldsymbol{m}}^e\ddot{\overline{\boldsymbol{\delta}}}^e) = \overline{\boldsymbol{\delta}}^{*e\mathrm{T}}\boldsymbol{T}^{\mathrm{T}}(-\boldsymbol{m}^e\boldsymbol{T}\ddot{\overline{\boldsymbol{\delta}}}^e) = -\overline{\boldsymbol{\delta}}^{*e\mathrm{T}}(\boldsymbol{T}^{\mathrm{T}}\boldsymbol{m}^e\boldsymbol{T})\ddot{\overline{\boldsymbol{\delta}}}^e$$

因为虚位移是任意的，所以可以从等式的两端消去，得

$$\overline{\boldsymbol{m}}^e\ddot{\overline{\boldsymbol{\delta}}}^e = \boldsymbol{T}^{\mathrm{T}}\boldsymbol{m}^e\boldsymbol{T}\ddot{\overline{\boldsymbol{\delta}}}^e$$

从上式可以得到整体坐标系下的单元质量矩阵与局部坐标余下的单元质量矩阵的关系为

$$\overline{\boldsymbol{m}}^e = \boldsymbol{T}^{\mathrm{T}}\boldsymbol{m}^e\boldsymbol{T} \tag{5-136}$$

同理，可以得到整体坐标系下的单元阻尼矩阵与局部坐标系下单元阻尼矩阵的变换关系式为

$$\overline{\boldsymbol{c}}^e = \boldsymbol{T}^{\mathrm{T}}\boldsymbol{c}^e\boldsymbol{T} \tag{5-137}$$

在进行结构的整体集成时，是将各个单元的质量矩阵、阻尼矩阵、刚度矩阵进行坐标变换后的 $\overline{\boldsymbol{m}}^e$、$\overline{\boldsymbol{c}}^e$、$\overline{\boldsymbol{k}}^e$ 在整体坐标系进行集成，将得到整体质量矩阵 $\boldsymbol{M}$ 、整体阻尼矩阵 $\boldsymbol{C}$ 和整体刚度矩阵 $\boldsymbol{K}$ 。整个结构的节点位移矢量记为 $\boldsymbol{u}(t)$，全部节点的外载荷矢量记为 $\boldsymbol{F}$ 。最后得到的机械结构的整体动力学有限元方程为

$$\boldsymbol{M}\ddot{\boldsymbol{u}}(t) + \boldsymbol{C}\dot{\boldsymbol{u}}(t) + \boldsymbol{K}\boldsymbol{u}(t) = \boldsymbol{F} \tag{5-138}$$

这是用有限元法求解结构动力学问题的基本方程，式中未考虑结构的边界条件。在求解之前，还应该采用像静力学所述的方法进行边界条件处理。

另外，由于结构的密度 $\rho > 0$，在阻尼系数为正的情况下，可以证明本书所定义的单元质量矩阵、单元阻尼矩阵和单元刚度矩阵均为对称正定的，因而相应的整体矩阵是对称正定的。同整体刚度矩阵一样，整体质量矩阵和整体阻尼矩阵一般也是大型、对称和带状稀疏矩阵。

5.4.3 机械结构的动态有限元分析

1)固有频率和固有振型

不考虑阻尼项的机械结构的动力学方程为

$$\boldsymbol{M}\ddot{\boldsymbol{u}}(t) + \boldsymbol{K}\boldsymbol{u}(t) = 0 \tag{5-139}$$

其解可以假设为以下形式：

$$\boldsymbol{u} = \boldsymbol{\varphi}\sin\omega(t - t_0) \tag{5-140}$$

式中，$\boldsymbol{\varphi}$ 是 n 阶向量；ω 是振动圆频率；t 是时间变量；t_0 是由初始条件确定的时间常数。

将式(5-139)代入式(5-140)，得到如下特征方程(即广义特征值问题)：

$$\boldsymbol{K}\boldsymbol{\varphi} - \omega^2\boldsymbol{M}\boldsymbol{\varphi} = 0,\quad [\boldsymbol{K} - \omega^2\boldsymbol{M}]\boldsymbol{\varphi} = 0 \tag{5-141}$$

求解以上方程可以得到 n 个特征解，即 $(\omega_1^2,\boldsymbol{\varphi}_1),(\omega_2^2,\boldsymbol{\varphi}_2),\cdots,(\omega_n^2,\boldsymbol{\varphi}_n)$，其中特征值 $\omega_1,\omega_2,\cdots,\omega_n$ 代表系统的 n 个固有频率，并且有 $0\leqslant\omega_1<\omega_2<\cdots<\omega_n$。

对于结构的每个固有频率，由式(5-141)可以确定出一组各节点的振幅值，它们互相之间保持固定的比值，但绝对值可任意变化，所构成的向量称为特征向量，在工程上通常称为结构的固有振型。设特征向量 $\boldsymbol{\varphi}_1,\boldsymbol{\varphi}_2,\cdots,\boldsymbol{\varphi}_n$ 代表结构的 n 个固有振型，它们的幅度可按以下比例化的方式加以确定(即正则振型)：

$$\boldsymbol{\varphi}_i^{\mathrm{T}}\boldsymbol{M}\boldsymbol{\varphi}_i=1,\quad i=1,2,\cdots,n \tag{5-142}$$

机械结构的固有振型具有如下性质。

将特征解 $(\omega_i^2,\boldsymbol{\varphi}_i)$、$(\omega_j^2,\boldsymbol{\varphi}_j)$ 代回方程式(5-139)，得

$$\boldsymbol{K}\boldsymbol{\varphi}_i=\omega_i^2\boldsymbol{M}\boldsymbol{\varphi}_i,\quad \boldsymbol{K}\boldsymbol{\varphi}_j=\omega_j^2\boldsymbol{M}\boldsymbol{\varphi}_j \tag{5-143}$$

式(5-143)前一式两端左乘 $\boldsymbol{\varphi}_j^{\mathrm{T}}$，后一式两端左乘 $\boldsymbol{\varphi}_i^{\mathrm{T}}$，由 $\boldsymbol{K}$ 和 $\boldsymbol{M}$ 的对称性推知

$$\boldsymbol{\varphi}_j^{\mathrm{T}}\boldsymbol{K}\boldsymbol{\varphi}_i=\boldsymbol{\varphi}_i^{\mathrm{T}}\boldsymbol{K}\boldsymbol{\varphi}_j \tag{5-144}$$

由此可得

$$(\omega_i^2-\omega_j^2)\boldsymbol{\varphi}_j^{\mathrm{T}}\boldsymbol{M}\boldsymbol{\varphi}_i=0 \tag{5-145}$$

由式(5-145)可知，当 $\omega_i\neq\omega_j$ 时，必有

$$\boldsymbol{\varphi}_j^{\mathrm{T}}\boldsymbol{M}\boldsymbol{\varphi}_i=0 \tag{5-146}$$

式(5-146)表明固有振型对于矩阵 $\boldsymbol{M}$ 是正交的。可将固有振型对于 $\boldsymbol{M}$ 的正则正交性质表示为

$$\boldsymbol{\varphi}_i^{\mathrm{T}}\boldsymbol{M}\boldsymbol{\varphi}_j=\begin{cases}1, & i=j\\ 0, & i\neq j\end{cases} \tag{5-147}$$

进而可得

$$\boldsymbol{\varphi}_i^{\mathrm{T}}\boldsymbol{K}\boldsymbol{\varphi}_j=\begin{cases}\omega_i^2, & i=j\\ 0, & i\neq j\end{cases} \tag{5-148}$$

定义固有振型矩阵 $\boldsymbol{\Phi}=\begin{bmatrix}\boldsymbol{\varphi}_1 & \boldsymbol{\varphi}_2 & \cdots & \boldsymbol{\varphi}_n\end{bmatrix}$，则

$$\boldsymbol{\Omega}^2=\mathrm{diag}(\omega_1^2\quad\omega_2^2\quad\cdots\quad\omega_n^2) \tag{5-149}$$

特征解的性质还可表示为

$$\boldsymbol{\Phi}^{\mathrm{T}}\boldsymbol{M}\boldsymbol{\Phi}=\boldsymbol{I},\quad \boldsymbol{\Phi}^{\mathrm{T}}\boldsymbol{K}\boldsymbol{\Phi}=\boldsymbol{\Omega}^2 \tag{5-150}$$

式中，$\boldsymbol{\Phi}$ 和 $\boldsymbol{\Omega}^2$ 分别是固有振型矩阵和固有频率矩阵。

因此，原特征值问题还可以表示为

$$\boldsymbol{K}\boldsymbol{\Phi}=\boldsymbol{M}\boldsymbol{\Phi}\boldsymbol{\Omega}^2 \tag{5-151}$$

2) 动态响应分析的直接积分法

通常把结构动力分析分为结构的瞬态响应分析和结构的基础响应分析。动力响应问题就是求解动力学方程(5-138)，即在 $\boldsymbol{Q}(t)$ 的作用下，求出作为时间函数的 $\boldsymbol{a}(t)$、$\dot{\boldsymbol{a}}(t)$ 和 $\ddot{\boldsymbol{a}}(t)$。根据所用方法不同，前者又有振型叠加法和逐步积分法；根据结构的基础加速度性质不同，后者又有频率响应分析和谱分析。

直接积分法是将时间的积分区间进行离散化，计算每一段时刻的位移数值。通常的直接积分法是从两个方面解决问题，一是将在求解域 $0<t<T$ 内的任何时刻 t 都应满足运动方程的要求，代之以仅在一定条件下近似地满足运动方程，即将连续时间域内每点都满足的微分平衡方程转化为只在每个节点处满足的节点平衡方程，例如，可以仅在相隔 Δt 的离散时间点满足运动方程；二是以在单元内分片连续的已知变化规律的位移函数，代替空间域内连续的未知函数。从而将通过微分平衡方程求全域内连续的未知函数问题转化为通过节点平衡力求节点未知位移的问题。

在以下的讨论中，假设 $t=0$ 时的位移 $\boldsymbol{u}_0$、速度 $\dot{\boldsymbol{u}}_0$ 和加速度 $\ddot{\boldsymbol{u}}_0$ 已知，并假设时间求解域 $0\sim T$ 等分为 n 个时间间隔 Δt。在讨论具体算法时，假定 $0,\Delta t,2\Delta t,\cdots,t$ 时刻的解已经求得，计算的目的在于求 $t+\Delta t$ 时刻的解，由此建立求解所有离散时间点的一般算法步骤。

中心差分法是一种显式算法，是由上一时刻的已知计算值来直接递推下一时间步的结果，在给定的时间步中，逐步求解各个时间离散点的值。其中，加速度和速度可以用位移表示为

$$\ddot{\boldsymbol{u}}_t=\frac{1}{\Delta t^2}(\boldsymbol{u}_{t-\Delta t}-2\boldsymbol{u}_t+\boldsymbol{u}_{t+\Delta t}) \tag{5-152}$$

$$\dot{\boldsymbol{u}}_t=\frac{1}{2\Delta t}(-\boldsymbol{u}_{t-\Delta t}+\boldsymbol{u}_{t+\Delta t}) \tag{5-153}$$

时间 $t+\Delta t$ 的位移解是 $\boldsymbol{u}_{t+\Delta t}$，可由下面时刻 t 的运动方程得到，即

$$\boldsymbol{M}\dot{\boldsymbol{u}}_t+\boldsymbol{C}\ddot{\boldsymbol{u}}_t+\boldsymbol{K}\boldsymbol{u}_t=\boldsymbol{Q}_t \tag{5-154}$$

将式(5-152)和式(5-153)代入式(5-154)，得

$$\left(\frac{1}{\Delta t^2}\boldsymbol{M}+\frac{1}{2\Delta t}\boldsymbol{C}\right)\boldsymbol{u}_{t+\Delta t}=\boldsymbol{Q}_t-\left(\boldsymbol{K}-\frac{2}{\Delta t^2}\boldsymbol{M}\right)\boldsymbol{u}_t-\left(\frac{1}{\Delta t^2}\boldsymbol{M}-\frac{1}{2\Delta t}\boldsymbol{C}\right)\boldsymbol{u}_{t-\Delta t} \tag{5-155}$$

若已经求得 $\boldsymbol{u}_{t-\Delta t}$ 和 $\boldsymbol{u}_t$，则从式(5-155)可以进一步解出 $\boldsymbol{u}_{t+\Delta t}$。所以式(5-155)是求解各个离散时间点解的递推公式，这种数值积分方法又称逐步积分法。但是，当 $t=0$ 时，为了计算 $\boldsymbol{u}_{\Delta t}$，除了有初始条件已知的 $\boldsymbol{u}_0$ 外，还需要知道 $\boldsymbol{u}_{t-\Delta t}$，所以必须用一种专门的起步方法。为此，利用式(5-152)和式(5-153)可得

$$\boldsymbol{u}_{-\Delta t}=\boldsymbol{u}_0-\Delta t\dot{\boldsymbol{u}}_0+\frac{\Delta t^2}{2}\ddot{\boldsymbol{u}}_0 \tag{5-156}$$

式中，$\boldsymbol{u}_0$ 可从给定的初始条件得到，而 $\ddot{\boldsymbol{u}}_0$ 可以利用 $t=0$ 时的运动方程(5-138)得到。

应用中心差分法求解运动方程的算法的具体步骤如下。

(1)初始计算。

①形成刚度矩阵 $\boldsymbol{K}$、质量矩阵 M 和阻尼矩阵 C;

②给定 $\boldsymbol{u}_0$、$\dot{\boldsymbol{u}}_0$ 和 $\ddot{\boldsymbol{u}}_0$；

③选择时间步长 Δt，$\Delta t<\Delta t_{\rm cr}$，并计算积分常数 $c_0<\dfrac{1}{\Delta t^2}$、$c_1<\dfrac{1}{2\Delta t}$、$c_2=2c_0$ 和 $c_3=1/c_2$；

④计算 $\boldsymbol{u}_{-\Delta t}=\boldsymbol{u}_0-\Delta t\dot{\boldsymbol{u}}_0+c_3\ddot{\boldsymbol{u}}_0$；

⑤形成有效质量矩阵 $\hat{\boldsymbol{M}}=c_0\boldsymbol{M}+c_1\boldsymbol{C}$；

⑥进行三角分解 $\hat{\boldsymbol{M}}$：$\hat{\boldsymbol{M}}=\boldsymbol{LDL}^{\rm T}$。

(2)对于每一时间步长。

①计算时间 t 的有效载荷：

$$\hat{\boldsymbol{Q}}_t = \boldsymbol{Q}_t - (\boldsymbol{K} - c_2\boldsymbol{M})\boldsymbol{u}_t - (c_0\boldsymbol{M} - c_1\boldsymbol{C})\boldsymbol{u}_{t-\Delta t}$$

②求解时间 $t+\Delta t$ 的位移：

$$\boldsymbol{LDL}^{\mathrm{T}}\boldsymbol{u}_{t+\Delta t} = \hat{\boldsymbol{Q}}_t$$

③如果需要，则计算时间 t 的加速度和速度：

$$\ddot{\boldsymbol{u}}_t = c_0(\boldsymbol{u}_{t-\Delta t} - 2\boldsymbol{u}_t + \boldsymbol{u}_{t+\Delta t})$$

$$\dot{\boldsymbol{u}}_t = c_1(-\boldsymbol{u}_{t-\Delta t} + \boldsymbol{u}_{t+\Delta t})$$

除了上述显式积分算法外，常用的 Newmark 积分法则是一种隐式算法，这里加以介绍。首先假设：

$$\dot{\boldsymbol{u}}_{t+\Delta t} = \dot{\boldsymbol{u}}_t + \left[(1-\delta)\ddot{\boldsymbol{u}}_t + \delta\ddot{\boldsymbol{u}}_{t+\Delta t}\right]\Delta t \tag{5-157}$$

$$\dot{\boldsymbol{u}}_{t+\Delta t} = \boldsymbol{u}_t + \dot{\boldsymbol{u}}_t\Delta t + \left[\left(\frac{1}{2} - \alpha\right)\ddot{\boldsymbol{u}}_t + \alpha\ddot{\boldsymbol{u}}_{t+\Delta t}\right]\Delta t^2 \tag{5-158}$$

式中，α 和 δ 是按积分精度与稳定性要求而设定的参数。当 $\delta=1/2$ 和 $\alpha=1/6$ 时，式(5-157)和式(5-158)对应于线性加速度法，此时它们可以从下面的时间间隔 Δt 内线性假设的加速度表达式的积分得到，即

$$\ddot{\boldsymbol{u}}_{t+\tau} = \ddot{\boldsymbol{u}}_t + \left(\ddot{\boldsymbol{u}}_{t+\Delta t} - \ddot{\boldsymbol{u}}_t\right)\tau/\Delta t \tag{5-159}$$

式中，$0 \leqslant \tau \leqslant \Delta t$。Newmark 积分法是从平均加速度法这种无条件稳定积分方案提出的，要求 $\delta=1/2$ 和 $\alpha=1/4$。这时，Δt 内的加速度为

$$\ddot{\boldsymbol{u}}_{t+\tau} = \frac{1}{2}(\ddot{\boldsymbol{u}}_t + \ddot{\boldsymbol{u}}_{t+\Delta t}) \tag{5-160}$$

不同于中心差分法，Newmark 积分法中的时间 $t+\Delta t$ 的位移解 $\ddot{\boldsymbol{u}}_{t+\Delta t}$ 是通过满足时间 $t+\Delta t$ 的运动方程得到的，即

$$\boldsymbol{M}\ddot{\boldsymbol{u}}_{t+\Delta t} + \boldsymbol{C}\dot{\boldsymbol{u}}_{t+\Delta t} + \boldsymbol{K}\boldsymbol{u}_{t+\Delta t} = \boldsymbol{Q}_{t+\Delta t} \tag{5-161}$$

为此，首先从式(5-158)解得

$$\ddot{\boldsymbol{u}}_{t+\Delta t} = \frac{1}{\alpha\Delta t^2}(\boldsymbol{u}_{t+\Delta t} - \boldsymbol{u}_t) - \frac{1}{\alpha\Delta t}\dot{\boldsymbol{u}}_t - \left(\frac{1}{2\alpha} - 1\right)\ddot{\boldsymbol{u}}_t \tag{5-162}$$

将式(5-162)代入式(5-157)，然后一并代入式(5-161)，得到从 $\boldsymbol{u}_t$、$\dot{\boldsymbol{u}}_t$ 和 $\ddot{\boldsymbol{u}}_t$ 计算 $\boldsymbol{u}_{t+\Delta t}$ 的公式，即

$$\begin{aligned}\left(\boldsymbol{K} + \frac{1}{\alpha\Delta t^2}\boldsymbol{M} + \frac{\delta}{\alpha\Delta t}\boldsymbol{C}\right)\boldsymbol{u}_{t+\Delta t} = \boldsymbol{Q}_{t+\Delta t} &+ \boldsymbol{M}\left[\frac{1}{\alpha\Delta t^2}\boldsymbol{u}_t + \frac{1}{\alpha\Delta t}\dot{\boldsymbol{u}}_t + \left(\frac{1}{2\alpha} - 1\right)\ddot{\boldsymbol{u}}_t\right] \\ &+ \boldsymbol{C}\left[\frac{\delta}{\alpha\Delta t}\boldsymbol{u}_t + \left(\frac{\delta}{\alpha} - 1\right)\dot{\boldsymbol{u}}_t + \left(\frac{\delta}{2\alpha} - 1\right)\Delta t\ddot{\boldsymbol{u}}_t\right]\end{aligned} \tag{5-163}$$

采用 Newmark 积分法求解运动方程的具体算法步骤如下。

(1)初始计算。

①形成刚度矩阵 $\boldsymbol{K}$、质量矩阵 $\boldsymbol{M}$ 和阻尼矩阵 $\boldsymbol{C}$；

②给定 $\boldsymbol{u}_0$ 、 $\dot{\boldsymbol{u}}_0$ 和 $\ddot{\boldsymbol{u}}_0$ ；

③选择时间步长 Δt ，参数 α 和 δ ，并计算积分常数：

$$\delta \geqslant 0.50, \quad \alpha \geqslant 0.25(0.5+\delta)^2$$

$$c_0=\frac{1}{\alpha\Delta t^2},\quad c_1=\frac{1}{\alpha\Delta t},\quad c_2=\frac{1}{\alpha\Delta t^2},\quad c_3=\frac{1}{2\alpha}-1$$

$$c_4=\frac{\delta}{\alpha}-1,\quad c_5=\frac{\Delta t}{2}\left(\frac{\delta}{\alpha}-2\right),\quad c_6=\Delta t(1-\delta),\quad c_7=\delta\Delta t$$

④形成有效的刚度矩阵 $\hat{\boldsymbol{K}}$ ： $\hat{\boldsymbol{K}}=\boldsymbol{K}+c_0\boldsymbol{M}+c_1\boldsymbol{C}$ ；

⑤三角分解 $\hat{\boldsymbol{K}}$ ： $\hat{\boldsymbol{K}}=\boldsymbol{LDL}^{\mathrm{T}}$ 。

(2) 对每一个时间步长。

①计算时间 $t+\Delta t$ 的有效载荷：

$$\hat{\boldsymbol{Q}}_{t+\Delta t}=\boldsymbol{Q}_{t+\Delta t}+\boldsymbol{M}(c_0\boldsymbol{u}_t+c_2\dot{\boldsymbol{u}}_t+c_3\ddot{\boldsymbol{u}}_t)+\boldsymbol{C}\left(c_1\boldsymbol{u}_t+c_4\dot{\boldsymbol{u}}_t+c_5\ddot{\boldsymbol{u}}_t\right)$$

②求解时间 $t+\Delta t$ 的位移：

$$\boldsymbol{LDL}^{\mathrm{T}}\boldsymbol{u}_{t+\Delta t}=\hat{\boldsymbol{Q}}_{t+\Delta t}$$

(3) 计算时间 $t+\Delta t$ 的加速度和速度：

$$\ddot{\boldsymbol{u}}_{t+\Delta t}=c_0(\boldsymbol{u}_{t+\Delta t}-\boldsymbol{u}_t)-c_2\dot{\boldsymbol{u}}_t-c_3\ddot{\boldsymbol{u}}_t$$

$$\dot{\boldsymbol{u}}_{t+\Delta t}=\dot{\boldsymbol{u}}_t+c_6\ddot{\boldsymbol{u}}_t+c_7\ddot{\boldsymbol{u}}_{t+\Delta t}$$

从 Newmark 积分法的循环求解方程式(5-163)可见，有效刚度矩阵 $\hat{\boldsymbol{K}}$ 中包含了 $\boldsymbol{K}$ 。而一般情况下 $\boldsymbol{K}$ 总是非对角矩阵，因此在求解 $\boldsymbol{u}_{t+\Delta t}$ 时， $\hat{\boldsymbol{K}}$ 的求逆是必需的(而在线性分析中只需计算一次)。这是由于在导出式(5-163)时利用了 $t+\Delta t$ 时刻的运动方程。因此，这种算法称为隐式算法。

当 $\delta \geqslant 0.5$、$\alpha \geqslant 0.25(0.5+\delta)^2$ 时，Newmark 积分法是无条件稳定的，即时间步长 Δt 的大小不影响解的稳定性。Δt 的选择主要根据解的精度，即根据对结构响应有主要贡献的若干基本振型的周期来确定，例如，Δt 可选择 T_p (对应若干基本振型中的振动周期中的最小者)的若干分之一。无条件稳定的隐式算法以 $\hat{\boldsymbol{K}}$ 求逆为代价，但与有条件稳定显式算法相比，可以采用大得多的时间步长 Δt ，而且采用较大的 Δt 还可滤掉高阶不精确特征解对系统响应的影响。

下面以一个二自由度振动系统(图 5-13)为例，给出 Newmark 积分法的 MATLAB 代码和结果。

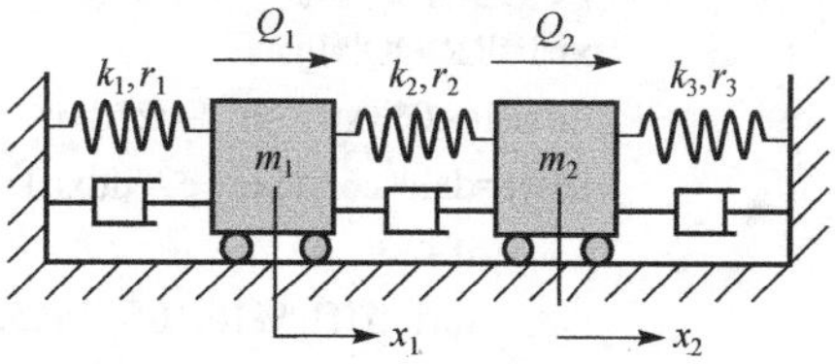

图 5-13　二自由度振动系统图

以上系统中 $m_1=1$ ， $m_2=1$ ， $k_1=k_2=10$ ， $k_3=0$ ， $r_1=r_2=0.3$ ， $r_3=0$ ， $Q_1=0$ ， $Q_2=100\sin 10t$ ，则该系统运动微分方程如下：

$$\begin{bmatrix} m_1 & 0 \\ 0 & m_2 \end{bmatrix}\begin{bmatrix} \ddot{x}_1 \\ \ddot{x}_2 \end{bmatrix}+\begin{bmatrix} r_1+r_2 & -r_2 \\ -r_2 & r_2+r_3 \end{bmatrix}\begin{bmatrix} \dot{x}_1 \\ \dot{x}_2 \end{bmatrix}+\begin{bmatrix} k_1+k_2 & -k_2 \\ -k_2 & k_2+k_3 \end{bmatrix}\begin{bmatrix} x_1 \\ x_2 \end{bmatrix}=\begin{bmatrix} Q_1 \\ Q_2 \end{bmatrix}$$

用 MATLAB 编制程序如下：

```
m1=1;   m2=1;
k1=10; k2=10; k3=0;
r1=0.5; r2=0.5; r3=0;                    %%系统参数初值
M=[   m1     0;
      0      m2;   ];
K=[   k1+k2     -k2;
      -k2       k2+k3;   ];
C=[   r1+r2     -r2;
      -r2       r2+r3;   ];
f1=fopen('result.dat','w');              %%打开一个结果文件，存储后续结果
for i=1:1:2
     xn(i,1)=0;
     dxn(i,1)=0;
     ddxn(i,1)=0;
end                                      %%系统的初始位移、速度、加速度初值
t=0;
ht=1e-2;                                 %%时间初值和积分时间间隔
gama=0.5;   beita=0.25;
c0=1.0/(beita*ht*ht);   c1=gama/(beita*ht);   c2=1.0/(beita*ht);   c3=0.5/beita-1.0;
c4=gama/beita-1.0;   c5=ht/2.0*(gama/beita-2.0);   c6=ht*(1.0-gama);   c7=gama*ht;
                                         %%Newmark 法参数赋值
for i=1:1:2000
          t=t+ht;
          if i>1
          xn=xn1;
          dxn=dxn1;
          dxn=dxn1;
      end
         KT=K;
     Fn1=K*xn;
     Pn1=[0 100*sin(10*t)]';         %%激振力
     Kj=KT+c0*M+c1*C;
     Pj=Pn1+M*(c0*xn+c2*dxn+c3*ddxn)+C*(c1*xn+c4*dxn+c5*ddxn);
     Pj=Pj-Fn1+KT*xn;
     [QQ,RR]=qr(Kj);
     xn1=RR\QQ'*Pj;
     ddxn1=c0*(xn1-xn)-c2*dxn-c3*ddxn;
     dxn1=dxn+c6*ddxn+c7*ddxn1;              %% Newmark 积分法主要部分
          if i>0
          fprintf(f1,'%15.10f   %15.10f   %15.10f\n',t, xn1(1,1), xn1(2,1));   %%存储位移响应结果
          end
end
fclose('all');
```

求得质量 m_1 和 m_2 在初始 20s 内的响应如图 5-14(a)、(b)所示。

3) 动态响应分析的振型叠加法

机械结构在随时间变化的节点力作用下，由于存在的各种阻尼(材料阻尼、滑移阻尼、介

质黏性阻尼等)，各节点产生有阻尼的强迫振动。因此，与系统初始条件有关的自由衰减振动，总是要随时间增长而消失，最后只保留稳态的强迫振动。求解结构系统的稳态强迫振动解即稳态响应，并进一步算出动应力响应，是动力有限元的重要内容之一。

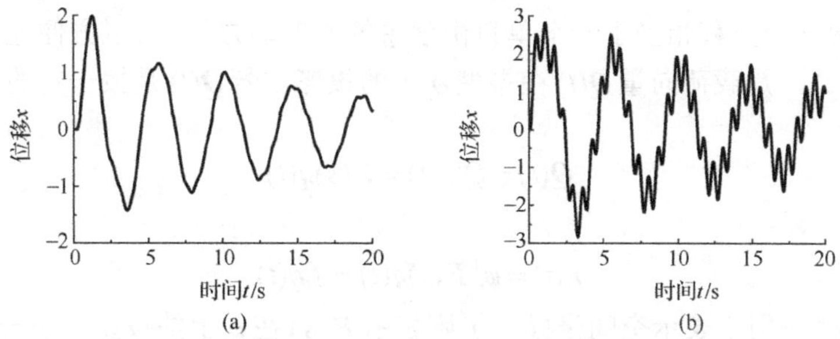

图 5-14　质量 m_1 和 m_2 在初始 20s 内的响应图

振型叠加法在一定条件下比直接积分法的计算效率更高。在积分运动方程以前，利用系统自由振动的固有振型将几何坐标下的方程组转换为 n 个正则坐标下的相互不耦合的方程，对这种方程可以解析或数值积分。当采用数值方法时，对于每个方程可以采取各自不同的时间步长，即对于低阶振型可采用较大的时间步长。两者结合起来，相对于直接积分法具有很大的优点，因此当实际分析的时间历程较长，同时只需要少数较低阶振型的结果时，采用振型叠加法是十分有利的。

如前所述，求得系统的固有频率和固有振型，并将运动方程转换到正则振型坐标系后，进行如下位移基向量的变换

$$\boldsymbol{u}(t)=\boldsymbol{\Phi}x(t)=\sum_{i=1}^{n}\boldsymbol{\varphi}_i x_i \tag{5-164}$$

式中，$\boldsymbol{x}(t)=[x_1 \quad x_2 \quad \cdots \quad x_n]^{\mathrm{T}}$。此变换的意义是将 $\boldsymbol{u}(t)$ 看成 $\boldsymbol{\varphi}_i$ 的线性组合，$\boldsymbol{\varphi}_i$ 可以看成广义的位移基向量，x_i 是广义的位移值。从数学上看，是将位移向量 $\boldsymbol{a}(t)$ 从以有限元系统的节点位移为基向量的 n 维空间转换到以 $\boldsymbol{\varphi}_i$ 为基向量的 n 维空间。

将此变换代入运动方程，两端前乘以 $\boldsymbol{\Phi}^{\mathrm{T}}$，并注意到 $\boldsymbol{\Phi}$ 的正交性，得到新基向量空间内的运动方程为

$$\ddot{\boldsymbol{x}}(t)+\boldsymbol{\Phi}^{\mathrm{T}}\boldsymbol{C}\boldsymbol{\Phi}\dot{\boldsymbol{x}}(t)+\Omega^2 x(t)=\boldsymbol{\Phi}^{\mathrm{T}}\boldsymbol{Q}(t)=\boldsymbol{R}(t) \tag{5-165}$$

初始条件也相应地转换成

$$\boldsymbol{x}_0=\boldsymbol{\Phi}^{\mathrm{T}}\boldsymbol{M}\boldsymbol{a}_0,\quad \dot{\boldsymbol{x}}_0=\boldsymbol{\Phi}^{\mathrm{T}}\boldsymbol{M}\dot{\boldsymbol{a}}_0 \tag{5-166}$$

阻尼矩阵如果是振型比例阻尼矩阵，也可以由 $\boldsymbol{\Phi}$ 的正交性相应地得到

$$\boldsymbol{\varphi}_i^{\mathrm{T}}\boldsymbol{C}\boldsymbol{\varphi}_j=\begin{cases}2\omega_i\xi_i, & i=j\\ 0, & i\neq j\end{cases} \tag{5-167}$$

即

$$\boldsymbol{\varphi}_i^{\mathrm{T}}\boldsymbol{C}\boldsymbol{\varphi}_j=\begin{bmatrix}2\omega_1\xi_1 & & & \\ & 2\omega_2\xi_2 & & 0\\ 0 & & \ddots & \\ & & & 2\omega_n\xi_n\end{bmatrix} \tag{5-168}$$

式中，$\xi_i(i=1,2,\cdots,n)$是第i阶振型阻尼比。在此情况下，式(5-165)就成为n个互相不耦合的二阶常微分方程：

$$\ddot{x}_i(t)+2\omega_i\xi_i\dot{x}_i(t)+\omega_i^2x_i(t)=r_i(t),\quad i=1,2,\cdots,n \tag{5-169}$$

式(5-169)每一个方程相当于一个单自由度系统的振动方程，可以方便地求解。式(5-169)中，$r_i(t)=\boldsymbol{\Phi}^{\mathrm{T}}\boldsymbol{Q}(t)$，是载荷向量$\boldsymbol{Q}(t)$在振型$\boldsymbol{\varphi}_i$上的投影。若$\boldsymbol{Q}(t)$是按一定的空间分布模式随时间变化，即

$$\boldsymbol{Q}(t)=\boldsymbol{Q}(s,t)=\boldsymbol{F}(s)\boldsymbol{q}(t) \tag{5-170}$$

则有

$$r_i(t)=\boldsymbol{\varphi}_i^{\mathrm{T}}\boldsymbol{F}(s)\boldsymbol{q}(t)=f_i\boldsymbol{q}(t) \tag{5-171}$$

式中，引入的符号s用于表示空间坐标；f_i则表示$\boldsymbol{F}(s)$在$\boldsymbol{\varphi}_i$上的投影，是一常数。

单自由度系统的振动方程式(5-169)的求解，在一般情况下可采用直接积分法。在振动分析中还常常采用杜哈梅积分，又称为叠加积分。杜哈梅积分法的基本思想是将任意激振力$r_i(t)$分解为一系列微冲量的连续作用，分别求出系统对每个微冲量的响应，然后根据线性系统的叠加原理将它们叠加起来，得到系统对任意激振的响应。杜哈梅积分的结果为

$$x_i(t)=\frac{1}{\omega_i}\int_0^t r_i(\tau)\mathrm{e}^{-\xi_i\bar{\omega}_i(t-\tau)}\sin\bar{\omega}_i(t-\tau)\mathrm{d}\tau+\mathrm{e}^{-\xi_i\bar{\omega}_i t}(a_i\sin\bar{\omega}_i t+b_i\cos\bar{\omega}_i t) \tag{5-172}$$

式中，$\bar{\omega}_i=\omega_i\sqrt{1-\xi_i^2}$；$a_i$、$b_i$是由起始条件决定的常数。式(5-172)等式右端前一项代表$r_i(t)$引起的系统强迫振动项，后一项代表在一定起始条件下的系统自由振动项。当阻尼很小，即$\xi_i\to 0$时，$\bar{\omega}_i=\omega_i$，这时杜哈梅积分的结果为

$$x_i(t)=\frac{1}{\omega_i}\int_0^t r_i(\tau)\sin\bar{\omega}_i(t-\tau)\mathrm{d}\tau+a_i\sin\bar{\omega}_i t+b_i\cos\bar{\omega}_i t \tag{5-173}$$

一般情况下，杜哈梅积分式(5-172)或式(5-173)，也需要利用数值积分法计算，但是对于少数简单情况，可得到解析的结果。

在得到每个振型的响应后，按式(5-174)将它们叠加起来，就得到系统的响应，即每个节点的位移值：

$$\boldsymbol{u}(t)=\sum_{i=1}^n\boldsymbol{\varphi}_i x_i(t) \tag{5-174}$$

在振型叠加法中，将系统位移转换到以固有振型为基向量，对系统的性质并无影响。以求解广义特征值问题为代价，得到非耦合的n个单自由度系统的运动方程，以达到提高计算效率的目的。

对于n个单自由度系统运动方程的积分，比对联立方程组的直接积分法节省计算费用。另外，通常只要对非耦合运动方程中的一小部分进行积分。例如，只要得到对应于前p个特征解的响应，就能很好地近似系统的实际响应。这是由于高阶的特征解通常对系统的实际影响较小，且有限元法得到的高阶特征解和实际相差也很大(因为有限元的自由度有限，对于低阶特征解近似性较好，而对于高阶特征解较差)，因此求解高阶特征解的意义不大。而低阶特征解对于结构设计常常是必要的。

在振型叠加法中，如果对于n个单自由度系统的运动方程都进行积分，且采用与直接积分法相同的积分方案和时间步长，则最后通过振型叠加法得到的$\boldsymbol{u}(t)$与直接积分法得到的结果在积分方案的误差和计算机舍入误差的范围内将是一致的。

此外，对于非线性系统，通常必须采用直接积分法。因为此时 $\boldsymbol{K}=\boldsymbol{K}(t)$，系统的特征解也将是随时间变化的，所以无法利用振型叠加法。

5.4.4 应用举例

现有一个悬臂梁结构，长度 L=950mm，截面形状如图 5-15 所示，材料常数分别为 $E=2\times10^{11}, \mu=0.3$。试求该悬臂梁结构的固有频率。假如在距梁的根部 $L_1=500\,\text{mm}$ 的位置上作用有正弦激振 $F=500\sin 30t$（单位为 N），试求该悬臂梁的动响应。

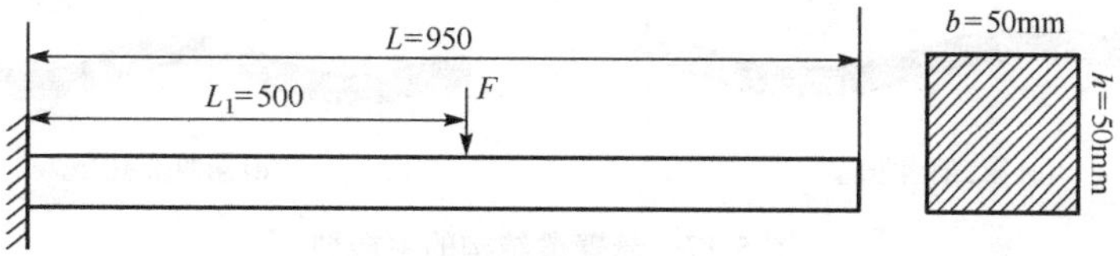

图 5-15　悬臂梁结构

1)固有频率求解

利用有限元分析软件 ANSYS 进行求解，主要分为以下几个步骤。

(1)选单元，创建有限元模型。

对于本实例，选 Beam3 单元，该单元有两个节点，每个节点具有 3 个自由度。输入材料常数及几何形状常数(实常数)。最终创建的有限元模型如图 5-16 所示，其共有 20 个节点，对应着 19 个单元。

(2)引入约束。

在节点 1 处施加固定约束，限制节点所有自由度。

(3)进行求解。

利用 ANSYS 求解狗的固有特性共有 6 种方法，分别是 Block Lanczos 法、子空间法、Power Dynamics 法、缩减法、不对称法和阻尼法。这里采用缩减法进行求解。

(4)结果后处理。

进入 ANSYS 后处理程序，可以显示求得的固有频率和对应的振型。这里只求解了前 4 阶固有频率(表 5-5)和对应的振型，如图 5-17 所示。

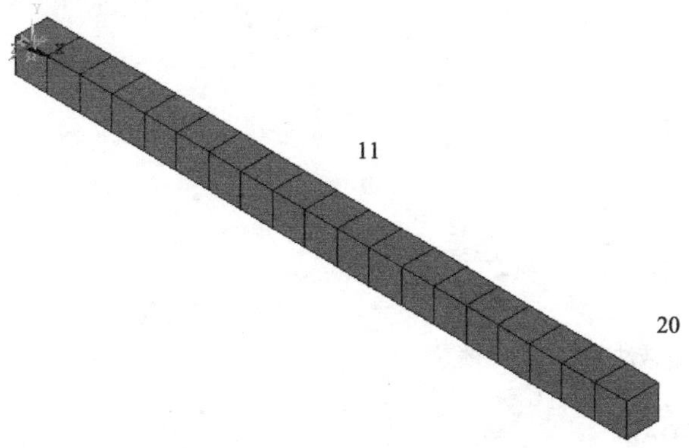

图 5-16　梁结构的有限元模型

表 5-5　悬臂梁结构固有频率

阶次	第一阶	第二阶	第三阶	第四阶
固有频率值/Hz	45.149	282.04	785.72	1528.5

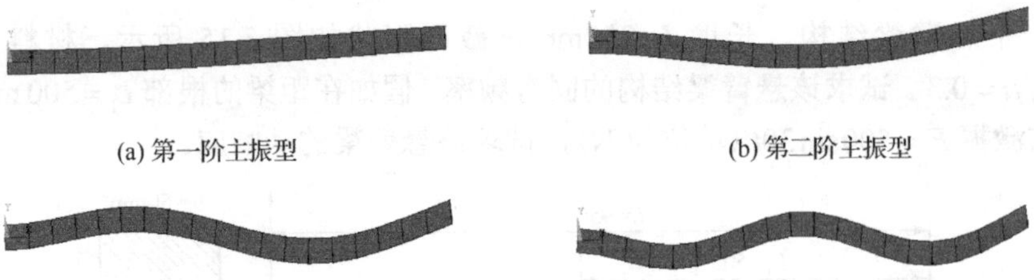

(a) 第一阶主振型　(b) 第二阶主振型

(c) 第三阶主振型　(d) 第四阶主振型

图 5-17　悬臂梁结构的主振型

以下为求解上述问题的命令流：

```
/PREP7
/TITLE, modal analysis
!选单元
ET,1,beam3!每个节点有 3 个自由度的梁单元
!材料特性
MP,EX,1,2.0e11
MP,DENS,1,7850
MP,PRXY,1,0.3
!实常数设定
b=5e-2!截面的尺寸参数
h=b
s=b*h
I=(b*h*h*h)/12!截面的惯性矩
r,1,s,I,h
!绘制节点
node=20
x=0
*DO,I,1,node
N,I,x,0,0
x=x+0.05
*ENDDO
!绘制单元
*DO,I,1,node-1
E,I,I+1
*ENDDO
!添加约束
d,1,all!加约束
/ESHAPE, 1
!求解，模态缩减法
/SOLU
ANTYPE,MODAL
MODOPT,REDUC,4,0.1!用模态缩减法求解
MXPAND,4
*DO,I,1,node
```

```
M,I,UY    !主自由度
*ENDDO
SOLVE
```

2) 动响应求解

利用 ANSYS 的瞬态响应分析求解程序可以确定结构在承受任意的随时间变化荷载的结构动力学响应。以下将求解如图 5-15 所示的作用在梁的中部激振力引起悬臂端的动响应问题。

(1) 选单元，创建有限元模型。

与上述 1) 求解固有频率过程中的单元选取及创建有限元模型方法相同。

(2) 引入约束。

与上述 1) 求解固有频率过程中的约束条件相同。

(3) 求解。

在 ANSYS 中求解瞬态动力学分析的方法有完全法、缩减法和模态叠加法，这里采用完全法。在节点 11 处作用有简谐荷载。具体求解方案为：每个周期计算 30 次，共计算 30 个周期的响应。

(4) 绘制响应曲线。

在时间历程后处理模块中，提取节点 20(悬臂点)弯曲振动的响应，结果如图 5-18 所示。

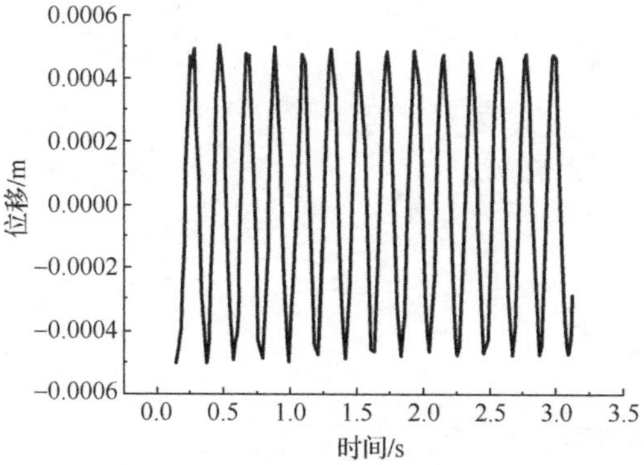

图 5-18　悬臂点(节点 20)的位移响应

从图中可以看出，在此激励下，悬臂点在做振幅约为 0.47mm 的简谐振动。

动响应求解的命令流如下：

```
/PREP7
/TITLE, modal analysis
!选单元
ET,1,beam3!每个节点有 3 个自由度的梁单元
!材料特性
MP,EX,1,2.0e11
MP,DENS,1,7850
MP,PRXY,1,0.3
!实常数设定
b=5e-2!截面的尺寸参数
h=b
s=b*h
I=(b*h*h*h)/12!截面的惯性矩
```

```
r,1,s,I,h
!绘制节点
node=20
x=0
*DO,I,1,node
N,I,x,0,0
x=x+0.05
*ENDDO
!绘制单元
*DO,I,1,node-1
E,I,I+1
*ENDDO
!添加约束
d,1,all!加约束
/ESHAPE, 1

!求解瞬态响应分析
TT=0
CN=30*30
wi=30 !激振频率
FA=500 !力幅
Pai=atan(1.0)*4
/SOLU
ANTYPE,TRANS   !瞬态响应法
TRNOPT,FULL
NROPT, FULL
*DO,I,1,CN
TT=TT+2*Pai/wi/30
TIME,TT
F,11,FY,FA*SIN(wi*TT)
SOLVE
*ENDDO

FINISH
```

第 6 章 多体系统动力学基础

在机械工程中，多体系统动力学的研究主要包括运动学分析、动力学建模、动力学响应特性等。以下以串联式机械臂为对象加以叙述。

6.1 多体系统运动学原理

多体系统的运动学是将构成串联式机械臂的连杆机构的空间位移表示为时间的函数，如机械臂关节变量空间和末端执行器位姿之间的关系，涉及机械臂相对于固定参考坐标系的运动几何学关系。

机械臂运动学问题主要包括：①已知机械臂杆件几何参数和关节角矢量，求末端执行器相对于参考坐标系的位姿，为机械臂运动学的正问题；②已知机械臂杆件的几何参数，给定末端执行器相对于参考坐标系的期望位姿，为了满足末端执行器到达该位姿的要求，求解各个关节的角位移，为机械臂运动学的逆问题。

6.1.1 多体系统的运动描述方法

1)机构空间坐标的齐次变换

典型的机械臂由多个连杆通过关节串联起来，固定在基座上，前端装有满足作业需要的末端执行器。机械臂连杆机构常采用的关节有回转关节和棱柱形移动关节，表示关节位置的变量称为关节变量。末端执行器的位置是指工作空间的几何位置，此外还要明确末端执行器的位姿，即末端执行器从什么方向到达该点，包括转动角、俯仰角、偏转角，对应转动、俯仰、偏转三种运动。

对于任意机构可建立某一个坐标系$\{S_A\}$，空间任一点p的位置可用如下矢量表示：

$$ {}^{A}\boldsymbol{p}=[x_p \quad y_p \quad z_p]^{\mathrm{T}} \tag{6-1}$$

式中，左上角的A表示对应的参考坐标系。

空间中的任一点在不同的参考坐标系中的坐标值不同，相当于两个参考坐标系之间的变换。式(6-2)是基本的坐标系转换关系式。设点p绕$\{S_A\}$的z轴转动θ角，新的坐标等于旧坐标${}^{A}\boldsymbol{p}$左乘一个旋转矩阵$\boldsymbol{R}(z,\theta)$

$$ {}^{A}\boldsymbol{p}_{\text{new}}=\boldsymbol{R}(z,\theta)\cdot {}^{A}\boldsymbol{p} \tag{6-2}$$

式中，旋转矩阵$\boldsymbol{R}(z,\theta)$为

$$\boldsymbol{R}(z,\theta)=\begin{bmatrix} \cos\theta & -\sin\theta & 0 \\ \sin\theta & \cos\theta & 0 \\ 0 & 0 & 1 \end{bmatrix} \tag{6-3}$$

同理定义绕$\{S_A\}$的x、y轴转动的旋转矩阵$\boldsymbol{R}(x,\theta)$和$\boldsymbol{R}(y,\theta)$。

采用齐次坐标变换方法，也就是把平移和旋转合起来组成一个变换矩阵，进行广义坐标

变换。坐标点矢量扩大为 4×1，旋转变换矩阵也扩大为 4×4，其中第 4 行前 3 个元素和第 4 列的前 3 个元素均为 0，第 4 行第 4 列的元素为 1，也就是该点的齐次坐标为

$$\boldsymbol{X} = [x_p \quad y_p \quad z_p \quad 1]^{\mathrm{T}} \tag{6-4}$$

3 个旋转齐次变换矩阵为

$$\mathrm{Rot}(x,\theta) = \begin{bmatrix} 1 & 0 & 0 & 0 \\ 0 & \cos\theta & -\sin\theta & 0 \\ 0 & \sin\theta & \cos\theta & 0 \\ 0 & 0 & 0 & 1 \end{bmatrix}$$

$$\mathrm{Rot}(y,\theta) = \begin{bmatrix} \cos\theta & 0 & -\sin\theta & 0 \\ 0 & 1 & 0 & 0 \\ -\sin\theta & 0 & \cos\theta & 0 \\ 0 & 0 & 0 & 1 \end{bmatrix} \tag{6-5}$$

$$\mathrm{Rot}(z,\theta) = \begin{bmatrix} \cos\theta & -\sin\theta & 0 & 0 \\ -\sin\theta & \cos\theta & 0 & 0 \\ 0 & 0 & 1 & 0 \\ 0 & 0 & 0 & 1 \end{bmatrix}$$

平移齐次变换矩阵如下：

$$\mathrm{Trans}(a,b,c) = \begin{bmatrix} 1 & 0 & 0 & a \\ 0 & 1 & 0 & b \\ 0 & 0 & 1 & c \\ 0 & 0 & 0 & 1 \end{bmatrix} \tag{6-6}$$

由于采用了扩展矩阵进行变换，需要遵循独特的逆向运算原则。例如，如果某点 $\boldsymbol{X} = [x_p \quad y_p \quad z_p \quad 1]^{\mathrm{T}}$ 的一个变换过程是：首先绕 z 轴旋转 θ_z，再绕 x 轴旋转 θ_x，最后平移 (a, b, c)，则整个变换矩阵要逆序相乘得到，即

$$\boldsymbol{T} = \mathrm{Trans}(a,b,c) \cdot \mathrm{Rot}(x,\theta_x) \cdot \mathrm{Rot}(z,\theta_z) \tag{6-7}$$

这样，该点在新坐标系内的齐次坐标为

$$\boldsymbol{X}_{\mathrm{new}} = \boldsymbol{TX} \tag{6-8}$$

2) 多体系统的齐次坐标变换

对于以机械臂为代表的多体系统，一般主要采用如图 6-1 所示的几个坐标系，其中 $\{U\}$ 为全局坐标系，$\{R\}$ 为基座坐标系，每个连杆都有自己的连杆坐标系，$\{H\}$ 为末端执行器上的坐标系。

机械臂的底部是 R 的原点，R 的位置是以全局坐标系 $\{U\}$ 为基准的，它们之间的关系由变换矩阵 ${}^{U}\boldsymbol{T}_R$ 确定。末端执行器 H 的位置与基座的关系由变换矩阵 ${}^{R}\boldsymbol{T}_H$ 确定。变换矩阵 ${}^{H}\boldsymbol{T}_E$ 则可以将工具的尖端 E 与坐标系 $\{H\}$ 联系起来。一般情况下，${}^{U}\boldsymbol{T}_R$ 和 ${}^{H}\boldsymbol{T}_E$ 均为常数矩阵。这样，工具尖端 E 与全局坐标系 $\{U\}$ 的关系为

$$^{U}\boldsymbol{T}_{E} = {}^{U}\boldsymbol{T}_{R} \cdot {}^{R}\boldsymbol{T}_{H} \cdot {}^{H}\boldsymbol{T}_{E} \tag{6-9}$$

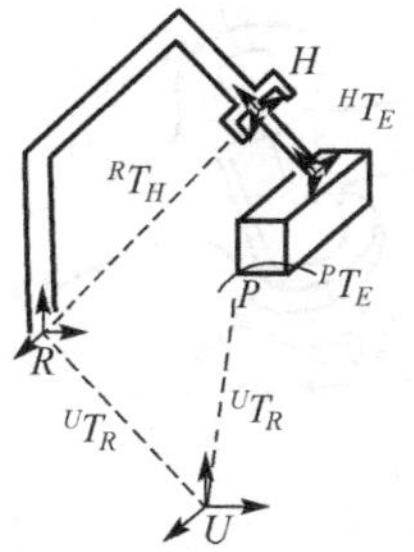

图 6-1　机械臂的几个主要坐标系

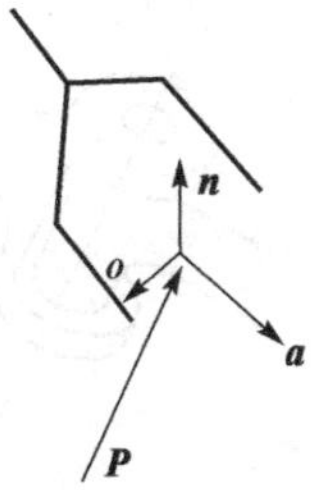

图 6-2　机械臂末端执行器的位置姿态向量

在机械臂的运动学分析中，需要求出 $^{R}\boldsymbol{T}_{H}$，即末端执行器相对于基座坐标系的齐次变换矩阵。设齐次变换矩阵 $^{R}\boldsymbol{T}_{H}$ 有如下形式：

$$^{R}\boldsymbol{T}_{H} = \begin{bmatrix} \boldsymbol{n} & \boldsymbol{o} & \boldsymbol{a} & \boldsymbol{p} \\ 0 & 0 & 0 & 1 \end{bmatrix} = \begin{bmatrix} n_x & o_x & a_x & p_x \\ n_y & o_y & a_y & p_x \\ n_z & o_z & a_z & p_x \\ 0 & 0 & 0 & 1 \end{bmatrix} \tag{6-10}$$

式中，$\boldsymbol{n}=[n_x \quad n_y \quad n_z]$、$\boldsymbol{o}=[o_x \quad o_y \quad o_z]$ 和 $\boldsymbol{a}=[a_x \quad a_y \quad a_z]$ 是末端执行器 H 相对于基座坐标系$\{U\}$的位姿向量；$\boldsymbol{p}=[p_x \quad p_y \quad p_z]^{\mathrm{T}}$ 是末端执行器 H 相对于基座坐标系$\{R\}$的位置向量，如图 6-2 所示。

齐次变换矩阵 $^{R}\boldsymbol{T}_{H}$ 中的 $\boldsymbol{n}$、$\boldsymbol{o}$、$\boldsymbol{a}$ 具有正交性，可以容易地求得其逆矩阵为

$$({}^{R}\boldsymbol{T}_{H})^{-1} = {}^{H}\boldsymbol{T}_{R} = \begin{bmatrix} n_x & n_y & n_z & -\boldsymbol{p}\cdot\boldsymbol{n} \\ o_x & o_y & o_z & -\boldsymbol{p}\cdot\boldsymbol{o} \\ a_x & a_y & a_z & -\boldsymbol{p}\cdot\boldsymbol{a} \\ 0 & 0 & 0 & 1 \end{bmatrix} \tag{6-11}$$

3) 连杆机构几何参数的 D-H 定义法及其齐次坐标变换矩阵

通常采用 D-H(Denavit-Hartenberg)定义法来描述相邻杆件之间的平移和转动关系，即建立每个关节处的杆件坐标系，列写相应的齐次变换矩阵，表示它与前一杆坐标系的关系。这样通过每个关节的逐次变换，最后获得末端执行器到基座坐标系的位姿坐标关系。

采用图 6-3 所示的 D-H 坐标定义法，明确每个杆件上附着的坐标系位姿，D-H 参数和关节变量具体如下：

(1) Z_i 轴是沿 $i+1$ 关节的运动轴；

(2) X_i 轴是沿 Z_i 和 Z_{i-1} 的公法线，指向离开 Z_{i-1} 轴的方向；

(3) Y_i 轴的方向按 X_i Y_i Z_i 构成右手直角坐标系来确定；

(4) Z_{i-1} 到 Z_i 两轴间的夹角为 α_i，以绕 X_i 轴右旋为正，α_i 称为连杆 i 的扭歪角；

(5) 公法线长度 a_i 是 Z_{i-1} 和 Z_i 两轴间的最小距离，a_i 定义为第 i 杆的长度；

(6) X_{i-1} 和 X_i 两轴间的夹角为 θ_i，以绕 Z_{i-1} 轴右旋为正；

(7) 两公法线 a_{i-1} 和 a_i 间的距离称为连杆距离 d_i，其大小等于两 X 轴之间的距离。

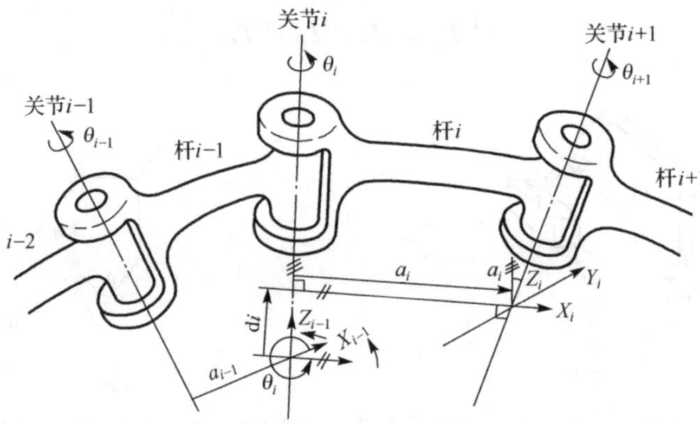

图 6-3　连杆 D-H 坐标系定义方法及其几何参数

根据 *D-H* 坐标系定义法建立每一个连杆的坐标系后，按如下顺序变换，得到两相邻杆 $i-1$ 和杆 i 的坐标系之间的齐次变换矩阵 ${}^{i-1}\boldsymbol{A}_i$：

(1) 绕 Z_{i-1} 轴旋转 θ_i 角，使 X_{i-1} 与 X_i 处于同一平面；

(2) 沿 Z_{i-1} 轴平移 d_i，使 X_{i-1} 与 X_i 处于同一直线；

(3) 沿 X_i 轴平移 a_i，使杆 $i-1$ 上的坐标原点与杆 i 重合；

(4) 绕 X_i 轴旋转 α_i 角，使 Z_{i-1} 轴转到与 Z_i 处于同一直线上。

具体表达式为

$$
\begin{aligned}
{}^{i-1}\boldsymbol{A}_i = \boldsymbol{A}_i &= \boldsymbol{R}(Z_{i-1},\theta_i)\mathrm{Trans}(0,0,d_i)\mathrm{Trans}(a_i,0,0)\boldsymbol{R}(X_i,\alpha_i) \\
&= \begin{bmatrix} \cos\theta_i & -\cos\alpha_i\sin\theta_i & \sin\alpha_i\sin\theta_i & a_i\cos\theta_i \\ \sin\theta_i & \cos\alpha_i\cos\theta_i & \sin\alpha_i\sin\theta_i & a_i\sin\theta_i \\ 0 & \sin\alpha_i & \cos\alpha_i & d_i \\ 0 & 0 & 0 & 1 \end{bmatrix}
\end{aligned} \tag{6-12}
$$

对于平动关节，长度 a_i 没有意义，可令其为零，即 $a_i=0$，$\theta_i=0$，保留 d_i。

以上得到了每个杆件坐标系的齐次矩阵表达式，使用这些坐标系之间的齐次变换矩阵，可以导出从末端执行器至基座之间的坐标变换矩阵 ${}^R\boldsymbol{T}_H$。由于串联机械臂可视为由一串关节相邻的杆件组成，每一个杆的位姿与相邻杆的关系通过 ${}^{i-1}\boldsymbol{A}_i$ 相连，${}^0\boldsymbol{A}_1$ 将第一号杆与基底通过式(6-13)连接起来，设共有 n 个杆件，这样就获得了串联机械臂杆件系统的齐次变换矩阵表达式，即

$$
{}^R\boldsymbol{T}_H = \prod_{i=1}^{n} {}^{i-1}\boldsymbol{A}_i = {}^0\boldsymbol{A}_1 {}^1\boldsymbol{A}_2 {}^2\boldsymbol{A}_3 \cdots \tag{6-13}
$$

6.1.2　正向运动学分析

如果已知某时刻机械臂各关节变量，即已知关节广义位移 q_i，根据 6.1.1 节分析可以容易地求出末端执行器的位姿矩阵，从而明确了它的位置和姿态。这个问题又称为正向运动学变换，也就是由关节空间向直角坐标空间的变换。

机械臂多刚体系统运动学分析的位置姿态分析正问题的求解步骤如下。

(1) 建立机械臂各杆的坐标系：各杆附体坐标系按 D-H 定义法建立。机座附体坐标系应使 Z_0 轴沿关节 1 的运动轴并指向手臂的肩部。X_0、Y_0 与 Z_0 构成右手直角坐标系，方向可任

选，在建立坐标系时应尽量使 X_i 与 X_{i-1} 同向；O_i 与 O_{i-1} 在 Z_i 方向同高，否则关节变量 θ_i（或 d_i）要加初始值，末端操作器的坐标系按图 6-4 建立。

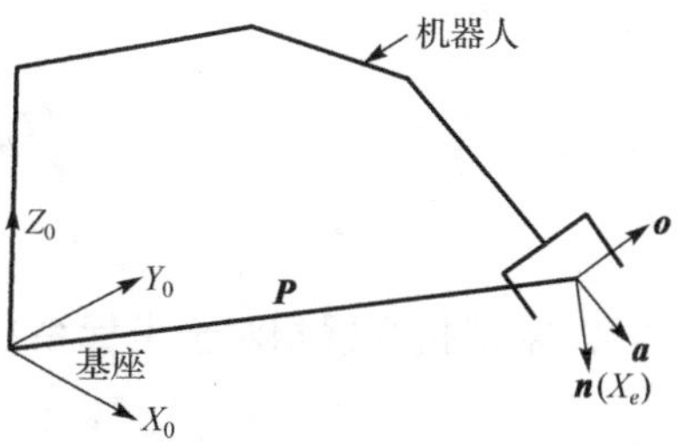

图 6-4　末端执行器的坐标系定义法

(2) 确定各连杆参数和关节变量：由各连杆参数和关节变量可按 D-H 定义法来确定。

(3) 求出两杆之间的位姿矩阵 $\boldsymbol{A}_i(i=1,2,\cdots)$：按式 (6-12) 来计算。

(4) 求末端操作器的位姿矩阵：用式 (6-13) 求出 ${}^0\boldsymbol{T}_e$，通过矩阵相乘得到。

(5) 求末端操作器的位姿：由位置为 ${}^0\boldsymbol{P}(P_x,P_y,P_z)$，姿态为 $\boldsymbol{n},\boldsymbol{o},\boldsymbol{a}$，可得

$$
{}^0\boldsymbol{T}_e=\begin{bmatrix} n_x & o_x & a_x & p_x \\ n_y & o_y & a_y & p_y \\ n_z & o_z & a_z & p_z \\ 0 & 0 & 0 & 1 \end{bmatrix} \tag{6-14}
$$

6.1.3　机械臂运动学分析的逆问题

当已知机械臂的机构形式，并且给定了末端执行器在空间的位姿时，需要进行运动学逆分析才能确定各关节变量的取值。机械臂多刚体系统运动学的逆问题对于设计和控制十分重要，因为要完成既定动作，必须使各关节转动或平动的运动适当，才能实现预期效果。

运动学逆分析的方法很多，主要有解析法、几何法和数值法。解析法是针对具体杆系形式进行推导的代数方法，不具有普遍性;几何法较直观;数值法在一定范围内可以求得合理的解。

1. *机械臂逆运动分析的解析法*

以三自由度平面机械臂的运动学逆分析为例加以说明，如图 6-5 所示。

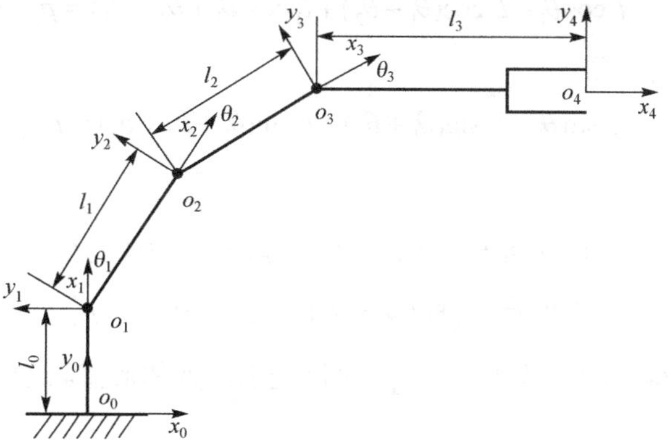

图 6-5　平面三自由度机械臂

(1) 确定 ${}^R\boldsymbol{T}_H$。如图 6-5 所示，末端执行器的位置为 p 点的坐标为 $(p_x,p_y,0)$。相对于基础坐标系 $\{R\}=o_0x_0y_0$，末端执行器的坐标系 $\{H\}=o_3x_3y_3$ 是由 x_0y_0 绕 Z_0 转动 α 角得到的，且仅在平面内旋转，因此末端执行器的位姿矩阵 ${}^R\boldsymbol{T}_H$ 为

$$
{}^{R}\boldsymbol{T}_H = \begin{bmatrix} \cos\alpha & -\sin\alpha & 0 & p_x \\ \sin\alpha & \cos\alpha & 0 & p_y \\ 0 & 0 & 1 & 0 \\ 0 & 0 & 0 & 1 \end{bmatrix}
$$

(2) 末端执行器相对于坐标系$\{H\}=o_3x_3y_3$的齐次矩阵为

$$
{}^{H}\boldsymbol{T}_E = \begin{bmatrix} 1 & 0 & 0 & 0 \\ 0 & 1 & 0 & 0 \\ 0 & 0 & 1 & 0 \\ 0 & 0 & 0 & 1 \end{bmatrix}
$$

(3) 列出逐次齐次变换矩阵的整体表达式：

$$
{}^{R}\boldsymbol{T}_H = \boldsymbol{A}_1\boldsymbol{A}_2\boldsymbol{A}_3({}^{H}\boldsymbol{T}_E)
$$

具体为

$$
\begin{bmatrix} \cos\alpha & -\sin\alpha & 0 & p_x \\ \sin\alpha & \cos\alpha & 0 & p_y \\ 0 & 0 & 1 & 0 \\ 0 & 0 & 0 & 1 \end{bmatrix}
$$

$$
= \begin{bmatrix} \cos(\theta_1+\theta_2+\theta_3) & -\sin(\theta_1+\theta_2+\theta_3) & 0 & l_1\cos\theta_1 + l_2\cos(\theta_1+\theta_2) + l_3\cos(\theta_1+\theta_2+\theta_3) \\ \sin(\theta_1+\theta_2+\theta_3) & \cos(\theta_1+\theta_2+\theta_3) & 0 & l_1\sin\theta_1 + l_2\sin(\theta_1+\theta_2) + l_3\sin(\theta_1+\theta_2+\theta_3) \\ 0 & 0 & 1 & 0 \\ 0 & 0 & 0 & 1 \end{bmatrix} \begin{bmatrix} 1 & 0 & 0 & 0 \\ 0 & 1 & 0 & 0 \\ 0 & 0 & 1 & 0 \\ 0 & 0 & 0 & 1 \end{bmatrix}
$$

由对应的矩阵元素(1，1)相等，$\cos\alpha = \cos(\theta_1+\theta_2+\theta_3)$，得

$$
\theta_1+\theta_2+\theta_3 = \alpha
$$

类似地，由(1，4)元素相等，得

$$
l_1\cos\theta_1 + l_2\cos(\theta_1+\theta_2) + l_3\cos(\theta_1+\theta_2+\theta_3) = p_x
$$

由(2，4)元素相等，得

$$
l_1\sin\theta_1 + l_2\sin(\theta_1+\theta_2) + l_3\sin(\theta_1+\theta_2+\theta_3) = p_y
$$

以上两式可写成

$$
l_1\cos\theta_1 + l_2\cos(\theta_1+\theta_2) = p_x - l_3\cos\alpha = p_x^* \tag{6-15}
$$

$$
l_1\sin\theta_1 + l_2\sin(\theta_1+\theta_2) = p_y - l_3\sin\alpha = p_y^* \tag{6-16}
$$

其中，式(6-15)和式(6-16)中右侧的p_x^*、p_y^*可以先求出具体数值。这样，式(6-15)和式(6-16)进行平方相加，即

$$
l_1^2 + l_2^2 + 2l_1l_2[\cos\theta_1\cos(\theta_1+\theta_2) + \sin\theta_1\sin(\theta_1+\theta_2)] = p_x^{*2} + p_y^{*2}
$$

也就是

$$
\cos[\theta_1 - (\theta_1+\theta_2)] = \cos\theta_2 = \frac{p_x^{*2} + p_y^{*2} - l_1^2 - l_2^2}{2l_1l_2} = c^*
$$

于是可以解得

$$\theta_2=\arctan\left(\frac{\sqrt{1-c^{*2}}}{c^*}\right)$$

将其代入式(6-15)和式(6-16)中，分别得到

$$(l_1+l_2c^*)\cos\theta_1-l_2\sqrt{1-c^{*2}}\sin\theta_1=p_x^* \tag{6-17}$$

$$(l_1+l_2c^*)\sin\theta_1+l_2\sqrt{1-c^{*2}}\cos\theta_1=p_y^* \tag{6-18}$$

再由式(6-17)和式(6-18)可以解得

$$\sin\theta_1=\frac{p_y^*(l_1+l_2c^*)-p_x^*l_2\sqrt{1-c^{*2}}}{(l_1+l_2c^*)^2+l_2^2(1-c^{*2})}=a^*$$

$$\cos\theta_1=\frac{p_x^*(l_1+l_2c^*)+p_y^*l_2\sqrt{1-c^{*2}}}{(l_1+l_2c^*)^2+l_2^2(1-c^{*2})}=b^*$$

最后得到

$$\theta_1=\arctan\left(\frac{a^*}{b^*}\right),\quad \theta_3=\alpha-\theta_1-\theta_2$$

2. 机械臂逆运动分析的数值法

对于一个有 n 个自由度的机械臂，其关节变量向量可写为

$$\boldsymbol{q}=[\theta_1\quad\theta_2\quad\cdots\quad\theta_n]^{\mathrm{T}} \tag{6-19}$$

设机械臂末端执行器 E 在基础坐标系中的位置和姿态可用如下矢量表示：

$$\boldsymbol{p}=[x_e\quad y_e\quad z_e\quad \theta_{ex}\quad \theta_{ey}\quad \theta_{ez}]^{\mathrm{T}}=[p_1\quad p_2\quad p_3\quad p_4\quad p_5\quad p_6]^{\mathrm{T}}$$

它们应该是 n 个关节变量的函数，所以也可以写为

$$\boldsymbol{p}=\varPhi[\theta_1\quad\theta_2\quad\cdots\quad\theta_n] \tag{6-20}$$

对式(6-20)进行微分，可以求得末端执行器移动速度与关节角速度之间的关系，即

$$\frac{\mathrm{d}\boldsymbol{p}}{\mathrm{d}t}=\boldsymbol{J}\frac{\mathrm{d}\boldsymbol{q}}{\mathrm{d}t} \tag{6-21}$$

式中，$\boldsymbol{p}\in R_{m\times 1}$ 表示末端执行器在空间坐标系下的坐标；$\boldsymbol{q}\in R_{n\times 1}$ 表示机械臂的广义坐标，即关节角度；$\boldsymbol{J}\in R_{m\times n}$ 即雅可比矩阵，其表达式为

$$\boldsymbol{J}=\frac{\partial\boldsymbol{p}}{\partial\boldsymbol{q}}=\begin{bmatrix}\dfrac{\partial p_1}{\partial\theta_1} & \cdots & \dfrac{\partial p_1}{\partial\theta_n}\\ \vdots & \ddots & \vdots\\ \dfrac{\partial p_m}{\partial\theta_1} & \cdots & \dfrac{\partial p_m}{\partial\theta_n}\end{bmatrix}\in R_{m\times n} \tag{6-22}$$

对于本节讨论的平面三自由度机械臂，依据式(6-22)可解得其雅可比矩阵为

$$\boldsymbol{J}=\begin{bmatrix}-l_3\mathrm{C}_{123}-l_2\mathrm{C}_{12}-l_1\mathrm{C}_1 & -l_3\mathrm{C}_{123}-l_2\mathrm{C}_{12} & -l_3\mathrm{C}_{123}\\ -l_3\mathrm{S}_{123}-l_2\mathrm{S}_{12}-l_1\mathrm{S}_1 & -l_3\mathrm{S}_{123}-l_2\mathrm{S}_{12} & -l_3\mathrm{S}_{123}\end{bmatrix} \tag{6-23}$$

式中，$\mathrm{C}_i=\cos\theta_i$，$\mathrm{S}_i=\sin\theta_i$。对式(6-21)继续求导可得

$$\ddot{\boldsymbol{p}}=\boldsymbol{J}\ddot{\boldsymbol{q}}+\dot{\boldsymbol{J}}\dot{\boldsymbol{q}} \tag{6-24}$$

其中，雅可比矩阵对时间的导数为

$$\dot{\boldsymbol{J}}=\frac{\mathrm{d}\boldsymbol{J}}{\mathrm{d}t}=\frac{\partial\boldsymbol{J}}{\partial q_1}\dot{q}_1+\frac{\partial\boldsymbol{J}}{\partial q_2}\dot{q}_2+\frac{\partial\boldsymbol{J}}{\partial q_3}\dot{q}_3 \tag{6-25}$$

对于本节讨论的平面三自由度机械臂，式(6-25)中的雅可比矩阵的导数为

$$\frac{\partial\boldsymbol{J}}{\partial q_1}=\begin{bmatrix}l_3\mathrm{S}_{123}+l_2\mathrm{S}_{12}+l_1\mathrm{S}_1 & l_3\mathrm{S}_{123}+l_2\mathrm{S}_{12} & l\mathrm{S}_{123}\\ -l_3\mathrm{C}_{123}-l_2\mathrm{C}_{12}-l_1\mathrm{C}_1 & -l_3\mathrm{C}_{123}-l_2\mathrm{C}_{12} & -l_3\mathrm{C}_{123}\end{bmatrix} l$$

$$\frac{\partial\boldsymbol{J}}{\partial q_2}=\begin{bmatrix}l_3\mathrm{S}_{123}+l_2\mathrm{S}_{12} & l_3\mathrm{S}_{123}+l_2\mathrm{S}_{12} & l_3\mathrm{S}_{123}\\ -l_3\mathrm{C}_{123}-l_2\mathrm{C}_{12} & -l_3\mathrm{C}_{123}-l_2\mathrm{C}_{12} & -l_3\mathrm{C}_{123}\end{bmatrix}$$

$$\frac{\partial\boldsymbol{J}}{\partial q_3}=\begin{bmatrix}l_3\mathrm{S}_{123} & l_3\mathrm{S}_{123} & l_3\mathrm{S}_{123}\\ -l_3\mathrm{C}_{123} & -l_3\mathrm{C}_{123} & -l_3\mathrm{C}_{123}\end{bmatrix}$$

在一般情况下，串联机械臂是非冗余的，即 m=n，这时 $\boldsymbol{J}$ 为满秩矩阵，也就是说对于一个确定的运动 $f(\boldsymbol{p})$，如果已知 $\boldsymbol{p}$、$\dot{\boldsymbol{p}}$、$\ddot{\boldsymbol{p}}$，就可以求出相应的关节角速度和角加速度，即

$$\begin{aligned}\dot{\boldsymbol{q}}&=\boldsymbol{J}^{-1}\dot{\boldsymbol{p}}\\ \ddot{\boldsymbol{q}}&=\boldsymbol{J}^{-1}(\ddot{\boldsymbol{p}}-\dot{\boldsymbol{J}}\dot{\boldsymbol{q}})\end{aligned} \tag{6-26}$$

当 $m\neq n$ 时，$\boldsymbol{J}^{-1}$ 是不存在的。此时，角度与位置的关系可以表示为

$$\ddot{\boldsymbol{q}}=\boldsymbol{J}^{+}(\ddot{\boldsymbol{p}}-\dot{\boldsymbol{J}}\dot{\boldsymbol{q}})+(\boldsymbol{E}-\boldsymbol{J}^{+}\boldsymbol{J})\boldsymbol{z} \tag{6-27}$$

式中，$\boldsymbol{J}^{+}$ 为雅可比矩阵 $\boldsymbol{J}$ 的伪逆，它满足下面四个条件：① $\boldsymbol{J}\boldsymbol{J}^{+}\boldsymbol{J}=\boldsymbol{J}$；② $\boldsymbol{J}^{+}\boldsymbol{J}\boldsymbol{J}^{+}=\boldsymbol{J}^{+}$；③ $(\boldsymbol{J}^{+}\boldsymbol{J})^{\mathrm{T}}=\boldsymbol{J}^{+}\boldsymbol{J}$；④ $(\boldsymbol{J}\boldsymbol{J}^{+})^{\mathrm{T}}=\boldsymbol{J}\boldsymbol{J}^{+}$。

对于式(6-27)，$\boldsymbol{J}^{+}(\ddot{\boldsymbol{p}}-\dot{\boldsymbol{J}}\dot{\boldsymbol{q}})$ 为极小最小二乘解(也称为最佳逼近解)。$(\boldsymbol{E}-\boldsymbol{J}^{+}\boldsymbol{J})\boldsymbol{z}$ 为方程的齐次解，是雅可比矩阵 $\boldsymbol{J}$ 零空间解的集合，即机械臂在某一时间所有可能运动方式的集合，当 $\boldsymbol{J}$ 矩阵为满秩矩阵时，该项为 $\mathbf{0}$。

式(6-27)中的 z 可以写成

$$z=k\cdot\boldsymbol{u} \tag{6-28}$$

式中，k 为放大系数；$\boldsymbol{u}$ 为实现优化控制的任意矢量。

6.2 多体系统动力学原理

多体系统动力学是给出多体系统的动力学方程，进而分析组成多体系统的机构、机械臂连杆等的各关节的关节位置、关节速度、关节加速度与各关节驱动力矩之间的关系。

以串联式机械臂为代表的多体系统的动力学分析包括两个方面：①已知各关节的驱动力或力矩，求解各关节的位置、速度和加速度，即动力学正问题；②已知各关节的位置、速度和加速度，求各关节所需的驱动力或力矩，即动力学逆问题。

目前研究多体系统动力学的方法很多，主要有牛顿-欧拉方法、拉格朗日方法、阿贝尔方法、凯恩方法等。在这里主要介绍牛顿-欧拉方法和拉格朗日方法。

6.2.1 牛顿-欧拉方法

牛顿-欧拉方法直接利用牛顿力学的刚体动力学，导出机械臂多体系统动力学的递推公式，即已知各连杆的速度、角速度及转动惯量，就可以利用牛顿-欧拉刚体动力学公式导出各关节执行器的驱动力及驱动力矩的递推公式，然后归纳出多体系统动力学的动力学模型。

以下分析均在基座坐标系$\{S_B\}$中进行。设已知杆i的质心为C_i，其速度为$\boldsymbol{v}_{c_i}$，加速度为$\boldsymbol{a}_{c_i}$，且以角速度$\boldsymbol{\omega}_i$和角加速度$\dot{\boldsymbol{\omega}}_i$绕$O_i$转动，如图 6-6 所示。

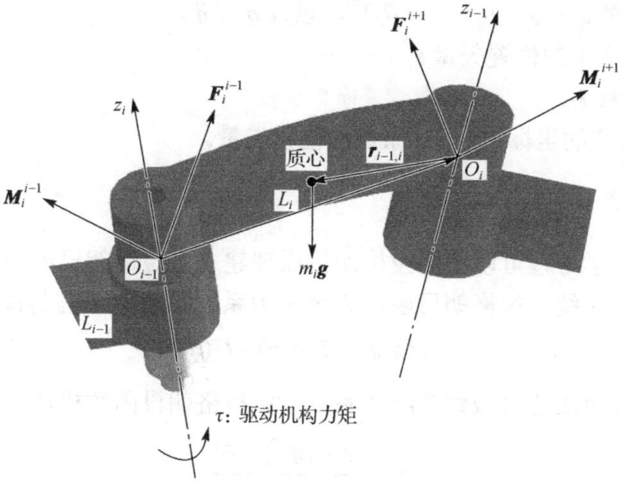

图 6-6　某一杆件的速度和加速度示意图

利用牛顿-欧拉方程求机械臂多体系统的动力学方程时，应从末杆计算开始，逐步向基座推算。注意到进行杆系动力学方程推导时用到了各杆的速度及角速度矢量，而它们应从基座向末杆的方向依次递推计算。

对杆i而言，建立如下牛顿运动方程和欧拉运动方程。

牛顿运动方程：

$$\boldsymbol{F}_i^{i-1} = \boldsymbol{F}_i^{i+1} + m_i\dot{\boldsymbol{v}}_{c_i} - m_i\boldsymbol{g} \tag{6-29}$$

欧拉运动方程：

$$\boldsymbol{M}_i^{i-1} = \boldsymbol{M}_i^{i+1} - \boldsymbol{r}_{i,c_i} \times \boldsymbol{F}_i^{i+1} + \boldsymbol{r}_{i-1,c_i} \times \boldsymbol{F}_i^{i-1} + \boldsymbol{I}_i\dot{\boldsymbol{\omega}}_i + \boldsymbol{\omega}_i \times \boldsymbol{I}_i\boldsymbol{\omega}_i \tag{6-30}$$

式中，$\boldsymbol{F}_i^{i-1}$是杆$i-1$对杆i的作用力；$\boldsymbol{F}_i^{i+1}$是杆$i+1$对杆i的作用力；m_i是杆i的质量；$\boldsymbol{g}$是重力加速度矢量；$\boldsymbol{M}_i^{i-1}$是杆$i-1$对杆i的作用力矩；$\boldsymbol{M}_i^{i+1}$是杆$i+1$对杆i的作用力矩；$\boldsymbol{r}_{i-1,c_i}$是关节i上附着坐标系原点O_{i-1}到质心c_i的矢径；$\boldsymbol{r}_{i,c_i}$是关节i+1附着坐标系原点O_i到质心c_i的矢径；$\boldsymbol{I}_i$是杆i相对于其质心c_i的惯性矩；$\boldsymbol{\omega}_i \times \boldsymbol{I}_i\boldsymbol{\omega}_i$为科氏力项。

在第i个关节上，驱动力矩的公式为

$$\boldsymbol{\tau}_i = \boldsymbol{u}_{i-1}\boldsymbol{M}_{i-1}^i \tag{6-31}$$

式中，$\boldsymbol{u}_{i-1}$是关节i的附着坐标系的z_{i-1}轴在基座坐标系中的单位矢量，即相对于基座坐标系$\{S_B\}$。

对于平动关节的情况，式(6-31)应为

$$\boldsymbol{\tau}_i = \boldsymbol{u}_{i-1}\boldsymbol{F}_{i-1}^i \tag{6-32}$$

式(6-30)中 $\boldsymbol{I}_i$ 是连杆 i 的惯性张量，为 3×3 阶对称矩阵，并以坐标系$\{C\}$为参考描述，即

$$\boldsymbol{I}_i = \begin{bmatrix} I_{xx} & -I_{xy} & -I_{xz} \\ -I_{xy} & I_{yy} & -I_{yz} \\ -I_{xz} & -I_{yz} & I_{zz} \end{bmatrix} \tag{6-33}$$

牛顿-欧拉动力学分析的递推算法由两部分组成：首先由内向外递推计算各连杆的速度和加速度，并由牛顿-欧拉方程计算出各连杆的惯性力和惯性力矩；然后由外向内递推计算各连杆的相互作用力和力矩，以及关节驱动力或力矩。已知条件如下：

(1) 机器人轨迹的 $\boldsymbol{q}=[\theta_1 \quad \theta_2 \quad \cdots \quad \theta_n]^{\mathrm{T}}$，以及 $\dot{\boldsymbol{q}}$ 和 $\ddot{\boldsymbol{q}}$。

(2) 质心在坐标系中的位置矢量 $\boldsymbol{r}_{c_i}$。

(3) 杆件惯性张量 $\boldsymbol{I}_i$。

(4) $\{i\}$坐标系描述的坐标系$\{i+1\}$原点的位置矢量。

6.2.2 拉格朗日方法

多体系统的动力学方程可以采用拉格朗日原理建立，拉格朗日动力学方程基于能量平衡方程。对于任何机械系统，拉格朗日函数 L 定义为系统总动能 $\boldsymbol{T}$ 与势能 $\boldsymbol{U}$ 之差，即

$$L(\boldsymbol{q},\dot{\boldsymbol{q}}) = \boldsymbol{T}(\boldsymbol{q},\dot{\boldsymbol{q}}) - \boldsymbol{U}(\boldsymbol{q}) \tag{6-34}$$

对于由 n 个连杆组成的机械臂多刚体系统，由拉格朗日函数描述的动力学方程为

$$\boldsymbol{\tau}_i = \frac{\mathrm{d}}{\mathrm{d}t}\left(\frac{\partial L}{\partial \dot{\boldsymbol{q}}_i}\right) - \frac{\partial L}{\partial \boldsymbol{q}_i} \tag{6-35}$$

式中，$\boldsymbol{\tau}_i$ 为作用在第 i 个关节上的驱动力矩。

6.2.3 机械臂多刚体系统动力学方程的一般形式

机械臂多刚体系统动力学方程可以写成矩阵形式，表示为

$$\boldsymbol{M}\ddot{\boldsymbol{\theta}} + \boldsymbol{C}(\boldsymbol{\theta},\dot{\boldsymbol{\theta}})\dot{\boldsymbol{\theta}} + \boldsymbol{G}(\boldsymbol{\theta}) = \boldsymbol{\tau} \tag{6-36}$$

式中，$\boldsymbol{M}$ 为系统的惯性矩阵，对于有 n 个关节的机械臂，其为 $n\times n$ 阶正定矩阵；$\boldsymbol{M}\ddot{\boldsymbol{\theta}}$ 表示惯性力矩或惯性力，$\boldsymbol{M}$ 的主对角线元素表示各个连杆本身的有效惯量，代表给定关节上的力矩与产生的角加速度之间的关系，非对角线元素表示连杆本身的有效惯量，即某连杆的加速度运动对另一关节产生的耦合作用力矩的度量；$\boldsymbol{\theta}$ 为系统的广义坐标；$\boldsymbol{C}(\boldsymbol{\theta},\dot{\boldsymbol{\theta}})$ 为离心力和哥氏力项矩阵；$\boldsymbol{G}(\boldsymbol{\theta})$ 为重力项；$\boldsymbol{\tau}$ 为广义力项。

对于如式(6-36)所示的机械臂动力学方程，都可以证明其满足如下性质。

(1) 正定性。对任意 $\boldsymbol{\theta}$，惯性矩阵 $\boldsymbol{M}(\boldsymbol{\theta})$ 都是一个对称的正定矩阵。

(2) 斜对称性。矩阵函数 $\dot{\boldsymbol{M}}(\boldsymbol{\theta}) - 2\boldsymbol{C}(\boldsymbol{\theta},\dot{\boldsymbol{\theta}})$ 对于任意 $\boldsymbol{\theta}$、$\dot{\boldsymbol{\theta}}$ 都是斜对称的，即对任意向量 $\boldsymbol{\xi}$ 有

$$\boldsymbol{\xi}^{\mathrm{T}}[\dot{\boldsymbol{M}}(\boldsymbol{\theta}) - 2\boldsymbol{C}(\boldsymbol{\theta},\dot{\boldsymbol{\theta}})]\boldsymbol{\xi} = 0 \tag{6-37}$$

(3) 线性特性。存在一个依赖于机械臂参数的参数向量，使得 $\boldsymbol{M}(\boldsymbol{\theta})$、$\boldsymbol{C}(\boldsymbol{\theta},\dot{\boldsymbol{\theta}})$ 和 $\boldsymbol{G}(\boldsymbol{\theta})$ 满足线性关系：

$$\boldsymbol{M}(\boldsymbol{\theta})\alpha+\boldsymbol{C}(\boldsymbol{\theta},\dot{\boldsymbol{\theta}})\beta+\boldsymbol{G}(\boldsymbol{\theta})=\boldsymbol{\Phi}(\boldsymbol{\theta},\dot{\boldsymbol{\theta}},\alpha,\beta)\boldsymbol{P} \tag{6-38}$$

式中，$\boldsymbol{\Phi}(\boldsymbol{\theta},\dot{\boldsymbol{\theta}},\alpha,\beta)$ 为已知变量函数的回归矩阵，它是机械臂广义坐标及其各阶导数的已知函数矩阵；$\boldsymbol{P}$ 是描述机械臂质量特征的未知定常参数向量。

6.3 两自由度机械臂动力学分析

平面两自由度刚性机械臂是一种典型的多刚体系统，包含着丰富的动力学特性，是研究机构运动和控制的代表性机械系统。在这里，分别采用牛顿-欧拉方法和拉格朗日方法进行平面两自由度机械臂的动力学分析。

6.3.1 基于牛顿-欧拉方法的两自由度机械臂动力学分析

图 6-7 所示为平面两自由度机械臂系统的几何参数和坐标系定义。

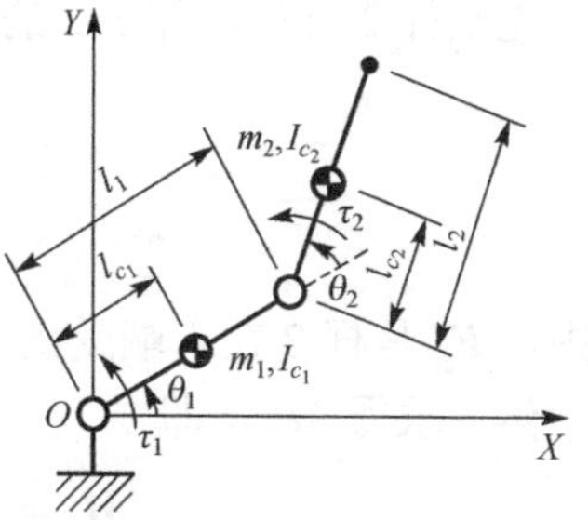

图 6-7　二连杆机械臂的动力学模型

1．杆 1 的速度 $\boldsymbol{v}_{c_1}$ 和角速度 $\boldsymbol{\omega}_1$

$\boldsymbol{\omega}_1$ 是杆 1 在基座坐标系 $\{S_B\}=\{OXYZ\}$ 的三个坐标轴 $\{X,Y,Z\}$ 上的绕 O 点的转动角速度矢量，具体为

$$\boldsymbol{\omega}_1=\begin{bmatrix}0\\0\\\dot{\theta}_1\end{bmatrix}$$

杆 1 的速度 $\boldsymbol{v}_{c_1}$ 为

$$\boldsymbol{v}_{c_1}=\begin{bmatrix}v_{c_1x}\\v_{c_1y}\\v_{c_1z}\end{bmatrix}=\begin{bmatrix}\dfrac{\mathrm{d}x_{c_1}}{\mathrm{d}t}\\\dfrac{\mathrm{d}y_{c_1}}{\mathrm{d}t}\\0\end{bmatrix}x=\begin{bmatrix}\dfrac{\mathrm{d}(l_{c_1}\cos\theta_1)}{\mathrm{d}t}\\\dfrac{\mathrm{d}(l_{c_1}\sin\theta_1)}{\mathrm{d}t}\\0\end{bmatrix}=\begin{bmatrix}-l_{c_1}\dot{\theta}_1\sin\theta_1\\l_{c_1}\dot{\theta}_1\cos\theta_1\\0\end{bmatrix}$$

在已知关节角度 θ_1、θ_2 以及角速度时，上述参量可以容易地得到。

2．杆 2 的速度 $\boldsymbol{v}_{c_2}$ 和角速度 $\boldsymbol{\omega}_2$

在基座坐标系 $\{S_B\}$ 中，有

$$\boldsymbol{\omega}_2=\begin{bmatrix}0\\0\\\dot{\theta}_1+\dot{\theta}_2\end{bmatrix}$$

由于

$$\begin{aligned}x_{c_2}&=l_1\cos\theta_1+l_{c_2}\cos(\theta_1+\theta_2)\\y_{c_2}&=l_1\sin\theta_1+l_{c_2}\sin(\theta_1+\theta_2)\\z_{c_2}&=0\end{aligned}$$

上式对 t 求导可得 $\boldsymbol{v}_{c_2}$，即

$$\boldsymbol{v}_{c_2}=\begin{bmatrix}v_{c_2x}\\v_{c_2y}\\v_{c_2z}\end{bmatrix}=\begin{bmatrix}\dfrac{\mathrm{d}x_{c_2}}{\mathrm{d}t}\\\dfrac{\mathrm{d}y_{c_2}}{\mathrm{d}t}\\\dfrac{\mathrm{d}z_{c_2}}{\mathrm{d}t}\end{bmatrix}=\begin{bmatrix}-[l_1\sin\theta_1+l_{c_2}\sin(\theta_1+\theta_2)]\dot{\theta}_1-l_{c_2}\sin(\theta_1+\theta_2)\dot{\theta}_2\\ [l_1\cos\theta_1+l_{c_2}\cos(\theta_1+\theta_2)]\dot{\theta}_1+l_{c_2}\cos(\theta_1+\theta_2)\dot{\theta}_2\\0\end{bmatrix}$$

对应再对 t 求导，可求得加速度 $\dot{\boldsymbol{\omega}}_1$、$\dot{\boldsymbol{\omega}}_2$、$\dot{\boldsymbol{v}}_{c_1}$、$\dot{\boldsymbol{v}}_{c_2}$。

3. 杆 2 的力和力矩

将上述 $\dot{\boldsymbol{\omega}}_1$、$\dot{\boldsymbol{\omega}}_2$、$\dot{\boldsymbol{v}}_{c_1}$、$\dot{\boldsymbol{v}}_{c_1}$ 代入式(6-29)和式(6-30)，并引入系统的几何参数、惯性参数等，可以进行递推计算。

先从杆 2 开始，即 i=2 的情形：

$$\boldsymbol{F}_2^1=\boldsymbol{F}_2^3+m_2\dot{\boldsymbol{v}}_{c_2}-m_2\begin{bmatrix}0\\-g\\0\end{bmatrix}$$

式中，$\boldsymbol{F}_2^3$ 是杆 2 在末端受到的载荷力矢量；$\dot{\boldsymbol{v}}_{c_2}$ 由 $\boldsymbol{v}_{c_2}$ 求导得到，容易算得 $\boldsymbol{F}_1^2$ 的显式表达式。

然后求得 $\boldsymbol{M}_2^1$，即

$$\boldsymbol{M}_2^1=\boldsymbol{M}_2^3-\boldsymbol{r}_{2,c_2}\times\boldsymbol{F}_2^3+\boldsymbol{r}_{1,c_2}\times\boldsymbol{F}_2^1+\boldsymbol{I}_2\dot{\boldsymbol{\omega}}_2+\boldsymbol{\omega}_2\times\boldsymbol{I}_2\boldsymbol{\omega}_2$$

分别代入 $\boldsymbol{r}_{1,c_2}$、$\boldsymbol{r}_{2,c_2}$、$\boldsymbol{I}_2$ 的具体值和 $\dot{\boldsymbol{\omega}}_2$、$\boldsymbol{\omega}_2$ 的求算结果，以及已经得到的 $\boldsymbol{F}_1^2$，同时考虑杆 2 在末端受到的载荷力矩向量 $\boldsymbol{M}_2^3$ 和力向量 $\boldsymbol{F}_2^3$，$\boldsymbol{M}_1^2$ 即可求得。

4. 杆 1 的力和力矩

已知 $\boldsymbol{F}_1^2=-\boldsymbol{F}_2^1$，$\boldsymbol{M}_1^2=-\boldsymbol{M}_2^1$，求 i=1 的力和力矩。在导出 $\boldsymbol{F}_1^2$ 和 $\boldsymbol{M}_1^2$ 后，按式(6-29)、式(6-30)可继续求解杆 1 上的受力 $\boldsymbol{F}_0^1$ 和 $\boldsymbol{M}_0^1$。在式(6-29)和式(6-30)中，令 i=1，有

$$\boldsymbol{F}_1^0=\boldsymbol{F}_1^2+m_1\dot{\boldsymbol{v}}_{c_1}-m_1\boldsymbol{g}$$

$$\boldsymbol{M}_1^0=\boldsymbol{M}_1^2-\boldsymbol{r}_{1,c_1}\times\boldsymbol{F}_1^2+\boldsymbol{r}_{0,c_1}\times\boldsymbol{F}_1^0+\boldsymbol{I}_1\dot{\boldsymbol{\omega}}_1+\boldsymbol{\omega}_1\times\boldsymbol{I}_1\boldsymbol{\omega}_1$$

5. 求关节 2 和关节 1 的驱动力矩

由式(6-31)求出这两个关节上的驱动力矩。在这里，有 $\boldsymbol{u}_0=[0\quad 0\quad 1]^{\mathrm{T}}$，$\boldsymbol{u}_1=[0\quad 0\quad 1]^{\mathrm{T}}$。得到的关节驱动力矩分别为

$$\boldsymbol{M}_1^0=-\boldsymbol{M}_0^1$$

$$\boldsymbol{\tau}_1=\boldsymbol{u}_0\boldsymbol{M}_0^1=\begin{bmatrix}0\\0\\1\end{bmatrix}\boldsymbol{M}_0^1$$

$$\boldsymbol{\tau}_2=\boldsymbol{u}_1\boldsymbol{M}_1^2=\begin{bmatrix}0\\0\\1\end{bmatrix}\boldsymbol{M}_1^2$$

整理上述所有公式，略去中间推导过程，导出的最后结果为

$$\tau_1 = M_{11}\ddot{\theta}_1 + M_{12}\ddot{\theta}_2 + C_{122}\dot{\theta}_2{}^2 + 2C_{112}\dot{\theta}_1\dot{\theta}_2 + G_1 \tag{6-39}$$

$$\tau_2 = M_{22}\ddot{\theta}_2 + M_{21}\ddot{\theta}_1 + C_{221}\dot{\theta}_1{}^2 + G_2 \tag{6-40}$$

式中

$$M_{11} = m_1 l_{c_1}^2 + I_1 + m_2(l_1^2 + l_{c_2}^2 + 2l_1 l_{c_2}\cos\theta_2) + I_2$$

$$M_{22} = m_2 l_{c_2}^2 + I_2$$

$$M_{12} = M_{21} = m_2(l_{c_2}^2 + l_1 l_{c_2}\cos\theta_2) + I_2$$

$$C_{112} = C_{122} = -C_{221} = -m_2 l_1 l_{c_2}\sin\theta_2$$

$$G_1 = m_1 l_{c_1} g\cos\theta_1 + m_2 g[l_{c_2}\cos(\theta_1+\theta_2) + l_1\cos\theta_1]$$

$$G_2 = m_1 l_{c_1} g\cos(\theta_1+\theta_2)$$

式(6-39)和式(6-40)可以写成矩阵形式：

$$\boldsymbol{M}\ddot{\boldsymbol{\theta}} + \boldsymbol{C}(\boldsymbol{\theta},\dot{\boldsymbol{\theta}})\dot{\boldsymbol{\theta}} + \boldsymbol{G}(\boldsymbol{\theta}) = \boldsymbol{\tau}$$

6.3.2 基于拉格朗日方法的两自由度机械臂动力学分析

对于图 6-8 所示的平面两自由度刚性机械臂，铰接点 O_1 为固定转动副铰接点，机械臂 1 可绕铰接点 O_1 转动，铰接点 O_2 为可运动的转动副铰接点，在铰接点处设置驱动器。机械臂 1 和机械臂 2 的质量分别为 m_1 和 m_2，长度分别为 l_1 和 l_2，质心到铰接点的距离分别为 d_1 和 d_2，相对于各自质心的转动惯量分别为 I_1 和 I_2。

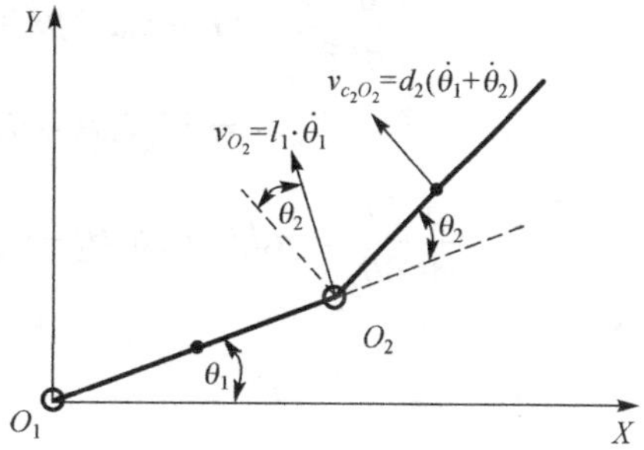

图 6-8　平面两自由度刚性机械臂系统受力图

所建立的固定坐标系为{O_1XY}，几何参数以及角度关系如图 6-7 所示。应用拉格朗日方程建立系统的动力学模型。已知拉格朗日方程为

$$\frac{\mathrm{d}}{\mathrm{d}t}\frac{\partial T}{\partial \dot{q}_j} - \frac{\partial T}{\partial q_j} + \frac{\partial U}{\partial q_j} = Q_j(t), \quad j = 1,2,3,\cdots$$

式中，q_j、$\dot{q}_j$ 分别为系统的广义坐标和广义速度；T、U 分别为系统的动能和势能；$Q_j(t)$ 为广义激励力。

取机械臂 1 的摆角 θ_1 和机械臂 2 相对机械臂 1 的相对摆角 θ_2 为两自由度机械臂系统的广义坐标。机械臂 1 的动能为

$$T_1 = \frac{1}{2}(I_1 + m_1 l_{c_1}{}^2)\dot{\theta}_1^2$$

机械臂 2 的动能为

$$T_2 = \frac{1}{2}m_2 v_{c_2}{}^2 + \frac{1}{2}I_2(\dot{\theta}_1 + \dot{\theta}_2)^2$$

系统总动能为

$$T = T_1 + T_2$$

由平面运动刚体上点的速度合成原理，机械臂 2 质心的运动速度由其质心绕 O_2 点的转动和随机械臂 1 的 O_2 点的运动合成，即 $v_{c_2}=v_{O_2}+v_{c_2O_2}$，$v_{O_2}$ 和 $v_{c_2O_2}$ 的大小和方向如图 6-8 所示，则

$$v_{c_2}=\sqrt{(l_1\dot{\theta}_1\sin\theta_2)^2+\left[l_1\dot{\theta}_1\cos\theta_2+l_{c_2}(\dot{\theta}_1+\dot{\theta}_2)\right]^2}$$

因此，整理得系统总动能为

$$T=\frac{1}{2}(I_1+m_1l_{c_1}{}^2)\dot{\theta}_1^2+\frac{1}{2}m_2\left[l_1^2\dot{\theta}_1^2+2l_1l_{c_2}\dot{\theta}_1(\dot{\theta}_1+\dot{\theta}_2)\cos\theta_2+l_{c_2}{}^2(\dot{\theta}_1+\dot{\theta}_2)^2\right]+\frac{1}{2}I_2(\dot{\theta}_1+\dot{\theta}_2)^2$$

取 X 轴为零势能线，则机械臂 1 势能可以表示为

$$U_1=m_1gl_{c_1}\sin\theta_1$$

机械臂 2 势能为

$$U_2=m_2g\left[l_1\sin\theta_1+l_{c_2}\sin(\theta_1+\theta_2)\right]$$

系统的总势能为

$$U=m_1gl_{c_1}\sin\theta_1+m_2g\left[l_1\sin\theta_1+l_{c_2}\sin(\theta_1+\theta_2)\right]$$

广义激励力为关节驱动点机的输出转矩，即 $Q_i(t)=\tau_i, i=1,2$。

将上面的系统总动能 T、总势能 U 以及广义激励力 $Q_j(t)$ 代入拉格朗日方程，这里广义坐标、速度为 θ_i 和 $\dot{\theta}_i$，式中各项可以求得

$$\begin{aligned}\frac{\mathrm{d}}{\mathrm{d}t}\frac{\partial T}{\partial\dot{\theta}_1}=&(I_1+m_1l_{c_1}{}^2)\ddot{\theta}_1+m_2l_1^2\ddot{\theta}_1+m_2l_1l_{c_2}(2\ddot{\theta}_1+\ddot{\theta}_2)\cos\theta_2\\&-m_2l_1l_{c_2}(2\dot{\theta}_1+\dot{\theta}_2)\dot{\theta}_2\sin\theta_2+m_2l_{c_2}{}^2(\ddot{\theta}_1+\ddot{\theta}_2)+I_2(\ddot{\theta}_1+\ddot{\theta}_2)\end{aligned}$$

$$\frac{\mathrm{d}}{\mathrm{d}t}\frac{\partial T}{\partial\dot{\theta}_2}=m_2l_1l_{c_2}\ddot{\theta}_1\cos\theta_2-m_2l_1l_{c_2}\dot{\theta}_1\dot{\theta}_2\sin\theta_2+m_2l_{c_2}{}^2(\ddot{\theta}_1+\ddot{\theta}_2)+I_2(\ddot{\theta}_1+\ddot{\theta}_2)$$

$$\frac{\partial T}{\partial\theta_1}=0$$

$$\frac{\partial T}{\partial\theta_2}=-m_2l_1l_{c_2}\dot{\theta}_1(\dot{\theta}_1+\dot{\theta}_2)\sin\theta_2$$

$$\frac{\partial U}{\partial\theta_1}=(m_1l_{c_1}+m_2l_1)g\cos\theta_1-m_2l_{c_2}g\cos(\theta_1+\theta_2)$$

$$\frac{\partial TU}{\partial\theta_2}=m_2gl_{c_2}\cos(\theta_1+\theta_2)$$

$$Q_{\theta_1}=\tau_1$$

$$Q_{\theta_2}=\tau_2$$

式中，m_1 和 m_2 分别为机械臂 1 和机械臂 2 的质量；I_1 和 I_2 分别为机械臂 1 和机械臂 2 对各自质心的转动惯量；l_{c_1} 和 l_{c_2} 分别为两铰接点到两机械臂质心的距离；g 为重力加速度。

整理上面的公式，得到机械臂 1 的运动微分方程为

$$\frac{\mathrm{d}}{\mathrm{d}t}\frac{\partial T}{\partial \dot{\theta}_1}-\frac{\partial T}{\partial \theta_1}+\frac{\partial U}{\partial \theta_1}=\left[m_1 l_{c_1}^2+m_2(l_1^2+l_{c_2}^2+2l_1 l_{c_2}\cos\theta_2)+I_1+I_2\right]\ddot{\theta}_1$$

$$+\left[m_2(l_{c_2}^2+l_1 l_{c_2}\cos\theta_2)+I_2\right]\ddot{\theta}_2$$

$$-m_2 l_1 l_{c_2}\dot{\theta}_2^2\sin\theta_2-2m_2 l_1 l_{c_2}\dot{\theta}_1\dot{\theta}_2\sin\theta_2$$

$$+(m_1 l_{c_1}+m_2 l_1)g\cos\theta_1-m_2 l_{c_2}g\cos(\theta_1+\theta_2)=\tau_1$$

机械臂 2 的运动微分方程为

$$\frac{\mathrm{d}}{\mathrm{d}T}\frac{\partial T}{\partial \dot{\theta}_2}-\frac{\partial T}{\partial \theta_2}+\frac{\partial U}{\partial \theta_2}=\left[m_2(l_{c_2}^2+l_1 l_{c_2}\cos\theta_2)+I_2\right]\ddot{\theta}_1+(m_2 l_{c_2}{}^2+I_2)\ddot{\theta}_2$$

$$+m_2 l_1 l_{c_2}\dot{\theta}_1{}^2\sin\theta_2+m_2 g l_{c_2}\cos(\theta_1+\theta_2)=\tau_2$$

该平面二自由度刚性机械臂系统的运动微分方程还可以写成如下矩阵形式：

$$\boldsymbol{M}\ddot{\boldsymbol{\theta}}+\boldsymbol{C}(\boldsymbol{\theta},\dot{\boldsymbol{\theta}})\dot{\boldsymbol{\theta}}+\boldsymbol{G}(\boldsymbol{\theta})=\boldsymbol{\tau}$$

式中，$\boldsymbol{M}=\begin{bmatrix} M_{11} & M_{12} \\ M_{21} & M_{22}\end{bmatrix}$为系统的惯性矩阵；$\boldsymbol{\theta}=\begin{bmatrix}\theta_1\\ \theta_2\end{bmatrix}$为系统的广义坐标向量；$\boldsymbol{C}(\boldsymbol{\theta},\dot{\boldsymbol{\theta}})=\begin{bmatrix} C_{11} & C_{12} \\ C_{21} & C_{22}\end{bmatrix}$为离心力和哥氏力项矩阵；$\boldsymbol{G}(\boldsymbol{\theta})=\begin{bmatrix} G_1(\boldsymbol{\theta}) \\ G_2(\boldsymbol{\theta})\end{bmatrix}$为重力向量；$\boldsymbol{\tau}=\begin{bmatrix}\tau_1\\ \tau_2\end{bmatrix}$为广义激励力向量。

各分量具体的表达式为

$$M_{11}=m_1 l_{c_1}^2+m_2(l_1^2+l_{c_2}^2+2l_1 l_{c_2}\cos\theta_2)+I_1+I_2$$

$$M_{12}=m_2(l_{c_2}^2+l_1 l_{c_2}\cos\theta_2)+I_2$$

$$M_{21}=m_2(l_{c_2}^2+l_1 l_{c_2}\cos\theta_2)+I_2$$

$$M_{22}=m_2 l_{c_2}^2+I_2$$

$$C_{11}=-m_2 l_1 l_{c_2}\dot{\theta}_2\sin\theta_2$$

$$C_{12}=-m_2 l_1 l_{c_2}\dot{\theta}_2\sin\theta_2-m_2 l_1 l_{c_2}\dot{\theta}_1\sin\theta_2$$

$$C_{21}=m_2 l_1 l_{c_2}\dot{\theta}_1\sin\theta_2$$

$$C_{22}=0$$

$$G_1(\boldsymbol{\theta})=(m_1 l_{c_1}+m_2 l_1)g\cos\theta_1+m_2 l_{c_2}g\cos(\theta_1+\theta_2)$$

$$G_2(\boldsymbol{\theta})=m_2 l_{c_2}g\cos(\theta_1+\theta_2)$$

6.3.3 平面两自由度机械臂动力学数值仿真

本节对平面两自由度机械臂进行建模及仿真分析。机械臂的动力学模型参数主要包括各杆件的惯性张量 I_{ij}、质量 m_i、质心位置 L_{c_i} 以及连杆长度 L_i 等，具体数值如表 6-1 所示。

表 6-1 两自由度刚性机械臂惯性张量及相关参数标称值表

连杆 i	I_{ij} /（kg·m^2）	m_i /kg	L_{c_i} /m	L_i /m
1	0.04	2	0.075	0.15
2	0.04	2	0.075	0.15

设机械臂两个杆件在 t=0 的初始状态为 $\boldsymbol{q}_0=[0 \quad 0]$，$\dot{\boldsymbol{q}}_0=[0 \quad 0]$，两个关节驱动力矩为 0N·m，重力加速度为 $(0,-9.8,0)\,\mathrm{m/s^2}$。

根据 6.3.2 节的动力学方程，得到机械臂两个关节的角位移曲线如图 6-9 所示。

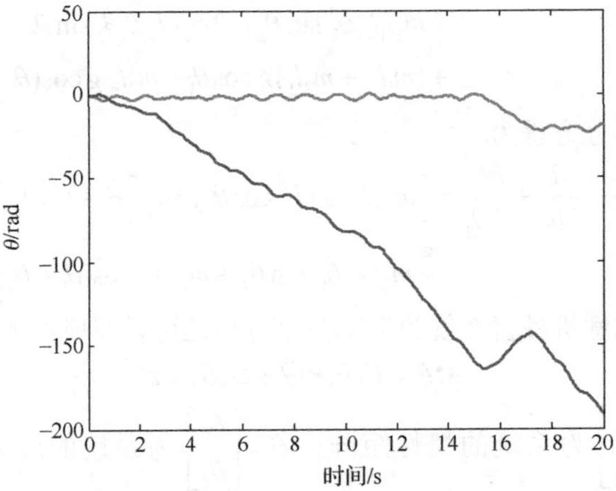

图 6-9 机械臂关节角随时间变化的曲线

两自由度刚性机械臂的运动轨迹运动如图 6-10 所示。从图 6-9 中可知，机械臂在重力的作用下，在 xy 平面内做往复摆动。

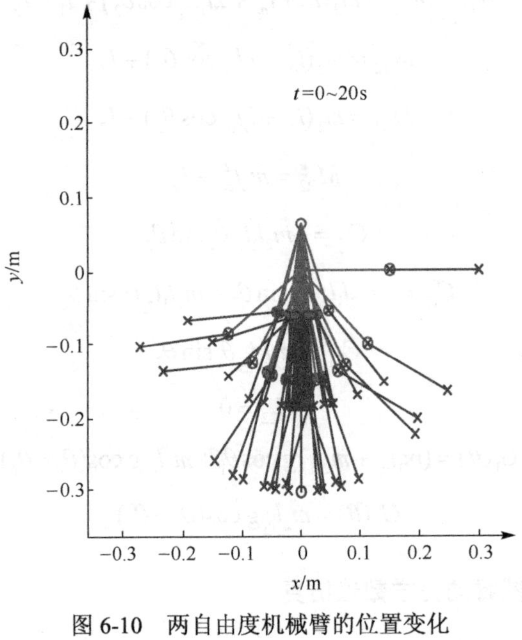

图 6-10 两自由度机械臂的位置变化

第 7 章　机械振动基础

本章介绍机械振动基础理论，主要包括基本概念、单自由度系统的动力学分析和多自由度振动系统的动力学分析以及连续体的振动分析等，为后续进行机械结构和系统的动态计算与分析提供基础。

7.1　机械振动学的基本概念

7.1.1　动力学系统的自由度

1. 自由度的概念

用以描述动力学系统的运动规律所必需的独立的坐标数目，称为该系统的自由度数。图 7-1 为典型的单自由度单摆系统和二自由度复摆系统。机械结构可以简化成具有少数自由度的集中质量系统，也可以视为具有无限多自由度的连续体系统。

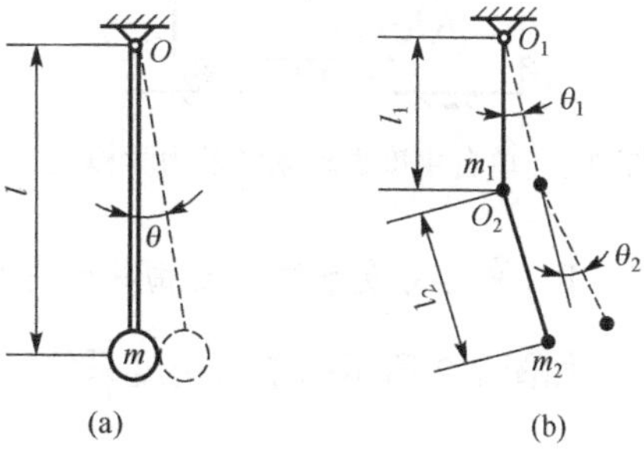

图 7-1　单摆振动与复摆振动

2. 离散系统和连续系统的概念

离散系统和连续系统是在进行机械结构系统动力学分析时，根据结构的不同和研究的目的采用的两类建模方法。离散系统在力学模型上具有明显的集中质量和不计质量的弹性元件，在数学上表达为方程数目与自由度数相等的二阶常微分方程组。连续系统具有分布的质量和分布的弹性，在数学上需要时间和坐标的函数来描写它的运动状态，在数学表达上是偏微分方程。若把连续系统的质量聚缩到有限个点上，各点之间用弹性元件连接起来便成为离散系统。

连续系统的振动偏微分方程只在一些比较简单的特殊情况下才能求得解析解。例如，均匀的弦、绳索和几何形状比较简单的杆、环、薄膜、板及壳等的振动问题。对于几何形状复杂的构件常常需要离散化成有限自由度系统进行计算。

7.1.2　单自由度系统的动力学分析

在一些特定情况下可以将机械结构简化为单自由度系统，单自由度系统也可以用以揭示动力学系统的一些基本特征，同时也是机械结构动力学分析的理论基础。

振动质量、弹簧刚度(使弹簧产生单位变形所需的力)和阻尼是振动系统的三个基本要素，当系统出现振动时，它们将相应地产生惯性力、弹性力和阻尼力。单自由度振动系统包括一个定向振动的质量、连接于振动质量与基础之间的弹性元件，以及运动过程中所产生的阻尼。所谓阻尼，是表征系统运动中无法避免的阻力的一种方式，如物体间表面摩擦力、空气或液体阻力以及材料的内摩擦力等，都统称为阻尼力。黏性阻尼定义为其阻尼力大小与速度成正比，阻尼力的方向与运动方向相反。单自由度振动系统的力学模型如图 7-2 所示。若在系统中加入持续作用的激振力，则该系统将产生持续的振动。在振动的每一个瞬时，这些力的合力必然为零。在线性振动系统中，惯性力、阻尼力和弹性力分别与加速度、速度及位移的一次方成正比。

若作用于此振动系统的激振力是周期变化的，则与此力相平衡的各组成力也是周期变化的。通常情况下，各个组成力有它们各自不同的相位，也就是说，它们之间有不同的相位差。为了便于了解它们之间的相位关系，图 7-3 给出了位移、速度和加速度的矢量图，图中所示的位移矢量 $\boldsymbol{\lambda}$ 是以角速度 ω 逆时针方向旋转的，当以水平轴力为起点计算时，经时间 t_1 以后矢量在纵轴上的投影为 x，即 $x=\boldsymbol{\lambda}\sin\omega t_1$。

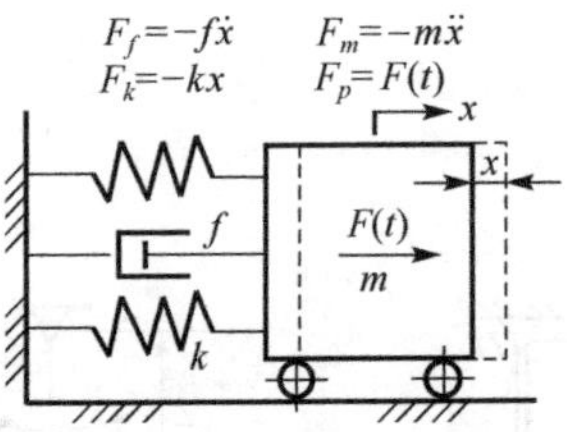

图 7-2　单自由度振动系统的力学模型

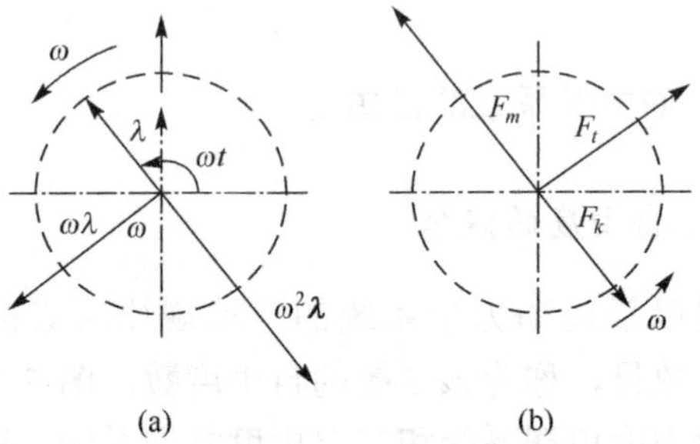

图 7-3　由旋转矢量的投影表示的简谐振动

1. 单自由度系统的自由振动分析

如图 7-2 所示的单自由度系统，其运动方程为

$$m\ddot{x}+f\dot{x}+kx=F(t) \tag{7-1}$$

式中，m 为振动物体的质量；k 为弹簧刚度；f 为阻尼系数；$F(t)$ 为外加激振力。

当 $F(t)=0$ 且不考虑阻尼(f=0)时，式(7-1)变为无阻尼自由振动方程，即

$$m\ddot{x}+kx=0 \tag{7-2}$$

对该齐次二阶常系数线性微分方程求解，得

$$x=A_1\cos\omega_n t+A_2\sin\omega_n t \tag{7-3}$$

或

$$x=A\sin(\omega_n t+\varphi) \tag{7-4}$$

式中，$\omega_n=\sqrt{\dfrac{k}{m}}$ 为角频率；$A=\sqrt{A_1^{\ 2}+A_2^{\ 2}}$ 为振幅；$\varphi=\arctan\dfrac{A_1}{A_2}$ 为相位差角。

考虑初始条件 $t=0时,x=x_0,\dot{x}=v_0$，有

$$A=\sqrt{x_0^{\ 2}+\left(\frac{v_0}{\omega_n}\right)^2} \tag{7-5}$$

$$\varphi=\arctan\frac{x_0\omega_n}{v_0} \tag{7-6}$$

考虑阻尼影响，对于自由振动情形，振动系统的微分方程(7-1)简化为

$$\ddot{x}+2n\dot{x}+\omega_n{}^2x=0 \tag{7-7}$$

式中，$2n=f/m$。对于欠阻尼状态或弱阻尼状态，即相对阻尼系数或阻尼比$\zeta<1$的情形(其中$\zeta=n/\omega_n$)，方程的解为

$$x=A\mathrm{e}^{-nt}\sin(\omega_r t+\varphi) \tag{7-8}$$

其运动是周期性的振动，固有频率为

$$\omega_r=\sqrt{\omega_n{}^2-n^2}=\omega_n\sqrt{1-\zeta^2} \tag{7-9}$$

振幅随时间以指数形式衰减，如图 7-4 所示。

阻尼振动的振幅按几何级数衰减，两相邻振幅之比称为减幅率,记作η，有

$$\eta=\frac{A_m}{A_{m+1}}=\frac{A\mathrm{e}^{-nt}}{A\mathrm{e}^{-n(t+T_r)}}=\mathrm{e}^{nT_r} \tag{7-10}$$

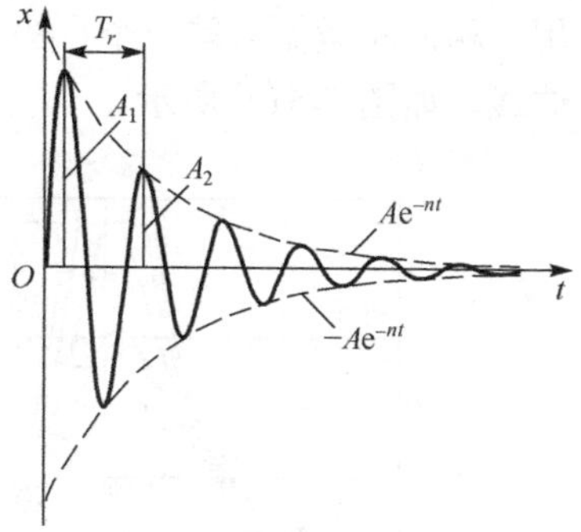

图 7-4　弱阻尼时的减幅振动

2. 单自由度系统的受迫振动分析

当系统受到外界动态作用力持续作用时，系统将产生等幅振动，称为受迫振动，这种振动就是系统对外力的响应。作用在系统上持续的激振，按它们随时间变化的规律，可以归为三类：简谐激振、非简谐周期性激振和任意力激振。这里仅讨论系统在简谐激振作用下的受迫振动。

简谐激振力$F_0\sin(\omega t+\beta)$作用下的系统运动微分方程为

$$m\ddot{x}+f\dot{x}+kx=F_0\sin(\omega t+\beta)$$

可化为

$$\ddot{x}+2n\dot{x}+\omega_n^2x=q\sin(\omega t+\beta) \tag{7-11}$$

式中，$n=\dfrac{f}{2m}$；$\omega_n^2=\dfrac{k}{m}$；$q=\dfrac{F_0}{m}$。

方程(7-11)的通解为

$$x=x_1+x_2=\mathrm{e}^{-nt}(C_1\cos\omega_r t+C_2\sin\omega_r t)+B\sin(\omega t+\beta-\theta) \tag{7-12}$$

当t=0 时，$x=x_0$，$\dot{x}=\dot{x}_0=v_0$，有

$$\begin{aligned}x=&\mathrm{e}^{-nt}\left(x_0\cos\omega_r t+\frac{nx_0+v_0}{\omega_r}\sin\omega_r t\right)\\&-B\mathrm{e}^{-nt}\left(\sin(\beta-\theta)\cos\omega_r t+\frac{\omega\cos(\beta-\theta)+n\sin(\beta-\theta)}{\omega_r}\sin\omega_r t\right)\\&+B\sin(\omega t+\beta-\theta)\end{aligned} \tag{7-13}$$

由于阻尼的存在，系统运动的自由振动随着时间的增长而逐渐消失， 只剩下稳态的受迫振动项，即

$$x_2 = B\sin(\omega t + \beta - \theta) \tag{7-14}$$

式中

$$B = \frac{\delta_{st}}{\sqrt{(1-z^2)^2 + 4\zeta^2 z^2}}, \quad \theta = \arctan\frac{2z\zeta}{1-z^2} \tag{7-15}$$

其中，δ_{st} 为静变形，$\delta_{st} = \frac{F_0}{k} = \frac{q}{\omega_n^2}$；$z = \frac{\omega}{\omega_n}$；$\zeta = \frac{n}{\omega_n}$。

影响稳态响应振幅的因素包括静变形 δ_{st} 的大小、阻尼比 ζ 和频率比 z。取静变形 δ_{st} 为 1 时的幅频响应曲线如图 7-5(a)所示，它反映了这些参数与稳态响应之间的关系。由于阻尼的作用，相位和激振力差一个 $(-\theta)$ 角，θ 是阻尼比和频率比的函数，这种关系曲线称为相频响应曲线，如图 7-5(b)所示。

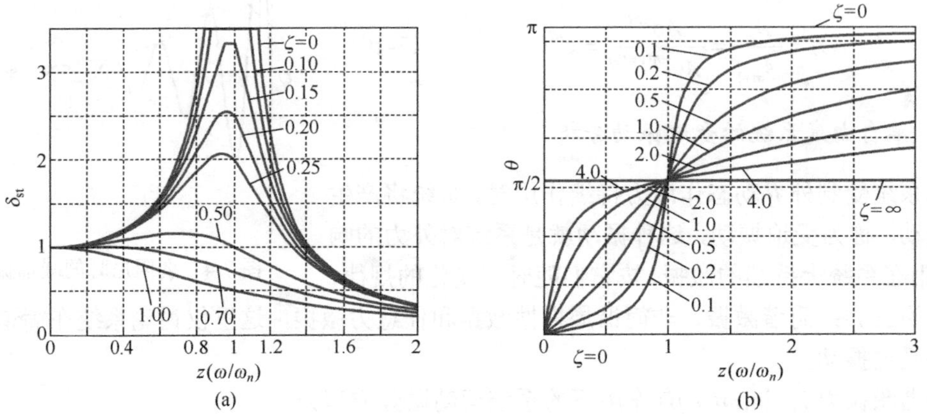

图 7-5　幅频响应曲线和相频响应曲线

在工程实际中，非简谐周期性激振的情形也十分常见。解决这类问题的有效方法就是把周期性激振力展开成傅里叶级数，分解为若干与基频呈整数倍关系的简谐激振函数，然后逐项求解响应，再利用线性叠加原理，把谐响应叠加起来，即该非简谐周期激振的响应。工程上，引起振动的除周期性激振力外，还有冲击、瞬变等非周期性激振力。在任意激振的情况下，系统通常没有稳态振动而只有瞬态振动。由于篇幅所限，在这里不一一介绍，可以参阅相关资料。

7.2　多自由度振动系统分析

在工程实际中，很多情况下需要把机械结构简化为多自由度系统进行动力学分析。下面以多自由度振动系统为例加以介绍。

7.2.1　多自由度振动系统的运动方程

建立系统运动方程的方法主要包括三种：牛顿运动定律、达朗贝尔原理和拉格朗日方程。可以根据实际情况选用不同的方法。

图 7-6 所示为三自由度弹簧质量系统，分析各质体的受力情况，写出其运动方程：

$$\begin{cases} m_1\ddot{x}_1 = f_1 - k_1x_1 + k_2(x_2 - x_1) \\ m_2\ddot{x}_2 = f_2 - k_2(x_2 - x_1) + k_3(x_3 - x_2) \\ m_3\ddot{x}_3 = f_3 - k_3(x_3 - x_2) \end{cases} \tag{7-16}$$

式(7-16)用矩阵表示为

$$\boldsymbol{M}\ddot{\boldsymbol{x}} + \boldsymbol{K}\boldsymbol{x} = \boldsymbol{f} \tag{7-17}$$

式中，$\boldsymbol{x} = [x_1\ x_2\ x_3]^{\mathrm{T}}$、$\ddot{\boldsymbol{x}} = [\ddot{x}_1\ \ddot{x}_2\ \ddot{x}_3]^{\mathrm{T}}$、$\boldsymbol{f} = [f_1\ f_2\ f_3]^{\mathrm{T}}$ 分别为位移向量、加速度向量和外激励向量。

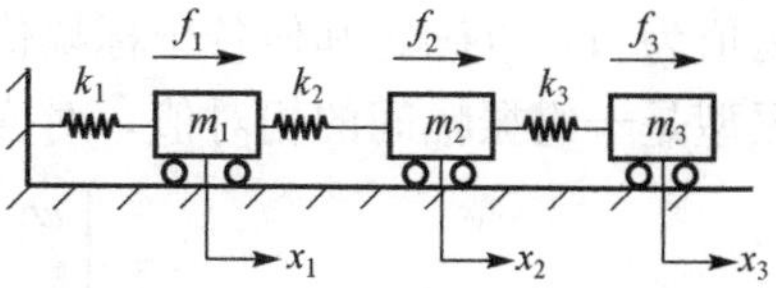

图 7-6　三自由度的弹簧质量系统

$\boldsymbol{M}$ 为质量矩阵：

$$\boldsymbol{M} = \begin{bmatrix} m_1 & 0 & 0 \\ 0 & m_2 & 0 \\ 0 & 0 & m_3 \end{bmatrix} \tag{7-18}$$

$\boldsymbol{K}$ 为刚度矩阵：

$$\boldsymbol{K} = \begin{bmatrix} k_1 + k_2 & -k_2 & 0 \\ -k_2 & k_2 + k_3 & -k_3 \\ 0 & -k_3 & k_3 \end{bmatrix} \tag{7-19}$$

从三自由度振动系统可以推广到 n 自由度情形，n 自由度振动系统的运动方程为如下形式：

$$\begin{bmatrix} m_{11} & m_{12} & \cdots & m_{1n} \\ m_{21} & m_{22} & \cdots & m_{2n} \\ \vdots & \vdots & & \vdots \\ m_{n1} & m_{n2} & \cdots & m_{nn} \end{bmatrix} \begin{bmatrix} \ddot{x}_1 \\ \ddot{x}_2 \\ \vdots \\ \ddot{x}_n \end{bmatrix} + \begin{bmatrix} k_{11} & k_{12} & \cdots & k_{1n} \\ k_{21} & k_{22} & \cdots & k_{2n} \\ \vdots & \vdots & & \vdots \\ k_{n1} & k_{n2} & \cdots & k_{nn} \end{bmatrix} \begin{bmatrix} x_1 \\ x_2 \\ \vdots \\ x_n \end{bmatrix} = \begin{bmatrix} f_1 \\ f_2 \\ \vdots \\ f_n \end{bmatrix} \tag{7-20}$$

7.2.2　固有频率、主振型和方程解耦

1. 固有频率

式(7-20)表示的振动系统所对应的无阻尼自由振动方程为

$$\boldsymbol{M}\ddot{\boldsymbol{x}} + \boldsymbol{K}\boldsymbol{x} = 0 \tag{7-21}$$

设式(7-21)的解的形式为

$$x_i = X_i \sin(\omega t + \alpha), \quad i = 1, 2, \cdots, n \tag{7-22}$$

代入式(7-21)，消去因子 $\sin(\omega t + \alpha)$，可得

$$(\boldsymbol{K} - \omega^2\boldsymbol{M})\boldsymbol{X} = 0 \tag{7-23}$$

式(7-23)中的系数矩阵称为系统的特征矩阵。此代数方程具有非零解的条件是其系数矩阵行列式等于零，即

$$|\boldsymbol{K} - \omega^2\boldsymbol{M}| = 0 \tag{7-24}$$

将其展开，可得到 ω^2 的 n 次代数方程式。对其求解可以得到 $\omega_1, \omega_2, \cdots, \omega_n$，即系统的 n 个固有频率。

2. 主振型

将已求得的第 i 阶固有频率代入方程(7-23)，便可求出 n 个振幅值间的比例关系，它们构成了系统一定的振动形态，称为第 i 阶主振型或固有振型。规定主振型中最大的一个坐标幅值为 1，以确定其他各坐标幅值，这种经过归一化处理后的特征向量称为振型向量。固有振型是一组振幅间的相对值。对应于 n 个固有频率的各个振型向量分别记为

$$\boldsymbol{\psi}_1=\begin{bmatrix}\psi_{11}\\ \psi_{21}\\ \vdots\\ \psi_{n1}\end{bmatrix},\quad \boldsymbol{\psi}_2=\begin{bmatrix}\psi_{12}\\ \psi_{22}\\ \vdots\\ \psi_{n2}\end{bmatrix},\quad \cdots,\quad \boldsymbol{\psi}_n=\begin{bmatrix}\psi_{1n}\\ \psi_{2n}\\ \vdots\\ \psi_{nn}\end{bmatrix} \tag{7-25}$$

将所有振型向量按列排列，可得到 $n\times n$ 阶振型矩阵或称为模态矩阵：

$$\boldsymbol{\Psi}=[\boldsymbol{\psi}_1\ \ \boldsymbol{\psi}_2\cdots\boldsymbol{\psi}_n]=\begin{bmatrix}\psi_{11} & \psi_{12} & \cdots & \psi_{1n}\\ \psi_{21} & \psi_{22} & \cdots & \psi_{2n}\\ \vdots & \vdots & & \vdots\\ \psi_{n1} & \psi_{n2} & \cdots & \psi_{nn}\end{bmatrix} \tag{7-26}$$

不同的固有频率对应的两个主振型之间关于质量矩阵 $\boldsymbol{M}$ 和刚度矩阵 $\boldsymbol{K}$ 的正交，称为主振型的正交性。即

$$\boldsymbol{\psi}_i^{\mathrm{T}}\boldsymbol{M}\boldsymbol{\psi}_i=m_i,\quad i=1,2,\cdots,n \tag{7-27}$$

式中，m_i 称为第 i 阶主质量。

$$\boldsymbol{\psi}_i^{\mathrm{T}}\boldsymbol{K}\boldsymbol{\psi}_i=k_i,\quad i=1,2,\cdots,n \tag{7-28}$$

式中，k_i 称为第 i 阶主刚度。第 i 阶固有频率平方等于第 i 阶主刚度与第 i 阶主质量之比。

当 $i\neq j$、$\omega_i\neq\omega_j$ 时，有

$$\boldsymbol{\psi}_j^{\mathrm{T}}\boldsymbol{M}\boldsymbol{\psi}_i=0 \tag{7-29}$$

$$\boldsymbol{\psi}_j^{\mathrm{T}}\boldsymbol{K}\boldsymbol{\psi}_i=0 \tag{7-30}$$

系统自由振动的幅值是由激起振动的初始条件决定的，这使得系统每一质点均以同一固有频率 ω_{ni} 和相角 α_i 做简谐振动，这样的振动称为第 i 阶主振动。

3. 方程解耦——正则化处理

将主振型进行正则化处理，对各阶主振动定义一组特定的主振型为正则振型，用列阵 $\boldsymbol{\psi}_{Ni}$ 表示，它满足

$$\boldsymbol{\psi}_{Ni}^{\mathrm{T}}\boldsymbol{M}\boldsymbol{\psi}_{Ni}=1 \tag{7-31}$$

其中，正则振型 $\boldsymbol{\psi}_{Ni}$ 可以用任意的主振型 $\boldsymbol{\psi}_i$ 求出，令

$$\boldsymbol{\psi}_{Ni}=\frac{1}{\mu_i}\boldsymbol{\psi}_i \tag{7-32}$$

式中，μ_i 为常数，这里称 μ_i 为正则化因子，且有

$$\mu_i=\sqrt{m_i}=\sqrt{\boldsymbol{\psi}_i^{\mathrm{T}}\boldsymbol{M}\boldsymbol{\psi}_i} \tag{7-33}$$

将式(7-33)回代到式(7-32)，得到正则振型$\boldsymbol{\psi}_{Ni}$，n个正则振型构成$n\times n$阶的正则振型矩阵$\boldsymbol{\Psi}_N$，即

$$\boldsymbol{\Psi}_N=\begin{bmatrix}\psi_{N11} & \psi_{N12} & \cdots & \psi_{N1n}\\ \psi_{N21} & \psi_{N22} & \cdots & \psi_{N2n}\\ \vdots & \vdots & & \vdots\\ \psi_{Nn1} & \psi_{Nn2} & \cdots & \psi_{Nnn}\end{bmatrix} \tag{7-34}$$

于是可以得到正则质量矩阵$\boldsymbol{M}_N$，它是一个单位矩阵$\boldsymbol{I}$。正则刚度矩阵$\boldsymbol{K}_N$是一个对角矩阵，对角线上的元素就是各阶固有频率的平方值，即

$$\boldsymbol{\Psi}_N^{\mathrm{T}}\boldsymbol{M}\,\boldsymbol{\Psi}_N=\boldsymbol{M}_N=\boldsymbol{I} \tag{7-35}$$

$$\boldsymbol{\Psi}_N^{\mathrm{T}}\boldsymbol{K}\,\boldsymbol{\Psi}_N=\boldsymbol{K}_N=\begin{bmatrix}\omega_1^2 & & & 0\\ & \omega_2^2 & & \\ & & \ddots & \\ 0 & & & \omega_n^2\end{bmatrix} \tag{7-36}$$

用物理坐标描述的系统运动方程式，由于坐标选择不同，导出的运动方程式是相互耦合的。通过坐标转换可以实现方程组的解耦。

利用振型矩阵$\boldsymbol{\Psi}_N$进行如下坐标变换。

令$\boldsymbol{x}=\boldsymbol{\Psi}_N\boldsymbol{q}$，其中，$\boldsymbol{q}$为模态坐标。代入振动微分方程，得

$$\boldsymbol{M}\,\boldsymbol{\Psi}_N\ddot{\boldsymbol{q}}+\boldsymbol{K}\,\boldsymbol{\Psi}_N\boldsymbol{q}=0$$

根据主振型的正交性，用$\boldsymbol{\Psi}_N^{\mathrm{T}}$左乘上式，有

$$\boldsymbol{\Psi}_N^{\mathrm{T}}\boldsymbol{M}\,\boldsymbol{\Psi}_N\ddot{\boldsymbol{q}}+\boldsymbol{\Psi}_N^{\mathrm{T}}\boldsymbol{K}\,\boldsymbol{\Psi}_N\boldsymbol{q}=0 \tag{7-37}$$

即

$$\boldsymbol{M}_N\ddot{\boldsymbol{q}}+\boldsymbol{K}_N\boldsymbol{q}=0 \tag{7-38}$$

在式(7-38)中已经没有耦合。同理，如果使用正则坐标$\boldsymbol{q}_N$进行坐标变换，得

$$\ddot{\boldsymbol{q}}_N+\boldsymbol{\omega}^2\boldsymbol{q}_N=0 \tag{7-39}$$

且有

$$\boldsymbol{q}_N=\boldsymbol{\Psi}_N^{\mathrm{T}}\boldsymbol{M}\,\boldsymbol{x} \tag{7-40}$$

7.2.3 多自由度系统的受迫振动

对于含有比例黏性阻尼的多自由度系统的受迫振动，其运动方程为

$$\boldsymbol{M}\,\ddot{\boldsymbol{x}}+\boldsymbol{C}\,\dot{\boldsymbol{x}}+\boldsymbol{K}\,\boldsymbol{x}=\boldsymbol{f} \tag{7-41}$$

式中，$\boldsymbol{C}$为阻尼矩阵，$\boldsymbol{C}=\begin{bmatrix}c_{11} & c_{12} & \cdots & c_{1n}\\ c_{21} & c_{22} & \cdots & c_{2n}\\ \vdots & \vdots & & \vdots\\ c_{n1} & c_{n2} & \cdots & c_{nn}\end{bmatrix}$。

用正则振型进行坐标变换，可以实现系统解耦，$\boldsymbol{x}=\boldsymbol{\Psi}_N\boldsymbol{q}_N$。式(7-41)变为

$$\boldsymbol{M}\,\boldsymbol{\Psi}_N\ddot{\boldsymbol{q}}_N+\boldsymbol{C}\boldsymbol{\Psi}_N\dot{\boldsymbol{q}}_N+\boldsymbol{K}\,\boldsymbol{\Psi}_N\boldsymbol{q}_N=\boldsymbol{f}_N$$

再用$\boldsymbol{\Psi}_N^{\mathrm{T}}$左乘上式两边，得

$$\ddot{\boldsymbol{q}}_N + \boldsymbol{C}_N \dot{\boldsymbol{q}}_N + \boldsymbol{\omega}^2 \boldsymbol{q}_N = \boldsymbol{f}_N \tag{7-42}$$

式中，$\boldsymbol{C}_N = \boldsymbol{\Psi}_N^{\mathrm{T}} \boldsymbol{C} \boldsymbol{\Psi}_N$；$\boldsymbol{f}_N = \boldsymbol{\Psi}_N^{\mathrm{T}} \boldsymbol{f}$。

通常$\boldsymbol{C}_N$不是对角阵，故式(7-42)不能解耦，但是当采用比例阻尼假设时

$$\boldsymbol{C} = \alpha \boldsymbol{M} + \beta \boldsymbol{K} \tag{7-43}$$

那么变换后所得的$\boldsymbol{C}_N$可以写为

$$\boldsymbol{C}_N = \alpha \boldsymbol{I} + \beta \boldsymbol{K}_N = \begin{bmatrix} \alpha + \beta\omega_{n1}^2 & & & 0 \\ & \alpha + \beta\omega_{n2}^2 & & \\ & & \ddots & \\ 0 & & & \alpha + \beta\omega_{nn}^2 \end{bmatrix} \tag{7-44}$$

所以，在比例阻尼的情况下，系统的振动方程依然可以解耦，问题转化为对n个单自由度有阻尼系统受迫振动的求解。最后再利用$\boldsymbol{x} = \boldsymbol{\Psi}_N \boldsymbol{q}_N$可求得自然坐标下的响应。

比例阻尼虽然是一种特殊的情况，但是在工程应用中，由于振动系统的阻尼一般较小，可以将阻尼矩阵$\boldsymbol{C}_N$的非对角元素设为零，即按比例近似处理，可以求得工程实用的响应结果。

7.2.4 多自由度振动系统分析举例

【例 7-1】 图 7-7 所示的三质量振动系统，定义了三个质点的位移坐标x_1、x_2、x_3，其中，$m_1=m,\ m_2=2m,\ m_3=3m,\ k_1=3k,\ k_2=2k,\ k_3=k,\ k_4=0$。求解特征值与主振型的形状。

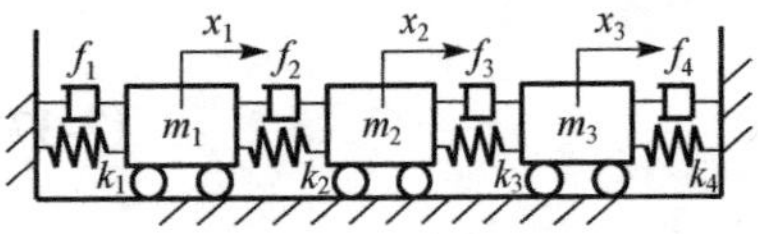

图 7-7 无阻尼三质体自由振动系统

解： 按矩阵形式写出此系统运动的作用力方程：

$$\begin{bmatrix} m & 0 & 0 \\ 0 & 2m & 0 \\ 0 & 0 & 3m \end{bmatrix} \begin{bmatrix} \ddot{x}_1 \\ \ddot{x}_2 \\ \ddot{x}_3 \end{bmatrix} + \begin{bmatrix} 5k & -2k & 0 \\ -2k & 3k & -k \\ 0 & -k & k \end{bmatrix} \begin{bmatrix} x_1 \\ x_2 \\ x_3 \end{bmatrix} = \begin{bmatrix} 0 \\ 0 \\ 0 \end{bmatrix}$$

根据方程(7-24)，计算系统的特征方程：

$$|\boldsymbol{B}_i| = \begin{vmatrix} 5k - \omega_{0i}^2 m & -2k & 0 \\ -2k & 3k - 2\omega_{0i}^2 m & -k \\ 0 & -k & k - 3\omega_{0i}^2 m \end{vmatrix} = 0$$

展开后，得

$$(\omega_{0i}^2)^3 - 6.8333\frac{k}{m}(\omega_{0i}^2)^2 + 7.5\frac{k_2}{m^2}\omega_{0i}^2 - 1\frac{k_3}{m^3} = 0$$

由上式可求出三个根，分别为

$$\omega_{01}^2 = 0.1546\frac{k}{m},\quad \omega_{02}^2 = 1.1751\frac{k}{m},\quad \omega_{03}^2 = 5.5036\frac{k}{m}$$

将$\omega_{01}^2 = 0.1546\dfrac{k}{m}$代入方程(7-23)，得模态向量为

$$(\boldsymbol{K} - \omega_{01}^2 \boldsymbol{M})\boldsymbol{X}_{M1} = \begin{bmatrix} 5k - \omega_{01}^2 m & -2k & 0 \\ -2k & 3k - 2\omega_{01}^2 m & k \\ 0 & k & k - 3\omega_{01}^2 m \end{bmatrix} \begin{bmatrix} x_{m1,1} \\ x_{m2,1} \\ x_{m3,1} \end{bmatrix} = \begin{bmatrix} 0 \\ 0 \\ 0 \end{bmatrix}$$

解之得对应于一阶固有频率的模态向量：

$$x_{m1,1}=0.2213x_{m3,1},\quad x_{m2,1}=0.5362x_{m3,1},\quad x_{m3,1}=1.0000x_{m3,1}$$

同样，再将 $\omega_{02}^2=1.1751\dfrac{k}{m}$ 代入方程(7-23)，类似地可解出对应于二阶固有频率的模态向量：

$$x_{m1,2}=0.5229x_{m2,2},\quad x_{m2,2}=1.0000x_{m2,2},\quad x_{m3,2}=-0.3960x_{m2,2}$$

再以 $\omega_{03}^2=5.5036\dfrac{k}{m}$ 代入方程(7-24)，类似地得

$$x_{m1,3}=0.0000x_{m1,3},\quad x_{m2,3}=-0.2518x_{m1,3},\quad x_{m3,3}=0.0162x_{m1,3}$$

归一化特征向量，得模态矩阵：

$$\boldsymbol{X}_M=[\boldsymbol{X}_{M1}\quad \boldsymbol{X}_{M2}\quad \boldsymbol{X}_{M3}]=\begin{bmatrix}0.2213 & 0.5229 & 1.0000\\ 0.5362 & 1.0000 & -0.2518\\ 1.0000 & -0.3960 & 0.0162\end{bmatrix}$$

根据特征向量绘出各阶主振型如图 7-8 所示。

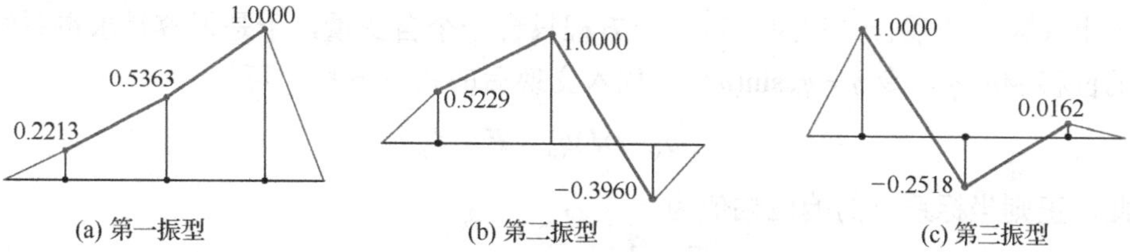

图 7-8　三质体系统的主振型

【例 7-2】已知：某三质量系统，在质量 1 处受到激振力 $F_0\sin(\omega t)$ 的作用，且 $m_1=m_2=m_3=m$，假设抑制阻尼系数，$\alpha=0,\beta=0.01$。同时，已知其质量矩阵、刚度矩阵及求得的振型分别为

$$\boldsymbol{M}=\begin{bmatrix}m & 0 & 0\\ 0 & m & 0\\ 0 & 0 & m\end{bmatrix},\quad \boldsymbol{K}=16k\begin{bmatrix}9 & 11 & 7\\ 11 & 16 & 11\\ 7 & 11 & 9\end{bmatrix},\quad \boldsymbol{X}_M=\begin{bmatrix}1 & -1 & 1\\ \sqrt{2} & 0 & -\sqrt{2}\\ 1 & 1 & 1\end{bmatrix}$$

求：(1) 无阻尼强迫振动的振幅；(2) 有阻尼强迫振动的位移响应。

解： (1) 无阻尼强迫振动的振幅。

①对阵型矩阵进行归一化，得到振型向量为

$$\boldsymbol{\psi}=\begin{bmatrix}\sqrt{2}/2 & -1 & -\sqrt{2}/2\\ 1 & 0 & 1\\ \sqrt{2}/2 & 1 & -\sqrt{2}/2\end{bmatrix}$$

②求正规化因子 μ_i：

$$\mu_1=\sqrt{m_1}=\sqrt{\boldsymbol{\psi}_1^{\mathrm{T}}\boldsymbol{M}\boldsymbol{\psi}_1}=\sqrt{2m}$$

$$\mu_2=\sqrt{m_2}=\sqrt{\boldsymbol{\psi}_2^{\mathrm{T}}\boldsymbol{M}\boldsymbol{\psi}_2}=\sqrt{2m}$$

$$\mu_3=\sqrt{m_3}=\sqrt{\boldsymbol{\psi}_3^{\mathrm{T}}\boldsymbol{M}\boldsymbol{\psi}_3}=\sqrt{2m}$$

③求正则阵型矩阵 $\boldsymbol{\Psi}_N$：

$$\boldsymbol{\Psi}_N=\begin{bmatrix}\dfrac{1}{2\sqrt{m}} & \dfrac{-1}{\sqrt{2m}} & \dfrac{-1}{2\sqrt{m}}\\ \dfrac{\sqrt{2}}{2\sqrt{m}} & 0 & \dfrac{\sqrt{2}}{2\sqrt{m}}\\ \dfrac{1}{2\sqrt{m}} & \dfrac{1}{\sqrt{2m}} & \dfrac{-1}{2\sqrt{m}}\end{bmatrix}=\frac{1}{2\sqrt{m}}\begin{bmatrix}1 & -\sqrt{2} & 1\\ \sqrt{2} & 0 & -\sqrt{2}\\ 1 & \sqrt{2} & 1\end{bmatrix}$$

④用正则振型进行坐标变换，实现系统解耦，忽略阻尼影响，系统方程为

$$\boldsymbol{M}\ddot{\boldsymbol{x}}+\boldsymbol{K}\boldsymbol{x}=\boldsymbol{f}$$

式中，$\boldsymbol{f}=[F_0\sin(\omega t)\quad 0\quad 0]^{\mathrm{T}}$，令 $\boldsymbol{x}=\boldsymbol{\Psi}_N\boldsymbol{q}$，则系统方程可变为

$$\boldsymbol{M}\,\boldsymbol{\Psi}_N\ddot{\boldsymbol{q}}+\boldsymbol{K}\,\boldsymbol{\Psi}_N\boldsymbol{q}=\boldsymbol{f}$$

再用$\boldsymbol{\Psi}_N^{\mathrm{T}}$左乘上式两边，得

$$\ddot{\boldsymbol{q}}+\boldsymbol{\omega}_0^{\ 2}\boldsymbol{q}=\boldsymbol{f}_N$$

式中，$\boldsymbol{f}_N=\boldsymbol{\Psi}_N^{\mathrm{T}}\boldsymbol{f}=\boldsymbol{\Psi}_N^{\mathrm{T}}\boldsymbol{f}_0\sin(\omega t)$；$\boldsymbol{f}_0=[F_0\quad 0\quad 0]^{\mathrm{T}}$。

对于上式为一非耦合方程组，每一个方程只含一个自变量，于是很容易求得系统在正则坐标下的位移响应$\boldsymbol{q}$，令$\boldsymbol{q}=\boldsymbol{q}_0\sin(\omega t)$，代入变换后的系统方程，可得

$$(\boldsymbol{\omega}_0-\omega\boldsymbol{I})\boldsymbol{q}_0=\boldsymbol{\Psi}_N^{\mathrm{T}}\boldsymbol{f}_0$$

因此，正则坐标系下的响应幅值为

$$\boldsymbol{q}_0=\begin{bmatrix}q_{01}\\ q_{02}\\ q_{03}\end{bmatrix}=(\boldsymbol{\omega}_0-\omega\boldsymbol{I})^{-1}\boldsymbol{\Psi}_N^{\mathrm{T}}\boldsymbol{f}_0$$

则，自然坐标系下响应为

$$\boldsymbol{x}=\boldsymbol{\Psi}_N\,(\boldsymbol{\omega}_0^2-\omega^2\boldsymbol{I})^{-1}\boldsymbol{\Psi}_N^{\mathrm{T}}\boldsymbol{f}_0\sin(\omega t)=\boldsymbol{x}_0\sin(\omega t)$$

即自然坐标系下的振幅为

$$\boldsymbol{x}_0=\boldsymbol{\Psi}_N\,(\boldsymbol{\omega}_0^2-\omega^2\boldsymbol{I})^{-1}\boldsymbol{\Psi}_N^{\mathrm{T}}\boldsymbol{f}_0$$

$$=\frac{1}{4m}\begin{bmatrix}1 & -\sqrt{2} & 1\\ \sqrt{2} & 0 & -\sqrt{2}\\ 1 & \sqrt{2} & 1\end{bmatrix}\begin{bmatrix}\dfrac{1}{\omega_{01}^2-\omega^2} & 0 & 0\\ 0 & \dfrac{1}{\omega_{02}^2-\omega^2} & 0\\ 0 & 0 & \dfrac{1}{\omega_{03}^2-\omega^2}\end{bmatrix}\begin{bmatrix}1 & \sqrt{2} & 1\\ -\sqrt{2} & 0 & \sqrt{2}\\ 1 & -\sqrt{2} & 1\end{bmatrix}\begin{bmatrix}F_0\\ 0\\ 0\end{bmatrix}$$

$$=\frac{F_0}{4m}\begin{bmatrix}\dfrac{1}{\omega_{01}^2-\omega^2}+\dfrac{1}{\omega_{02}^2-\omega^2}+\dfrac{1}{\omega_{03}^2-\omega^2}\\ \dfrac{\sqrt{2}}{\omega_{01}^2-\omega^2}-\dfrac{\sqrt{2}}{\omega_{03}^2-\omega^2}\\ \dfrac{1}{\omega_{01}^2-\omega^2}-\dfrac{2}{\omega_{02}^2-\omega^2}+\dfrac{1}{\omega_{03}^2-\omega^2}\end{bmatrix}$$

(2) 有阻尼强迫振动的位移响应。

当阻尼的影响时，系统方程为

$$\boldsymbol{M}\ddot{\boldsymbol{x}}+\boldsymbol{C}\dot{\boldsymbol{x}}+\boldsymbol{K}\boldsymbol{x}=\boldsymbol{f}$$

式中，$\boldsymbol{f}=[F_0\sin(\omega t)\quad 0\quad 0]^{\mathrm{T}}$，令 $\boldsymbol{x}=\boldsymbol{\Psi}_N\boldsymbol{q}$，则系统方程可变为

$$\boldsymbol{M}\boldsymbol{\Psi}_N\ddot{\boldsymbol{q}}+\boldsymbol{C}\boldsymbol{\Psi}_N\dot{\boldsymbol{q}}+\boldsymbol{K}\boldsymbol{\Psi}_N\boldsymbol{q}=\boldsymbol{f}$$

再用 $\boldsymbol{\Psi}_N{}^{\mathrm{T}}$ 左乘上式两边，得

$$\ddot{\boldsymbol{q}}+\boldsymbol{C}_N\dot{\boldsymbol{q}}+\boldsymbol{\omega}_0{}^2\boldsymbol{q}=\boldsymbol{f}_N$$

式中，$\boldsymbol{C}_N=\boldsymbol{\Psi}_N{}^{\mathrm{T}}\boldsymbol{C}\boldsymbol{\Psi}_N$，$\boldsymbol{f}_N=\boldsymbol{\Psi}_N{}^{\mathrm{T}}\boldsymbol{f}=\boldsymbol{\Psi}_N{}^{\mathrm{T}}\boldsymbol{f}_0\sin(\omega t)$。因已知 $\boldsymbol{C}=\beta\boldsymbol{K}$，则可得 $\boldsymbol{C}_N=\beta\boldsymbol{\omega}_0{}^2$，系统方程变为

$$\ddot{\boldsymbol{q}}+\beta\boldsymbol{\omega}_0{}^2\dot{\boldsymbol{q}}+\boldsymbol{\omega}_0{}^2\boldsymbol{q}=\boldsymbol{f}_N$$

对于上式为一非耦合方程组，每一个方程只含一个自变量，于是很容易求得系统在正则坐标下的位移响应 $\boldsymbol{q}$，令 $\boldsymbol{q}=\boldsymbol{q}_0\sin(\omega t+\boldsymbol{\alpha}_0)$，其中，$\boldsymbol{\alpha}_0$ 为位移落后于激振力的相位差角。

根据前面单自由度系统的求解方法，可以求得

$$q_{0i}=\frac{f_{N0i}\cos(\alpha_{0i})}{\omega_{0i}^2-\omega^2},\quad \alpha_{0i}=\arctan\frac{\beta\omega_{0i}^2}{\omega_{0i}^2-\omega^2}$$

式中，f_{N0i} 为向量 $\boldsymbol{\Psi}_N{}^{\mathrm{T}}\boldsymbol{f}_0$ 的第 i 个元素。由此可得到正则坐标系下的位移响应为

$$\boldsymbol{q}=\begin{bmatrix} q_{01}\sin(\omega t+\alpha_{01}) \\ q_{02}\sin(\omega t+\alpha_{02}) \\ q_{03}\sin(\omega t+\alpha_{03}) \end{bmatrix}$$

因此，自然坐标系下响应为

$$\boldsymbol{x}=\boldsymbol{\Psi}_N\begin{bmatrix} q_{01}\sin(\omega t+\alpha_{01}) \\ q_{02}\sin(\omega t+\alpha_{02}) \\ q_{03}\sin(\omega t+\alpha_{03}) \end{bmatrix}$$

7.3 连续体的振动分析

在工程实际中，有些情况下可以将结构对象作为连续体系统加以分析，以获得较精确的求解结果。下面以杆的连续体振动为例加以介绍。

7.3.1 杆的自由振动

1. 运动方程建立

假设有一根质地均匀截面的棱柱形杆，杆长为 l，截面积为 A，质量密度为 ρ，拉压弹性模量为 E。取杆件中心线为 X 轴，原点取在杆的左端面如图 7-9 (a) 所示。假设在振动过程中杆的横截面只有 x 方向的位移，而且每一截面都始终保持平面并垂直于 x 轴线。当杆件处于平衡状态时，杆上各截面的位置用它们的 x 坐标来表示。当杆件振动时，x 截面的纵向位

移则用广义坐标 u 表示。显然对应于一个 x 就有一个 u，而不同时间内每个 u 也在变化，因此 u 是 x 和 t 两个变量的函数，即

$$u = u(x,t)$$

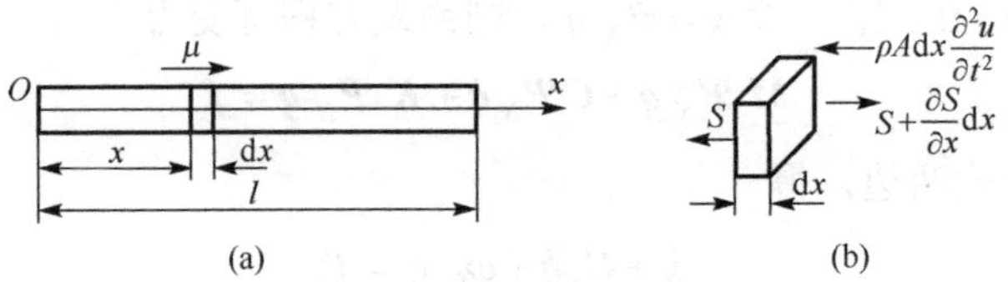

图 7-9　矩形杆的纵向振动

在 x 截面处取杆件上一个微小的单元体来研究，如图 7-9(b)所示，分析其受力状态。设 x 截面的振动位移为 u，则在 $x+\mathrm{d}x$ 截面处的振动位移应是 $u+(\partial u/\partial x)\mathrm{d}x$。又设 x 截面上的拉压内力为 S，则 $x+\mathrm{d}x$ 截面上的拉压内力应为 $S+(\partial S/\partial x)\mathrm{d}x$，这一微元段所产生的惯性力是 $\rho A\mathrm{d}x\partial^2 u/\partial t^2$。根据达朗贝尔原理可得出以下关系式：

$$\left(S+\frac{\partial S}{\partial x}\mathrm{d}x\right)-S-\rho A\mathrm{d}x\frac{\partial^2 u}{\partial t^2}=0 \tag{7-45}$$

微元段的轴向应变量 ε 为

$$\varepsilon=\frac{\left(u+\dfrac{\partial u}{\partial x}\mathrm{d}x\right)-u}{\mathrm{d}x}=\frac{\partial u}{\partial x}$$

根据胡克定律可知 $\sigma=E\varepsilon$，则用微元段的轴向应力 σ 来表示其轴向拉压内力 S 时，可得

$$S=A\sigma=AE\varepsilon=EA\frac{\partial u}{\partial x} \tag{7-46}$$

将式(7-46)代入式(7-45)得

$$EA\frac{\partial^2 u}{\partial x^2}\mathrm{d}x-\rho A\frac{\partial^2 u}{\partial t^2}\mathrm{d}x=0$$

即

$$\frac{\partial^2 u}{\partial x^2}=\frac{\rho}{E}\frac{\partial^2 u}{\partial t^2},\qquad \frac{\partial^2 u}{\partial x^2}=\frac{1}{a^2}\frac{\partial^2 u}{\partial t^2} \tag{7-47}$$

式中，$a=\sqrt{E/\rho}$。

2. 固有频率和主振型

设式(7-47)的解为

$$u(x,t)=\phi(x)q(t) \tag{7-48}$$

式中，$\phi(x)$ 为杆纵向的振动函数；$q(t)$ 表示杆的振动方式。

将式(7-48)分别对 x 求二阶偏导数和对 $\phi(x)$ 求二阶偏导，代入式(4.47)，并分离变量得

$$\frac{a^2}{\varphi(x)}\frac{\mathrm{d}^2\phi(x)}{\mathrm{d}x^2}=\frac{1}{q(t)}\frac{\mathrm{d}^2 q(t)}{\mathrm{d}t^2}$$

显然，上式两边必须等于一个常数，设为 $-\omega_n^2$，则上式可改写为两个常微分方程：

$$\ddot{q}(t)+\omega_n^2 q(t)=0 \tag{7-49}$$

$$\phi''(x)+b^2\phi(x)=0 \tag{7-50}$$

式中，$b^2=\omega_n^2/a^2$。

由式(7-49)及式(7-50)解得

$$q(t)=c_1\sin\omega_n t+c_2\cos\omega_n t \tag{7-51}$$

$$\phi(x)=d_1\sin bx+d_2\cos bx \tag{7-52}$$

将式(7-51)及式(7-52)代入式(7-47)，则得到纵向自由振动方程的解，即

$$\begin{aligned}u(x,t)&=\left(d_1\sin\frac{\omega_2}{a}x+d_2\cos\frac{\omega_n}{a}x\right)(c_1\sin\omega_n t+c_2\cos\omega_n t)\\&=A\left(d_1\sin\frac{\omega_n}{a}x+d_2\cos\frac{\omega_n}{a}x\right)\sin(\omega_n t+\varphi)\\&=\left(C\cos\frac{\omega_n}{a}x+D\sin\frac{\omega_n}{a}x\right)\sin(\omega_n t+\varphi)\end{aligned} \tag{7-53}$$

式中，有四个待定常数，由杆的边界条件和初始条件来决定。

根据杆的边界条件，即可由式(7-52)求得纵向自由振动的各阶固有频率 ω_{nj} 及各阶主振型 $\phi_j(x)$。

【例 7-3】 求图 7-10 所示做纵向振动的悬臂杆件的固有频率与主振型。

解： 已知该杆的边界条件为

$$\varphi(0)=0,\quad S(L)=EA\left.\frac{\mathrm{d}\phi(x)}{\mathrm{d}x}\right|_{x=L}=0$$

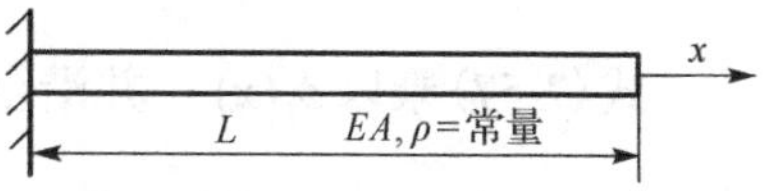

图 7-10 纵向振动悬臂杆

将以上边界条件分别代入式(7-53)及其对 x 的一阶导数式中，得

$$d_2=0,\quad EAd_1b\cos(bL)=0$$

故有非零解条件为 $\cos(bL)=0$，由此得

$$b_jL=(2j-1)\pi/2$$

于是各阶固有频率为

$$\omega_{nj}=\sqrt{\frac{b_j^2E}{\rho}}=\frac{2j-1}{2}\pi\sqrt{\frac{E}{\rho L^2}}$$

相应的各阶振型为

$$\varphi_j(x)=d_1\sin\frac{(2j-1)\pi}{2L}x$$

图 7-11 给出了前三阶固有频率及振型。

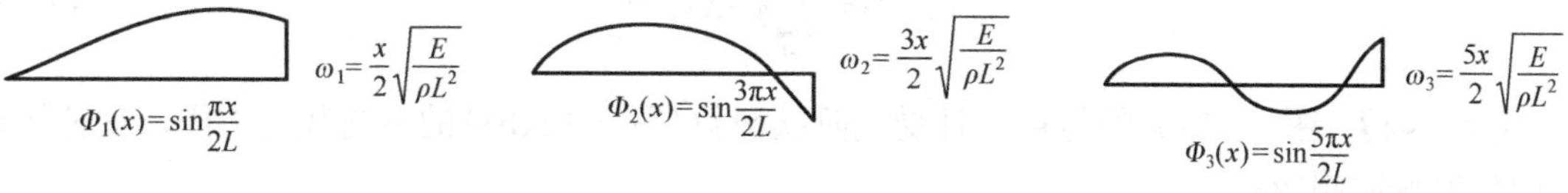

图 7-11 三阶固有频率及振型

3. 主振型的正交性

纵向振动振型也具有正交性。当 $r \neq s$ 时，$b_r \neq b_s$，故有

$$\int_0^L \phi_r(x)\phi_s(x)\mathrm{d}x = 0\,,\quad r \neq s \tag{7-54}$$

$$\int_0^L \phi_r'(x)\phi_s'(x)\mathrm{d}x = 0\,,\quad r \neq s \tag{7-55}$$

式中，$\phi_r'(x)$ 表示 $\varphi_r(x)$ 对 x 的一阶导数。式(7-54)及式(7-55)即振动主振动型的正交条件，详见相关参考文献。

7.3.2 杆的强迫振动

当杆上作用于一分布轴向载荷 $f(x,t)$ 时，其纵向振动运动方程为

$$A\rho\frac{\partial^2 u}{\partial t^2} - EA\frac{\partial^2 u}{\partial x^2} = f(x,t) \tag{7-56}$$

将正则变换关系式 $u(x,t)=\sum_{j=1}^{\infty}\phi_j(x)q_j(t)$ 代入式(7-56)，得

$$\sum_{j=1}^{\infty}A\rho\phi_j(x)\ddot{q}_j(t) - \sum_{j=1}^{\infty}EA\frac{\mathrm{d}^2\phi_j(x)}{\mathrm{d}x^2}q_j(t) = f(x,t) \tag{7-57}$$

式(7-57)乘以 $\phi_j(x)$，并沿全梁积分，同时考虑到主振型的正交条件，则给出

$$A\rho\ddot{q}_j(t)\int_0^L \phi_j^2(x)\mathrm{d}x - EAq_i(t)\int_0^L \phi_j(x)\phi_j''(x)\mathrm{d}x = \int_0^L \phi_j(x)f(x,t)\mathrm{d}x \tag{7-58}$$

另外，根据主振型的正交性，并沿全梁积分，有

$$\int_0^L \phi_s(x)\phi_s''(x)\mathrm{d}x = -\frac{\omega_{ns}^2 A\rho}{EA}\int_0^L \phi_s^2(x)\mathrm{d}x \tag{7-59}$$

将式(7-59)代入式(7-58)，简化后得

$$\ddot{q}_j(t) + \omega_n^2 q(t) = p_j(t)/m_{jj} \tag{7-60}$$

式中

$$m_{jj} = A\rho\int_0^L \phi_j^2(x)\mathrm{d}x \tag{7-61}$$

$$p_j = \int_0^L \phi_j(x)f(x,t)\mathrm{d}x \tag{7-62}$$

分别为广义质量和广义载荷。

由式(7-60)可求得系统的振型响应，最后可得到在原坐标中的动力响应，即

$$u(x,t) = \sum_{j=1}^{\infty}\phi_j(x)q_j(t) \tag{7-63}$$

【例 7-4】 图 7-12(a)的等截面杆受到阶跃函数(图 7-12(b))的轴向载荷作用，试分析该杆的强迫振动响应。

解： (1)计算固有频率及主振型。

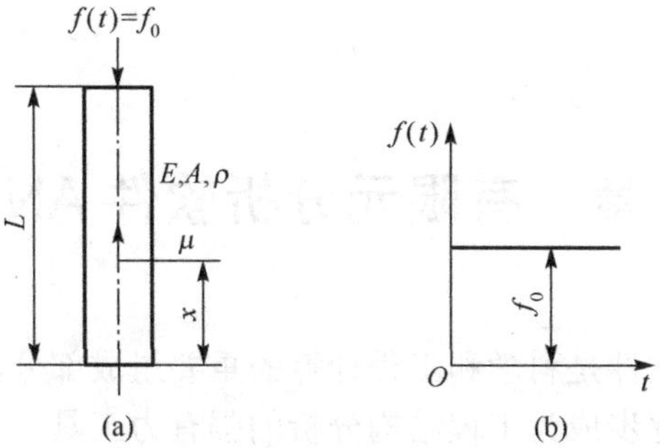

图 7-12　杆的受迫振动

由例 7-3 知其固有频率 ω_{nj} 及主振型为

$$\omega_{nj}=\frac{(2j-1)\pi}{2}\sqrt{\frac{EA}{\rho AL^2}},\quad \phi_j(x)=\sin\frac{(2j-1)\pi}{2L}x,\quad j=1,2,\cdots$$

(2) 计算广义质量和广义载荷：

$$m_{jj}=A\rho\int_0^L\varphi_j^2(x)\mathrm{d}x=\rho A\int_0^L\sin^2\frac{(2j-1)\pi}{2L}x\mathrm{d}x=\frac{\rho AL}{2}$$

$$p_j=\int_0^L\phi_j(x)f(x,t)\mathrm{d}x=-f_0\phi_j(L)=\begin{cases}f_0, & j\text{为偶数}\\ -f_0, & j\text{为奇数}\end{cases}$$

(3) 计算振型响应：

$$q_j=\pm\frac{f_0}{\rho A\omega^2{}_{nj}}(1-\cos\omega_{nj}t)$$

(4) 计算在自然坐标系中的振动响应：

$$\begin{aligned}u(x,t)&=\sum_{j=1}^{\infty}\phi_j(x)q_j(t)\\&=\frac{f_0L^2}{\pi^2EA}\left(-\frac{1-\cos\omega_{n1}t}{1}\sin\frac{\pi}{2L}x+\frac{1-\cos\omega_{n2}t}{9}\sin\frac{3\pi}{2L}x-\frac{1-\cos\omega_{n3}t}{25}\sin\frac{5\pi}{2L}x+\cdots\right)\end{aligned}$$

第 8 章　有限元分析软件 ANSYS

有限元法的通用计算软件是科学和工程计算的重要组成部分，自 20 世纪 70 年代以来，大型通用有限元分析软件逐步成为工程结构分析的强有力工具。多年来，各国相继开发了很多通用程序系统，应用领域也从结构分析扩展到各种物理场的分析，从线性分析扩展到非线性分析，从单一场的分析扩展到若干个场耦合的分析。目前应用广泛的通用有限元分析程序中，美国 ANSYS 公司研发的大型通用有限元程序——ANSYS 是一个适用于微机平台的大型有限元分析系统，其功能强大。近年来，ANSYS 公司整合了 ICEM、CFX、CENTURY DYNAMICS、AAVID THERMAL、FLUENT 等著名的有限元分析程序，广泛应用于航空、航天、电子、汽车、土木工程等各种领域，满足了多个行业的需要。有限元分析软件 ANSYS 是融结构、流体、电场、磁场、声场分析于一体的大型通用软件。

ANSYS 经典版主要包括三个模块：前处理模块、分析计算模块和后处理模块。前处理模块提供了实体建模及网格划分工具，用户可以方便地构造有限元模型；分析计算模块包括结构分析(可进行线性分析、非线性分析和高度非线性分析)、流体动力学分析、电磁场分析、声场分析、压电分析以及多物理场的耦合分析，可模拟多种物理介质的相互作用，具有灵敏度分析及优化分析能力；后处理模块可将计算结果以彩色等值线显示、矢量显示、粒子流迹显示、立体切片显示、透明及半透明显示(可看到结构内部)等图形方式显示，也可将计算结果以图表、曲线形式显示或输出。

ANSYS 参数化设计语言(APDL)是一种类似于 FORTRAN 的解释性编程语言，用来完成某些功能或建模，使用非常方便，大大提高了分析效率和能力。学习 APDL 参数化语言需要有一定的编程基础和有限元理论基础，熟悉常用命令的使用方法和应用技巧，并经过长期的实践锻炼，才能逐渐掌握。

ANSYS Workbench 是由 ANSYS 公司开发的仿真应用平台，其涵盖了一系列先进的工程仿真应用，并且拥有 CAD 双向接口、强大的参数化管理功能以及集成的优化工具。与经典界面相比，界面风格友好，包含了大量的应用模块：参数化建模模块 DM 用来建立 CAD 几何模型，为分析做准备；分析工具模块 DS 用来做结构或热分析、模态分析、谐响应分析等；优化设计模块 DX 用于研究变量的输入对响应的影响；其他模块如 CFX-Mesh、FE Modeler、Explicit Dynamics 等，使 Workbench 的应用更加便捷。在最新的几个版本中，又增加了如 SCDM 模块，使 Workbench 的模型建立和修改功能更加强大。

本章针对机械工程中结构力学的分析需要介绍 ANSYS，重点介绍其 Ansys Mechanical APDL 模块的应用方法。

8.1　杆件结构力学分析

桁架系统和刚架系统是工程结构中常见的两种杆件结构形式，在机械等领域应用广泛。

桁架结构杆件通过端点相互连接，所有荷载均作用于端点上，在端点处传递力而不传递扭矩。在工程实际中往往是把杆件结构在连接处传递的扭矩较小时，近似为桁架结构。利用 ANSYS 分析时，可将每根杆件视为一个单元，各单元通过节点相交，常用单元为 LINK180。

LINK180 可以模拟桁架、索、连杆或弹簧等。该单元是轴向拉-压单元，每个节点有三个自由度：沿节点坐标系 *X*、*Y*、*Z* 方向的平动。LINK180 是一种顶端铰接结构，不考虑单元弯曲，具有塑性、蠕变、旋转、大变形和大应变功能。

应用该单元时，假定单元为均匀直杆，单元长度必须大于零，单元截面面积必须大于零，单元应力均匀，有温度时温度沿杆长假定为线性变化。单元示意图如图 8-1 所示。

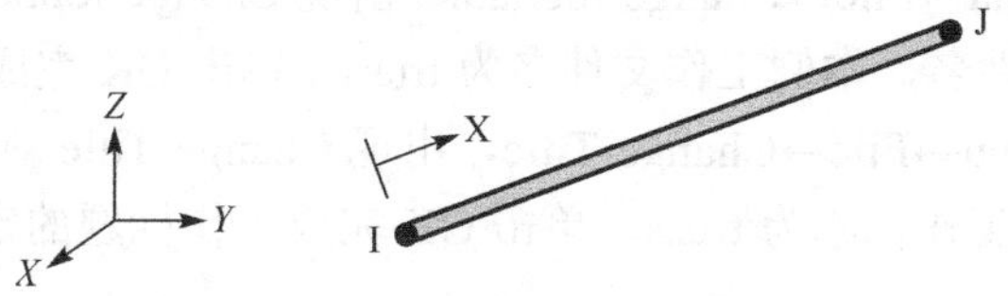

图 8-1　LINK180 单元示意图

刚架结构对于其中的单个杆件也是一根梁，特点是可承受轴向、切向、弯曲类载荷，载荷不仅可作用在端点，也可作用在整根杆件上。进行 ANSYS 分析时，需要定义梁截面和尺寸。常用单元为三维线性有限应变梁单元 BEAM188 和三维二次有限应变梁单元 BEAM189。单元示意图如图 8-2 和图 8-3 所示。

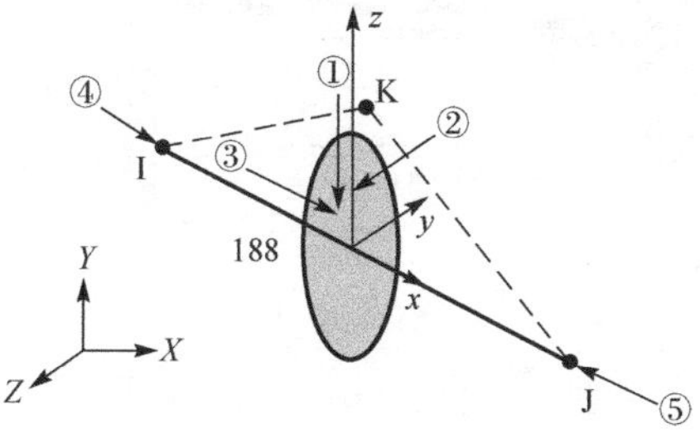

图 8-2　BEAM188 单元示意图

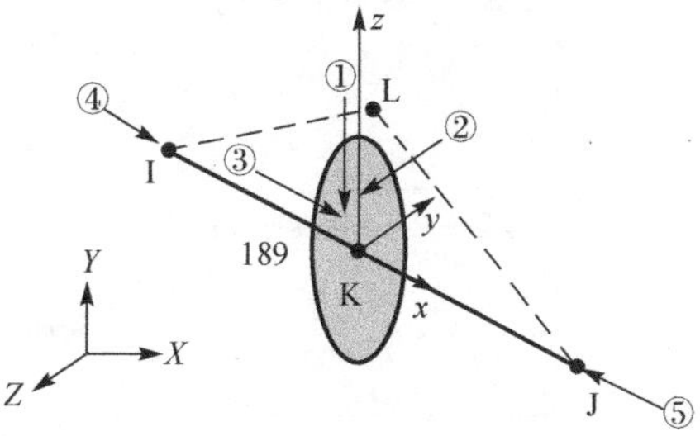

图 8-3　BEAM189 单元示意图

BEAM188、BEAM189 单元适合分析从细长到中等粗短的梁结构。两单元均基于 Timoshenko 梁结构理论，并考虑了剪切变形的影响。

BEAM188 和 BEAM189 性质基本相同，每个节点有六个或七个自由度，其自由度个数取决于单元属性 KEYOPT(1)的值。单元自由度为沿节点坐标系 *X*、*Y*、*Z* 方向的平动和绕 *X*、*Y*、*Z* 的转动，第七个自由度为横截面的翘曲。两单元可定义任意截面梁，包括变截面梁，支持弹性、蠕变及塑性模型，非常适合于线性、大角度、非线性大应变问题。

BEAM189 单元考虑横向剪力的作用，且考虑梁的初始曲率，可用于曲梁。

8.1.1　桁架结构

如图 8-4 所示，由三种材质的杆件构成的桁架在 *A* 点受力 F_{x1}=20000N，F_{y1}=–10000N。求 *A* 点的挠度及 *B* 点的约束反力。

桁架参数如表 8-1 所示。

利用 ANSYS 进行求解的详细步骤如下所述。

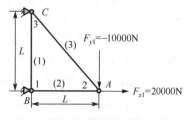

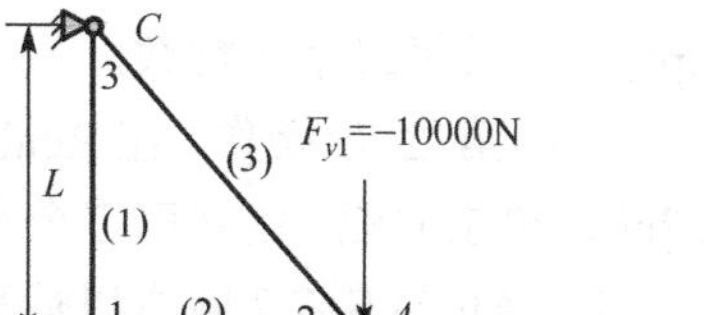

图 8-4　桁架示意图

表 8-1 桁架参数表

单元	材质	截面积/mm^2	长度/mm	弹性模量/$\times10^5$MPa	泊松比
(1)	铝	320	3000	0.72	0.33
(2)	铜	380	4000	1.19	0.21
(3)	钢	260	5000	2.07	0.33

1. 定义工作文件名和工作标题

(1)选取 Utility Menu→File→Change Jobname，出现 Change Jobname 对话框，在 Enter new Jobname 项填入工作文件名，本例工作文件名为 truss，单击 OK 完成工作文件名的定义。

(2)选取 Utility Menu→File→Change Title，出现 Change Title 对话框，在 Enter new title 项填入工作标题，本例工作标题为 truss，单击 OK 完成工作标题的定义。

2. 定义单元类型

(1)选择 Main Menu→Preprocessor→Add/Edit/Delete，弹出 Element Types 对话框，单击 Add，出现 Library of Element Types 对话框，在列表中先选 Structural Link，再选 3D finit stn 180，如图 8-5 所示，单击 OK 完成单元类型的选择。

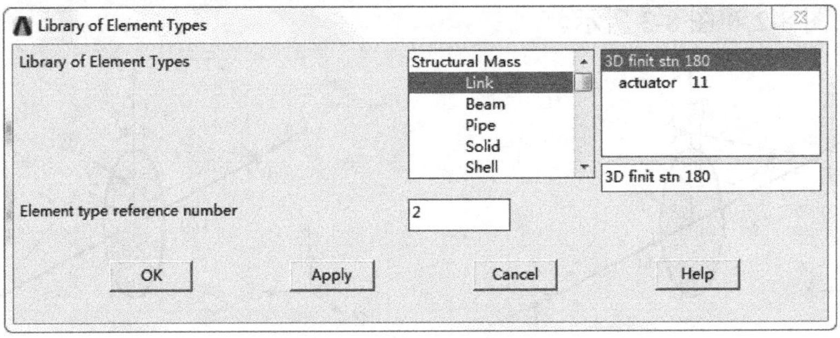

图 8-5 定义单元类型(桁架结构)

(2)关闭 Element Types 对话框。

3. 定义截面属性

对于 ANSYS17.0 版本以前采用如下方法。

(1)选择 Main Menu→Preprocessor→Real Constants→Add/Edit/Delete，弹出 Real Contants 对话框，单击 Add，出现 Element Type for Real 对话框，单击 OK，在弹出的新对话框 Cross-sectional area AREA 栏填入 320，单击 Apply，完成第一个实常数的定义。

(2)在 Real Constant Set No.栏填入 2，在 Cross-sectional area AREA 栏填入 380，单击 Apply，完成第二个实常数。

(3)同第(2)步操作，在 Real Constant Set No.栏填入 3，在 Cross-sectional area AREA 栏填入 260，单击 OK，建立第三个实常数，关闭对话框。

对于 ANSYS17.2 版本以后采用如下方法。

(1)选择 Main Menu→Preprocessor→Sections→Link→Add，弹出 Add link section ID 对话框，输入 ID 号，单击 OK，再次弹出属性输入对话框，Link area 栏填入 320，单击 Apply，完成第一个截面的定义。

(2)类似方法，改变 ID 号，再次输入 Link area，完成第二个、第三个实截面属性定义。注意，此 ID 号不应与系统中已经定义的 ID 号重复，否则覆盖。

4. 定义材料属性

(1)选择 Main Menu→Preprocessor→Material Props→Material Models，弹出 Define Material Model Behavior 对话框，在 Material Models Available 列表中依次选择 Structural→Linear→Elastic→Isotropic，弹出对话框，在 EX 栏中填入 0.72e5，在 PRXY 栏中填入 0.33，单击 OK 完成材料属性，如图 8-6 所示。

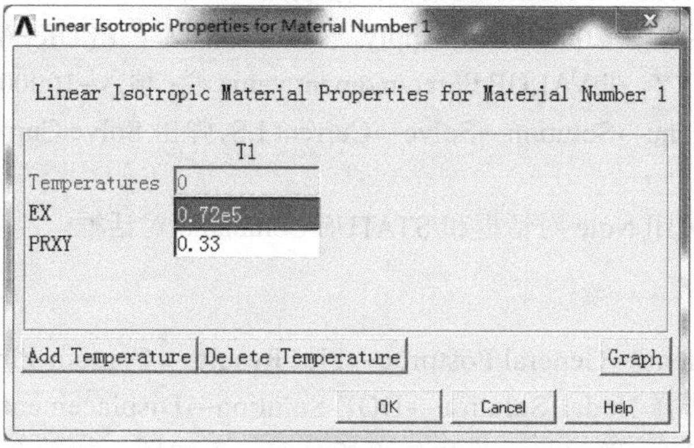

图 8-6　定义材料属性(桁架结构)

(2)在 Define Material Model Behavior 对话框中选择 Material→New Model，弹出 Define Material ID 对话框，默认设置，单击 OK，在 Material Models Defined 列表中生成 Material Model Number 2，继续第(1)步操作，在 EX 栏中填入 1.19E5，PRXY 栏中填入 0.21，单击 OK，关闭对话框。

(3)同第(1)、(2)步的操作，建立第三个杆件的材料属性。

5. 建立有限元模型

(1)选择 Main Menu→Preprocessor→Modeling→Create→Nodes→In Active CS，弹出对话框，在 X、Y、Z Location in active CS 栏，分别填入 0、0、0，单击 Apply，生成第一个节点。

(2)在 X、Y、Z Location in active CS 栏依次输入 4000、0、0，单击 Apply，生成第二个点，输入 0、3000、0，单击 OK，生成第三个点。

(3)选择 Main Menu→Preprocessor→Modeling→Create→Elemenst→Elem Attributes，弹出 Element Attributes 对话框，在 Material number 栏选择 1，在 Real constant set number 栏选择 1，其余保持默认，单击 OK 完成操作。

(4)选择 Main Menu→Preprocessor→Modeling→Create→Elements→Auto Numbered→Thru Nodes，弹出对话框，拾取点 1、3，单击 OK，建立单元 1。

(5)同第(3)、(4)步的操作，在 Material number 栏选择 2，在 Real constant set number 栏选择 2，其余默认，拾取点 1、2，建立单元 2；在 Material number 栏选择 3，在 Real constant set number 栏选择 3，其余默认，拾取点 2、3，建立单元 3。

6. 加载求解

(1) 选择 Main Menu→Solution→Analysis Type→New Analysis，弹出对话框，选择 Static，单击 OK 完成选择。

(2) 选择 Main Menu→Solution→Define Loads→Apply→Structural→Displacement→On Nodes，弹出 Apply U,ROT on Nodes 对话框，拾取点 1、3，单击 OK，在对话框中选择 UX、UY 和 UZ，单击 OK 添加约束。

(3) 选择 Main Menu→Solution→Define Loads→Apply→Structural→Force/Moment→On Nodes，弹出 Apply F/M on Nodes 对话框，拾取点 2，单击 OK；在弹出的对话框 VALUE Force/moment value 栏填入 20000，单击 Apply，继续选择点 2，单击 OK，在对话框 Lab Direction of force/mom 栏选择 FY，在 VALUE Force/moment value 栏；填入–10000，单击 OK 完成加载。

(4) 选择 Main Menu→Solution→Solve→Current LS，弹出 Solve Current Load Step 对话框，单击 OK 进行求解。

(5) 求解结束，关闭 Note 对话框和/STATUS Command 对话框。

7. 查看结果

(1) 选择 Main Menu→General Postproc→Plot Results→Contour Plot→Nodal Solu，在弹出的对话框中依次选择 Nodal Solution→DOF Solution→Displacement vector sum，其余选项默认设置，单击 OK。窗口显示模型位移场分布等值线图，如图 8-7 所示，由图可知，*A* 点的挠度为 1.88mm。

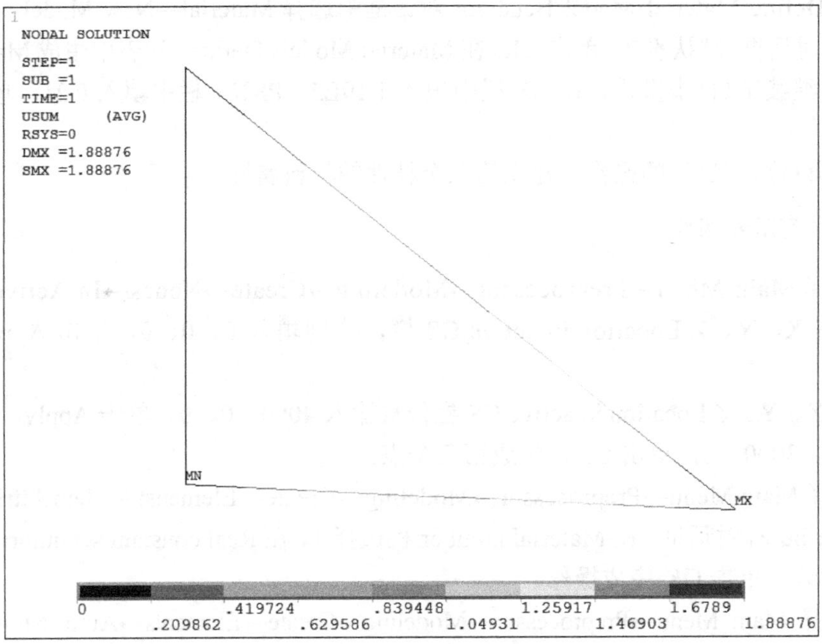

彩图 8-7

图 8-7 桁架结构的位移场分布等值线图

(2) 选择 Main Menu→General Postproc→List Results→Reaction Solu，在弹出的对话框中选择 All struc forc F，单击 OK，弹出 PRRSOL Command 对话框，如图 8-8 所示，从图中可以看到，*B* 点的约束反力为 6666.7N，方向为 *X* 轴负方向。

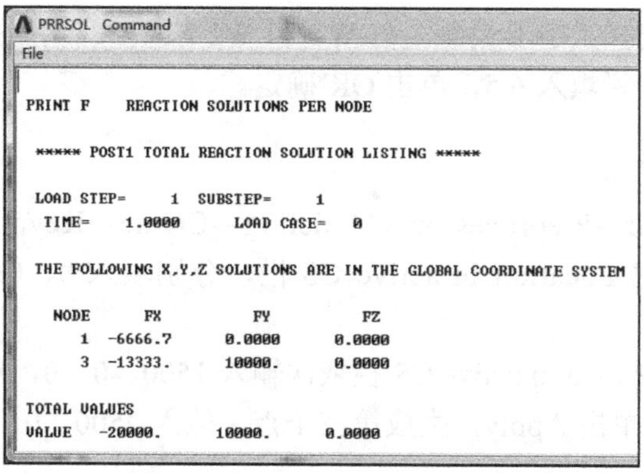

```
PRRSOL Command
File

PRINT F    REACTION SOLUTIONS PER NODE

 ***** POST1 TOTAL REACTION SOLUTION LISTING *****

 LOAD STEP=     1  SUBSTEP=     1
  TIME=    1.0000      LOAD CASE=   0

 THE FOLLOWING X,Y,Z SOLUTIONS ARE IN THE GLOBAL COORDINATE SYSTEM

    NODE       FX           FY           FZ
       1   -6666.7       0.0000       0.0000
       3   -13333.       10000.       0.0000

TOTAL VALUES
VALUE    -20000.       10000.       0.0000
```

图 8-8　模型支反力(桁架结构)

8.1.2　梁结构

用 18 号工字钢制成的外伸梁如图 8-9 所示。材料许用应力为 170MPa，受力 F=20.5kN，校核梁的强度。

工字钢参数：弹性模量 $E=2.06\times10^5$MPa；泊松比 μ=0.3。

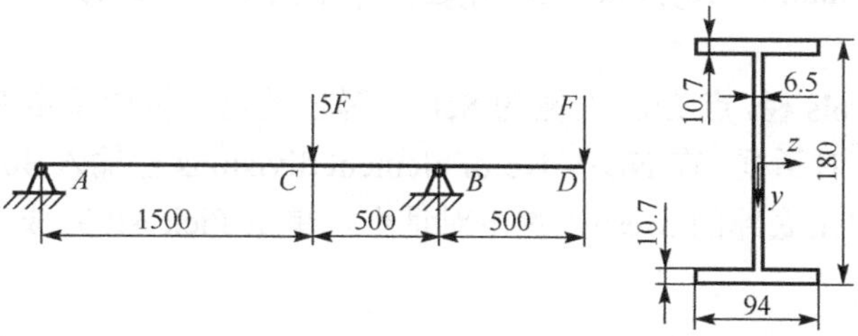

图 8-9　梁受力及截面尺寸图

利用 ANSYS 进行力学分析求解的详细步骤如下所述。

1. 定义工作文件名和工作标题

定义工作文件名和工作标题的操作参见 8.1.1 节，本例中，工作文件名和工作标题都为 beam。

2. 定义单元类型

(1) 选择 Main Menu→Preprocessor→Add/Edit/Delete，弹出 Element Types 对话框，单击 Add，出现 Library of Element Types 对话框，在列表中先选 Structural Beam，再选 2 node 188，单击 OK 完成单元类型的选择。

(2) 关闭 Element Types 对话框。

3. 定义材料属性

定义材料属性的操作参见 8.1.1 节，本例中，EX 栏填入 2.06e5，PRXY 栏填入 0.3。

4. 定义截面

选择 Main Menu→Preprocessor→Sections→Beam→Common Sections，弹出 Beam Tool 对

话框，在 Sub-Type 栏选择工字形截面，在 W1 和 W2 栏填入 94，在 W3 栏填入 180，在 t1 和 t2 栏填入 10.7，在 t3 栏填入 6.5，单击 OK 确定。

5. 建立有限元模型

(1) 选择 Main Menu→Preprocessor→Modeling→Create→Keypoints→In Active CS，弹出对话框，在 X、Y、Z Location in active CS 栏，分别填入 0、0、0，单击 Apply，生成第一个节点。

(2) 在 X、Y、Z Location in active CS 栏依次输入 1500、0、0，单击 Apply，生成第二个点，输入 2000、0、0，单击 Apply，生成第三个点，输入 2500、0、0，单击 OK，生成第四个点。

(3) 选择 Main Menu→Preprocessor→Modeling→Create→Lines→Lines→Straight Line，弹出对话框，拾取点 1、2，建立线段 1；拾取点 2、3，生成线段 2；拾取点 3、4，生成线段 3。

6. 划分网格

(1) 选择 Main Menu→Preprocessor→Meshing→Meshtool，弹出 Mesh Tool 对话框，在 Element Attributes 栏选择 Lines，单击 set→Pick All，弹出 Line Attributes 对话框。需要调整梁截面方向时，勾选 Pick Orientation Keypoint 栏，并选择一个关键点作为方向点。本例不需要调整，全部默认，单击 OK。

(2) 在 Size Controls 栏，点 Lins 右侧的 Set，在弹出的对话框中单击 Pick All，弹出 Element Sizes on Picked Lines 对话框，在 NDIV No.of element divisions 栏输入 30，单击 OK 完成输入。

(3) 在 Mesh 栏单击底部的 Mesh，弹出对话框，单击 Pick All 完成网格划分。

7. 加载求解

(1) 选择 Utility Menu→PlotCtrls→Numbering，弹出 Plot Numbering Controls 对话框，勾选 KP Keypoint numbers 栏，使其由 off 变为 on。

(2) 选择 Utility Menu→Plot→Lines。

(3) 选择 Main Menu→Solution→Analysis Type→New Analysis，弹出对话框，选择 Static，单击 OK 完成选择。

(4) 选择 Main Menu→Solution→Define Loads→Apply→Structural→Displacement→On Keypoints，弹出 Apply U,ROT on KPs 对话框，拾取点 1，单击 OK；在对话框中选择 UX、UY、UZ 和 ROTX，单击 Apply；再拾取点 3，单击 OK；在对话框中选择 UY 和 UZ，单击 OK 添加约束。

(5) 选择 Main Menu→Solution→Define Loads→Apply→Structural→Force/Moment→On Keypoints，弹出 Apply F/M on KPs 对话框，拾取点 2，单击 OK；在弹出的对话框 Lab Direction of force/mom 栏选择 FZ，在 VALUE Force/moment value 栏填入–102500，单击 Apply，拾取点 4，单击 OK；在对话框 Lab Direction of force/mom 栏选择 FZ，在 VALUE Force/moment value 栏填入–20500，单击 OK 完成加载。

(6) 选择 Main Menu→Solution→Solve→Current LS，弹出 Solve Current Load Step 对话框，单击 OK 进行求解。

(7) 求解结束，关闭 Note 对话框和/STATUS Command 对话框。

8. 查看结果

(1)选择 Utility Menu→PlotCtrls→Style→Size and Shape，弹出对话框，勾选 Display of element 栏，单击 OK。

(2)选择 Main Menu→General Postproc→Plot Results→Contour Plot→Nodal Solu，在弹出的对话框中依次选择 Nodal Solution→Stress→von Mises stress，其余选项默认设置，单击 OK；窗口显示模型位移场分布等值线图，单击显示窗口右侧工具按钮，调整模型在窗口的显示情况，如图 8-10 所示。可知梁最大应力为 163.99MPa，ANSYS 的分析结果相当精确。

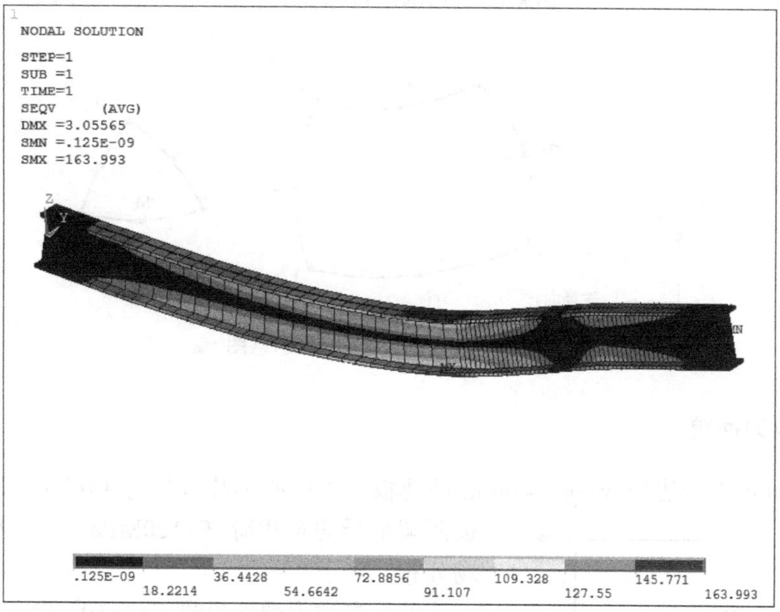

彩图 8-10

图 8-10 梁结构的位移场分布等值线图

8.2 平面结构力学分析

在工程实际中，任意一种结构都处于三维受力状态，属于空间问题，但当所研究的结构具有特殊形式，且承受一些特殊载荷时，许多空间问题可以简化为平面问题，从而减小工作量，加快分析速度。若结构形状、荷载等关于某个轴对称，可利用其轴对称的特点，转变为平面问题进行求解。根据弹性力学中的平面问题理论，可知平面结构力学问题又可分为平面应力问题和平面应变问题。

在 ANSYS 中，平面结构力学分析常采用的单元有二维结构实体单元 PLANE182 和二维 8 节点结构实体单元 183。单元示意图如图 8-11 和图 8-12 所示。

PLANE182 由 4 个节点定义，用于建立二维实体结构模型，模拟平面实体结构。PLANE183 是高阶二维 8 节点单元，该单元具有二次位移项，适于生成不规则网格模型。

两单元每个节点都有 2 个自由度，即沿节点坐标系 X、Y 方向的平动，都可用作平面单元(平面应力或应变)或轴对称单元。两单元具有塑性、超弹、蠕变、应力刚化、大变形以及大应变功能，也可利用混合公式模拟几乎或完全不可压超弹材料的变形。

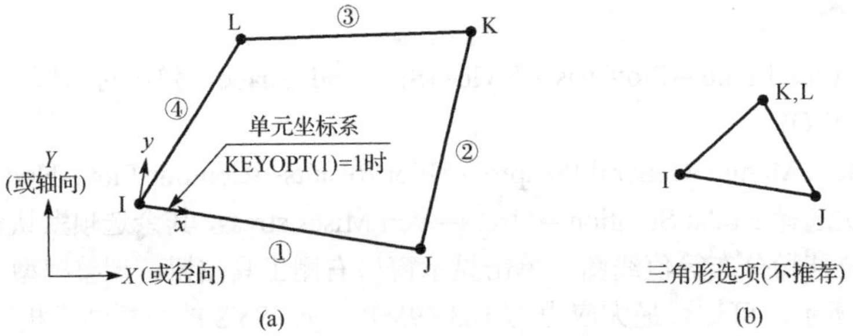

图 8-11　PLANE182 单元示意图

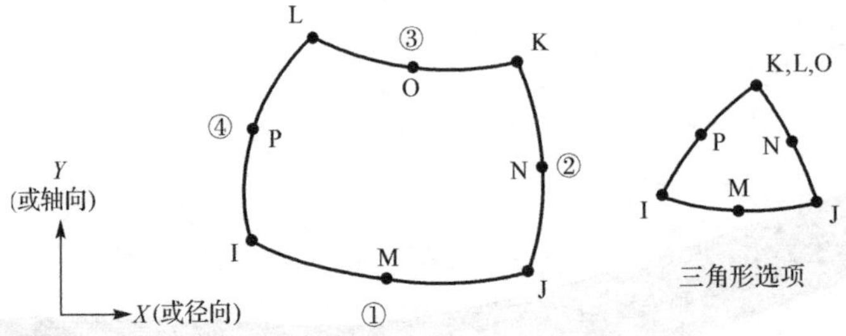

图 8-12　PLANE183 单元示意图

8.2.1　平面应力问题

图 8-13 所示为一边长 60mm×40mm 的薄板，板中心圆孔直径为 14mm，板厚为 2mm，板两端承受均布载荷 P=120MPa，求薄板内部的应力场分布。

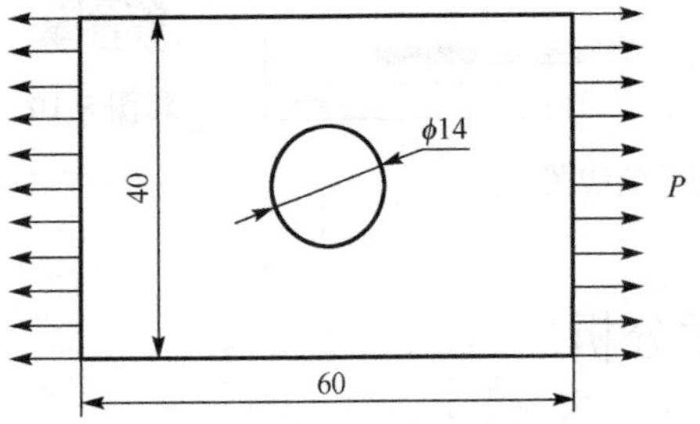

图 8-13　薄板受载示意图

薄板参数为弹性模量 $E=2\times10^5$MPa；泊松比 μ=0.3。

利用 ANSYS 进行力学分析求解的详细步骤如下所述。

1. 定义工作文件名和工作标题

(1) 选择 Utility Menu→File→Change Jobname，弹出 Change Jobname 对话框，在 Enter new Jobname 项填入工作文件名，本例工作文件名为 plane，单击 OK 完成工作文件名的定义。

(2) 选取 Utility Menu→File→Change Title，弹出 Change Title 对话框，在 Enter new title 项填入工作标题，本例工作标题为 plane，单击 OK 完成工作标题的定义。

2. 定义单元类型

(1) 选择 Main Menu→Preprocessor→Add/Edit/Delete，弹出 Element Types 对话框，单击 Add，弹出 Library of Element Types 对话框，在列表中先选 Structural Solid，再选 Quad 4 node 182，单击 OK 完成单元类型的选择，如图 8-14 所示。

(2) 单击 Options 进入单元设置选项，在 Element behavior K3 栏中选择 Plane stress，单击 OK 完成选择，如图 8-15 所示。

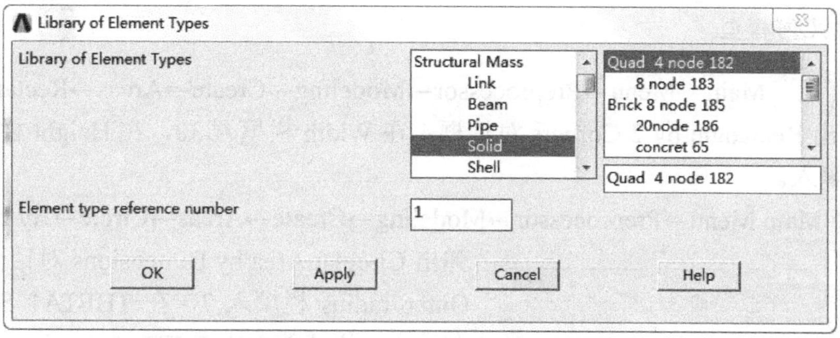

图 8-14　定义单元类型(薄板结构)

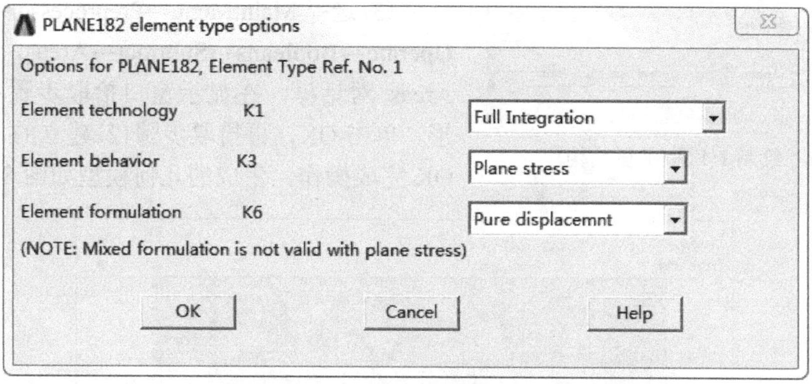

图 8-15　单元设置(薄板结构)

(3) 关闭 Element Types 对话框。

3. 定义材料属性

(1) 选择 Main Menu→Preprocessor→Material Props→Material Models，弹出 Define Material Model Behavior 对话框，在 Material Models Available 列表中依次选择 Structural、Linear、Elastic、Isotropic，在 EX 栏中填入 2e5，在 PRXY 栏中填入 0.3，单击 OK 完成材料属性，如图 8-16 所示。

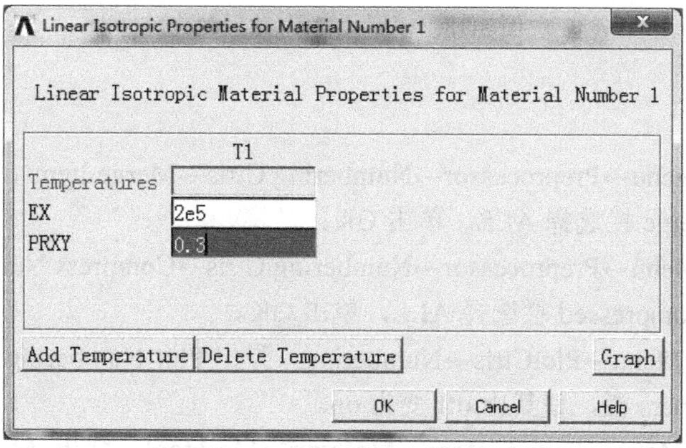

图 8-16　定义材料属性(薄板结构)

(2) 关闭 Define Material Model Behavior 对话框。

4. 建立几何模型

(1) 选 择 Main Menu→Preprocessor→Modeling→Create→Areas→Rectangle→By 2 Corners，弹出 Rectangle by 2 Corners 对话框，在 Width 栏填入 30，在 Height 栏填入 20，单击 OK 完成输入。

(2) 选择 Main Menu→Preprocessor→Modeling→Create→Areas→Circle→By Dimensions，弹出 Circular Area by Dimensions 对话框，在 RAD1 Outer radius 栏填入 7，在 THETA1 Starting angle (degrees) 栏填入 0，在 THETA2 Starting angle (degrees) 栏填入 90，单击 OK 完成输入，如图 8-17 所示。

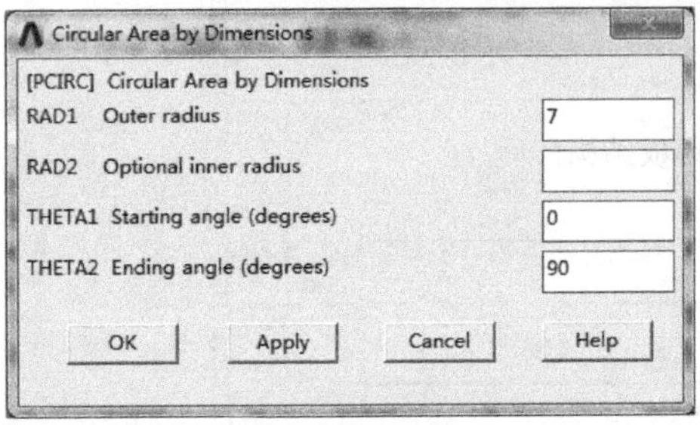

图 8-17 绘制 1/4 圆(薄板结构)

(3) 选择 Main Menu→Preprocessor→Modeling→Operate→Booleans→Subtract→Areas，弹出 Subtract Areas 对话框，在显示窗口拾取步骤(1)建立的矩形，单击 OK，再拾取步骤(2)建立的 1/4 圆，单击 OK 完成操作，生成的几何模型如图 8-18 所示。

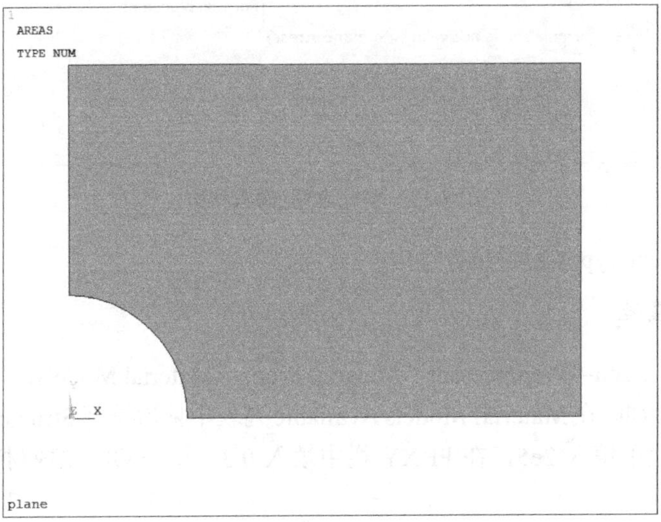

图 8-18 模型示意图(薄板结构)

5. 划分网格

(1) 选择 Main Menu→Preprocessor→Numbering Ctrls→Merge Items，弹出对话框，在 Lable Type of item to be merge 栏选择 ALL，单击 OK。

(2) 选择 Main Menu→Preprocessor→Numbering Ctrls→Compress Numbers，弹出对话框，在 Lable Item to be compressed 栏选择 ALL，单击 OK。

(3) 选择 Utility Menu→PlotCtrls→Numbering，弹出 Plot Numbering Controls 对话框，勾选 KP Keypoint numbers 栏，使其由 off 变为 on。

(4) 选择 Main Menu→Preprocessor→Meshing→Meshtool，弹出 Mesh Tool 对话框，在 Element Attributes 栏选择 Areas，单击 set，拾取建立的模型，单击 OK，弹出 Area Attributes 对话框，全部默认，单击 OK。

（5）在 Size Controls 栏，单击 Lins 右侧的 Set 命令，在弹出的对话框中单击 Pick All，弹出 Element Sizes on Picked Lines 对话框，在 NDIV No.of element divisions 栏输入 10，单击 OK 完成输入。

（6）在 Mesh 栏选择 Areas，在 Shape 栏选择 Mapped 及 Pick corners，单击底部的 Mesh，弹出对话框，拾取建立的模型，单击 OK，再单击关键点 1、4、5、3，完成网格划分，如图 8-19 所示。

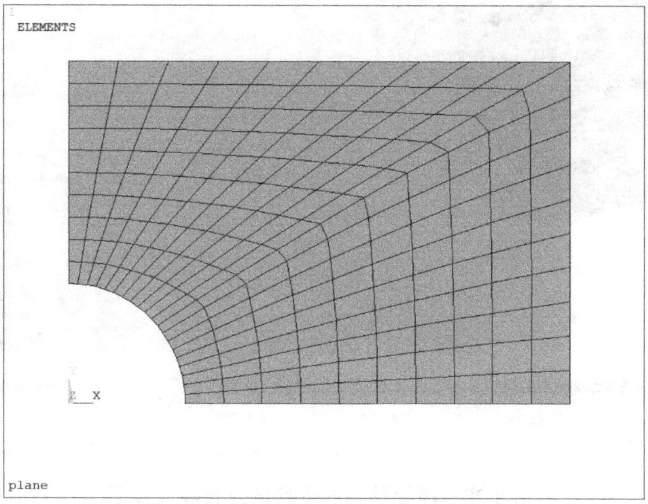

图 8-19　网格示意图（薄板结构）

（7）关闭对话框。

6. 加载求解

（1）选择 Utility Menu→Plot→Areas。

（2）选择 Utility Menu→PlotCtrls→Numbering，弹出 Plot Numbering Controls 对话框，取消勾选 KP Keypoint numbers 栏，勾选 LINE Line numbers 栏，使其由 off 变为 on。

（3）选择 Main Menu→Solution→Analysis Type→New Analysis，弹出对话框，选择 Static，单击 OK 完成选择。

（4）选择 Main Menu→Solution→Define Loads→Apply→Structural→Displacement→On Lines，弹出 Apply U,ROT on Lines 对话框，拾取线段 L5，单击 OK，在弹出的对话框中选择 UX，单击 Apply，拾取线段 L4，单击 OK，在对话框中选择 UY，单击 OK 完成选择。

（5）选择 Main Menu→Solution→Define Loads→Apply→Structural→Pressure→On Lines，弹出 Apply PRES on Lines 对话框，拾取线段 L1，单击 OK，在弹出的对话框 VALUE Load PRES value 一栏填入–60，单击 OK 完成输入。

（6）选择 Main Menu→Solution→Solve→Current LS，弹出 Solve Current Load Step 对话框，单击 OK 进行求解。

（7）求解结束，关闭 Note 对话框和/STATUS Command 对话框。

7. 查看结果

（1）选择 Main Menu→General Postproc→Plot Results→Contour Plot→Nodal Solu，在弹出

的对话框中依次选择 Nodal Solution→DOF Solution→Displacement vector sum，其余选项默认设置，单击 OK，窗口显示模型位移场分布等值线图，如图 8-20 所示。

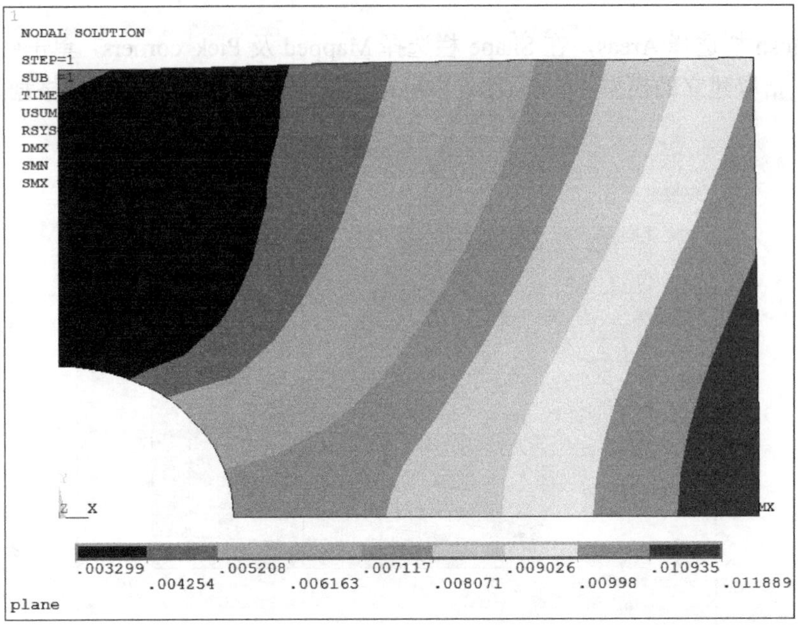

彩图 8-20

图 8-20　薄板结构的位移场分布等值线图

(2) 选择 Main Menu→General Postproc→Plot Results→Contour Plot→Nodal Solu，在弹出的对话框中依次选择 Nodal Solution→Stress→von Mises stress，其余选择默认不变，单击 OK，窗口显示应力场分布等值线图，如图 8-21 所示。

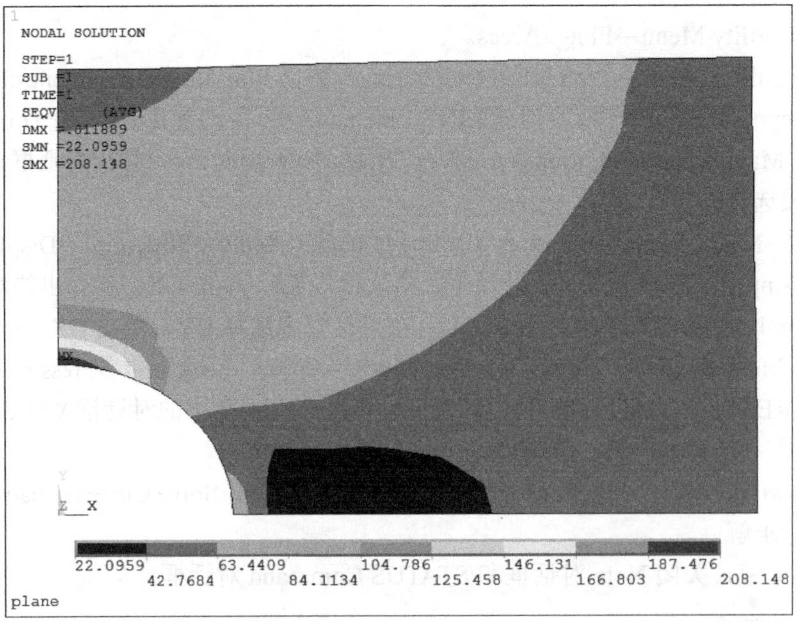

彩图 8-21

图 8-21　薄板结构的应力场分布等值线图

(3) 选 择 Utility Menu→PlotCtrls→Style→Symmetry Expansion→Periodic/Cyclic Symmetry，弹出对话框，选择 1/4 Dihedral Sym，单击 OK，此时窗口显示扩展后的结果，如图 8-22 所示。

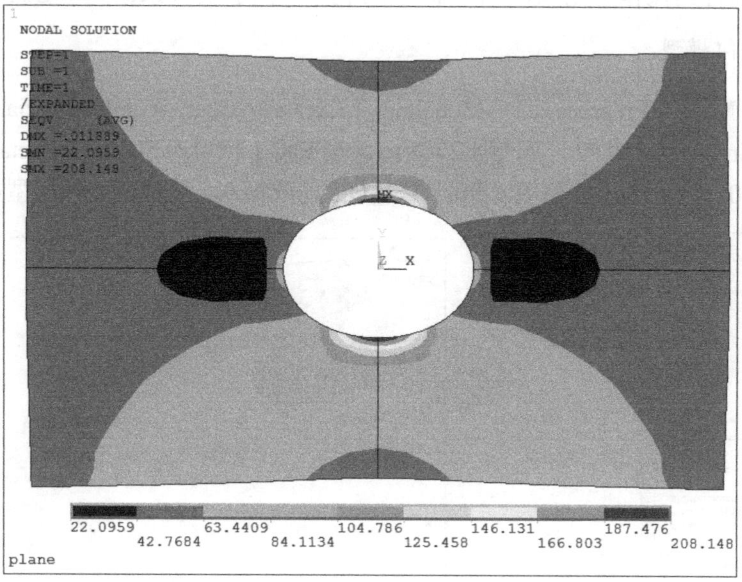

彩图 8-22

图 8-22 扩展结果(薄板结构)

8.2.2 平面应变问题

图 8-23 所示为液压油缸的缸筒横截面，在其内表面承受气体压力 P 的作用，求管道的应力场分布。

管道几何参数：外径 R_1=600mm；内径 R_2=500mm；壁厚 t=100mm。

管道材料参数：弹性模量 $E=2\times10^5$MPa；泊松比 $\mu=0.26$。

载荷：P=25MPa。

利用 ANSYS 进行力学求解的详细步骤如下所述。

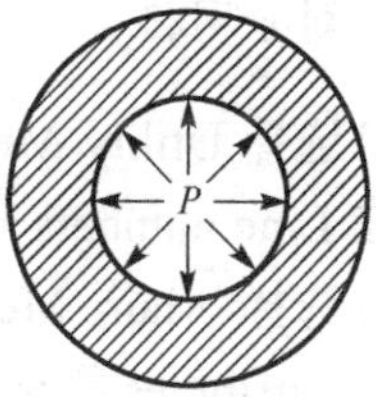

图 8-23 油汽管道受载示意图

1.定义工作文件名和工作标题

定义工作文件名和工作标题的操作过程参见 8.1.1 节，本例中，工作文件名和工作标题都为 strain。

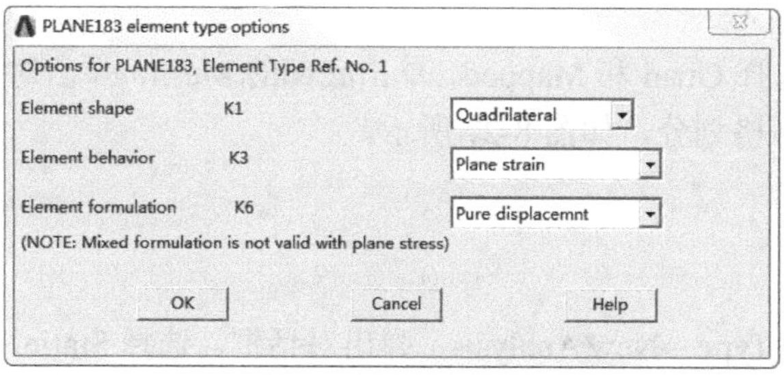

图 8-24 单元设置选项(油气管道)

2. 定义单元类型

(1)定义单元类型的操作参见 8.1.1 节，本例中，平面单元选择 8 节点 183 单元。

(2)单击 Element Types 对话框中的 Options，进入单元设置选项，在 Element behavior K3 栏中选择 Plane strain，单击 OK 完成选择，如图 8-24 所示。

(3) 关闭 Element Types 对话框。

3. 定义材料属性

定义材料属性的操作参见 8.1.1 节，本例中，在 EX 栏中填入 2e5，在 PRXY 栏中填入 0.26。

4. 建立几何模型

选择 Main Menu→Preprocessor→Modeling→ Create→Areas→Circle→Partial Annulus，弹出 Part Annular Circ Area 对话框，如图 8-25 所示，在 Rad-1 栏填入 500，在 Theta-1 栏填入 0，在 Rad -2 栏填入 600，在 Theta-2 栏填入 90，单击 OK 完成输入，生成的几何模型如图 8-26 所示。

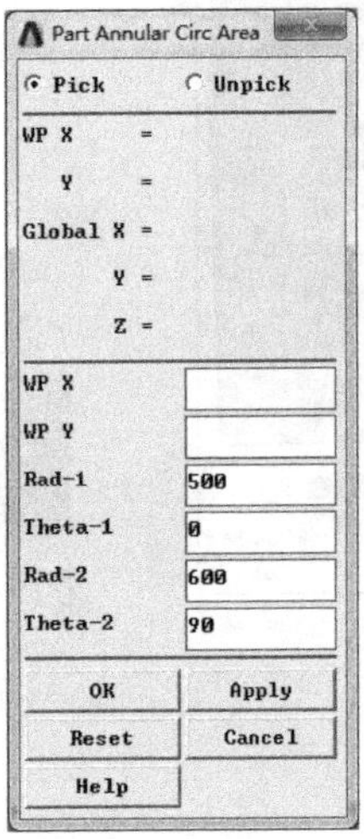

图 8-25 创建圆面对话框(油气管道)

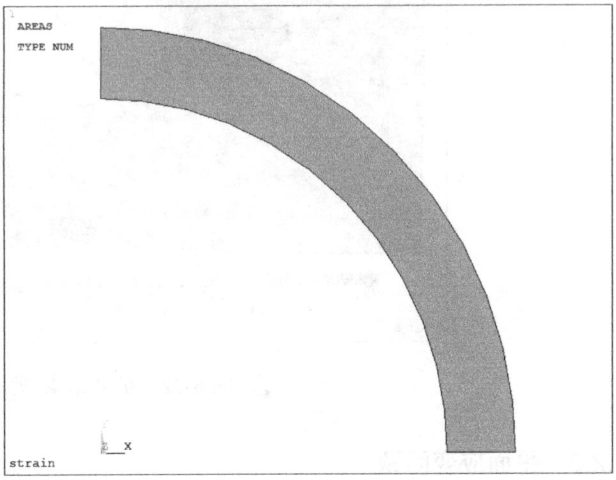

图 8-26 1/4 圆环面(油气管道)

5. 划分网格

(1) 选择 Utility Menu→PlotCtrls→Numbering，弹出 Plot Numbering Controls 对话框，勾选 LINE Line numbers 栏，使其由 off 变为 on。

(2) 选择 Main Menu→Preprocessor→Meshing→Meshtool，弹出 Mesh Tool 对话框，在 Element Attributes 栏选择 Areas，单击 set，拾取建立的模型，单击 OK，弹出 Area Attributes 对话框，全部默认，单击 OK。

(3) 在 Size Controls 栏单击 Lins 右侧的 Set 命令，弹出 Element Size on Picked Lines 对话框，拾取编号为 L1 和 L3 的圆弧，单击 OK，在弹出的对话框 NDIV No.of element divisions 栏填入 20，单击 Apply，再拾取编号为 L2 和 L4 的线段，单击 OK，弹出对话框，在 NDIV No.of element divisions 栏填入 4，单击 OK，完成输入。

(4) 在 Mesh 栏选择 Areas，在 Shape 栏选择 Quad 和 Mapped，单击底部的 Mesh，弹出对话框后，拾取建立的模型，单击 OK，完成网格划分，如图 8-27 所示。

6. 加载求解

(1) 选择 Utility Menu→Plot→Areas。

(2) 选择 Main Menu→Solution→Analysis Type→New Analysis，弹出对话框，选择 Static，单击 OK 完成选择。

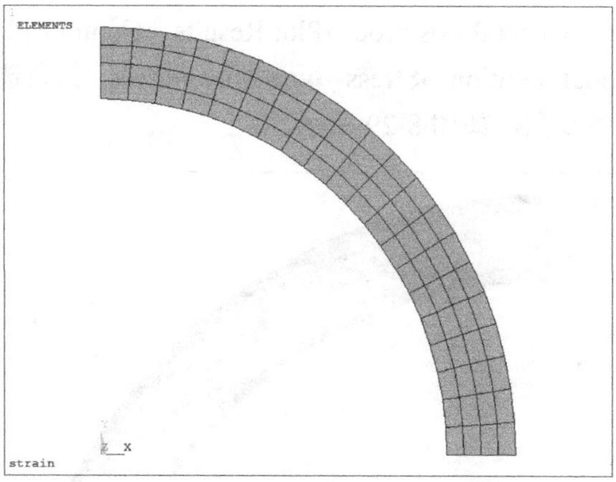

图 8-27　网格划分结果(油气管道)

(3) 选择 Main Menu→Solution→Define Loads→Apply→Structural→Displacement→On Lines，弹出 Apply U,ROT on Lines 对话框，拾取编号为 L2 的线段，单击 OK，在弹出的对话框中选择 UX，单击 Apply，拾取编号为 L4 的线段，单击 OK，在对话框中选择 UY，单击 OK 完成选择。

(4) 选择 Main Menu→Solution→Define Loads→Apply→Structural→Pressure→On Lines，弹出 Apply PRES on Lines 对话框，拾取编号为 L3 的圆弧，单击 OK，在弹出的对话框 VALUE Load PRES value 一栏，填入 25，单击 OK 完成输入。

(5) 选择 Main Menu→Solution→Solve→Current LS，弹出 Solve Current Load Step 对话框，单击 OK 进行求解。

(6) 求解结束，关闭 Note 对话框和/STATUS Command 对话框。

7. 查看结果

(1) 选择 Main Menu→General Postproc→Plot Results→Contour Plot→Nodal Solu，在弹出的对话框中依次选择 Nodal Solution→DOF Solution→Displacement vector sum，其余选项默认设置，单击 OK，窗口显示模型位移场分布等值线图，如图 8-28 所示。

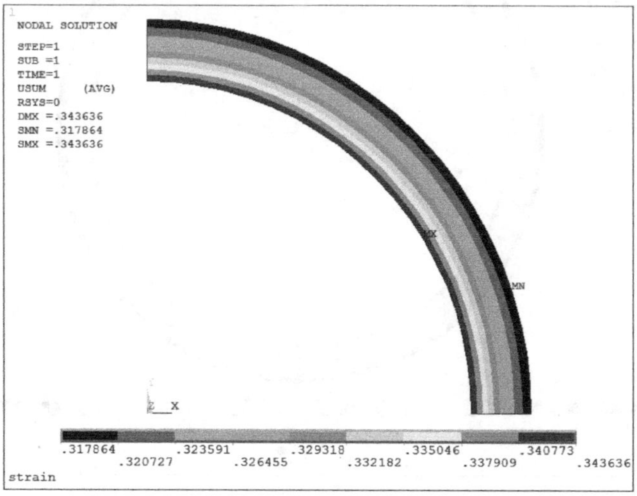

图 8-28　油气管道模型的位移场分布等值线图

(2) 选择 Main Menu→General Postproc→Plot Results→Contour Plot→Nodal Solu，在弹出的对话框中依次选择 Nodal Solution→Stress→von Mises stress，其余选择默认不变，单击 OK，窗口显示应力场分布等值线图，如图 8-29 所示。

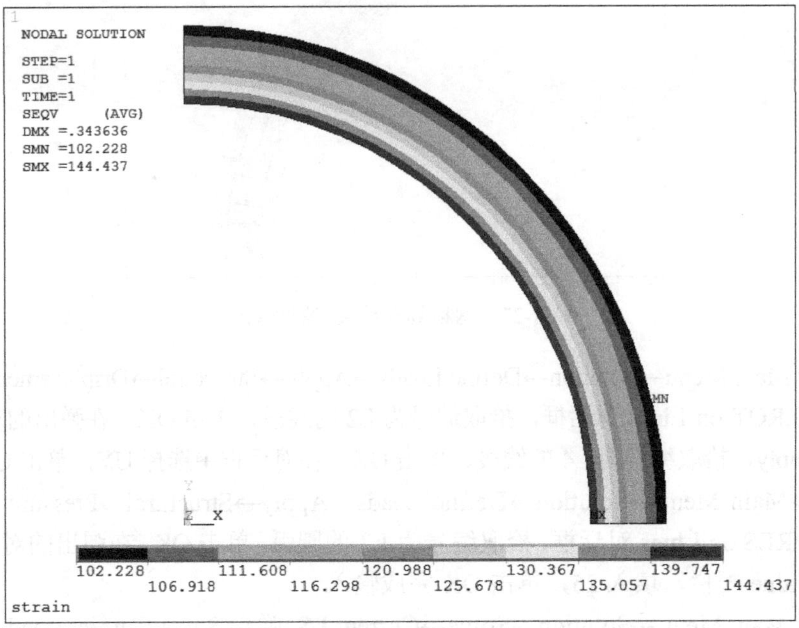

图 8-29　油气管道模型的应力场分布等值线图

(3) 选择 Utility Menu→PlotCtrls→Style→Symmetry Expansion→Periodic/Cyclic Symmetry，弹出对话框，选择 1/4 Dihedral Sym，单击 OK，此时窗口显示扩展后的结果，如图 8-30 所示。

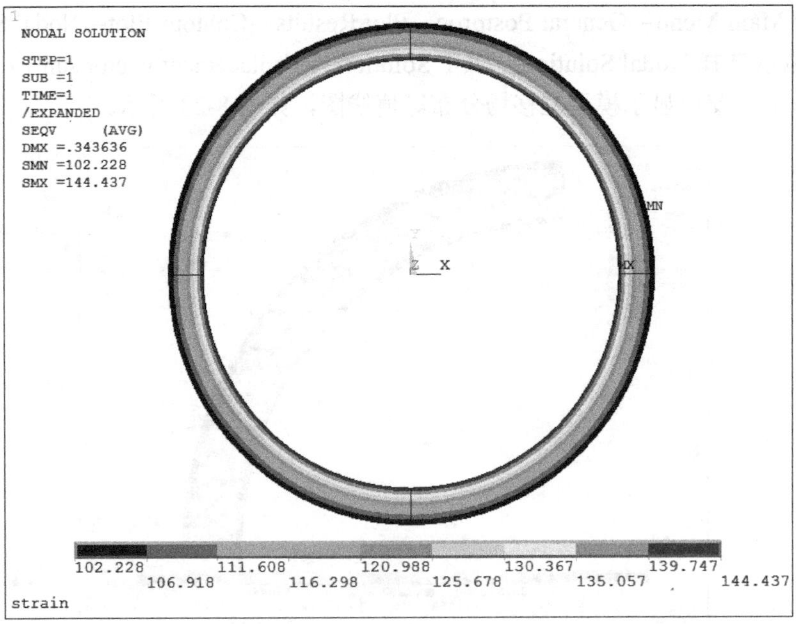

彩图 8-30

图 8-30　扩展结果(油气管道)

8.2.3 轴对称问题

例如，对于一个钢制的圆筒形储气瓶，上下底为半球形，材质为16MnR，常温下使用，内压最大为10MPa，圆筒壁厚为22mm，内径为500mm，总长为1500mm，求该储气瓶的应力分布。

圆筒参数：弹性模量 E=2.1×10^5MPa；泊松比 μ=0.3。

利用ANSYS进行求解的详细步骤如下所述。

1. 定义工作文件名和工作标题

定义工作文件名和工作标题的操作过程参见8.1.1节，本例中，工作文件名和工作标题都为axisymmetric。

2. 定义单元类型

定义单元类型的操作参见8.1.1节，本例中，单元类型选择Plane183单元，Element behavior K3栏选择axisymmetric。

3. 定义材料属性

定义材料属性的操作参见8.1.1节，本例中，在EX栏填入2.1e5，在PRXY栏填入0.3。

4. 建立几何模型

(1) 选择Main Menu→Preprocessor→Modeling→Create→Areas→Circle→Partial Annulus，弹出对话框，在WP Y、Rad-1、Theta-1、Rad-2、Theta-2栏分别填入522、500、-90、522、0，单击Apply，生成第一个截面；再次在各栏分别输入978、500、0、522、90，单击OK，生成第二个截面。

(2) 选择Main Menu→Preprocessor→Modeling→Create→Areas→Rectangle→By Dimensions，在弹出的对话框X1、X2 X-coordinates栏填入500和522，在Y1、Y2 Y-coordinates栏填入522和978，单击OK完成操作，生成的面如图8-31所示。

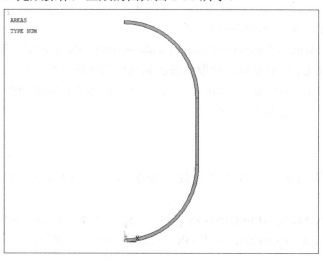

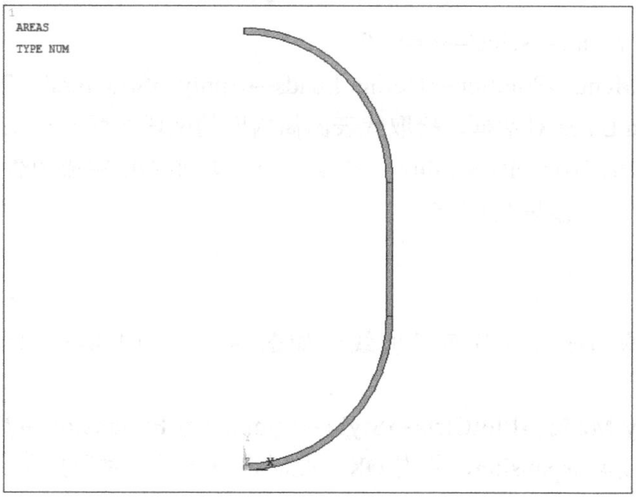

图8-31 几何模型结果

(3) 选择 Main Menu→Preprocessor→Modeling→Operate→Booleans→Glue→Areas，弹出对话框，单击 Pick All 完成选择。

5. 划分网格

(1) 选择 Main Menu→Preprocessor→Meshing→Meshtool，弹出 Mesh Tool 对话框，在 Element Attributes 栏选择 Areas，单击 set，拾取建立的模型，单击 OK，弹出 Area Attributes 对话框，全部默认，单击 OK。

(2) 在 Size Controls 栏，点 Areas 右侧 Set，弹出 Elem Size at Picked Areas 对话框，单击 Pick All，在弹出的新窗口中输入 10，单击 OK 完成输入。

(3) 在 Mesh 栏选择 Areas，在 Shape 栏选择 Tri 和 Free，单击底部的 Mesh，弹出对话框后，单击 Pick All，完成网格划分。

6. 加载求解

(1) 选择 Utility Menu→Plot→Areas。

(2) 选择 Utility Menu→PlotCtrls→Numbering，弹出 Plot Numbering Controls 对话框，勾选 LINE Line numbers 栏，使其由 off 变为 on，单击 OK。

(3) 选择 Main Menu→Solution→Analysis Type→New Analysis，弹出对话框，选择 Static，单击 OK 完成选择。

(4) 选择 Main Menu→Solution→Define Loads→Apply→Structural→Displacement→On Lines，弹出 Apply U,ROT on Lines 对话框，拾取编号为 L4、L6 的线段，单击 OK，在弹出的对话框中选择 UX，单击 OK 完成选择。

(5) 选择 Utility Menu→Select→Entities，弹出 Select Entities 对话框，从上到下依次选择 Nodes、By Location、Y coordinates、From Full，在 Min、Max 栏填入 750，单击 OK。

(6) 选择 Main Menu→Solution→Define Loads→Apply→Structural→Displacement→On Nodes，弹出对话框，单击 Pick All，在弹出的新对话框 Lab2 DOFs to be contrained 栏选择 UY，单击 OK。

(7) 选择 Utility Menu→Select→Everything。

(8) 选择 Main Menu→Solution→Define Loads→Apply→Structural→Pressure→On Lines，弹出 Apply PRES on Lines 对话框，拾取代表圆筒内壁的两段圆弧和一条线段，单击 OK，在弹出的对话框 VALUE Load PRES value 一栏填入 10，单击 OK 完成加载。

(9) 求解，操作过程参见 8.1.1 节。

7. 查看结果

(1) 模型位移场和应力场分布等值线图如图 8-32 和图 8-33 所示，操作过程参见 8.1.1 节。

(2) 选择 Utility Menu→PlotCtrls→Style→Symmetry Expansion→2D Axi-Symmetric，弹出对话框，选择 3/4 expansion，单击 OK，此时窗口显示轴对称扩展后的结果，如图 8-34 所示。

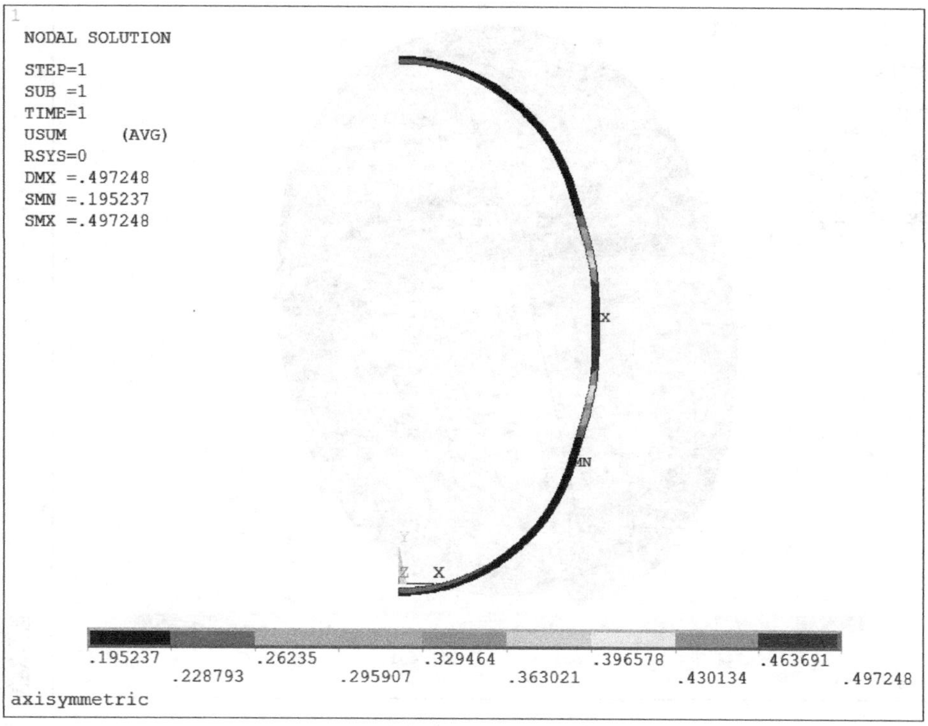

图 8-32　轴对称模型的位移场分布等值线图

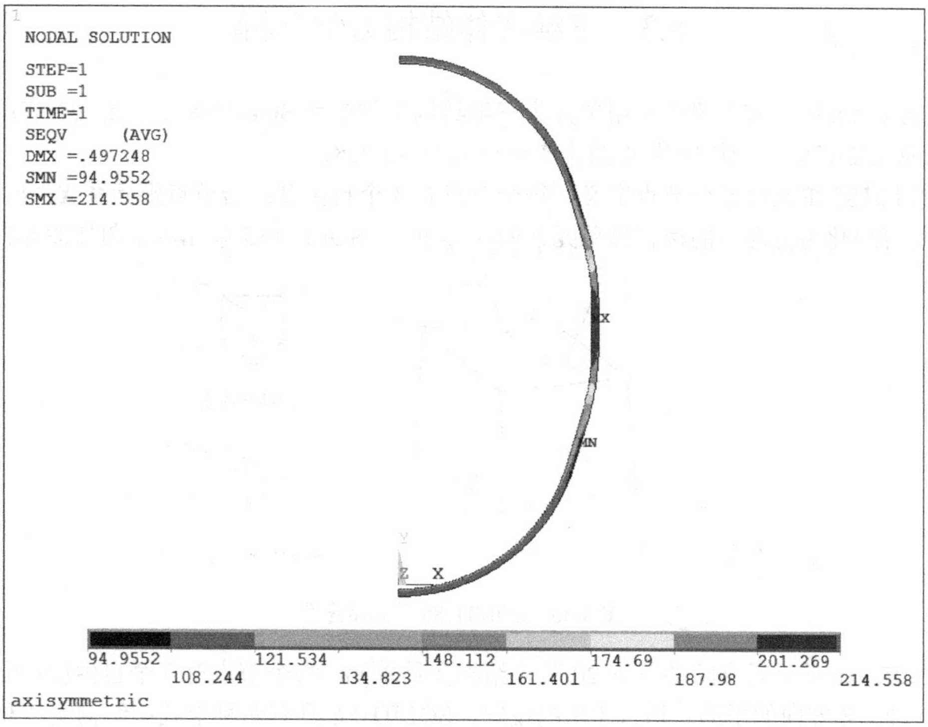

图 8-33　轴对称模型的应力场分布等值线图

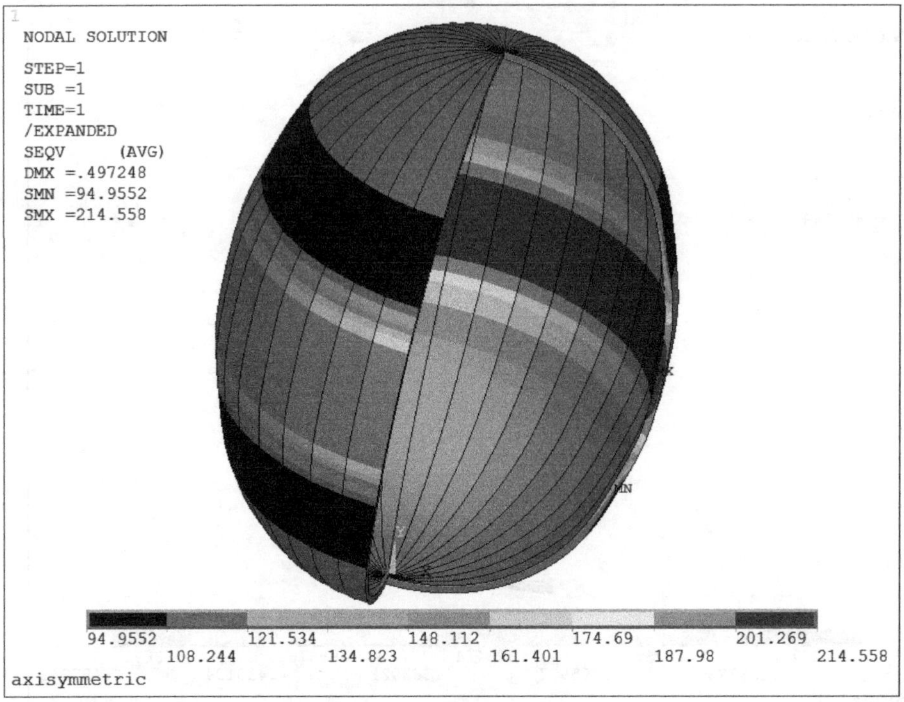

图 8-34 轴对称扩展结果

彩图 8-34

8.3 三维实体结构力学分析

在 ANSYS 中，实体建模常用单元为三维结构实体单元 SOLID185、三维 20 节点结构实体单元 SOLID186 和三维 10 节点结构实体单元 SOLID187。

SOLID185 单元由 8 个节点定义，每个节点有 3 个自由度：沿节点坐标系 *X*、*Y*、*Z* 方向的平动，可退化为五面体的棱柱体单元或四面体单元。SOLID185 单元示意图如图 8-35 所示。

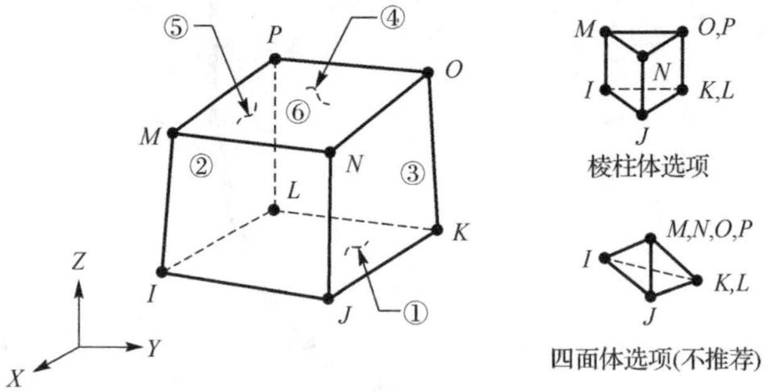

图 8-35 SOLID185 单元示意图

SOLID186 单元是高阶的三维 20 节点结构实体单元，每个节点有 3 个自由度：沿节点坐标系 *X*、*Y*、*Z* 方向的平动。通过 K3 的设置，SOLID186 具有两种形式：结构实体和分层实体。SOLID186 结构实体单元模型如图 8-36 所示，可退化为四面体单元、五面体的金字塔单元、五面体的棱柱单元等。

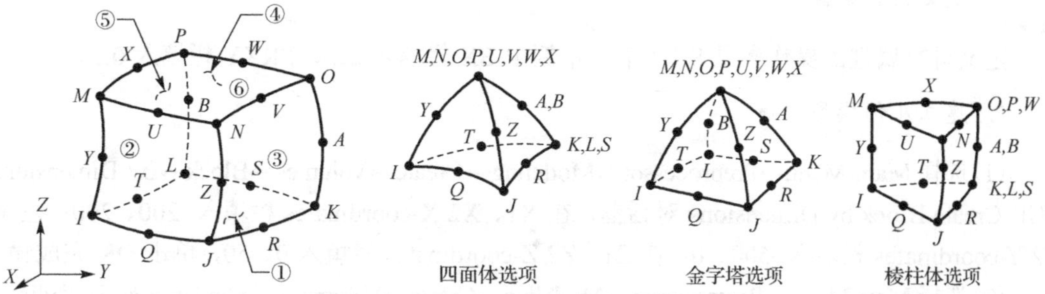

图 8-36　SOLID186 结构实体单元示意图

分层实体单元可模拟分层的厚壳或实体。该单元容许多达 250 个不同材料，多于 250 层时可“堆叠”起来使用，可退化为五面体的棱柱体单元。

SOLID187 单元是高阶的三维 10 节点结构实体单元模型如图 8-37 所示。该单元由 10 个节点定义，每个节点有 3 个自由度：沿节点坐标系 X、Y、Z 方向的平动。

SOLID187 单元和 SOLID186 结构实体单元都具有二次位移，适于生成不规则网格模型。除节点数目、单元压力和温度荷载、单元 KEYOPT、单元 ETABLE 和 ESOL 序号、单元形函数不同外，其余与 SOLID186 结构实体单元均相同。

SOLID186 单元和 SOLID187 单元都具有各向异性，SOLID185 单元具有正交各向异性，三单元都具有塑性、超弹性、蠕变、应力刚化、大变形和大应变等功能，也可利用混合公式模拟几乎不可压缩材料的弹塑性行为或完全不可压缩材料的超弹行为。

计算分析算例如下。一质量为 20t 的重物通过吊耳与销轴连接，假设销轴刚度足够大，试分析吊耳的应力状况。吊耳尺寸如图 8-38 所示。

吊耳材料参数：弹性模量 $E=2\times10^5$MPa；泊松比 $\mu=0.3$。

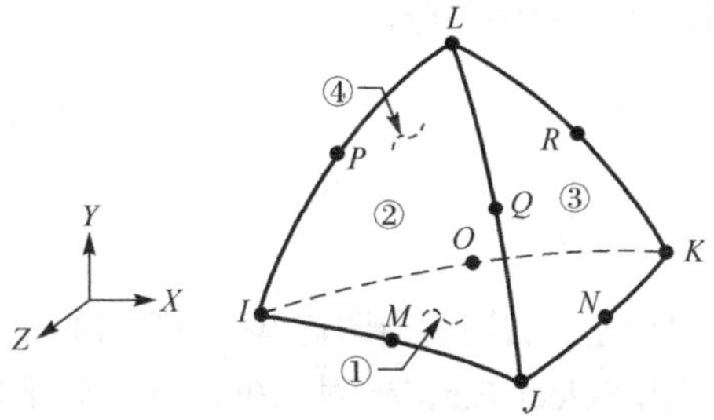

图 8-37　SOLID187 单元示意图

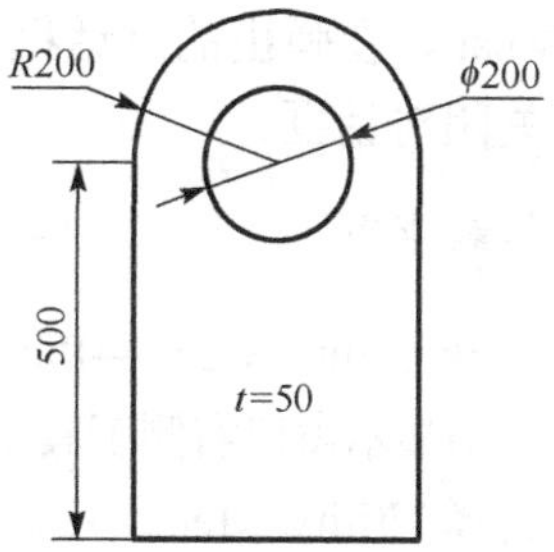

图 8-38　吊耳尺寸图

利用 ANSYS 进行计算求解的详细步骤如下所述。

1. 定义工作文件名和工作标题

定义工作文件名和工作标题的操作参见 8.1.1 节，本例中文件名和标题都为 three-dimensional。

2. 定义单元类型

定义单元类型的操作参见 8.1.1 节，本例中选择 SOLID186 单元和 Surface Effect 列表下的 3D structural 154 单元。

3. 定义材料属性

定义材料属性的操作参见 8.1.1 节，本例中 EX 栏填入 2e5，PRXY 栏填入 0.3。

4. 建立几何模型

(1) 选择 Main Menu→Preprocessor→Modeling→Create→Volumes→Block→By Dimensions，弹出 Create Block by Dimensions 对话框，在 X1、X2 X-coordinates 栏填入–200、200；在 Y1、Y2 Y-coordinates 栏填入–500、0；在 Z1、Z2 Z-coordinates 栏填入 0、50，单击 OK 完成输入。

(2) 选择 Main Menu→Preprocessor→Modeling→Create→Volumes→Cylinder→Partial Cylinder，在弹出的对话框 Rad-1 栏填入 200，在 Theta-2 栏填入 180，在 Depth 栏填入 50，单击 OK 完成输入。

(3) 选择 Main Menu→Preprocessor→Modeling→Create→Volumes→Cylinder→Solid Cylinder，在弹出的对话框 Radius 栏填入 100，在 Depth 栏填入 50，单击 OK 完成输入。

(4) 选择 Main Menu→Preprocessor→Modeling→Operate→Booleans→Subtract→Volumes，弹出对话框，拾取第(1)步和第(2)步建立的长方体和半圆柱，单击 OK，再拾取第(3)步建立的小圆柱，单击 OK，建立吊耳的销轴孔。

(5) 选择 Main Menu→Preprocessor→Modeling→Operate→Booleans→Glue→Volumes，弹出对话框，单击 Pick All。

5. 划分网格

(1) 选择 Main Menu→Preprocessor→Meshing→Meshtool，弹出 Mesh Tool 对话框，在 Element Attributes 栏选择 Volumes，单击 set，弹出 Volumes Attributes 对话框，单击 Pick All，弹出新对话框，保持默认，单击 OK。

(2) 选中 Smart Size，选择等级为 2，Mesh 栏选择 Volumes，Shape 栏选择 Tet、Free，单击底部 Mesh，在弹出的对话框中选择 Pick All，完成网格划分。

(3) 关闭对话框。

6. 加载求解

(1) 选择 Utility Menu→Plot→Volumes。

(2) 单击显示窗口右侧工具条按钮，通过鼠标左、右键适当调整模型在窗口的显示情况。

(3) 选择 Utility Menu→Select→Entities，弹出 Select Entities 对话框，从上到下依次选择 Areas、By Num/Pick、From Full，单击 OK，拾取销孔上环面，单击 OK。

(4) 选择 Utility Menu→Select→Entities，弹出 Select Entities 对话框，从上到下依次选择 Nodes、Attached to、Areas,all、Reselect，单击 OK 确定。

(5) 选择 Utility Menu→Plot→Nodes。

(6) 选择 Main Menu→Preprocessor→Modeling→Create→Elements→Elem Attributes，弹出 Element Attributes 对话框，在 Element type number 栏选择 2 SURF154，其余默认，单击 OK 确定。

(7) 选择 Main Menu→Preprocessor→Modeling→Create→Elements→Surf/Contact→Surf Effect→ Generl Surface→No extra Node，弹出 Surface effect Nodes 对话框，单击 Pick All 完成选择。

(8) 选择 Utility Menu→Select→Everything，再选择 Utility Menu→Select→Entities，在 Select Entities 对话框依次选择 Elements、By Attributes、Elem type num、From Full，在 Min,Max,lnc 栏填入 2，单击 OK 确定。

(9) 选择 Utility Menu→Plot→Elements。

(10) 选择 Main Menu→Solution→Define Loads→Apply→Structural→Pressure→On Elements，弹出 Apply PRES on Elems 对话框，单击 Pick All，弹出对话框，在 Load key，usually face no. 栏填入 5，在 VALUE Load PRES value 栏填入 20，在 VAL3 Load PRES at 3rd node 栏填入 1，单击 OK 完成输入。

(11) 选择 Utility Menu→Select→Everything，再选择 Utility Menu→Plot→Volumes，通过窗口右侧工具栏按钮、，调整模型在窗口的显示情况。

(12) 选择 Main Menu→Solution→Analysis Type→New Analysis，弹出对话框，选择 Static，单击 OK 完成选择。

(13) 选择 Main Menu→Solution→Define Loads→Apply→Structural→Displacement→On Areas，弹出 Apply U,ROT on Areas 对话框，拾取吊耳底面，单击 OK，在弹出的新对话框 Lab2 DOFs to be constrained 栏选择 All DOF，单击 OK 施加约束。

(14) 选择 Main Menu→Solution→Solve→Current LS，弹出 Solve Current Load Step 对话框，单击 OK 进行求解。若出现 Verify 对话框，单击 Yes 关闭即可。

(15) 求解结束，关闭 Note 对话框和/STATUS Command 对话框。

7. 查看结果

(1) 选择 Main Menu→General Postproc→Plot Results→Contour Plot→Nodal Solu，在弹出的对话框中依次选择 Nodal Solution→DOF Solution→Displacement vector sum，其余选项默认设置，单击 OK，窗口显示模型位移场分布等值线图，如图 8-39 所示。

(2) 选择 Main Menu→General Postproc→Plot Results→Contour Plot→Nodal Solu，在弹出的对话框中依次选择 Nodal Solution→Stress→von Mises stress，其余选择默认不变，单击 OK，窗口显示模型应力场分布等值线图，如图 8-40 所示。

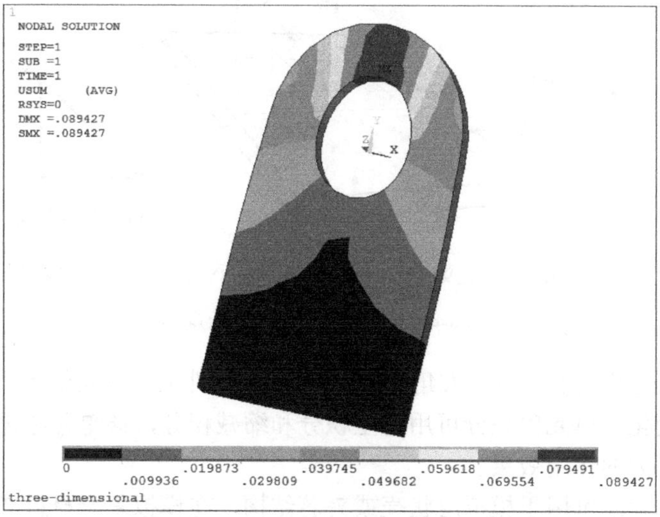

图 8-39　吊耳模型的位移场分布等值线图

彩图 8-39

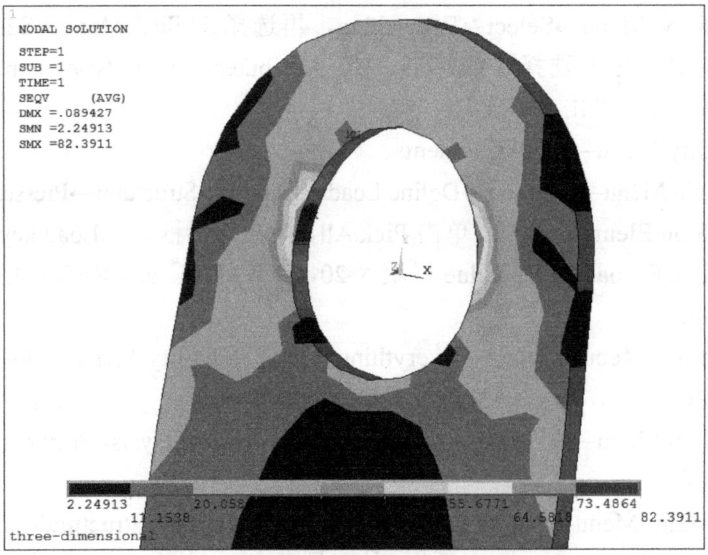

图 8-40　吊耳模型的应力场分布等值线图　　彩图 8-40

8.4　薄壳结构力学分析

在工程结构中，厚度方向的尺寸小于长度和宽度方向的尺寸，承受弯矩的结构称为板壳结构，表面为平面的为板，表面为曲面的为壳。根据厚度的不同，板壳结构可分为薄膜、薄板、薄壳、厚板和厚壳等。

ANSYS 中常用的分析单元为有限应变壳单元 SHELL181。单元示意图如图 8-41 所示。

SHELL181 适用于分析从薄至中等厚度的壳结构。该单元由 4 个节点定义，每个节点有 6 个自由度：沿节点坐标系 *X*、*Y*、*Z* 方向的平动和绕 *X*、*Y*、*Z* 方向的转动(采用薄膜选项则仅有平动自由度)。由该单元退化而成的三角形单元，仅在划分网格用作填充单元。

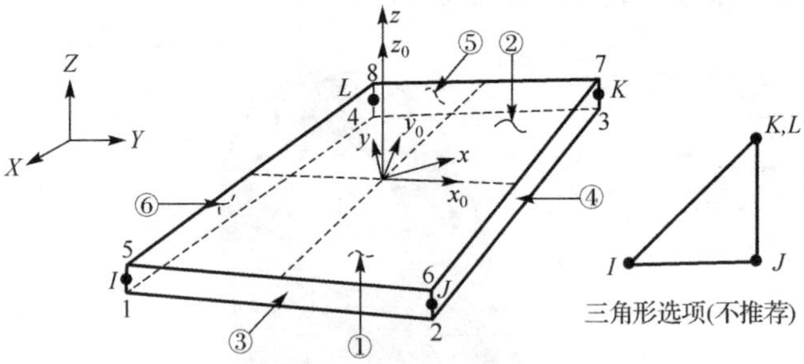

注：x_0为未用ESYS定义的单元坐标系x轴；x为ESYS定义的单元坐标系x轴

图 8-41　SHELL181 单元示意图

该单元可用于分析具有线性、大角度转动和/或非线性大应变特性的情况，非线性分析中考虑了壳厚度的变化。单元内积分可用完全积分和缩减积分，该单元考虑压力载荷的随动效应，可分析分布压力的作用效果。

SHELL181 单元还可用于模拟层状壳或夹芯结构，在模拟复合材料壳时的精度由一阶剪切变形理论(通常指 Mindlin-Reissner 壳理论)控制。

如图 8-42 所示，桌面长为 2000mm，宽为 1500mm，厚为 12mm，桌脚长为 1500mm，高为 800mm，厚为 8mm，桌面承受 5t 的均布载荷，假设所有材料为钢材，分析桌子的受力及变形情况。

钢材参数：弹性模量 E=2.1×10^5MPa；泊松比 μ=0.29。

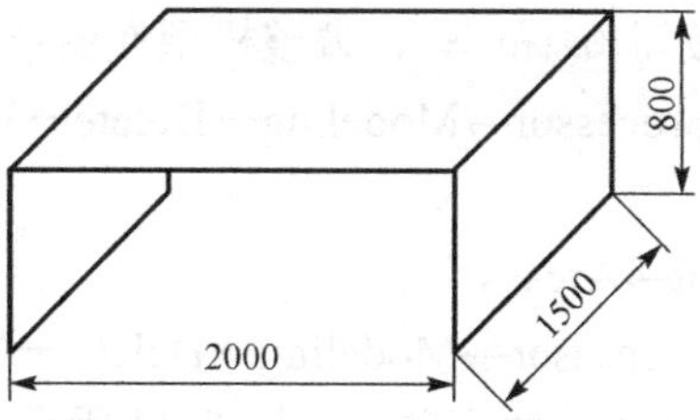

图 8-42　桌子形状及尺寸

利用 ANSYS 进行力学求解分析的详细步骤如下所述。

1. 定义工作文件名和工作标题

定义工作文件名和工作标题的操作参见 8.1.1 节，本例中文件名和标题都为 table。

2. 定义单元类型

定义单元类型的操作参见 8.1.1 节，本例中选择 SHELL181 单元。

3. 定义材料属性

定义材料属性的操作参见 8.1.1 节，本例中 EX 栏填入 2.1e5，PRXY 栏填入 0.29。在 Define Material Model Behavior 对话框的 Material Models Available 列表中依次选择 Structural、Density，弹出对话框，在 DENS 栏填入 7.85e-9，完成材料密度定义。

4. 定义截面参数

选择 Main Menu→Preprocessor→Sections→Shell→Lay-up→Add/Edit，弹出对话框，在 Thickness 栏填入 8，其余默认，单击对话框左上角 Section，选择 Save；将 ID 号由 1 改为 2，在 Thickness 栏填入 12，如图 8-43 所示，单击 OK 完成桌面厚度定义。

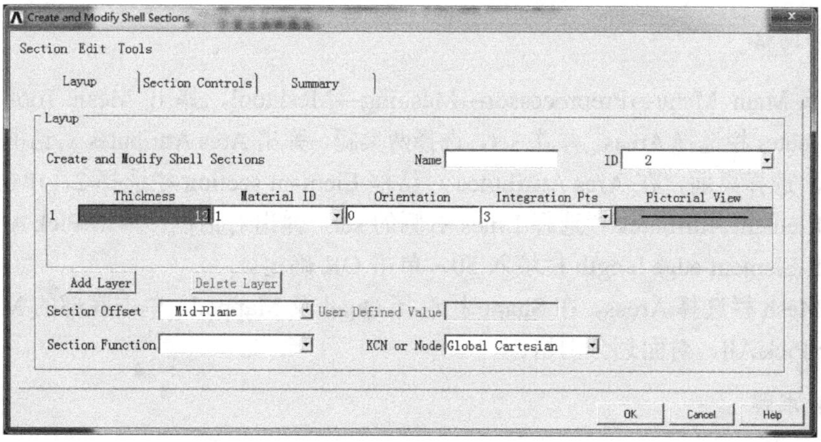

图 8-43　定义桌面厚度

5. 建立几何模型

(1) 选择 Main Menu→Preprocessor→Modeling→Create→Volumes→Block→By Dimensions，弹出 Create Block by Dimensions 对话框，在 X1 和 X2 栏填入 0 和 2000，在 Y1 和 Y2 栏填入 0 和 800，在 Z1 和 Z2 栏填入 0 和 1500，单击 OK 完成输入。

(2) 单击窗口右侧工具栏按钮和，调整模型在窗口中的显示情况。

(3) 选择 Main Menu→Preprocessor→Modeling→Delete→Volumes Only，选中模型，单击 OK 删除体。

(4) 选择 Utility Menu→Plot→Areas。

(5) 选择 Main Menu→Preprocessor→Modeling→Delete→Area and Below，删除与 Z 轴垂直的两个面和模型底面，得到桌面和两支腿，如图 8-44 所示。

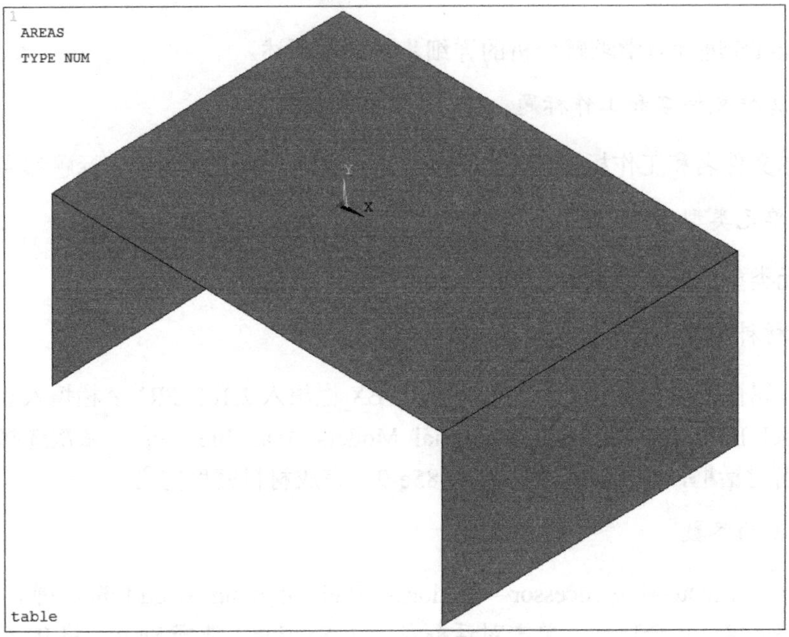

图 8-44　桌子模型

6. 划分网格

(1) 选择 Main Menu→Preprocessor→Meshing→Meshtool，弹出 Mesh Tool 对话框，在 Element Attributes 栏选择 Areas，单击 set，选择两桌腿，弹出 Area Attributes 对话框，默认设置，单击 Apply，选择桌面，在 Area Attributes 对话框 Element section 栏选择 2，单击 OK 确定。

(2) 在 Element Attributes 栏选择 Lines 右侧的 set，弹出对话框，单击 Pick All，在弹出的对话框 SIZE Element edge length 栏填入 50，单击 OK 确定。

(3) 在 Mesh 栏选择 Areas，在 Shape 栏选择 Quad 及 Mapped，单击底部的 Mesh，弹出对话框，单击 Pick All，对面划分网格。

7. 加载求解

(1) 选择 Utility Menu→Plot→Areas。

(2) 选择 Main Menu→Solution→Analysis Type→New Analysis，弹出对话框，选择 Static，单击 OK 完成选择。

(3) 选择 Main Menu→Solution→Define Loads→Apply→Structural→Displacement→On Lines，弹出 Apply U,ROT on Lines 对话框，选中坐标轴 *Z* 轴所在的桌腿底边，添加 UX、UY、UZ 约束，对另一桌腿底边添加 UY、UZ 约束，单击 OK 完成选择。

(4) 选择 Main Menu→Solution→Define Loads→Apply→Structural→Pressure→On Areas，弹出 Apply PRES on Areas 对话框，选中桌面，单击 OK，在弹出的对话框 VALUE Load PRES value 栏填入-5*9810/2000/1500，单击 OK 完成加载。

(5) 选择 Main Menu→Solution→Define Loads→Apply→Structural→Inertia→Gravity→Global，在弹出的对话框 ACELY Global Cartesian Y-comp 栏填入 9810，单击 OK 添加重力。

(6) 选择 Main Menu→Solution→Solve→Current LS，弹出 Solve Current Load Step 对话框，单击 OK 进行求解。若出现 Verify 对话框，单击 Yes 关闭即可。

(7) 求解结束，关闭 Note 对话框和/STATUS Command 对话框。

8. 查看结果

模型位移场和应力场分布等值线图如图 8-45 和图 8-46 所示，操作过程参见 8.1.1 节。单击显示窗口右侧按钮，调整模型在窗口的显示情况。

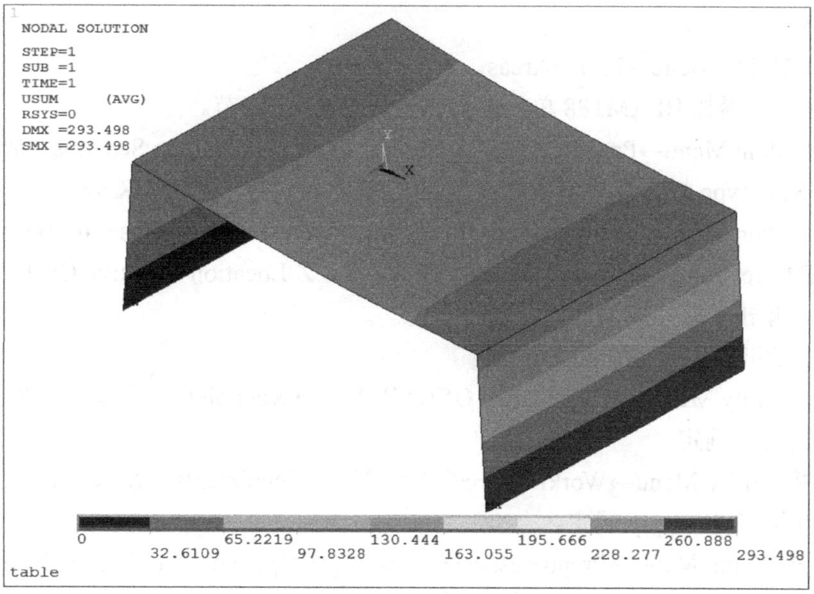

图 8-45 桌子模型的位移场分布等值线图

彩图 8-45

由结果可知，桌子变形量和应力非常大，因此需要对其进行加固，对桌面设置加强筋。

9. 结构加强

(1) 选择 Main Menu→Solution→Define Loads→Delete→Structural→Displacement→On Lines，弹出对话框，单击 Pick All，在新弹出的对话框中单击 OK 清除桌腿约束。

(2) 选择 Main Menu→Solution→Define Loads→Delete→Structural→Pressure→On Areas，弹出对话框，单击 Pick All，在新弹出的对话框中单击 OK 清除桌面载荷。

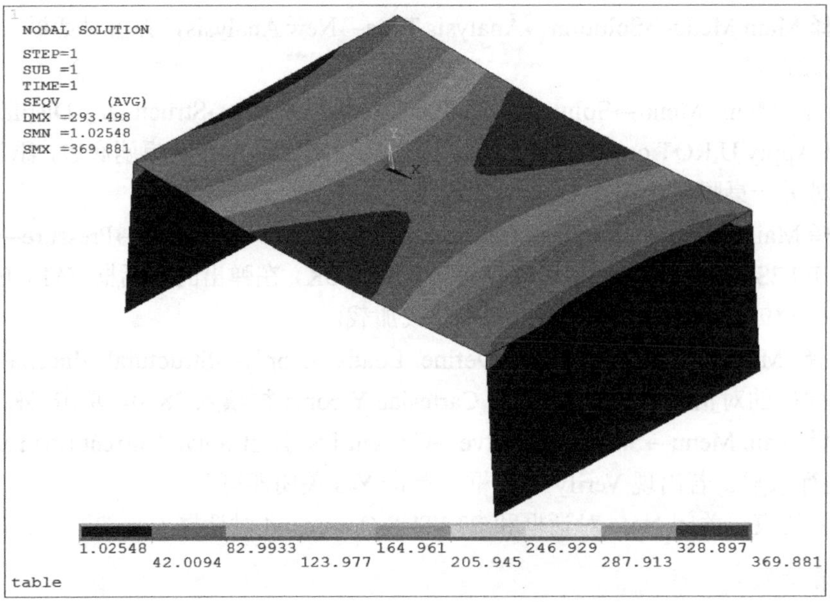

图 8-46 桌子模型的应力场分布等值线图

彩图 8-46

(3) 选择 Main Menu→Preprocessor→Meshing→Clear→Areas，在弹出的对话框中选择 Pick All 清除网格。

(4) 选择 Utility Menu→Plot→Areas。

(5) 单元类型增加 BEAM188 单元，操作过程参考 8.1.1 节。

(6) 选择 Main Menu→Preprocessor→Sections→Beam→Common Sections，弹出 Beam Tool 对话框，在 Sub-Type 栏选择角钢截面，按图 8-47 输入参数，单击 OK 确定。

(7) 选择 Main Menu→Preprocessor→Modeling→Create→Keypoints→In Active CS，在弹出的对话框 NPT Keypoint number 栏填 100，在 X、Y、Z Location in active CS 栏分别填入 0、1000000、0，单击 OK 完成输入。

(8) 选择 Utility Menu→Plot→Areas。

(9) 选择 Utility Menu→WorkPlane→Offset WP to →Keypoints，选择桌腿面上坐标为 (0，800，1500) 的点，确定。

(10) 选择 Utility Menu→WorkPlane→Offset WP by Increments，在 X、Y、Z Offsets 栏填入“0,0,–500”，单击 Apply 确定。

(11) 选择 Main Menu→Preprocessor→Modeling→Operate→Booleans→Divide→Area by WrkPlane，选择 2000mm×1500mm 的桌面，单击 OK 确定。

(12) 重复第 (10) 步、第 (11) 步的操作，得到结果如图 8-48 所示。

(13) 选择 Main Menu→Preprocessor→Modeling→Operate→Booleans→Glue→Areas，弹出对话框，单击 Pick All。

(14) 选择 Main Menu→Preprocessor→Meshing→Meshtool，弹出 Mesh Tool 对话框，在 Element Attributes 栏选择 Areas，单击 set，选择两桌腿，弹出 Area Attributes 对话框，在 Area Attributes 对话框的 Element section 栏选择 1，单击 Apply；选择被切成三份的桌面，在 Area Attributes 对话框 Element section 栏选择 2，单击 OK 确定。

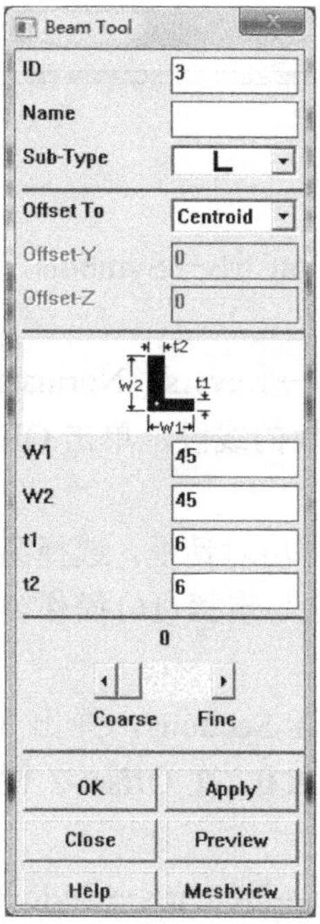

图 8-47 角钢截面参数

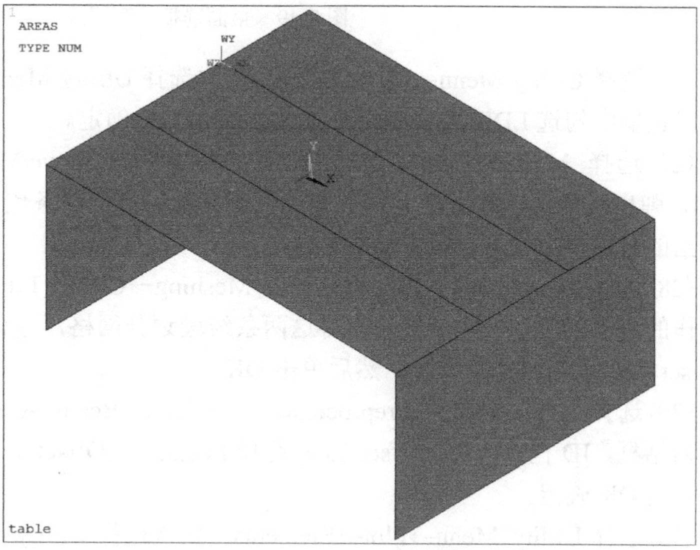

图 8-48 切割完成后的桌面

(15) 在 Element Attributes 栏选择 Lines，单击 set，选择切割桌面得到的两条线段和桌面上与切割线段平行的两条边，在弹出的对话框 TYPE Element type number 栏选择 2 BEAM188，SECT Element section 栏选择 3，勾选 Pick Orientation Keypoint 栏，单击 OK，在新弹出的对话框中输入 100，单击 OK 确定。

(16) 单击 Mesh Tool 对话框 Size Controls 栏 Lines 右侧的 Set，单击 Pick All，在新弹出的对话框 SIZE Element edge length 栏填入 50，单击 OK 确定。

(17) 在 Mesh 栏选择 Areas，在 Shape 栏选择 Quad 及 Free，单击底部的 Mesh，弹出对话框，单击 Pick All，对面划分网格。

(18) 选择 Utility Menu→Plot→Areas。

(19) 在 Mesh 栏选择 Lines，单击底部的 Mesh，弹出对话框，选择切割桌面得到的两条线段和桌面与切割线段平行的两条边，对线划分网格。

(20) 选择 Utility Menu→Select→Entities，在弹出的 Select Entities 对话框中从上至下依次选择 Areas、By Num/Pick、Unselect，单击 OK，选择两个桌腿面，单击确定。

(21) 选择 Utility Menu→Select→Everything Below→Selected Areas。

(22) 选择 Utility Menu→Select→Entities，在弹出的 Select Entities 对话框中从上至下依次选择 Lines、Attached to、Areas、Also Select，单击 OK 确定。

(23) 选择 Utility Menu→Plot→Elements，依次选择 Utility Menu→PlotCtrls→Style→Size and Shape，在弹出的对话框中勾选 Display of element 栏，确定。

(24) 通过窗口右侧工具按钮调整模型显示情况，如图 8-49 所示，筋板的排列形式不符合实际情况，需要对其进行调整。

(25) 选择 Utility Menu→Plot→Elements，依次选择 Utility Menu→PlotCtrls→Style→Size and Shape，在弹出的对话框中勾选中取消勾选 Display of element 栏，确定。

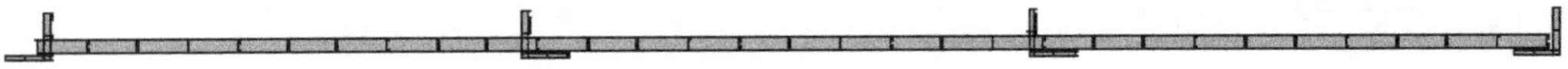

图 8-49　桌面筋板排列形式

(26) 选择 Utility Menu→Plot→Lines，依次选择 Utility Menu→PlotCtrls→Symbols，在弹出的对话框中勾选 LDIR Line direction 栏，单击 OK 确定。

(27) 选择 Main Menu→Preprocessor→Modeling→Move/Modify→Reverse Normals→of Lines，弹出对话框，选择沿坐标系 *Z* 轴正方向起第二、四条代表筋板的线段，单击 OK，在新弹出的对话框中打勾，单击 OK 确定。

(28) 选择 Main Menu→ Preprocessor→Meshing→Clear→Lines，弹出对话框，选择第 (27) 步操作的两条线段，确定，再重新对这两条线段划分网格，划分方法与步骤 (16) 操作类似，单击 set 后，点选这两条线段，然后单击 OK。

(29) 选择 Main Menu→Preprocessor→Sections→Beam→Common Sections，弹出 Beam Tool 对话框，ID 栏改为 3，Offset To 栏选择 Location，Offset-Y 栏填入 0，在 Offset-Z 栏填入 48，单击 OK 确定。

(30) 选择 Utility Menu→Plot→Elements，依次选择 Utility Menu→PlotCtrls→Style→Size and Shape，在弹出的对话框中勾选 Display of element 栏，确定，可以发现，此次操作得到较好的筋板排列形式。

(31) 选择 Utility Menu→PlotCtrls→Style→Size and Shape，在弹出的对话框中取消勾选 Display of element 栏，选择 Utility Menu→Select→Everything，依次选择 Utility Menu→Plot→Areas，单击窗口右侧工具栏按钮和，调整模型在窗口中的显示情况。

(32) 添加约束，操作过程与本节第 7 小节对桌腿添加约束的操作相同。

(33) 对桌面添加均布载荷，选择被切成三份的桌面，操作过程与本节第 7 小节相同。

(34) 求解，得到加强后桌子的位移场分布等值线图和应力场分布等值线图，如图 8-50 和图 8-51 所示。

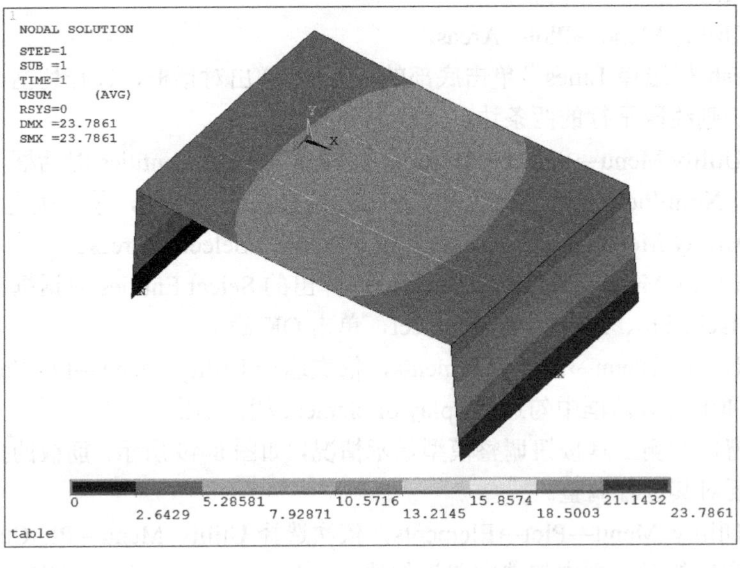

图 8-50　加强后桌子模型的位移场分布等值线图

彩图 8-50

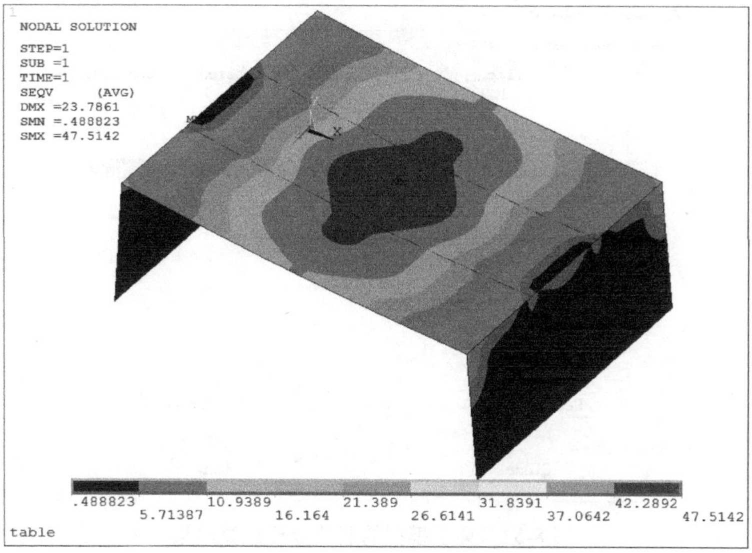

图 8-51　加强后桌子模型的应力场分布等值线图　　彩图 8-51

与前面的分析结果相比，桌子的位移与应力分布情况改善，结构应力大大降低。下面对桌子在现有载荷下的稳定性进行特征值屈曲分析。

10. 特征值屈曲分析

(1) 选择 Main Menu→Solution→Analysis Type→New Analysis，弹出 New Analysis 对话框，选择 Static，单击 OK 确定。

(2) 选择 Main Menu→Solution→Analysis Type→Sol'n Controls，弹出对话框，勾选 Analysis Options 栏的 Calculate prestress effects 选项，单击 OK 确定。

(3) 选择 Main Menu→Solution→Solve→Current LS，弹出 Solve Current Load Step 对话框，单击 OK 进行求解。求解结束后，关闭 Note 对话框和/STATUS Command 对话框。

(4) 选择 Main Menu→Finish。

(5) 重新选择 Main Menu→Solution→Analysis Type→New Analysis，弹出 New Analysis 对话框，选择 Eigen Buckling，单击 OK 确定。

(6) 选择 Main Menu→Solution→Analysis Type→Analysis Options，在弹出的对话框中，选择 Method 栏的 Block Lanczos 选项，在 NMODE 栏填入 5，单击 OK 确定。

(7) 选择 Main Menu→Solution→Load Step Opts→Output Ctrls→Solu Printout，弹出对话框，选择 Every substep，其余默认，单击 OK 确定。

(8) 选择 Main Menu→Solution→Load Step Opts→ExpansionPass→Single Expand→Expand Modes，弹出对话框，在 NMODE 栏填入 5，勾选 Elcalc Calculate elem results 栏，单击 OK 确定。

(9) 选择 Main Menu→Solution→Solve→Current LS，求解计算。

11. 查看特征值屈曲分析结果

(1) 选择 Main Menu→General Postproc→Read Results→By Pick，弹出屈曲分析计算结果，如图 8-52 所示。

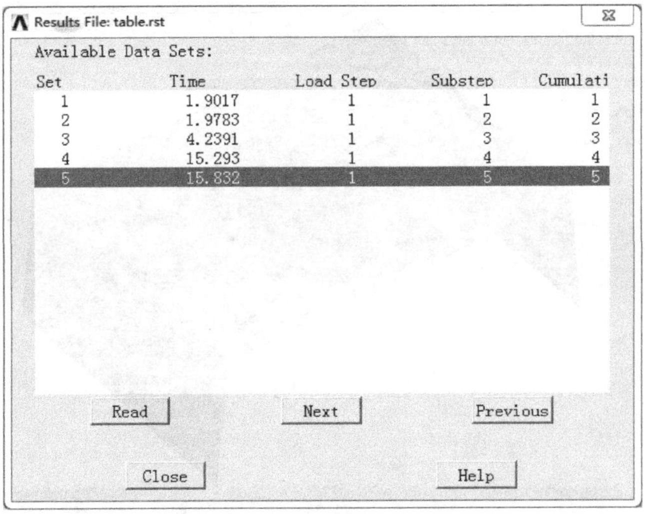

图 8-52　桌子模型的屈曲分析计算结果

(2) 选择 Main Menu→General Postproc→ Read Results→First Set，依次选择 Main Menu→General Postproc→Plot Results→Contour Plot→Nodal Solu，在弹出的对话框中选择 Nodal Solution→DOF Solution→Displacement vector sum，单击 OK 确定。窗口显示模型一阶稳定性计算结果。

(3) 选择 Main Menu→General Postproc→ Read Results→Next Set，在显示窗口右击，选择 Replot，窗口显示模型二阶稳定计算结果。

(4) 重复第 (3) 步操作，依次观察各阶稳定性分析结果。三阶稳定性分析结果如图 8-53 所示。

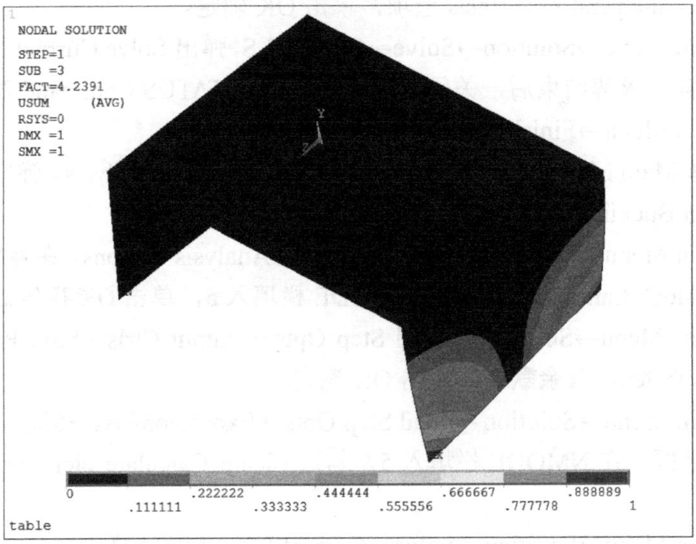

图 8-53　三阶稳定性分析结果

彩图 8-53

ANSYS 特征值屈曲分析的 GUI 操作过程如上所示，其操作过程较为烦琐，如果采用 ANSYS 参数化设计语言(APDL)，即可方便快捷地实现对桌子的特征值屈曲分析。若在 Ansys Command 窗口输入以下命令流，在 Ansys 主界面即可显示图 8-52 所示的计算结果。

```
!*
/SOL
alls
ANTYPE,0
PSTRES,1
solv
FINISH
/SOL
!*
ANTYPE,1
!*
!*
BUCOPT,LANB,5,0,0
!*
MXPAND,5,0,0,1,0.001,
solv
!*
FINISH
/POST1
SET,LIST,999
```

8.5 结构动力学分析

静力分析虽是确保一个结构可以承受稳定载荷的条件，但仅此还远远不够，尤其在载荷随时间变化时更为明显。动力学分析用来确定惯性(质量效应)和阻尼起重要作用时结构或构件的动力学特性。

动力学分析包括以下内容。

(1)模态分析。主要分析结构自身的固有振动频率，尽量防止出现结构承受的载荷与其固有频率相同的状况。一旦外载荷与结构固有频率相同，必然发生共振，造成结构屈服。

(2)瞬态动力学分析。一般冲击载荷造成的破坏远比静载荷大，所以瞬态动力学主要分析结构对随时间变化载荷的响应，保证结构在承受冲击载荷时不出现损伤，如汽车碰撞、锤击等。

(3)谐响应分析。谐响应分析用于确定线性结构在承受周期载荷时的稳态响应。谐响应分析使设计人员能预测结构的持续动力特性，从而使设计人员能够验证其设计能否成功地克服共振、疲劳及其他受迫振动引起的有害后果。谐响应分析只计算结构的稳态受迫振动，发生在激励开始时的瞬态振动不在谐响应分析中。

(4)谱分析。主要分析结构对隐态简谐载荷的响应，保证结构在承受稳态、交变载荷情况下，可以保持原有刚度不发生大的下降，如对多地震地区建筑物能否承受地震载荷保持结构安全等分析。

(5)随机振动分析。主要分析结构件承受随机载荷情况下是否可以保证安全。

以上几种分析类型中，模态分析用于确定设计结构或机器部件的振动特性(固有频率和振型)，即结构的固有频率和振型，它们是承受动态载荷结构设计中的重要参数。同时，也可以作为其他动力学分析问题的起点，如瞬态动力学分析、谐响应分析和谱分析，其中模态分析也是进行谱分析或模态叠加法谐响应分析或瞬态动力学分析所必需的前期分析过程。

本节以一个直板的模态分析为例，简要介绍模态的分析过程。图 8-54 所示为一长度为 5000mm 的均匀钢板，一端固定，另一端自由。试对其进行模态分析。

钢板参数：弹性模量 $E=2.1\times10^5$MPa；泊松比 $\mu=0.33$；密度 DENS=7.85×10^{-9}t/mm^3。

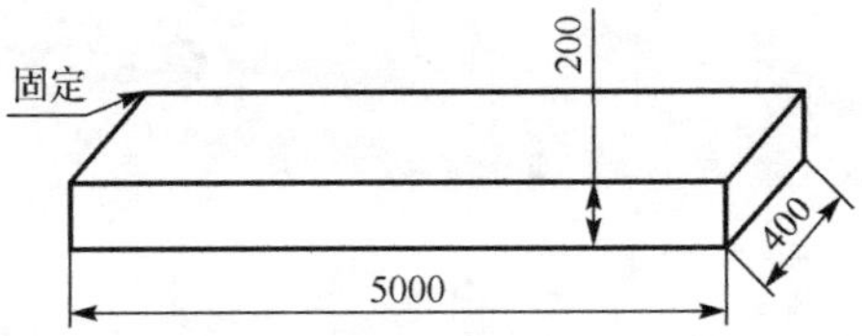

图 8-54　直板尺寸图

利用 ANSYS 进行直板模态分析的求解步骤详述如下。

1. 定义工作文件名和工作标题

定义工作文件名和工作标题的操作参见 8.1.1 节，本例中文件名和标题都为 model。

2. 定义单元类型

定义单元类型的操作参见 8.1.1 节，本例中选择 SOLID186 单元。

3. 定义材料属性

定义材料属性的操作参见 8.1.1 节，本例中 EX 栏填入 2.1e5，PRXY 栏填入 0.33。在 Define Material Model Behavior 对话框中选择 Structural→Density，在弹出的对话框 DENS 栏填入 7.85e-9，单击 OK。

4. 建立几何模型

选择 Main Menu→Preprocessor→Modeling→Create→Volumes→Block→By Dimensions，弹出 Create Block by Dimensions 对话框，如图 8-55 所示，在 X1, X2 X-coordinates 栏填入 0、400，在 Y1, Y2 Y-coordinates 栏填入 0、200，在 Z1, Z2 Z-coordinates 栏填入 0、5000，单击 OK，建立几何模型。

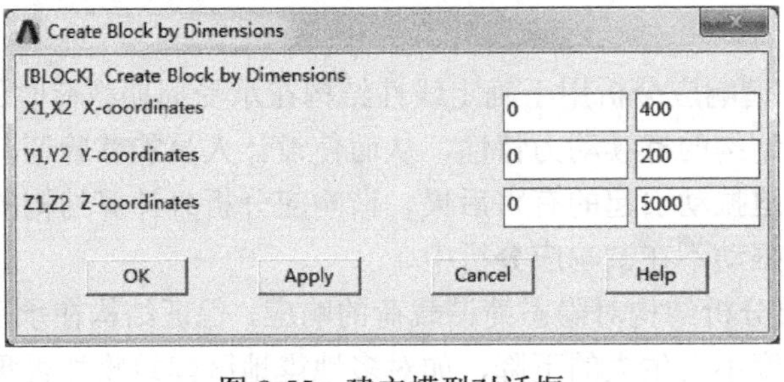

图 8-55　建立模型对话框

5. 划分网格

(1) 单击图形窗口右侧显示控制工具条上的按钮和，调整模型在窗口的显示情况。

(2) 选择 Main Menu→Preprocessor→Meshing→Meshtool，弹出 Mesh Tool 对话框，在 Element Attributes 栏单击 set，弹出 Meshing Attributes 对话框，保持默认，单击 OK。

(3) 在 Size Controls 栏单击 Lins 右侧的 Set 选项，弹出对话框，任意拾取直板在 *X* 轴方向的一条边，单击 OK，在 NDIV No.of element divisions 栏输入 20，单击 Apply；任意拾取直板在 *Y* 轴方向的一条边，单击 OK，在 NDIV No.of element divisions 栏输入 5，单击 Apply；任意拾取直板在 *Z* 轴方向的一条边，单击 OK，在 NDIV No.of element divisions 栏输入 40，单击 OK 完成输入。

(4) 在 Mesh 栏选择 Volumes，在 Shape 栏选择 Hex 和 Mapped，单击底部的 Mesh，弹出对话框，单击 Pick All，完成网格划分。

6. 加载求解

(1) 选择 Main Menu→Solution→Analysis Type→New Analysis，弹出对话框，选择 Modal，单击 OK 完成选择。

(2) 选择 Main Menu→Solution→Analysis Type→ Analysis Options，弹出 Modal Analysis 对话框，在 No.of modes to extract 栏填入 5，单击 OK，弹出 Block Lanczos Method 对话框，保持默认，单击 OK 完成输入。

(3) 选择 Main Menu→Solution→Define Loads→Apply→Structural→Displacement→On Areas，弹出 Apply U,ROT on Areas 对话框，拾取系统坐标所在的边长为 200 和 400 的面，单击 OK，在弹出的对话框中选择 All DOF，单击 OK 完成施加约束。

(4) 选择 Main Menu→Solution→Load Step Opts→ExpansionPass→Single Expand→Expand Modes，弹出 Expand Modes 对话框，在 NMODE 栏填入 5，单击 OK 完成输入。

(5) 选择 Main Menu→Solution→Solve→Current LS，弹出 Solve Current Load Step 对话框，单击 OK 进行求解。

(6) 求解结束，关闭 Note 对话框和/STATUS Command 对话框。

7. 查看结果

(1) 选择 Main Menu→General Postproc→Read Results→First Set。

(2) 选择 Utility Menu→PlotCtrls→Animate→Mode Shape，弹出 Animate Mode Shape 对话框，保持默认，单击 OK，弹出 Animation Controller 对话框，如图 8-56 所示，模型动态显示。

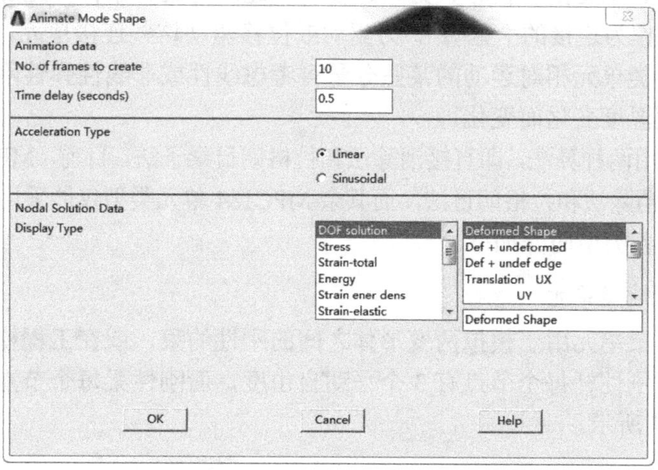

图 8-56 Animate Mode Shape 对话框

(3) 选择 Main Menu→General Postproc→Read Results→Next Set，重复第(2)步操作，动画显示模型二阶模态。

(4) 重复第(3)步操作，依次观察模型各阶模态。

8.6 其他常用单元介绍

8.6.1 MPC184 单元

MPC184 单元称为多点约束单元，其包含了实现节点间运动约束的一类常规的多点约束单元，这些单元可简单地分为约束类单元和连接类单元。用户可以在一些需要施加运动约束的场合中使用这些单元。

MPC184 单元根据 KEYOPT(1)定义约束或连接的单元类型，其余数据因单元类型的不同而不同，主要分为刚性杆、刚性梁、滑块、销轴连接单元、万向节连接单元、滑槽连接单元、面内点连接单元、平移连接单元、圆柱连接单元、平面连接单元、焊接连接单元、定向连接单元、球铰连接单元和广义连接单元。其中，约束类单元为刚性杆、刚性梁和滑块，其余都为连接单元。

连接类单元适合于线性分析、大转动和大应变非线性，当考虑有限转动或大应变效应时，必须打开大变形效应，否则假定为线性行为。连接类单元通过两个节点定义，依据所定义的连接类型，利用一定数量的运动约束定义两个节点间的相对运动，这些运动约束采用拉格朗日乘子法计算。在某些情况下，需要一个节点“接地”或与不动参照点相连，此时可能仅需一个节点定义该单元，而在单元计算中假定接地节点和所定义的节点重合。

连接类单元每个节点 6 个自由度，即 3 个平动和 3 个转动。根据实际连接的运动约束，某些分量可能会被约束，而某些分量可能是“自由”或“无约束”的。例如，万向节连接和销轴连接单元，假定两个节点连接在一起，其相对位移为零；销轴连接单元仅某个转动分量是无约束的，而万向节连接单元的转动分量均无约束。

连接类单元具有控制特性，如停止(类似挡块)、锁定(类似销卡)、驱动荷载和边界条件等，以控制单元两个节点相对运动的某些分量。例如，销轴可定义绕转动轴“停止”转动，可限制绕转动轴的转动范围。位移、力、速度、加速度等边界条件可施加在两节点相对运动的某些分量上，可作为连接的“驱动”，力驱动或位移驱动这些连接单元，类似电或液压系统的驱动装置。连接类单元相对运动的某些分量可考虑线性或非线性弹性刚度、阻尼或黏性摩擦，这些性质可随温度变化而变化。

运动约束可采用两种算法，即直接消除法和拉格朗日乘子法。目前，MPC184 刚性杆和刚性梁单元可采用直接消除法和拉格朗日法，而其余 MPC184 单元类型仅能采用拉格朗日乘子法。

MPC184 单元各类型简介如下。

1) 刚性杆和刚性梁单元

刚性杆和刚性梁单元用于模拟两变形体之间的刚性约束，或在工程模型中模拟传递力和力矩的刚性部件。刚性杆每个节点有 3 个平动自由度，而刚性梁每个节点有 6 个自由度。单元示意图如图 8-57 所示。

2) 滑块单元

滑块单元用于模拟滑动约束，该单元有 3 个节点，每个节点具有 3 个平动自由度。滑块单元实现的运动约束是：随动节点 I 永远在节点 J 和 K 的连线上滑动，且采用拉格朗日法实现。滑块单元示意图如图 8-58 所示。

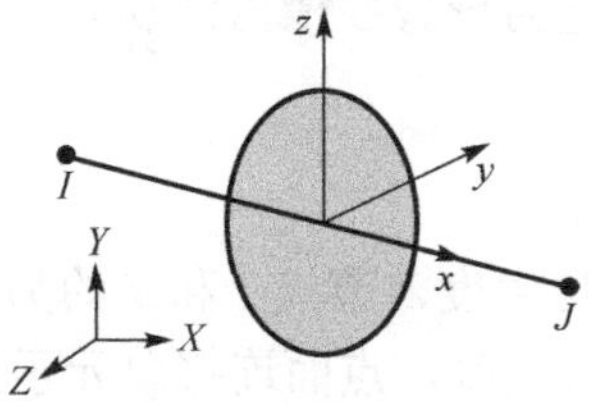

图 8-57　刚性杆和刚性梁单元示意图

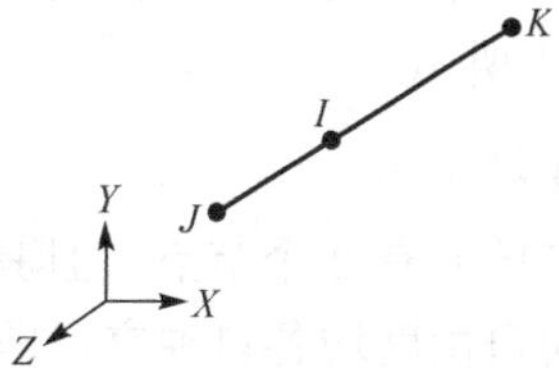

图 8-58　滑块单元示意图

3）销轴连接单元

销轴连接单元有 2 个节点，但仅有一个基本自由度，即绕销轴(或铰链)的相对转动。该单元每个节点具有 6 个自由度，但单元利用运动约束使 2 个节点具有相同的平动位移，且仅容许绕销轴的相对转动，而另外两个方向无相对转动。销轴连接单元示意图如图 8-59 所示。

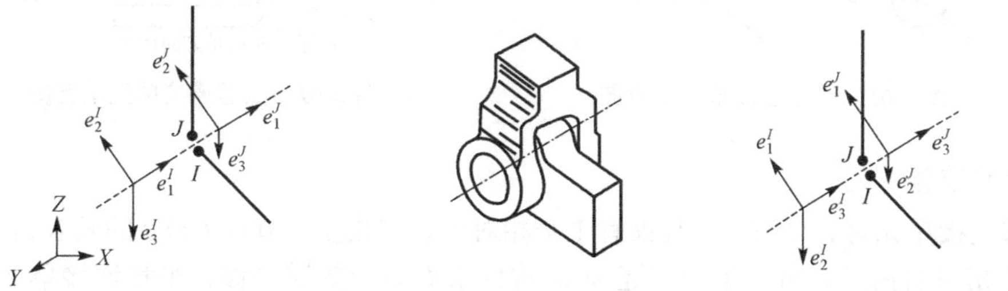

(a) 局部坐标系的X轴为销轴　(b) 节点I和J重合　(c) 局部坐标系的Z轴为销轴

图 8-59　销轴连接单元示意图

4）万向节连接单元

万向节连接单元有 2 个重合的节点，且有 2 个相对转动自由度，即可在两个方向上发生相对转动，较销轴连接单元多 1 个相对转动方向，基本可实现“万向转动”连接。万向节在机械中主要传递动力，如传动机构和联轴器等。万向节单元示意图如图 8-60 所示。

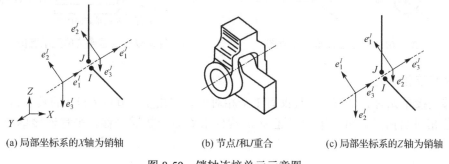

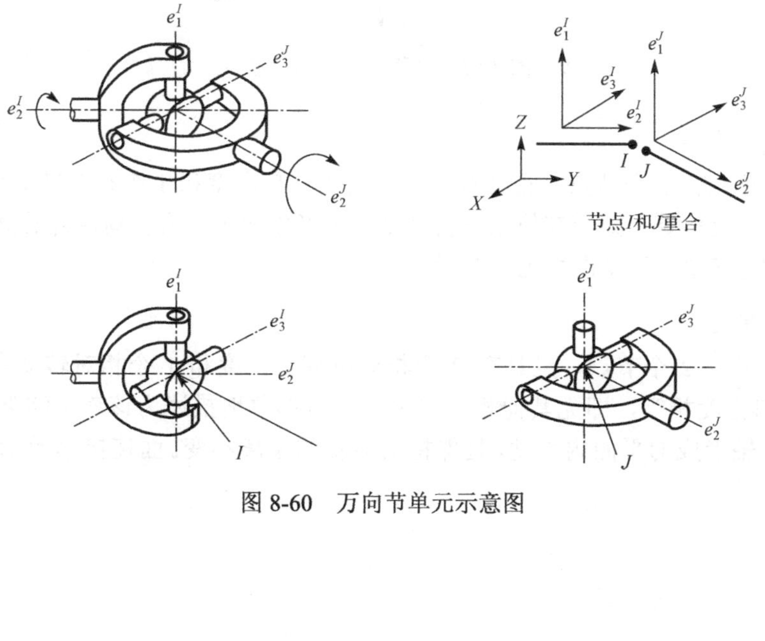

图 8-60　万向节单元示意图

5）滑槽连接单元

滑槽连接单元有 2 个节点，且仅有 1 个相对位移自由度。节点 I 和 J 的转动自由度均各自独立，即 2 个节点的转动自由度无关，可形象地描述为球铰在槽内滑动。滑槽连接单元示意图如图 8-61 所示。

6）点面连接单元

点面连接单元有 2 个节点，且具有 2 个相对位移自由度，节点 I 和 J 的另外一个自由度相等，而转动自由度均各自独立，即不约束相对转动自由度。点面连接单元示意图如图 8-62 所示。

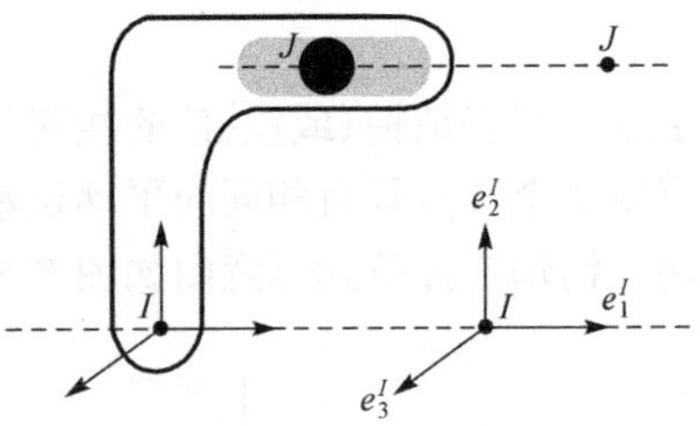

图 8-61　滑槽连接单元示意图

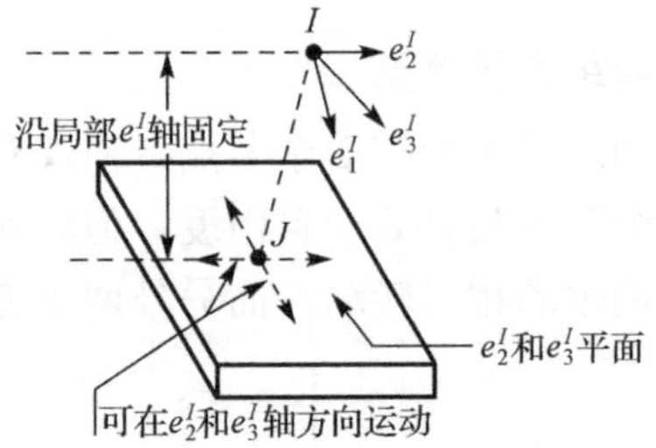

图 8-62　点面连接单元示意图

7）平移连接单元

平移连接单元有 2 个节点，且仅有 1 个相对位移自由度，节点 I 和 J 的其余自由度相等，即无其他相对自由度，可形象地描述为 J 构件沿着矩形轨道平移。平移连接单元示意图如图 8-63 所示。

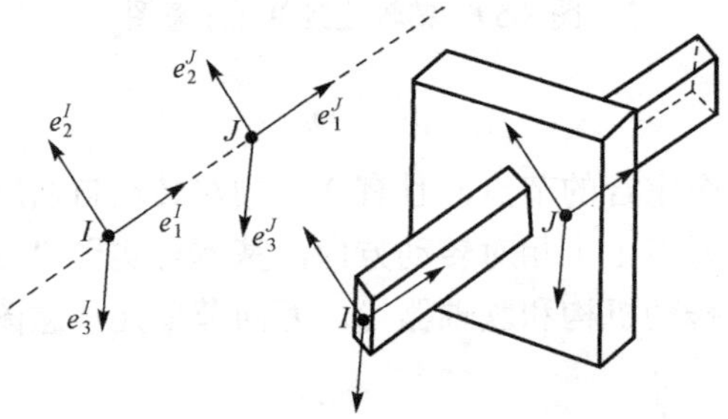

图 8-63　平移连接单元示意图

8）圆柱连接单元

圆柱连接单元有 2 个节点，且具有 1 个相对位移自由度和 1 个相对转动自由度，节点 I 和 J 的其余自由度相等，即无其他相对自由度，可形象地描述为 J 构件绕着圆柱转动并沿轴线平移。圆柱连接单元示意图如图 8-64 所示。

9）面连接单元

面连接单元有 2 个节点，且具有 2 个相对位移自由度和 1 个相对转动自由度，节点 I 和 J 的其余自由度相等，即无其他相对自由度，可形象地描述为该连接绕着某个轴转动并可在另外两个轴形成的平面内移动，且保持沿转轴的距离不变。面连接单元示意图如图 8-65 所示。

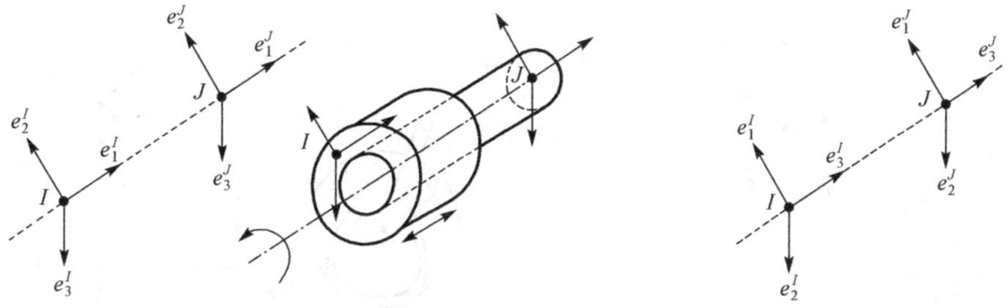

(a) 局部X轴为圆柱单元轴　　(b) 局部Z轴为圆柱单元轴

图 8-64　圆柱连接单元示意图

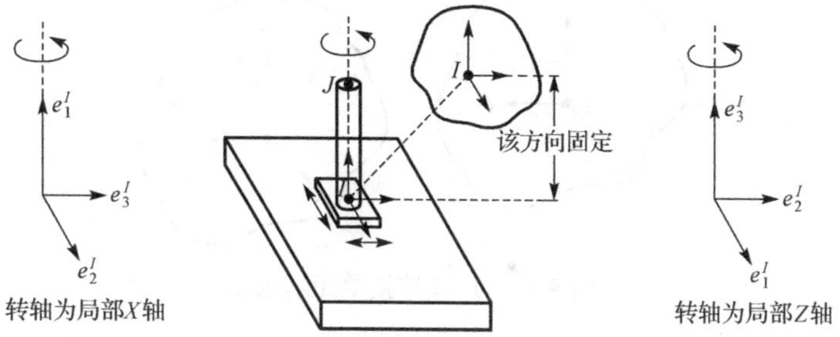

图 8-65　面连接单元示意图

10）焊接单元

焊接单元示意图如图 8-66 所示，该单元有 2 个节点，且 2 个节点的所有自由度都相等，即无任何相对自由度，可形象地描述刚性连接。此单元功能也可通过 CE 模拟，而不必采用该单元。

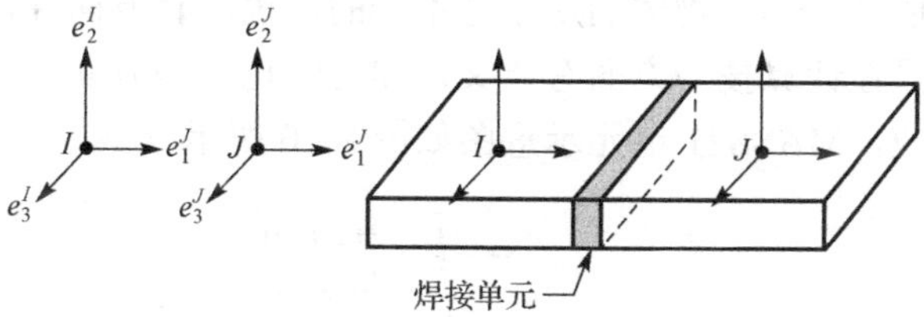

图 8-66　焊接单元示意图

11）定向连接单元

定向连接单元有 2 个节点，该单元无相对转动自由度，有 3 个相对位移自由度，即具有 3 个方向的平衡功能，被形象地描述为三向 MPC184 平移连接单元。定向连接单元示意图如图 8-67 所示。

12）球铰连接单元

球铰连接单元有 2 个节点，且 2 个节点的平移自由度相等，转动自由度无约束限制且无控制，即可发生相对转动但 2 节点的转动没有任何关系。球铰连接单元示意图如图 8-68 所示。

13）广义连接单元

广义连接单元示意图如图 8-69 所示，该单元有 2 个节点，缺省时无约束相对自由度，可根据需要自定义拟约束的相对自由度，以模拟不同的连接单元。

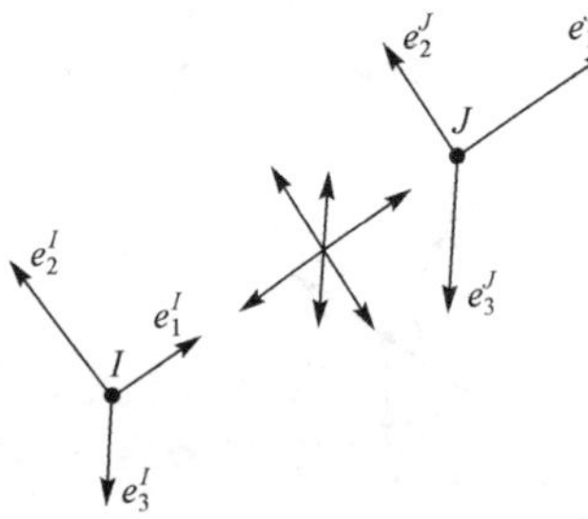

图 8-67 定向连接单元示意图

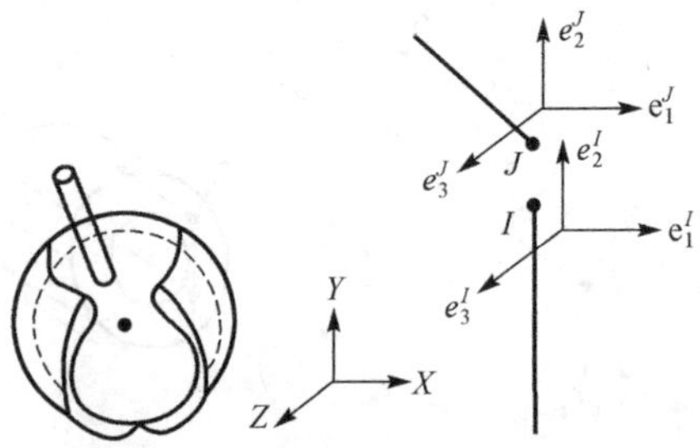

图 8-68 球铰连接单元示意图

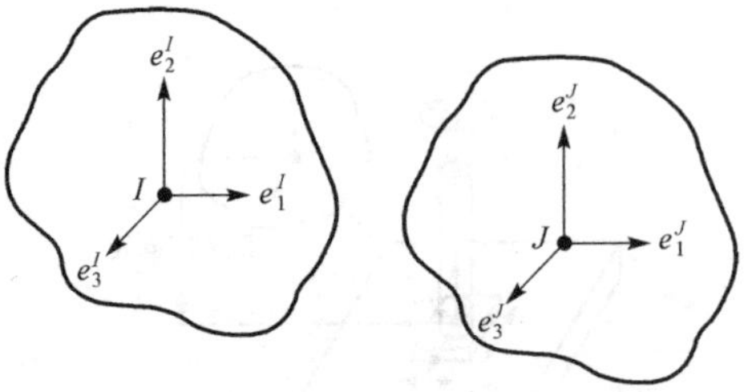

图 8-69 广义连接单元示意图

8.6.2 MASS21 结构质量单元

MASS21 有 6 个自由度，分别是沿节点坐标系 *X*、*Y*、*Z* 的平动和绕 *X*、*Y*、*Z* 方向的转动。每个坐标轴方向可以有不同的质量和转动惯量。质量单元在静态分析中无效应，除非施加了加速度、旋转或惯性释放，在惯性释放分析中，采用一致质量矩阵。当 K3=0 时，质量汇总输出采用各坐标方向质量分量的平均值。例如，MASSX=M，MAXXY 和 MASSZ 为零，则在质量汇总时给出的值是 M/3。物体的质量是不变的，也没有方向性，因此各坐标轴的质量分量没有物理意义，只在计算技巧方面有意义，如可防止某些方向产生惯性力或可使各个方向具有不同的惯性反应。MASS21 单元示意图如图 8-70 所示。

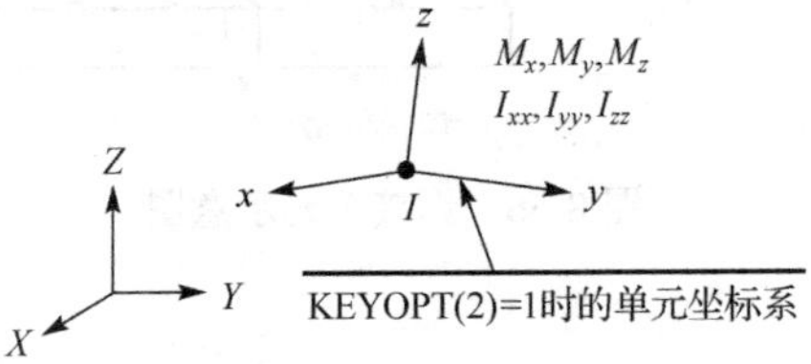

图 8-70 MASS21 单元示意图

8.6.3 COMBIN14 弹簧-阻尼器单元

COMBIN14 弹簧-阻尼器单元具有 1D、2D、3D 的轴向或扭转能力，其单元示意图如图 8-71 所示。轴向弹簧-阻尼器为单轴拉压行为，每个节点自由度可达 3 个，即沿节点坐标系 *X*、*Y*、*Z* 方向的平动，此时无弯曲和扭转能力。而扭转弹簧-阻尼器为纯属扭转行为，每个节点有 3 个自由度，即绕节点坐标系 *x*、*y*、*z* 方向的转动位移，此时无弯曲和轴向拉压能力。

COMBIN14 单元无质量特性，可通过其他方式添加(如 MASS21 单元)，弹簧和阻尼可仅考虑其中之一。一般弹簧或阻尼特性也可通过矩阵 MATRIX27 考虑。

该单元中，KEYOPT(1)的值确定求解类型；KEYOPT(2)的值主要确定 1D 行为自由度控制；KEYOPT(3)的值确定 2D 和 3D 自由度控制。

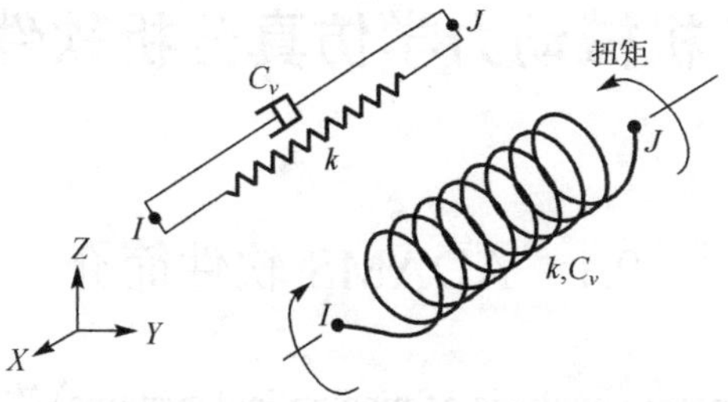

图 8-71　COMBIN14 单元示意图

第 9 章　机械动力学仿真分析软件 ADAMS

9.1　ADAMS 软件简介

ADAMS（automatic dynamic analysis of mechanical systems）软件是集建模、求解、可视化技术于一体的虚拟样机软件，是目前使用范围较广的机械系统仿真分析软件，能够生成复杂机械系统的虚拟样机，仿真其运动过程，可以迅速地分析和比较多种设计方案，直至获得优化的工作性能。

9.1.1　ADAMS 软件的操作流程

应用 ADAMS 软件进行虚拟样机设计的过程如图 9-1 所示。

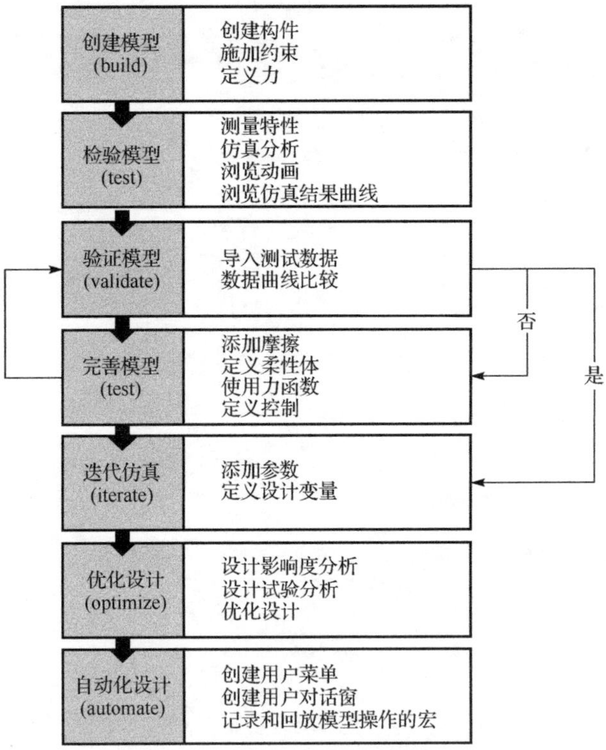

图 9-1　虚拟样机设计过程图

1. 创建模型（build）

创建机械系统的模型包括创建构件或零件（create parts）、对构件施加约束（constrain the parts）和定义作用于构件上的力（define forces acting on the parts）。构件是具有质量、转动惯量等物理特征的几何形体。约束用于确定构件之间的连接关系，明确构件之间的相对运动形式。

2. 检验(test)和验证(validate)模型

模型创建完成后或在创建模型过程中，可对模型进行仿真检验，验证模型的正确性。检验模型包括测量特性(measure characteristics)、仿真分析(perform simulations)、动画播放(review animations)和绘制曲线(review results as plots)。验证模型包括输入测试数据(import test data)和数据曲线比较(superimpose test data on plots)。

3. 完善(refine)模型和迭代(iterate)仿真

在初步检验模型正确的基础上进行模型验证，如果结果与实验数据不吻合，可以给模型添加更多的因素，以细化、完善模型，如定义约束中的摩擦、定义柔性体等。将模型参数化，通过修改参数来自动修改模型。完善模型包括施加摩擦(add friction)、定义柔性体(define flexible bodies)、使用力函数(implement force functions)和定义控制(define controls)。迭代模型包括添加模型参数(add parametrics)和定义设计变量(define design variables)。

4. 优化设计(optimize)

ADAMS 软件可以自动进行多次仿真，每次仿真时，通过改变模型的设计变量，按照一定的算法找到机械系统设计的最优方案。优化设计包括设计变量影响度研究(perform design sensitivity studies)、实验设计分析(perform design of experiments)和优化设计分析(perform optimization studies)。

5. 用户化设计(automate)

为了使用户操作方便及符合设计环境，可以定制用户菜单和对话窗，还可以使用宏命令执行复杂和重复的工作，以提高工作效率。用户化设计包括创建自定义菜单(create custom menus)、创建用户对话窗(create custom dialog boxes)和创建自动操作的宏命令(record and replay modeling operation as macros)。

9.1.2 ADAMS 软件的主要功能模块

ADAMS 软件的功能模块可分为核心基础模块、功能扩展模块、专业模块、接口模块、实用工具箱及第三方模块等。ADAMS 软件最常用的模块介绍如下。

1. ADAMS/View(用户界面模块)

ADAMS/View 是 ADAMS 系列产品的核心模块之一，是以用户为中心的交互式图形环境。它将简单的图标、菜单、鼠标点取操作与交互式图形建模、仿真计算、动画显示、*X-Y* 曲线图处理、结果分析和数据打印等功能完美地集成在一起。

ADAMS/View 采用 parasolid 作为实体建模的核心，提供了丰富的零件几何图形库、约束库和力/力矩阵，支持布尔运算，使用户能够方便地进行建模。另外，它还支持 FORTRAN/77、FORTRAN/90 中所有函数和自带的 200 多种函数以及一些常量和变量。

ADAMS/View 采用用户熟悉的 Windows 界面，提供了相对任意参考坐标系方便定位的功能，从而大大提高了快速建模能力。

在 ADAMS/View 中，用户利用 Table Editor，就像利用 Excel 一样方便地编辑模型数据；同时还提供了 Plot Browser 和 Function Builder 工具包；具有 DS(设计研究)、DOS(实验设计)、

OPTIMIZE(优化)功能，可使用户方便地进行优化工作。

ADAMS/View 具有高级编程语言，支持命令行输入命令，有丰富的宏命令以及快捷方便的图标、菜单。ADAMS/View 有强大的二次开发功能，用户可创建和修改工具包。

2. ADAMS/Solver(求解器)

ADAMS/Solver 是 ADAMS 核心模块之一，是 ADAMS 产品系列中处于核心地位的仿真“发动机”。该软件自动形成机械系统模型的动力学方程，提供静力学、运动学和动力学的解算结果。ADAMS/Solver 有各种建模和求解选项，以便精确有效地解决各种工程应用问题。

ADAMS/Solver 可以对刚体和弹性体进行仿真研究。为了进行有限元分析和控制系统研究，除满足用户输出位移、速度、加速度和力等的要求外，还可输出用户自己定义的数据。用户可以通过运动副、运动激励、高副接触以及用户定义的子程序等添加不同的约束，同时可求解运动副之间的作用力和反作用力，或施加单点外力。另外，ADAMS/Solver 具有强大的二次开发功能，支持 C++和 FORTRAN，可按照用户需求定制求解器，极大地满足了用户的不同需要。

3. ADAMS/PostProcessor(专业后处理模块)

ADAMS/PostProcessor 模块是显示 ADAMS 软件仿真结果的可视化图形界面，是为了提高仿真结果的后处理能力而开发的模块。该模块用来输出高性能的动画、各种数据曲线，还可以进行曲线编辑和数字信号处理等，该用户可以方便、快捷地观察、研究 ADAMS 的仿真结果。

后处理的结果既可以显示为动画，也可以显示为数据曲线(对于振动分析结果，可以显示 3D 数据曲线)，还可以显示报告文档。主窗口可同时显示仿真的结果动画，以及数据曲线，可方便地折叠显示多次仿真的结果，以便比较。可以一个页面显示一个数据曲线，也可以在同一页面内显示最多六个分窗口的数据曲线。相关页面的设置及数据曲线的设置都可以保存起来，对于新的分析结果，可以使用已保存的后处理配置文件(.plt 文件)，快速地完成数据的后处理过程，既有利于节省时间，也有利于报告格式的标准化。ADAMS/PostProcessor 模块既可以在 ADAMS/View 模块环境中运行，也可独立运行，并且独立运行时能加快软件启动速度，同时节约系统资源。

9.2 ADAMS 建模方法

首先介绍 ADAMS 模型创建与仿真的基本步骤，然后通过举升机构的建模、运动和动力学分析实例，说明应用 ADAMS 软件创建机构虚拟样机模型，并对模型进行仿真分析和结果的后处理分析的详细步骤。主要包括工作环境设置、构件的创建、运动副的创建、运动和力的施加、仿真分析、动画播放等。

9.2.1 ADAMS 模型创建与仿真的基本步骤

1. ADAMS2013 的应用界面

启动 ADAMS/View 模块后，显示出图 9-2 所示的 Welcome to Adams 对话框。

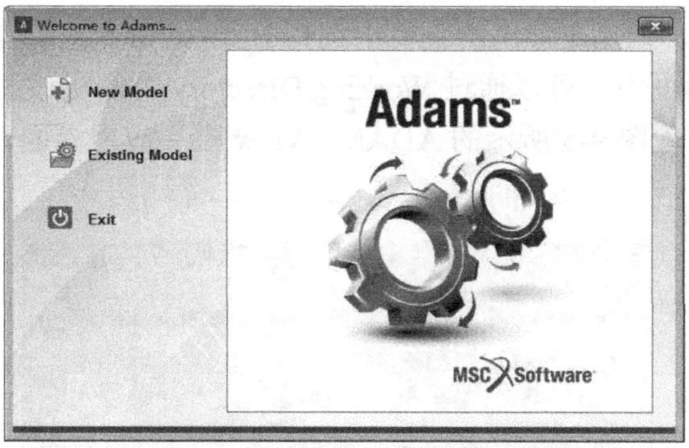

图 9-2　Welcome to Adams 对话框

若要创建一个新的模型，单击 New Model 按钮，弹出图 9-3 所示的 Create New Model 对话框。

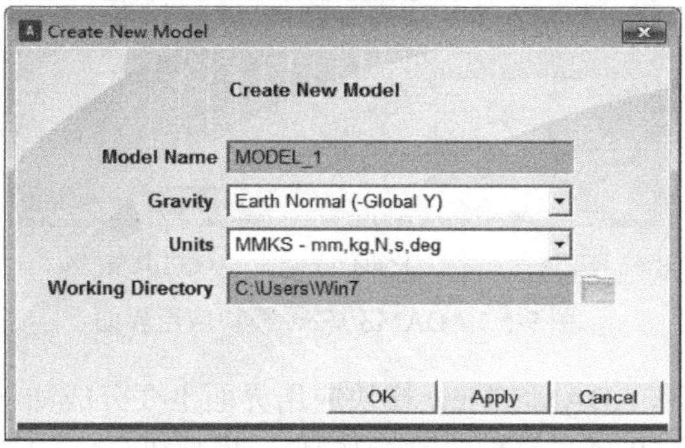

图 9-3　Create New Model 对话框

通过输入模型名称(Mode Name)，设定重力加速度(Gravity)方向(默认为 Earth Normal 方向)和单位(Units)(默认为 MMKS 制)，设定工作路径(Working Directory)来完成新模型的基本设置。

若要打开一个已有的模型，单击图 9-2 中的 Existing Model 按钮，弹出图 9-4 所示的 Open Existing Model 对话框。

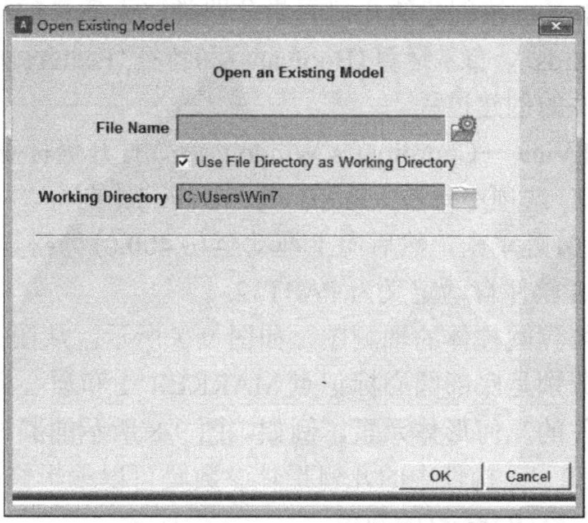

图 9-4　Open Existing Model 对话框

右击 File Name 文本框，在弹出的菜单中选择 Browse 命令，或者单击图标，找到要打开的模型文件。在此对话框中，可以通过 Working Directory 命令更改工作路径。

单击 OK 按钮后进入图 9-5 所示的 ADAMS/View 模块应用界面。

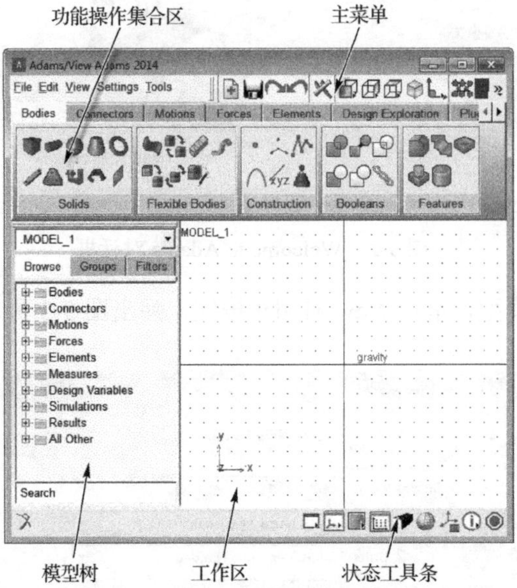

图 9-5　ADAMS/View 模块应用界面

从图 9-5 中可以看到，ADAMS/View 模块应用界面主要分成如下 5 个区域：主菜单(Main Menu)区、功能操作集合(Ribbon)区(简称操作区)、模型树(Model Tree)、状态工具条(Status Toolbar)和工作区(Working Area)。

2. ADAMS 模型的创建

构成机构的两大要素是机构和运动副，要创建一个机构的 ADAMS 模型，首先要创建机构和运动副，然后给构件施加运动或力，即可完成 ADAMS 模型的创建。

1)构件(Part)的创建

在 ADAMS/View 中可直接创建的几何元素分四类：无质量的构件体(Construction)、有质量信息的几何实体(Solids)、布尔运算(Booleans)和特征(Features)。如图 9-6 所示，以创建连杆构件为例，说明构件的创建过程。

(1)单击菜单栏中的 View→Coordinates Window 命令打开坐标窗口。

(2)在操作区的 Solids 选项中单击 RigidBody：Cylinder 图标。

(3)在坐标原点(0,0,0)处单击，然后向上拖动至(0,400,0)处松开，创建的圆柱体如图 9-6 所示。其名称由 ADAMS 软件自动定义为 PART_2。

选取轴测图图标，得到圆柱体的轴测图，如图 9-7 所示。从图 9-7 中可以看到，在圆柱上固连有 2 个标记点，分别是底部圆心标记点 MARKER_1 和质心标记点 cm。

构件中包含构成构件的几何形体元素，例如，图 9-8 所示的圆柱体中，Part：PART_2 包含圆柱几何体 CYLINDER_1。构件中的几何形体参数是可以编辑修改的，如可以更改圆柱几何体的长度(Length)和半径(Radius)的数值。

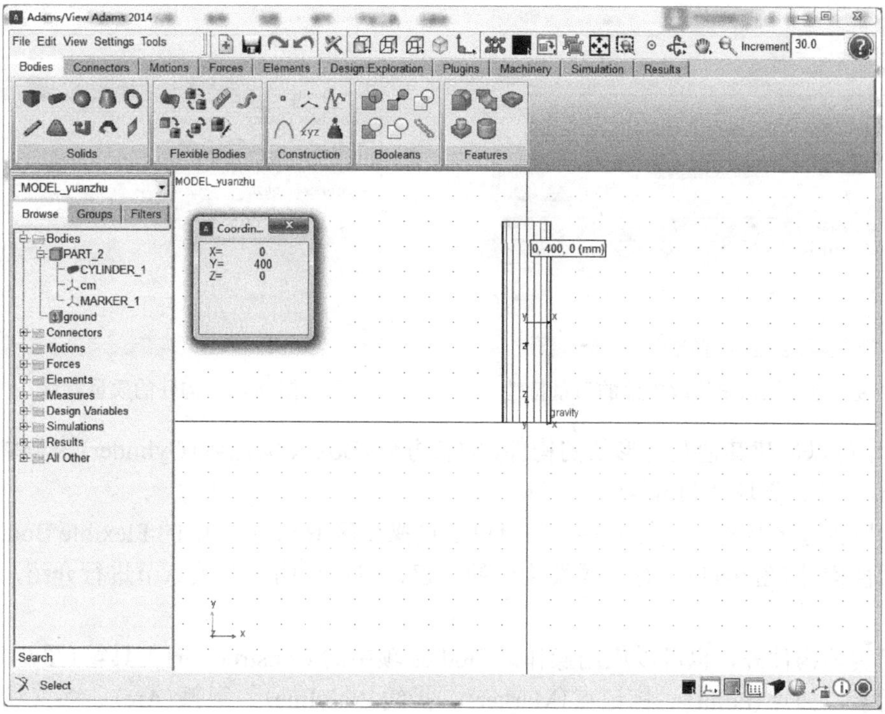

图 9-6　连杆构件的创建

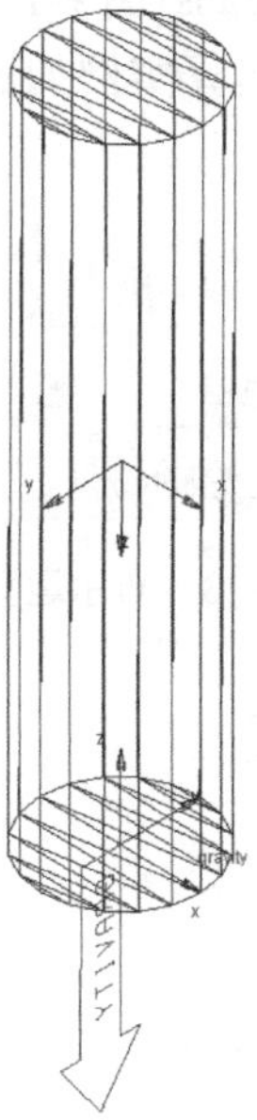

图 9-7　构件上的标记点

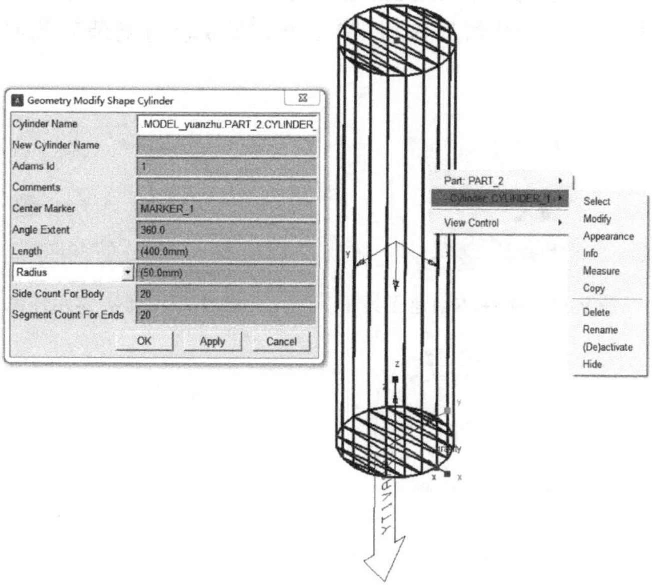

图 9-8　构件中的几何形体及参数更改

构件的质量特性可以由用户直接修改，如图 9-9 所示。通过这种方式修改质量特性的好处是：不需要改变构件的几何形体，即可实现质量、转动惯量等质量特性的修改，从而使得在不影响仿真分析结果的情况下，建模过程较为简单。

构件的质量特性也可以通过由构件的几何形体体积和构件的材料(可选择材料类型)或密度(可设定密度值)来确定，如图 9-10 所示。

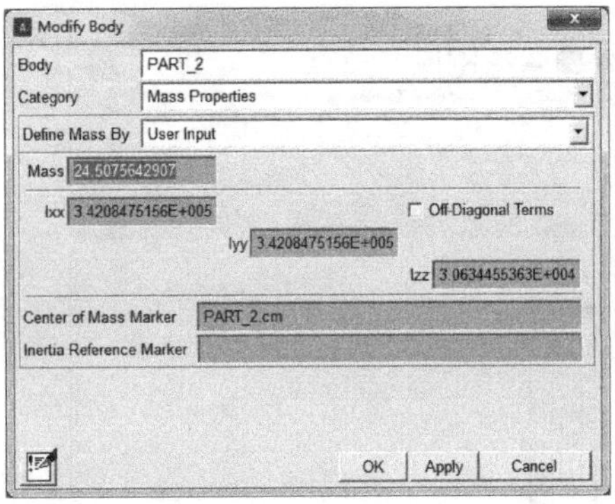

图 9-9　直接输入来修改构件的质量特性

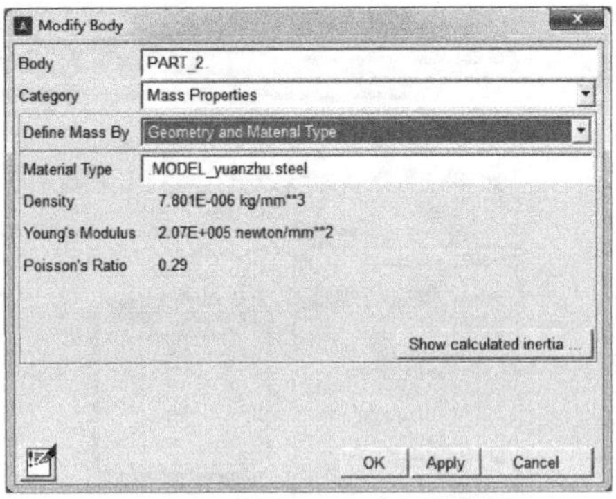

图 9-10　构件的质量特性

同理，可以创建其他几何形状的构件，如长方体(Box)、圆柱体(Cylinder)、球体(Sphere)、圆台(Frustum)、圆环体(Torus)。

上述所创建的构件为刚性构件，还可以通过操作区 Bodies 项中的 Flexible Bodies 工具箱来创建柔性构件(图 9-11)。有关柔性构件的创建，将在后面的有关章节进行介绍，这里不再赘述。

除了实体构件外，也可以应用操作区 Bodies 项中的 Construction 工具箱(图 9-12)来创建非实体元素，如点(Point)、标记点(Marker)、折线(Polyline)、圆弧(Arc)、多义线(Spline)、点质量(Piont Mass)。

当创建较为复杂的几何形体构件时，可以通过操作区 Bodies 项中的 Booleans(图 9-13)运算将简单的一些几何形体和、并、差、交成较为复杂的几何形体构件。布尔运算实例如图 9-14 所示。

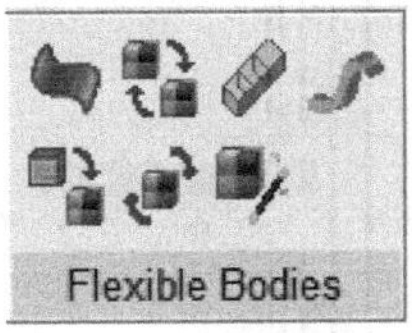

图 9-11　柔性体创建工具箱

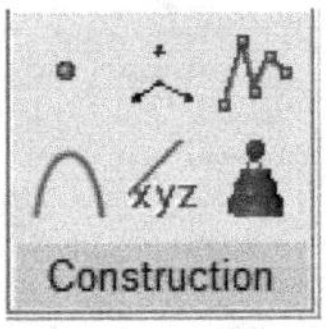

图 9-12　非实体元件创建工具箱

图 9-13　布尔运算

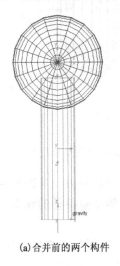

(a)合并前的两个构件　　(b)合并后的两个构件

图 9-14　布尔运算实例

2) 运动副(Joint)的创建

运动副是两个构件的连接，也是构件之间的一种相互约束。运动副的创建工具在操作区的 Connectors 选项中，如图 9-15 所示。

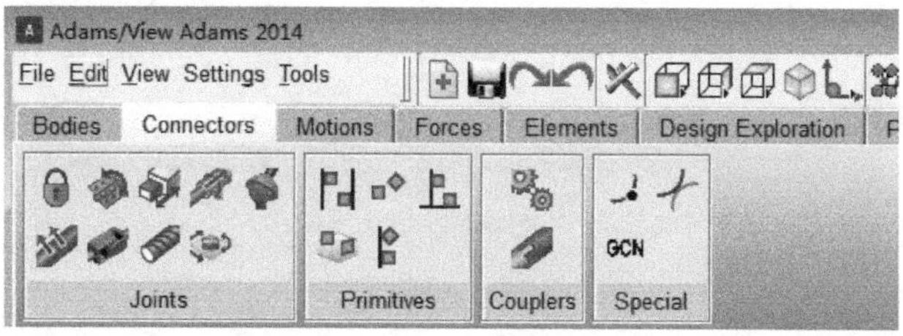

图 9-15　运动副的创建工具集合

由图 9-15 可以看到，运动副可通过关节副(Joints)、基本副(Primitives)、耦合副(Couplers)和特殊副(Special)来创建。

图 9-16 所示为创建转动副的过程，这里采用的是默认选项 2 Bodies-1 Location。

(1) 在操作区的 Joints 选项中，单击 Create a Revolute joint 图标。

(2) 单击第 1 个构件 PART_2；单击第 2 个构件 ground；单击球的质心，选择转动副的位置，即转动副创建完成。

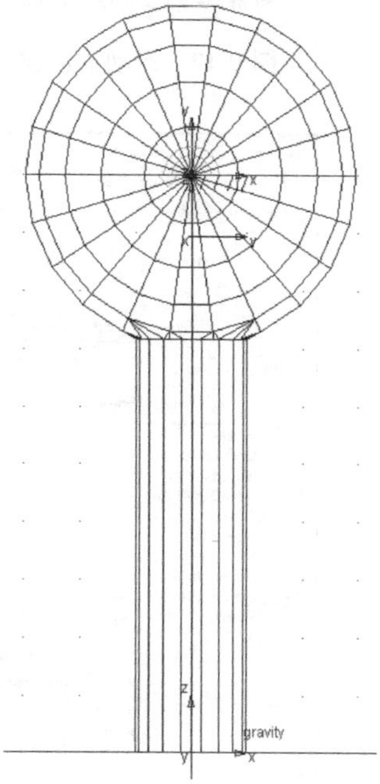

图 9-16　转动副的创建

3) 运动(Motion)的施加

给构件(原动件)施加运动的工具集合在操作区的 Motion 选项中，由图 9-17 可以看到，运动分为连接运动(Joint Motions)和一般运动(General Motions)。连接运动包括移动(Translational Joint Motion)和转动(Rotational Joint Motion)两种。一般运动包括点运动(Point Motion)和一般点运动(General Motion)两种。

图 9-18 所示为给构件施加运动的过程，运动速度取为系统的默认值 Rot. Speed 30.0deg/s。

(1) 在操作区的 Joint Motions 选项中，单击 Rotational Joint Motion 图标。

(2) 单击选择施加运动的运动副 JOINT_1。

当对机构进行仿真时，机构 PART_3 以角速度 30°/s 逆时针方向匀速转动。

这里要说明的是，关节运动是依附于运动副的，它只能设定运动副约束之外允许的运动规律。例如图 9-18 所示的运动，它只能设定转动副 JOINT_1 绕 z 轴转动的角速度规律，除此以外，不可能创建其他的运动规律。

点运动和一般运动则不依附于运动副，它们是施加到构件的某个位置上，通过设定来给定该位置的运动规律。例如图 9-19 所示的一般运动，通过设定 3 个移动运动和 3 个转动运动来设定运动施加点的运动规律。

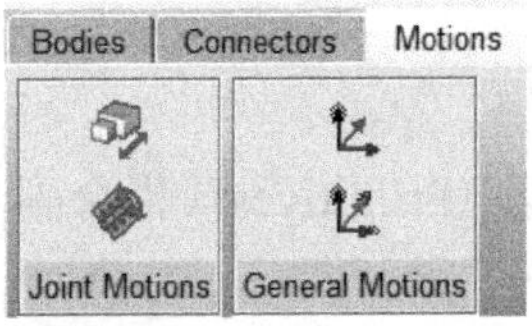

图 9-17　运动的创建

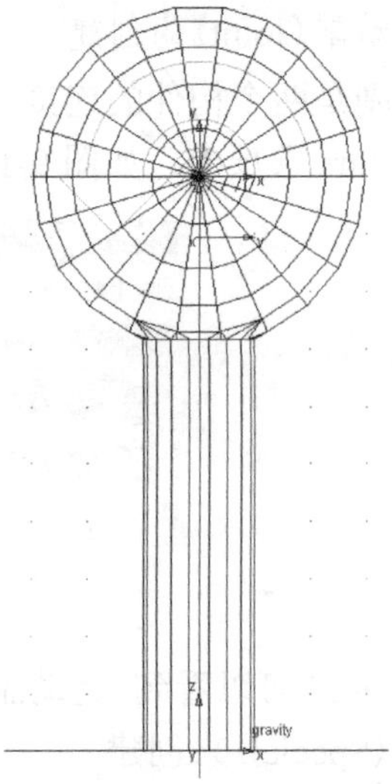

图 9-18　运动的施加

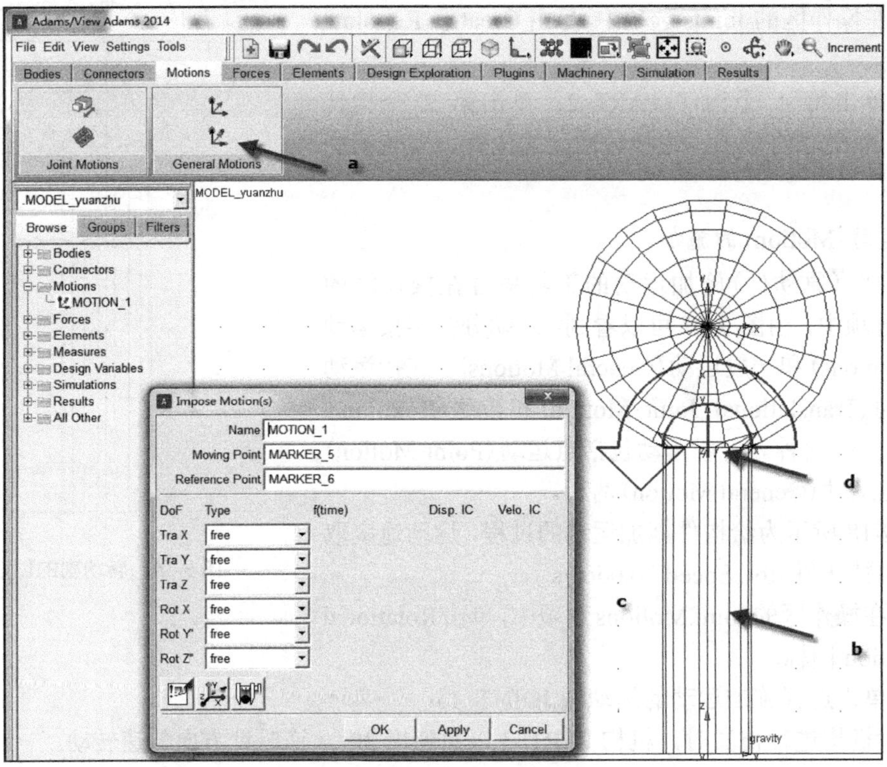

图 9-19　一般运动的施加

3. 力(Force)的施加

给构件施加力的工具集合如图 9-20 所示。从图 9-20 可以看到，力分为作用力(Applied Forces)、柔性连接力(Flexible Connections)和特殊力(Special Forces)。

图 9-21 所示为给构件施加一个力的操作过程。

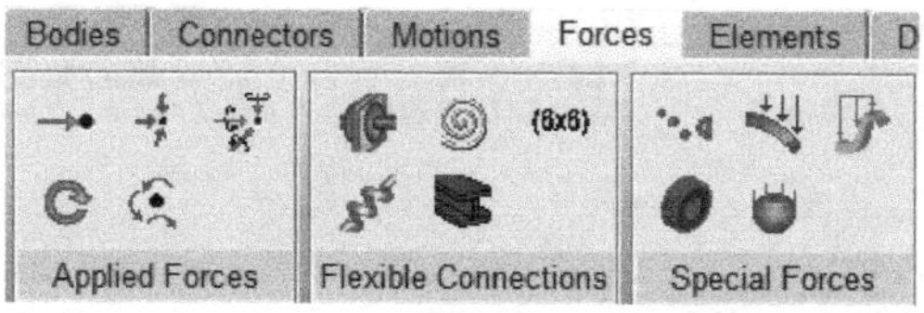

图 9-20　力的创建工具集合

(1) 在操作区 Forces 选项的 Applied Forces 选项区中，单击 Create a Force ...Applied Force 图标。

(2) 设定力的方向为 Space Fixed，力的值为 500N。

(3) 单击选择施力构件 PART_3。

(4) 单击选择施点 MARKER_3。

(5) 右移光标到某点，确定力的方向，完成力的创建。

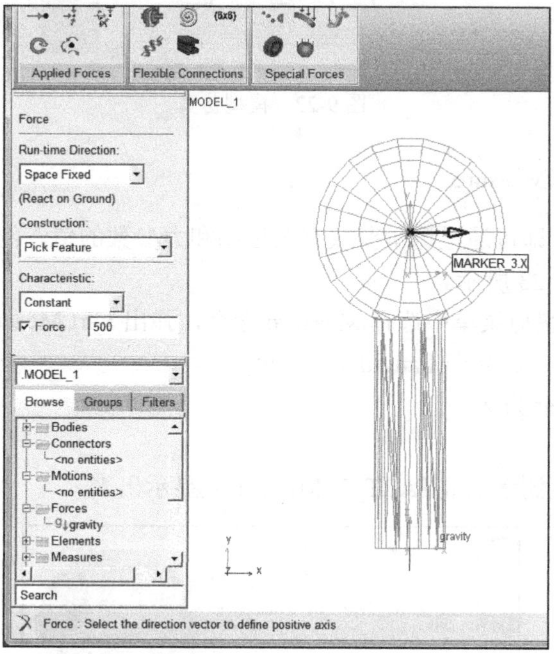

图 9-21　力的施加过程

4. 模型的仿真(Simulation)

在创建完成机构或机械系统的 ADAMS 模型后，可以通过仿真来得到其运动和动力特性。机构的仿真操作如图 9-22 所示。

在操作区 Simulation 选项的 Simulate 选项区中，单击 Run an Interactive Simulation 图标。

(1) 设定仿真时间(End Time)和仿真步数(Steps)。这里设定 End Time 为 12，设定 Steps 为 100。

(2) 单击 Start Simulation 按钮，开始模型仿真。

(3) 因为构建 PART_2 中的转动副 JOINT_1 处施加了一个以 30°/s 转动的运动 MOTION_1，所以仿真过程中，构件就以角速度 30°/s 逆时针方向转动 12s，即转动一周。

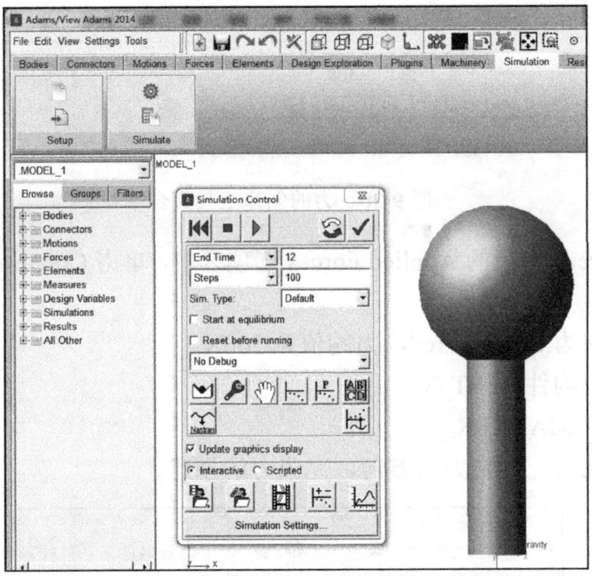

图 9-22　模型仿真

5．*仿真结果测量*(Measure)

模型仿真结束后，即可通过测量获取有关运动和力参数的值。例如，测量构件绕 z 轴转动角速度的过程如图 9-23 所示。

(1) 右击构件，在快捷菜单中选择 Measure 命令，弹出 Part Measure 对话框。

(2) 选择 Characteristic 为 CM angular velocity。

(3) 选择 Component 为 z。

(4) 单击 OK 按钮。

构件转动的角速度测量曲线 PART_3_MEA_1 被显示出来。

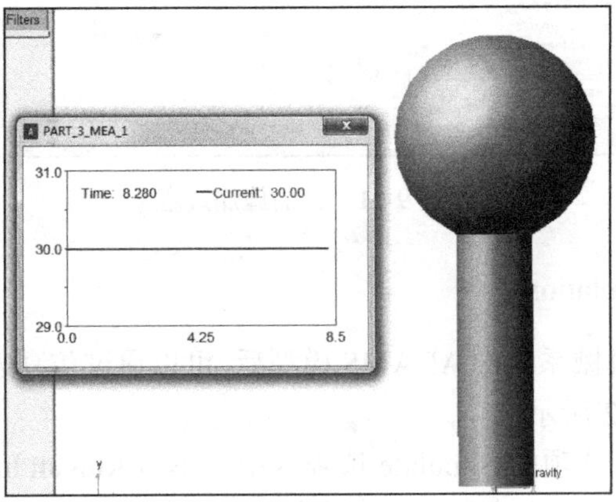

图 9-23　仿真结果的测量

6．*测量结果的后处理*(Adams/PostProcessor)

测量结果的后处理操作如图 9-24 所示。

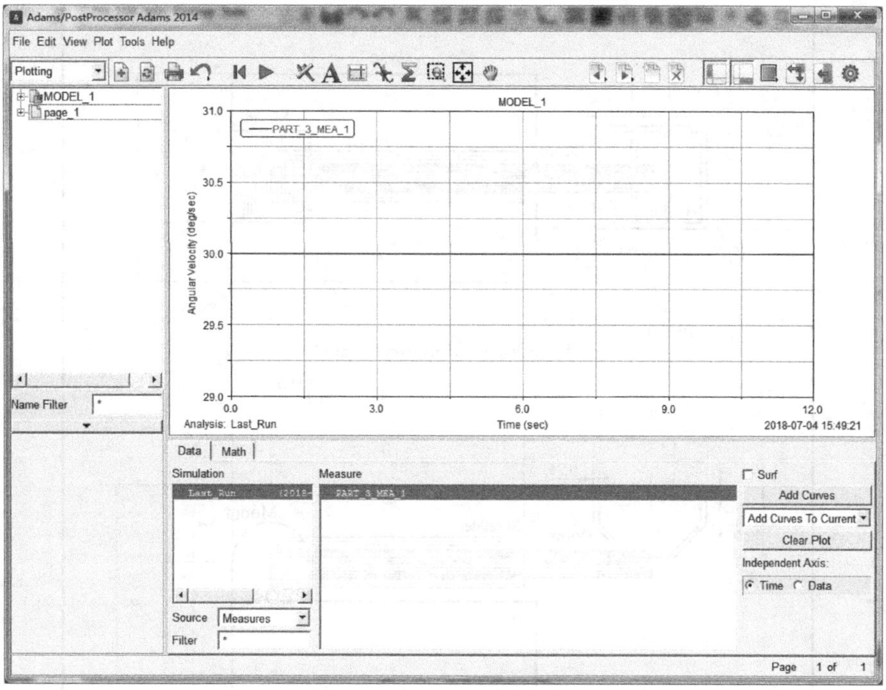

图 9-24　仿真结果的处理

(1) 在操作区 Result 选项的 Postprocessor 选项区中，单击 Opens Adams/ Postproerssor 图标。

(2) 选择 Measure 列表中的 PART_3_MEA_1。

(3) 单击 Add Curves 按钮，模型的测量曲线 PART_3_MEA_1 被显示出来。

(4) 取消勾选 Auto Scale 复选框。

(5) 将 Limits 的上限由 15 更改为 12，完成仿真结果的后处理。

9.2.2　举升机构的建模与仿真

1. 问题描述

如图 9-25 所示的举升机构，各部件的尺寸如图 9-26 所示，创建该机构的虚拟样机模型，并添加约束及驱动。

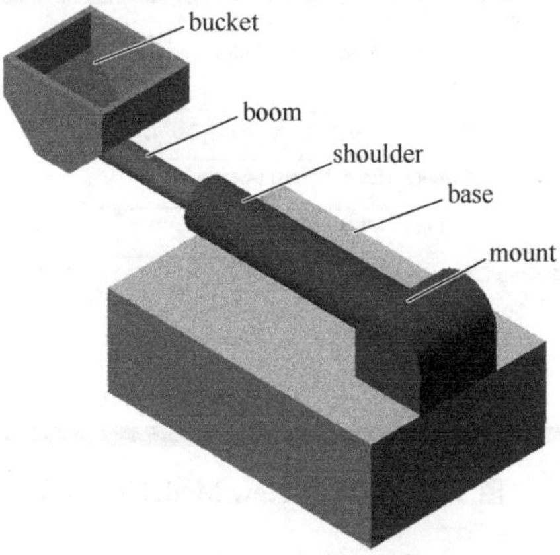

图 9-25　举升机构运动简图

彩图 9-25

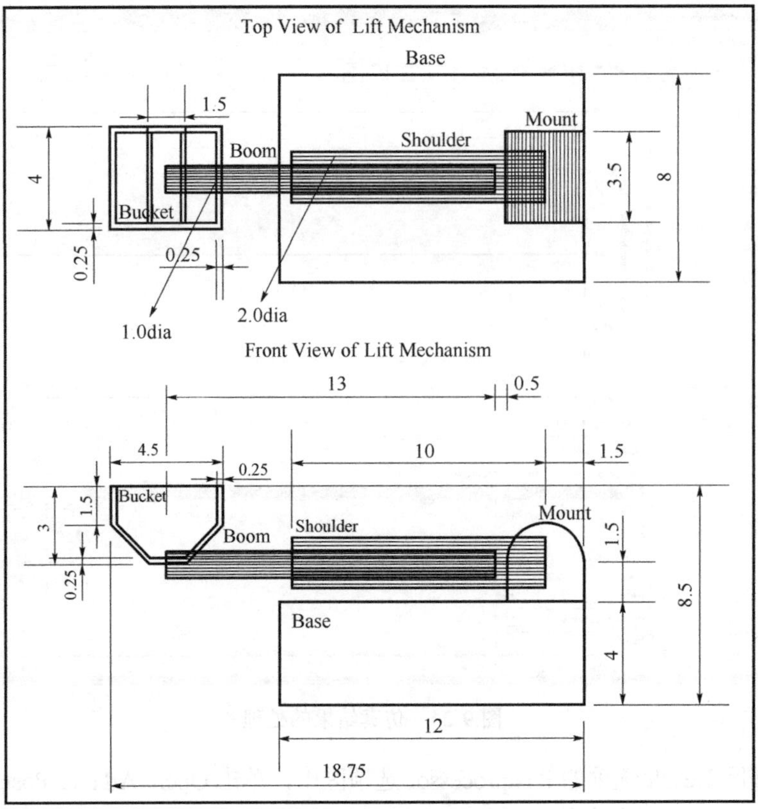

图 9-26　举升机构尺寸简图

2. 启动 ADAMS 软件并设置工作环境

1) 启动 ADAMS 软件

双击计算机桌面上的 Adams - View 图标。

2) 创建模型名称

模型名称创建过程如图 9-27 所示。

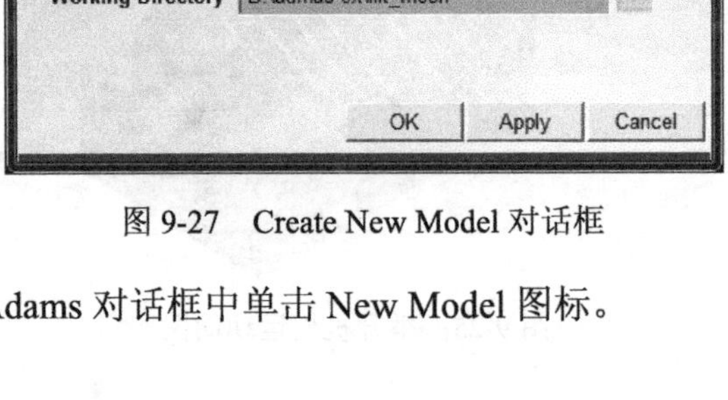

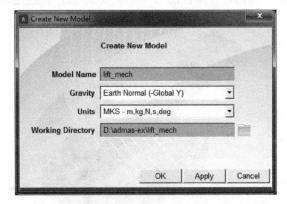

图 9-27　Create New Model 对话框

(1) 在 Welcome to Adams 对话框中单击 New Model 图标。

(2) 弹出 Create New Model 对话框，在 Model Name 选项中输入 lift_mech。

(3) 设置目录为 D:\admas-ex\lift_mech，将 Gravity 设为 Earth Normal (- Global Y)，将 Units 设为 MKS - m，kg，N，s，deg。

(4) 单击 OK 按钮。

3) 设置工作环境

(1) 设置单位。单位设置过程如图 9-28 所示。

➢ 在主菜单中，选择 Settings→Units 命令。

➢ 在弹出的 Units Settings 对话框中，设置 Length 为 Meter，Mass 为 Kilogram，Force 为 Newton，Time 为 Second，Angle 为 Degree，Frequency 为 Hertz。

➢ 单击 OK 按钮。

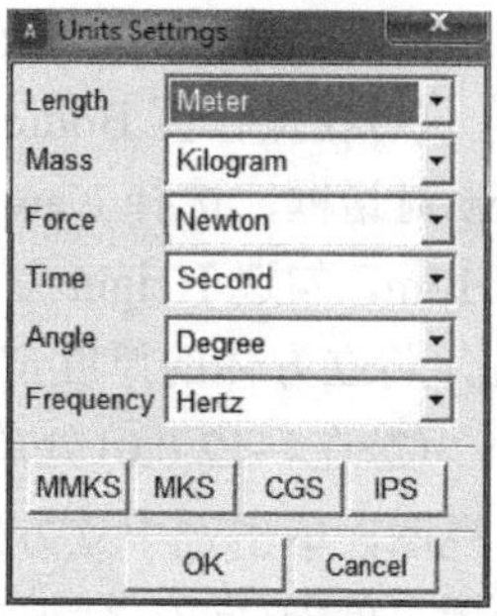

图 9-28 单位的设置

(2) 设置工作网络。工作网格的设置如图 9-29 所示。

根据所给出的尺寸图调整工作网格，工作网格应该比模型中最大的高度和宽度稍微大。

➢ 在主菜单中，选择 Settings→Working Grid 命令。

➢ 在弹出的 Working Grid Settings 对话框中，将 Size 的 X 值设置为 20m，Y 值设置为 20m；将 Spacing 的 X 值和 Y 值均设置为 1m。

➢ 单击 OK 按钮。

(3) 设置图标。图标设置如图 9-30 所示。

➢ 在主菜单中，选择 Settings→Icons 命令。

➢ 在弹出的 Icon Settings 对话框中，将 New Size 文本框中的值设置为 1。

➢ 单击 OK 按钮。

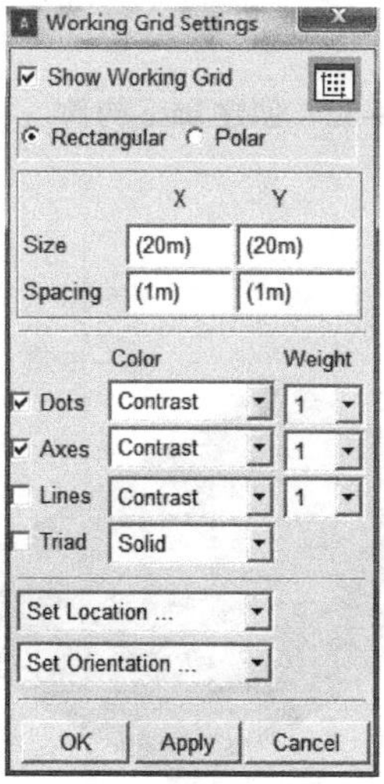

图 9-29 工作网格的设置

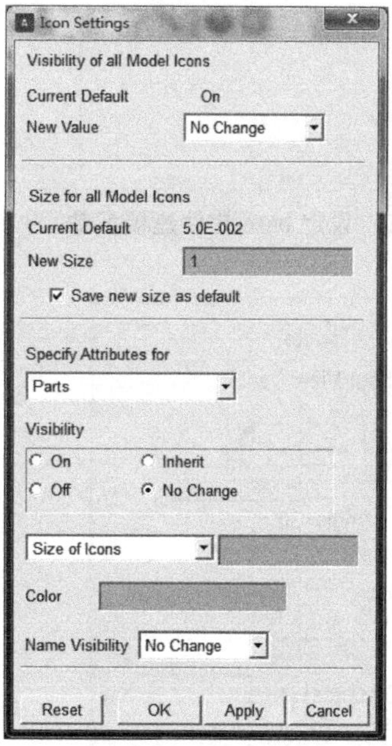

图 9-30 图标的设置

(4) 打开光标位置显示。单击工作区，在主菜单中，选择 View→Coordinate Window F4 命令，或者单击工作区后按 F4 键。

3. 创建机构模型

1) 构件 base 建模

构件 base 是一个长方体，其建模过程如下所示。

(1) 在操作区 Bodies 项中的 Solids 选项区中单击 RigidBody：Box 图标，弹出 Geometry：Box 对话框，选择 New Part 新建构件，勾选 Length 复选框，输入 12m，将立方体的长度定为 12m，勾选 Height 复选框，输入 4m，将立方体的高度定为 4m，勾选 Depth 复选框，输入 8m，将立方体的厚度定为 8m，如图 9-31 所示设定立方体参数。

(2) 在 (–12,0,0) 处单击，创建如图 9-32 所示的 base 构件。通过 Right 命令将视图转换为右视图，单击选中立方体，然后单击 (移动) 图标，在 Distance 文本框输入 4m，如图 9-33 所示，单击 (向右移动) 按钮，将立方体向右 (Z 轴负方向) 移动 4m，如图 9-34 所示。同理，回到主视图，将立方体向右 (X 轴正向) 移动 1.5m，向下 (Y 轴负方向) 移动 4m。

(3) 将光标移至立方体，右击，在弹出的菜单中选择 Part：PART_2→Rename 命令，将 New Name 文本框中的.lift_mech.PART_2 改为.lift_mech.base，如图 9-35 所示。

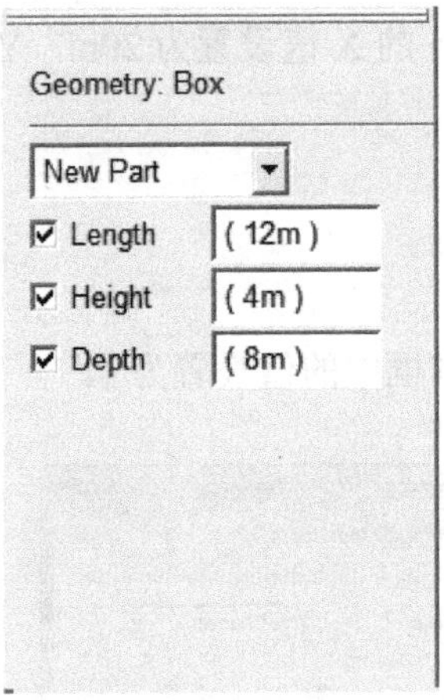

图 9-31　设定 base 构件建模参数

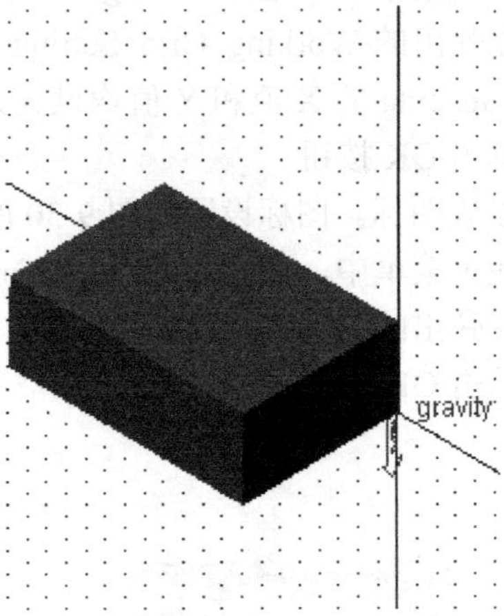

图 9-32　创建 base 构件

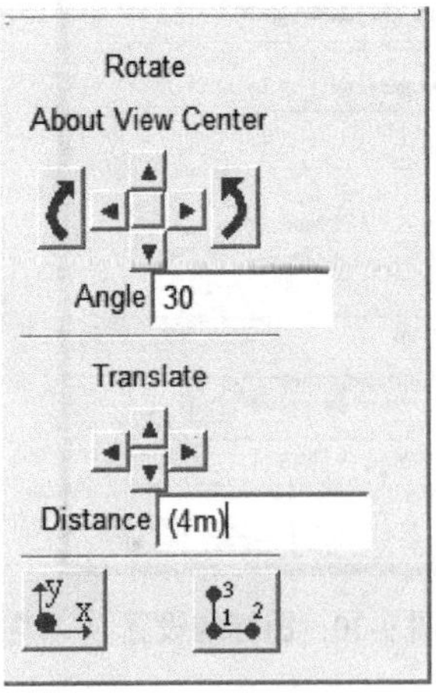

图 9-33　移动对话框

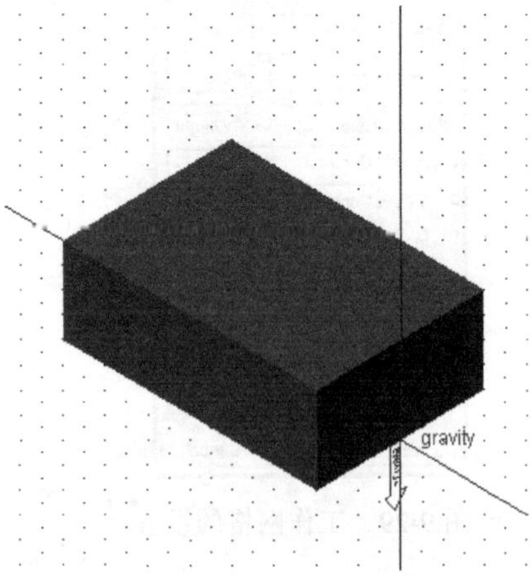

图 9-34　移动 base 构件

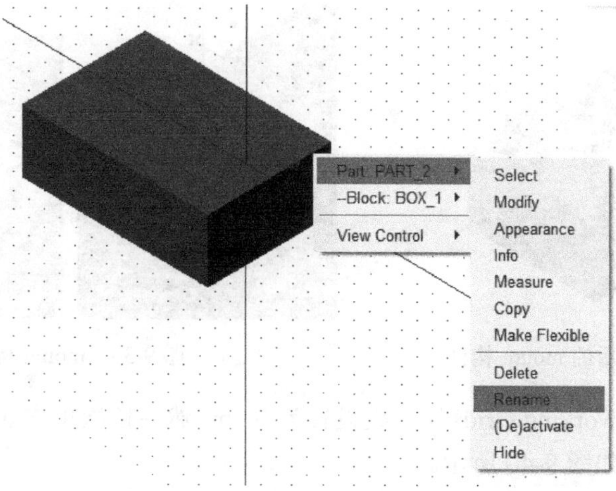

图 9-35 重新命名 base 构件

2) 构件 mount 建模

(1) 选择 Bodies→Solids→RigidBody：Box 创建一个立方体，在弹出的 Geometry：Box 对话框参数设置，如图 9-36 所示。

(2) 在原点(0,0,0)处单击，创建如图 9-37 所示的 mount 构件。利用(移动)图标，在主视图中将立方体向左(*X* 轴负向)移动 1.5m，在右视图中将立方体向右(*Z* 轴负方向)移动 1.75m，移动后构件如图 9-38 所示。

(3) 单击 Features→Fillet an edge 命令，弹出 Feature: Fillet 对话框，在 Radius 和 End Radius 栏内输入 1.5m，选取立方体上面的两条边：BOX_2.E6 和 BOX_2_E7，右击完成倒圆角特征的创建，如图 9-39 所示。

(4) 右击新建的构件，利用 Part：PART_3→Rename 命令，将 New Name 文本框中的.lift_mech.PART_3 改为.lift_mech.mount。

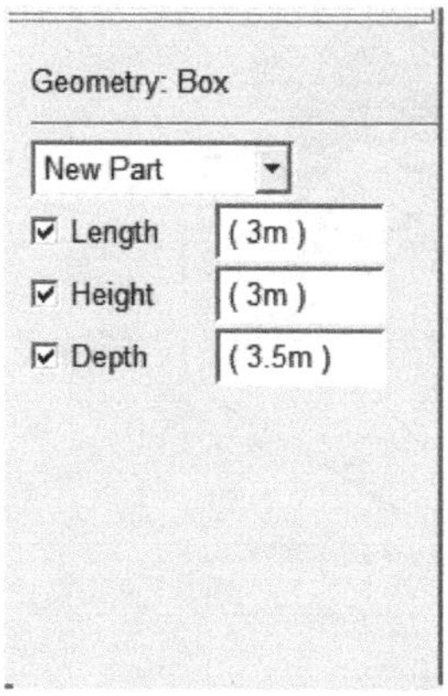

图 9-36 设定 mount 构件建模参数

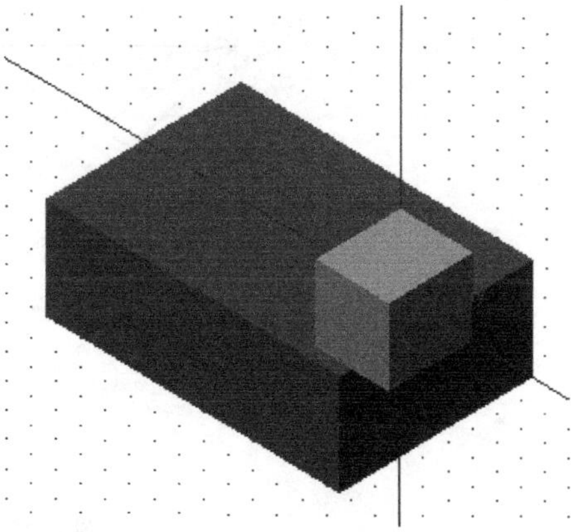

图 9-37 创建 mount 构件

3) 构件 shoulder 建模

选择 Bodies→Solids→RigidBody：Cylinder 创建一个圆柱体，在弹出的 Geometry：Box 对话框中，勾选 Length 复选框，输入 10m，勾选 Radius 复选框，输入 1m。

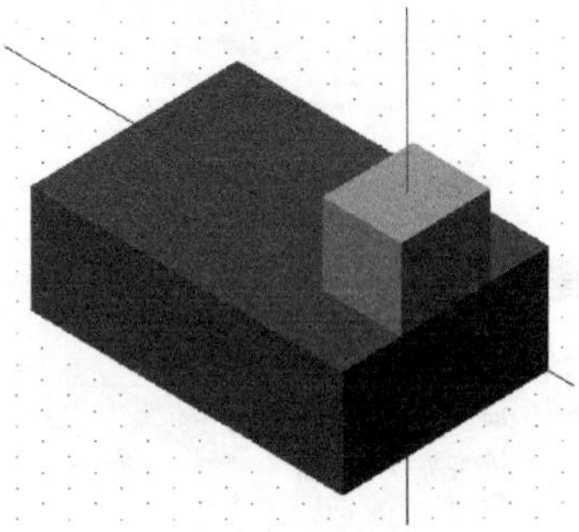

图 9-38　移动后的 mount 构件

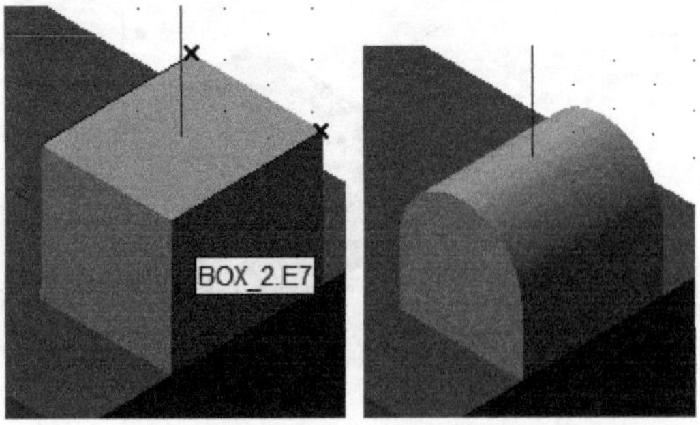

图 9-39　mount 构件倒圆角特征

(1)将工作网格(Working Grid)的间距设置为 0.5m，然后依次单击(0,1.5,0)和(–10,1.5,0)，完成圆柱体的创建，如图 9-40 所示。

(2)右击新建的构件，利用 Part：PART_4→Rename 命令，将 New Name 文本框中的.lift_mech.PART_4 改为.lift_mech.shoulder。

4)构件 boom 建模

(1)选择 Bodies→Solids→RigidBody：Cylinder 创建一个圆柱体，在弹出的 Geometry：Box 对话框中，勾选 Length 复选框，输入 13m，勾选 Radius 复选框，输入 0.5m。

(2)依次单击(–2,1.5,0)和(–15,1.5,0)，完成圆柱体的创建，如图 9-40 所示。

(3)右击新建的构件，利用 Part：PART_5→Rename 命令，将 New Name 文本框中的.lift_mech.PART_5 改为.lift_mech.boom。

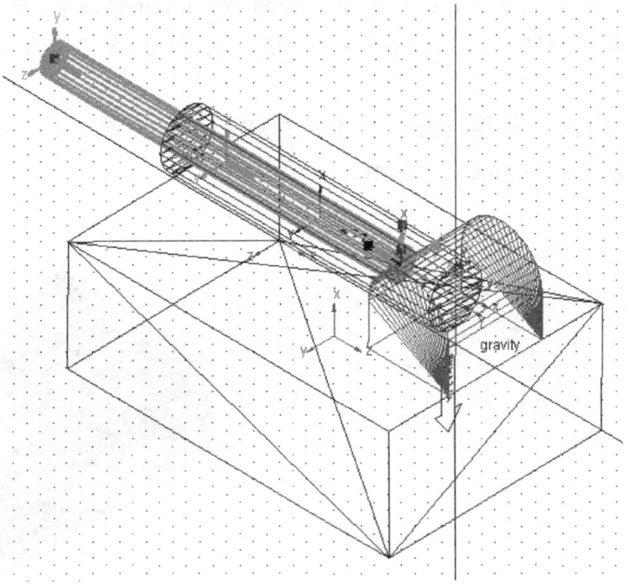

图 9-40　创建 shoulder 构件

5)料斗 bucket 建模

(1)选择 Bodies→Solids→RigidBody：Box 创建一个立方体，在弹出的 Geometry：Box 对话框中设置参数，如图 9-41(a)所示。

(2)在原点(–19.5,1.5,0)处单击，创建如图 9-41(b)所示的 mount 构件。利用(移动)图标，在主视图中将立方体向左(*X* 轴正向)移动 2.25m，在右视图中将立方体向右(*Z* 轴负方向)移动 2m，移动后构件如图 9-42 所示。

(3) 单击 Features→Chamfer an edge 命令，弹出 Feature：Chamfer 对话框，在 Width 栏内输入 1.5m，然后分别选取立方体下面两条边：BOX_5.E5 和 BOX_5.E8，再右击完成倒角特征的创建，如图 9-43 所示。

(4) 选择 Features→Hollow out a solid 命令，弹出 Feature：Shell 对话框，在 Thickness 栏内输入 0.25m，勾选 Inside 选项，然后选择 bucket 构件，单击其上表面，右击完成取薄壳的创建，如图 9-44 所示。

(5) 右击新建的构件，利用 Part：PART_6→Rename 命令，将 New Name 文本框中的.lift_mech.PART_6 改为.lift_mech.bucket。

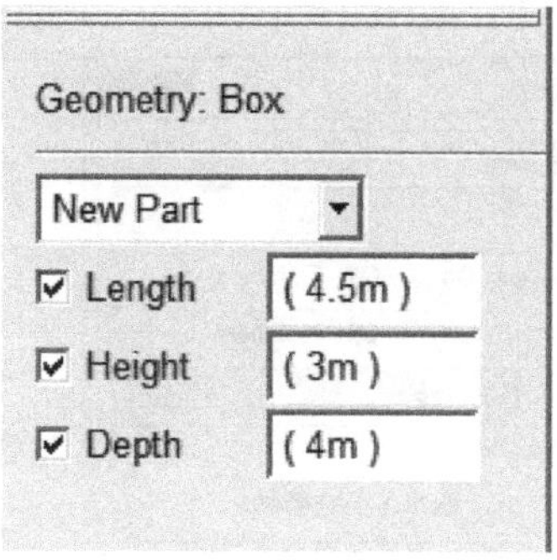

(a)

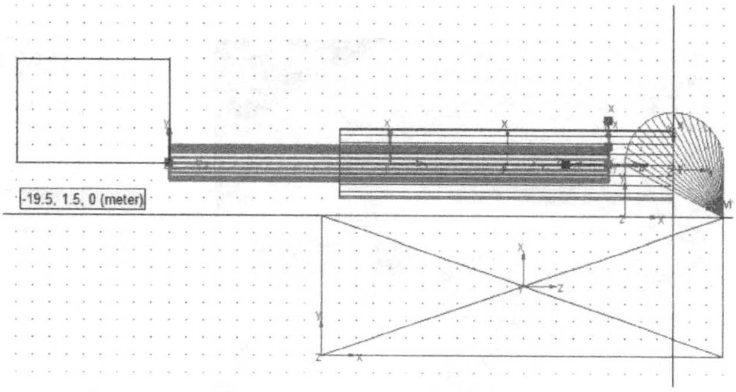

(b)

图 9-41　创建 bucket 构件

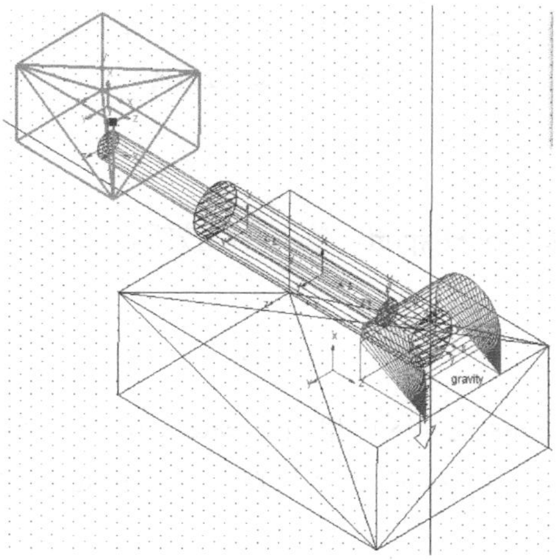

图 9-42　移动后的 bucket 构件

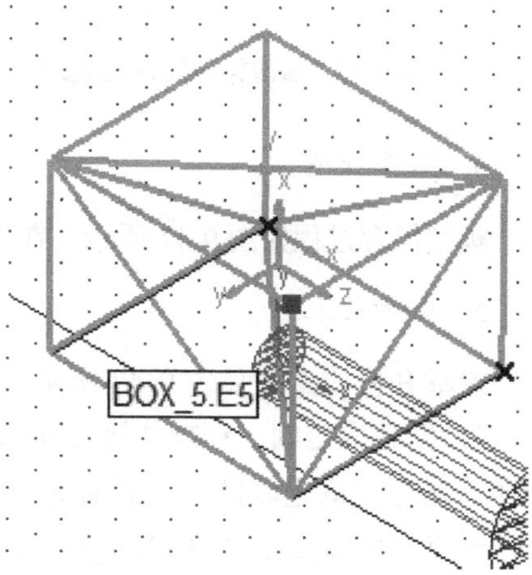

图 9-43　bucket 构件

6) 修改构件外观

修改构件外观的方法为：选择菜单栏中的 Edit→appearance，弹出 Database Navigator 对话框，然后选择相应构件的几何体双击，弹出 Edit Appearance 对话框，进行外观修改；或者在构件上右击，如图 9-45 所示，在弹出的快捷菜单中选择 Appearance 命令，系统弹出 Edit Appearance 对话框，如图 9-46 所示。

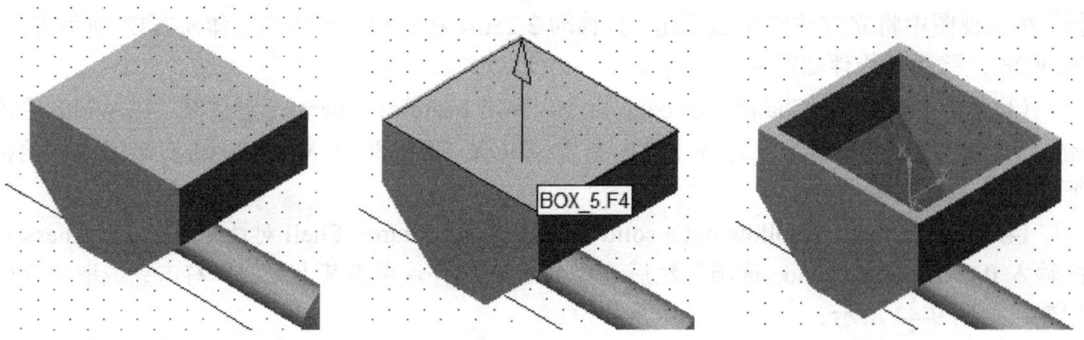

(a)倒角后的 bucket 构件　　(b)bucket 构件取薄壳　　(c)bucket 构件完成创建

图 9-44　取薄壳的创建步骤

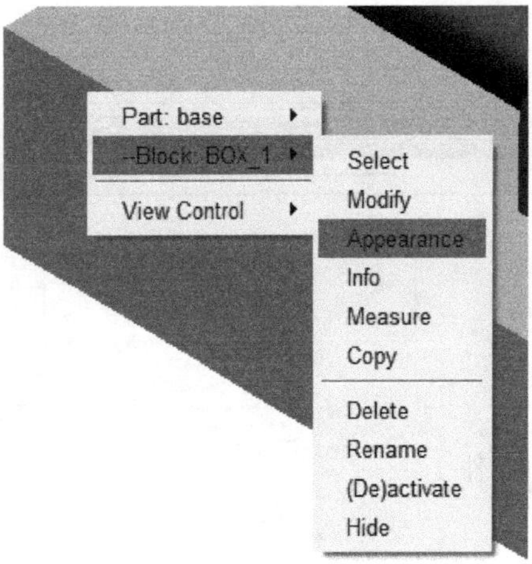

图 9-45　修改构件的外观属性

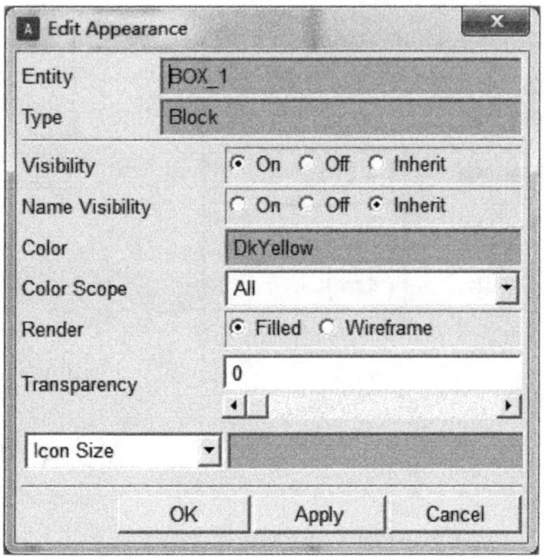

图 9-46　Edit Appearance 对话框

4. *保存模型*

模型保存过程如图 9-47 所示。在主菜单中，选择 File→Export，单击 OK 按钮。

5. *添加约束*

对举升机构添加如图 9-48 所示的约束和驱动。

(1)创建固定副。在操作区 Connectors 项中的 Joints 选项区中单击 Create a fixed joint 图标，将定义固定副的选项设置为 1 Location 和 Normal To Grid，然后在图形区 base 构件上单击一点，生成固定副 JOINT_1，将其固定在大地上。

(2)创建转动副。在操作区 Connectors 项中的 Joints 选项区中单击 Create a Revolute joint 图标，将创建转动副的选项设置为 2 Bodies-1 Location 和 Pick Geometry Feature，然后在图形区单击第一个构件 base 和第二个构件 mount，随后移动光标到 mount 质心位置，当出现 mount.cm 信息时单击，移动光标约束方向与 *Y* 轴正方向一致，完成构件 mount 与构件 base 之间转动副 JOINT_2 的创建。同理，完成构件 shoulder 与部件 mount 之间转动副 JOINT_3、构件 bucket 与构件 boom 之间转动副 JOINT_5 的创建，其中转动副的选项设置为 2 Bodies-1 Location 和 Normal To Grid。

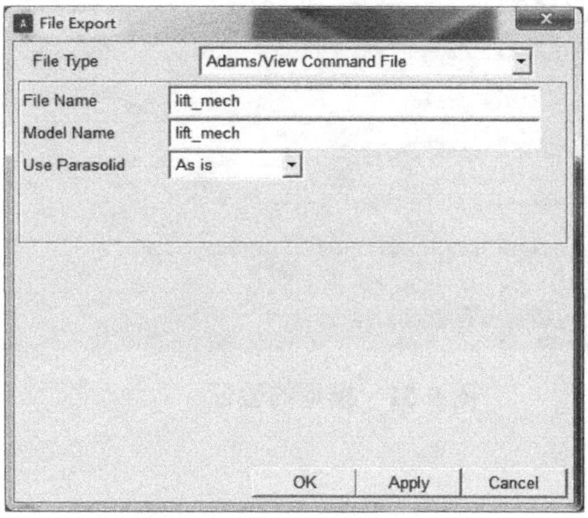

图 9-47　模型保存过程

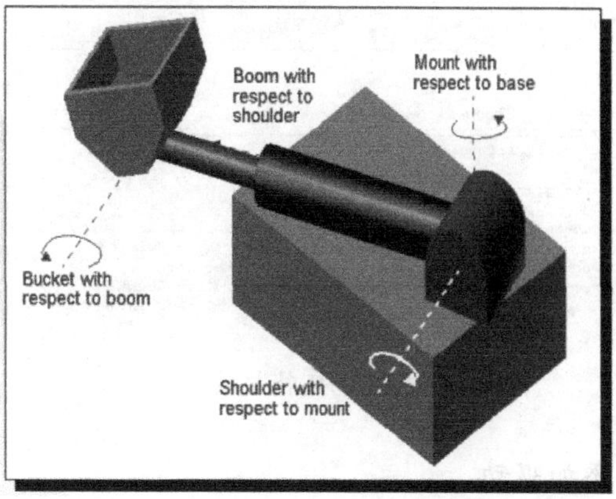

图 9-48　举升机构的约束

彩图 9-48

(3) 创建移动副。在操作区 Connectors 项中的 Joints 选项区中单击 Create a Translational joint 图标，将创建转动副的选项设置为 2 Bodies-1 Location 和 Pick Geometry Feature，然后在图形区单击第一个构件 shoulder 和第二个构件 boom，随后移动光标到 shoulder 质心位置，当出现 shoulder.cm 信息时单击，移动光标约束方向与 X 轴负方向一致，完成构件 shoulder 与构件 boom 之间移动副 JOINT_4 的创建，如图 9-49 所示。

(4) 验证模型。选择菜单中的 Tools→Model Topology Map，或者在状态栏内右击 Information，然后选择 List model topology information by connections，检查模型中构件之间的拓扑结构关系，信息窗口中显示构件之间的约束连接关系，如图 9-50 所示。选择菜单中的 Tools→Model Verify，或者在状态栏内右击 Information，然后选择 Verify the model, report the number of，验证模型，信息窗口中显示构件和约束的数量以及模型的自由度数量，如图 9-51 所示。

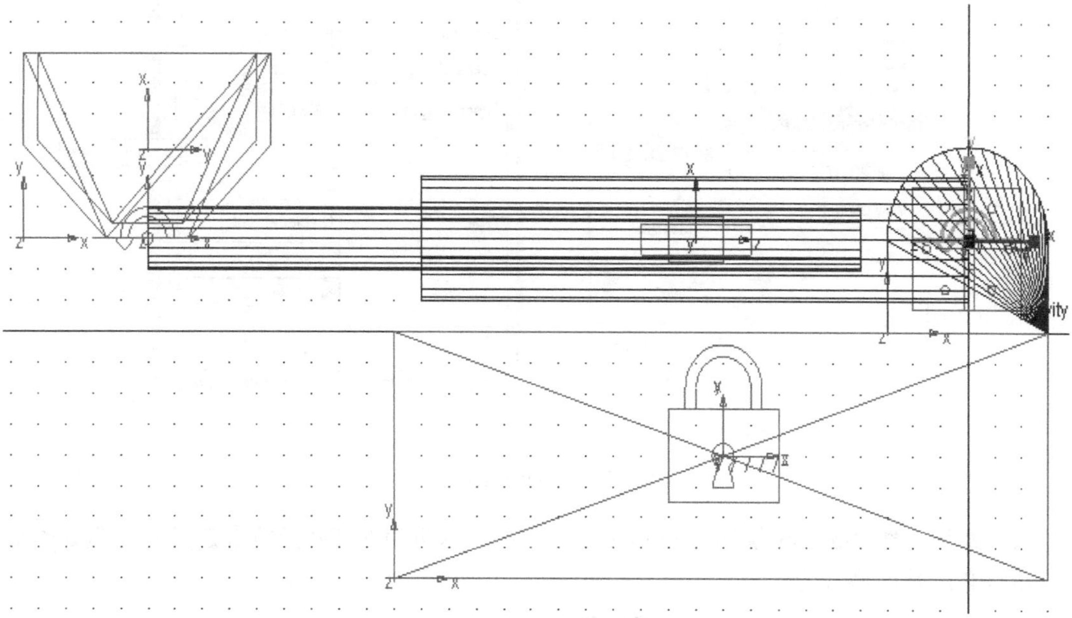

图 9-49　举升机构约束的创建

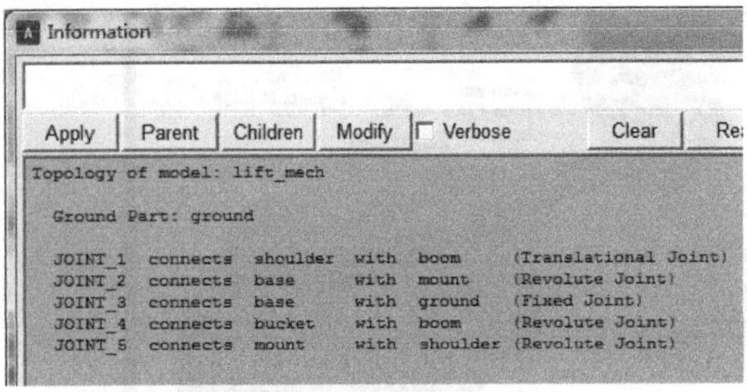

图 9-50 模型的拓扑关系

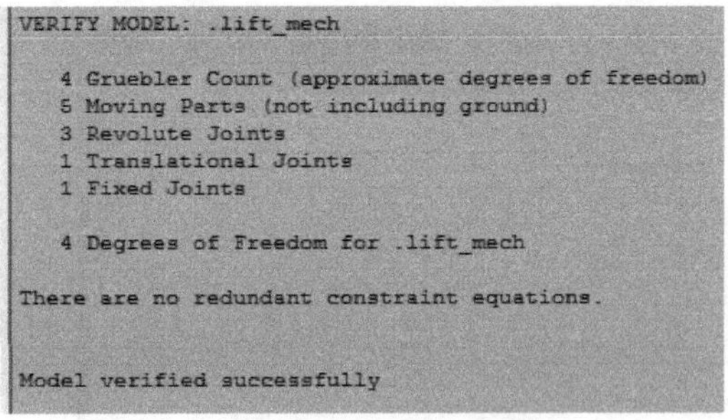

图 9-51 模型的验证

6. *添加驱动*

(1)添加构件 mount 绕构件 base 转动驱动。在操作区 Motions 项中的 Joint Motions 中单击 Rotational Joint Motion 图标，然后单击构件 mount 和构件 base 之间的约束 JOINT_2，生成驱动 MOTION_1。如图 9-52 所示，在约束 JOINT_2 后右击，在弹出的快捷菜单中选择 Motion：MOTION_1→Modify，在弹出的 Joint Motion 对话框中单击 Function Builder 按钮，弹出 Function Builder 对话框，其中输入表达式(9-1)，如图 9-53 所示，即完成构件 mount 绕构件 base 转动驱动的创建。

$$D(t) = 360d \cdot \text{time} \tag{9-1}$$

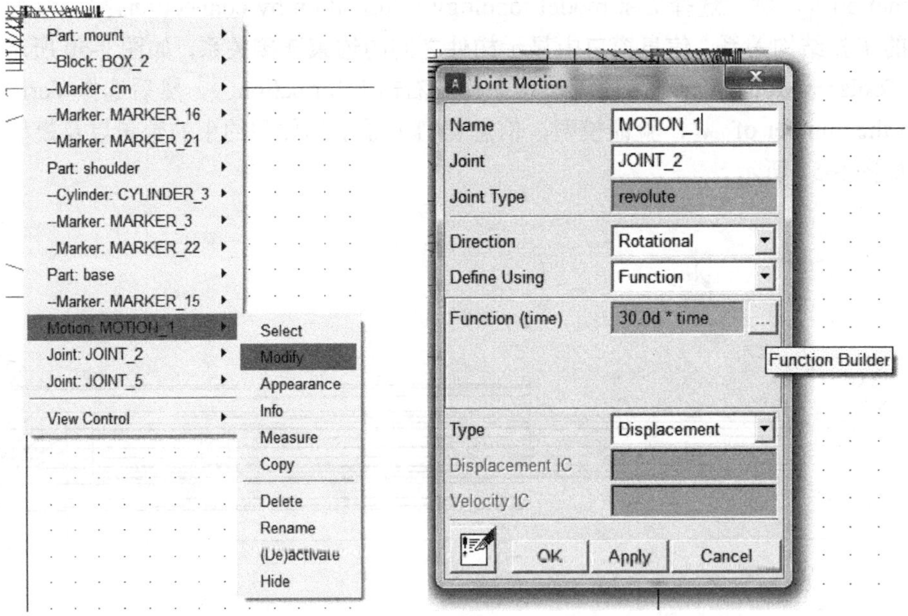

(a) (b)

图 9-52 驱动函数的修改

(2)添加构件 shoulder 绕构件 mount 转动驱动。这里用 STEP 函数来定义转动驱动函数。STEP 函数的格式为

$$\text{STEP}(x, x_0, h_0, x_1, h_1)$$

式中，x 为变量；x_0、x_1 为变量 x 的初始和终止值；h_0、h_1 为对应于 x_0 和 x_1 的函数值。

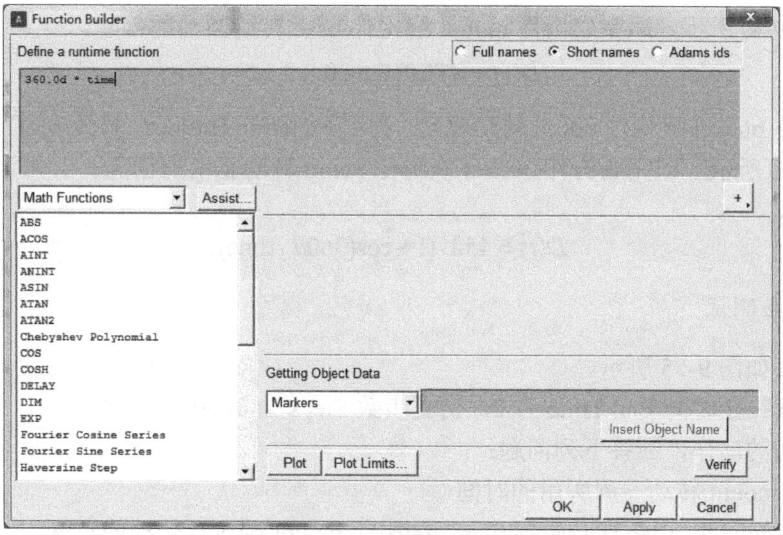

图 9-53 利用 Function Builder 修改驱动函数

对于函数 $D(t)=\text{STEP}(x,x_0,h_0,x_1,h_1)$，其含义为

$$D(t)=\begin{cases} h_0, & x\leqslant x_0 \\ h, & x_0\leqslant x\leqslant x_1 \\ h_1, & x\geqslant x_1 \end{cases} \tag{9-2}$$

式中，h 为由 STEP 函数自动拟合给出的值。

对应上述函数表达式的曲线如图 9-54 所示。

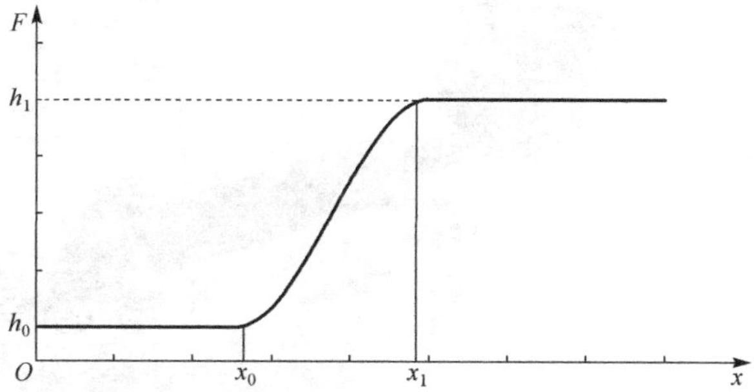

图 9-54 $D(t)=\text{STEP}(x,x_0,h_0,x_1,h_1)$ 函数曲线

利用 Function Builder，修改 MOTION_2 的驱动函数如式(9-3)所示，完成构件 shoulder 绕构件 mount 转动驱动的创建。

$$D(t)=\text{STEP}(\text{time},0,0,0.10,30d) \tag{9-3}$$

注意：由于是按照 Normal to Grid 的方式建立的约束，所添加的驱动可能会出现与模型描述部分(按照右手定则)相反的方向，如果出现这种情况，只需在修改驱动的表达式的前面加上一个负号即可。

(3)添加构件 boom 与构件 shoulder 之间的移动驱动。在操作区 Motions 项中的 Joint Motions 选项区中单击 Translational Joint Motion 图标，然后单击构件 boom 和构件 shoulder 之间的约束 JOINT_4，生成驱动 MOTION_3。利用 Function Builder，修改 MOTION_3 的驱

动函数如式(9-4)所示，即完成构件 mount 绕构件 base 转动驱动的创建。

$$D(t) = \text{STEP}(\text{time},0.8,0,1,5) \tag{9-4}$$

添加构件 bucket 绕构件 boom 转动驱动。利用 Function Builder，修改 MOTION_4 的驱动函数如式(9-5)所示，即完成构件 bucket 绕构件 boom 转动驱动的创建。

(4) 计算。

$$D(t) = 45\text{d} \cdot (1 - \cos(360d \cdot \text{time})) \tag{9-5}$$

7. 仿真与测试

模型仿真如图 9-55 所示。

设置仿真终止时间 End Time 为 2，仿真步数 Steps 为 2000。

观察机构的动作，回答下列问题：

(1) 构件 mount 转动一周所用的时间。

(2) 构件 shoulder 由仿真开始到 0.1s，绕构件 mount 顺时针转动的角度。

(3) 构件 boom 在 0.8～1s 的时间段里伸长的距离。

(4) 构件 bucket 转动的角度范围。

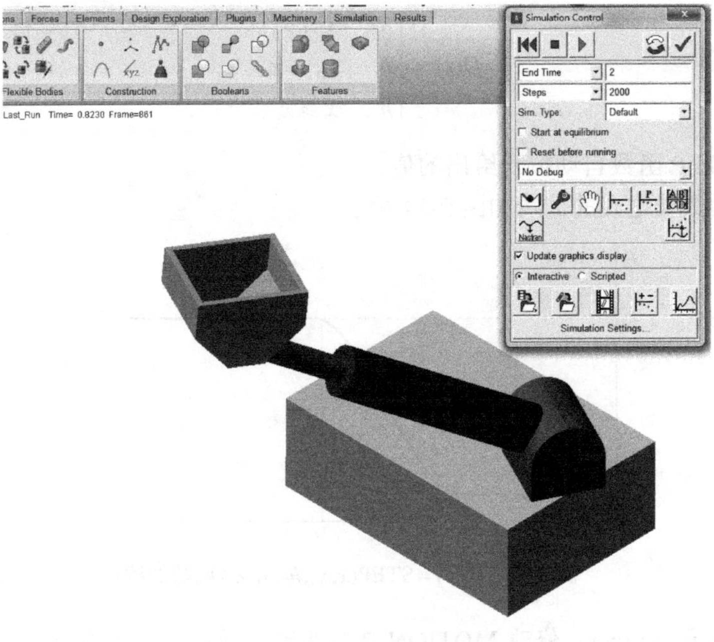

图 9-55 举升机构的仿真

9.3 柔性体建模

在前面 9.2 节和 9.3 节介绍中，假设构件为刚体，认为构件在受到力的作用时不会产生变形，计算时采用多刚体动力学相关理论作为理论准则。在实际应用中，利用这种假设在大多数情况下可以满足要求，但是在一些需要考虑构件变形的特殊情况下，精度往往达不到要求。因此，需要引入多柔体动力学相关理论，把模型的部分构件做成可以产生变形的柔性体来处理。本节介绍利用柔性连接、有限元分析和 ADAMS/Flex 模块 3 种创建柔性体的方法。

9.3.1 离散柔性连接件

1. 设计问题的描述

图 9-56 所示为一曲柄滑块机构。曲柄以 $\omega_1 = 30°/s$ 匀速驱动机构运动，在滑块和地面之间有一个刚度系数为 $K = 10000N/mm$ 的弹簧。设曲柄长 $l_{AB} = 200mm$，宽 $W_{AB} = 30mm$，厚 $D_{AB} = 10mm$；连杆长 $l_{BC} = 500mm$，宽 $W_{BC} = 30mm$，厚 $D_{BC} = 10mm$；滑块为 $100mm \times 100mm \times 100mm$ 的正方体。材料都为普通碳素钢。

试分析当连杆为柔性杆时，执行从动件滑块的运动会发生怎样的改变。

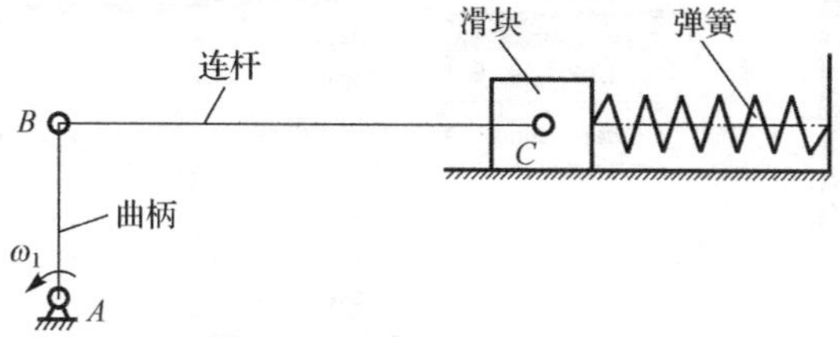

图 9-56　曲柄滑块机构运动简图

2. 创建虚拟样机模型

1) 创建机构模型

根据给定的各构件的几何尺寸，创建曲柄滑块机构的 ADAMS 模型，如图 9-57 所示。曲柄为 crank，滑块为 slider。3 个转动副分别为 JOINT_A、JOINT_B、JOINT_CR，1 个移动副为 JOINT_CT。输入运动为 MOTION_1，弹簧为 SPRING。

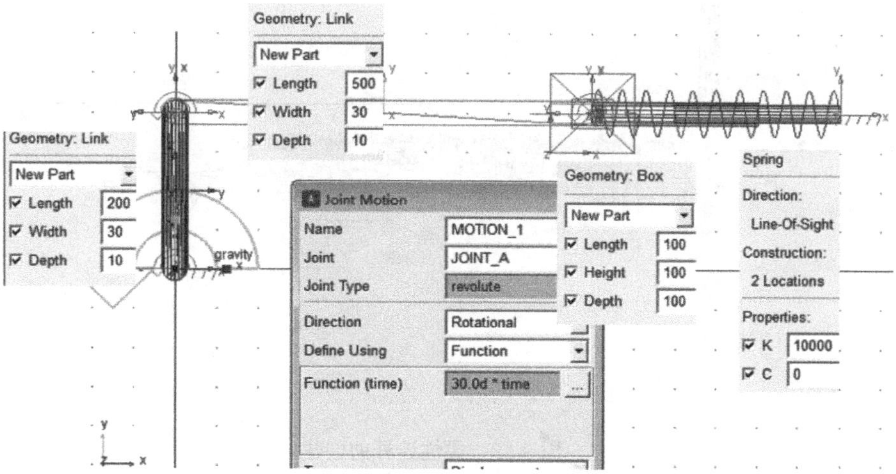

图 9-57　曲柄滑块机构的虚拟样机

2) 创建非连续柔性杆件体

所谓的非连续柔性杆件体，指的是将一个截面形状比较规则的杆件体，用若干段小刚体来替代，各小刚体之间则被自动以梁的形式相连接。

为比较柔性连杆机构和刚性连杆机构的运动差异，首先要复制一个刚创建完成的曲柄滑块机构，并将复制的机构向下移动 300mm，然后将复制机构的连杆删除，如图 9-58 所示。

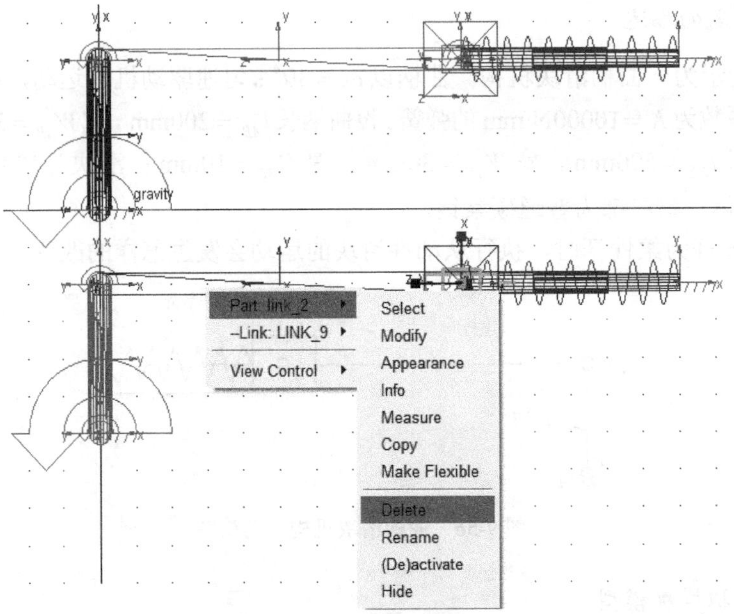

图 9-58　复制机构并删除连杆

再按以下步骤创建一个柔性连杆来替代被删除的刚性连杆，如图 9-59 所示。

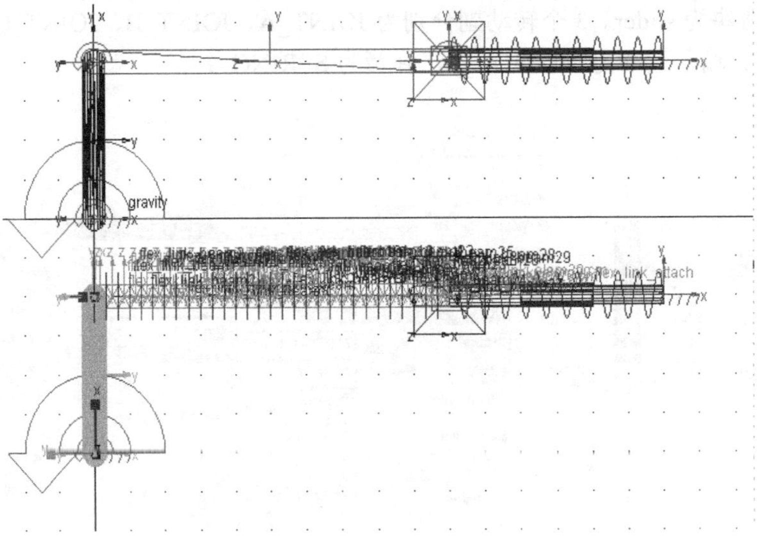

图 9-59　柔性连杆的创建

(1) 在操作区 Bodies 项的 Flexible Bodies 选项区中，单击 Discrete Flexible Link 图标。

(2) 弹出 Discrete Flexible Link 对话框，在 Name 文本框中输入 flex_link。

(3) 在 Segments 文本框中输入 30。

(4) 在 Marker 1 栏中，拾取曲柄 Crank_2 的上端点 MARKER_2。

(5) 在 Attachment 的下拉列表中选择 free。

(6)在 Marker 2 栏中，拾取滑块 slider 的质心点 cm。

(7)在 Attachment 的下拉列表中选择 free。

(8)在 Cross Section 的下拉列表中选择 Solid Rectangular。

(9)在 Orient Marker 栏中，拾取上端点 MARKER_2。

(10)在 Base 文本框中输入 30。

(11)在 Height 文本框中输入 10。

(12)单击 OK 按钮。

需要进行以下几点说明。

(1)定义 Segments 为 30，表示将连杆用 30 个小刚体来代替。

(2)Attachment 的形式还有刚性(rigid)连接和柔性(flexible)连接。当 Attachment 自由(free)时，构成机构时需要再定义柔性体与其他机构的连接方式，如定义运动副等，而如果是刚性连接或柔性连接，则不再需要重新定义连接形式。

(3)截面(Cross Section)形式有实心长方体(Solid Rectangular)、空心长方体(Hollow Rectangular)、实心圆柱体(Solid Circular)、空心圆柱体(Hollow Circular)、工字梁(I Beam)和特征定义(Properties)等。

3)完成柔性连杆机构模型

在曲柄 Crank_2 与柔性连杆第 1 单元 flex_ link_ elem1 之间创建转动副 JOINT_B_2，在滑块 slider_2 与柔性连杆第 30 单元 flex_link_elem30 之间创建转动副 J0INT_CR_2，如图 9-60 所示。

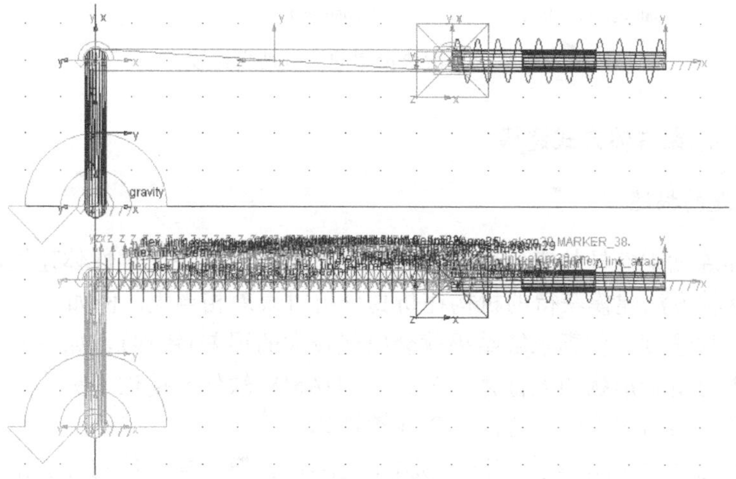

图 9-60　柔性连杆机构的创建

3. 仿真与测试模型

不考虑重力加速度的影响，如图 9-61 所示，以 200 步(Steps 设置为 200)对模型仿真 12s(End Time 设置为 12)，测试滑块质心的 x 方向位置，如图 9-62 所示。

在 ADAMS/PostProcessor 环境下，将图 9-62 所示的两条测量曲线叠加在一起，如图 9-63 所示。从图中可以看出，实线所代表的柔性连杆的曲柄滑块机构中，滑块的运动比刚性连杆的曲柄滑块机构中的滑块运动滞后，这与实际情况相吻合。

最后将模型保存为 chapter9_3_1.bin。

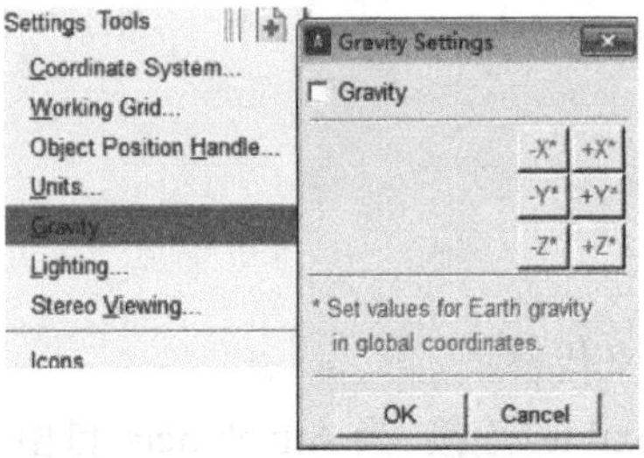

图 9-61　不考虑重力加速度设置

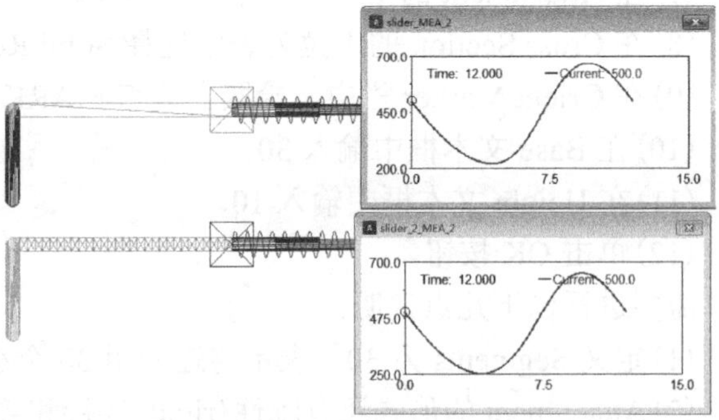

图 9-62　机构的仿真及其测量

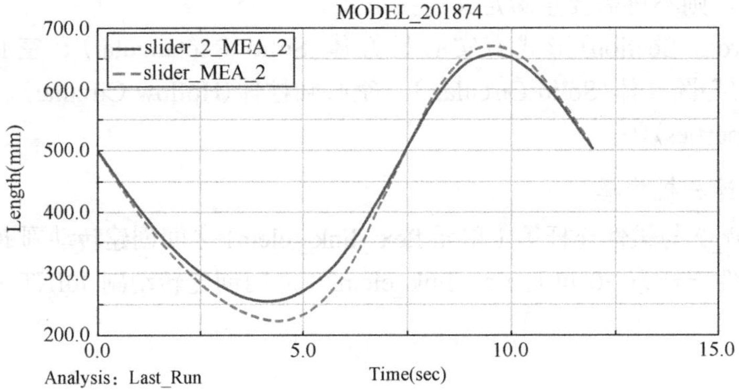

图 9-63　滑块位置的测量结果比较

9.3.2　刚体转换成柔性体方式建模

1. 设计问题的描述

前面采用非连续柔性杆体来创建柔性连杆，虽然初步解决了柔性体建模问题，但进一步应用会发现，这种方法建模获得的机构在仿真分析时误差相当大。例如，在 chapter9_3_1.bin 模型中加上重力加速度，仿真求解结果就会出现较大的误差(错误)，如图 9-64 所示；另外，这种方法不能创建复杂形状的柔性体。为此，ADAMS 软件又提供了另一种柔性体的建模方法，即利用刚体转换为柔性体的方法来创建柔性体。

下面采用与图 9-56 所示完全相同的机构，用刚体转换为柔性体的方法创建具有柔性连杆的曲柄滑块机构。

2. 创建虚拟样机模型

1) 输入机构模型

打开模型文件 chapter9_3_1.bin，并将其另存为 chapter9_3_2. bin。

将模型重命名为 rigid_ to_ flex_ link_ mechanism。

2) 用刚体转化为柔性体的方法创建柔性连杆

按以下步骤创建一个柔性连杆，如图 9-65 所示。

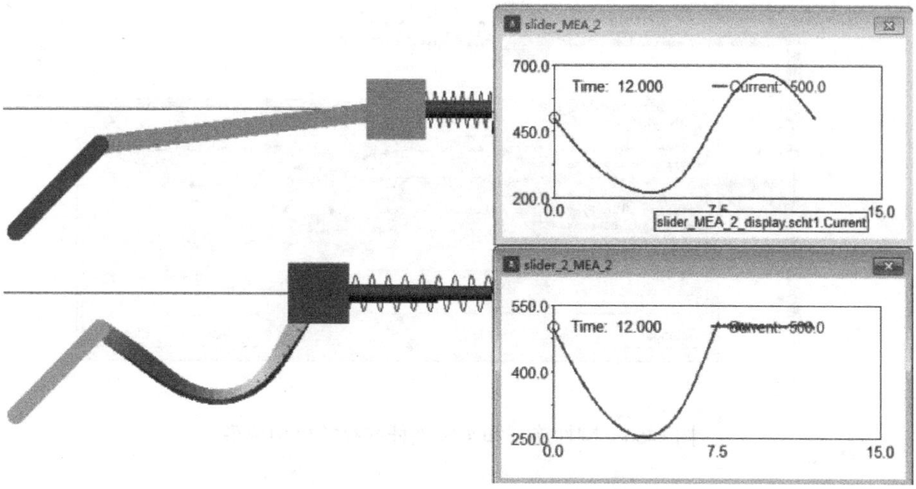

图 9-64　考虑重力加速度时机构的仿真分析

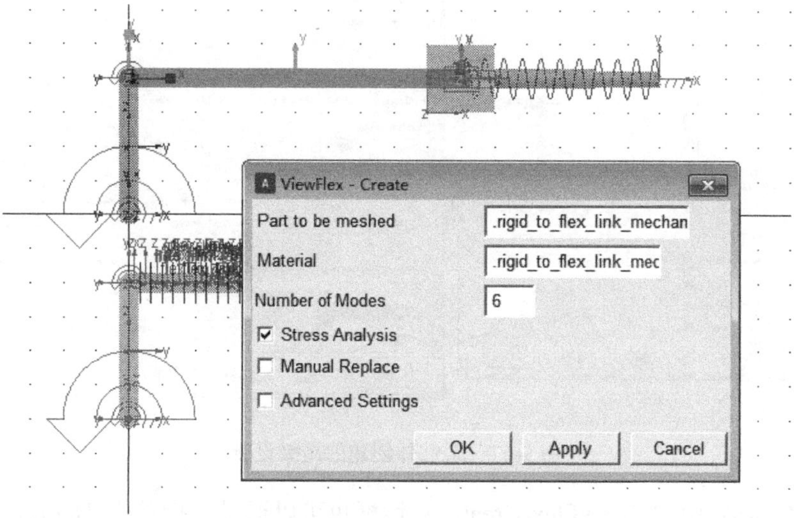

图 9-65　柔性连杆的创建

(1) 单击模型中第 1 个机构中的连杆 link 并选中它。

(2) 在操作区 Bodies 项的 Flexible Bodies 选项区中，单击 Rigid to Flex 图标。

(3) 在弹出的 Make Flexible 对话框中，单击 Create New 按钮。

(4) 在弹出的 ViewFlex-Create 对话框中勾选 Stress Analysis 复选框。

(5) 单击 OK 按钮。

与刚性连杆具有相同质量特征和几何特征的柔性连杆 link_flex 创建完成，并给出相关信息，如图 9-66 所示。进一步分析会发现，原来的刚性连杆还被保留下来，而新创建的柔性连杆是一个独立的未与其他构件连接的杆件。

还可以根据具体需要，进行创建柔性体的高级设置，如图 9-67 所示。例如，可以将单元体的划分由自动方式 Auto 更改为设定尺寸方式 Size，这样对于大型的构件，可以设定大尺寸的单元体，避免柔性体创建时由于单元体太多导致失败。

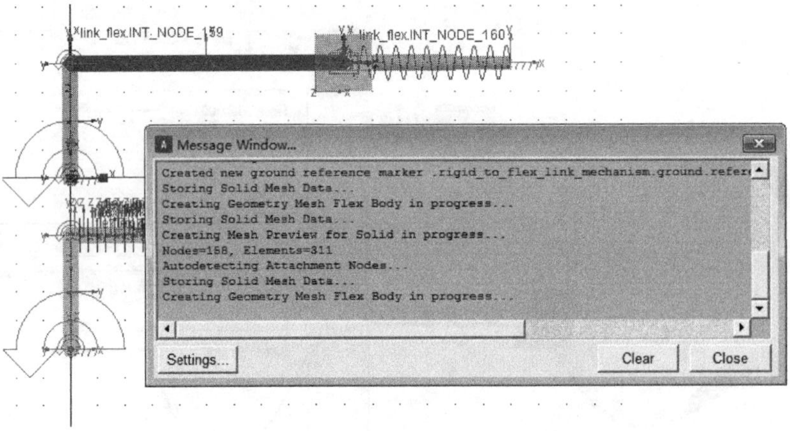

图 9-66　刚性连杆和柔性连杆共存的机构模型

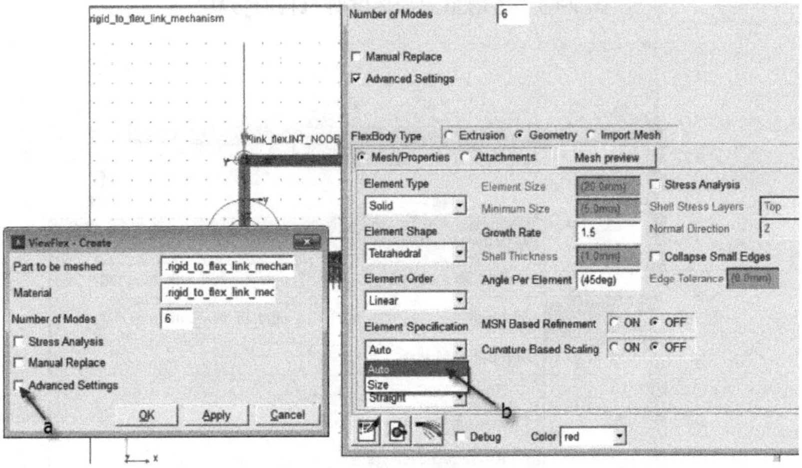

图 9-67　柔性体创建的高级设置

另外，图 9-67 中的 ViewFlex-Create 对话框也可以通过直接单击 Bodies 项中 Flexible Bodies 的 create flex body without MNF import 图标(图 9-68)被显示出来。

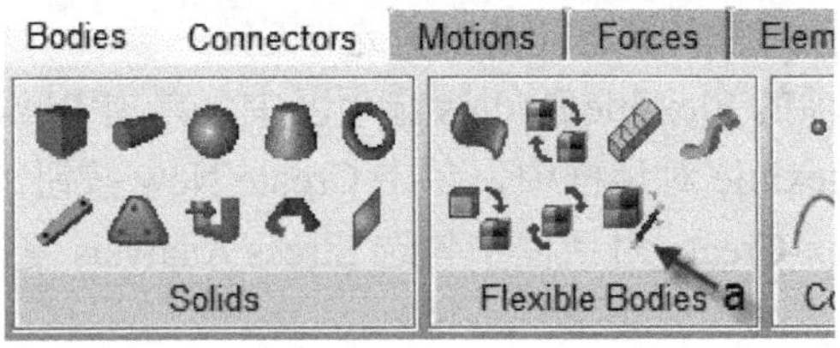

图 9-68　View Flex-Create 对话框的显示

3) 完成柔性连接杆机构模型

因为机构中只要柔性的连杆，所以需要将刚性的连杆 link 删除，再定义柔性连杆 link_flex 与曲柄 crank 和滑块 slider 之间的转动副 JOINT_B 与 JOINT_CR。也可以先将转动副 JOINT_B 和 JOINT_CR 中的 link 更改为 link_flex，再删除刚性连杆，如图 9-69 所示。

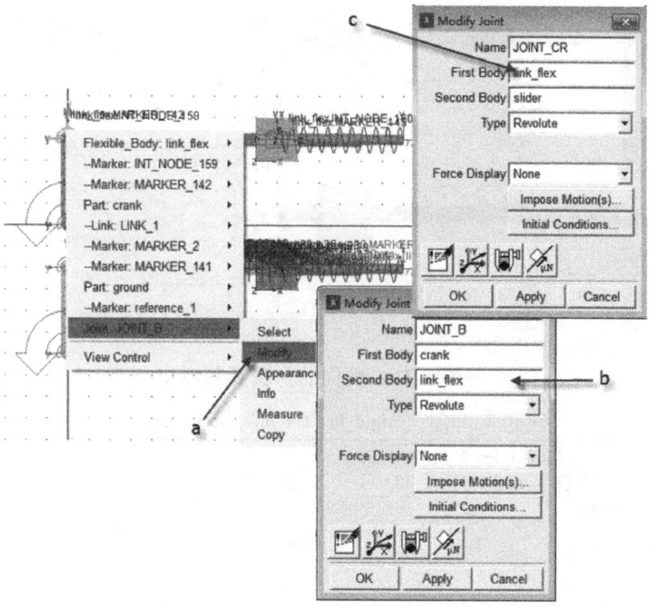

图 9-69　更改转动副 JOINT_B 和 JOINT_CR 的过程

最终完成的柔性连杆的曲柄滑块机构模型如图 9-70 所示。

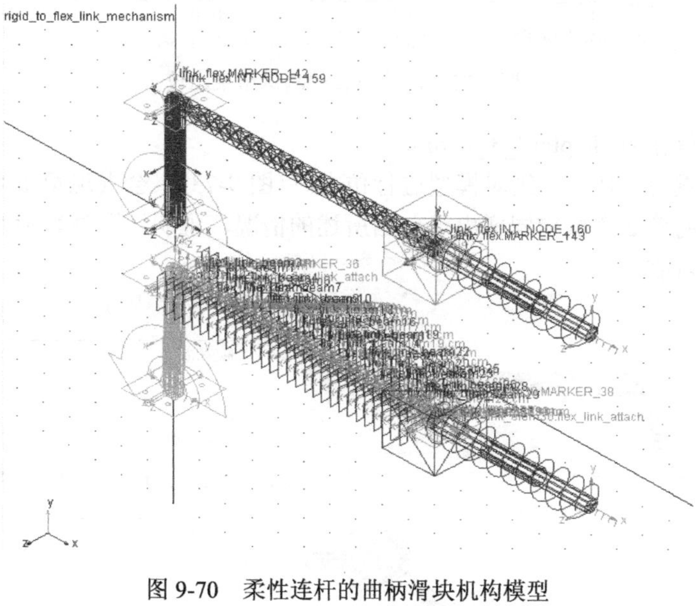

图 9-70　柔性连杆的曲柄滑块机构模型

3. *仿真与测试模型*

不考虑重力加速度的影响，以 200 步(Steps 设置为 200)对模型仿真 12s(End Time 设置为 12)，测试两种模型的滑块质心的 x 方向位置，如图 9-71 所示。

在 ADAMS/PostProcessor 环境下，将图 9-71 所示的两条测量曲线叠加在一起，如图 9-72 所示。从图 9-72 中可以看出，两条曲线完全重合在一起，说明这两种柔性连杆的建模都是可行的。

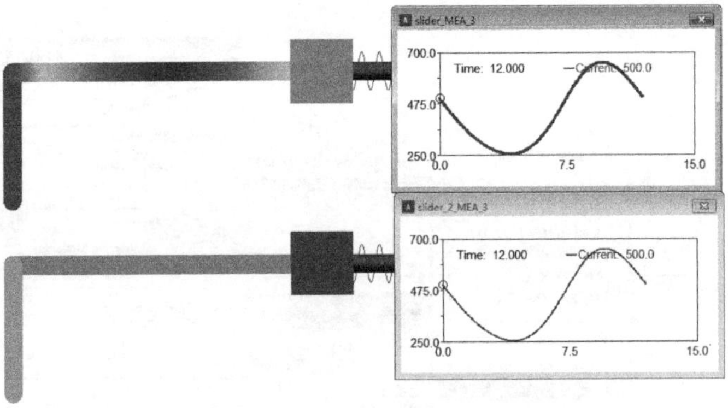

图 9-71　机构的仿真及其测量

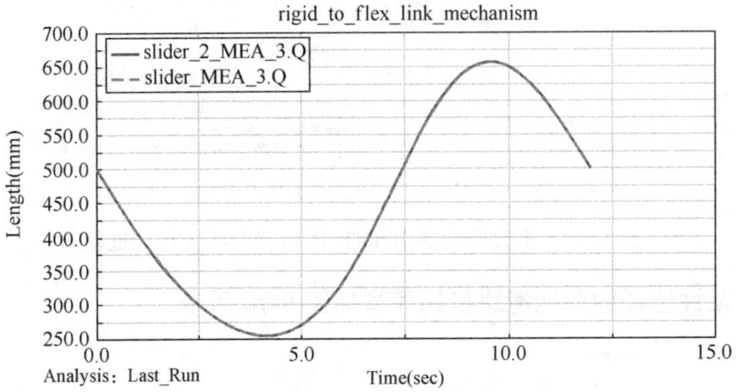

图 9-72　滑块位置的测量结果比较

最后将模型保存为 chapter9_3_2. bin。

如果设定有重力加速度，则对模型进行仿真时(图 9-73)，会发现第 1 个机构可以顺利地完成工作过程，而第 2 个机构同样出现前面所述的情况，说明用刚体转换为柔性体方法创建的柔性体模型更可靠。

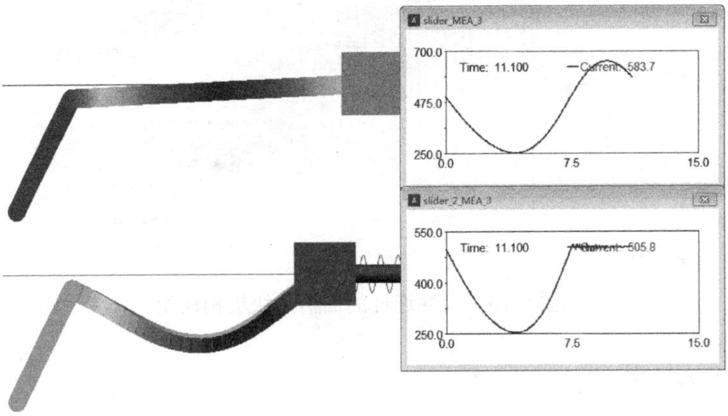

图 9-73　有重力加速度存在情况下的机构仿真

9.3.3　ADAMS/Flex 柔性分析模块

ADAMS/Flex 柔性分析模块是 ADAMS 软件的一个模块，它提供 ADAMS 软件与有限元分析软件 ANSYS、NASTRAN 等之间的双向数据交换接口。利用 ADAMS/Flex 模块，可以考虑比较复杂形体的弹性，在 ADAMS/View 模块中创建出复杂柔性体，进而有效提高机械系统的仿真精度。

1. 设计问题的描述

为方便而又不失实用性，这里还是以图 9-56 所示的曲柄滑块机构为例，考虑连杆为柔性杆的机构运动分析。尝试将 mnf 文件导入 ADAMS/View 模块中，创建柔性连杆的曲柄滑块机构，并对滑块进行位移分析。

2. 创建虚拟样机模型

1) 导入机构模型

打开模型文件 chapter9_1.bin，将模型名称重命名为 mnf_flex_link_mechanism。

2) 修改机构模型

删除连杆后，所剩模型如图 9-74 所示。

图 9-74 删除连杆后的曲柄滑块机构模型

3) 创建柔性连杆

下面根据由 ANSYS 软件生成的 link.mnf 文件来创建柔性连杆。

为方便操作，这里导入的 link.mnf 文件是 ADAMS /View 自带的，方法如图 9-75 所示。

(1) 在操作区 Bodies 项的 Flexible Bodies 选项区中，单击 Rigid to Flex 图标。

(2) 在弹出的 Make Flexible 对话框中，单击 Import MNF 按钮。

(3) 在 Swap a rigid body for a flexible body 对话框中的 Current Part 文本框中创建 link。

(4) 在 MNF File 文本框中输入 ADAMS 软件安装路径下的 link. mnf 文件(可直接输入也可以通过右击浏览选择) D:\MSC.Software\Adams_x64\2014\flex\examples\mnf\link. mnf。

(5) 单击 Align Flex Body CM with CM of Current Part 按钮，确定柔性杆的安放位置。

(6) 单击 OK 按钮。

若图 9-74 所示的机构模型中的连杆 link 已经是柔性杆，现在要用另一个柔性杆来替代它，如用 link. mnf 文件这个柔性杆来替换 chapter9_2. bin 模型中第 1 个机构的柔性连杆，其操作方法与图 9-75 所示的过程类似，如图 9-76 所示。

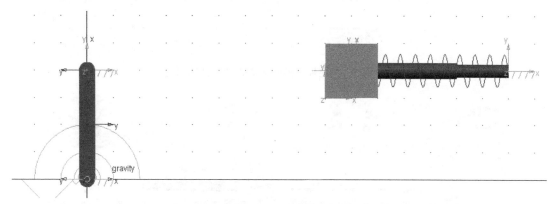

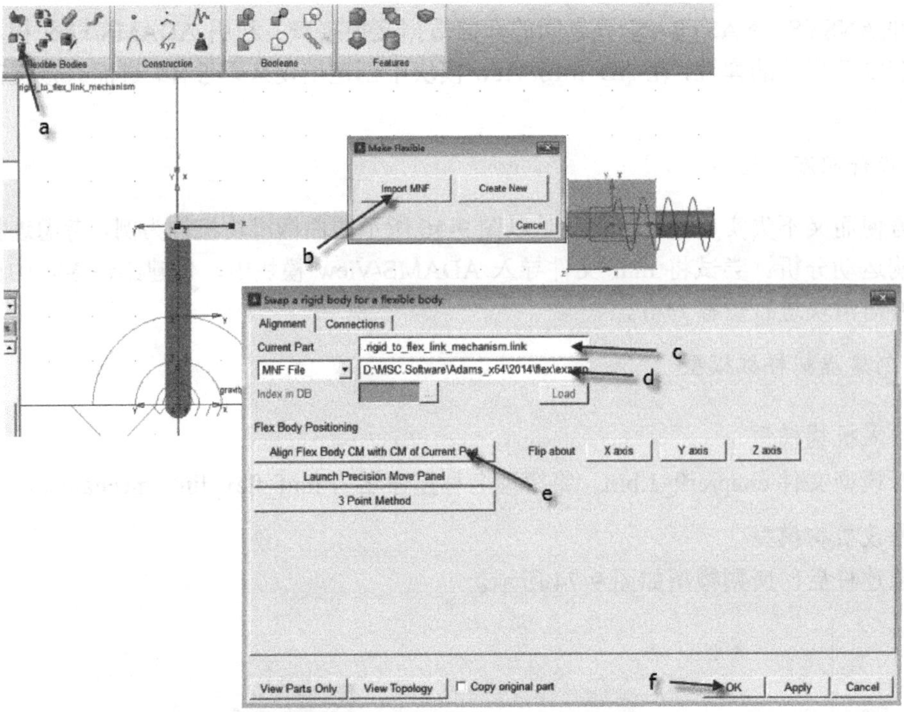

图 9-75　柔性体替换刚体的柔性连杆的创建

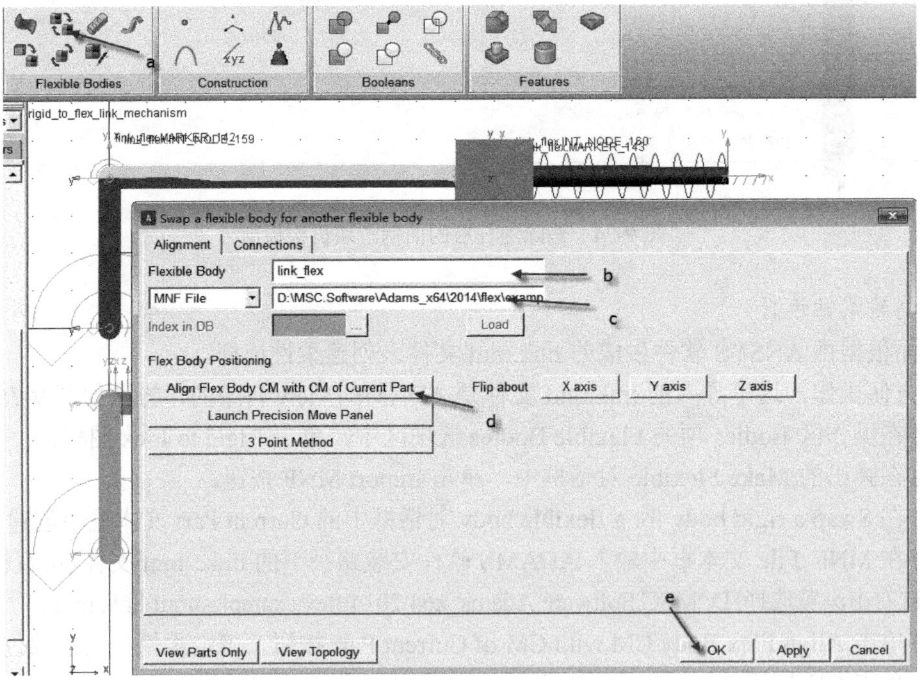

图 9-76　柔性体替换柔性体的柔性连杆创建

(1) 在操作区 Bodies 项的 Flexible Bodies 选项区中，单击 Flex to Flex 图标。

(2) 弹出 Swap a flexible body for another flexible body 对话框，在 Flexible Body 文本框中输入 link_flex。

(3)在 MNF File 文本框中输入 ADAMS 软件安装路径下的 link. mnf 文件(可直接输入也可以通过右击浏览选择)D:\MSC. Software\ Adams\2013_2\flex\examples\mnf\link. mnf。

(4)单击 Align Flex Body CM with CM of Current Part 按钮，确定柔性杆的安放位置。

(5)单击 OK 按钮。

已有的柔性杆被新的柔性杆代替完成。

此外，也可以采用 Launch Precision Move Panel 方法来确定柔性体位置(flex body positioning)。在图 9-75 所示的 Swap a rigid body for a flexible body 对话框中，单击 Launch Precision Move Panel 按钮，通过图 9-77 所示的 Precision Move 对话框所给出的柔性体位置和姿态参数值来确定。因为本例中的柔性连杆的起始位置为(0，200，0)，且处于水平位置，所以输出 C1=0.0，C2 = 200.0，C3=0.0；A1=0.0，A2=0.0，A3=0.0。

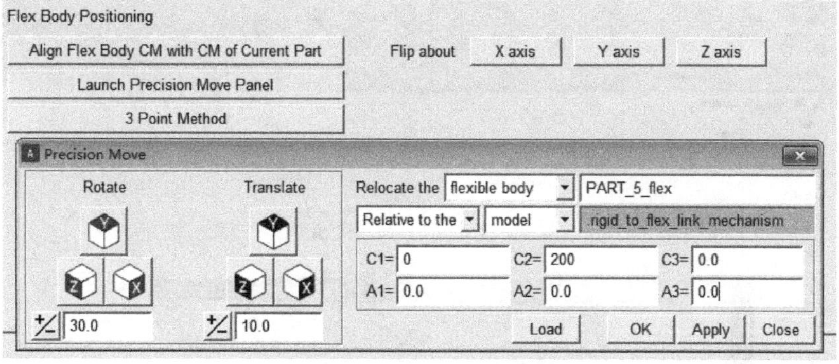

图 9-77　柔性体位置的确定

由此具有柔性连杆的曲柄滑块机构创建完成，如图 9-78 所示。

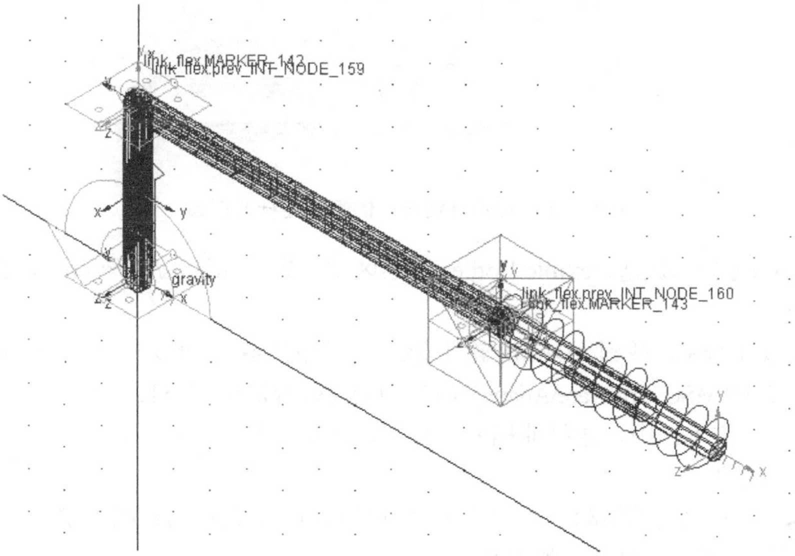

图 9-78　具有柔性连杆的曲柄滑块机构

若刚性连杆 link 不存在，如图 9-79 所示，则柔性连杆的创建方法有所不同。在这种情况下，创建柔性连杆的方法如图 9-80 所示。

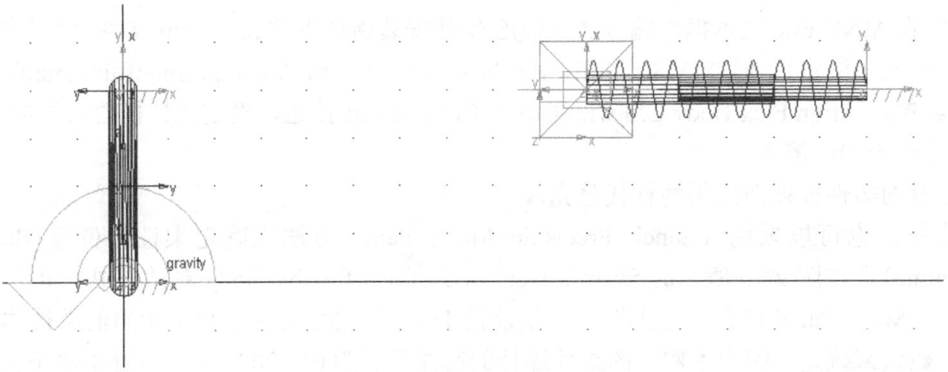

图 9-79　不存在连杆的机构模型

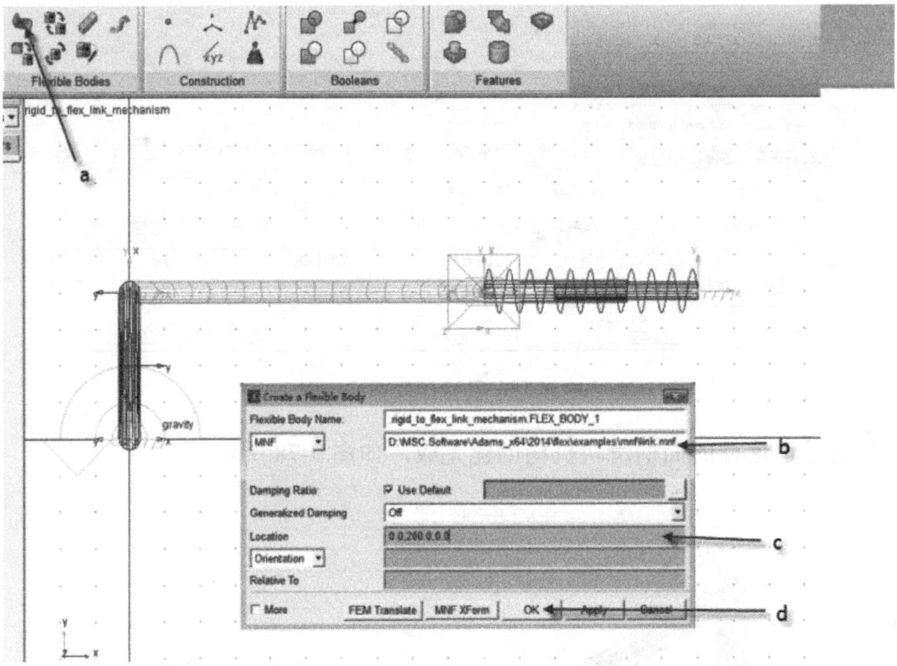

图 9-80　无刚性连杆情况下的柔性连杆的创建

(1) 在操作区 Bodies 项的 Flexible Bodies 选项区中，单击 Adams/Flex: create flex body via MNF import 图标。

(2) 在 MNF 文本框中，找到 ADAMS 软件安装路径下的 link. mnf 文件(可直接输入，也可以通过右击浏览选择) D:\MSC. Software\Adams\2013_2\flex\examples\mnf\link. mnf。

(3) 在 Location 文本框中，选择曲柄的上端点，即(0，200，0)位置。

(4) 单击 OK 按钮。

再创建曲柄与连杆之间的转动副 JOINT_B 和连杆与滑块之间的转动副 JOINT_CR，从而得到连杆为柔性杆的曲柄滑块机构，如图 9-81 所示。

3. 仿真与测试模型

以 200 步(Steps 设置为 200)对模型仿真 12s(End Time 设置为 12)，测滑块质心的 x 方向位置，如图 9-82 所示。

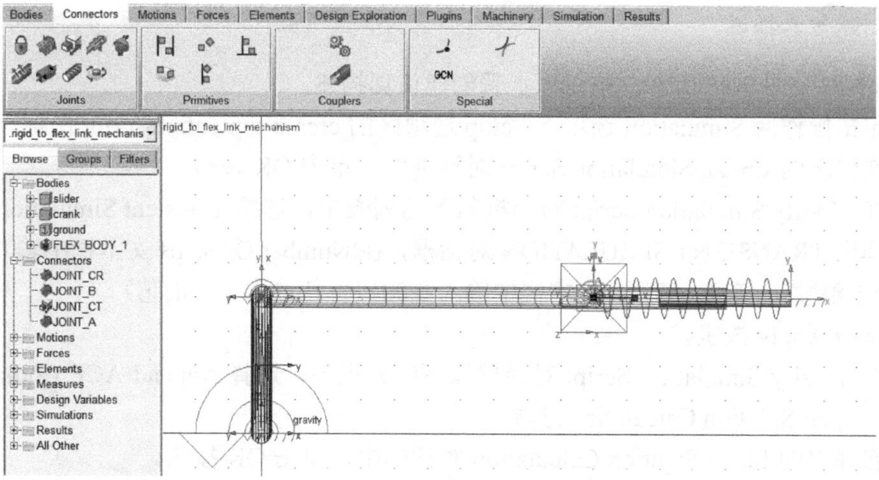

图 9-81　连杆为柔性杆的曲柄滑块机构模型

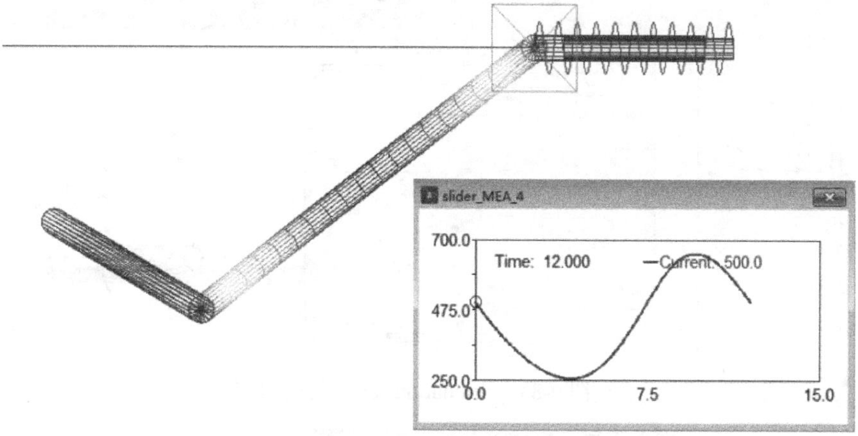

图 9-82　柔性连杆的曲柄滑块机构仿真与测试

分析发现，通过导入 mnf 文件创建的柔性体能更好地满足柔性机构的仿真分析需求，特别是对于复杂形体的构件，采用此方法更具有其无可替代的特点。

最后将模型保存为 chapter9_3_3.bin。

9.3.4　ADAMS/Line 分析模块

1. 设计问题的描述

前面创建了具有柔性连杆的曲柄滑块机构，并对其进行运动分析，得到了柔性杆条件下滑块的位置变化特征，但有关机构的振动特性，通过模型的仿真分析还无法得到。试分析图 9-78 所示柔性连杆机构的振动特性。

2. 打开机构模型文件

打开机构模型文件 chapter9_3_3.bin。

3. 创建仿真描述

如图 9-83～图 9-86 所示，按以下步骤创建仿真描述。

(1) 单击操作区 Simulation 选项下 Setup 选项区的 create simulation script 图标。

(2) 在弹出的 Create Simulation Script 对话框中，单击 OK 按钮。

(3) 在 Modify Simulation Script 对话框靠下的列表中，选择 Transient Simulation 选项。

(4) 弹出 TRANSIENT SIMULATION 对话框，在 Number Of Steps 文本框中输入 1000(可任选大于 1 整数)，在 End Time 文本框中输入 0.001(可任选大于 0 的值)。

(5) 单击 Apply 按钮。

(6) 在 Modify Simulation Script 对话框靠下的列表中，选择 Append ACF Command 下拉列表中的 Eigen Solution Calculation 选项。

(7) 在弹出的 Eigen Solution Calculation 对话框中，单击 OK 按钮。

(8) 在 Modify Simulation Script 对话框中，单击 OK 按钮。

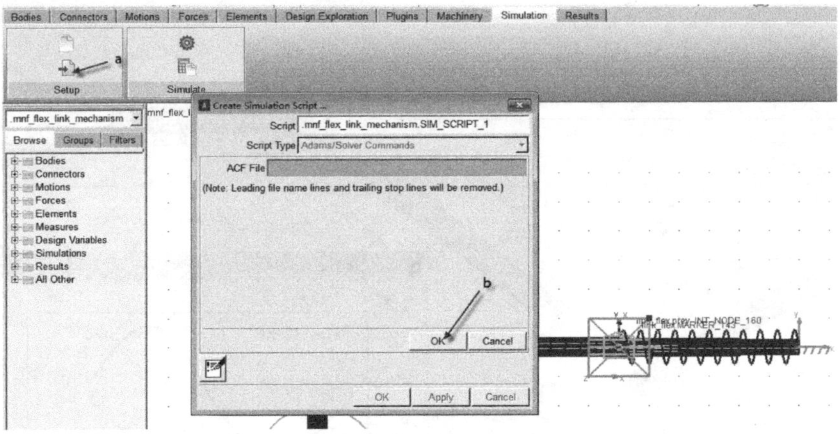

图 9-83 simulation script 的创建

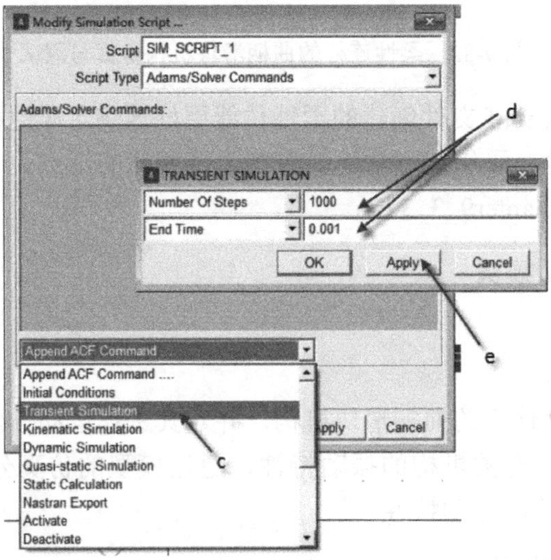

图 9-84 瞬态仿真描述的创建

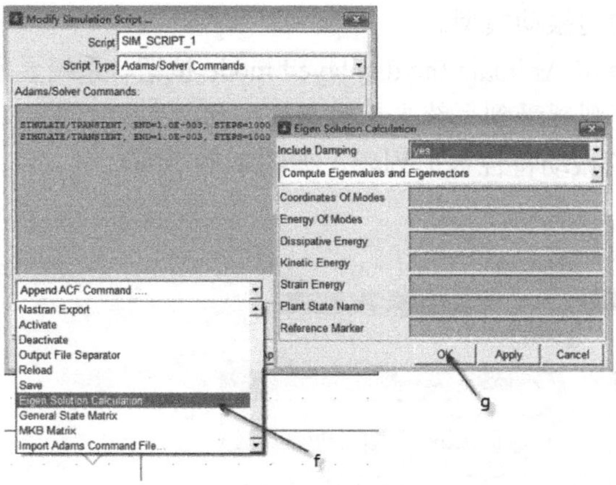

图 9-85　模态仿真描述的创建

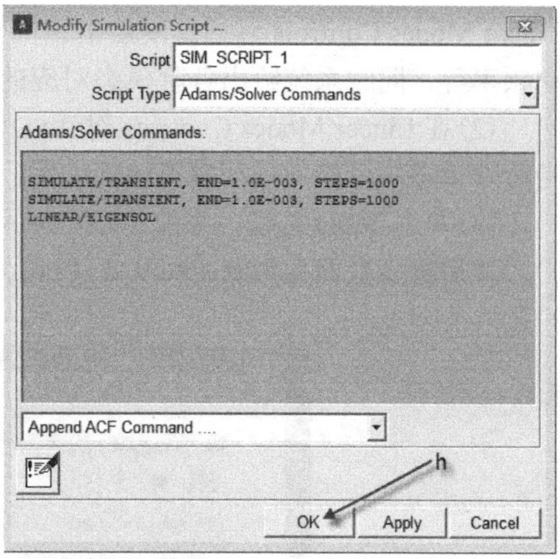

图 9-86　Simulation Script_3 创建的最终结果

4. 仿真模型

仿真模型如图 9-87 所示。

(1) 在操作区 Simulation 选项的 Simulate6 选项区中，单击 simulation control 图标。

(2) 在弹出的 Simulation Control 对话框中，单击 Start simulation 按钮。

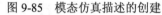

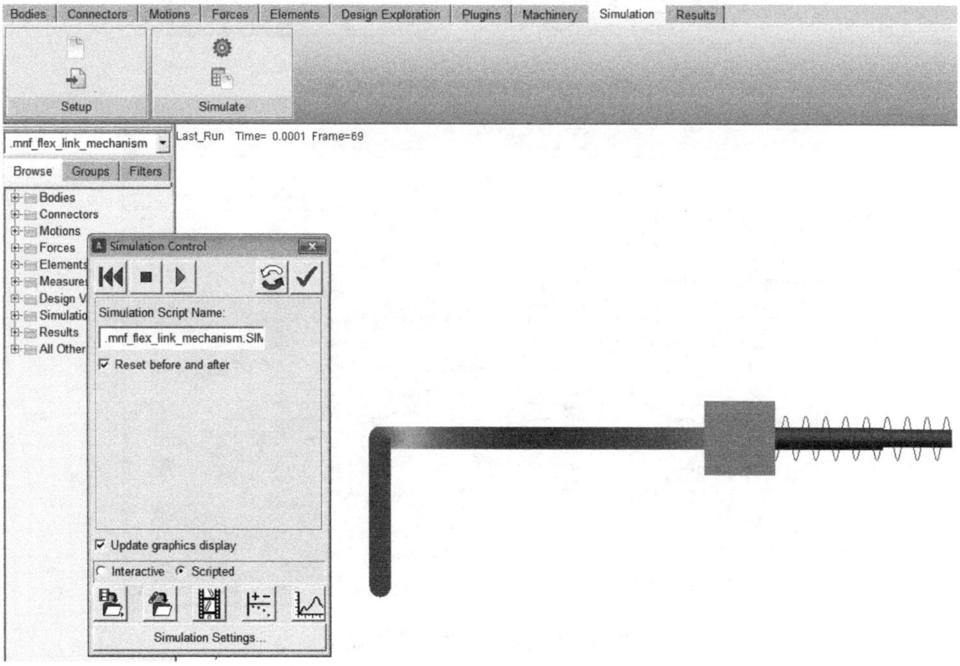

图 9-87　柔性连杆机构的模型仿真

5. 机械系统振动特性分析

机械系统振动特性的查看如图 9-88 所示。

(1) 在 Simulation Control 对话框中，单击 Switch to linear modes controls 按钮，系统在

Linear Modes Controls 对话框中给出该机构的振动特性信息，如共 23 阶模态、每阶模态的振动频率等，同时系统给出各阶模态对应的机构的振动模型。

(2) 在 Linear Modes Controls 对话框中，单击 Animate the displayed mode 按钮，系统显示当前阶模态的机构的振动模拟动画，用户可直观感受到系统当前模态的振动状态。

(3) 单击 Table 按钮，系统给出机械系统的振动特性数值列表，如图 9-89 所示。

最后将模型保存为 chapter9_3_4.bin。

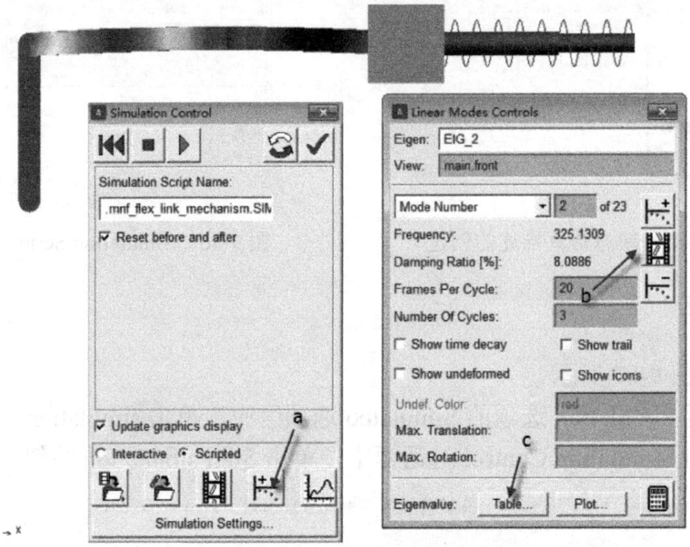

图 9-88　机构振动特性的查看

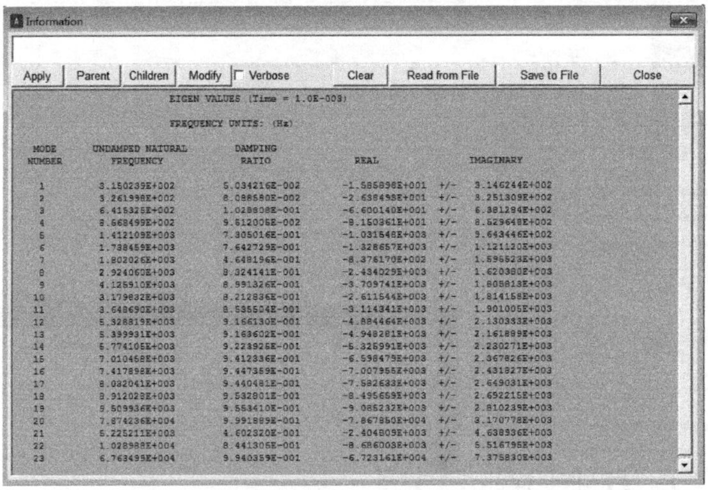

MODE NUMBER	UNDAMPED NATURAL FREQUENCY	DAMPING RATIO	REAL		IMAGINARY
1	3.150239E+002	5.034216E-002	-1.585898E+001	+/-	3.146244E+002
2	3.261998E+002	8.088680E-002	-2.638498E+001	+/-	3.251309E+002
3	6.415325E+002	1.028808E-001	-6.600140E+001	+/-	6.381294E+002
4	8.668499E+002	9.612006E-002	-8.150361E+001	+/-	8.629648E+002
5	1.412109E+003	7.305016E-001	-1.031548E+003	+/-	9.643446E+002
6	1.738459E+003	7.642729E-001	-1.328657E+003	+/-	1.121120E+003
7	1.802026E+003	4.648196E-001	-8.376170E+002	+/-	1.595523E+003
8	2.924060E+003	8.324141E-001	-2.434029E+003	+/-	1.620380E+003
9	4.125910E+003	8.991326E-001	-3.709741E+003	+/-	1.805813E+003
10	3.179832E+003	8.212836E-001	-2.611544E+003	+/-	1.814158E+003
11	3.648690E+003	8.535504E-001	-3.114341E+003	+/-	1.901005E+003
12	5.328819E+003	9.166130E-001	-4.884464E+003	+/-	2.130333E+003
13	5.399931E+003	9.163602E-001	-4.948281E+003	+/-	2.161889E+003
14	5.774105E+003	9.223926E-001	-5.325991E+003	+/-	2.230271E+003
15	7.010468E+003	9.412336E-001	-6.598479E+003	+/-	2.367826E+003
16	7.417898E+003	9.447359E-001	-7.007955E+003	+/-	2.431827E+003
17	8.032041E+003	9.440481E-001	-7.582633E+003	+/-	2.649031E+003
18	8.912028E+003	9.532801E-001	-8.495659E+003	+/-	2.692215E+003
19	9.509936E+003	9.553410E-001	-9.085232E+003	+/-	2.810239E+003
20	7.874236E+004	9.991889E-001	-7.867850E+004	+/-	3.170778E+003
21	5.225211E+003	4.602320E-001	-2.404809E+003	+/-	4.638936E+003
22	1.028988E+004	8.441305E-001	-8.686003E+003	+/-	5.516795E+003
23	6.763495E+004	9.940359E-001	-6.723161E+004	+/-	7.375830E+003

图 9-89　振动特性的数值显示

9.4　参数化设计与优化计算

本节首先介绍 ADAMS/View 的参数化处理方法及其提供的三种类型的参数化分析方法：设计研究、实验设计和优化分析，然后通过弹簧挂锁的工程实例给出机构优化分析的基本步骤。

9.4.1 参数化设计与优化分析的基本步骤

1. 参数化设计

ADAMS 提供了强大的参数化建模功能。在建立模型时，根据分析需要，确定相关的关键变量，并将这些关键变量设置为可以改变的设计变量。分析时，只需要改变这些设计变量值的大小，虚拟样机模型自动得到更新。如果需要仿真根据事先确定好的参数进行，可以由程序预先设好一系列可变的参数，ADAMS 自动进行系列仿真，以便于观察不同参数值下样机性能的变化。进行参数化建模时，确定好影响样机性能的关键输入值后，ADAMS/View 提供了以下 4 种参数化处理方法。

(1) 参数化点坐标：在建模过程中，点坐标主要用于定位几何形体、约束点和载荷作用点。将点坐标参数化，可以自动修改与参数点相关联的对象。

(2) 使用设计变量：通过使用设计变量，可以方便地修改模型中的任何对象。

(3) 运动参数化：通过对样机指定运动轨迹的参数化处理，可以方便地指定和分析样机可能出现的各种运动方式。

(4) 使用参数表达式：参数表达式是使用最广泛的一种参数化途径。当以上 3 种方法不能表达对象间的复杂关系时，可以通过参数表达式来进行参数化。

参数化的模型可以使用户方便地修改模型而不用考虑模型内部之间的关联变动，而且可以达到对模型优化的目的。参数化机制是 ADAMS 中重要的机制。

2. 参数化分析与优化计算

ADAMS/View 的参数化分析功能有利于分析设计参数变化对样机性能的影响。在参数化分析过程中，ADAMS/View 采用不同的设计参数值，自动地运行一系列仿真分析，然后返回分析结果。通过对参数化分析结果的分析，获得一个或多个参数变化对样机性能的影响，找到最优化的样机。

ADAMS/View 提供了以下 3 种类型的参数化分析过程，包括设计研究(design study)、实验设计(design of experiments，DOE)和优化分析(optimization)。

1) 设计研究

在建立好参数化模型后，当取不同的设计变量，或者当设计变量值的大小发生改变时，在仿真过程中，样机的性能将会发生变化。而样机的性能怎样变化，这是设计研究主要考虑的内容。在设计研究过程中，设计变量按照一定的规则在一定的范围内进行取值。根据设计变量值的不同，进行一系列仿真分析。在完成设计研究后，输出每次仿真分析的结果。通过每次分析结果的研究，用户可以得到以下内容：

(1) 设计变量的变化对样机性能的影响。

(2) 设计变量的最佳取值。

(3) 设计变量的灵敏度，即样机有关性能对设计变量值的变化的敏感程度。

2) 实验设计

实验设计考虑在多个设计变量同时发生变化时，各设计变量对样机性能的影响。实验设计包括设计矩阵的建立、实验结果的统计分析等。最初，实验设计用在物理实验上，但将其用在虚拟实验上的效果也很好。传统上的实验设计费时费力，使用 ADAMS 的实验设计可以增加获得结果的可信度，并且在得到结果的速度上比试错法实验或者一次测试一个因子的实验更快，同时有助于用户更好地理解和优化机械系统的性能。

总的说来，ADAMS 中的实验设计是安排实验和分析实验结果的一整套步骤与统计工具，实验的目的就是测量出虚拟样机模型的性能、制造过程的产量或者成品的质量。

实验设计有以下 5 个基本步骤：

(1) 确定实验目的。例如，想确定哪个变量对系统影响最大。

(2) 为系统选择想考察的因素集，并设计某种方法来测量系统的响应。

(3) 确定每个因素的值，在实验中将因素改变来考察对实验的影响。

(4) 进行实验，并将每次运行的系统性能记录下来。

(5) 分析在总的性能改变时，哪些因素对系统的影响最大。

3) 优化分析

ADAMS 环境提供了参数化建模与系统优化功能。在建立模型时，根据分析需要，确定相关的关键变量，并将这些关键变量设置为可以改变的设计变量。优化是指在系统变量满足约束条件下使目标函数取最大值或者最小值。目标函数是用数学方程来表示模型的质量、效率、成本、稳定性等。使用精确数学模型时，最优的函数值对应着最佳的设计。目标函数中的设计变量对需要解决的问题来说应该是未知数，并且设计变量的改变将会引起目标函数的变化。在优化分析过程中，可以设定设计变量的变化范围，施加一定的限制以保证最优化计算处于合理的取值范围。

另外，对于优化来说，还有一个重要的概念是约束。有了约束才使目标函数的解为有限个，有了约束才能排除不满足条件的设计方案。

一般来说，优化分析问题可以归结为：在满足各种设计条件和在指定的变量变化范围内，通过自动地选择设计变量，由分析程序求取目标函数的最大值或最小值。

虽然 Insight 也有优化的功能，但两者还是有区别的，并且互相补充。实验设计主要通过改变这些设计变量值的大小，利用相对灵敏度分析结果研究哪些因素的影响比较大，并且还调查这些因素之间的关系；而优化分析着重于获得最佳目标值。实验设计可以对多个因素进行实验分析，确定哪个因素或者哪些因素的影响较大，然后可以利用优化分析的功能对这些影响较大的因素进行优化，这样可以达到有效提高优化分析算法的运算速度和可靠性。

9.4.2 参数化设计与优化分析实例

1. 问题描述

图 9-90 所示为一种弹簧挂锁的虚拟样机模型，被用于 Apollo 登月计划中夹紧登月舱和指挥服务舱。

设计要求：

(1) 能产生至少 800N 的夹紧力。

(2) 手动夹紧，用力不大于 80N。

(3) 手动松开时做功最少。

(4) 必须在给定的空间内工作。

(5) 有振动时，仍能保持可靠夹紧。

图 9-90 所示是一种称为闩锁的夹紧机构。夹紧机构包括：摇臂(pivot)、手柄(handle)、锁钩(hook)、连杆(slider)和固定块(ground block)等物体。其中，摇臂和大地(ground)之间、摇臂和手柄之间、手柄和连杆与锁钩(hook)之间为铰链副：锁钩和固定块(ground block)之间为点面约束副；固定块与大地固结在一起；在手柄有一个作用力，用于驱动机构运动，使其产生夹紧力：在锁钩和大地之间有一弹簧，用于测量夹紧机构的夹紧力。这种夹紧装置机构广泛应用于各种连接中，如集装箱门的锁紧等。试用虚拟样机技术对闩锁夹紧机构进行参数化建模和优化设计分析。

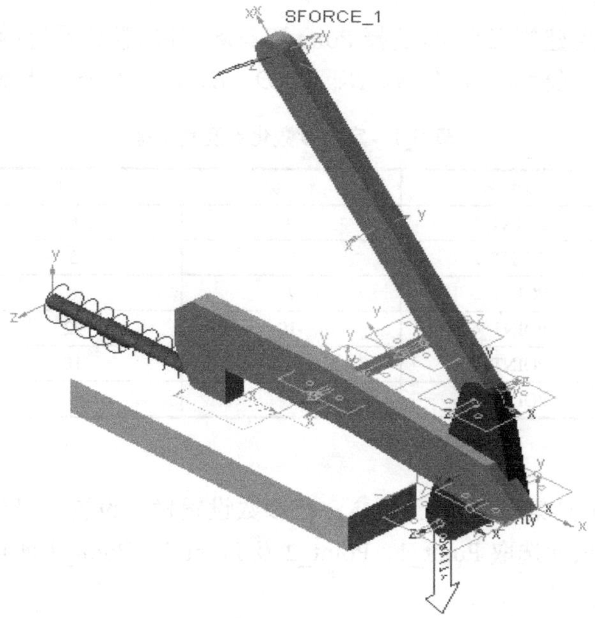

图 9-90　夹紧机构

2. *启动 ADAMS/View 设置操作环境*

(1) 双击桌面上 ADAMS/View 的快捷图标，打开 ADAMS/View，在欢迎对话框中选择 Create a new model，输入文件名 Latch，单击 OK 按钮。

(2) 创建新模型后，在 ADAMS/View 工作窗口的左上角显示有模型的名称。如果 ADAMS/View 中没有默认设置为经典界面，可选择菜单栏中的 Settings→Interface Style→Classic 可以将界面切换为经典界面。

(3) 设置背景。在 Setting 菜单中选择 View Background Color 命令，ADAMS/View 将显示一个背景颜色选择对话框，自定义背景颜色为白色，单击 OK 按钮。

(4) 设置单位。在 Setting 菜单中选择 Units 命令，显示单位对话框；在 Length 栏，选择 centimeter，采用自定义单位系统(CM，KG，N，SEC，DEG，H)，单击 OK 按钮。

(5) 设置工作栅格。在 Setting 菜单中选择 Working Grid 命令，显示工作栅格设置对话框，设置：size=25，spacing=l，单击 OK 按钮，设置好工作栅格。

(6) 设置图标。在 Setting 菜单中选择 Icons 命令，显示图标设置对话框；在 NewSize 栏输入 2，单击 OK 按钮。

(7) 调整视图。在主工具箱中选择动态选择视图工具，放大栅格。

(8) 检查重力设置。在 Settings 菜单中选择 Gravity 命令；当前的重力设置应该为：X=0，Y= –9.80665，Z=0，选择 Gravity，单击 OK 按钮。

(9) 按 F4 键，显示坐标窗口。

(10) 在 File 菜单中选择 Select Directory 命令，设置 ADAMS 默认存盘目录。

3. 建立弹簧挂锁机构模型

1) 创建参数化点

在主工具箱的几何建模工具集，选择 Point 工具；使用默认设置：Add to Ground 和 Don't Attach。根据表 9-1 的坐标值，产生 A、B、C、D、E、F 等 6 个设计点，如图 9-91 所示。

表 9-1　定义参数化点及其坐标

设计点	变量名	X 坐标	Y 坐标	Z 坐标
A	POINT_1	0	0	0
B	POINT_2	3	3	0
C	POINT_3	2	8	0
D	POINT_4	-10	22	0
E	POINT_5	-1	10	0
F	POINT_6	-6	5	0

2) 创建摇臂

(1) 在几何建模工具集中选取工具；在参数设置栏，设置：Thickness=1，Radius=2。根据状态栏的提示，依次选取 Point_1，Point_2 及 Point_3，Point_1 四点，右击创建摇臂，如图 9-92 所示。

(2) 右击，在快捷菜单中选择 part: PART_2，再选择 Rename，在对话框中输入新名.Latch.pivot，单击 OK 按钮。

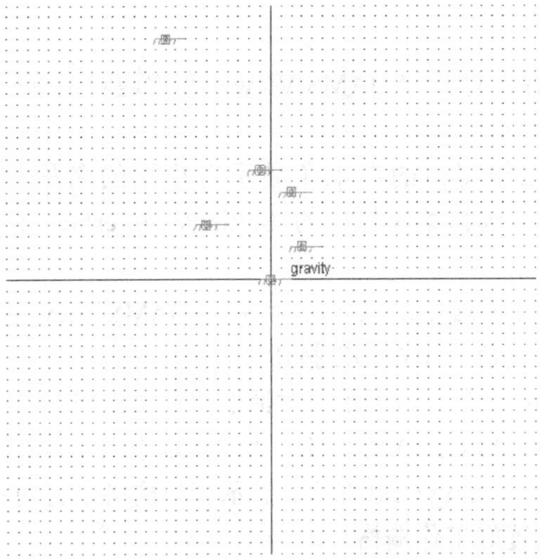

图 9-91　创建 6 个设计点

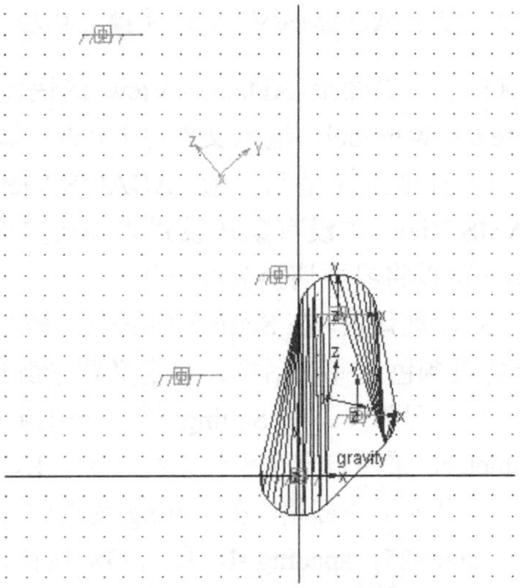

图 9-92　摇臂模型

3) 创建手柄

(1) 在几何建模工具集选取工具，依次选取 Point_3 及 Point_4，创建手柄，如图 9-93 所示。

(2) 右击选择手柄，在弹出的快捷菜单中选择 part: PART_3，再选择 Rename；在对话框中输入新名.Latch.handle。

4) 创建锁钩

(1) 在几何建模工具集选取工具，在 Length 中输入 1，根据表 9-2 给出的参数化坐标值，依次在屏幕上选取各点，右击完成创建滑钩，如图 9-94 所示。

(2) 右击选择枢纽，在弹出的快捷菜单中选择 part: PART_4，再选择 Rename，将滑钩改名为.Latch.hook。

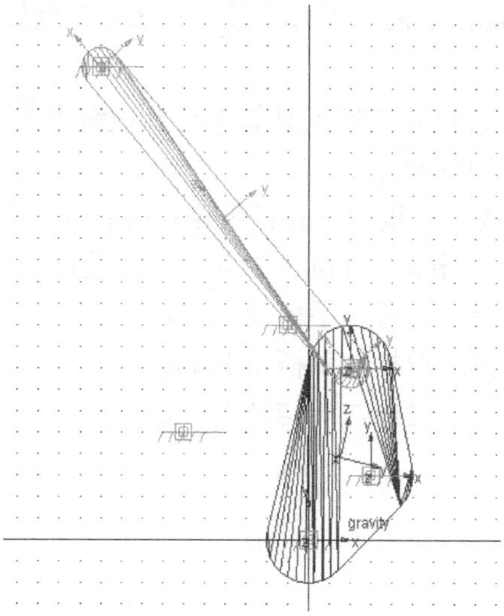

图 9-93　创建手柄后的模型

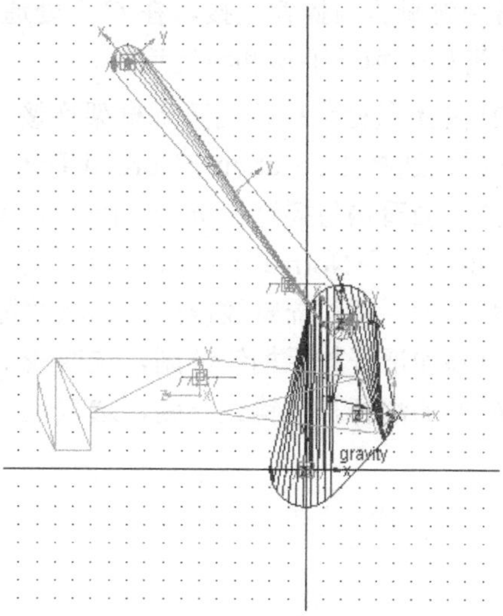

图 9-94　创建锁钩后的模型

表 9-2　滑钩建模坐标值

点坐标	*X* 坐标	*Y* 坐标	*Z* 坐标
1	5	3	0
2	3	5	0
3	–6	6	0
4	–14	6	0
5	–15	5	0
6	–15	3	0
7	–14	1	0
8	–12	1	0
9	–12	3	0
10	–5	3	0
11	4	2	0

(3) 右击选择滑钩，可以看到滑钩上出现许多亮点(热点)，拖动亮点可以改变滑钩形状。在主工具箱中选择命令，可以放弃最后一步操作。

5) 创建滑杆

(1) 在几何建模工具集选取工具，依次选取 Point_5 及 Point_6，创建滑杆，如图 9-95 所示。

(2) 右击选择滑杆，将滑杆改名为 Latch.slider。

6) 创建闩锁固定支架

(1) 在几何建模工具集中选取工具；在参数设置区，将构建方式选项由 New Part 改为 On Ground；依次选取点(–2，1，0)，(–18，0，0)，创建固定支架，如图 9-96 所示。

(2) 右击选择固定支架，将固定支架改名为 Latch.ground.block。

7) 添加铰链副

(1) 如图 9-96 所示，夹紧机构在 *A* 点处通过铰链副将摇臂同基础框架连接，在 *B* 点处通过铰链副将滑钩与摇臂连接，在 *C* 点处通过铰链副将手柄与摇臂连接，在 *D*、*F* 点处通过铰链副将滑杆分别同手柄和滑钩连接。

(2) 在 *A* 点处将摇臂同基础框架连接，在主工具箱的连接工具集中选择铰链副，在参数设置栏，选择 1 Location→Normal To Grid；选取 Point_1 点。

(3) 添加滑钩与摇臂铰链副。在主工具箱的连接工具集中选择铰链副：在参数设置栏，选择 2 Bod-1 Loc→Normal To Grid；依次选择：摇臂、滑钩及 Point_2 点，完成设置。

(4) 添加手柄与摇臂铰链副，选取铰链副后选择：摇臂，手柄及 Point_3。

(5) 添加滑杆与手柄铰链副，选取铰链副后选择：滑杆，手柄及 Point_5。

(6) 添加滑杆与滑钩铰链副，选取铰链副后选择：滑杆，滑钩及 Point_6。

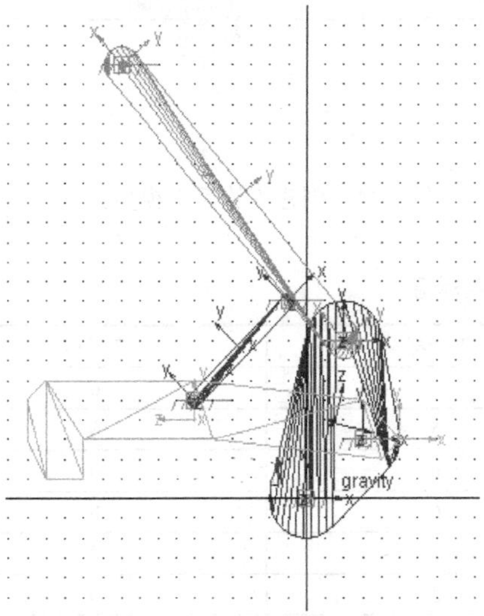

图 9-95　创建滑杆后的模型

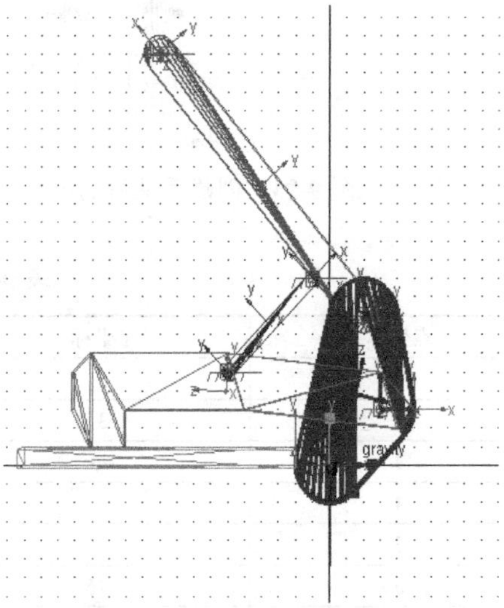

图 9-96　创建固定块后的模型

8) 添加点_面约束副(低副)

(1) 在主工具箱中选择动态选择视图工具，局部放大滑钩。

(2) 在 Build 菜单中选择 Joint，显示连接对话框，选择工具，在参数栏设置 2 Bodies-1 Location 及 Pick Geometry Feature。依次选取固定支架、滑钩、点(–12，1，0)；拖动鼠标，当出现如图 9-97 所示的箭头方向时，单击。

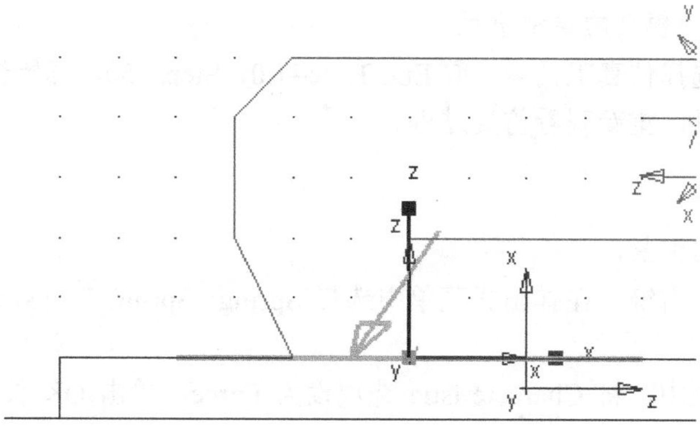

图 9-97　创建低副

9) 创建弹簧

在主工具箱施加力工具集，选择拉压弹簧阻尼器工具，在参数栏：选择弹簧刚性系数 *K*，输入 *K*=800，选择阻尼系数 *C*，输入 *C*=0.5。选取点(–14，1，0)处的滑钩顶点，注意应选取在滑钩的顶点上(hook.Extrusion_9.V16)，而不是坐标点上；再选取点(–23，1，0)。

10) 创建手柄力

(1) 在主工具箱施加力工具集，选择单作用力工具，在弹出的对话框中依次选择 Space Fixed→Pick Feature→Constant，选择 Force，输入 80。

(2) 依次选取：手柄、手柄末端点(handle.Marker_5)和点(–18，14，0)，并且将手柄力设置为 80N。

11) 保存模型

完成建模，保存数据库。完成建模后的闩锁夹紧机构模型，如图 9-98 所示。在 File 菜单中选择 Save Database As 命令，输入文件名 Latch. bin，选择 OK 按钮，保存数据库。

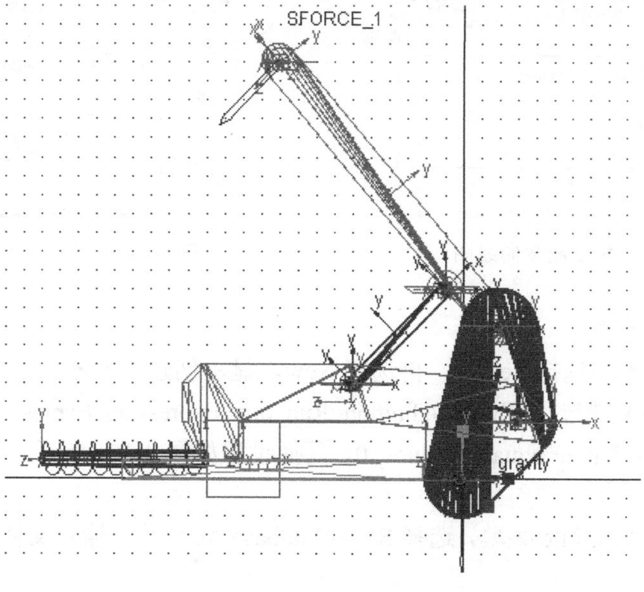

图 9-98　创建的夹紧机构模型

12)仿真观看当前模型的运动情况

在主工具箱中选择仿真工具，取 End Time=1.0，Steps=50，开始仿真分析。如果需要，则可以选择回放工具，重新观看仿真过程。

4. 测试模型

1)设置弹簧力的测量

在弹簧处按鼠标右键，在弹出式菜单中选择 Spring: Spring_l，再选择 Measure，显示施加测量对话框。

在弹出式对话框中，将 Characteristic 选项设为 Force，单击 OK 按钮，显示弹簧力测量窗口。

2)角度的测量

在 Build 菜单中选择 Measure 项，再选择 Angle，最后选择 New，显示产生角度测量对话框。

在 Measure Name 栏，将角度名称改为 ANGLE_1。

在 First Point 栏，右击 Marker，再选择 Pick：选择在 Point_5 处的任意一个标记(marker)。

在 Middle Point 栏，右击 Marker，再选择 Pick：选择在 Point_3 处的任意一个标记(marker)。

在 Last Point 栏，右击 Marker，再选择 Pick：选择在 Point_6 处的任意一个标记(marker)，设置完成，单击 OK 按钮，显示角度测量窗口。

3)样机仿真分析

在主工具箱中选择仿真工具，取 End Time=0.2，Steps=100，开始仿真分析。仿真时测量窗口可以实时显示结果，如图 9-99 和图 9-100 所示。如果需要，则可以选择回放工具，回放仿真过程。图 9-99 和图 9-100 反映了门锁系统在 80N 恒力作用下，夹紧力和角度随时间的变化值。

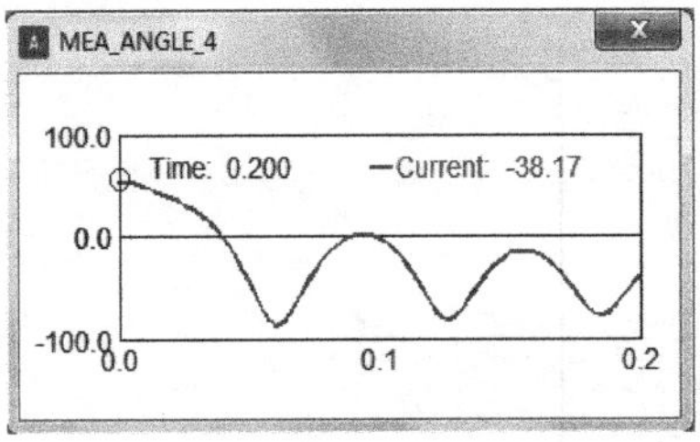

图 9-99　角度测量曲线图

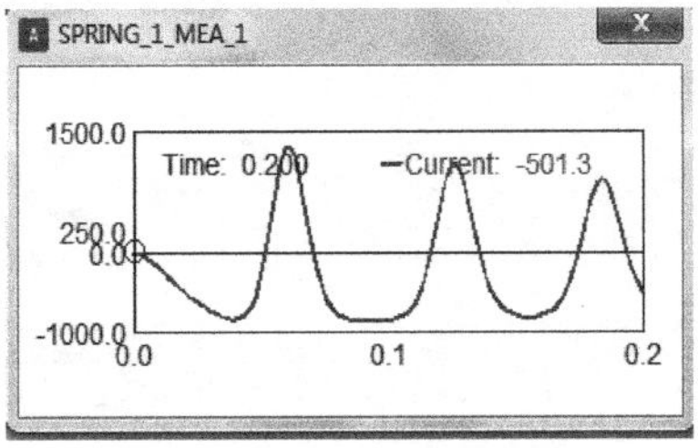

图 9-100　弹簧力测量曲线图

4)创建角度传感器

在 Simulate 菜单中选择 Sensor，再选择 New，显示创建传感器对话框。

在对话框中，设置或选择：Event Definition=Run_time Expression, Expression =.Latch.ANGLE_1, Angular Values=less than or equal，Values=0。其他设置如图 9-101 所示，单击 OK 按钮，完成创建传感器。

保存当前数据库在 File 菜单，选择 Save Database As 命令，输入文件名 test，单击 OK 按钮，保存数据库。

5）进行样机仿真

在主工具箱中选择仿真工具⚙；取 End Time=0.2，Steps=100。

选择按钮▶，开始仿真分析。仿真时测量窗口显示图 9-102 和图 9-103 所示的测量结果。闩锁系统在 80N 恒力作用下，由于传感器的作用，手柄到达角度(ANGLE_1) 等于 0 时停止仿真分析。图 9-102 和图 9-103 反映了在最后一次仿真分析中，夹紧力(clamping force)及角度(ANGLE_1)随时间的变化曲线。

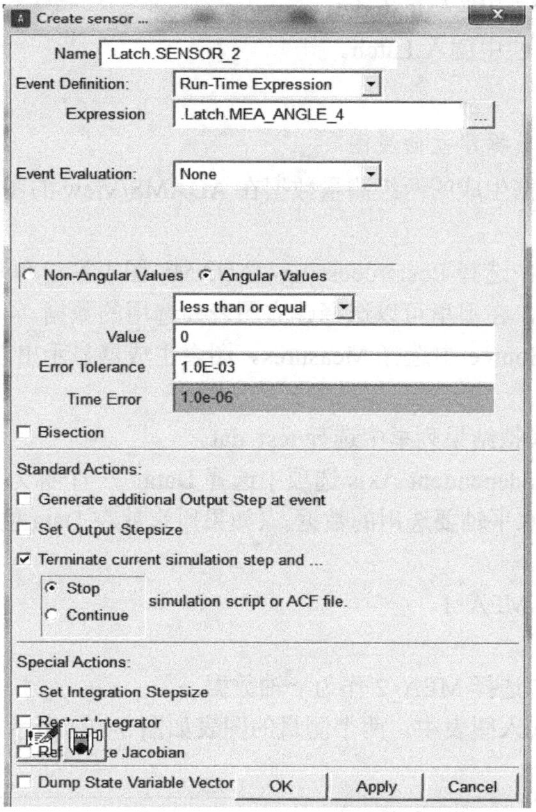

图 9-101　创建传感器对话框

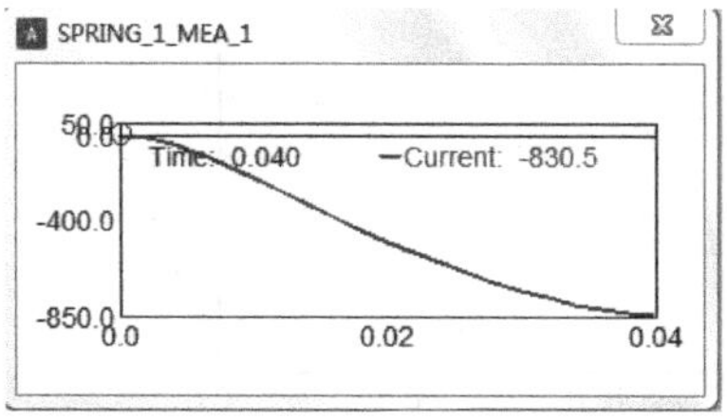

图 9-102　弹簧力随时间的变化曲线

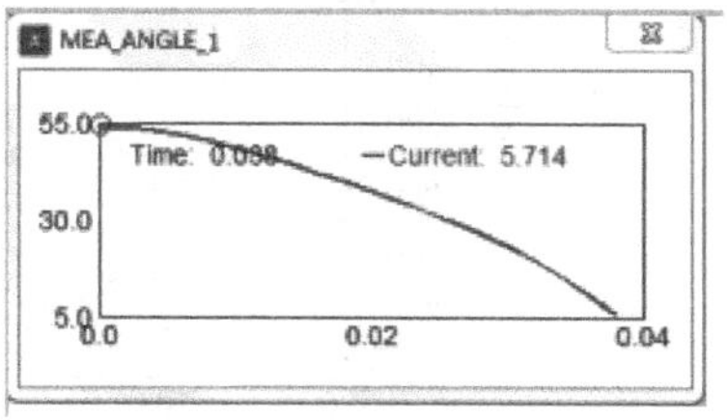

图 9-103　角度随时间的变化曲线

5. 验证模型

1）输入物理样机实验数据

通过输入物理样机实验数据与模拟测试数据比较，我们在物理模型上测试夹紧力、标定 ANGLE_1，从而建立起物理样机实验数据。ADAMS/View 接收这些数据并生成两个测量，一个是 MEA_1，包括图表的 x 轴数据测量量；另一个是 MEA_2，包含图表的 y 轴数据测量值。

操作步骤：

(1) 在 File 菜单中选择 Import，弹出文件输入对话框。

(2) 设置 File Type 为 Test Data。

(3) 确定 Create Measure 选项被选上以使输入的数据生成测试数据。

(4) 在 File to Read 栏中键入 text_dat。

(5) 在 Model Name 栏中键入.Latch。

(6) 单击 OK 按钮。

2) 用物理样机实验数据建立曲线图

用物理样机实验数据生成的两组测量数据在 ADAMS/View 的图表窗口建立比较曲线。操作步骤如下：

(1) 在 Review 菜单中选择 Postprocessing，ADAMS 图表窗口和图表生成器出现。图表生成器在图表窗口的下方，在那里可以选择建立图表要选用的数据。

(2) 在图表生成器 Source 中选择 Measures。图表生成器显示出建立图表可以选用的结果数据。

(3) 在图表生成器模拟结果列举中选择 test_dat。

(4) 在窗口右下角 Independent Axis 选项中选择 Data。一个称为 Independent Axis 的浏览器出现，从中可以选择水平轴要选用的数据。(如果原来就在 Data 位置，则必须切换到 time，再回到 Data)

(5) 选择 test_dat 和 MEA_1。

(6) 单击 OK 按钮。

(7) 在图表生成器中选择 MEA_2 作为 y 轴数据。

(8) 选择将新数据加入图表中。两个测量的图表如图 9-104 所示。

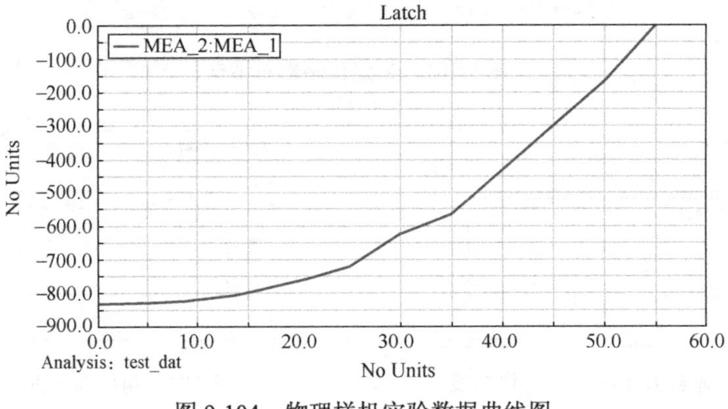

图 9-104　物理样机实验数据曲线图

3) 编辑曲线图

为了使生成的图表能作为报告使用，需要给 x 轴、y 轴设置单位，编辑曲线，并给图表加一个名称。

设置单位并编辑曲线步骤如下：

(1) 在 ADAMS 目录树窗口，双击 page_1。

(2) 选择 plot_1。

(3) 在 title 窗口输入 Latch Force vs. Handle Angle。

(4) 选择 haxis 后再选择 Labels，在 Label 窗口输入 Degrees。

(5) 对 vaxis 轴重复上述过程，并输入 Newtons。

(6) 双击 curve_1，在 Legend 栏输入 Physical Test Data。

所生成的曲线图如图 9-105 所示。

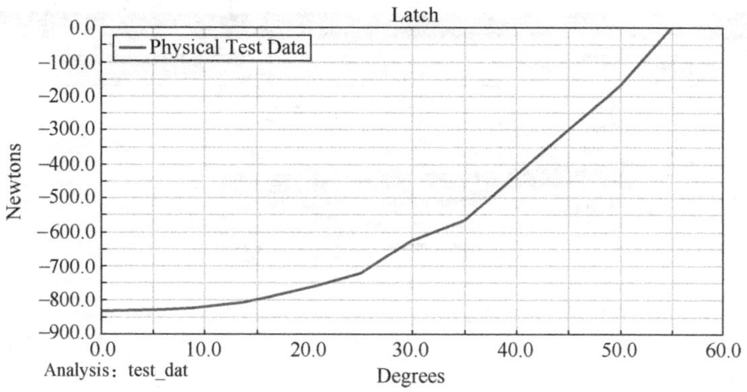

图 9-105　仿真数据曲线图

用仿真数据建立曲线图：用 ANGLE_1 和 SPRING_1_MEA_1 两组测量数据建立模拟测试数据图表，在比较时会用到。比较曲线图表，就会发现物理测试数据和模拟测试数据不完全一样，但非常接近。

操作步骤如下：

(1) 在图表生成器中选择 Data，Independent-axis 浏览器出现。

(2) 选择 Last_Run 中 ANGLE_1 作为水平轴数据。

(3) 单击 OK 按钮。

(4) 在图表生成器中选择 Last_Run。

(5) 选择 SPRING_1_MEA_1 作为垂直轴数据，再选 Add Curves。ADAMS/View 将显示曲线图。

(6) 将该曲线的 legend 名字改为 Virtual Test Data。

最终的曲线图如图 9-106 所示。

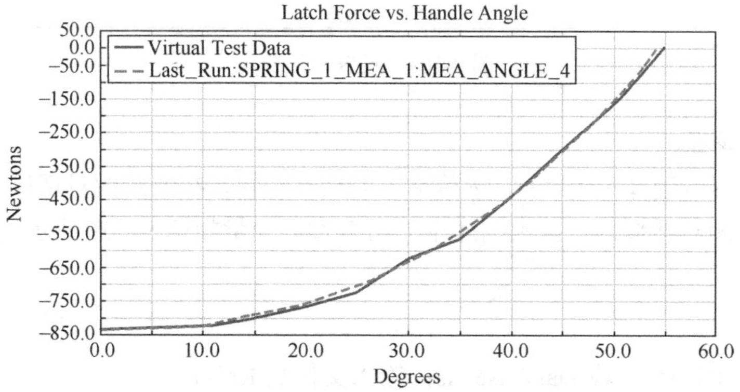

图 9-106　实验数据与仿真数据比较曲线图

6. 模型参数化

1) 建立设计变量

右击 POINT_1 (0，0，0)；在快捷菜单中选择 Point: POINT_1，然后选择 Modify，显示表格编辑器窗口。

选择 POINT_1 的 Loc_X 单元格，在表格编辑器输入栏右击，在快捷菜单中依次选择 Parameterize→Create Design Variable→Real，产生设计变量.Latch. DV_1，如图 9-107 所示。

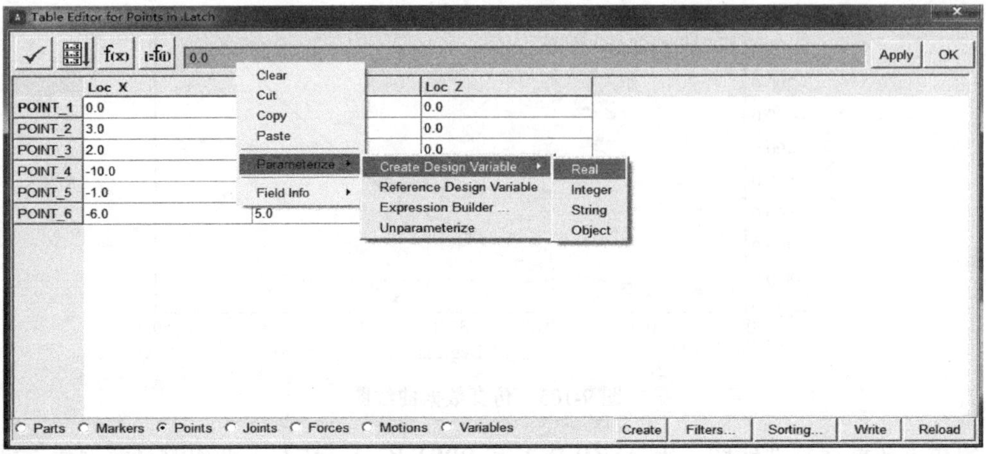

图 9-107　创建设计变量

重复上述步骤，依次分别设定 POINT_1 的 Loc_Y,POINT_2 的 Loc_X 和 Loc_Y，POINT_3 的 Loc_X 和 Loc_Y，POINT_5 的 Loc_X 和 Loc_Y，POINT_6 的 Loc_X 和 Loc_Y，如图 9-108 所示，然后单击 Apply 按钮。

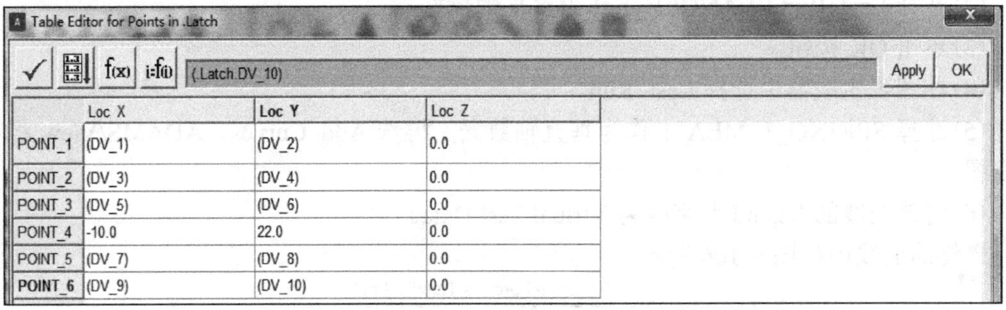

图 9-108　设置设计变量

2) 观察设计变量

在表格编辑器中选择 Variable，然后单击 Filters 按钮，在弹出的对话框中选 Delta_Type，单击 OK 按钮关闭对话框。目前数据库中的所有设计变量如图 9-109 所示，单击 OK 按钮关闭表格编辑器。

3) 储存数据库

在 File 菜单中选择 Save Database As；输入文件名 Refine。

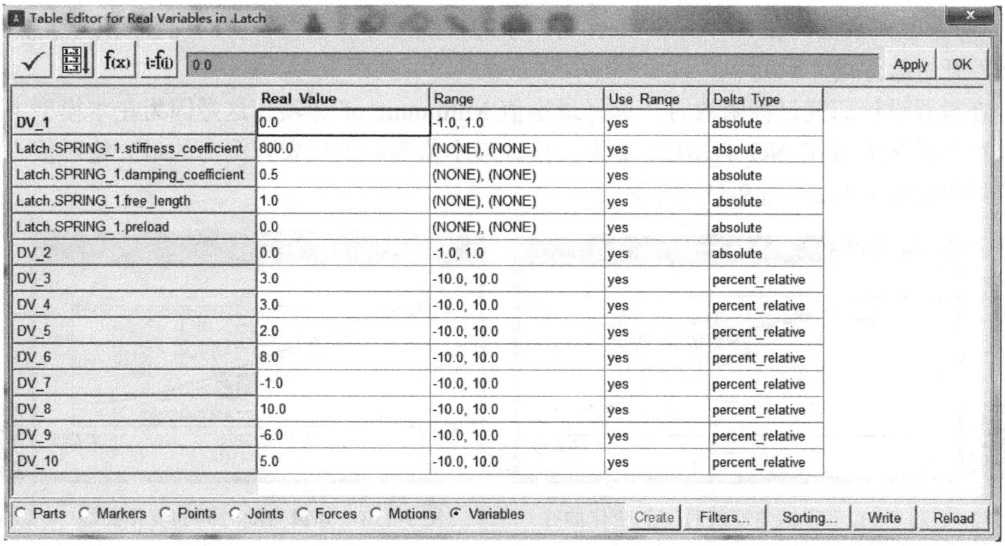

图 9-109　编辑设计变量

7. 设计研究

1) 运行设计研究

(1) 在 Simulate 菜单中选择 Design Evaluation，如图 9-110 所示，显示设计研究、实验设计和优化设计对话框。

(2) 选择和设置：选择 Measure、Minimum of、Minimum of =SPRING_1_MEA_1、Design Study = ON、Design Variable=DV_1、Default levels = 5，如图 9-110 所示。

(3) 选择 Display 按钮，显示仿真设置对话框，设置：Chart objective = Yes、Chart variables = Yes、Save curves = Yes、Show report = Yes，如图 9-111 所示；单击 Close 按钮，关闭仿真设置对话框。

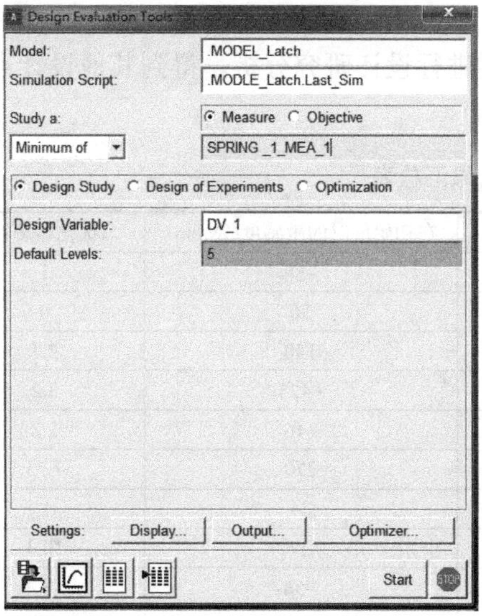

图 9-110　参数设置对话框

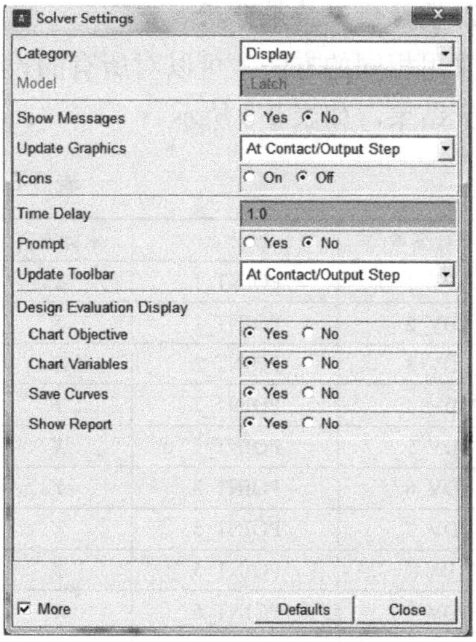

图 9-111　仿真设置对话框

(4) 调整夹紧机构在 ADAMS/View 窗口中的视图尺寸，获得较佳的观看效果。然后选择 Start，开始运行设计研究。

在设置设计研究目标函数时，选择最小值 Minimum of 选项，这是因为在本模型中，计算获得的弹簧力 SPRING_1_MEA_1 为负值。最小值实际上代表弹簧力的最大绝对值。设计研究结果如图 9-112～图 9-115 所示。

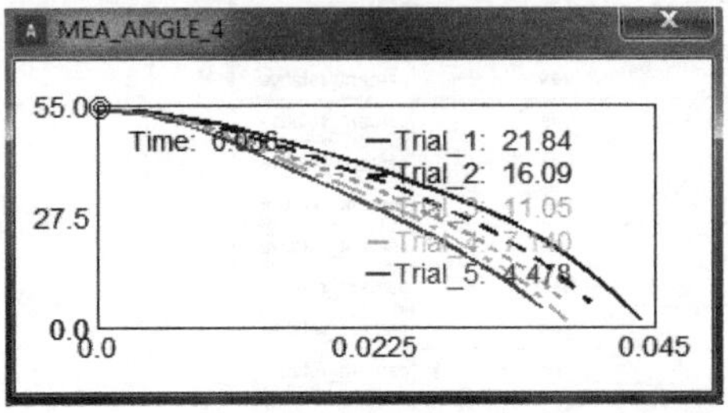

彩图 9-112　图 9-112　手柄角度随时间的变化曲线

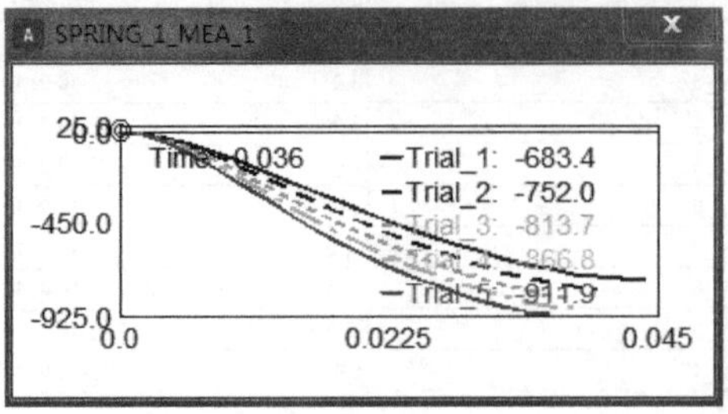

图 9-113　弹簧力随时间的变化曲线　彩图 9-113

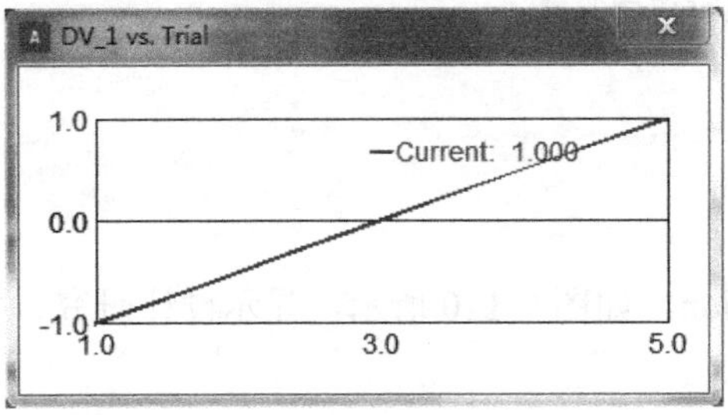

图 9-114　设计变量 DV_1 的取值

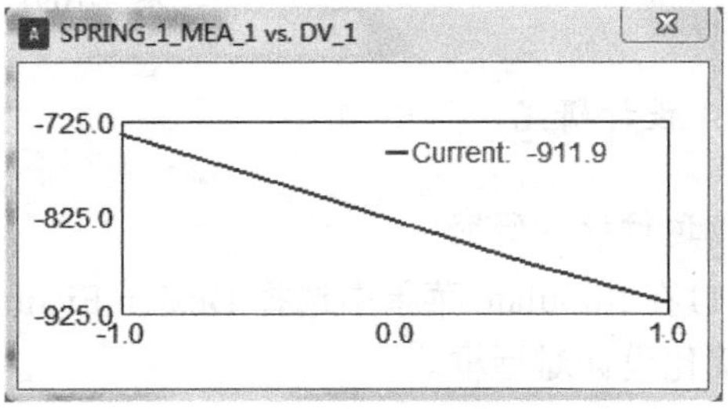

图 9-115　弹簧力随时间的变化曲线

根据信息窗口提供的设计研究报告，可以获得当 POINT_1 的 *X* 坐标(DV_1)取不同值时，夹紧力的敏感度。DV_1 取初始值时的敏感度为–88，而 DV_1 取–1 时可以获得最佳的夹紧效果。

2) 设计研究结果分析

采用相同的方法，可以对所有的设计变量分别进行设计研究分析，得到其他设计点的设计研究结果，如表 9-3 所示。

表 9-3　设计研究结果汇总表

设计变量	设计点	坐标方向	初始值	在初始值时的敏感度/(N/cm)	优化显著性
DV_1	POINT_1	*X*	0	–88	1
DV_2	POINT_1	*Y*	0	56	0
DV_3	POINT_2	*X*	3	140	2.7
DV_4	POINT_2	*Y*	3	–425	3.2
DV_5	POINT_3	*X*	2	–16	2.2
DV_6	POINT_3	*Y*	8	270	7.73
DV_7	POINT_5	*X*	–1	34	–1.1
DV 8	POINT_5	*Y*	10	–277	10.3
DV_9	POINT_6	*X*	–6	–56	–5.4
DV_10	POINT_6	*Y*	3	98	4.5

根据表 9-3 可以了解哪些设计变量对夹紧力有较大的影响。从表 9-3 可知 DV_4、DV_6、DV_8 的敏感度最大。这一结论为进一步优化设计奠定了基础，由此可知，可以着重对这 3 个位置进行调整，以获得进一步的优化设计结果。

8. 优化设计与分析

1) 修改设计变量

(1) 在 Build 菜单中选择 Design Variable，再选择 Modify，在显示的数据库浏览器中双击 DV_4，显示设计变量修改对话框，如图 9-116 所示。

(2) 在 Value Range by 栏中选择 Absolute Min and Max Value；设置：Min.Value = 1，Max.Value=6，单击 Apply 按钮确认修改值。

(3) 在 Name 栏右击，在快捷菜单中选择 Variable，再选择 Browse 命令，显示数据库浏览器。双击 DV_6，设置：Min.Value=6.5，Max.Value=10；单击 Apply 按钮。

(4) 重复以上操作，设置 DV_8 的取值范围，Min.Value=9，Max.Value=11。

(5) 单击 OK 按钮，关闭修改设计变量窗口。

2) 显示测量图

(1) 在 Build 菜单中选择 Measure，再选择 Display，在弹出的数据库浏览器中，双击 SPRING_MEA_1，显示弹簧力测量图。

(2) 重复以上操作，在弹出的数据库浏览器中，双击 ANGLE_1，显示角度测量图。

3) 运行优化分析

(1) 在 Simulate 菜单，选择 Design Evaluation 命令。显示设计研究、实验设计和优化设计对话框。

(2) 选择和重置：Measure、Minimum of、Optimization，并且使 Minimum of =. Latch. SPRING_1 _MEA_1。

(3) 在 Design Variable 栏右击，在快捷菜单中选择 Variable，再选择 Browse 命令，显示数据库浏览器。单击 Latch. DV_4，重复以上过程，再分别输入.Latch. DV_6、.Latch. DV_8。

(4) 选择 Auto. Save 项(默认值)。

(5) 在优化目标 Goal 栏，选择 Minimize Des. Meas./Objective 项，通过寻找最小弹簧力 SPRING_1_MEA_1(即弹簧力的最大绝对值)，获得最佳的夹紧机构，如图 9-116 所示。

(6) 单击 Display 按钮，显示仿真设置对话框，设置如图 9-117 所示，单击 OK 按钮关闭仿真设置对话框。

(7) 单击 Output 按钮，显示输出设置对话框，如图 9-118 所示；设置：Save Files =Yes。

(8) 单击 Optimizer 按钮，选择默认算法如图 9-119 所示。

(9) 单击 Start 按钮，开始优化计算。

(10) 选择对话框底部的表格报告工具，显示表格化的分析报告。

4) 优化结果分析

图 9-120 和图 9-121 分别表示各次迭代运算过程中夹紧力及手柄角度的变化曲线；图 9-122 反映各次迭代运算过程所对应的最大夹紧力值。同时，在信息窗口中，给出了优化分析报告，其中主要结论如表 9-4 所示。从表 9-4 和图 9-120、图 9-121 中可以看出，经过 10

次迭代运算，ADAMS 找到一个最优点，使最大夹紧力由 846N 提高到 971N，并自动生成新的样机模型。

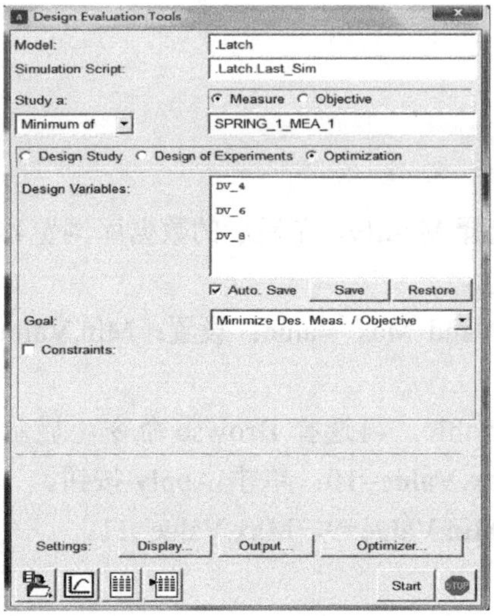

图 9-116　优化设计对话框

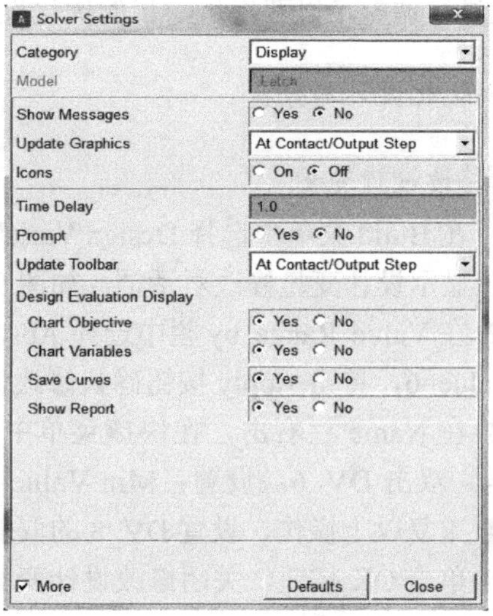

图 9-117　显示设计对话

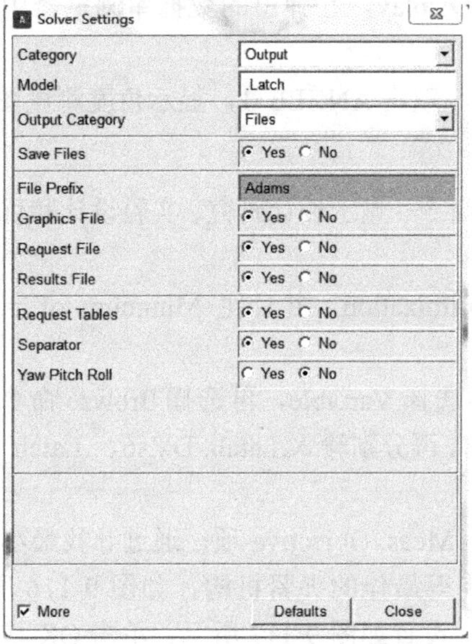

图 9-118　输出设置对话框

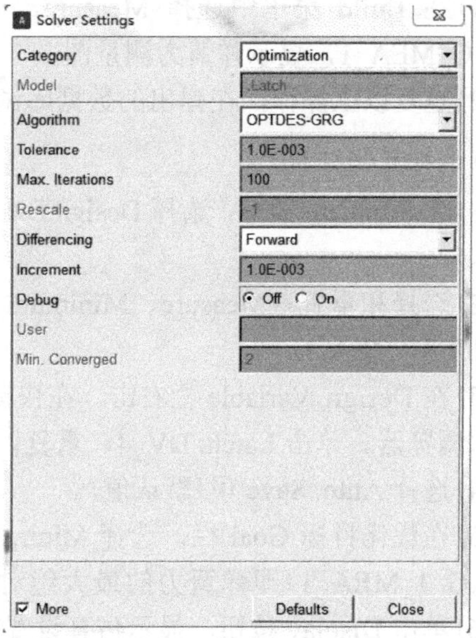

图 9-119　选择默认算法

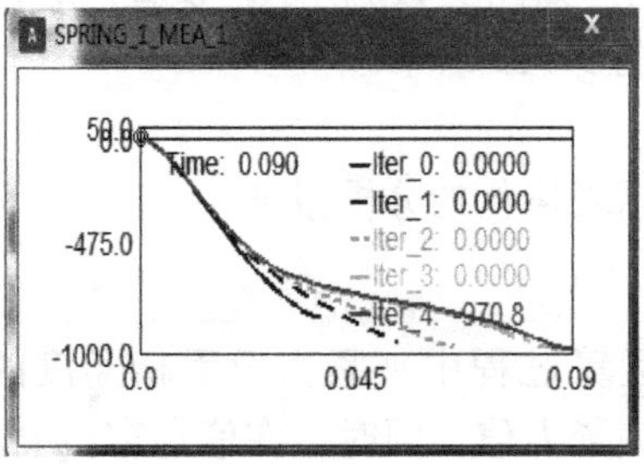

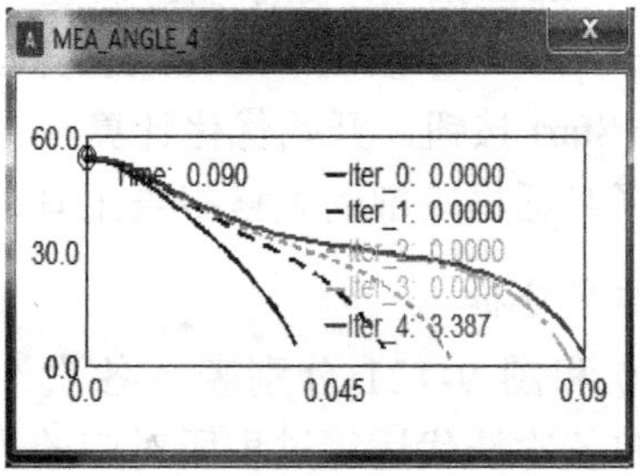

彩图 9-120　　图 9-120　夹紧力的变化曲线　　图 9-121　手柄角度的变化曲线　　彩图 9-121

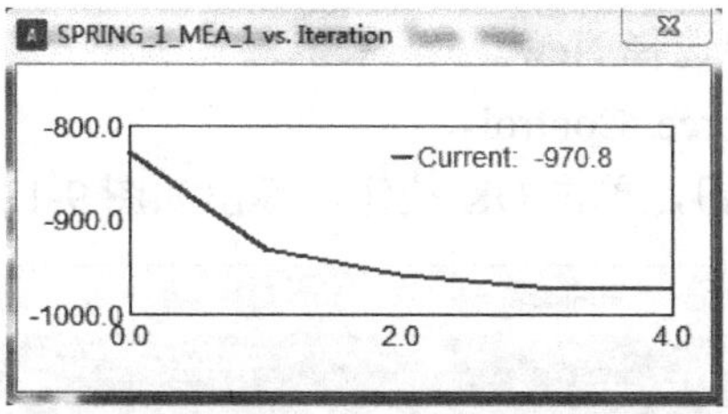

图 9-122　各次迭代过程的最大夹紧力

表 9-4　优化分析结果

	SPRING_1_MEA_1	DV_4	DV_6	DV_8
初始值	−828.219	3	8	10
优化值	−970.779	3.230	7.8489	9.9779

9. 用户化设计

弹簧挂锁的最后两项设计要求是：手动夹紧用力不超过 80N，松开时用力不超过 5.0N。为达到这两项要求，需要迅速地、交互地实验多种不同的手柄力，因此需要完成如下工作。

1)建立设计变量

为了求得所用的最小手柄力，需要建立两个新的设计变量：DV_11 和 DV_12。其中 DV_11 代表夹紧力的大小，DV_12 代表松开力的大小。具体步骤如下。

(1)在 Build 菜单中单击 Design Variable，选择 New，弹出 Create Design Variable 对话框。

(2)设置 Standard Value 为 80。

(3)设置取值范围为 Absolute Min and Max Values。

(4)设置最小值、最大值分别为 60 和 90。

(5)单击 Apply 按钮。

(6)重复步骤(2)～(4)，设置 DV_12 的 Standard Value 为 10，最大值为 20，最小值为 0。

(7)单击 OK 按钮。

2)制作自定义的对话框

(1)在 Tools 菜单中单击 Dialog Box，选择 Create，弹出 Dialog-Box Builder 对话框，如图 9-123 所示。

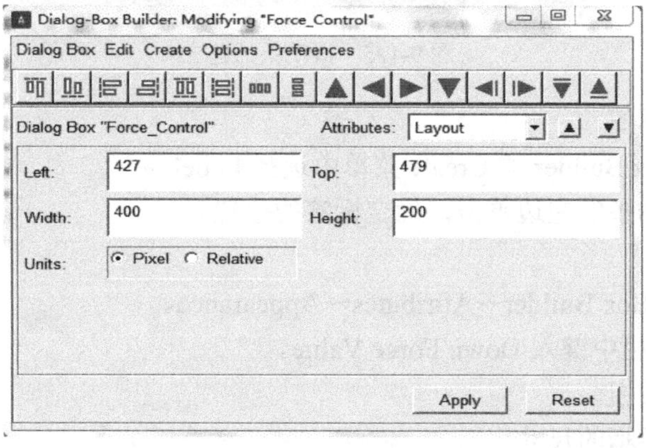

图 9-123　Dialog-Box Builder 对话框

(2)在 Dialog Box 菜单中选择 New。

(3)在 Name 栏中键入 Force_Control。

(4)勾选 OK 和 Close 按钮，单击 OK 按钮，弹出如图 9-124 所示的对话框。

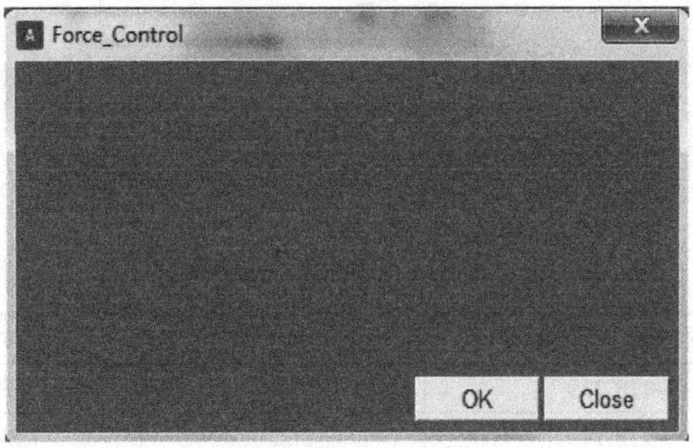

图 9-124　自定义对话框

3)对话框内容填充

在对话框中添加两个滑动条并给滑动条加标签，利用滑动条在允许连续数值范围内取值，步骤如下。

(1)添加滑动条。

➢ 在所建对话框的背景上双击，把 Dialog_Box Builder 调到前台。
➢ 从其 Create 菜单中选择 Slider。
➢ 在对话框内中间偏上位置单击，确定滑动条放置的位置。
➢ 同样方法，在第一个滑动条的下面建立第二个滑动条，如图 9-125 所示。

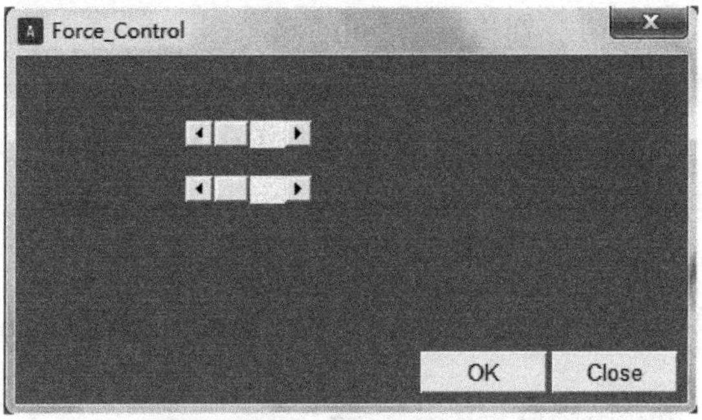

图 9-125　滑动条的建立

(2)给滑动条加标签。

➢ 在 Dialog_Box Builder 的 Create 菜单中选择 Label。
➢ 在第一个滑动条的左边单击，确定标签的位置。
➢ 双击标签。
➢ 选择 Dialog_Box Builder→Attributes→Appearance。
➢ 在 Label text 栏中键入 Down Force Value。
➢ 单击 Apply 按钮。
➢ 用形状调整手柄的尺寸。
➢ 同样方法，给第二个滑动条加标签，名为 Up Force Value。

(3) 给滑动条添加命令。

➢ 单击 Down Force Value 滑动条，选择 Dialog_Box→Attributes→Commands。

➢ 在 Dialog_Box Builder 的底部选择 Execute commands while sliding。

➢ 在命令窗口中键入：Variable set variable=.Latch.DV_11 real=$slider_1。此命令设置手柄的下压力(down force value)的设计变量 DV_11 大小等于滑动条所选值。

➢ 单击 Apply 按钮。

➢ 选择 Dialog_Box Builder→Attributes→Value。

➢ 设置滑动条值为 80，最小值为 60，最大值为 90。这个设置与生成 DV_11 时的自动范围设置相同，如果想超出这个范围取值就必须先修改设计变量的取值范围。

➢ 单击 Apply 按钮。

➢ 重复以上七步，设置 Up Force Value 滑动条，命令为：variable set variable=.Latch.DV_12 real=$slider_2，滑动条值为 10，最小值为 0，最大值为 20。

➢ 单击 Apply 按钮，得到如图 9-126 所示的结果。

4) 测试及存储对话框

用命令 Test Box 可以使 Dialog_Box Builder 保持打开并进入测试模式。在这种测试模式下，可以执行对话框的命令，再次选择或双击对话框的背景就回到编辑状态。

在 Dialog_Box Builder 的 Options 菜单中选择 Test Box。

把对话框存成命令文件。在 ADAMS/View 中，命令文件只包含一系列 ADAMS/View 命令。

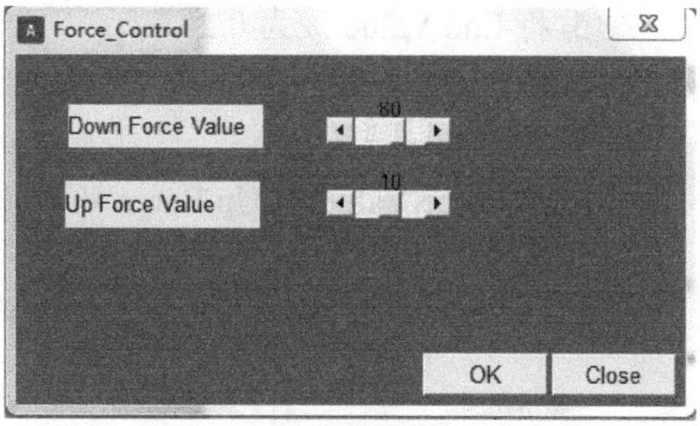

图 9-126　添加命令后的对话框

操作步骤如下。

(1) 在对话框的背景上双击进入编辑模式。

(2) 在 Dialog_Box Builder 中选择 Dialog Box，点取 Export，选择 Command File。此时对话框存成命令文件，可以通过 Database Navigator 找到。

(3) 关闭 Dialog_Box Builder。

5) 修改手柄力值

现在要修改夹紧力和松开力的值，从中找到最优解，还要用图把力表示出来，以观察在什么位置手柄停在钩子上，ANGLE_1 的值小于 0。可以尝试不同的夹紧力和松开力验证每一种情况。

操作步骤如下。

(1) 将光标放在力的图标上，单击 Force:FORCE_1，选择 Modify，弹出 Modify a Force 对话框。

(2) 在 F(time⋯.) 旁边的文本栏中右击，选择 Function Builder，弹出 Function Builder 对话框。

(3) 将 Function Builder 顶部的文本栏清空，并输入：STEP(time,0.1,(.Latch.DV_11),0.11,0) - STEP(time,0.15,0.0,0.16,(.Latch.DV_12))，如图 9-127 所示。

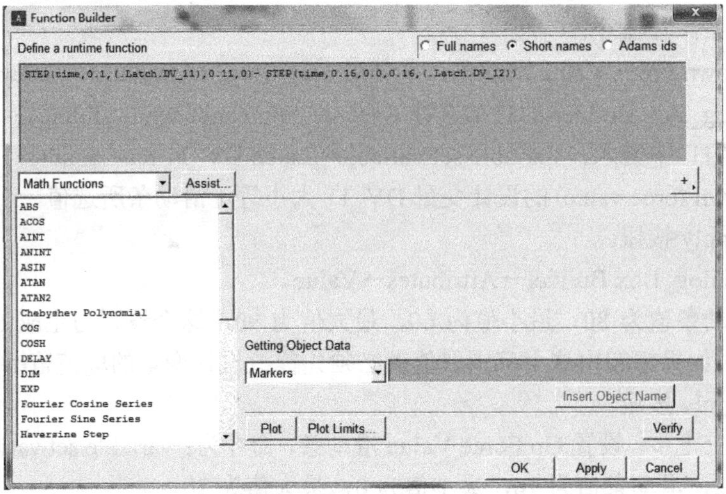

图 9-127　定义函数

(4) 在 Function Builder 中选择 Plot Limits，弹出相应的对话框。

(5) 将 End Value 改为 0.2。

(6) 单击 OK 按钮。

(7) 单击 Plot 按钮。

Down Force Value 和 Up Force Value 图形如图 9-128 所示。

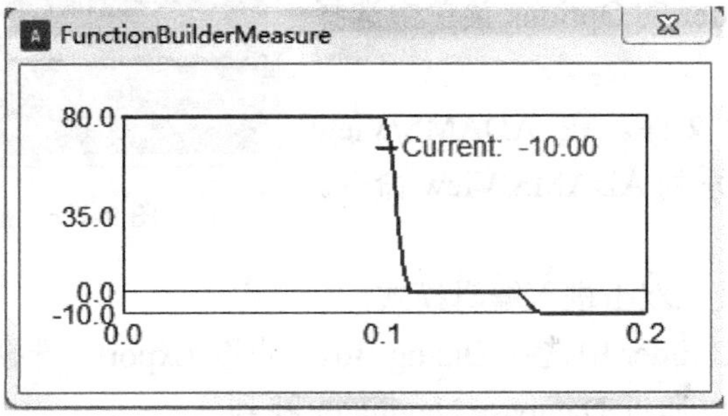

图 9-128　Down Force Value 和 Up Force Value 图形

第 10 章　集成优化计算平台 Isight 及应用

10.1　Isight 简介

Isight 最早是由麻省理工学院的博士 Siu S.Tong 于 20 世纪 80 年代左右提出并领导开发完成的，经过这些年的发展，其已经成为同类软件中佼佼者。它自身并不会进行计算，但是可通过相应的方法调用其他软件(如 ABAQUS、ANSYS 等)进行计算，因此可以将 Isight 理解为一个“软件机器人”，它可以在人工不干预的情况下不断地调用相应的工程计算软件进行数据计算。

Isight 具备广泛的 CAD/CAE 以及自编程序集成接口，用户可以通过拖拽的方式快速建立复杂的仿真分析流程，设定和修改设计变量以及设计目标，自动进行多次循环分析；Isight 通过对模型的封装生成参数化模板，用户可以对不同模板进行组合。Isight 的运行主界面如图 10-1 所示。值得指出的是，本章节的例子参考了 Isight 的用户手册。

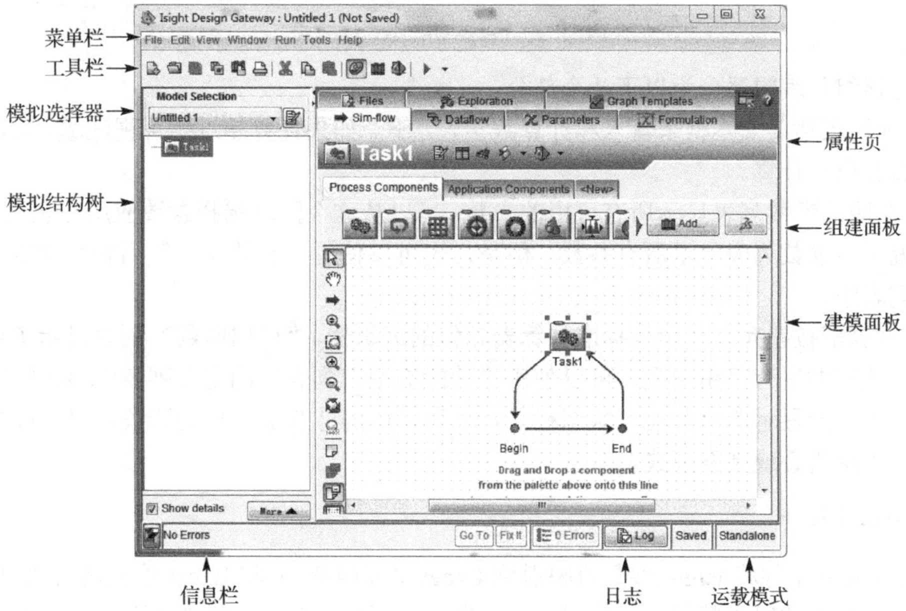

图 10-1　运行主界面

10.2　Isight 组件

1. Calculator 组件

计算器组件不仅用来定义由模型部分提供的计算，还可以用来解算数学表达式。它支持所有主要的数学运算符。图 10-2 显示了 Isight 计算器组件编辑器。

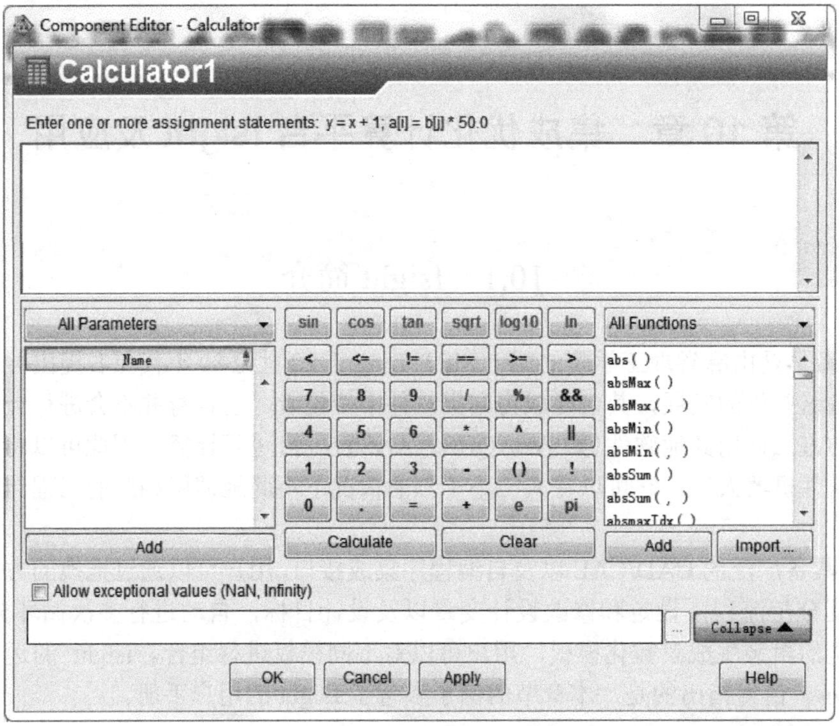

图 10-2　Calculator 组件编辑器

计算器组件编辑器分为以下几个部分。

(1)使用表达式文本框来输入和计算数学表达式。如果计算超过了可视区域，可以使用滚动箭头查看所有计算。

(2)声明的参数列表显示所有可用的参数。可以从这个区域选择参数应用在表达式中。在默认情况下，参数列表显示所有参数。但是，也可以使用“参数类型”列表来确定哪些参数显示在列表中。

(3)计算器按钮允许使用与标准计算器相似的编辑器。“可用函数”列表显示了可能有助于定义表达式的所有可用函数。可以使用“功能类型”列表来确定在列表中显示哪些功能。默认情况下，会显示所有功能。状态栏显示与所使用的计算器组件的相关消息。此外，计算器组件可以用折叠或展开模式。

2. Excel 组件

使用 Excel 组件将 Isight 参数值映射到 Excel 单元格值，并将 Excel 单元格值映射到 Isight 参数值。标量和数组参数都可以使用。执行宏，包括运行 Excel 预定义的宏方法和函数。

图 10-3 显示了 Excel 组件编辑器的一个示例。完成配置 Excel 组件编辑器后，单击 OK 按钮关闭编辑器。

3. MATLAB 组件

Isight 中 MATLAB 组件允许与 MathWorks 公司的 MATLAB 软件包进行交互。由于该组件直接与 MATLAB 引擎交互，所以可以在 MATLAB 中使用 MATLAB 组件进行任何操作。由于 MATLAB 组件必须以编程方式与 MATLAB 软件交互，因此一定要确保将配置环境设置正确，一定要指定 MATLAB 可执行文件的安装位置，以便 MATLAB 组件运行时可以找到可执行文件并启动它。用于指定 MATLAB 位置的步骤取决于我们使用的是 Java Socket 还是 Native Code 接口。

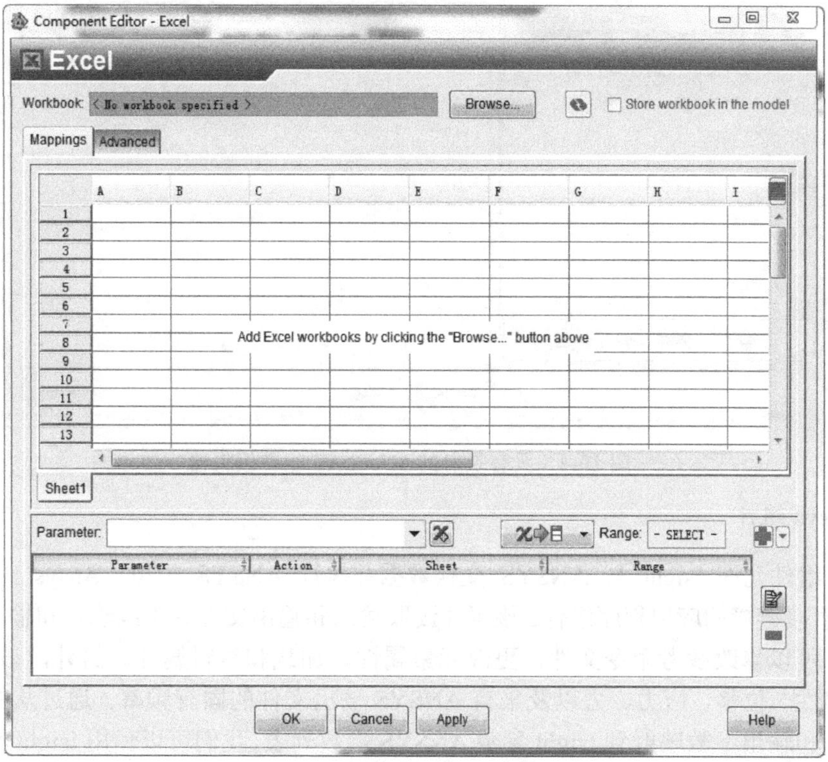

图 10-3　Excel 组件编辑器

使用 MATLAB 组件定义操作动作，可以是命令或映射(输入或输出)。然后，可以确定何时要执行这些操作(在哪个“阶段”中)，其中有三个阶段可供选择。

(1)初始化：MATLAB 组件仅在作业中第一次执行组件时执行动作。

(2)执行顺序：每次执行 MATLAB 组件时，MATLAB 组件都会执行动作。

(3)确定：MATLAB 组件仅在 MATLAB 会话关闭时执行动作。

标准用法是在“执行顺序”阶段定义操作。默认情况下，MATLAB 组件在执行顺序阶段以三个预定义的动作开始，以表示最常用的用法。

(1)输入映射，用于定义从 Isight 参数值到 MATLAB 变量的映射。

(2)用于定义要执行的命令。

注意：Isight 会尝试在命令脚本文件中标识变量名称，并可以使用这些名称来创建潜在的 Isight 参数。要利用此功能，我们可能希望在创建映射之前创建所有命令。

输出映射会将 MATLAB 变量值映射回 Isight 参数。这些默认操作是为了方便而提供的，可以删除或重命名。刚开始是空的，每个细节都必须根据需要完成。

图 10-4 显示了具有映射的 MATLAB 组件编辑器的示例所选行动。完成 MATLAB 组件的配置后，单击“确定”按钮关闭编辑器。有关插入组件和访问组件编辑器的更多信息，请参阅使用 Isight 用户指南中的组件文档。

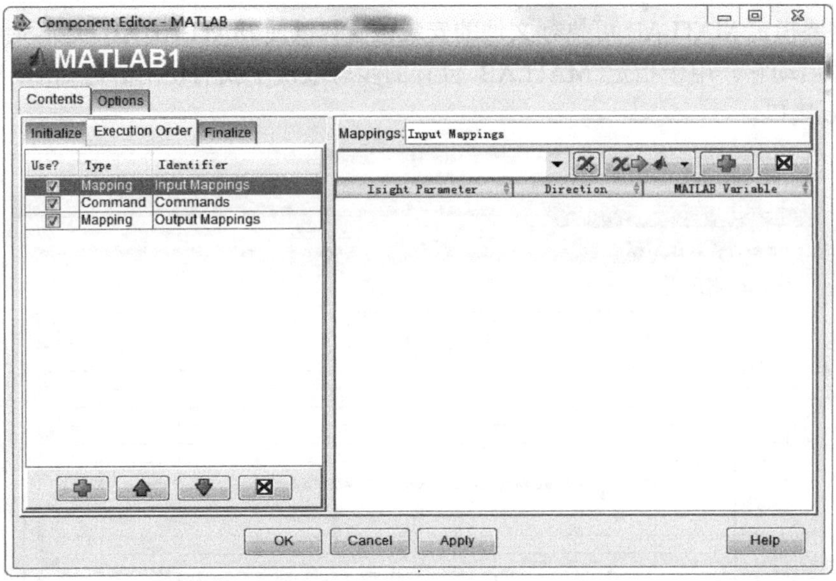

图 10-4　具有映射的 MATLAB 组件编辑器

4. Ansys 组件

Ansys 组件允许 Isight 与 ANSYS 交换数据并执行 ANSYS 模拟。Ansys 组件是创建与 ANSYS 的直接链接的应用程序组件。该组件读取输入和输出文件并生成输入和输出参数列表。

该组件可以修改参考命令文件，更改元素属性、加载和材料属性。另外，该组件也可以提取质量属性、位移、应力、力以及来自 ANSYS 输出文件的固有频率。通过从中选择参数，可以将输入和输出参数映射到 Isight 参数 ANSYS 参数列表。我们可以使用 Isight 流程组件（如 DOE 和优化）来遍历设计空间和优化模型。图 10-5 显示了 Ansys 组件编辑器的一个示例。

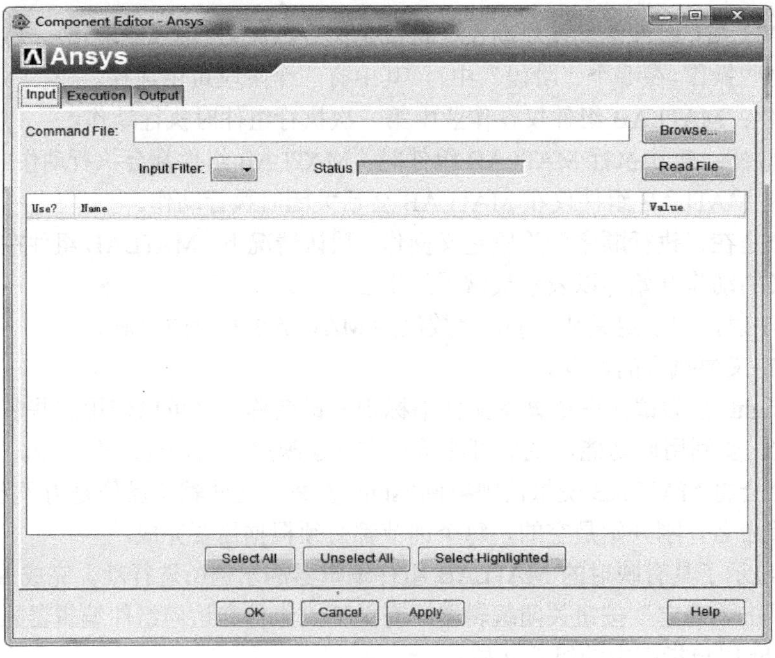

图 10-5　Ansys 组件编辑器

当组件扫描 ANSYS 输入或输出文件时，配置文件控制组件支持的关键字和相关数据行。如果不支持特定的关键字或数据项，则可以修改配置文件。可以通过双击 Ansys 组件图标启动 Ansys 组件编辑器。完成配置 Ansys 组件编辑器后，单击“确定”按钮关闭编辑器。

5. AdamsCar 组件

AdamsCar 组件允许 Isight 与 Adams / Car 交换数据并执行 Adams / Car 模拟。AdamsCar 组件允许创建与 Adams/Car 的直接链接。该组件公开了车辆和悬架的 Adams / Car 数据库中定义的支持参数和属性，可以修改输入参数的值。在执行期间，Adams / Car 使用修改后的值执行模拟并重新计算输出参数。可以使用 Isight 流程组件(如 DOE 和优化)来遍历设计空间和优化模型。

图 10-6 显示了 AdamsCar 组件编辑器的一个示例。完成 AdamsCar 组件编辑器的配置后，单击 OK 按钮关闭编辑器。

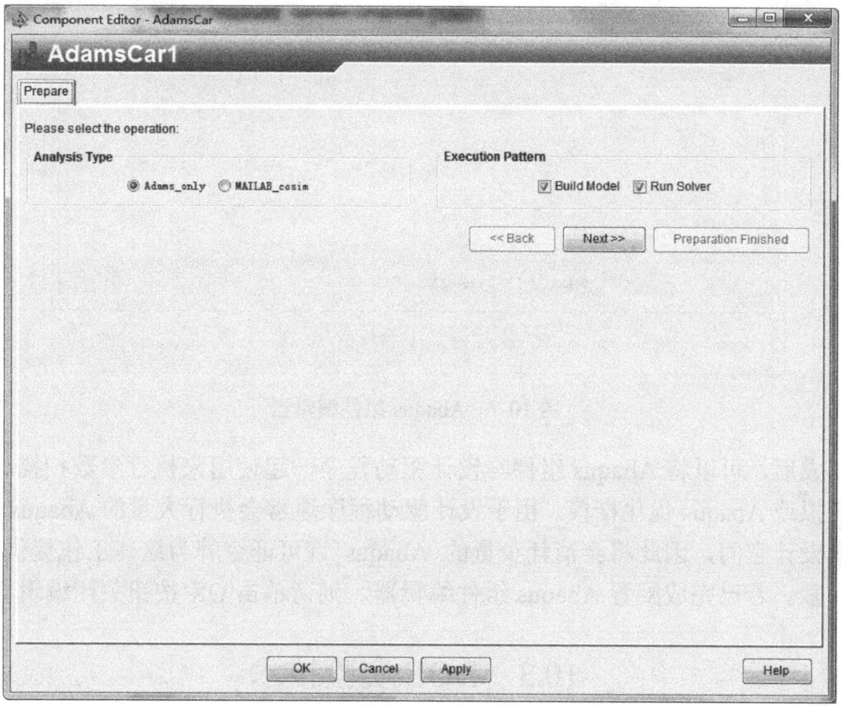

图 10-6　AdamsCar 组件编辑器

6. Abaqus 组件

Abaqus 组件允许与 Abaqus 交换数据并控制执行的 Abaqus 分析。该组件扫描模型数据库(.cae)文件或输入(.inp)文件并生成可由 Isight 修改的输入参数列表。输入参数可以包括载荷、边界条件以及材料和截面属性作为草绘参数，如挤出深度和倒角半径。组件启动一个 Abaqus 分析并从结果输出数据库中读取一组输出参数(.odb)文件或数据(.dat)文件。

图 10-7 显示了 Abaqus 组件编辑器的一个示例。配置 Abaqus 组件。如果组件正在扫描 Abaqus 输入文件，一个配置文件控制着这个关键字和相关的数据行。如果特定关键字或数据项不正确，可以修改相应配置文件。同样，如果组件正在扫描一个模型数据库文件，则一个

Python 脚本控制组件支持的参数。创建 Python 模块在脚本执行时调用，可以使用这些模块来扩展输入支持的参数并控制生成的输入文件。

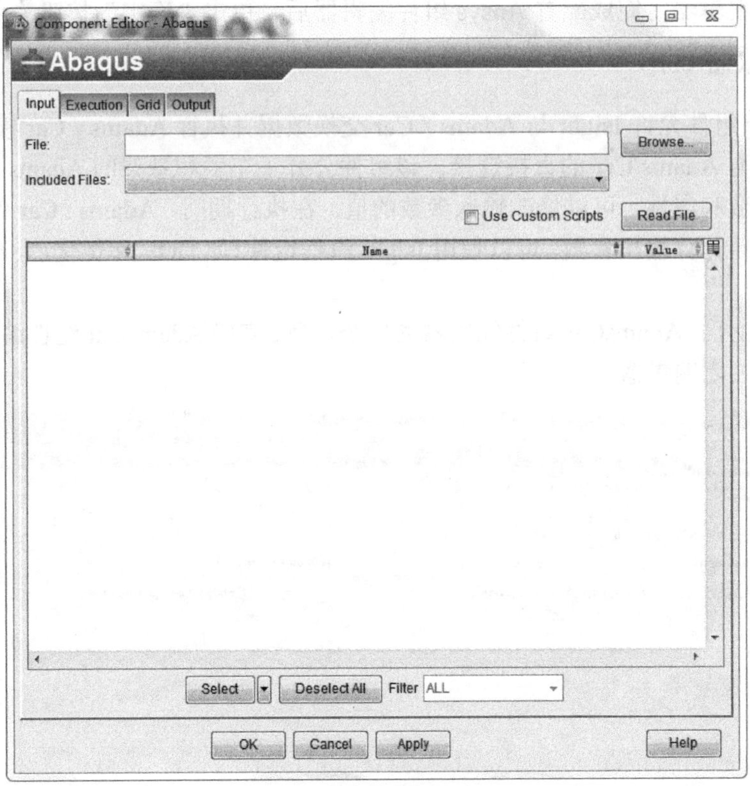

图 10-7　Abaqus 组件编辑器

配置完成后，可以将 Abaqus 组件与设计驱动程序一起使用来执行参数扫描、实验设计、蒙特卡罗模拟或 Abaqus 优化楷模。由于设计驱动程序通常会执行大量的 Abaqus 作业来获取信息并搜索设计空间，因此将会消耗少量的 Abaqus 许可证令牌为这些工作提供更具成本效益的设计探索。若已完成配置 Abaqus 组件编辑器，则请单击 OK 按钮关闭编辑器。

10.3　DOE 实验技术

DOE 实验设计在产品诞生的整个过程中扮演了非常重要的角色，是提高产品质量、改善工艺流程、优化设计的重要工具。实验设计已广泛运用于航天业，甚至是一般生产制造业的产品质量改善中。通过对产品质量、工艺参数的量化分析，寻找关键因素，控制与其相关的因素。根据实际需求，判别与选择不同的实验设计种类，设计相应的实验步骤，发现如何控制各种影响因素，以最少的投入，换取最大的收益，从而使产品质量得以提升、工艺流程最优化。

DOE 方法的用途包括找到关键的实验因子、确定最佳的参数组合、提高设计的稳定性等。Isight 提供了多种 DOE 方法，如参数实验、全因子设计、部分因子设计等方法，用户可以根据实际问题的不同选择相应的 DOE 方法。另外，Isight 提供了方便的图形用户界面，使得 DOE 的运用过程更加简单、方便。

10.3.1 拉丁超立方体技术

拉丁超立方体技术是一类有效采样大型设计空间的实验设计。在拉丁超立方体技术中，每个因素的设计空间被统一划分(所有因素的划分数 n)。这些级别被随机组合以指定定义设计矩阵的 n 个点(每个级别的因子只被研究一次)。例如，图 10-8 说明了两个因素(X1，X2)中可能的拉丁超立方体配置，其中研究了五个点。虽然看起来不很明显，但这个概念很容易扩展到多个维度。

使用拉丁超立方体技术优于正交阵列技术的优点是可以针对每个因子研究更多的点和更多的组合。拉丁超立方体技术允许设计者完全自由地选择要运行的设计数量(只要它大于因子数量)。使用正交阵列技术(L4、L8 等)的配置更具限制性。

拉丁超立方体的一个缺点是它们不能重复使用，因为它们是随机组合生成的。另外，随着点数的减少，错过某些设计空间区域的可能性也会增加。

10.3.2 中央组合设计技术

中央组合设计技术是一种基于统计学的技术，其中 2 级全因子实验增加了附加点。在中心组合设计技术中，2 级全因子实验为每个因素增加了中心点和两个附加点(称为“星级点”)。因此，为每个因素定义了五个级别，并且使用中央组合设计研究 n 个因子需要(2^n+2n+1)个设计点评估。尽管中央复合材料设计需要大量的设计点评估，但它是一种流行的响应面建模数据编制技术，因为其涵盖了大量的设计空间和获得了高阶信息。

图 10-9 显示了三个因素的中央复合设计点。

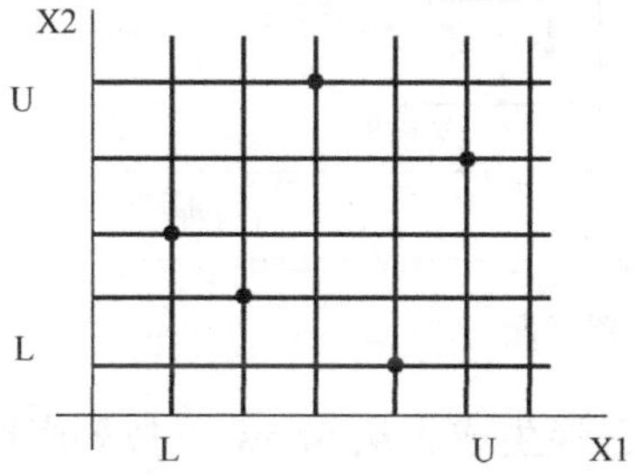

图 10-8　拉丁超立方体技术

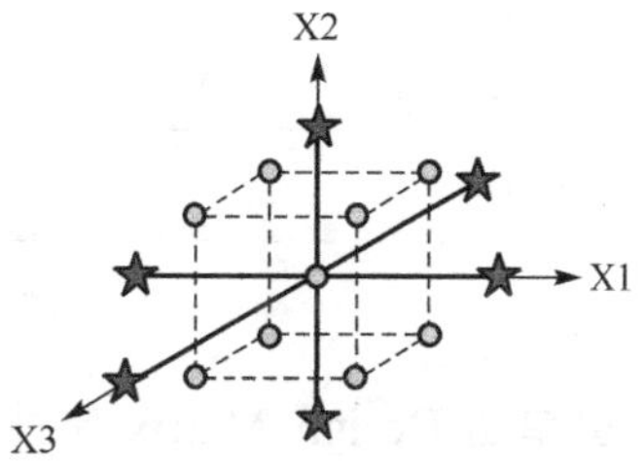

图 10-9　中央组合设计技术

10.3.3 实例说明

1. DOE 方法算例

问题描述：用全因子 DOE 方法中的中央组合设计技术分析弹簧的输入参数(CoilDi—amer, NumberOfCoils, WireDiametre)对输出参数(Deflection, ShearStress, Size, SurgrFrequency, Weight)的影响。输入参数和输出参数请参见 10.4.4 节“2.操作步骤”第(3)项计算公式。

2. 操作步骤

(1) 选择 File→Open，打开模型文件，默认的是 Task 任务下嵌套 Calculator 组件。

(2) 从 Drivers 工具栏中拖拽 DOE 组件到 Task 上，默认的名称为 DOE1，如图 10-10 所示。

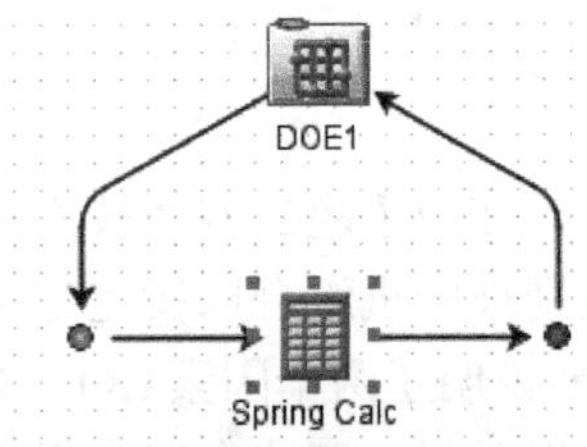

图 10-10　DOE 任务流程图

(3) 双击 DOE1，在 Component Editor-DOE 的 General 中选择算法为 Central Composite，如图 10-11 所示。

(4) 单击 Factors 属性页，勾选 CoilDiameter,NumberOfCoils,WireDiametre 作为因子，设置 Lower 和 Upper 上下限分别为 (0.36,0.44)，(10.8,13.2)，(0.045,0.055)。

(5) 单击 Postprocessing 属性页，勾选 Deflection, ShearStress,Size,SurgrFrequency,Weight 作为响应。

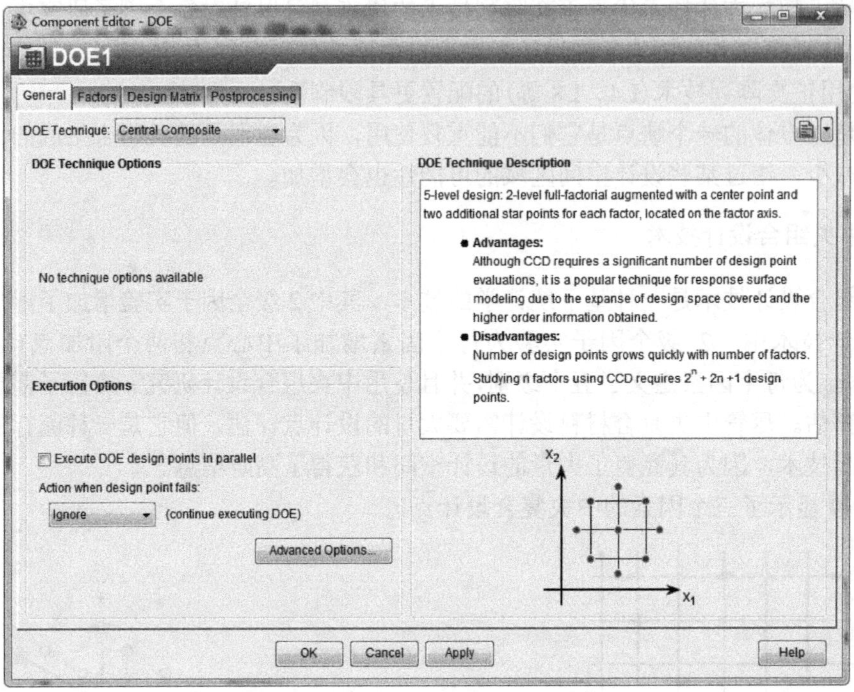

图 10-11　Central Composite 设置界面

(6) 单击 Design Matrix 属性页，可以看到设计矩阵已经生成。从 Show 下拉列表框中可以选择显示水平 (Levels) 还是值 (Values)。

(7) 单击 OK 按钮，返回 DesignGateway。

(8) 在 Design Gateway 中单击 ▶ 或 F4 执行模型，此时弹出 Runtime Gateway 运行门户，并且启动 Calculator 显示算法取样的过程。

(9) 显示主效应图：在 Runtime Gateway 界面中，单击 Graphs 属性页，单击工具栏上的图标，打开 Graph Creation Wizard 向导对话框，如图 10-12 所示。

(10) 选择 DOE 属性页，单击 Main Effects Graph 选项。

(11) 单击 Next 按钮，在弹出的 Select Factors and Responses 对话框中，单击 Selector All 按钮，选择 Fators 为 CoilDiameter,NumberOfCoils,WireDiametre，esponses 为 Deflection, ShearStress, Size, SurgrFrequency, Weight。

(12) 单击 Next 按钮，在 Options 对话框中，勾选 Side by Side fctor effects 复选框 (这样能够使所有的因子并列地显示)，单击 Finish 按钮显示所有因子对响应的主效应图，如图 10-13 所示。

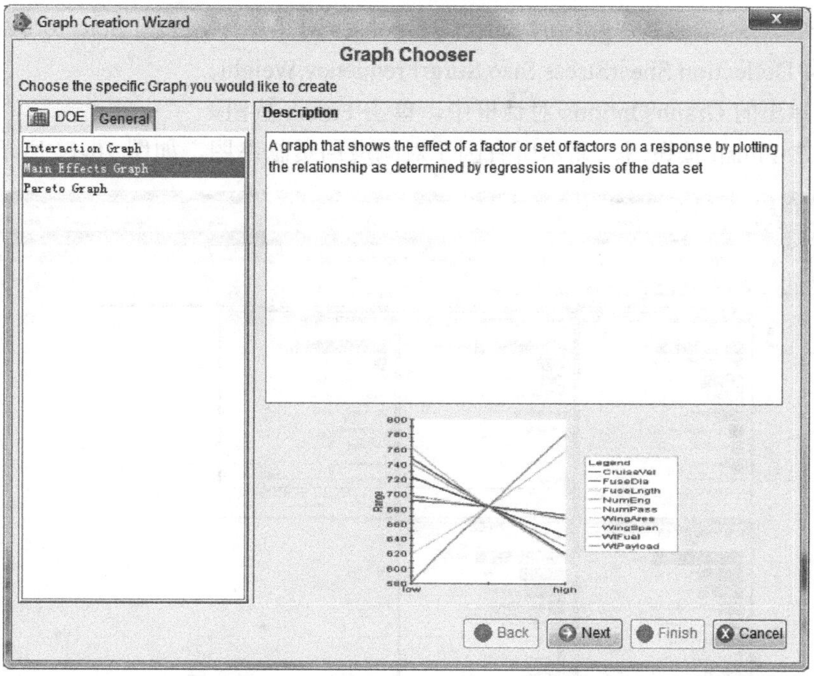

图 10-12　Graph Creation Wizard 界面

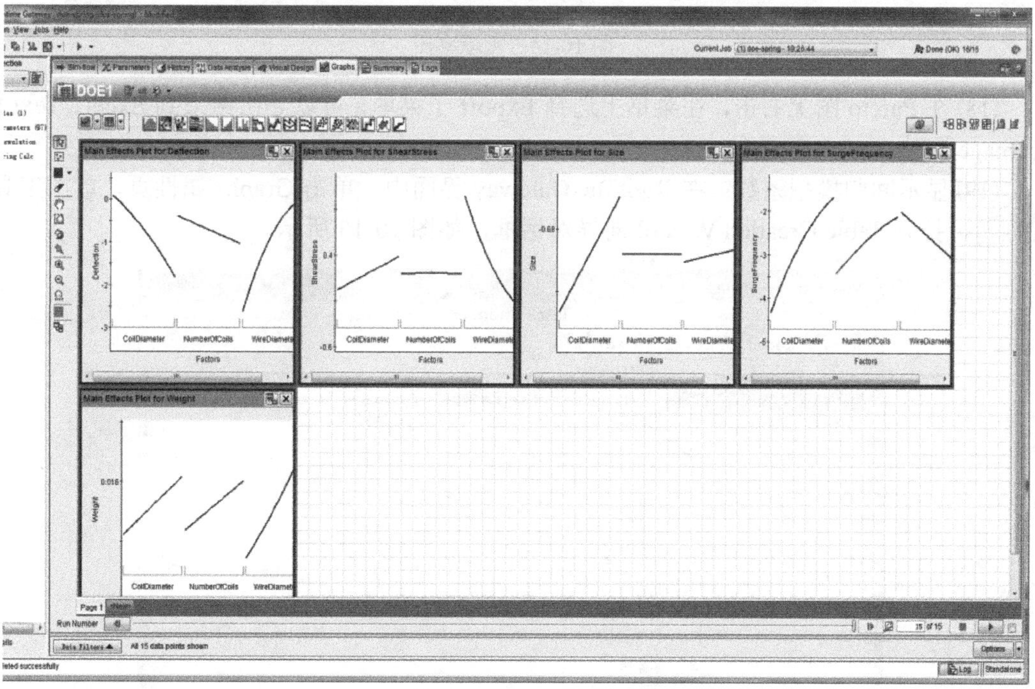

图 10-13　主效应图

(13)显示 Pareto 图：在 Runtime Gateway 界面中，单击 Graphs 属性页，单击工具栏上的，打开 Graph Creation Wizard 向导对话框。

(14)选择 DOE 属性页，单击 Pareto Graph 选项。

(15) 单击 Next 按钮，在弹出的 Select Responses 对话框中，单击 Selector All 按钮，选择 Responses 为 Deflection,ShearStress,Size,SurgrFrequency,Weight。

(16) 在弹出的 Graph Options 对话框中，单击 Finish 按钮。

(17) 单击 Finish 按钮后，显示所有因子对响应的贡献率图，如图 10-14 所示。

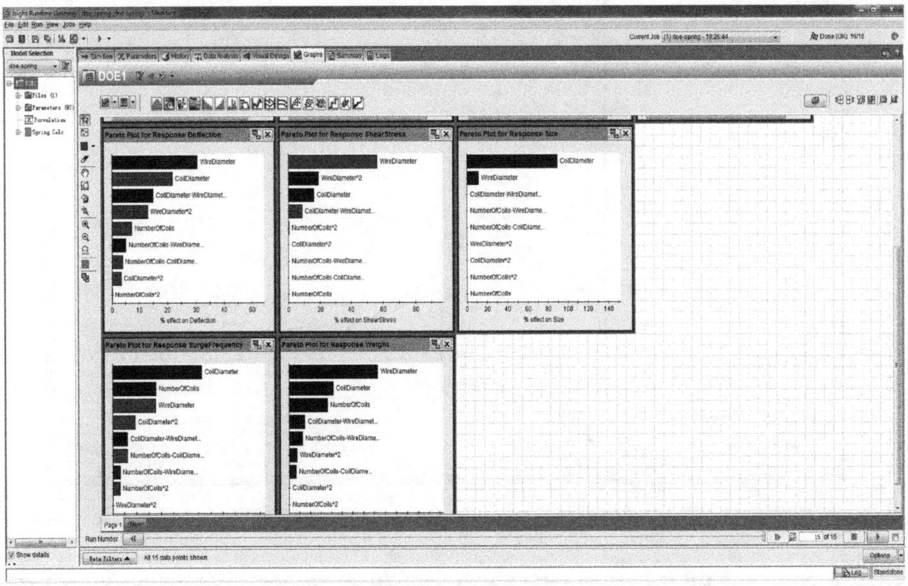

图 10-14　贡献率图

(18) 在 Pareto 图上右击，在菜单上选择 Export 子菜单，可以导出结果到 Excel、Text File 或 Image 图片。

(19) 显示回归模型系数：在 Runtime Gateway 界面中，单击 Graphs 属性页，单击工具栏上的，打开 Table Creation Wizard 向导对话框，如图 10-15 所示。

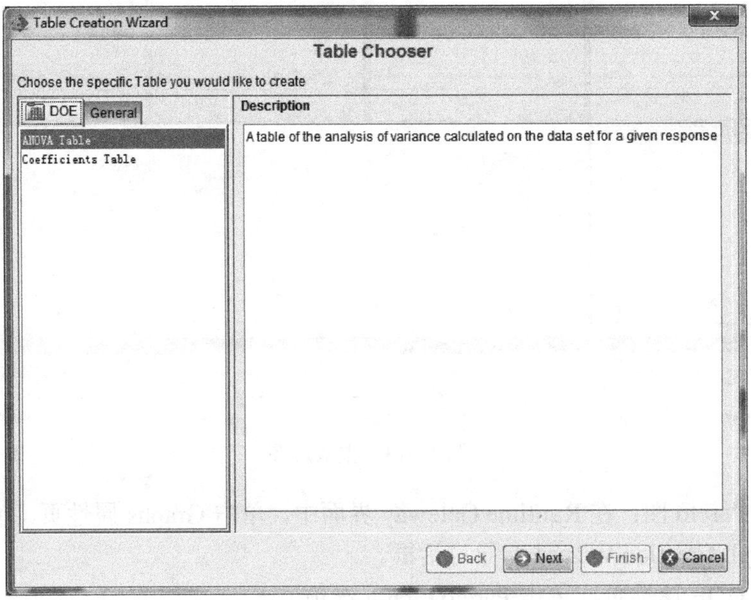

图 10-15　Table Chooser 对话框

(20)选择 DOE 属性页，单击 Coefficients Table 选项，单击 Next 按钮。

(21)在弹出的 Select Responses 对话框中，单击 Selector All 按钮，选择 Responses 为 Deflection,ShearStress,Size,SurgrFrequency,Weight，单击 Finish 按钮。在系数表中，可以看到二次回归的各项系数，如图 10-16 所示。

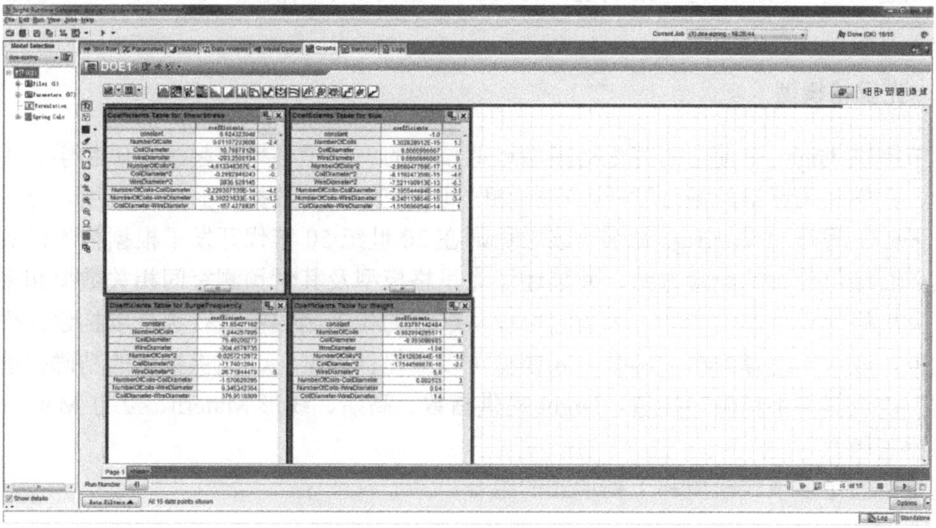

图 10-16　二次回归的各项系数图

(22)计算完成后，在 RuntimeGateway 的 Summary 属性页中可以看到整个运行结果的报告，如图 10-17 所示。

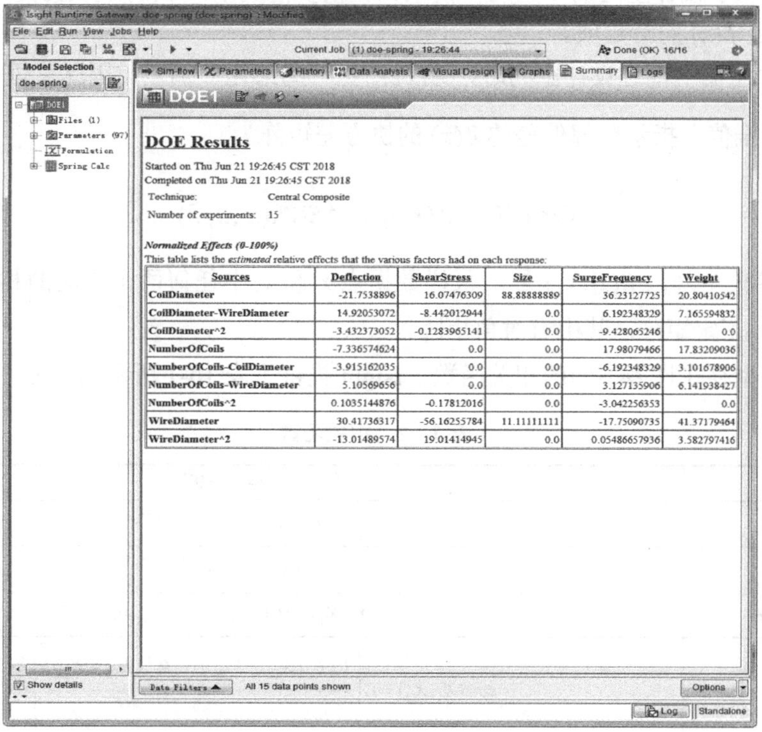

图 10-17　运行结果

10.4 近似逼近技术

近似逼近技术包括：克里格模型、切比雪夫/正交多项式模型、RBF 和 EBF 模型、响应曲面模型等。

10.4.1 克里格模型

本节提供 Isight 中使用的克里格模型近似技术的。克里格模型起源于矿物学、工程学、地质学、数学和统计学的混合学科，在预测时间和空间相关数据方面非常有用。克里格模型以南非采矿工程师 D. G. Krige 命名，该工程师在 20 世纪 50 年代开发了根据样本矿石品位确定真实矿石品位分布的经验方法，并描述了克里格模型及其对预测空间相关数据和采矿的有用性。克里格元模型非常灵活，因为它可以从广泛的相关函数中进行选择以构建元模型。

此外，取决于选择的相关函数，元模型可以“提供数据”、提供数据的精确插值或“平滑数据”以及提供不精确的插值。Isight 提供指数、高斯、线形 Matern、立方 Matern 等常用克里格相关函数。

克里格假定多项式模型和下列形式的组合：

$$u(x) = f(x) + Z(x) \tag{10-1}$$

式中，$u(x)$ 是感兴趣的未知函数；$f(x)$ 是称为趋势的 x 的已知多项式函数；$Z(x)$ 是具有均值为 0、方差为 σ^2 和非零协方差的随机过程的实现。方程中的 $f(x)$ 项与响应曲面中的多项式模型相似，提供了设计空间的“全局”模型。在很多情况下，$f(x)$ 被认为是一个常数项 b_0；Isight 实现假定 $f(x)$ 的常数项。

当 $f(x)$ “全局”逼近设计空间时，$Z(x)$ 产生“局部化”偏差，因此克里格模型对 n_s 采样数据点进行插值。指示局部偏差的 $Z(x)$ 的协方差矩阵为

$$\mathrm{Cov}[Z(x_i), Z(x_j)] = \sigma^2 \boldsymbol{R}([R(x_i, x_j)]) \tag{10-2}$$

式中，$\boldsymbol{R}$ 是相关矩阵；$R(x_i, x_j)$ 是 n_s 采样数据点 x_i 和 x_j 中任何两个之间的相关函数。$\boldsymbol{R}$ 是 $[n_s \times n_s]$ 对称的正定矩阵，其中有对角矩阵。

克里格模型存在许多不同的相关函数，Isight 提供了表 10-1 所示的功能。

表 10-1 相关函数

名称	相关分析
指数	$\mathrm{corr}(X_i, X_j) = \Pi \mathrm{e}^{\theta_k \lvert X_{iK} - X_{jK} \rvert}$
高斯	$\mathrm{corr}(X_i, X_j) = \Pi \mathrm{e}^{\theta_k \lvert X_{iK} - X_{jK} \rvert^2}$
线形 Matern	$\mathrm{corr}(X_i, X_j) = \Pi(1 + \theta_k \lvert X_{iK} - X_{jK} \rvert)\mathrm{e}^{\theta_k \lvert X_{iK} - X_{jK} \rvert}$
立方 Matern	$\mathrm{corr}(X_i, X_j) = \Pi \left(\dfrac{1 + \theta_k \lvert X_{iK} - X_{jK} \rvert + \frac{1}{2}\theta_k^2 \lvert X_{iK} - X_{jK} \rvert}{3} \right) \mathrm{e}^{\theta_k \lvert X_{iK} - X_{jK} \rvert}$

在表 10-1 中 θ_k 是用于拟合模型的未知相关参数。

一旦选择相关函数并估算出最佳 θ_k，克里格模型就可以用来预测在未测试位置 x 处的响应 $f(x)$。

$$\hat{\boldsymbol{u}}(X) = \hat{\boldsymbol{b}} + \boldsymbol{r}^{\mathrm{T}}(X)\boldsymbol{R}^{-1}(\boldsymbol{Y} - \boldsymbol{f}\hat{\boldsymbol{b}}) \tag{10-3}$$

其中，$\hat{\boldsymbol{u}}$ 是每个采样点处估计的响应值的向量，$\boldsymbol{f}$ 是具有在每个采样点处评估的趋势函数值的向量，$\hat{\boldsymbol{b}}$ 是常向量，并且 $\boldsymbol{r}^{\mathrm{T}}(X)$ 是在每个采样点之间的相关值向量未测试的位置 x 和样本数据点。

常向量 $\hat{\boldsymbol{b}}$ 可以用公式估算

$$\hat{\boldsymbol{b}} = (\boldsymbol{f}^{\mathrm{T}}\boldsymbol{R}^{-1}\boldsymbol{f})^{-1}\boldsymbol{f}^{\mathrm{T}}\boldsymbol{R}^{-1}\boldsymbol{Y} \tag{10-4}$$

方差的估计是

$$\sigma^2 = \frac{(\boldsymbol{Y} - \boldsymbol{f}\hat{\boldsymbol{b}})^{\mathrm{T}}\boldsymbol{R}^{-1}(\boldsymbol{Y} - \boldsymbol{f}\hat{\boldsymbol{b}})}{n_s} \tag{10-5}$$

θ_k 的最大似然估计是由给出的似然估计通过最大化操作获得的。

$$\frac{n_s \ln(\sigma^2) + \ln|\boldsymbol{R}|}{2} \tag{10-6}$$

Isight 还支持使用克里格模型创建各向同性逼近。顾名思义，各向同性近似用于所有独立变量表现相似的情况。因此，Isight 假定所有的 θ_k 值都是相互匹配的。因为只搜索一个最优 θ 值，所以各向同性拟合通常更快。

根据输入参数的数量、设计点的数量以及克里格模型的响应(输出)数量，模型构建过程可能非常耗时。随着矩阵大小的增加，操纵矩阵所需的 CPU 功率呈指数增长。因此，在分析所有数据点之后，生成使用许多设计点的良好克里格模型可能需要大量时间。

克里格模型的质量取决于样本点在设计空间中的位置。已经观察到克里格模型在空间填充设计中取得了最好的效果，其中采样点相距很远。当点聚集在一起时，用于拟合克里格模型的矩阵会变得病态，导致不适合。为避免病态，可以根据距离过滤样本中的点。在拟合之前，所有比称为平滑滤波器的值更接近的点将从样本集中移除。Isight 内部使用其他数值技术来提高近似的性能和鲁棒性。

一旦克里格模型已经建立并被认为足够准确，它就可以用于设计分析。拟合克里格模型所需的时间明显大于其他插值技术(如径向基函数)所需的时间，但是预测时间是可比的。

10.4.2 切比雪夫/正交多项式模型

正交多项式近似是一种回归技术。正交多项式使因采样位置而存在的响应值之间的自相关最小化。使用正交函数作为拟合基础的一个优点是输入可以在方差分析(ANOVA)中解耦。

切比雪夫/正交多项式是对于等间距采样点特别有用的正交多项式的常见类型。当采样策略是正交阵列时使用它们。Isight 实现了从正交阵列拟合切比雪夫多项式的 Taguchi 方法。

Isight 提供了计算其他类型采样的正交多项式近似值的能力。在这种情况下，可以使用以下近似模型。

切比雪夫多项式：该模型被构造为标准切比雪夫多项式的线性回归。

连续正交多项式：由一组正交多项式组成的模型，这些正交多项式在采样点上是正交的。连续的正交多项式技术产生一系列与所提供的数据正交的多项式。这些多项式用作基函数来获得响应的近似值。这些正交基函数仅取决于不在响应值上的样本位置。

1）切比雪夫多项式逼近

切比雪夫多项式是一组正交多项式，它们是称为切比雪夫微分方程的特殊 Sturm-Liouville 微分方程的解。

等式为

$$(1-x^2)y''-xy'+n^2y=0 \tag{10-7}$$

切比雪夫多项式可以有两种。在一维中，这些多项式定义如下。

第一种多项式为

$$T_0(x)=1 \tag{10-8}$$

$$T_1(x)=x \tag{10-9}$$

$$T_{n+1}(x)=2xT_n(x)-T_{n-1}(x) \tag{10-10}$$

第二种多项式为

$$U_0(x)=1 \tag{10-11}$$

$$U_1(x)=x \tag{10-12}$$

$$U_{n+1}(x)=2xU_n(x)-U_{n-1}(x) \tag{10-13}$$

这些多项式的根不是等间隔的。 Taguchi 描述了一组一维多项式，称为切比雪夫，具有等间距的根。当这些等间隔的根被假定为正交阵列中的因子水平时，正交过程可用于使用切比雪夫多项式作为单个项来近似响应。

一般来说，拟合近似的正交方法与基于回归的方法相比更加有效和稳定。然而，正交方法规定在预定义的位置评估被近似的函数。对于切比雪夫多项式，这些位置完全对应于使用正交阵列获得的样本。

以下等式显示了在一维中具有等间距根的切比雪夫多项式：

$$T_1(x)=(x-\overline{x}) \tag{10-14}$$

$$T_2(x)=(x-\overline{x})^2-b_2 \tag{10-15}$$

$$T_3(x)=(x-\overline{x})^3-b_{31}(x-\overline{x}) \tag{10-16}$$

$$T_4(x)=(x-\overline{x})^4-b_{41}(x-\overline{x})^2 \tag{10-17}$$

$$T_5(x)=(x-\overline{x})^5-b_{51}(x-\overline{x})^3-b_{52}(x-\overline{x}) \tag{10-18}$$

式中，x 是等级的平均值。Taguchi 通过在上面列出的每个变量中乘以切比雪夫多项式的乘积来生成多元多项式。 Taguchi 还提供了用于计算正交阵列这些项的系数的表格。

2）逐次正交多项式逼近

Isight 提供使用任意一组正交多项式构造近似的能力。Taguchi 描述了一种仅用于线性情况的多变量方法，但该方法在 Isight 中已被扩展到任意程度。例如，假设有三个变量 x_1、x_2 和 x_3，我们希望拟合响应 g。为了简化表达式，假设 x_1、x_2 和 x_3 的平均值为零。

可以生成以下正交函数序列。

线性：

$$f_1 = x_1 \tag{10-19}$$

$$f_2 = x_2 - b_{21} f_1 \text{，} \quad \mathrm{LT}(f_2) = x_2 \tag{10-20}$$

$$f_3 = x_3 - b_{31} f_1 - b_{32} f_2 \text{，} \quad \mathrm{LT}(f_3) = x_3 \tag{10-21}$$

二次：

$$f_4 = x_1^2 - b_{41} f_1 - b_{42} f_2 - b_{43} f_3 \text{，} \quad \mathrm{LT}(f_4) = x_1^2 \tag{10-22}$$

$$f_5 = x_2^2 - b_{51} f_1 - b_{52} f_2 - b_{53} f_3 - b_{54} f_4 \text{，} \quad \mathrm{LT}(f_5) = x_2^2 \tag{10-23}$$

$$f_6 = x_2^2 - b_{61} f_1 - b_{62} f_2 - b_{63} f_3 - b_{64} f_4 - b_{65} f_5 \text{，} \quad \mathrm{LT}(f_6) = x_3^2 \tag{10-24}$$

$$f_7 = x_1 x_2 - \sum_{i=1}^{7} b_{7i} - f_i \text{，} \quad \mathrm{LT}(f_7) = x_1 x_2 \tag{10-25}$$

$$f_8 = x_1 x_3 - \sum_{i=1}^{7} b_{8i} - f_i \text{，} \quad \mathrm{LT}(f_8) = x_1 x_3 \tag{10-26}$$

$$f_9 = x_2 x_3 - \sum_{i=1}^{8} b_{9i} - f_i \text{，} \quad \mathrm{LT}(f_9) = x_2 x_3 \tag{10-27}$$

式中，LT 表示该多项式的前导项。如果置换 x_1、x_2 和 x_3，则多项式的一般形式将会不同。正交多项式中的系数 $\{b_{ij}; i=1,2,\cdots,n, j=1,2,\cdots,(i-1)\}$ 可以使用离散正交性条件计算如下（$\overline{x}^k$ 是输入数据中的 k^{th} 向量）：

$$\sum_{k=1}^{N} f_i(\overline{x}^k) f_j(\overline{x}^k) = 0 \tag{10-28}$$

$$\Rightarrow \sum_{k=1}^{N} f_j(\overline{\boldsymbol{x}}^k) \mathrm{LT}_i(\overline{\boldsymbol{x}}^k) - b_{ij} \sum_{k=1}^{N} f_j^2(\overline{\boldsymbol{x}}^k) = 0 \tag{10-29}$$

$$\Rightarrow b_{ij} = \frac{\sum_{k=1}^{N} f_j(\overline{\boldsymbol{x}}^k) \mathrm{LT}_i(\overline{\boldsymbol{x}}^k)}{\sum_{k=1}^{N} f_j^2(\overline{\boldsymbol{x}}^k)} \tag{10-30}$$

求解这些值后，可以得到拟合的系数 $\{a_i : i=1,2,\cdots,n\}$：

$$g(x_1, x_2, x_3) = \sum_{i=1}^{n} a_i f_i \tag{10-31}$$

其中

$$a_i = \frac{\sum_{k=1}^{N} f_i(x^k) g(x^k)}{\sum_{k=1}^{N} f_i^2(\overline{x}^k)} \tag{10-32}$$

产生这些连续的正交多项式所花费的时间随着近似的输入变量的数量的增加而急剧增加。因此，这种近似最适合具有少量输入变量和大量数据点(或响应)的模型。

10.4.3 响应曲面模型

Isight 中的响应曲面模型(RSM)使用低阶(从 1～4)多项式来逼近实际分析代码的响应。要构建一个模型，必须执行一些使用模拟代码的精确分析。或者，可以使用具有一组分析设计点的数据文件。

因此，响应曲面模型可用于优化和灵敏度研究，计算费用很小，因为评估只涉及计算给定输入值集合的多项式值。模型精度的高度依赖于其构造所使用的数据量(数据点的数量)、近似的精确响应函数的形状以及构建模型的设计空间的体积。在足够小的设计空间体积中，任何平滑函数都可以用一个二次多项式来近似，并具有很高的精度。对于高度非线性函数，可以使用三阶或四阶多项式。如果该模型在构建其设计空间之外使用，则其准确性受损，并且该模型必须进行优化。

最大有序模型(四阶或四次模型)由以下形式的多项式表示：

$$\tilde{F}(x)=\alpha_0+\sum_{i=1}^{N}b_i x_i+\sum_{i=1}^{N}c_{ii}x_i^{\ 2}+\sum_{ij(I<j)}c_{ij}x_i x_j+\sum_{i=1}^{N}d_i x_i^{\ 3}+\sum_{i=1}^{N}e_i x_i^{\ 4} \tag{10-33}$$

其中，N 是模型输入的数量；x_i 是模型输入的集合；a、b、c、d、e 是多项式系数。

低阶模型(线性、二次、立方)只包括低阶多项式(相应地只有线性、二次或三次项)。Isight 中的三阶和四阶模型没有混合阶数为 3 和 4 的多项式项(相互作用)，只包括纯立方项和四项以减少模型构建所需的数据量。

多项式的系数(a、b、c、d、e)通过求解线性方程组来确定(每个分析设计点的一个方程)。

响应曲面模型构造由以下选项控制。

(1)模型多项式的阶数(称为多项式阶数)。

(2)选择的多项式项的子集。如果选择此选项，则可以使用四种可用的术语选择方法之一选择多项式的子集：①顺序替换；②逐步回归(Efroymson 算法)；③两次一次更换；④彻底搜索。

(3)设计点的数量(如果随机点用于初始化)。

(4)围绕初始随机设计生成的基线点的设计空间的大小(如果使用随机点进行初始化)。设计空间的大小可以为每个输入参数单独设置。设计子空间的界限可以直接输入(绝对值)，也可以通过对每个参数的基线值(相对于基线)应用下限和上限来计算。

响应曲面模型近似值的初始化所需的采样数据点可以使用 Isight 中的一种可用采样方法获得。如果没有以前的数据，响应曲面模型的典型初始化模式是随机点。在这种情况下，Isight 会在指定边界内生成所需数量的随机设计，并对每个设计进行精确分析。获得的数据用于计算模型的多项式系数，最小二乘拟合可用于计算系数。

用于初始化的推荐采样点数是多项式系数的 2 倍，对于线性多项式为$(N+1)$，对于二次多项式为$(N+1)(N+2)/2$，对于三次多项式为$(N+1)(N+2)/(2+N)$，对于四次多项式为$(N+1)(N+2)/(2+2N)$，其中 N 是输入变量的数量。

1)响应面模型中的多项式项选择

当使用响应曲面模型(RSM)时，可以选择多项式项选择。如果不使用多项式项选择，则 Isight 会计算所有系数。

多项式术语选择有以下几个好处：

(1)提高模型的预测可靠性；

(2)消除了对输出影响很小或没有影响的预测变量；

(3)减少模型的方差；

(4)当有限数量的设计点可用时选择最佳模型。

多项式项选择的基本思想如下：给定一组 k 个预测变量 $X_1, X_2, X_3, \cdots, X_k$ 选择使残差平方和(RSS)最小化的 $p\,(p<k)$ 个预测变量的子集：

$$\mathrm{RSS}=\sum_{i=1}^{n}\left(Y_i-\sum_{j=1}^{p}b_j X_{ij}\right)^2 \tag{10-34}$$

选择多项式项的最佳组合以使残差平方和最小化。只有当模型具有至少一个自由度时残差才可以为非零，因此 RSS 的最小化意味着所选择的多项式项的最大数量必须低于用于 RSM 的设计点的数量，否则，RSS 将完全为零，并且没有术语选择是可能的。

Isight 提供的四个术语选择方法具有以下特点。

(1)顺序替换。顺序替换算法是最简单和最快的算法，但它不能保证最佳模型。此方法是 Forward 选择算法的变体，具有以下步骤。

➢ 从常数项开始，选择下一个最佳术语。

➢ 在向前选择的每一步中，对于以前选择的每个术语，找到可以减少 RSS 并交换变量的最佳替代方案。

➢ 选择下一个最佳术语并将其添加到模型中。

➢ 重复上述步骤 2、3，直到选择最大允许的术语数。

(2)逐步回归(Efroymson 算法)。逐步回归算法有时可以和顺序替换算法一样快，但它也不能保证最佳模型。逐步回归算法使用 4.0 作为默认的“F-比率-增加项”和“F-比率-删除项”值，可以在创建新的 RSM 时控制这些值，但这些值将影响选择过程。此方法是正向选择算法的变体，具有以下步骤。

➢ 从常数项开始，选择下一个最佳术语。

➢ 在转发选择的每一步中，如果使用以下标准充分降低 RSS，则请添加下一个最佳术语：

$$\mathrm{RSS}=\sum_{i=1}^{n}\left(Y_i-\sum_{j=1}^{p}b_j X_{ij}\right)^2 \tag{10-35}$$

➢ 在转发选择的每一步中，使用以下标准检查是否可以删除其中一个选定的词语，而不会明显增加 RSS。

➢ 重复该过程，直到没有更多的词条满足第一个标准或者直到选择了最大期望的词条数量。

(3) Two-at-a-time Replacement 算法比前两种算法更昂贵，并且有更好的机会找到最佳模型。该方法是前向选择方法的变体，具有以下步骤。

➢ 从常数项开始，选择下一个最佳术语。

➢ 在转发选择的每一步中，考虑从先前选择的术语中替换 1 或 2 个术语。

➢ 找到可以减少 RSS 并交换变量的最佳替代组合。

➢ 选择下一个最佳术语并将其添加到模型中。

➢ 重复此过程，直到选择最大允许的术语数。

(4)彻底搜索。穷举搜索算法是可用算法中最昂贵的算法，它保证以高计算时间为代价找到最佳模型。设计点的数量和所选术语的数量可以极大地影响计算成本，并且可以使该算法成为大数据集和大量输入的不可行选项。这种方法是一种系统方法，可以从所有可能的组合中找出术语的最佳组合。它有以下基本步骤。

➢ 生成所有可能的术语组合，直至达到最大允许术语数。

➢ 计算所有多项式的 RSS 值。

➢ 选择最佳术语组合以最小化 RSS。

2)响应面模型的 R2 分析

R2 分析是衡量模型多项式在构造中使用的设计点的近似实际功能的程度。当用于响应曲面模型的不同设计的数量大于模型系数的数量时，Isight 的响应曲面模型会自动执行近似函数的 R2 分析。

R2 的值 1.00 表示模型多项式的值和响应函数的值在所有设计点处都相同。使用 N+1 系数的多项式完全拟合 N 个点总是可能的。因此，除非用于分析的点的数量比多项式的数量大得多(3～10 倍)，否则 R2 系数的理想值并不一定表示实际函数将与设计空间中的任何地方的模型多项式相匹配系数。关于 R2 分析的信息在每个输出多项式的系数数据内被报告。

10.4.4 实例说明

1. 响应曲面模型算例

通过数学模型的方法拟合一组输入变量(CoilDiameter,NumberOfCoils,WireDiametr)与输出变量(Deflection,ShearStress,Size,SurgrFrequency,Weight)的关系，并建立近似模型。

2. 操作步骤

(1)选择 File→New(default)，创建一个空的任务 Task。

(2)从 Activities 工具栏中拖拽 Calculator▦组件到 Task 工作流中。

(3)双击计算器组件，在其编辑界面的公式输入区输入计算公式：

```
Weight= (NumberOfCoils +2) * CoilDiameter*power (WireDiameter,2)
Deflection = 1.0 - (power (CoilDiameter,3) *NumberOfCoils) / (71875*power (WireDiameter,4))
ShearStress = (4*power (CoilDiameter,2) - WireDiameter*CoilDiameter) / (12566* (CoilDiameter*
power (WireDiameter,3) - power (WireDiameter,4))) + 1/ (5108*power (WireDiameter,2) ) - 1
SurgeFrequency = 1 - 140.45*WireDiameter/( power (CoilDiameter,2) *NumberOfCoils)
Size = (CoilDiameter+WireDiameter) /1.5 - 1
```

单击 OK 按钮，如图 10-18 所示。

(4)右击 Calculator 组件，选择 Approximation 子菜单；也可以从组件面板中拖动近似模型组件到 Calculator 上方完成近似模型的添加，如图 10-19 所示。

(5)在弹出的 Approximation 对话框中单击 New 按钮，新建近似模型，如图 10-20 所示。

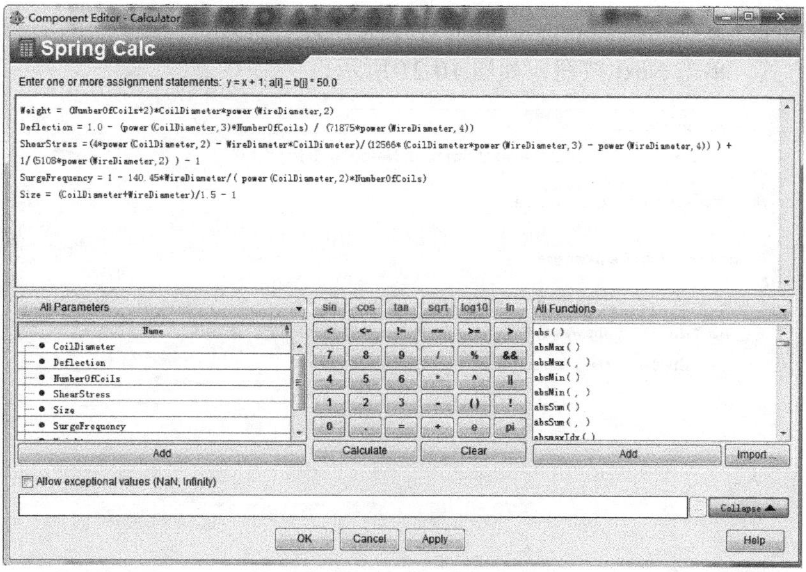

图 10-18　计算器公式编辑

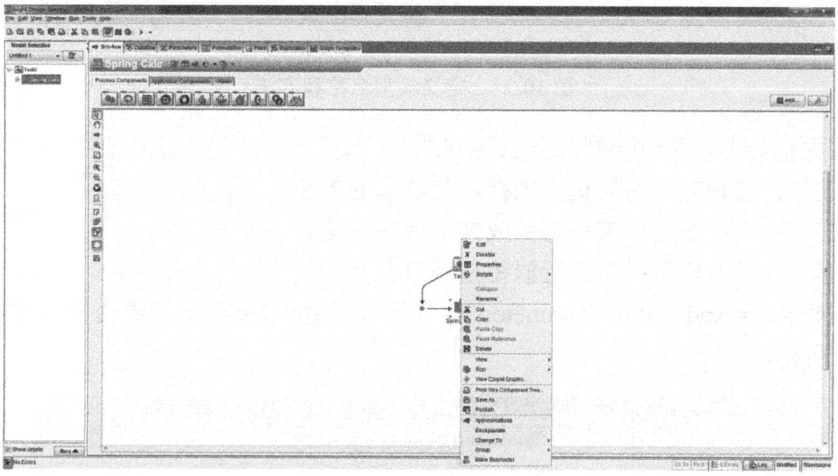

图 10-19　近似模型的添加

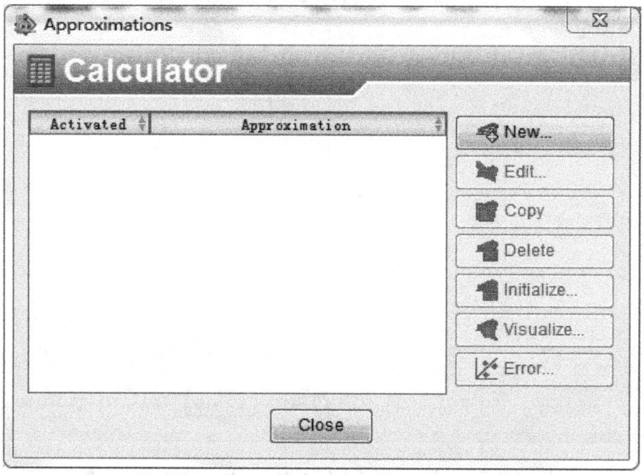

图 10-20　新建近似模型对话框

(6)在 Select the desired approximation type 选择第一项 Automatic，由用户指定近似模型方法和采点方式，单击 Next 按钮，如图 10-21 所示。

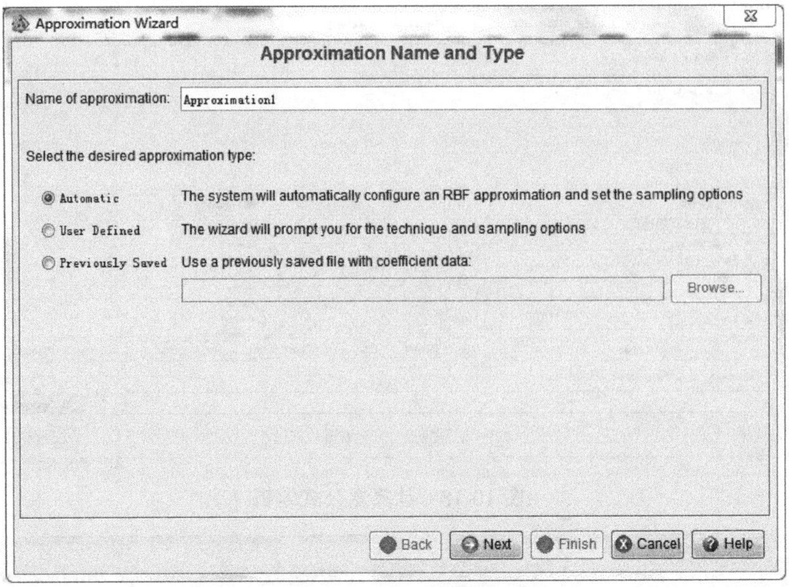

图 10-21　定义模型名称和方法

在近似面向导中，可以选择以下三种方法。

➢ 自动法：这种方法用随机点采样，是默认的方法。

➢ 用户自定义：由用户来指定生成样本点的方法。

➢ 保存过的近似模型：指定近似模型系数文件。

(7)选择 Inputs And Output Parameters 栏的所有变量和 Outputs 栏的变量，单击 Next 按钮，如图 10-22 所示。

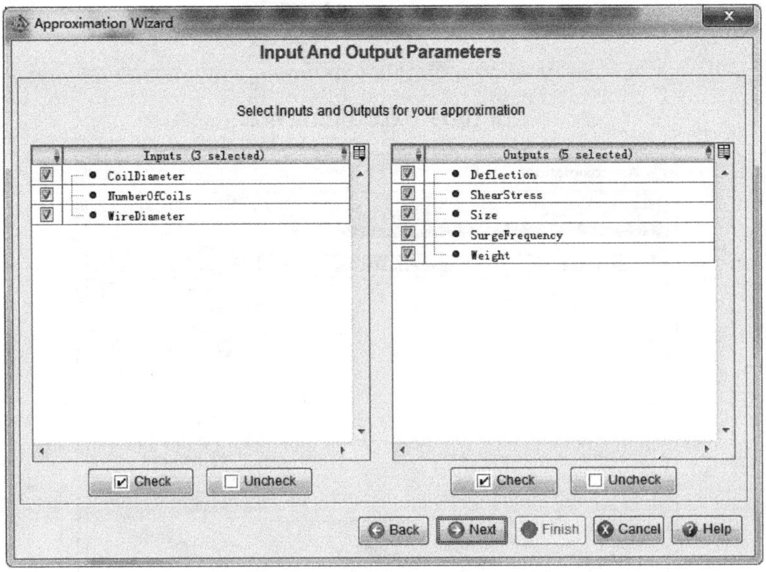

图 10-22　Inputs And Output Parameters 界面

(8)在 Sampling method 中选择随机采点方式 Random Points，使用默认样本数为 32，单击 Next 按钮，如图 10-23 所示。

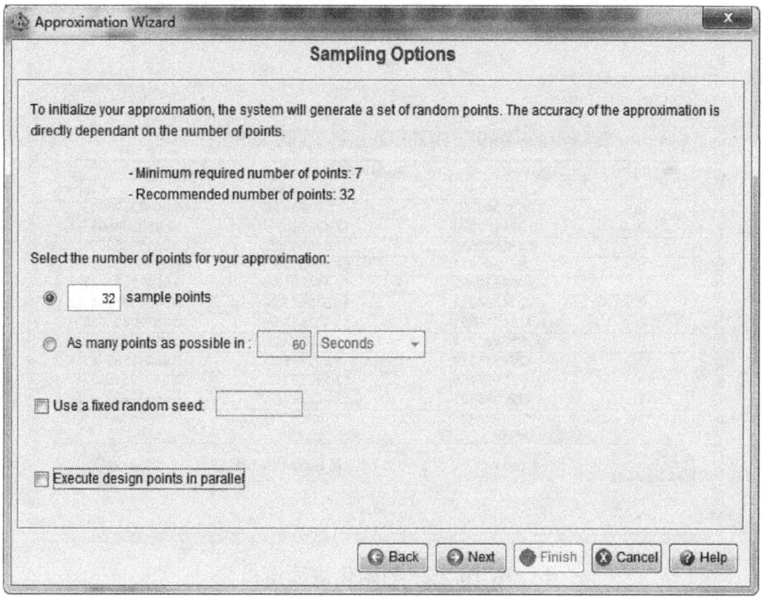

图 10-23　样本数定义

(9)设置变量的上下限分别为(0.36,0.44)、(10.8,13.2)和(0.045,0.055)，单击 Next 按钮，如图 10-24 所示。

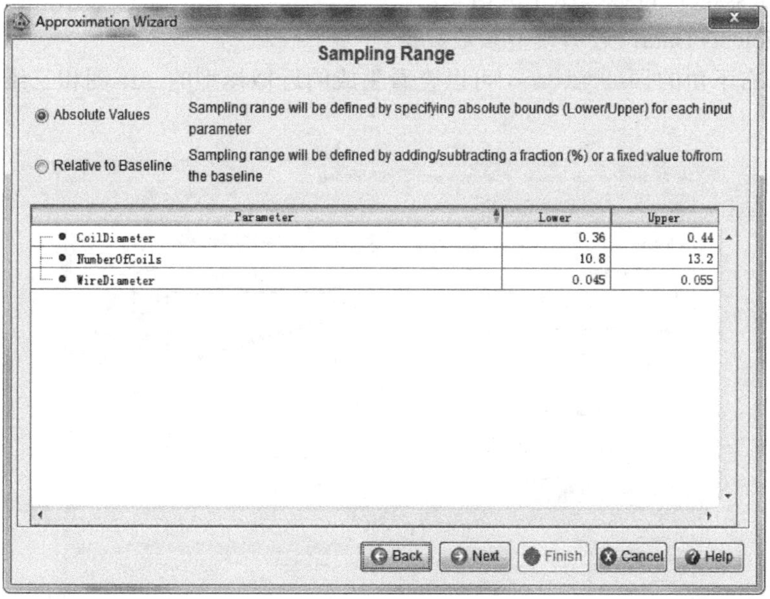

图 10-24　定义变量范围

(10)设置误差分析中用到的样本点生成方式和数量，双击 Next 按钮。

(11)单击 Finish 按钮，完成响应面近似模型的设置。

(12)弹出窗口询问是否需要立刻初始化近似模型，单击“是”按钮。

(13) 启动近似模型初始化进程对话框 Approximation initialization-Approxi mation 1，如图 10-25 所示。

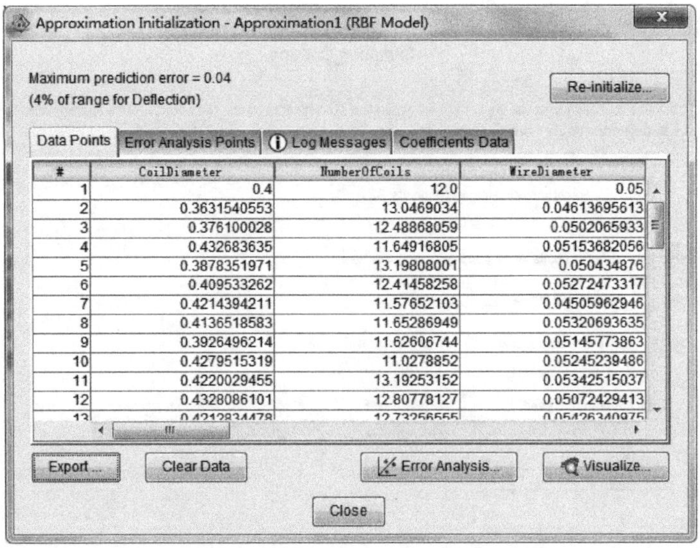

图 10-25　初始化进程窗口

(14) 初始化完成后，可以查看如下信息。

- Data Points：构造模型用的样本点。
- Error Analysis Points：误差分析用的样本点。
- Log Message：近似模型生成信息。
- Coefficients Data：近似模型系数数据。

(15) 单击右下角的，可以查看生成的近似模型的二维图和三维图，如图 10-26 所示。

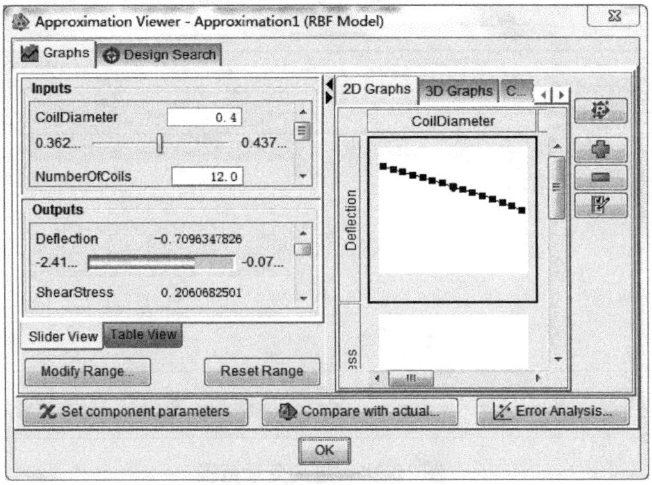

图 10-26　查看 2D 结果

(16) 近似模型的 3D 结果图。双击可以打开 3D 高清图，按住鼠标中键可以转动查看，如图 10-27 所示。

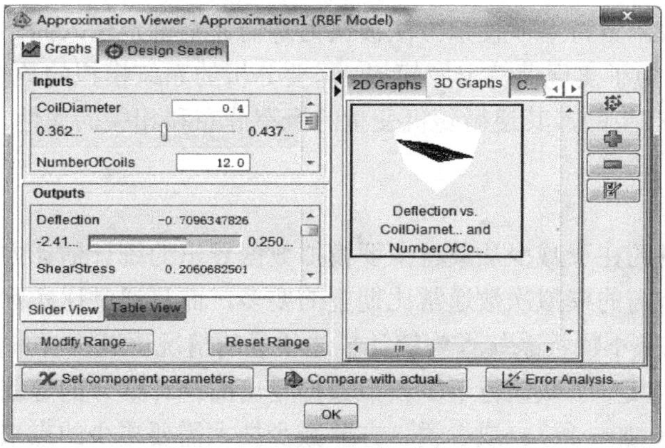

图 10-27　3D 高清图

10.5　蒙特卡罗模拟仿真

蒙特卡罗(Monte Carlo)仿真技术是通过随机地模拟设计或过程来实现的，给定一个或多个随机变量的随机性质，重点描述统计特性(均值、方差、范围、分布等)。本节蒙特卡罗技术包括采样技术和方差减少技术等。

蒙特卡罗方法属于计算数学的一个分支，是在 20 世纪 40 年代中期为了适应当时原子能事业的发展而发展起来的。传统的经验方法不能逼近真实的物理过程，很难得到满意的结果，而蒙特卡罗方法能够真实地模拟实际物理过程，故解决问题与实际非常符合，可以得到较为满意的结果。这也是以概率和统计理论方法为基础的一种计算方法，是使用随机数(或更常见的伪随机数)来解决很多计算问题的方法。将所求解的问题同一定的概率模型相联系，用电子计算机实现统计模拟或抽样，以获得问题的近似解。为象征性地表明这一方法的概率统计特征，故借用赌城蒙特卡罗来命名。

当所要求解的问题是某种事件出现的概率，或者是某个随机变量的期望值时，它们可以通过某种“实验”的方法，得到这种事件出现的频率，或者这个随机变量的平均值，并用它们作为问题的解，这就是蒙特卡罗方法的基本思想。蒙特卡罗方法通过抓住事物运动的几何数量和几何特征，利用数学方法加以模拟，即进行一种数字模拟实验。它是以一个概率模型为基础，按照这个模型所描绘的过程，通过模拟实验的结果作为问题的近似解。可以把蒙特卡罗解题归结为三个主要步骤：构造或描述概率过程；实现从已知概率分布抽样；建立各种估计量。

在 Isight 中，蒙特卡罗方法可应用于分析每个变量对于响应的贡献率、分析设计点的失效率和可靠度、统计响应变量由输入变量而引起的波动等。

10.5.1　采样技术

Isight 中的蒙特卡罗采样包括简单随机采样、描述性采样、Sobol 采样三种采样技术。简单随机采样技术通过生成每个随机变量在 0～1 的 N 个均匀分布随机数来生成样本点，并从每个随机变量分布中得到相应的值。描述性采样技术是一种方差简化技术，它通过将每个随机变量分布划分成 N 个相等概率的区间，随机地将样本从这些区间组合起来，生成设计点，从而生成样本点。Sobol 采样技术是一种方差还原技术，也是一种比简单随机采样技术和描述性采样技术更均匀分布的子随机序列。Sobol 采样技术从一组特殊的二进制分数中生成适当长度的二进制分数。蒙特卡罗模拟方法被认为是估计不确定输入的不确定系统响应概率性质较为准确的方法。为了实现蒙特卡罗模拟，需要分析的系统模拟的数量是由随机变量(不确定输入)的抽样值所产生的，其遵循随机变量的概率分布和相关的属性。

10.5.2 方差减少技术

方差减少技术目的在于减少从蒙特卡罗模拟数据导出的统计估计方差。

简单随机采样所需的模拟次数通常比期望的要多，而且通常比实际要多。其他采样技术已经开发出来，可以在不牺牲系统行为统计描述质量的情况下减少样本量(模拟次数)。这些称为方差减少的技术减少了从蒙特卡罗模拟数据导出的统计估计的方差。因此，估计误差减少(多次模拟的估计更加一致)。或者说，方差减少技术需要更少的点来获得类似于通过简单随机采样获得的误差或置信水平。Isight 提供了描述性采样和 Sobol 采样方差降低技术。

1. 描述性采样

描述性采样可用于蒙特卡罗组件。在这种技术中，由每个随机变量定义的空间被划分成等概率的子集，并且每个随机变量的每个子集只进行一次分析(一个随机变量的每个子集与每个其他随机变量的一个子集合并)。

描述性采样技术类似于拉丁超立方 DOE 技术(参见拉丁超立方体技术)，最好在图 10-28 中对标准空间(U 空间)中的两个随机变量进行说明。离散化的双变量空间中的每一行和每列只按随机顺序采样一次。下面显示了使用简单随机采样生成的点云以进行比较。

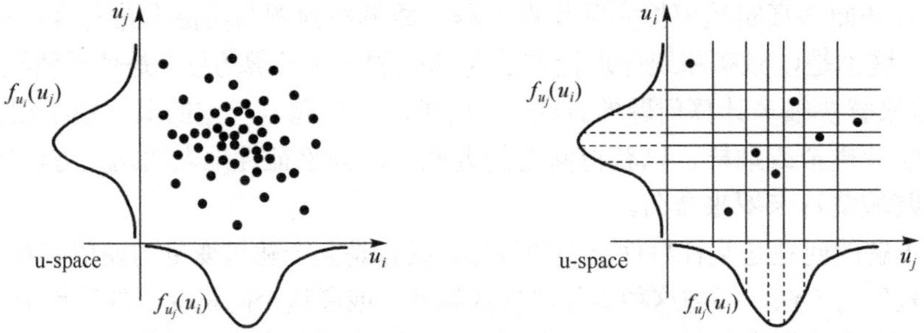

图 10-28 简单的随机采样——描述性采样

2. Sobol 采样

Sobol 采样(图 10-29)是一个准随机数序列，它比简单的随机采样(图 10-30)和描述性采样更均匀地分布。换句话说，使用 Sobol 序列获得的样本表现出更接近真密度函数的概率密度函数，如图 10-29 所示。

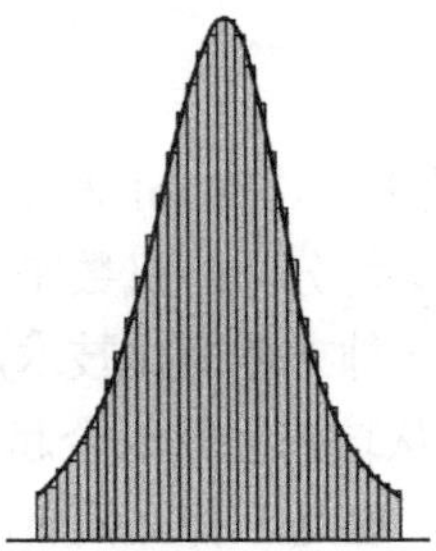

图 10-29 Sobol 样本

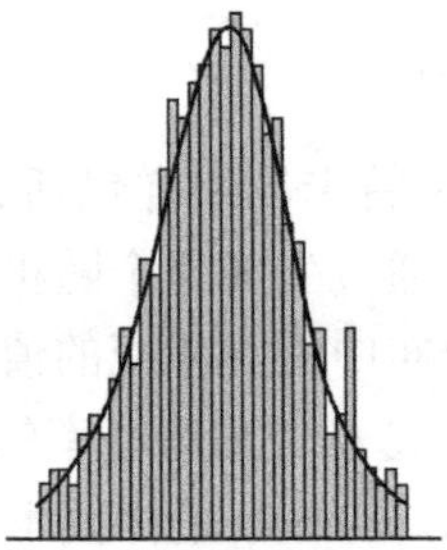

图 10-30 简单的随机样本

Sobol 序列是根据一组特殊的二进制分数生成适当长度的二进制分数。

10.5.3 实例说明

1. 蒙特卡罗模拟算例

分析每个输入变量(CoilDiameter,NumberOfCoils,WireDiametr)对输出变量(Deflection, ShearStress, Size, SurgrFrequency, Weight)的贡献率，识别出最大的输出变量，其中输入、输出关系如前例所示。

2. 操作步骤

(1) 选择 File→Open，打开模型文件，默认的是 Task 任务下嵌套 Calculator 组件。

(2) 从 Drivers 工具栏中拖拽 Monte Carlo 组件到 Task 上，如图 10-31 所示。

(3) 双击 MonteCarlo 组件，弹出 Component Editor-Monte Carlo 对话框。

(4) 选择 General 属性页，选择 Sampling Technique 为 Sobol Sampling 采样方法，设置 Number of Simulation 为 100，如图 10-32 所示。

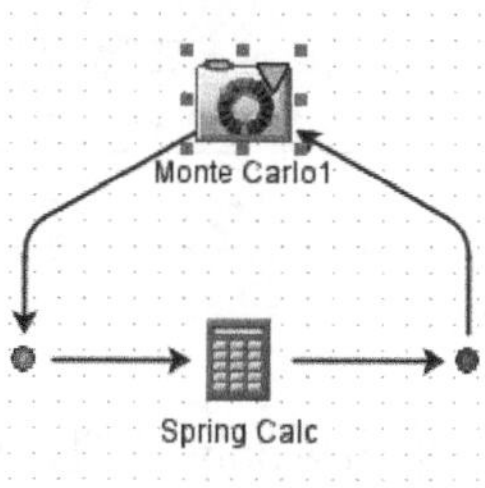

图 10-31 加入 Monte Carlo 组件

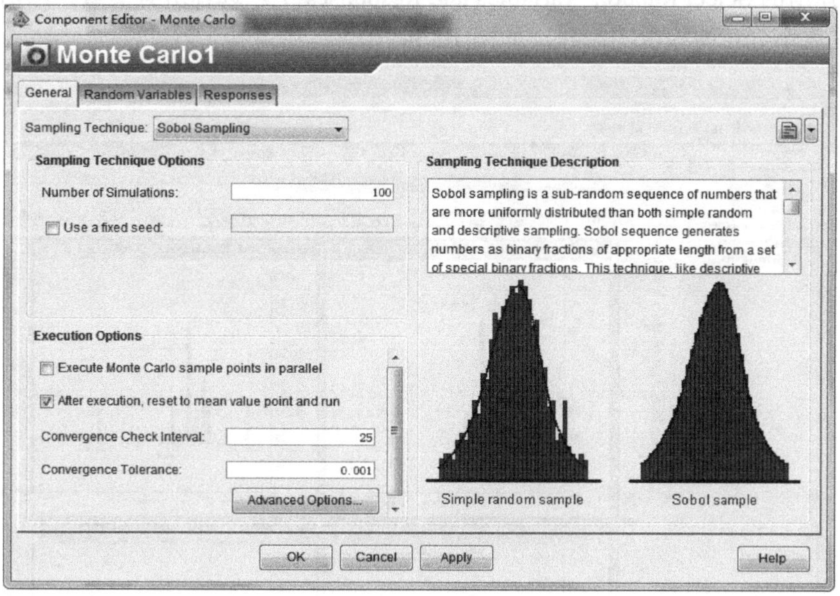

图 10-32 MCS 参数定义

(5) 跳转到 Random Variables 标签，单击参数 CoilDiameter 前的复选框，将其设置为一个随机变量。在 Distribution 中指定设定变量分布的类型(如正态分布、均匀分布、指数分布等)、均值 Mean、标准差 Standard Deviation，如图 10-33 所示。

(6) 转至 Responses 标签，勾选响应变量(包括：Deflection、Shearstress、Size、SurgeFrequency 和 Weight)。同时，定义 Deflection 变量的上、下限范围：0.995 <=Deflection<=0.997。

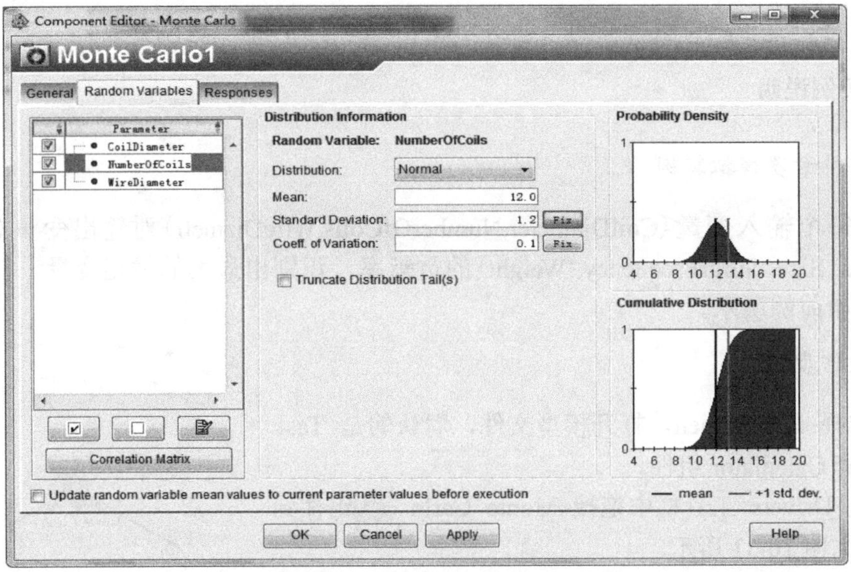

图 10-33　随机变量设置

(7) 单击 Apply 按钮，单击 OK 按钮返回到 Design Gateway。

(8) 选择 Graph Templates 属性页，单击工具栏上的，在弹出的 Graph Creation Wizard 对话框中，选择 Probility Distrabution 概率分布，单击 Next 按钮。

(9) 在弹出的 Select Random Variables and Responses 中，选择所有变量，然后单击 Finish 按钮，完成概率分布图模板的创建，如图 10-34 所示。

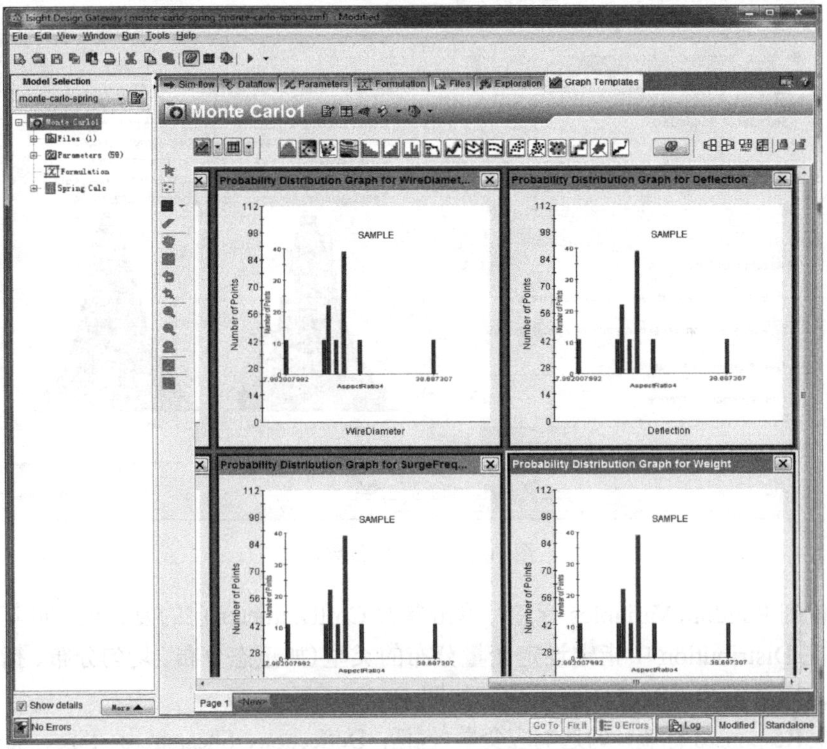

图 10-34　MCS 概率分布图

(10) 同第(8)步，在 DesignGateway 的 Graph Templates 属性页中单击 ，选择 Pareto Plot 贡献率分布图，单击 Next 按钮。Pareto 图表示各输入变量对响应变量的百分比贡献率，蓝色表示正效应，红色表示负效应，如图 10-35 所示(颜色效果以实际操作为准)。

(11) 在弹出的 Select Responses 对话框中，选择所有变量，然后单击 Finish 按钮，完成 Pareto 图模板的创建，如图 10-36 所示。

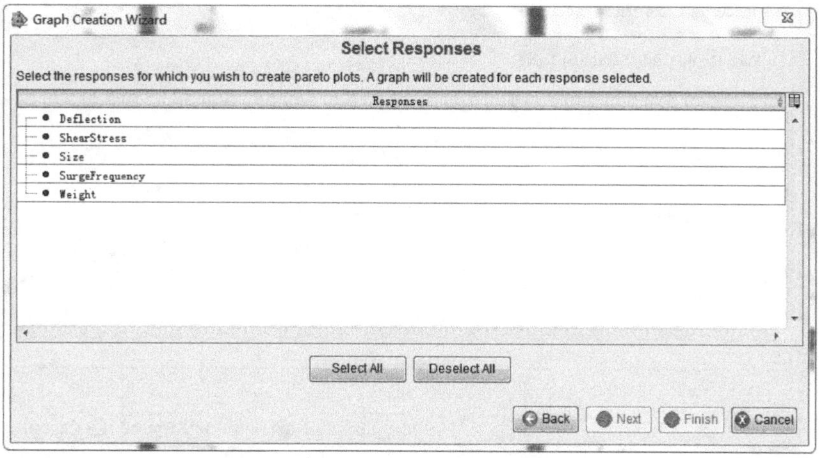

图 10-35　Pareto 图变量/响应设置

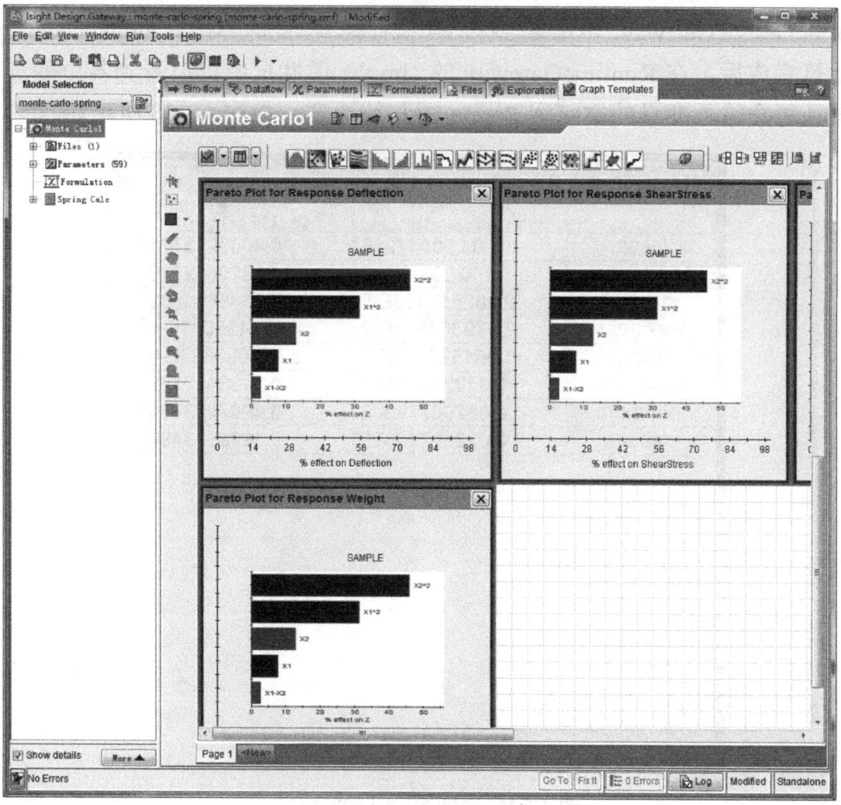

图 10-36　Pareto 图模板

(12)在 DesignGateway 的 Graph Templates 属性页中单击，在弹出的 Table Creation Wizard 对话框中选择 Statistics Table 统计表，单击 Finish 按钮，如图 10-37 所示。

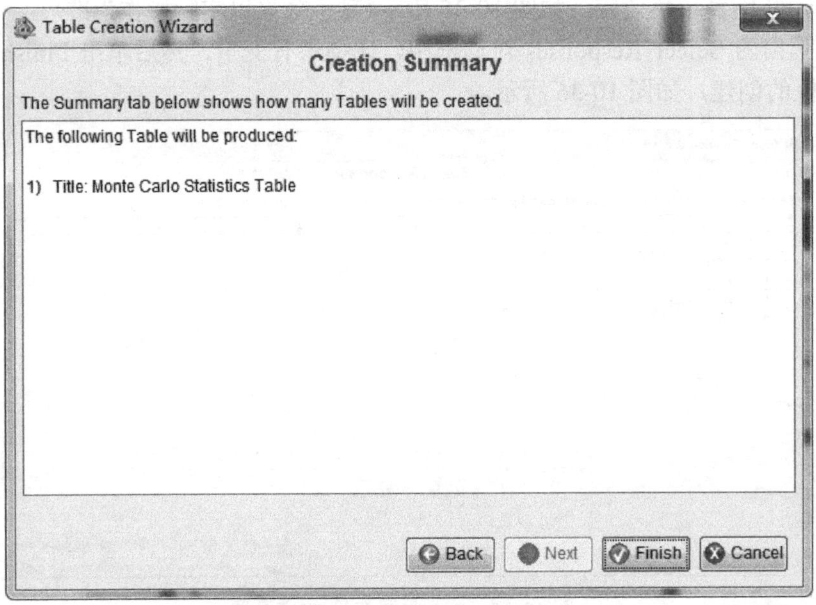

图 10-37　Creation Summary 图

(13)返回 Design Gateway，单击或按 F4 执行模型，此时弹出 Runtime Gateway 运行门户。

(14)计算完成后，在 RuntimeGateway 的 Graphs 属性页中可以看到各个变量的概率密度函数分布图、每个输入变量的贡献率 Pareto 图和统计表，如图 10-38 所示。

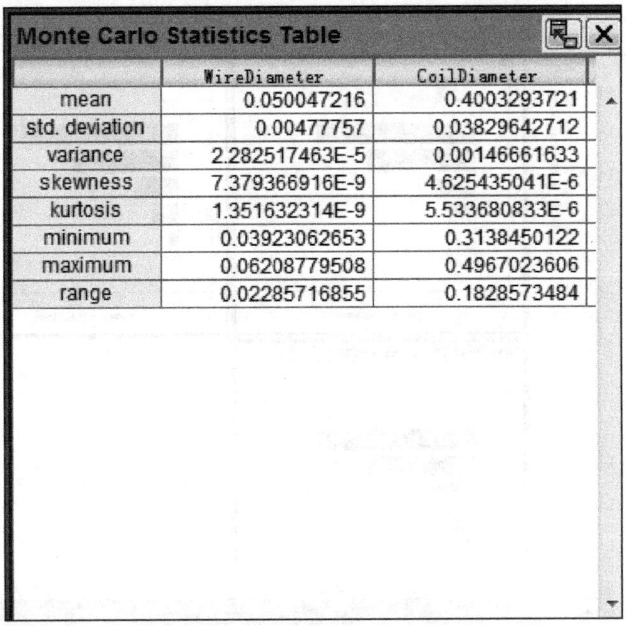
Monte Carlo Statistics Table

	WireDiameter	CoilDiameter
mean	0.050047216	0.4003293721
std. deviation	0.00477757	0.03829642712
variance	2.282517463E-5	0.00146661633
skewness	7.379366916E-9	4.625435041E-6
kurtosis	1.351632314E-9	5.533680833E-6
minimum	0.03923062653	0.3138450122
maximum	0.06208779508	0.4967023606
range	0.02285716855	0.1828573484

图 10-38　Statistics Table 统计表

(15)Summary 属性页中可以看到整个运行结果的报告，如图 10-39 所示。

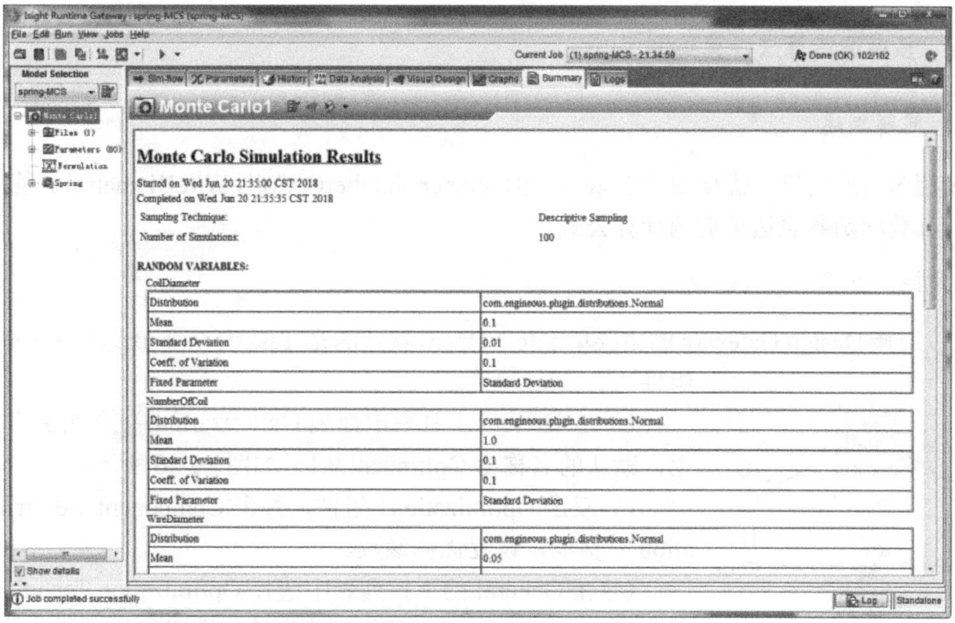

图 10-39 运行结果报告

10.6 优化技术

Isight 优化技术包括多岛遗传算法、自适应模拟退火技术、基于档案的微遗传技术和爬山单纯形技术等，本节介绍前两者。

10.6.1 多岛遗传算法

多岛遗传算法(multiple island genetic algorithm，MIGA)建立在传统遗传算法的基础上。传统遗传算法(genetic algorithm)是一种进化算法，其基本原理是效仿自然界中的“物竞天择，适者生存”的自然法则，适应环境能力强的个体参与繁殖，产生下一代的概率比较高，而适应环境较差的个体会以一定的概率淘汰，随着种群的更新换代，携带优秀基因片段的个体在种群中的比例会越来越高，而携带较差基因片段的个体会越来越少。在使用遗传算法解决问题的过程中，需要解决的问题的参数将编码为染色体，再利用迭代的方式进行选择、交叉、变异等运算来更新种群中的个体，保留优秀个体，淘汰较差个体，最终得到满足优化目标的个体。

多岛遗传算法不同于传统遗传算法的特点是：每个种群的个体被分成几个子群，这些子群称为“岛”。传统遗传算法的所有操作(如选择、交叉、变异)分别在每个岛上进行，每个岛上选定的个体定期地迁移到另外岛上，然后继续进行传统遗传算法操作。迁移过程由迁移间隔和迁移率这两个参数进行控制。迁移间隔表示每次迁移的代数，迁移率决定了在一次迁移过程中每个岛上迁移的个体数量的百分比。多岛遗传算法中的迁移操作保持了优化解的多样性，提高了包含全局最优解的机会。多岛遗传算法在优化过程中，首先利用初始值进行优化操作，初步达到收敛后，由于变异和迁移作用，在一个新的初值点开始重新进行遗传操作，如此重复操作，因此尽可能避免局部最优解，从而抑制了早熟现象的发生，还能提高收敛速度，大大节约计算时间。

10.6.2 多岛遗传算法计算实例

1. 问题描述

使用多岛遗传算法优化设计变量(CoilDiameter,NumberOfCoils,WireDiametre)，使 Weight 最小，其数学函数表达见前例计算公式。

2. 操作步骤

(1) 选择 Design Gateway 的主菜单 File→Open，默认的是 Task 任务下嵌套名为 Calculator 组件。

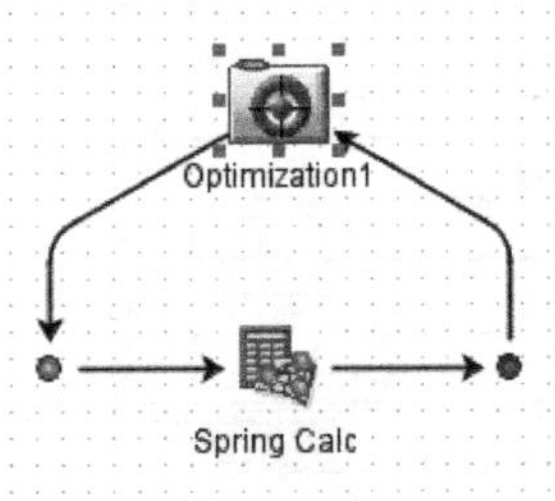

图 10-40 多岛遗传算法优化

(2) 从 Drivers 工具栏中拖拽 Optimization 组件到 Task 上，默认的名称为 Optimization1，如图 10-40 所示。

(3) 双击 Optimization1 组件，弹出 Component Editor-Exploration 对话框，设置优化参数。

(4) 在 General 的下拉列表中选择 Optimization Technique，本例选择 Muiti-Islang GA 智能优化算法，选择默认设置，单击 OK 按钮完成优化任务参数设置，如图 10-41 所示。

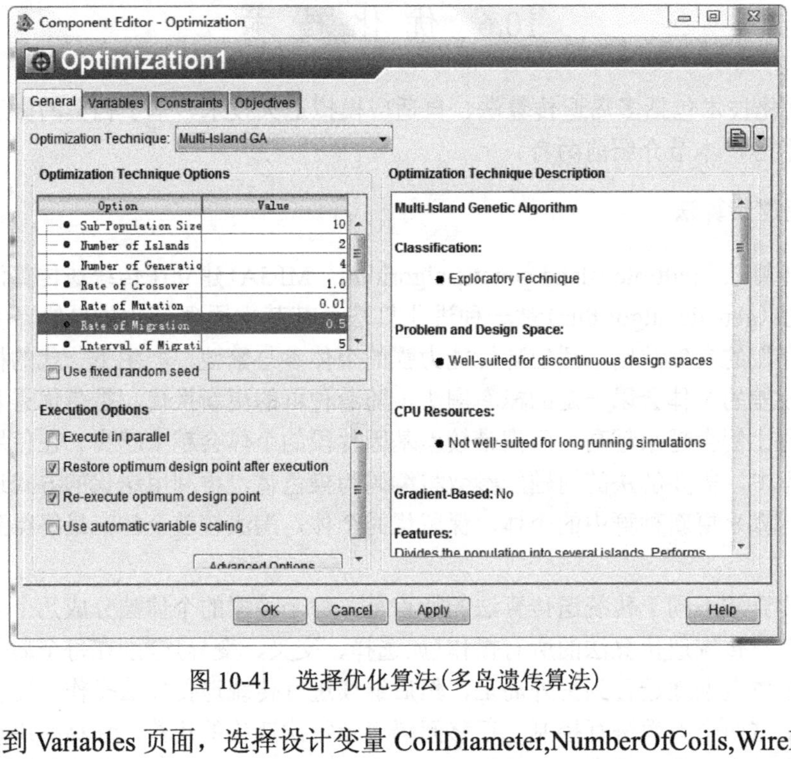

图 10-41 选择优化算法(多岛遗传算法)

(5) 切换到 Variables 页面，选择设计变量 CoilDiameter,NumberOfCoils,WireDiametre，初值 Value 选择默认参数，变量的上、下限分别为：(0.0999,1.0),(0.9999,20.0),(0.04999, 1.0)，如图 10-42 所示。

(6) 切换到 Objectives 页面，选择目标函数 Weight，目标趋势都选择 minimize，各目标的比例因子设置为 1.0，如图 10-43 所示。

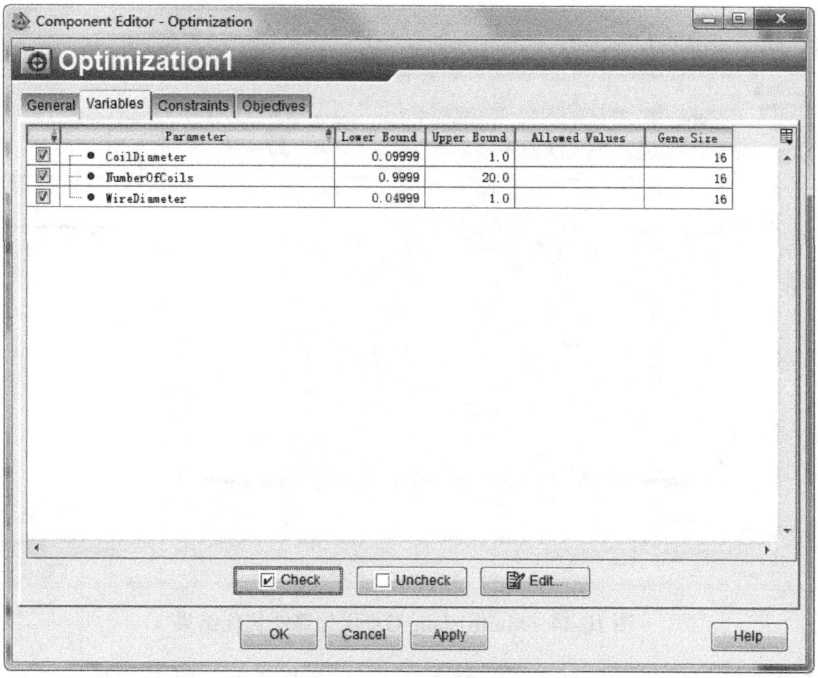

图 10-42　设置变量约束条件(多岛遗传算法)

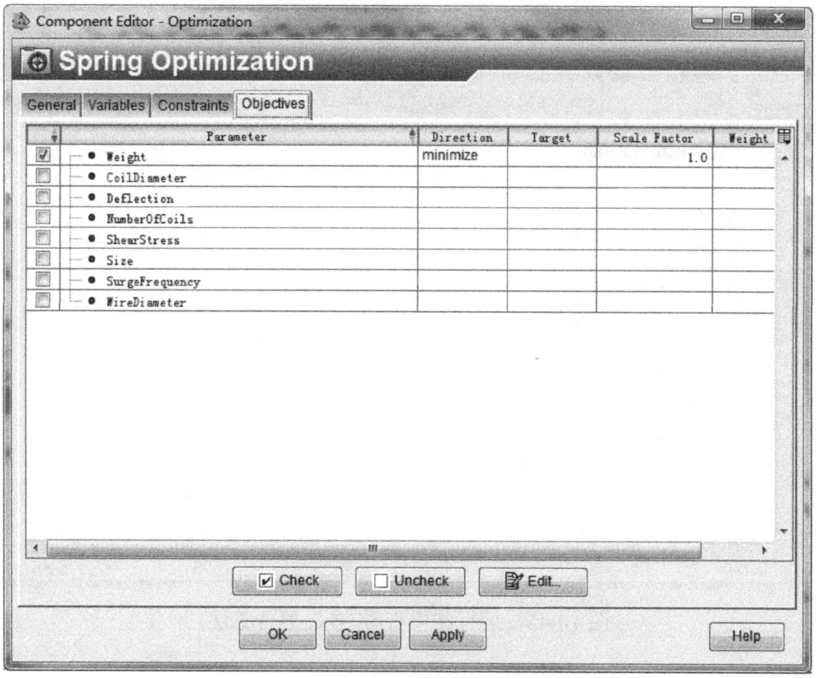

图 10-43　设置目标函数(多岛遗传算法)

(7)单击主界面左上角的，保存 Isight 文件。之后单击主界面左上角的，软件自动弹出 Runtime Gateway 窗口，开始执行优化任务。

(8)优化结束后单击 Runtime Gateway 窗口中的 History 页面，查看优化历史列表。列表显示最优结果为第 81 步，如图 10-44 所示。

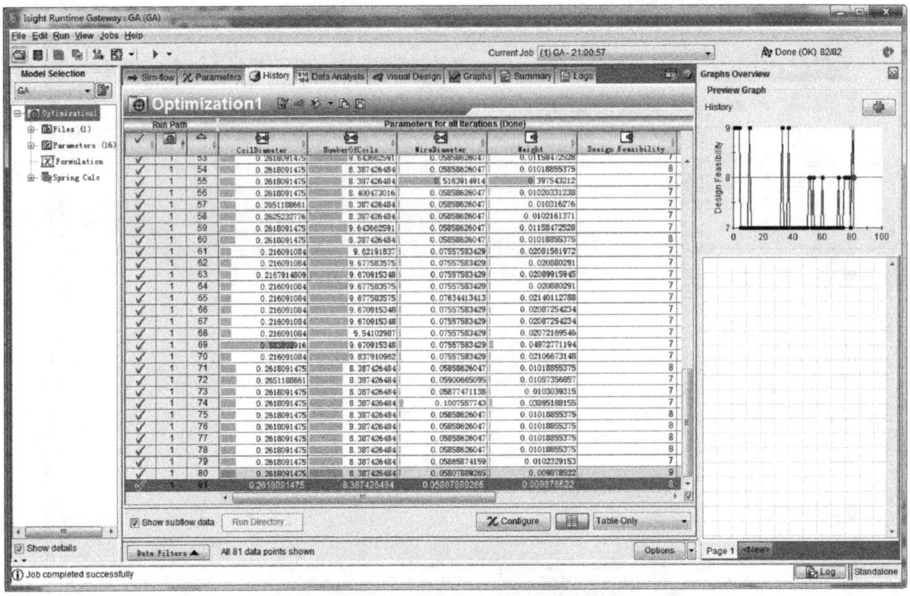

图 10-44　Muiti-Islang GA 优化算法优化结果

(9) 计算完成后，在 RuntimeGateway 的 Summary 属性页中可以看到整个运行结果的报告，如图 10-45 所示。

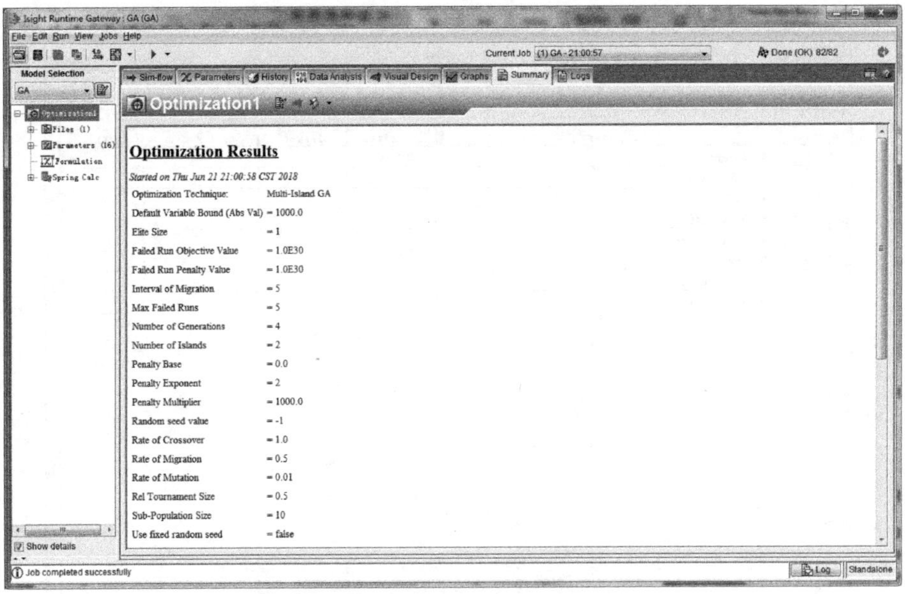

图 10-45　运行结果查看（多岛遗传算法）

10.6.3　自适应模拟退火技术

自适应模拟退火（ASA）算法适合于求解非线性优化问题。要了解自适应模拟退火算法的工作原理，可将优化问题可视化为地理地形。例如，考虑一个山脉，有两个参数，沿着南北方向和东西方向，目的在于在这个地形中找到最低的山谷。ASA 算法解决这个问题，类似于使用一个可以从山谷反弹到山谷的球。算法从高温开始，其中温度是 ASA 的一个参数，它模仿快速移动的粒子在热物体(如热熔融金属)中的影响。允许球进行非常高的弹跳，并且能够在任何山峰上弹跳以进入任何山谷，并且有足够的弹跳。当温度变得相对较冷时，球不能反弹的过高，并且它可以沉降，被困在相对较小的山谷范围内。

如果山脉通过“成本函数”(Isight 中的 ObjectiveandPenalty 参数)恰当地描述，定义两个方向参数的概率分布，称为生成分布，因为它们生成了要探索的可能山谷。再定义另一个分布，称为验收分布，它取决于要探索的当前生成的山谷的成本函数的差异以及最后保存的最低谷。验收分布在概率上决定是留在新的低谷还是从其中弹出。所有的生成和验收分布都取决于温度。

在 D 维参数空间中，参数 p^i 的范围为 $[A_i, B_i]$，对第 k 个最后保存的点(比如，局部最优点 p_k^i)，对于每个参数，使用由分布的乘积定义的分布生成新点。对于成本函数 $C(p_k+1)-C(p_k)$，使用一个均匀随机生成器。对于 U，其取值范围为(0,1)，在一个 Boltzmann 测试中，如果：

$$\left[-\frac{C(p_k+1)-C(p_k)}{T_{\text{cost}}}\right] > U$$

T_{cost} 是用于这个测试的“温度”，新的点被接受为下一个迭代的新保存点。否则，保留最后一个保存的点。每个参数温度的退火时间 T_i，从起始温度 T_{i0}，如下:

$$T_{\text{cost}}(k_{\text{cost}}) = T_{\text{cost}}\exp(-C_{\text{cost}}k_{\text{cost}}^{1/D}) \tag{10-36}$$

根据所选择的技术选项，参数温度可以周期性地、自适应地退火或相对于其之前的值增加，利用它们相对于成本函数的相对的一阶导数，在参数中公平地引导搜索。根据所选技术选项的确定，成本温度的再退火重新设置了使用新的 $T_{0\text{cost}}$ 值的成本接受标准退火的规模。新的 $T_{0\text{cost}}$ 值被认为是当前初始成本温度的最小值，以及最佳和最后的成本函数的绝对值和它们的差异的最大值。新的 k_{cost} 计算的是 k_{cost} 为当前值的最大值，以及成本函数最后和最佳保存最小值之间的差值的绝对值，约束不超过当前初始成本温度。这一过程重置了成本温度在当前最好或最后保存的最小值范围内退火的规模。

10.6.4 自适应模拟退火算例

1. 问题描述

使用自适应模拟退火算法优化设计变量(CoilDiameter, NumberOfCoils,WireDiametre)，使 Weight 最小。

2. 操作步骤

(1) 选择 File→Open，默认的是 Task 任务下嵌套名为 Calculator 组件。

(2) 从 Drivers 工具栏中拖拽 Optimization 组件到 Task 上，默认的名称为 Optimization1，如图 10-46 所示。

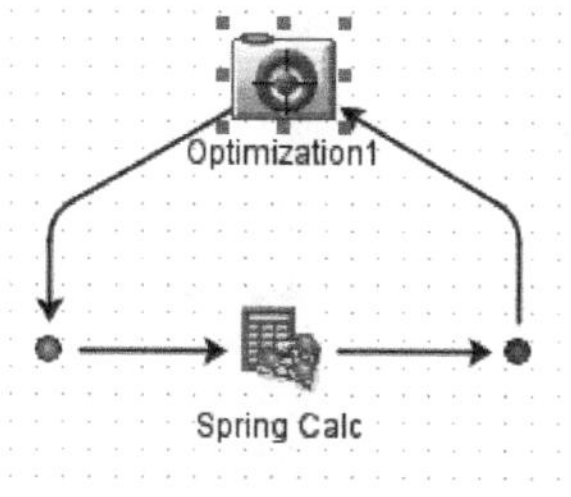

图 10-46 Calculator 组件参数(ASA 算法)

(3) 双击 Optimization1 组件，弹出 Component Editor-Exploration 对话框，设置优化参数。

(4)在 General 页面，从下拉列表中选择 Optimization Technique，本例选择 ASA 智能优化算法，选择默认设置，单击 OK 按钮完成优化任务参数设置，如图 10-47 所示。

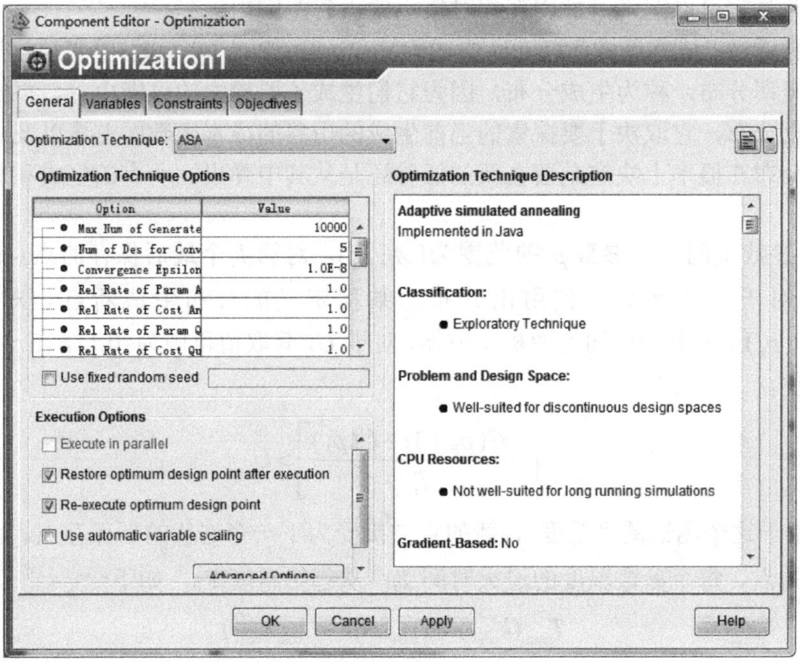

图 10-47　选择优化算法(ASA 算法)

(5)切换到 Variables 页面，选择设计变量(CoilDiameter,NumberOfCoils, WireDiametre)，初值 Value 选择默认参数，变量的上、下限分别为：(0.0999,1.0),(0.9999,20.0),(0.04999,1.0)，如图 10-48 所示。

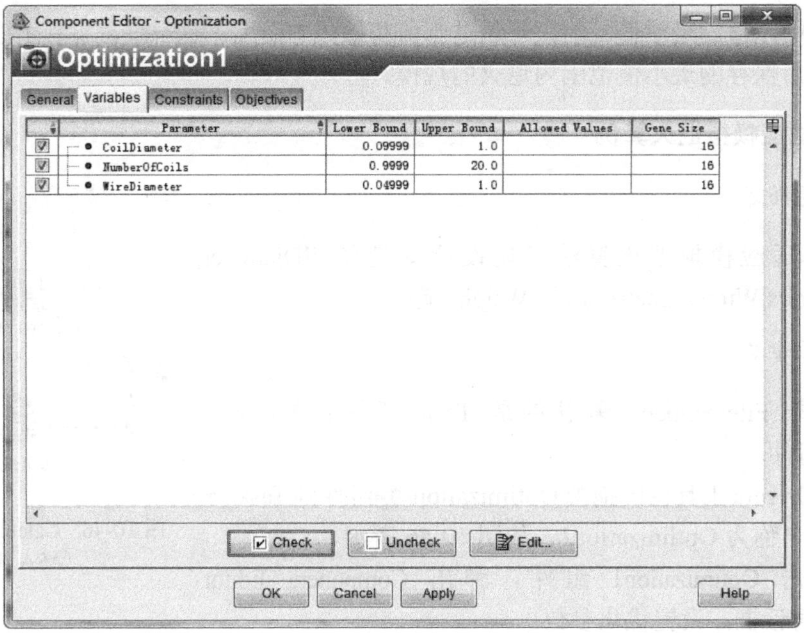

图 10-48　设置变量约束条件(ASA 算法)

(6)切换到 Objectives 页面，选择目标函数 Weight，目标趋势都选择 minimize，各目标的比例因子设置为 1.0，如图 10-49 所示。

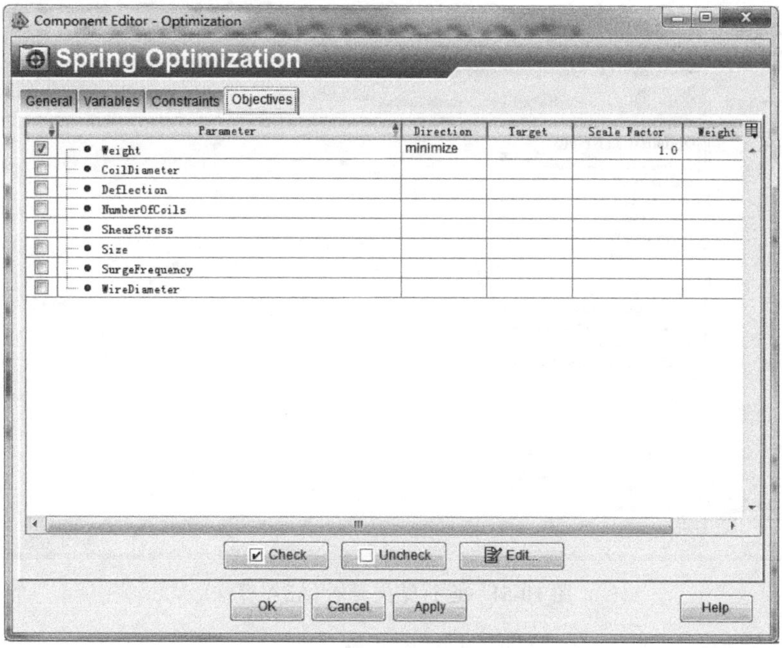

图 10-49　设置目标函数(ASA 算法)

(7)单击主界面左上角的，保存 Isight 文件。之后单击主界面左上角的，软件自动弹出 Runtime Gateway 窗口，开始执行优化任务。

(8)优化结束后单击 Runtime Gateway 窗口中的 History 页面，查看优化历史列表。列表显示最优结果为第 1631 步，如图 10-50 所示。

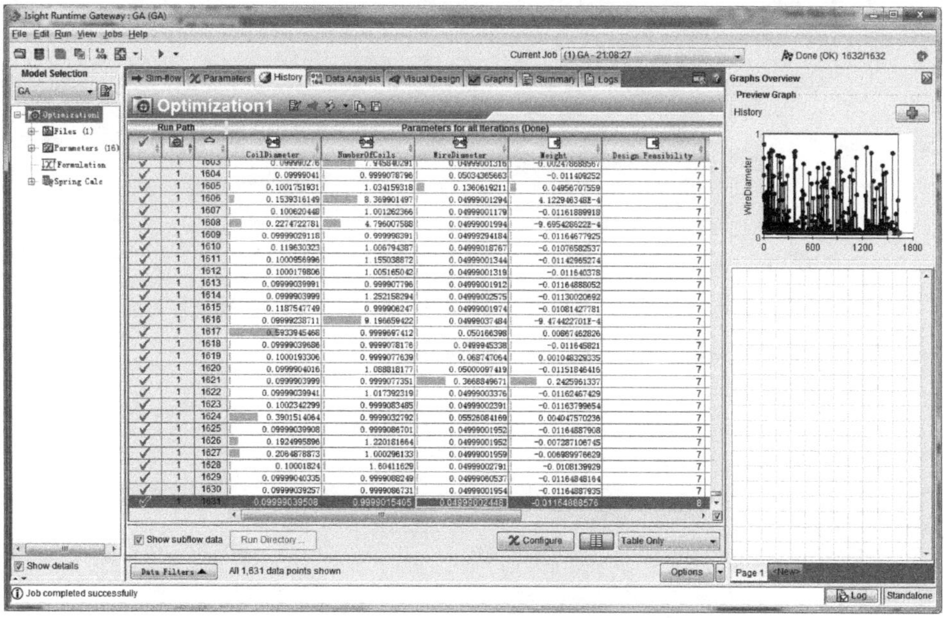

图 10-50　ASA 优化算法优化结果

(9)计算完成后，在RuntimeGateway的Summary属性页中可以看到整个运行结果的报告，如图10-51所示。

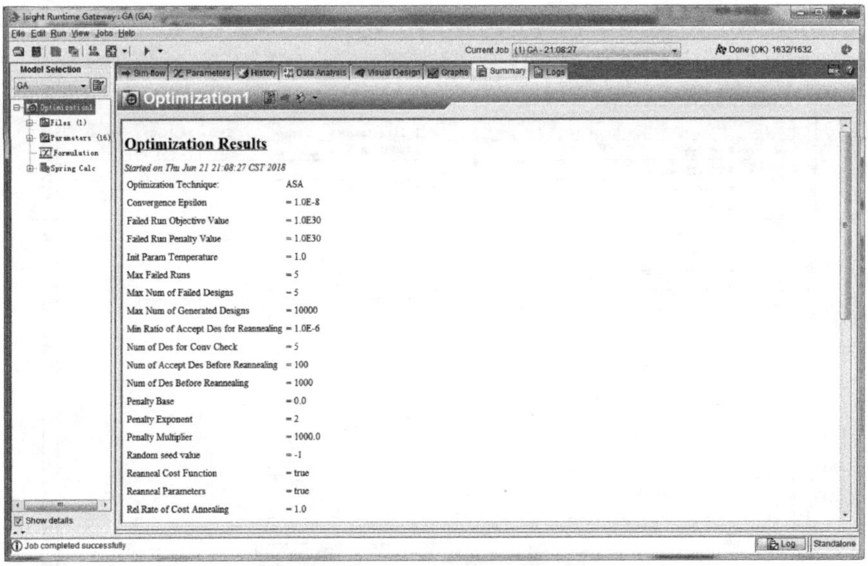

图10-51　运行结果查看(ASA算法)

第 11 章　基于 ANSYS 的起重机结构力学分析

履带式起重机是将起重作业部分装在履带底盘上，依靠履带装置行走的流动式起重机，其结构如图 11-1 所示。履带式起重机可以进行物料起重、运输、装卸和安装等作业，具有起重能力强、接地比压小、转弯半径小、爬坡能力大、不需要支腿、带载行驶、作业稳定性好以及桁架组合高度可自由更换等优点，在电力、市政、桥梁、石油化工、水利水电等建设行业应用广泛。

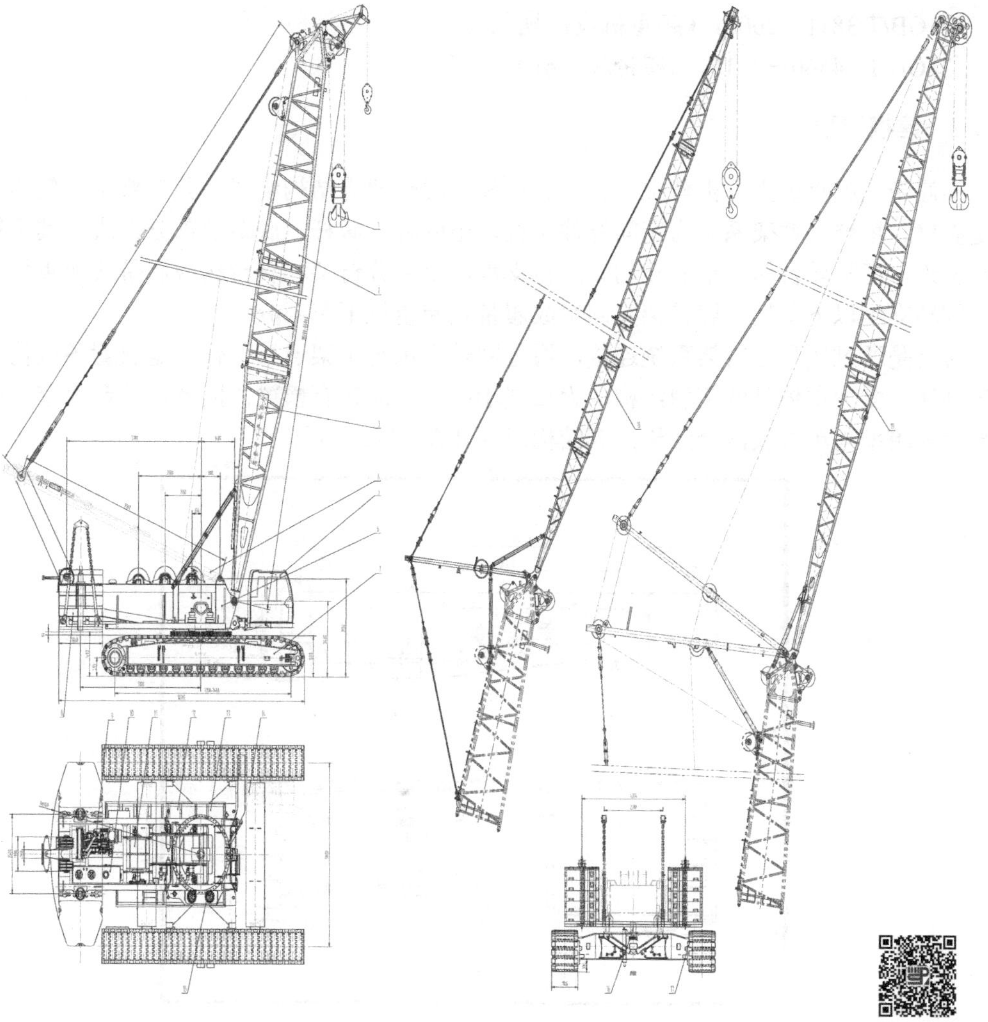

图 11-1　履带式起重机示意图

彩图 11-1

在本章中，对某型 160t 履带式起重机的不同臂架组成与受载工况进行有限元计算，分析各主要构件的应力、位移、稳定性等是否符合要求。

11.1　履带式起重机的有限元模型建立

11.1.1　问题描述

1. 校核内容

(1)起重机结构静强度和刚度校核。

(2)起重机结构稳定性校核。

2. 本计算遵循的标准

(1)GB/T 3811—2008,《起重机设计规范》。

(2)GB/T 14560—2016,《履带起重机》。

11.1.2　建模过程

该履带式起重机主要由臂架、转台、车架、履带架等结构组成，其中臂架又包括主臂、固定副臂、塔臂。臂架系统为空间杆件结构，由弦杆、腹杆、底节等部分组成，其下铰点与转台相连，可随转台的转动而转动。回转支承以上部分臂架和转台构成履带式起重机上车部分，回转支承以下车架、履带架共同组成履带式起重机下车部分。

转台是通过铰耳与臂架系统连接，通过回转支承与车架连接，作用是放置各机构及进行上车回转。受力主体是两箱型结构，为加强刚度，中间连有横梁。因此，转台为空间板焊接成封闭式箱型与单腹板混合结构，其结构形式如图 11-2 所示。

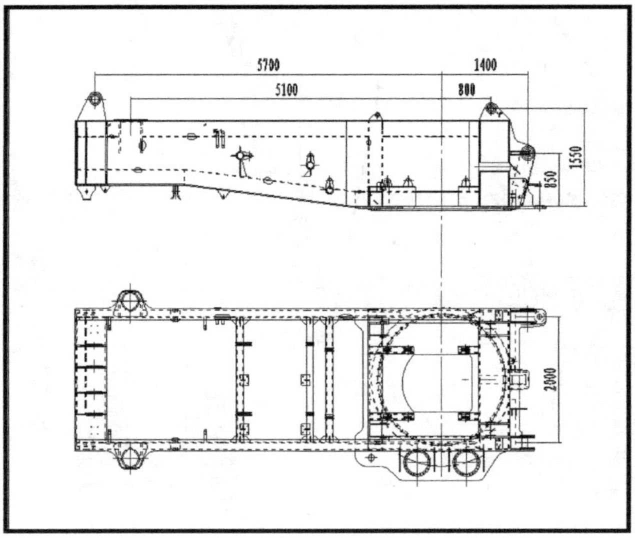

图 11-2　转台结构图

车架是通过回转支承与转台连接，通过销轴和挤压块与履带架连接，作用是传递上车的受力到履带架部分。车架是由空间方向不同的板焊接成的封闭式箱型结构，其结构形式如图 11-3 所示。

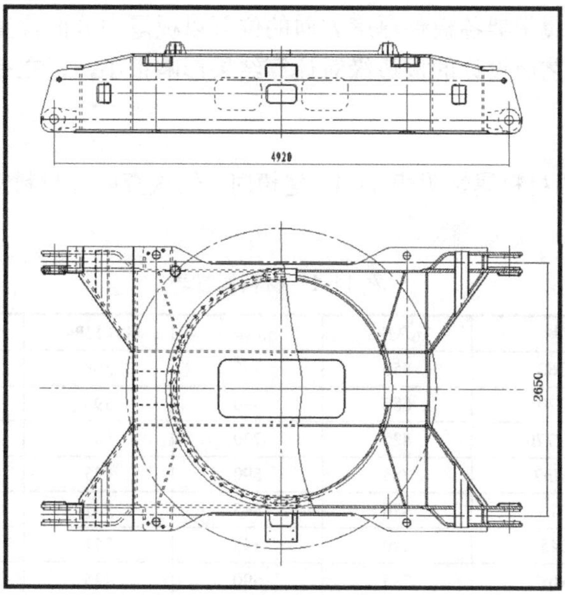

图 11-3　车架结构图

履带架是通过销轴和挤压块与车架连接，通过螺栓、销轴与减速机、四轮一带连接，作用是将车架传递的力传递到四轮一带从而传递到地面。履带架是由空间方向不同的板焊接成的封闭式箱型结构，其结构形式如图 11-4 所示。

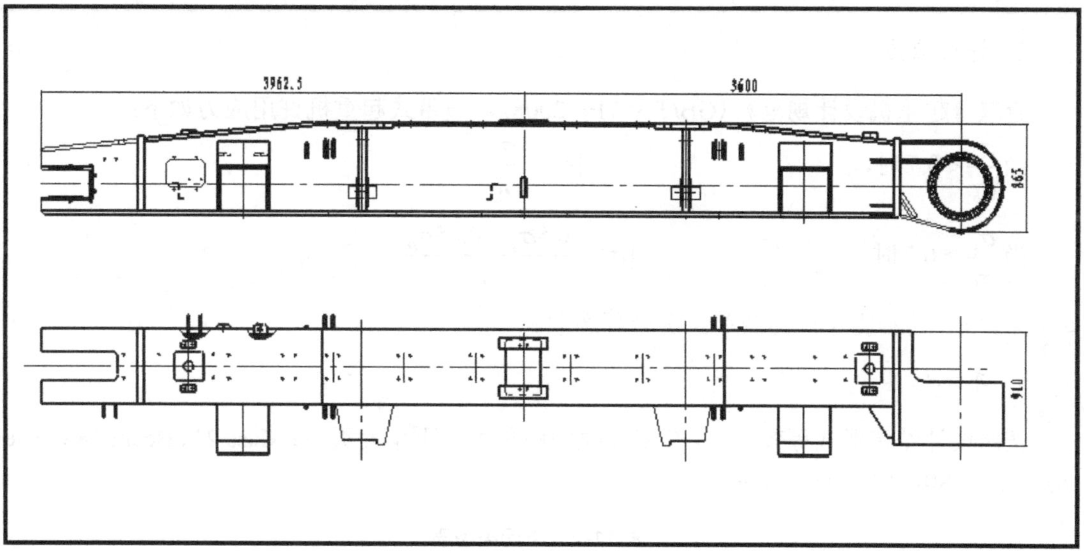

图 11-4　履带架结构图

采用 ANSYS 软件，对臂架结构进行单独分析，对转台、车架和履带架联合分析，建模时遵循以下原则。

(1)臂架结构是空间杆件结构，对于弦杆和腹杆采用梁单元构建模型，弦杆与腹杆位置以其轴线的位置来确定。臂架底节由板结构组成，因此采用板单元构建模型，其中主臂单元类型为三角形单元，固定副臂和塔臂单元类型为四边形单元，各板厚度方向的位置以板厚中分面位置来确定。

(2) 转台、车架、履带架各板件厚度方向的位置以板厚中分面位置来确定。

(3) 为保证焊接工艺而设计的板边缘对计算结果影响很小，建立有限元模型时不予考虑。

1. 材料属性

起重机结构使用的材料属性见表 11-1，建模时，依次查取各材料对应的密度、弹性模量、泊松比等信息。

表 11-1 材料属性表

结构名称	材料	σ_b/MPa	σ_s/MPa	$[\sigma]$/MPa	$[\sigma_j]$/MPa	$[\tau]$/MPa
主臂	HG60	550	460	308	431	178
	HG70	680	590	398	557	230
	HSM770	820	770	501	702	290
	20Mn2	785	590	425	595	245
固定副臂	Q345	470	345	251	352	145
	Q345	470	345	251	352	145
	20Mn2	785	590	425	595	245
	Q345	470	345	251	352	145
塔臂	Q345	470	345	251	376	—
	20Mn2	785	590	425	—	—
	Q345	345	470	251	—	—
转台、车架、履带架	HG60	420	550	300	421	—
	Q345B	345	470	251	352	—

2. 许用应力

查取《起重机设计规范》(GB/T 3811—2008)，履带式起重机许用应力如下：

当 $\dfrac{\sigma_s}{\sigma_b}<0.7$ 时，
$$[\sigma]=\frac{\sigma_s}{n}$$

当 $\dfrac{\sigma_s}{\sigma_b}\geqslant 0.7$ 时，
$$[\sigma]=\frac{0.5\sigma_s+0.35\sigma_b}{n}$$

安全系数 n，应根据不同的载荷工况合理选取。

3. 单元信息

按照设计结构形式等效分析，有限元模型中采用以下单元类型：Mass 21、Beam 188、Shell 181、Link180，如表 11-2 所示。

表 11-2 单元类型表

类型序号	单元类型	结构名称
1	Mass 21	吊点、未建模质量
2	Beam 188	弦杆、腹杆
3	Shell 181	臂架顶节、底节，转台、车架、履带架
4	Link 180	钢丝绳

4. 模型建立

根据不同的工况，对臂架结构建立不同的有限元模型。

(1)主臂模型如图 11-5 和图 11-6 所示。

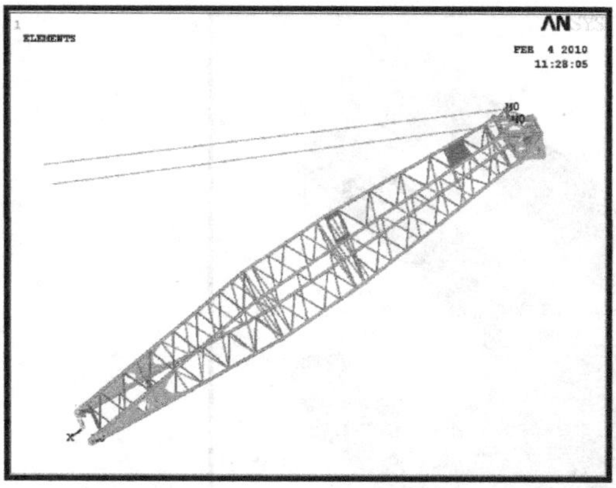

图 11-5　主臂 18m 结构有限元模型图

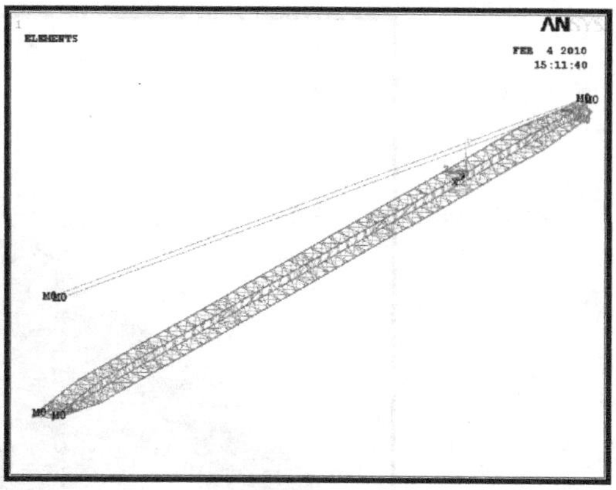

图 11-6　主臂 84m 结构有限元模型图

(2)固定副臂模型如图 11-7 和图 11-8 所示。

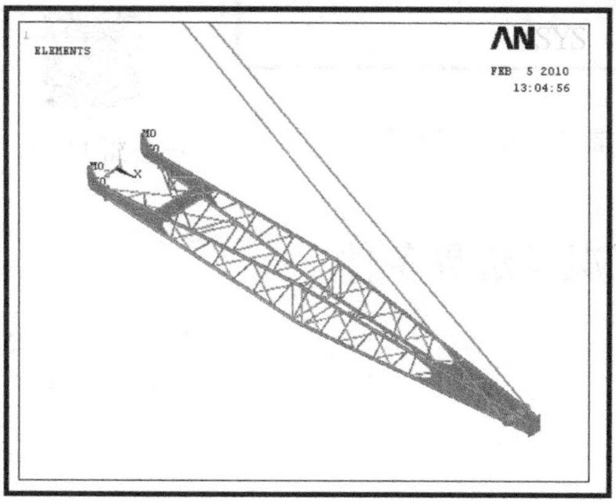

图 11-7　固定副臂 9m 结构有限元模型图

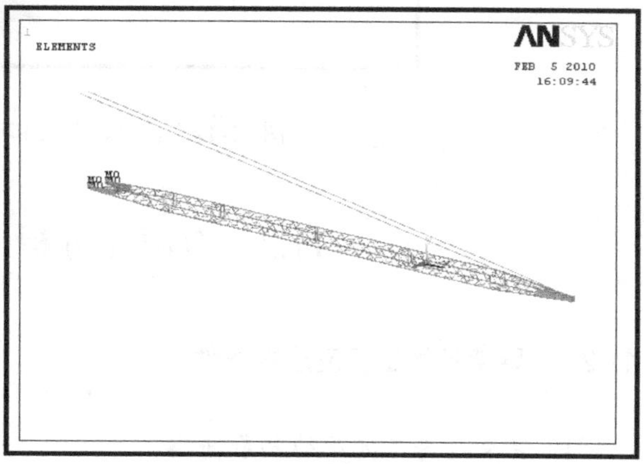

图 11-8　固定副臂 18m 结构有限元模型图

(3)塔臂模型如图 11-9 和图 11-10 所示。

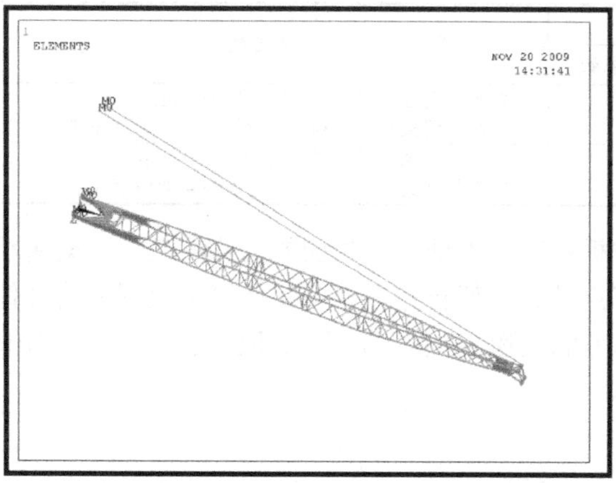

图 11-9　塔臂 24m 结构有限元模型图

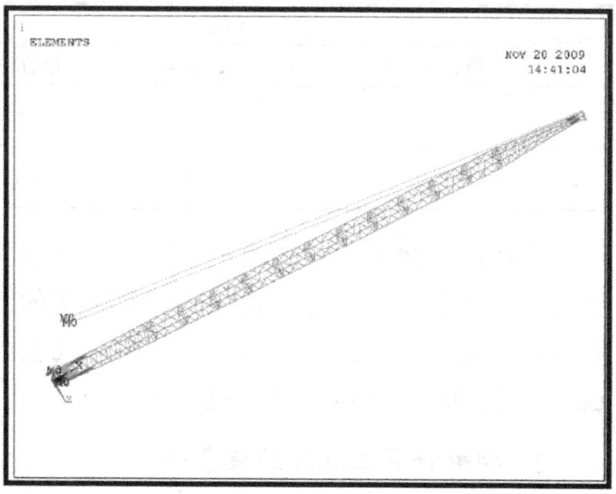

图 11-10　塔臂 51m 结构有限元模型图

(4)转台、车架和履带架有限元模型如图 11-11 所示。

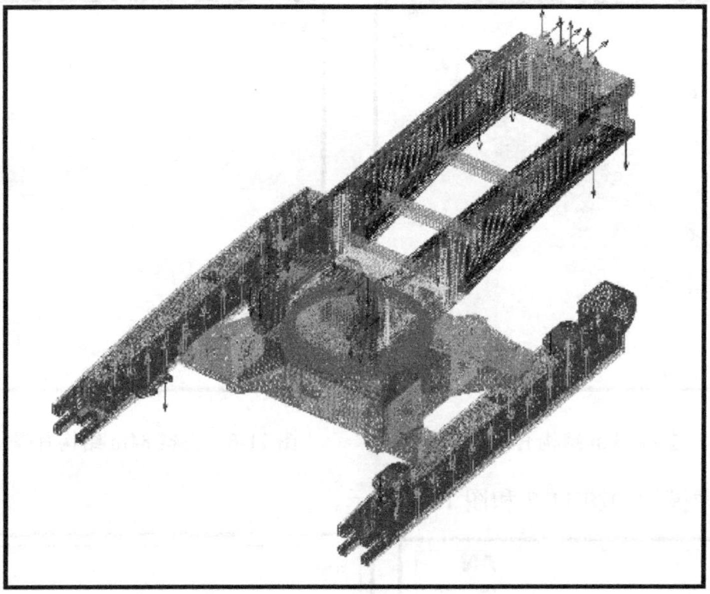

图 11-11　转台、车架和履带架有限元模型图

彩图 11-11

11.2　有限元分析工况及边界条件

11.2.1　臂架计算工况及边界条件

1. 主臂计算工况及约束条件

主臂计算工况及约束条件见表 11-3。

表 11-3　主臂计算工况

序号	工况				工况描述
	主臂长/m	幅度/m	起重量/t	起升动载系数	
1	18	5	160	1.05	主臂水平角 81.66°，拉板长度 16000mm 导向绳与臂架角度 6.84°，拉板与臂架角度 30.87°
2	84	14	18.9	1.13	主臂水平角 82.06°，拉板长度 82000mm 导向绳与臂架角度 1.46°，拉板与臂架角度 6.12°

根据作业情况，对臂架根部铰点及变幅拉板根部铰点处施加相应的位移约束。臂架所承受的载荷以节点载荷方式施加于臂架头部的节点处。臂架自重在有限元计算中根据所给杆件的特性直接计算得出，并自动施加在杆件上。考虑重物 2° 偏载，在头部加侧向载荷：$160\times\tan 2^\circ=5.59\text{t}$、$18.9\times\tan 2^\circ=0.66\text{t}$。

2. 副臂计算工况及约束条件

副臂计算工况及约束条件见表 11-4。

表 11-4　固定副臂计算工况

序号	工况					工况描述
	主臂长/m	副臂长/m	幅度/m	起重量/t	起升动载系数	
1	42	9	12	24	1.11	副臂安装角 10°，主臂水平角 80.2°，副臂仰角 70.2°，前拉板长 11700mm。导向绳与臂架角度 12.35°，拉板与臂架角度 23.8°
2	42	9	28	20.3	1.12	副臂安装角 30°，主臂水平角 63.8°，副臂仰角 33.8°，前拉板长 11700mm。导向绳与臂架角度 12.35°，拉板与臂架角度 23.8°

根据作业情况，对臂架根部铰点及前拉板根部铰点处施加相应的位移约束。臂架所承受的载荷以节点载荷方式施加于臂架头部的节点处。臂架自重在有限元计算中根据材料密度，输入的重力加速自动施加。

3. 塔臂计算工况及约束条件

塔臂计算工况及约束条件见表 11-5。

表 11-5　塔臂计算工况

序号	工况					工况描述
	主臂长/m	塔臂长/m	幅度/m	起重量/t	起升动载系数	
1	36	24	12	40	1.09	主臂水平角 85°，副臂仰角 74.1°，前拉板长 24300mm。导向绳与臂架角度 4.06°，拉板与臂架角度 29.70°
2	36	51	19	8.4	1.17	主臂水平角 85°，副臂仰角 74.6°，前拉板长 51000mm。导向绳与臂架角度 1.34°，拉板与臂架角度 10.33°

根据作业情况，对塔臂根部铰点及变幅拉板根部铰点处施加相应的位移约束。臂架所承受的载荷以节点载荷方式施加于臂架头部的节点处，臂架自重在有限元计算中根据所给杆件的特性直接计算得出，并自动施加在杆件上。

11.2.2　转台、车架、履带架计算工况及约束条件

转台、车架、履带架计算工况及约束条件见表 11-6。

表 11-6　转台、车架、履带架计算工况

<table>
<tr><th rowspan="2">序号</th><th rowspan="2">工况说明</th><th colspan="8">各铰点载荷/kN</th></tr>
<tr><th>F_{bx}</th><th>F_{by}</th><th>F_{bz}</th><th>F_{wx}</th><th>F_{wy}</th><th>F_{zbx}</th><th>F_{zby}</th><th>F_p</th></tr>
<tr><td>1</td><td>主臂 84m 起臂</td><td>−950.6</td><td>0</td><td>0</td><td>−221.5</td><td>−1407.9</td><td>1420</td><td>1274.5</td><td>632.1</td></tr>
<tr><td rowspan="4">2</td><td rowspan="4">18m 主臂，5m 幅度正向吊载，100%吊载工况，偏载角度 2°</td><td>−240.4</td><td>−1576.6</td><td rowspan="4">54.8</td><td rowspan="4">663.4</td><td rowspan="4">−408.6</td><td rowspan="4">−229.4</td><td rowspan="4">901.3</td><td rowspan="4">607.6</td></tr>
<tr><td>−91.8</td><td>−602.2</td></tr>
<tr><td>−91.8</td><td>−602.2</td></tr>
<tr><td>−99.9</td><td>−654.8</td></tr>
<tr><td>3</td><td>18m 主臂，5m 幅度对角线吊载，100%吊载工况，偏载角度 2°</td><td>−240.4</td><td>−1576.6</td><td>54.8</td><td>663.4</td><td>−408.6</td><td>−229.4</td><td>901.3</td><td>607.6</td></tr>
</table>

根据实际情况，在有限元模型中转台与车架回转支承连接的部分采用单元连接方式，进行全位移约束；车架与履带架销轴连接的部分采用刚性连接方式，约束了相对位置的轴孔 x、y、z 方向的全位移；车架与履带架挤压块连接的部分采用刚性连接，只约束垂直挤压面的方向，其他方向可以有相对位移，对于此种约束方式，由于采用的是刚性连接的方式，铰点处

不会产生较大的应力集中，其他地方可能会出现应力集中现象，这是受有限元软件自身功能限制的，故在本有限元结果中不考虑这些应力集中点。

11.3 履带式起重机关键部件结构力学计算分析

11.3.1 臂架结构分析

1. 主臂结果分析

1) 工况 1 结果分析

根据上述约束条件和计算工况对有限元模型进行计算，计算结果如图 11-12 所示。臂架整体的最大应力产生于顶节与臂头连接的铰耳处，其值为 535MPa，产生此应力的原因是建模过程中对模型简化造成的应力集中。臂架最大位移为 84mm，最大位移点在臂架头部。弦杆的最大应力为 491MPa，腹杆的最大应力为 363MPa，板的最大应力为 535MPa(此过大应力是由于建模时网格出现尖角产生的应力集中)，实际应力为 398MPa。

由图 11-12(f)可知，主臂稳定性系数为 2.361，即当载荷取值为现在所加载荷的 2.361 倍时，主臂将发生局部失稳，最先失稳位置发生在与弦杆相连的板上。

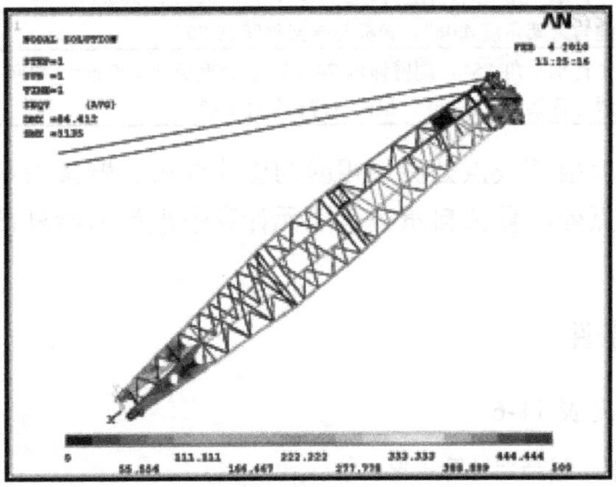

(a) 整体应力分布图

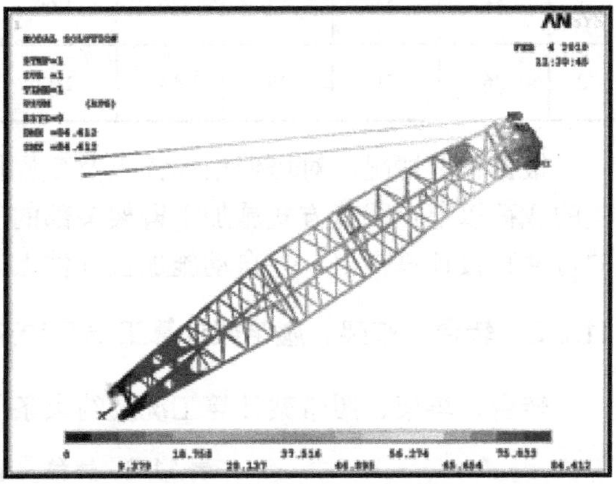

(b) 整体位移分布图(位移放大倍数 20)

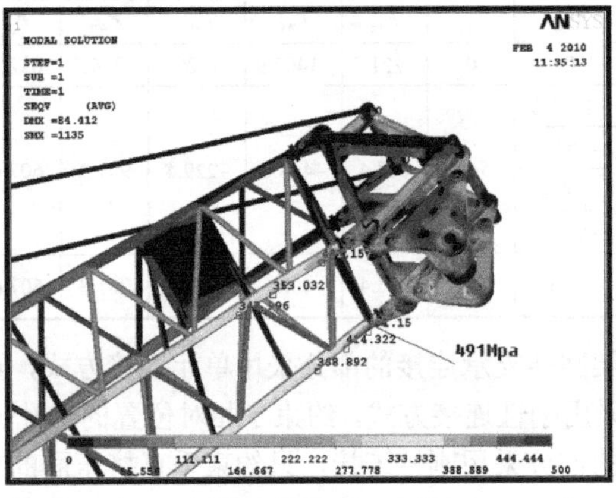

(c) 弦杆最大应力位置图

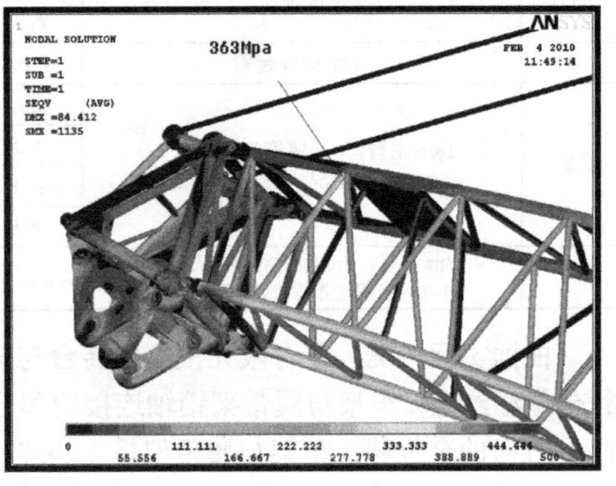

(d) 腹杆最大应力位置图

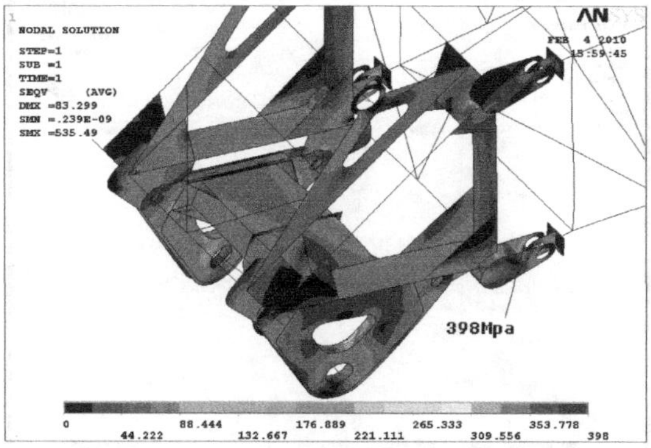

(e) 板的最大应力

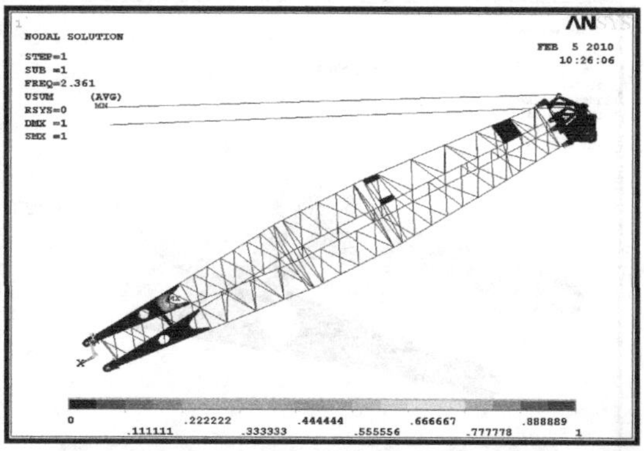

(f) 主臂稳定性分析图(放大倍数 5000)

图 11-12 主臂工况 1 应力位移分布图

彩图 11-12

2) 工况 2 结果分析

根据上述约束条件和计算工况对有限元模型进行计算，计算结果如图 11-13 所示。臂架整体的最大应力产生于板与弦杆相接处，其值为 219MPa，产生此应力的原因是建模过程中对模型简化造成的应力集中。臂架最大位移为 845mm，最大位移点在臂架头部。弦杆的最大应力为 143MPa，腹杆的最大应力为 34MPa，板的最大应力为 219MPa。

由图 11-13(f) 可知，主臂稳定性系数为 2.854，即当载荷取值为现在所加载荷的 2.854 倍时，主臂将发生整体失稳，最先失稳位置为主臂头部。

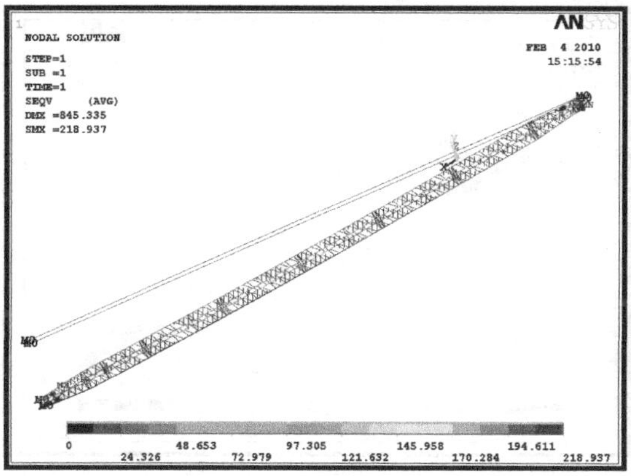

(a) 整体应力分布图

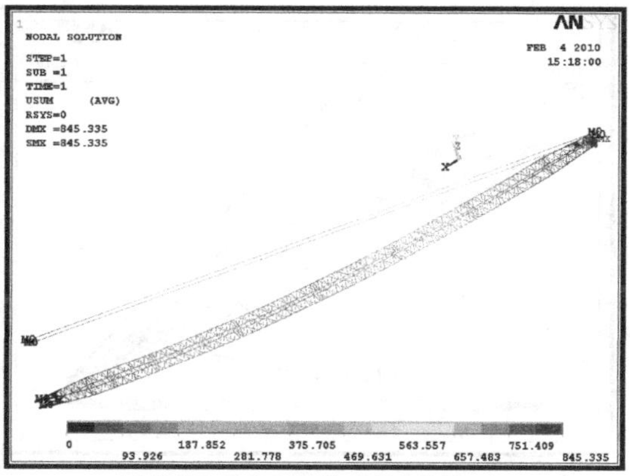

(b) 整体位移分布图(位移放大倍数 20)

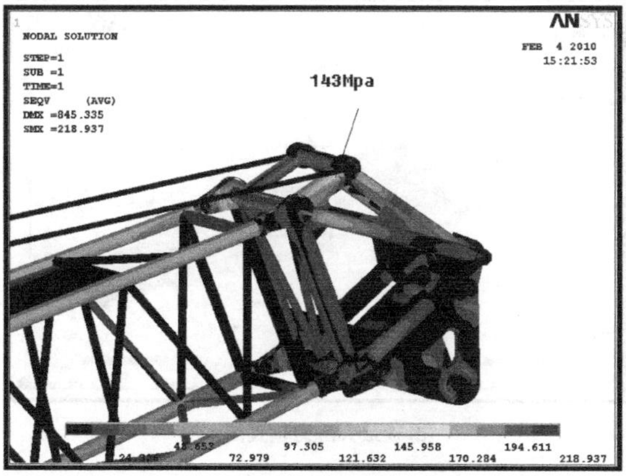

(c) 弦杆最大应力位置

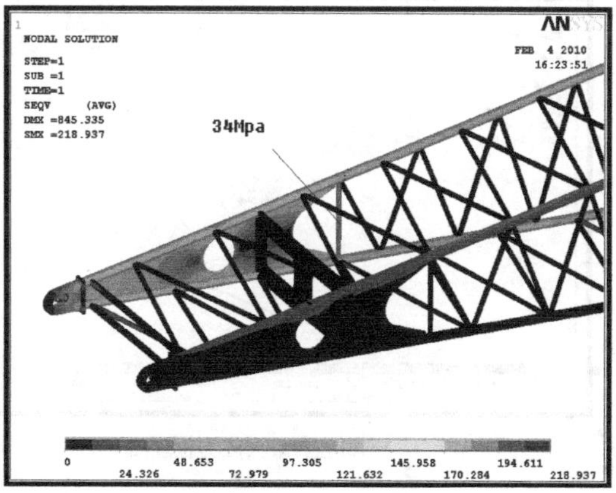

(d) 腹杆最大应力位置图

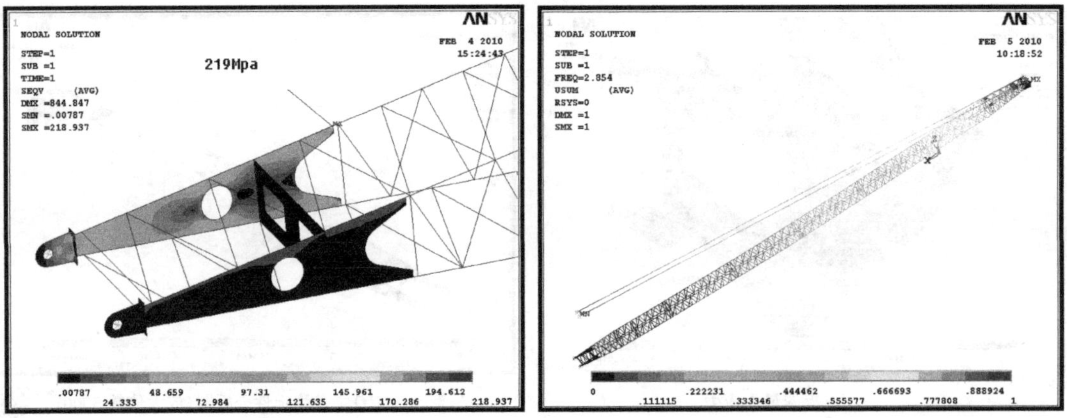

(e)板最大应力位置图　　(f)主臂稳定性分析图(放大倍数 5000)

图 11-13　主臂工况 2 应力位移分布图

彩图 11-13

2. 固定副臂结果分析

1)工况 1 结果分析

根据上述约束条件和计算工况对有限元模型进行计算，计算结果如图 11-14 所示。固定副臂整体最大应力为 250MPa，应力最大点在板与弦杆连接处；副臂整体最大位移为 31mm，位移最大点在副臂头部；弦杆的应力最大为 248MPa，板的应力最大为 232MPa。

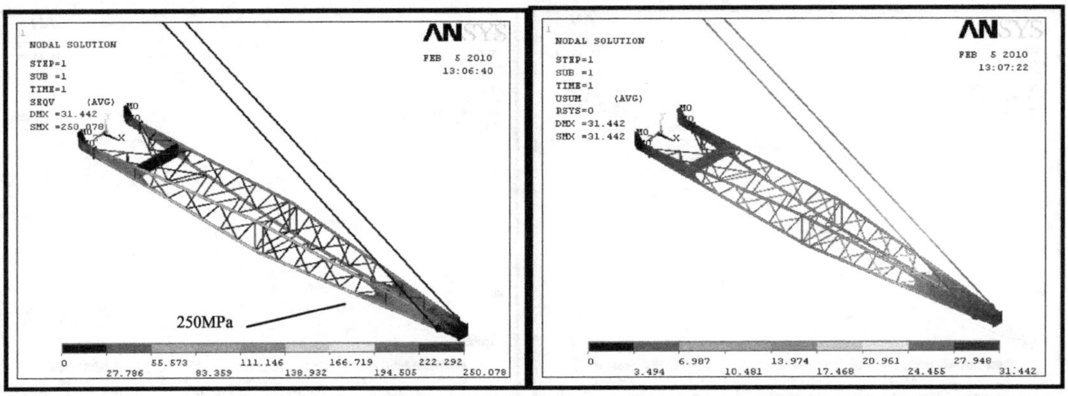

(a)整体应力分布图　　(b)整体位移分布图

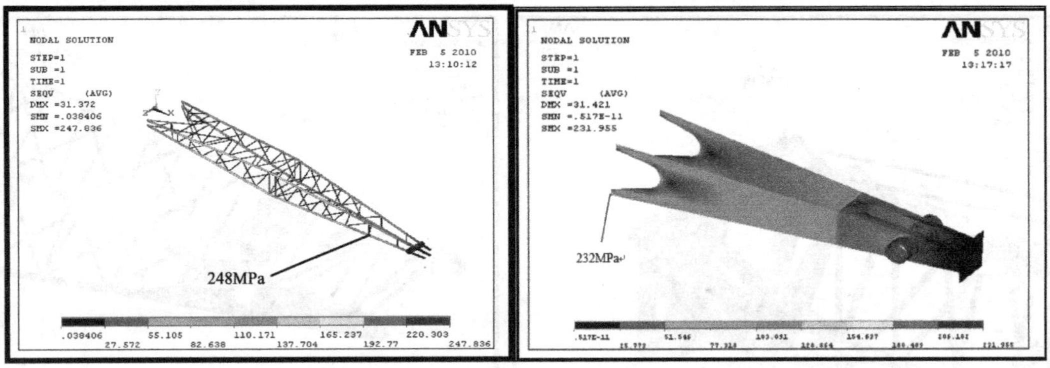

(c)弦杆最大应力位置图　　(d)板最大应力位置图

图 11-14　固定副臂工况 1 应力位移分布图

2）工况 2 结果分析

根据上述约束条件和计算工况对有限元模型进行计算，计算结果如图 11-15 所示。固定副臂整体应力为 290MPa，最大应力点在板与弦杆连接处；副臂整体最大位移为 507mm，最大位移点在副臂头部；弦杆的最大应力为 288MPa，板的最大应力为 214MPa。

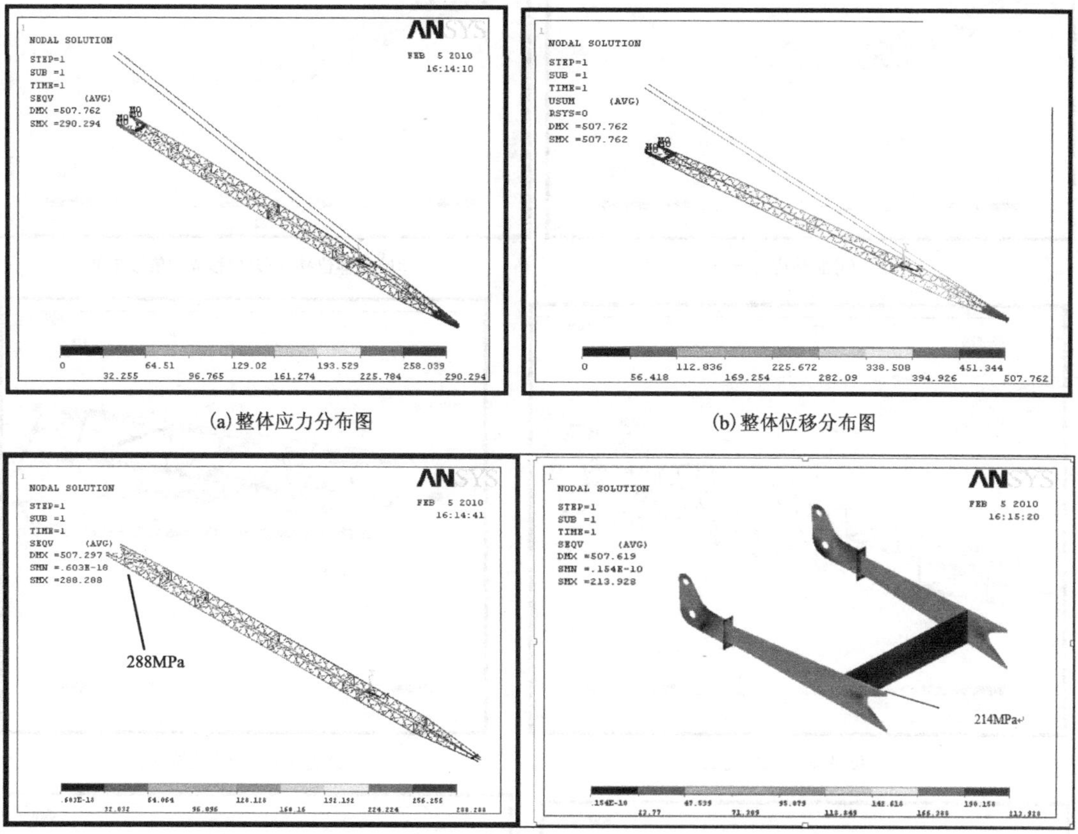

(a)整体应力分布图　(b)整体位移分布图

(c)弦杆最大应力位置图　(d)板最大应力位置图

图 11-15　固定副臂工况 2 应力位移分布图

3. 塔臂结果分析

1）工况 1 结果分析

根据上述约束条件和计算工况对有限元模型进行计算，计算结果如图 11-16 所示。塔臂整体最大应力为 382MPa，最大应力点在板与弦杆的相连处；塔臂最大位移为 197mm，最大位移点在塔臂头部；弦杆的最大应力为 354MPa，腹杆的最大应力为 231MPa，板的最大应力为 212MPa。

由图 11-16(f)可知，塔臂稳定性系数为 1.01，即当前载荷取值为所加载荷的 1.01 倍时，塔臂将发生局部失稳，最先失稳位置为板与弦杆相连处附近。

2）工况 2 结果分析

根据上述约束条件和计算工况对有限元模型进行计算，计算结果如图 11-17 所示。塔臂整体最大应力为 204MPa，最大应力点在弦杆上；塔臂最大位移为 455.73mm，最大位移点在塔臂头部；弦杆的最大应力为 204MPa，腹杆的最大应力为 91MPa，板的最大应力为 189MPa。

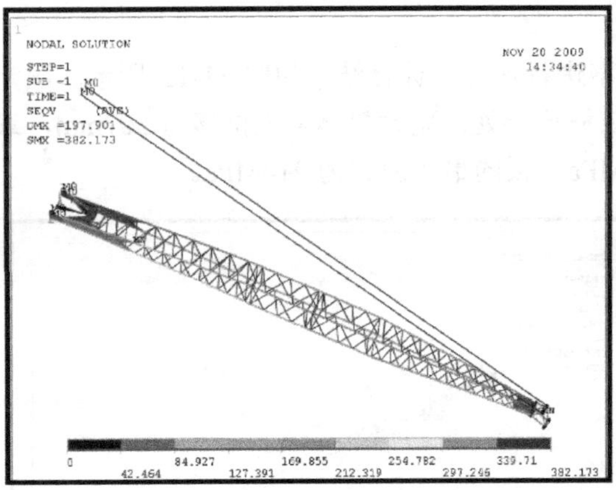

(a)整体应力分布

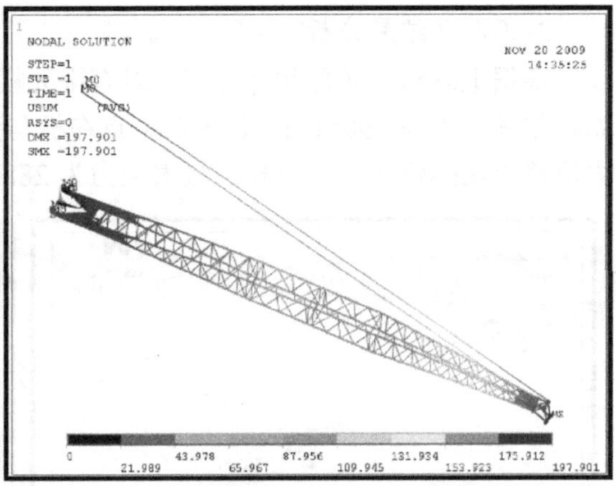

(b)整体位移分布(位移放大倍数 20)

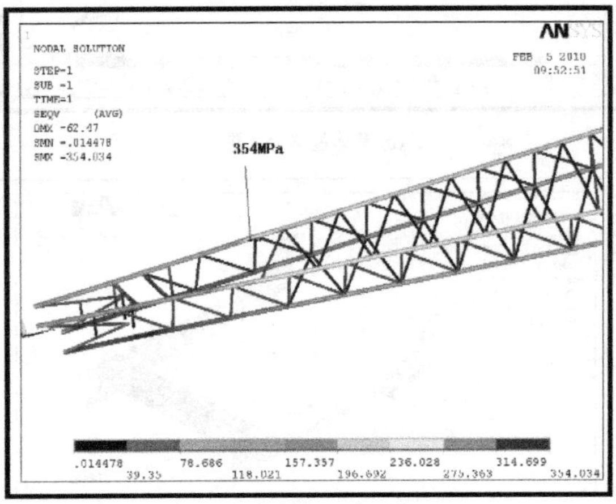

(c)弦杆最大应力云图

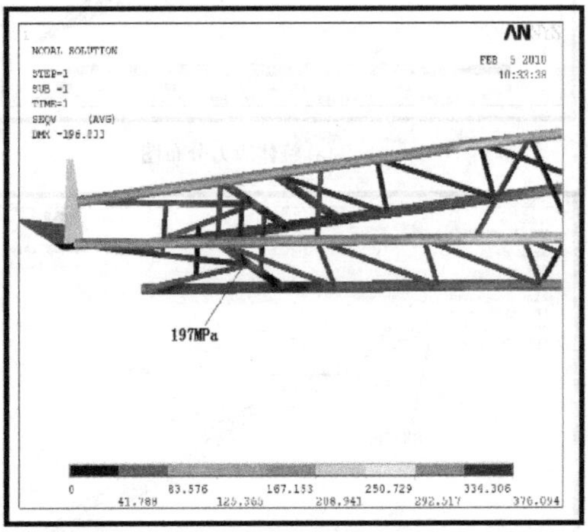

(d)腹杆最大应力位置图

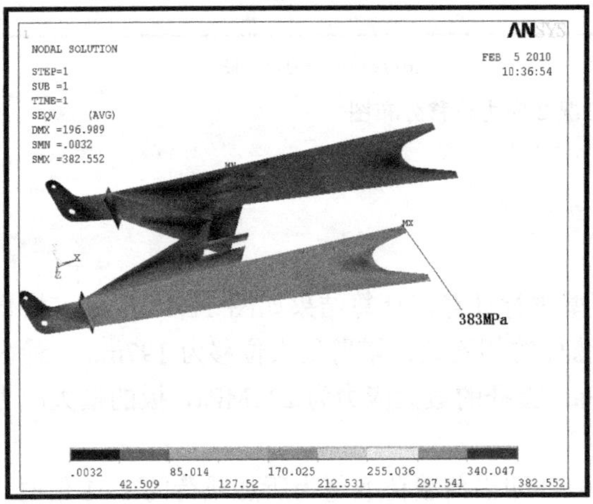

(e)板最大应力位置图

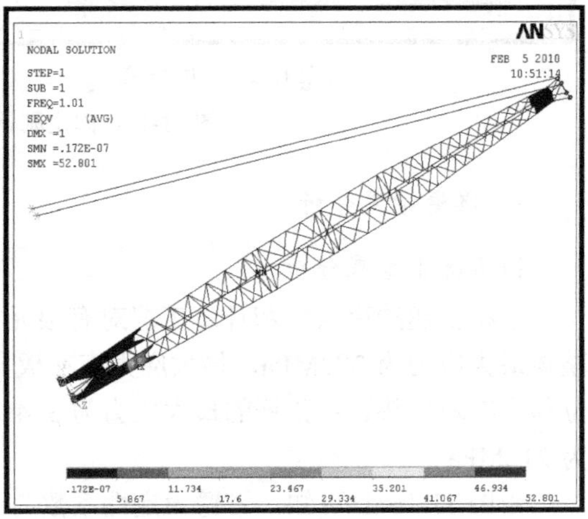

(f) 一阶稳定性云图

图 11-16　塔臂工况 1 应力位移分布图

由图 11-17(f)可知，塔臂稳定性系数为 3.968，即当前载荷取值为所加载荷的 3.968 倍时，塔臂将发生局部失稳，最先失稳位置为板与弦杆相连处附近。

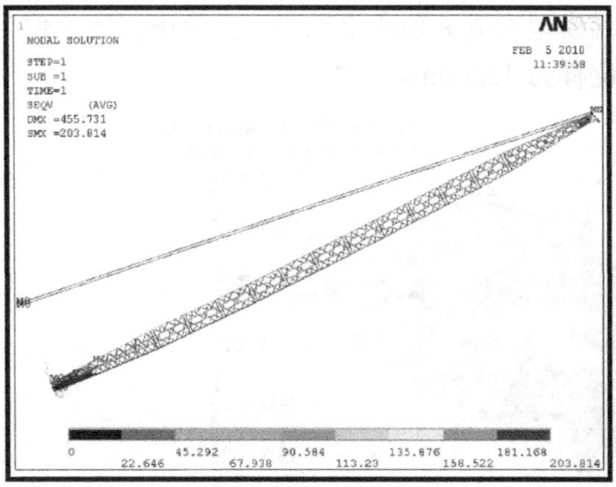

(a) 整体应力分布

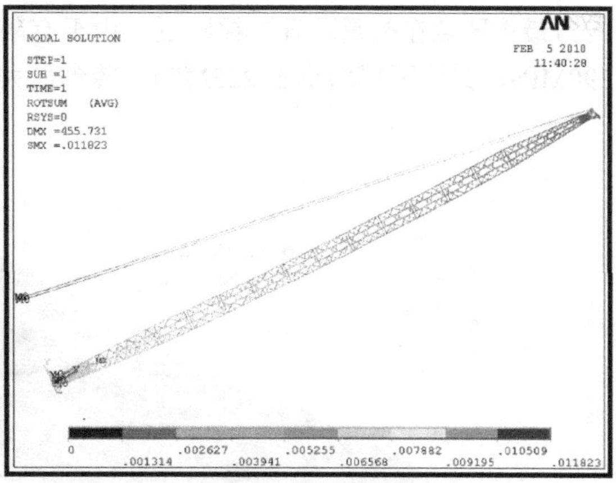

(b) 整体位移分布(位移放大倍数 15)

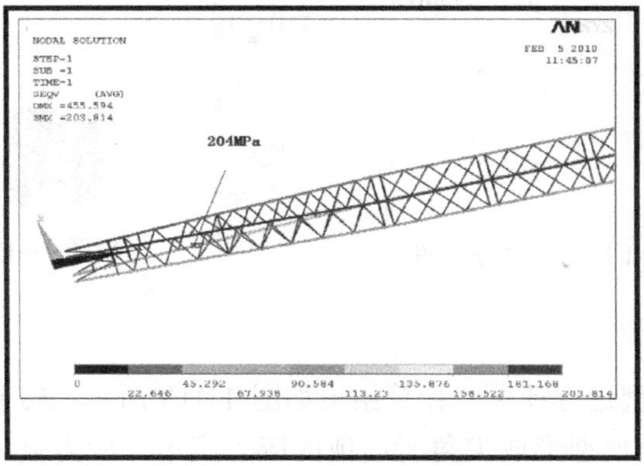

(c) 弦杆最大应力位置图

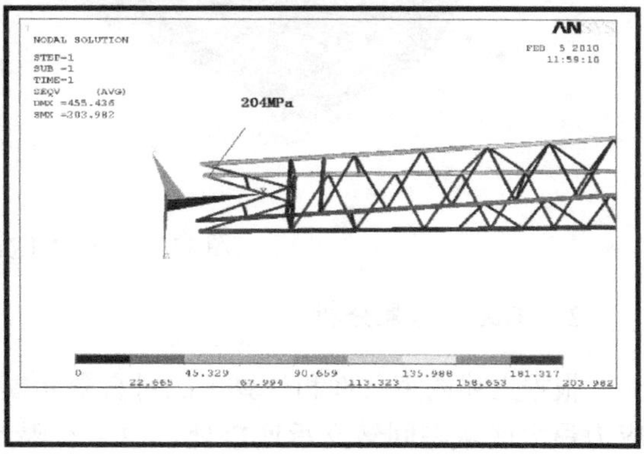

(d) 腹杆最大应力位置图

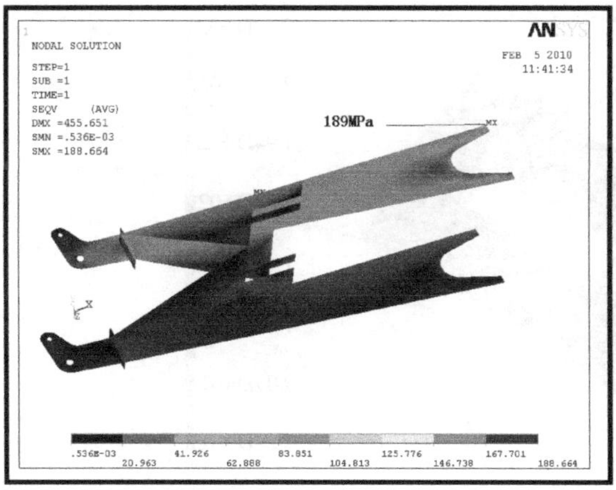

(e) 板最大应力位置图

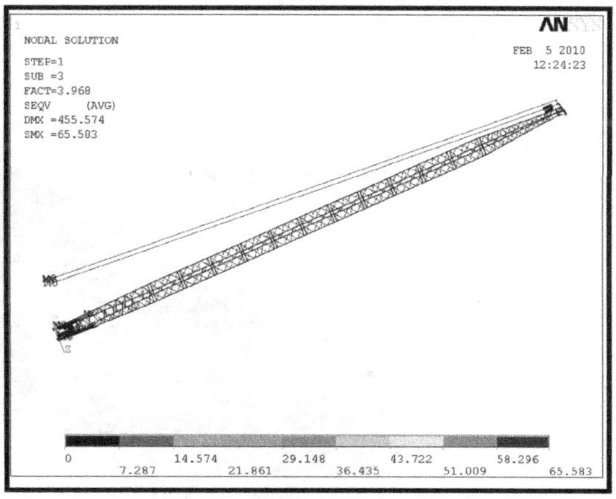

(f) 一阶稳定性云图

图 11-17 塔臂工况 2 应力位移分布图

11.3.2 转台结构分析

1. 工况 1 结果分析

根据上述约束条件和计算工况对有限元模型进行计算，计算结果如图 11-18 所示。转台应力最大区域在配重顶升耳板附近，由于有限元模型形成尖角所出现的应力集中，应力值为290MPa，其他区域均小于225MPa，转台最大位移为32.2mm。

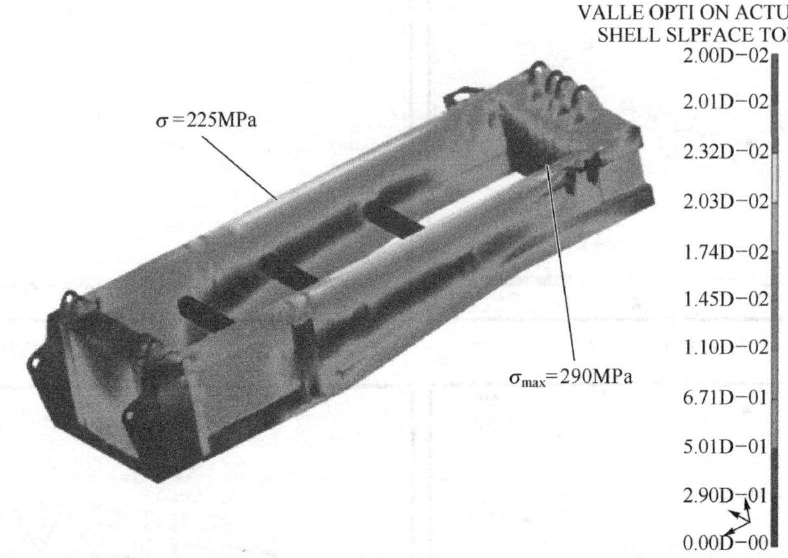

图 11-18　转台工况 1 应力位移分布图

彩图 11-18

2. 工况 2 结果分析

根据上述约束条件和计算工况对有限元模型进行计算，计算结果如图 11-19 所示。转台应力最大区域在回转支承连接处，由于有限元模型形成尖角所出现的应力集中，应力值为242MPa，其他区域小于169MPa，转台最大位移为29.6mm。

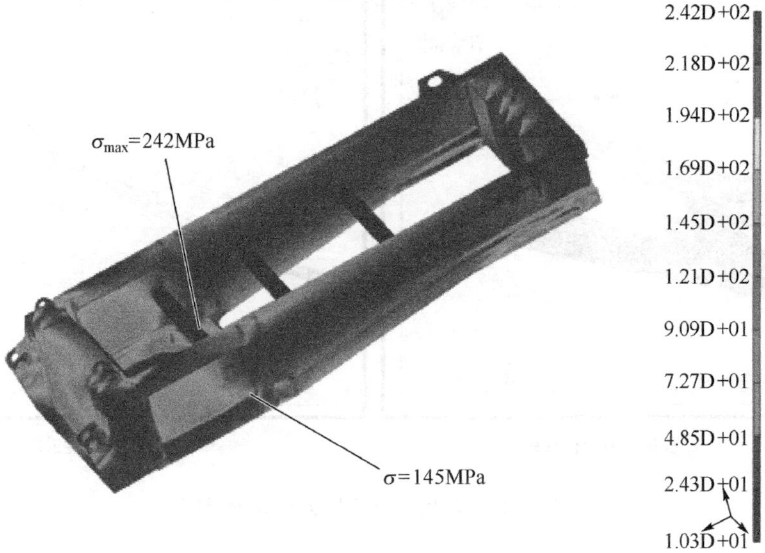

图 11-19　转台工况 2 应力位移分布图

彩图 11-19

3. 工况 3 结果分析

根据上述约束条件和计算工况对有限元模型进行计算，计算结果如图 11-20 所示。转台应力最大区域在回转支承连接处，由于有限元模型形成尖角所出现的应力集中，应力值为232MPa，其他区域小于163MPa，最大位移为23.2mm。

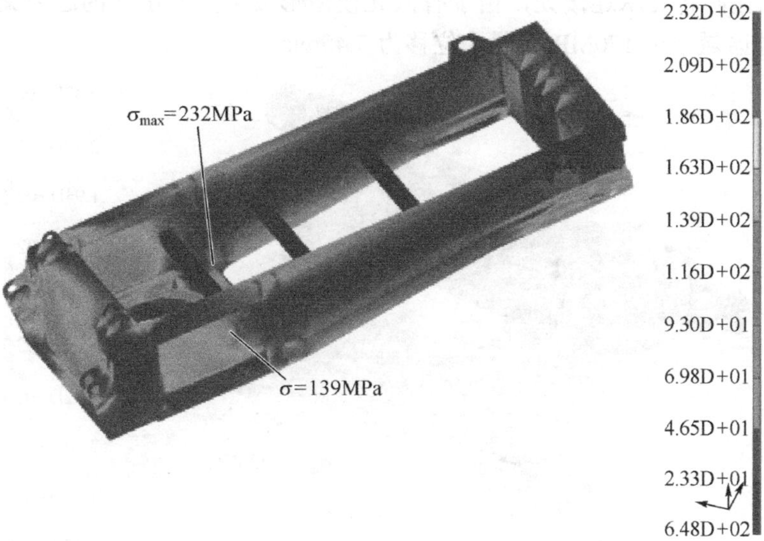

图 11-20　转台工况 3 应力位移分布图

彩图 11-20

11.3.3　车架结构分析

1. 工况 1 结果分析

根据上述约束条件和计算工况对有限元模型进行计算，计算结果如图 11-21 所示。车架应力最大区域在圆形立板处，由于有限元模型形成尖角所出现的应力集中，应力值为247MPa，其他区域小于150MPa，最大位移为4.88mm。

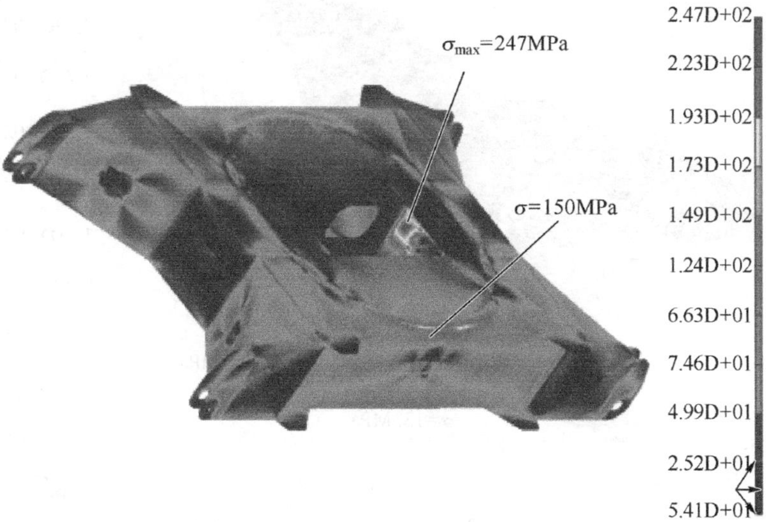

图 11-21　车架工况 1 应力位移分布图

彩图 11-21

2. 工况 2 结果分析

根据上述约束条件和计算工况对有限元模型进行计算，计算结果如图 11-22 所示。车架应力最大区域在回转支承连接处，由于有限元模型形成尖角所出现的应力集中，应力值为 243MPa，其他区域小于 170MPa，最大位移为 5.45mm。

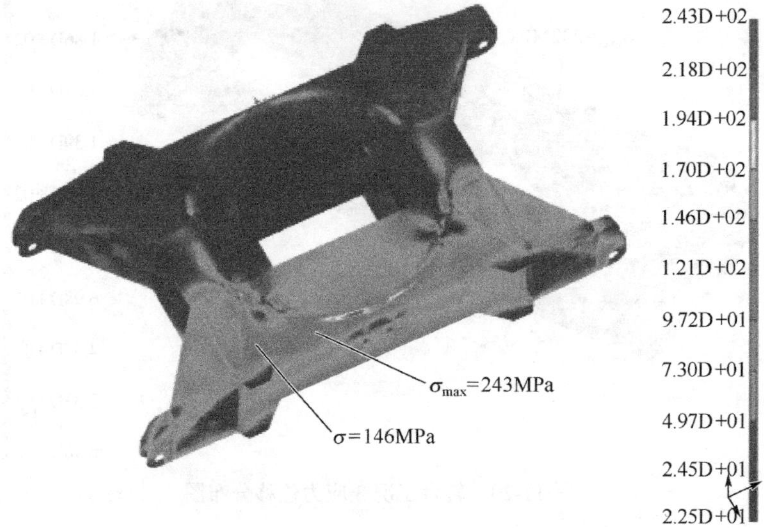

图 11-22　车架工况 2 应力位移分布图

彩图 11-22

3. 工况 3 结果分析

根据上述约束条件和计算工况对有限元模型进行计算，计算结果如图 11-23 所示。车架应力最大区域在回转支承连接处，由于有限元模型形成尖角所出现的应力集中，应力值为 221MPa，其他区域小于 155MPa，最大位移为 4.24mm。

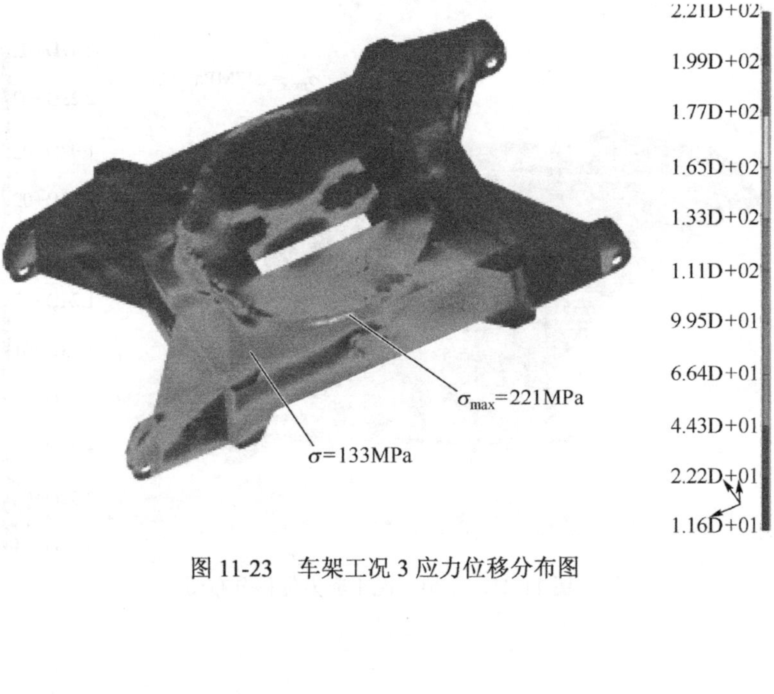

图 11-23　车架工况 3 应力位移分布图

彩图 11-23

11.3.4 履带架结构分析

1. 工况 1 结果分析

根据上述约束条件和计算工况对有限元模型进行计算，计算结果如图 11-24 所示。履带架应力最大区域在履带架底板处，由于有限元模型形成尖角所出现的应力集中，应力值为 279MPa，其他区域小于 150MPa，最大位移为 1.4mm。

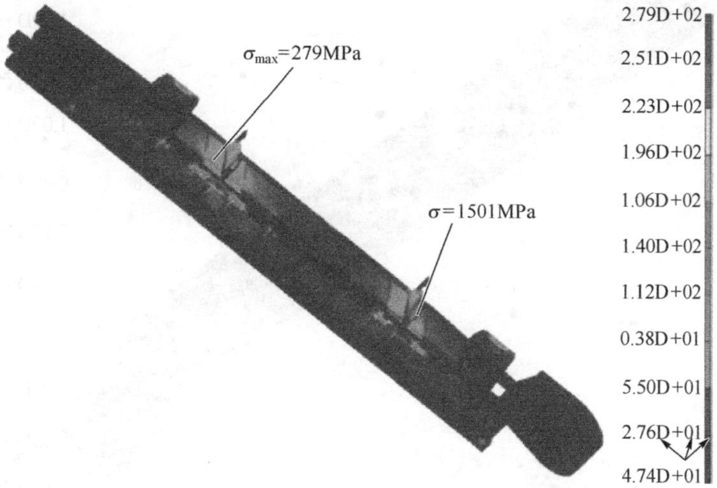

图 11-24 履带架工况 1 应力位移分布图

2. 工况 2 结果分析

根据上述约束条件和计算工况对有限元模型进行计算，计算结果如图 11-25 所示。履带架应力最大区域在履带架腹板处，由于有限元模型形成尖角所出现的应力集中，应力值为 347MPa，其他区域小于 243MPa，最大位移为 1.85mm。

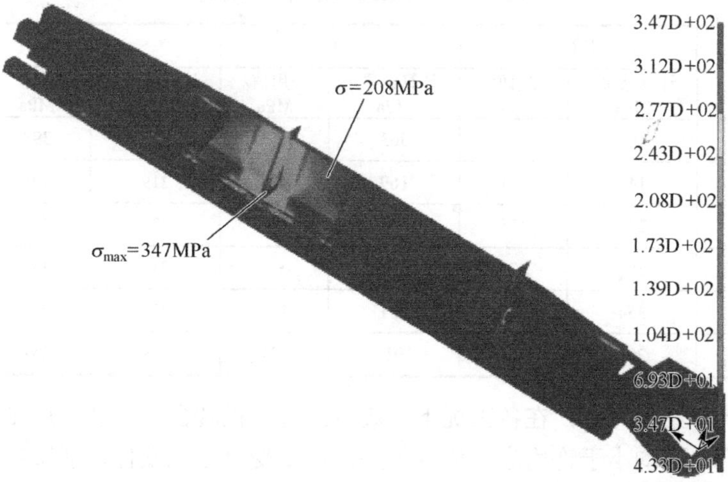

图 11-25 履带架工况 2 应力位移分布图

3. 工况 3 结果分析

根据上述约束条件和计算工况对有限元模型进行计算，计算结果如图 11-26 所示。履带架应力最大区域在履带架底板处，由于有限元模型形成尖角所出现的应力集中，应力值为 143MPa，其他区域小于 100MPa，最大位移为 1.14mm。

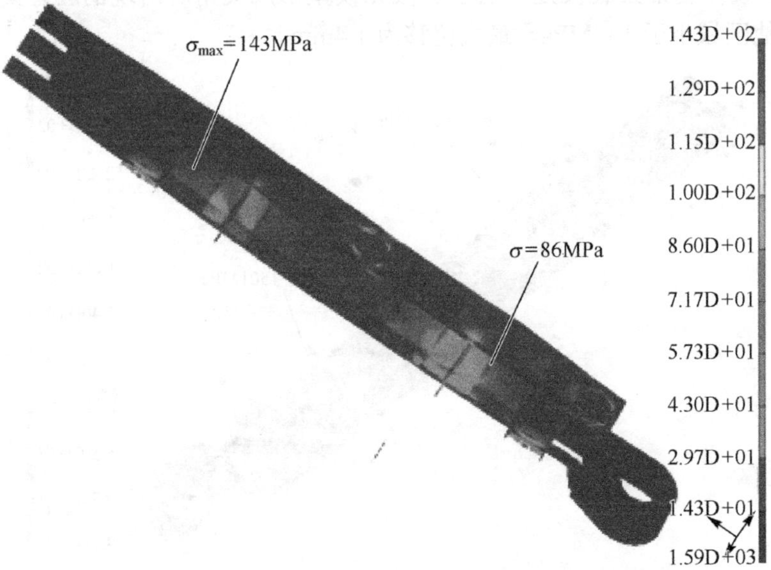

图 11-26　履带架工况 3 应力位移分布图

11.3.5　计算结果分析

以上对某型履带式起重机的结构进行有限元计算，分析了其结构在不同工况下的应力、位移、稳定性等。计算结果汇总如表 11-7 和表 11-8 所示。

表 11-7　臂架结构分析结果汇总

工况		弦杆		腹杆		板		稳定性系数
		计算结果/MPa	许用值/MPa	计算结果/MPa	许用值/MPa	计算结果/MPa	许用值/MPa	
主臂	工况 1	491	501	363	425	535	398	2.361
	工况 2	143	501	169	425	219	398	2.854
固定副臂	工况 1	248	425	—	—	232	251	—
	工况 2	288	425	—	—	214	251	—
塔臂	工况 1	354	428	231	251	212	251	1.01
	工况 2	204	428	91	251	189	251	3.968

由有限元计算结果可知，在各工况下，履带式起重机转台、车架、履带架挠度值均小于额定挠度值，应力值均小于许用应力值。但是，由于受有限元软件功能限制，以及建模过程中模型简化引起的应力集中等，臂架结构局部应力大于许用应力，忽略此类因素影响，起重机结构应力小于许用应力值，各项计算结果均有一定余量，结构符合要求。

表 11-8　转台、车架、履带架分析结果汇总

工况	转台				车架				履带架	
	应力/MPa	许用值/MPa	变形/mm	许用值/mm	应力/MPa	许用值/MPa	变形/mm	许用值/mm	应力/MPa	许用值/MPa
1	225	251	32.2	43	150	251	4.88	18	150	243
2	169	243	29.6	43	170	243	5.45	18	243	251
3	163	243	23.2	43	155	243	4.24	18	100	242

第 12 章　旋转机械动力学计算与分析

航空发动机、汽轮机、压缩机、风机、水泵等旋转机械，在国防、能源、电力、交通、机械和化工等领域中广泛应用并发挥着重要的作用。以航空涡轮喷气发动机为例，主要包括叶片、轮盘、转轴等转子件，以及机匣、支撑结构等静子件结构，其中转子结构和系统是旋转机械中的重要部件。旋转机械典型结构系统的动力学特性决定着机器的工作性能和结构安全性。在工程实际中，许多因素特别是故障因素会造成旋转机械发生强烈振动，甚至导致发生重大事故。在旋转机械设计、制造和维护中，其结构和系统动力学与振动的计算及分析十分重要。

在很多情况下航空发动机等旋转机械的叶片和轮盘可以简化为薄板与薄壳结构，利用动力学与振动的解析理论进行计算，以及采用有限元法计算，都可以获得有效的分析结果。对于由转轴和轴承支承部件等组成的转子系统，也可以采用解析理论、有限元、多体动力学等进行计算，获得有关模态特性和振动响应的分析结果，以供工程使用。

12.1　叶片动力学的计算与分析

在航空发动机等旋转机械中，叶片可以简化为薄板结构，其动力学特性和振动分析具有一般性代表意义。薄板结构的支撑方式有自由、简支、固支、悬臂或固定边界条件，以及弹性支承和弹性约束等，承受的载荷一般作用在板的表面。以下给出建立薄板结构的动力学基本方程的过程，以及考虑不同边界条件时薄板结构固有特性的求解方法。

12.1.1　薄板力学基本理论

已知一般的三维结构力学问题，其形变分量与位移分量应满足以下几何关系：

$$\begin{gathered}\varepsilon_x = \frac{\partial u}{\partial x}, \quad \varepsilon_y = \frac{\partial v}{\partial y}, \quad \varepsilon_z = \frac{\partial w}{\partial z} \\ \gamma_{yz} = \frac{\partial w}{\partial y} + \frac{\partial v}{\partial z}, \quad \gamma_{zx} = \frac{\partial u}{\partial z} + \frac{\partial w}{\partial x}, \quad \gamma_{yz} = \frac{\partial v}{\partial x} + \frac{\partial u}{\partial y}\end{gathered} \tag{12-1}$$

对于薄板，可以忽略 τ_{zx} 与 τ_{zy} 所引起的变形，即有 $\gamma_{zx} = \gamma_{zy} = 0$，因此几何方程(12-1)可写成如下形式：

$$\gamma_{zx} = \frac{\partial u}{\partial z} + \frac{\partial w}{\partial x} = 0, \quad \gamma_{zy} = \frac{\partial v}{\partial z} + \frac{\partial w}{\partial y} = 0 \tag{12-2}$$

则有

$$u(x,y,z,t) = u_0(x,y,t) - z\frac{\partial w}{\partial x} \tag{12-3}$$

$$v(x,y,z,t) = v_0(x,y,t) - z\frac{\partial w}{\partial y} \tag{12-4}$$

式中，u_0、v_0为中面位移，根据Kirchhoff假设应为零。因此，薄板内的平面位移为

$$u(x,y,z,t)=-z\frac{\partial w(x,y,t)}{\partial x} \tag{12-5}$$

$$v(x,y,z,t)=-z\frac{\partial w(x,y,t)}{\partial x} \tag{12-6}$$

将式(12-5)与式(12-6)代入弹性力学的几何方程，得薄板内应变分量为

$$\varepsilon_x=\frac{\partial u}{\partial x}=-z\frac{\partial^2 w}{\partial x^2} \tag{12-7}$$

$$\varepsilon_y=\frac{\partial v}{\partial y}=-z\frac{\partial^2 w}{\partial y^2} \tag{12-8}$$

$$\gamma_{xy}=\frac{\partial u}{\partial y}+\frac{\partial v}{\partial x}=-2z\frac{\partial^2 w}{\partial x\partial y} \tag{12-9}$$

由弹性力学物理方程以及Kirchhoff假设，可知$\sigma_z=0$，有

$$\varepsilon_x=\frac{1}{E}(\sigma_x-\mu\sigma_y),\quad \varepsilon_y=\frac{1}{E}(\sigma_y-\mu\sigma_x),\quad \gamma_{xy}=\frac{\tau_{xy}}{G} \tag{12-10}$$

式中，μ为泊松比；E为弹性模量；G为剪切模量。

将式(12-10)代入应变表达式(12-7)～式(12-9)，则有

$$\sigma_x=\frac{E}{1-\mu^2}(\varepsilon_x+\mu\varepsilon_y)=-\frac{E}{1-\mu^2}z\left(\frac{\partial^2 w}{\partial x^2}+\mu\frac{\partial^2 w}{\partial y^2}\right) \tag{12-11}$$

$$\sigma_y=\frac{E}{1-\mu^2}(\varepsilon_y+\mu\varepsilon_x)=-\frac{E}{1-\mu^2}z\left(\frac{\partial^2 w}{\partial y^2}+\mu\frac{\partial^2 w}{\partial x^2}\right) \tag{12-12}$$

$$\tau_{xy}=G\mu_{xy}=-2Gz\frac{\partial^2 w}{\partial x\partial y} \tag{12-13}$$

正应力σ_x、σ_y产生的弯矩为

$$M_x=\int_{-h/2}^{h/2}\sigma_x z\mathrm{d}z=-D\left(\frac{\partial^2 w}{\partial x^2}+\mu\frac{\partial^2 w}{\partial y^2}\right) \tag{12-14}$$

$$M_y=\int_{-h/2}^{h/2}\sigma_y z\mathrm{d}z=-D\left(\frac{\partial^2 w}{\partial y^2}+\mu\frac{\partial^2 w}{\partial x^2}\right) \tag{12-15}$$

式中，$D=\dfrac{Eh^3}{12(1-\mu^2)}$为板的弯曲刚度。

水平剪应力τ_{xy}产生的扭矩为

$$M_{xy}=M_{yx}=\int_{-h/2}^{h/2}\tau_{xy}z\mathrm{d}z=-D(1-\mu)\frac{\partial^2 w}{\partial x\partial y} \tag{12-16}$$

垂直剪应力τ_{xz}、τ_{yz}产生的剪力为

$$Q_x = \int_{-h/2}^{h/2} \tau_{xz} \mathrm{d}z, \quad Q_y = \int_{-h/2}^{h/2} \tau_{yz} \mathrm{d}z \tag{12-17}$$

对薄板任一截面，考虑微元体的力平衡关系，且根据 Kirchhoff 假设忽略转动惯性力矩，得

$$\frac{\partial M_x}{\partial x} + \frac{\partial M_{yx}}{\partial y} - Q_x = 0 \tag{12-18}$$

$$\frac{\partial M_{xy}}{\partial x} + \frac{\partial M_y}{\partial y} - Q_y = 0 \tag{12-19}$$

$$\frac{\partial Q_x}{\partial x} + \frac{\partial Q_y}{\partial y} - \rho h \frac{\partial^2 w}{\partial t^2} = 0 \tag{12-20}$$

式中，ρ 为板的密度；h 为板的厚度。

将式(12-14)~式(12-16)代入式(12-18)和式(12-19)中，得剪力表达式为

$$Q_x = -D \frac{\partial}{\partial x}\left(\frac{\partial^2 w}{\partial x^2} + \frac{\partial^2 w}{\partial y^2}\right) \tag{12-21}$$

$$Q_y = -D \frac{\partial}{\partial y}\left(\frac{\partial^2 w}{\partial x^2} + \frac{\partial^2 w}{\partial y^2}\right) \tag{12-22}$$

将式(12-21)和式(12-22)代入式(12-20)，进行整理，得到薄板横向振动的动力学方程为

$$\frac{\partial^4 w}{\partial x^4} + 2\frac{\partial^4 w}{\partial x^2 \partial y^2} + \frac{\partial^4 w}{\partial y^4} + \frac{\rho h}{D}\frac{\partial^2 w}{\partial t^2} = 0 \tag{12-23}$$

12.1.2 四边简支边界条件下薄板固有特性

根据薄板动力学系统固有特性具有与时间无关的特点来确定振型。薄板的振动微分方程(12-23)的解可以表示成下列形式：

$$w(x, y, t) = W(x, y)\sin(\omega t + \phi) \tag{12-24}$$

式中，$W(x, y)$ 为振型函数，用于描述满足边界条件时薄板弯曲的基本形状；ω 为薄板的固有频率；ϕ 为相位差角，根据初始条件确定。

将式(12-24)代入式(12-23)中，可得

$$\frac{\partial^4 W}{\partial x^4} + 2\frac{\partial^4 W}{\partial x^2 \partial y^2} + \frac{\partial^4 W}{\partial y^4} - \alpha^4 W = 0 \tag{12-25}$$

式中：

$$\alpha^4 = \omega^2 \frac{\rho h}{D} \tag{12-26}$$

将边界条件代入求解可求出 α，进而可得薄板的固有频率 ω。

对于四边简支边界条件，四个简支边的振型边界条件为

$$\begin{aligned} &x = 0, x = a \text{ 边}: W = \frac{\partial^2 W}{\partial x^2} = 0 \\ &y = 0, y = b \text{ 边}: W = \frac{\partial^2 W}{\partial y^2} = 0 \end{aligned} \tag{12-27}$$

满足方程(12-25)及边界条件(12-27)的振型解可以用如下双三角函数表示：

$$W(x,y)=A\sin\frac{m\pi x}{a}\sin\frac{n\pi y}{b} \tag{12-28}$$

式中，A 为常数。

将式(12-28)代入式(12-25)得

$$A\left[\pi^4\left(\frac{m^2}{a^2}+\frac{n^2}{b^2}\right)-\alpha^4\right]\sin\frac{m\pi x}{a}\sin\frac{n\pi y}{b}=0 \tag{12-29}$$

式(12-29)对于薄板上任一点都成立并有振型非零解($A\neq 0$)的条件为

$$\pi^4\left(\frac{m^2}{a^2}+\frac{n^2}{b^2}\right)-\alpha^4=0 \tag{12-30}$$

再考虑式(12-26)，可得四边简支矩形薄板的第(m，n)阶固有频率公式为

$$f_{mn}=\frac{\omega_{mn}}{2\pi}=\frac{\pi}{2}\left(\frac{m^2}{a^2}+\frac{n^2}{b^2}\right)\sqrt{\frac{D}{\rho h}} \tag{12-31}$$

或写成

$$\begin{aligned}\omega_{mn}&=\frac{\lambda_{mn}^2}{a^2}\sqrt{\frac{D}{\rho h}}\\ \lambda_{mn}&=(\alpha a)_{mn}=\sqrt{\pi^2\left(m^2+n^2\frac{a^2}{b^2}\right)}\end{aligned} \tag{12-32}$$

式(12-32)中的频率系数$(\alpha a)_{mn}$只与阶次(m，n)及长宽比 a/b 有关，与薄板的材料参数无关。具体数值可查表 12-1。

表 12-1　四边简支矩形板的频率系数及(m，n)值

阶次	a/b				
	0.4	2/3	1.0	1.5	2.5
1	3.383(1,1)	3.776(1,1)	4.443(1,1)	5.664(1,1)	8.459(1,1)
2	4.023(1,2)	5.236(1,2)	7.025(2,1)	7.854(2,1)	10.06(2,1)
3	4.907(1,3)	6.623(2,1)	7.025(1,2)	9.935(1,2)	12.27(3,1)
4	5.928(1,4)	7.025(1,3)	8.886(2,2)	10.54(3,1)	12.82(4,1)
5	6.408(2,1)	7.551(2,2)	9.935(3,1)	11.32(2,2)	16.02(1,2)
6	6.767(2,2)	8.886(2,3)	9.935(1,3)	13.33(3,2)	16.92(2,2)
7	7.025(1,5)	8.947(1,4)	11.33(3,2)	13.42(4,1)	17.56(5,1)
8	7.327(2,3)	9.655(3,1)	11.33(2,3)	12.48(1,3)	18.32(3,2)
9	8.168(1,6)	10.31(3,2)	12.95(4,1)	15.47(2,3)	20.42(6,1)

与此频率对应的四边简支矩形板的第(m，n)阶振型为

$$W_{mn}(x,y)=\sin\frac{m\pi x}{a}\sin\frac{m\pi y}{b} \tag{12-33}$$

式中，m、n 分别代表振型沿 x、y 方向的半波数。

根据式(12-31)，当 $m=n=1$ 时频率最低，即板的基频，这时相应的板振型为在 x、y 方向各形成一个半波。当 $m=2$、$n=1$ 时相应的板振型为 x 方向两个半波、y 方向一个半波。这时，由式(12-33)可知，在 $x=a/2$ 直线处振动为零，形成一条节线。依次类推，当 $m=m_0$、$n=n_0$ 时，形成振型在 x 方向有 m_0 个半波，m_0-1 个节线；在 y 方向有 n_0 个半波，n_0-1 个节线，这些节线均平行于板的边界。典型的薄板振型如图 12-1 所示。对于非基频情况，频率大小排列次序不但与 m、n 值大小有关，还与 a、b 的比值有关，具体要按式(12-31)计算结果确定。

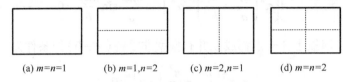

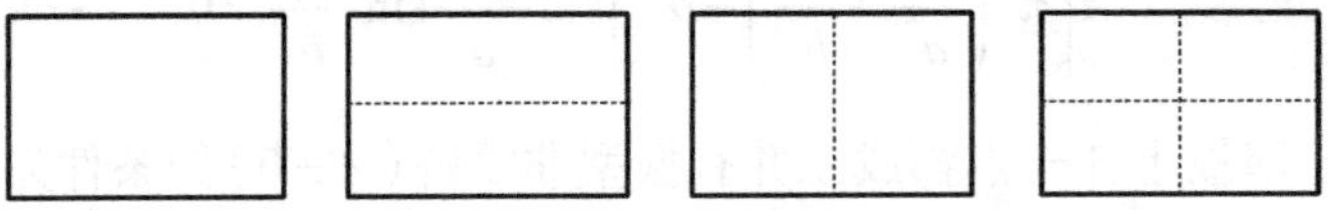

(a) $m=n=1$　(b) $m=1,n=2$　(c) $m=2,n=1$　(d) $m=n=2$

图 12-1　四边简支板的振型示意图

12.1.3　悬臂边界条件下薄板的固有特性

薄板的悬臂边界条件为一边固支和其余三边自由，具体如下。

(1) 固定边，在 $x=0$ 处，平板边界完全固定，其边缘上各点横向位移为零，且横向位移在截面位置坐标 $x=0$ 处的横向位移及其对 x 的一阶导数为零。即

$$(w)_{x=0}=0,\quad \left(\frac{\partial w}{\partial x}\right)_{x=0}=0 \tag{12-34}$$

(2) 自由边，在 $x=a$、$y=0$、$y=b$ 处，若平板边界完全不受力，应该有边缘上各点弯矩、扭矩、剪力均为零，即

$$\left[\frac{\partial^2 w}{\partial y^2}+\mu\frac{\partial^2 w}{\partial x^2}\right]_{y=y_0}=0,\quad \left[\frac{\partial^3 w}{\partial y^3}+(2-\mu)\frac{\partial^3 w}{\partial x^2\partial y}\right]_{y=y_0}=0 \tag{12-35}$$

基本方程(12-23)为四阶偏微分方程，对于某条确定的边只能满足两个边界条件。将扭转和剪力合并，即

$$\begin{aligned}&\left[\frac{\partial^2 w}{\partial x^2}+\mu\frac{\partial^2 w}{\partial y^2}\right]_{x=0}=0,\quad \left[\frac{\partial^3 w}{\partial x^3}+(2-\mu)\frac{\partial^3 w}{\partial y^2\partial x}\right]_{x=0}=0\\&\left[\frac{\partial^2 w}{\partial y^2}+\mu\frac{\partial^2 w}{\partial x^2}\right]_{y=0,y=b}=0,\quad \left[\frac{\partial^3 w}{\partial y^3}+(2-\mu)\frac{\partial^3 w}{\partial x^2\partial y}\right]_{y=0,y=b}=0\end{aligned} \tag{12-36}$$

在薄板动力学中，只有四边简支的矩形薄板才能得到自由振动的精确解，因此，对于悬臂薄板，其固有频率和振型的分析都需要采用近似计算方法。工程上常用双向梁函数组合级数逼近方法进行求解，即瑞利-里茨法，以能量变分原理为依据，将泛函极值问题化为多元函数极值问题来求解。这里采用一种利用单向解析函数代入变分方程降为另一方向的常微分方程的方法进行悬臂薄板的固有特性分析。首先介绍单向板理论，单向板的固有振动解是其他矩形板动力学与振动分析的基础。

1. 单向板理论

矩形板的一种特殊且简单的情况是单向板。单向板中横向振动函数只与空间的一维坐标变量(这里为 y 方向)有关。

如图 12-2 所示的单向板，x 轴平行于长边，y 轴垂直于长边，宽为 b。对于单向板，一切力学量对 x 的导数为零，则基本方程(12-35)在固有振动情况下简化为

$$\frac{\partial^4 w(y,t)}{\partial y^4}+\frac{\rho h}{D}\frac{\partial^2 w(y,t)}{\partial t^2}=0 \tag{12-37}$$

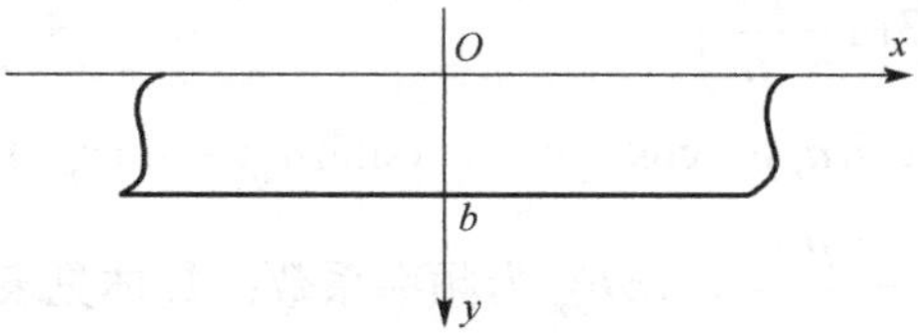

图 12-2　单向板示意图

设方程(12-37)的解为

$$w(y,t)=W(y)\sin(\omega t+\phi) \tag{12-38}$$

代入得到振型方程为

$$\frac{\mathrm{d}^4 W}{\mathrm{d}y^4}-\alpha^4 W=0 \tag{12-39}$$

同样地，这里也有

$$\alpha^4=\omega^2\frac{\rho h}{D} \tag{12-40}$$

根据齐次常微分方程理论，方程(12-39)的通解为

$$W(y)=C_1\sinh\alpha y+C_2\cosh\alpha y+C_3\sin\alpha y+C_4\cos\alpha y \tag{12-41}$$

式(12-41)中四个常数由两对边的每边两个边界条件确定。

2. 悬臂板自由振动求解

对于一边固定三边自由的悬臂矩形薄板，将式(12-38)代入边界条件(12-34)和(12-35)中，有

固支边界条件：

$$W\big|_{x=0}=0,\quad \left.\frac{\partial W}{\partial x}\right|_{x=0}=0 \tag{12-42}$$

自由边界条件：

$$\left[\frac{\partial^2 W}{\partial x^2}+\mu\frac{\partial^2 W}{\partial y^2}\right]_{x=a}=0,\quad \left[\frac{\partial^3 W}{\partial x^3}+(2-\mu)\frac{\partial^3 W}{\partial x\partial y^2}\right]_{x=a}=0 \tag{12-43}$$

$$\left[\frac{\partial^2 W}{\partial x^2}+\mu\frac{\partial^2 W}{\partial y^2}\right]_{y=0,y=b}=0,\quad \left[\frac{\partial^3 W}{\partial y^3}+(2-\mu)\frac{\partial^3 W}{\partial x^2\partial y}\right]_{y=0,y=b}=0 \tag{12-44}$$

设振型函数为乘积型函数，即设为 y 方向满足位移边界的已知解析函数 $Y_n(y)$ 和 x 方向未知函数 $u(x)$ 的乘积：

$$W(x,y)=u(x)Y_n(y) \tag{12-45}$$

式中，n 为单向板振型的阶次。

沿 y 方向为自由边界条件，$Y_n(y)$ 可取自由-自由边界的单向板的第 n 阶振型函数，而未知函数 $u(x)$ 通过满足变分方程加以确定。

自由-自由单向板的第 n 阶固有振型为

$$\begin{aligned}&Y_1=1\\&Y_2=\sqrt{3}\left(1-\frac{2y}{b}\right)\\&Y_n=(\cosh a_n y+\cos a_n y)-a_n(\sinh a_n y+\sin a_n y)\quad n>2\end{aligned}\tag{12-46}$$

式中，a_n 为振型系数；$a_n=\dfrac{(ab)_n}{b}$，$(\alpha b)_n$ 为频率系数；具体见表 12-2。

表 12-2　自由-自由边界单向板的频率系数和振型系数

阶次	$n=1$	$n=2$	$n=3$	$n\geqslant 4$
频率系数 $(\alpha b)_n$	0	0	4.7300	$\dfrac{2n-3}{2}\pi$
振型系数 a_n	—	—	0.9825	$\dfrac{\cosh(\alpha b)_n-\cos(\alpha b)_n}{\sinh(\alpha b)_n-\sin(\alpha b)_n}$

注：自由-自由边界单向板的第一、二阶频率系数为零，分别对应平移及转动的刚体运动。

根据弹性体动力学的汉密尔顿(Hamilton)原理，系统可能的运动应使能量泛函 J 达到极小值，即 J 的变分为零。则悬臂等厚矩形薄板的振型变分方程为

$$\begin{aligned}&\delta J=0\\&J=\int_0^b\int_0^a\left\{\left(\frac{\partial^2 W}{\partial x^2}+\frac{\partial^2 W}{\partial y^2}\right)^2-2(1-\mu)\left[\frac{\partial^2 W}{\partial x^2}\frac{\partial^2 W}{\partial y^2}-\left(\frac{\partial^2 W}{\partial x\partial y}\right)^2\right]-\alpha^4W^2\right\}\mathrm{d}x\mathrm{d}y\end{aligned}\tag{12-47}$$

将式(12-45)代入式(12-47)，经变分运算，可得 $u(x)$ 应满足的常微分方程为

$$I_{1n}\frac{\mathrm{d}^4u}{\mathrm{d}x^4}-2\left[I_{2n}-v(I_{2n}+I_{3n})\right]\frac{\mathrm{d}^2u}{\mathrm{d}x^2}-(\alpha^4-I_{4n})u=0\tag{12-48}$$

考虑力自由边界条件，在 $x=a$ 处有

$$\begin{aligned}&I_{1n}\frac{\mathrm{d}^2u}{\mathrm{d}x^2}+\mu I_{3n}u=0\\&I_{1n}\frac{\mathrm{d}^3u}{\mathrm{d}x^3}-2\left[I_{2n}-\mu\left(I_{2n}+\frac{1}{2}I_{3n}\right)\right]\frac{\mathrm{d}u}{\mathrm{d}x}=0\end{aligned}\tag{12-49}$$

或者位移约束边界条件，在 $x=0$ 处，有

$$u=0,\quad \frac{\mathrm{d}u}{\mathrm{d}x}=0\tag{12-50}$$

式中

$$\begin{aligned}&I_{1n}=\int_0^b Y_n^2\mathrm{d}y,\qquad I_{2n}=\int_0^b\left(\frac{\mathrm{d}Y_n}{\mathrm{d}y}\right)^2\mathrm{d}y\\&I_{3n}=\int_0^b\left(Y_n\frac{\mathrm{d}^2Y_n}{\mathrm{d}y^2}\right)\mathrm{d}y,\quad I_{4n}=\int_0^b\left(\frac{\mathrm{d}^2Y_n}{\mathrm{d}y^2}\right)^2\mathrm{d}y\end{aligned}\tag{12-51}$$

因此常微分方程(12-48)满足边界条件(12-49)和(12-50)的一般解为

$$u(x)=A\left(\cosh\frac{\alpha_0 x}{b}-\cos\frac{\beta_0 x}{b}\right)+B\left(\frac{1}{\alpha_0}\sinh\frac{\alpha_0 x}{b}-\frac{1}{\beta_0}\sin\frac{\beta_0 x}{b}\right) \tag{12-52}$$

式中

$$\alpha_0=\sqrt{\{(\alpha b)^4-J_{4n}+[J_{2n}-\mu(J_{2n}+J_{3n})]^2\}^{\frac{1}{2}}+[J_{2n}-\mu(J_{2n}+J_{3n})]} \tag{12-53}$$

$$\beta_0=\sqrt{\{(\alpha b)^4-J_{4n}+[J_{2n}-\mu(J_{2n}+J_{3n})]^2\}^{\frac{1}{2}}-[J_{2n}-\mu(J_{2n}+J_{3n})]} \tag{12-54}$$

将式(12-52)代入边界条件(12-49)和(12-50)，可得关于系数 A 、 B 的二阶线性方程组。由于系数 A 、 B 不同时为零，而方程组有非零解的条件为行列式为零，可得频率方程为

$$\begin{aligned}&(\alpha b)^4-J_{4n}-2\mu J_{3n}\left[J_{2n}-\mu\left(J_{2n}+\frac{1}{2}J_{3n}\right)\right]\\&+\left\{(\alpha b)^4-J_{4n}+(1-\mu)^2J_{2n}^2+\left[J_{2n}-\mu(J_{2n}+J_{3n})^2\right]\right\}\cosh\frac{\alpha_0 a}{b}\cos\frac{\beta_0 a}{b}\\&+\left\{\left[J_{2n}-\mu(J_{2n}+J_{3n})\right]\sqrt{(\alpha b)^4-J_{4n}}-\mu^2J_{3n}^2\frac{J_{2n}-\mu(J_{2n}+J_{3n})}{\sqrt{(\alpha b)^4-J_{4n}}}\right\}\sinh\frac{\alpha_0 a}{b}\sin\frac{\beta_0 a}{b}=0\end{aligned} \tag{12-55}$$

式中

$$J_{2n}=\frac{b^2I_{2n}}{I_{1n}},\quad J_{3n}=\frac{b^3I_{3n}}{I_{1n}},\quad J_{4n}=\frac{b^4I_{4n}}{I_{1n}} \tag{12-56}$$

将式(12-53)、式(12-54)及式(12-40)代入式(12-55)，对应每个 n 值，即可求得一系列频率值 ω_{mn} ，按升序排列依次对应于 $m=1, 2, \cdots$ 。

由于式(12-45)以分离变量形式表示振型，所以与固有频率 ω_{mn} 相应的第(m,n)阶振型 W_{mn} 将会有 x 方向 m 个半波、 y 方向 n 个半波以及节线与边界平行的特点。

12.1.4 悬臂薄板动力学分析解析算例

(1)问题描述。计算悬臂薄板的固有频率，板长为108mm，宽为110mm，厚度为1mm，材料参数为密度 $\rho=7860\text{kg/m}^3$ ，弹性模量 $E=212\text{GPa}$ ，泊松比 $\mu=0.288$ 。

(2)求解程序。

```
(*需要输入的参数有板长，板宽，泊松比，n的取值*)
a = 108/1000;
b = 110/1000;
v = 0.288;
n = 1;
αbn = Which[n=3,4.73,
            n ≥ 4, (2n - 3)π / 2];
αn = αbn/b;
```

$$\alpha n = \text{Which}[n = 3, 0.9825$$

$$n \geqslant 4, \frac{\text{Cosh}[\alpha bn] - \text{Cos}[\alpha bn]}{\text{Sinh}[\alpha bn] - \text{Sin}[\alpha bn]}];$$

$$\text{Yn} = \text{Which}[n = 1, 1,$$

$$n = 2, \sqrt{3}\left(1 - 2\frac{y}{b}\right),$$

$$n \geqslant 3, (\text{Cosh}[(\alpha n)y] - \text{Cos}[(\alpha n)y]) - an(\text{Sinh}[(\alpha n)y] - \text{Sin}[(\alpha n)y])];$$

$$\text{I1n} = \int_0^b \text{Yn}^2 dy;$$

$$\text{I2n} = \int_0^b \text{D}[\text{Yn}, y]^2 dy;$$

$$\text{I3n} = \int_0^b (\text{YnD}[\text{Yn}, (y, 2)]) dy;$$

$$\text{I4n} = \int_0^b \text{D}[\text{Yn}, (y, 2)]^2 dy;$$

$$\text{J2n} = \frac{b^2 \text{I2n}}{\text{I1n}};$$

$$\text{J3n} = \frac{b^3 \text{I3n}}{\text{I1n}};$$

$$\text{J4n} = \frac{b^4 \text{I4n}}{\text{I1n}};$$

$$\alpha 0 = \sqrt{(((\alpha b)^4 - \text{J4n} + (\text{J2n} - \text{Y}(\text{J2n} + \text{J3n}))^2)^{1/2} + (\text{J2n} - \text{Y}(\text{J2n} + \text{J3n})))};$$

$$\beta 0 = \sqrt{(((\alpha b)^4 - \text{J4n} + (\text{J2n} - \text{Y}(\text{J2n} + \text{J3n}))^2)^{1/2} - (\text{J2n} - \text{Y}(\text{J2n} + \text{J3n})))};$$

$$\text{EXS} = (\alpha b)^4 - \text{J4n} - 2\text{YJ3n}(\text{J2n} - \text{Y}(\text{J2n} + 0.5\text{J3n})) + [(\alpha b)^4 - \text{J4n} + (1 - \text{Y})^2 \text{Jn}^2 +$$

$$(\text{J2n} - \text{Y}(\text{J2n} + \text{J3n})^2)]\text{Cosh}\left[\frac{\alpha 0 a}{b}\right]\text{Cos}\left[\frac{\beta 0 a}{b}\right] +$$

$$\left((\text{J2n} - \text{Y}(\text{J2n} + \text{J3n}))\sqrt{(\alpha b)^4 - \text{J4n}} - \text{Y}^2 \text{J3n}^2 \frac{\text{J2n} - \text{Y}(\text{J2n} + \text{J3n})}{\sqrt{(\alpha b)^4 - \text{J4n}}}\right)\text{Sinh}\left[\frac{\alpha 0 a}{b}\right]\text{Sin}\left[\frac{\beta 0 a}{b}\right];$$

Plot[EXS, (α, 50, 80)]

(3) 求出固有频率值。

$EE = 212\times10^9$; $h = 1\times10^{-3}$; $\nu = 0.288$; $\rho = 7860$;

```
(*请在这里输入 α 值*)
(*1  *) (*m=1, n=1   α =17.3621   *)
(*2  *) (*m=1, n=2   α =28.8396   *)
(*3  *) (*m=1, n=3   α =42.5454   *)
(*4  *) (*m=2, n=1   α =43.4638   *)
(*5  *) (*m=2, n=3   α =45.1159   *)
(*6  *) (*m=2, n=2   α =52.1531   *)
(*7  *) (*m=3, n=3   α =57.6924   *)
(*8  *) (*m=3, n=1   α =72.7292   *)
(*9  *) (*m=3, n=2   α =78.1611   *)
(*10 *) (*m=4, n=3   α =80.2131   *)
(*11 *) (*m=4, n=1   α =101.811   *)
(*12 *) (*m=4, n=2   α =105.68    *)
```

$$\alpha = 105.68;$$

$$DD = \frac{EEh^3}{12(1-\nu^2)};$$

$$\omega = \alpha^2\sqrt{\frac{DD}{\rho h}};$$

$$f = \frac{\omega}{2\pi}$$

12.1.5 悬臂薄板模态分析有限元算例

(1)问题描述。利用 ANSYS 软件对 12.1.4 节的悬臂薄板进行模态分析。

(2)几何建模。将 ANSYS 的文件名命名为 Plate Modal，定义悬臂薄板的几何参数，建立悬臂薄板的几何实体(图 12-3)。相关的 ANSYS 命令流如下：

```
/FILNAME,Plate Modal,1
/PREP7
R,1,0.001
K,
K,,0.108,
K,,0.108,0.11
K,,,0.11
A,1,2,3,4
```

(3)悬臂薄板的有限元模型建立。定义悬臂薄板的弹性模量、密度泊松比等材料参数，定义单元类型设置单元尺寸和网格划分方式，得到悬臂薄板的有限元模型，如图 12-4 所示。相关的 ANSYS 命令流如下：

```
MP,EX,1,2.12E11
MP,DENS,1,7860
MP,NUXY,1,0.288
ET,1,SHELL181
LESIZE,ALL,,,8,,,,,1
MSHAPE,0,2D
MSHKEY,0
AMESH,1
FINISH
```

图 12-3 薄板几何模型

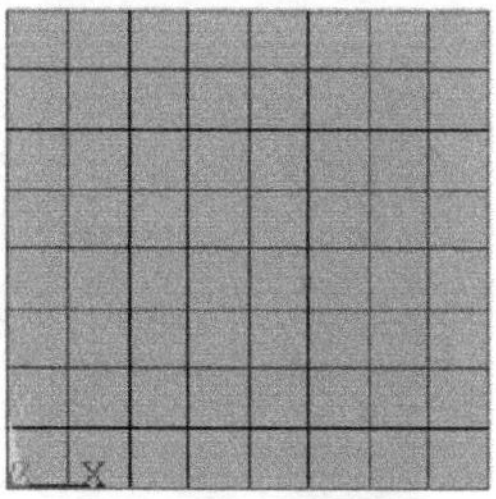

图 12-4 薄板有限元模板

(4)定义边界条件和求解。在模态分析前，定义悬臂薄板的边界条件，约束固定端的全部位移，得到如图 12-5 所示的悬臂薄板有限元模型。进入求解计算模块，设置模态分析类型，采用 LANB 方法提取前 10 阶模态并进行模态扩展，开始模态计算。相关的 ANSYS 命令流如下：

```
/SOLU
DL,4,,ALL,
ANTYPE,MODAL
MODOPT,LANB,10              !指定模态提取方法，提取个数
EQSLV,SPAR                  !指定求解器
MXPAND,10,,,1               !指定扩展 10 阶模态
LUMPM,0                     !使用一致质量矩阵
PSTRSS,0                    !不考虑预应力效应
SOLVE
FINISH
```

(5) 结果处理。模态分析结束后，进入 ANSYS 的通用后处理模块，通过列表给出悬臂薄板的前 10 阶频率，如图 12-6 所示。绘制如图 12-7 所示的前 6 阶振型。相关的 ANSYS 命令流如下：

```
/POST1
SET,LIST              !列表前十阶模态
SET,FIRST             !读入第一阶结果
PLDISP,0
FINISH
```

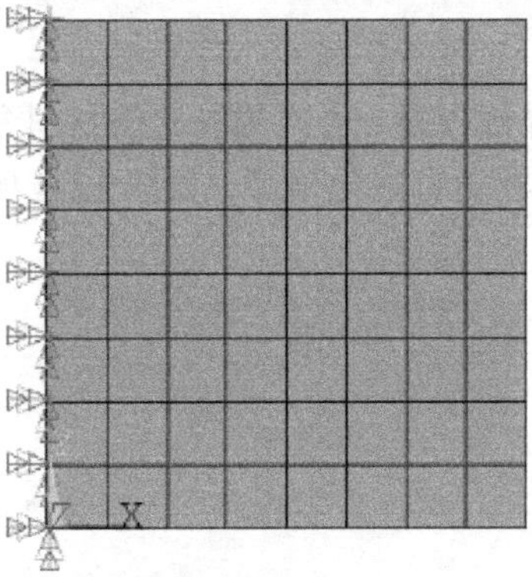

图 12-5　悬臂薄板边界条件

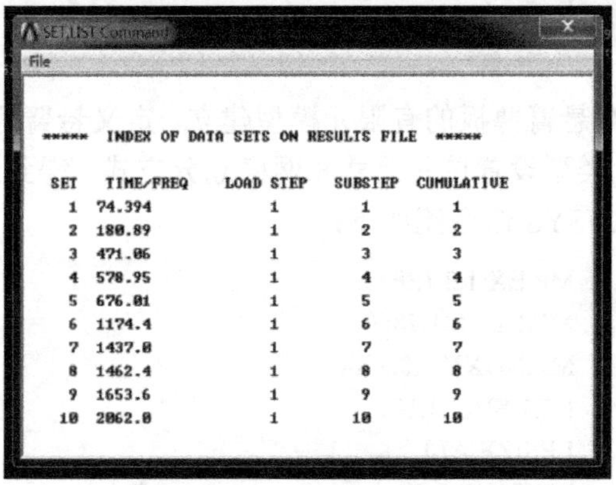

SET,LIST Command

File

***** INDEX OF DATA SETS ON RESULTS FILE *****

SET	TIME/FREQ	LOAD STEP	SUBSTEP	CUMULATIVE
1	74.394	1	1	1
2	180.89	1	2	2
3	471.06	1	3	3
4	578.95	1	4	4
5	676.01	1	5	5
6	1174.4	1	6	6
7	1437.0	1	7	7
8	1462.4	1	8	8
9	1653.6	1	9	9
10	2062.0	1	10	10

图 12-6　悬臂薄板固有频率

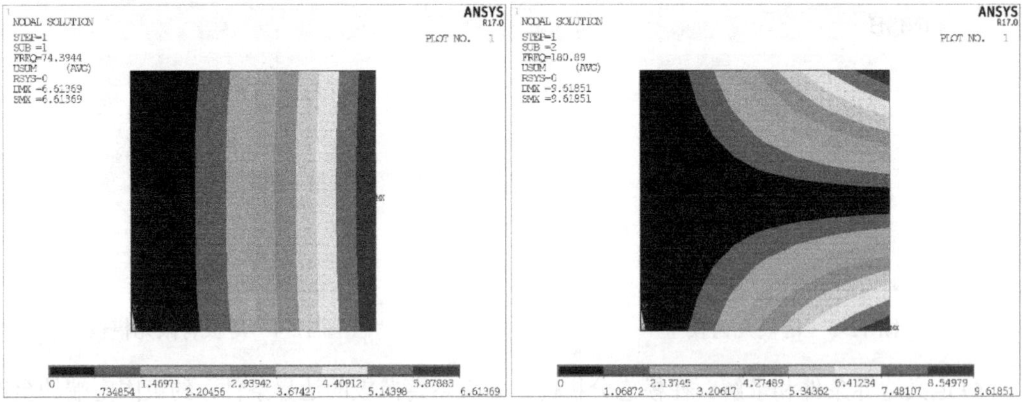

(a) 第 1 阶　　(b) 第 2 阶

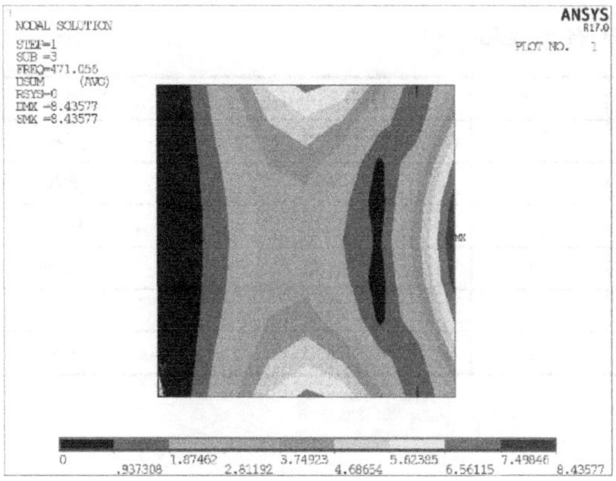

(c) 第 3 阶

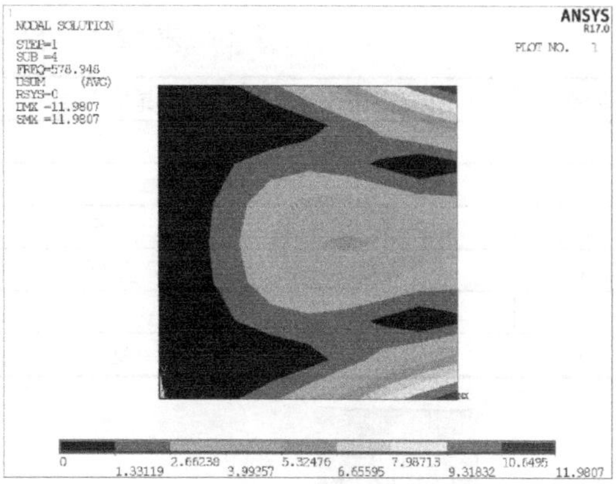

(d) 第 4 阶

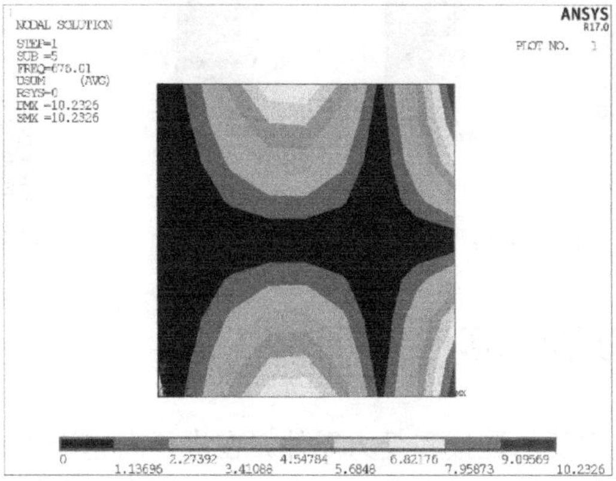

(e) 第 5 阶

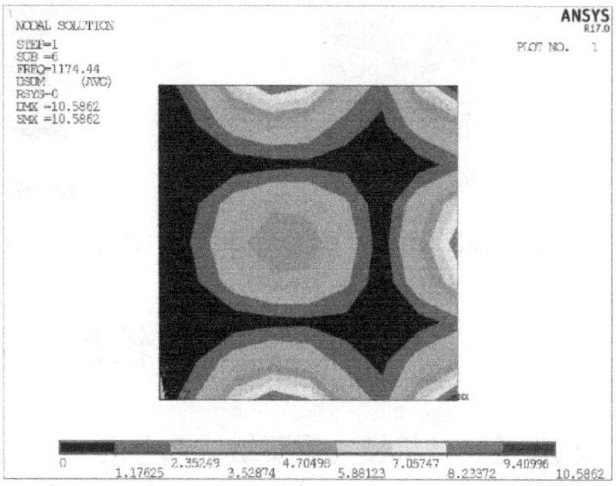

(f) 第 6 阶

图 12-7 悬臂薄板的前 6 阶振型

彩图 12-7

12.1.6 叶片模态分析有限元算例

(1) 问题描述。利用 ANSYS 软件对某型压气机叶片进行模态分析，获得叶片的固有频率和振型，这里忽略温度和转速对叶片动力学特性的影响。

(2) 有限元建模。叶片材料参数如表 12-3 所示。采用 SOLID186 单元，叶片共划分了 3020 个单元、14903 个节点，建立的叶片有限元模型如图 12-8 所示。

表 12-3 叶片的材料参数

温度 T / °C	弹性模量 E / GPa	泊松比 μ	密度 ρ / (kg / m^3)
20	214	0.3	7800

叶片的边界条件采用与实际工作状态相近的叶片榫头两侧面固支，模态求解方法采用 Block Lanczos 模态提取法。

(3) 计算结果。计算叶片 0～10kHz 内的固有频率并绘制振型，计算结果如表 12-4 所示。

从表 12-4 可以看出，该叶片前 5 阶模态为单纯的弯曲、扭转振型，分别是一弯、二弯、一扭、三弯、二扭，6 阶以上多为弯扭复合振型。该叶片振型比较密集，尤其是 3000～7000Hz 频段。图 12-9 所示为其典型的振型图。

表 12-4　叶片固有频率和振型

阶次	固有频率/Hz	振型描述	阶次	固有频率/Hz	振型描述
1	251	一弯	7	4375	三扭
2	994	二弯	8	4625	里拉
3	1209	一扭	9	5054	复合
4	2473	三弯	10	6386	四扭
5	2901	二扭	11	6892	“#”型
6	3071	复合	12	7573	四弯

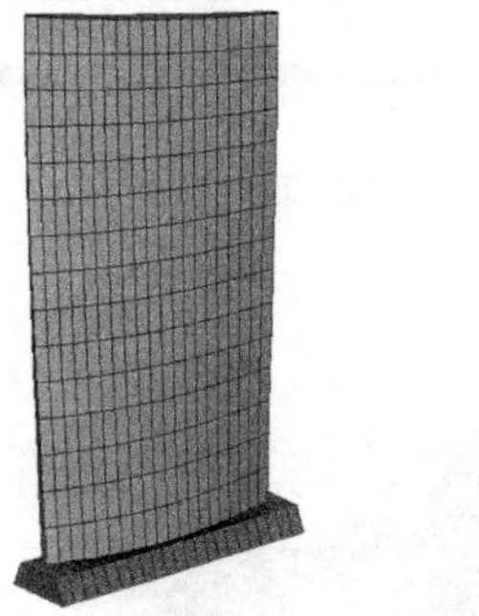

图 12-8　压气机二级叶片有限元模型

(a) 第5阶　(b) 第8阶　(c)第11阶

图 12-9　叶片的典型振型图(二扭、里拉和“#”振型)

彩图 12-9

12.2　轮盘动力学计算与分析

轮盘是旋转机械的重要组成部分之一，是主要的连接和受力零件。在进行高速旋转机械的转子系统动力学设计时，需要对轮盘等转动部件进行模态分析，求解出其固有频率和相应的模态振型，进而通过合理的设计使其避开共振。

12.2.1　薄盘动力学特性

薄盘的轴向弯曲刚度远小于其他方向的刚度，因此圆盘更容易发生轴向的弯曲振动。圆盘在外激励的作用下，在理论上会产生沿激振力方向的振动位移。但在实际模型中，由于圆盘在垂直于主轴平面内的刚度极大，不会产生切线方向的振动。在圆盘的轴向，刚度相对于径向刚度较低，可能产生振动，因此通常所说的圆盘振动是轴向振动。薄盘的约束形式可以分为中心支撑和外缘支撑。中心支撑圆盘称为中心固定式圆盘，外缘支撑圆盘称为周边固定式圆盘。

薄盘的振动形式与梁、板类部件的振动形式相同，其振动的基本参量也与梁模型相差不多，有振动频率、振型和振动应力等。这里主要讨论圆盘振动的振型与解析计算时振型函数的具体形式。薄盘的振动形式分为以下四类。

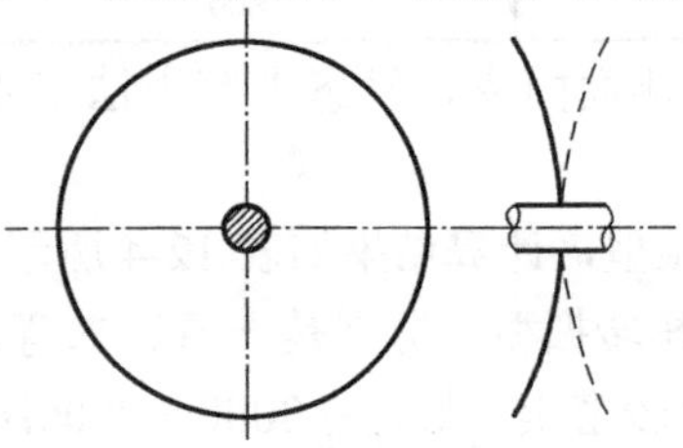

图 12-10　伞形振动示意图

1. 伞形振动

伞形振动的振动形式对称于圆盘的中心，沿轮盘径向盘面不同直径上呈现质点不动的一个或者数个节圆，节圆上的振幅为零，如图 12-10 所示。

2. 具有节圆的振动

具有节圆的伞形振动称为节圆振动，最简单的是具有一个节圆的振动形式，如图 12-11 所示，在节圆位置，圆盘的振幅基本为零。当只有一个节圆时，以图 12-11(a)为例，中心位置振动位移为零，自中心向外，振幅逐渐增加，达到极值后减小，到节圆处为零，节圆另一侧变化规律相同但相位相反。

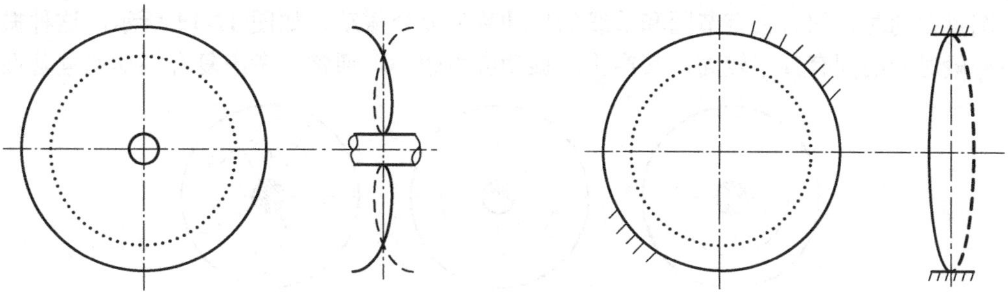

(a) 中心固支　　(b) 周边固支

图 12-11　具有节圆振动的示意图

图 12-12 所示为具有节圆振型的振动，***m*** 为节圆数，其中正负号表示振动的位移方向，一般在刚度不足的圆盘上容易产生，即轮盘厚度较小，直径相对较大。当圆盘发生节圆振动时，节圆的位置通常位于盘内侧盘体厚度最小的地方。在同半径的节圆上，振动的振幅和相位相同。

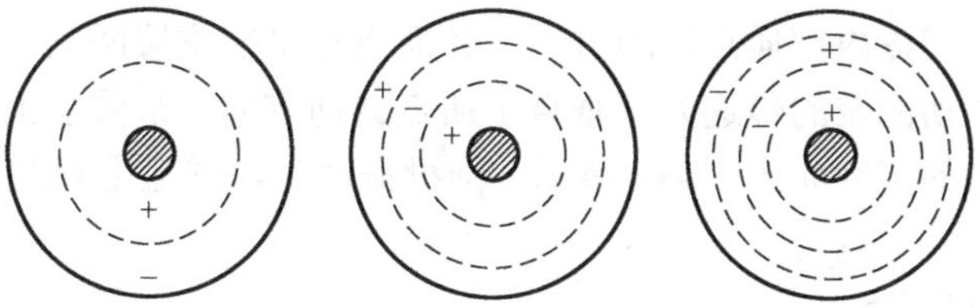

(a) m=1　　(b) m=2　　(c) m=3

图 12-12　节圆振型示意图

3. 具有节径的振动

圆盘振动时，在盘面上出现一条或者数条沿着径向分布的节线，这种节线称为节径，节径在轮盘上对称分布，如图 12-13 所示，***n*** 为节径数，圆盘均匀分布的节径将圆盘分成凸凹交替的若干部分。圆盘振动的固有频率随节径数的增多而增大。

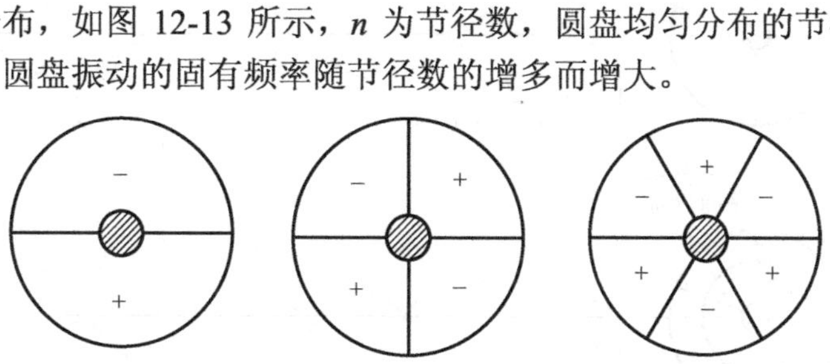

(a) n=1　　(b) n=2　　(c) n=3

图 12-13　具有节径的振动示意图

节径数为 1、2、3 的圆盘振动，危险性较大，一方面是这些振动的频率较低，容易发生振动；另一方面是维持这些振动所需的能量很小。实验证明，只要几十瓦的功率就有可能使得圆盘发生共振损坏。在实际工作过程中，圆盘类零件的主要损伤破坏事故是由这类振型的振动引起的。

4. 复合振动

圆盘振动时，同时具有节圆和节线的振动称为复合振动，如图 12-14 所示，这种振动的振型一般对应的固有频率较高，其产生的振动应力较小，通常不考虑复合振动的危险性。

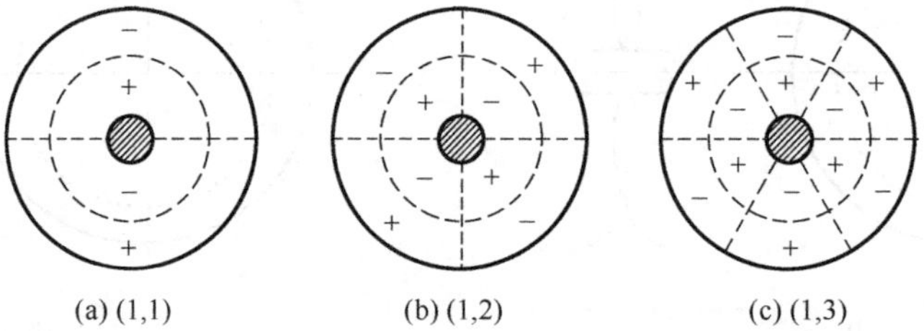

图 12-14 复合振动振型

12.2.2 圆盘振动的行波现象

1. 静止状态圆盘振动的波

当圆盘受到激振力作用产生振动时，圆盘内部材料内力作用使得圆盘相邻质点振动，振动的传播方向垂直于圆盘内部质点振动方向，各质点在平衡位置两侧往复振动。振动以波的形式传播，因圆盘振动的波的传递方向垂直于质点振动方向，故圆盘上的振动波属于横波。

圆盘沿半径方向的挠度如图 12-15 所示。圆盘振动时，圆盘上存在 n 个正弦波。

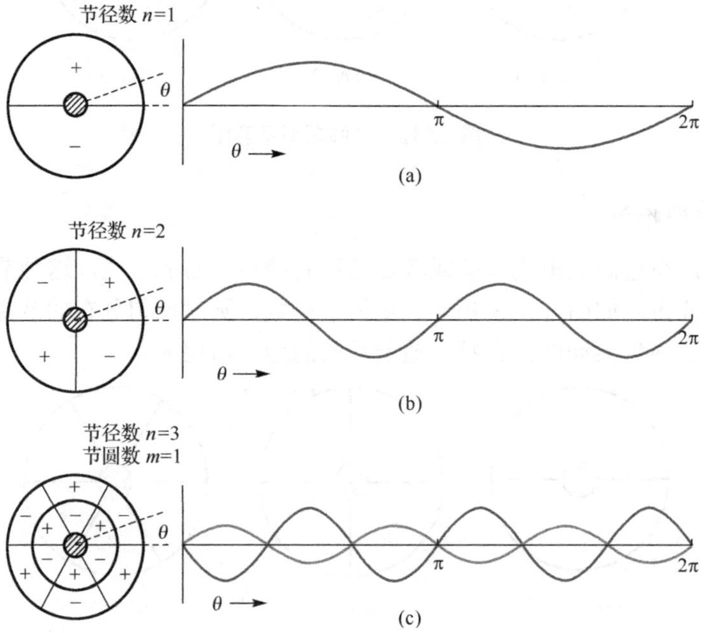

图 12-15 圆盘不同振型展开示意图

由图 12-15 可以看出，确定圆盘振动位移函数时，可以通过假设圆盘振动的振型，因圆盘振动时节线位置位移为零。因此，以节圆为几何边界，研究每个小扇区的振动情况，如图 12-16 所示。

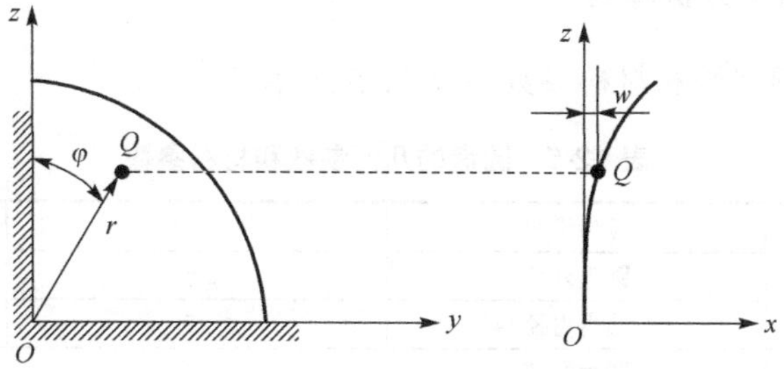

图 12-16 圆盘坐标及挠度示意图

静止状态下圆盘各点轴向的振动位移可以表示为

$$z(r,\varphi,t)=R(r)\cos(n\varphi)\sin\omega t \tag{12-57}$$

式中，r 为圆盘中性面上某点的向量半径；$R(r)$ 为圆盘沿半径方向挠度确定的函数；φ 为从某一初始半径起算的弧度角；n 为节径数；t 为时间；ω 为圆盘自振的圆频率。

沿半径方向的挠曲函数 $R(r)$ 表示两相邻节线夹角的圆盘直径截面的弹性方程，具体的挠曲函数 $R(r)$ 并没有确定的解析表达式，目前只能通过插值的方式进行近似，并通过边界条件确定相关的系数或通过梁模型振型函数进行简单替代，如图 12-17 所示。

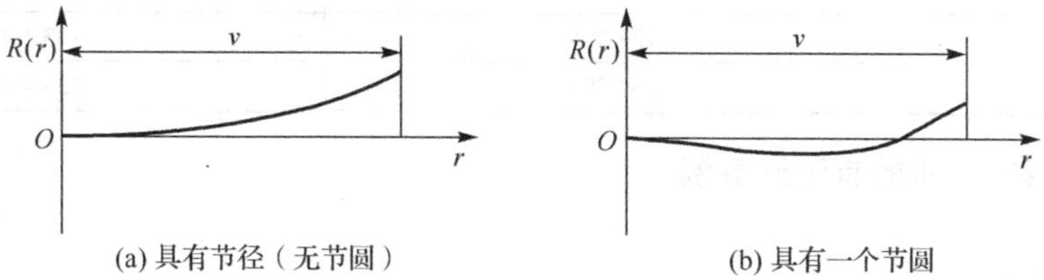

图 12-17 圆盘叶轮沿半径方向的挠度

2. 转动圆盘的行波振动

当圆盘绕轴心转动时，受到离心力的作用，其刚度会增加，此时转动态的圆盘的频率相对于静止状态较高，工程上常用动频率计算公式进行近似计算，即

$$f_d=\sqrt{f_s+B\Omega^2} \tag{12-58}$$

式中，f_d 为圆盘的动频率；f_s 为静止状态圆盘固有频率；B 为动频系数，可以通过实验或理论计算得到；Ω 为圆盘转动速度，rad/s。

当旋转的圆盘受到外部激振力作用时，此时的振动波可以看成：自激振点开始，振幅和传播速度相等，传播方向相反的两列行波叠加而成，两列波的振幅为原振动的 1/2。通过对式(12-35)进行运算可以验证这一推断。

$$z(r,\varphi,t)=\frac{1}{2}R(r)\sin\left[n\left(\frac{\omega}{n}t-\varphi\right)\right]+\frac{1}{2}R(r)\sin\left[n\left(\frac{\omega}{n}t+\varphi\right)\right] \tag{12-59}$$

或写成如下形式：

$$z(r,\varphi,t)=z_1(r,\varphi,t)+z_2(r,\varphi,t) \tag{12-60}$$

式中，z_1与z_2分别表示行波振动时的前行波与后行波。

12.2.3 薄盘振动的数值分析算例

某薄盘的结构几何参数和材料参数如表 12-5 所示。

表 12-5 圆盘的几何参数和材料参数

符号	符号说明	数值	单位
a	圆盘外径	220	mm
b	圆盘内径	25	mm
h	圆盘厚度	2.1	mm
E	杨氏模量	206	GPa
μ	泊松比	0.3	—
ρ	密度	7800	kg/m^3

上面所述的解析理论计算结果与 ANSYS 计算结果进行对比，如表 12-6 所示。

表 12-6 静止圆盘计算的结果对比

模态(M,N)	固有频率/Hz	
	解析	ANSYS
(0,1)	45.645	38.651
(0,2)	64.980	60.732
(0,3)	134.098	133.130
(0,4)	233.994	233.470

12.2.4 轮盘模态分析的有限元算例

1. 问题描述

在旋转机械中，如航空发动机等，轮盘的振动特性比较复杂，具有边界耦合、密集频率和复杂振型等特点。在进行动力学分析过程中，需要通过对轮盘进行合理建模，特别是施加正确的边界约束条件，以获得合理的振动分析结果。在建模过程中，重点考虑单元选择、连接处理、边界条件处理、建模规模、计算速度、模型验证与修正等内容。本例采用 ANSYS 软件对某型轮盘进行模态分析，获得轮盘的固有频率和振型。

2. 有限元建模

轮盘材料参数如表 12-7 所示。采用 SOLID45 单元建立轮盘的有限元模型。

表 12-7 轮盘材料参数

温度 T / °C	弹性模量 E / GPa	泊松比 μ	密度 ρ /(kg/m^3)
20	210	0.3	7800

本例中轮盘与鼓筒、锥壁筒通过螺栓连接，锥壁筒中心固定在转轴上。因此，将轮盘固定面边界条件设为固支，即认为锥筒为刚性件。建立的轮盘有限元模型如图 12-18 所示。

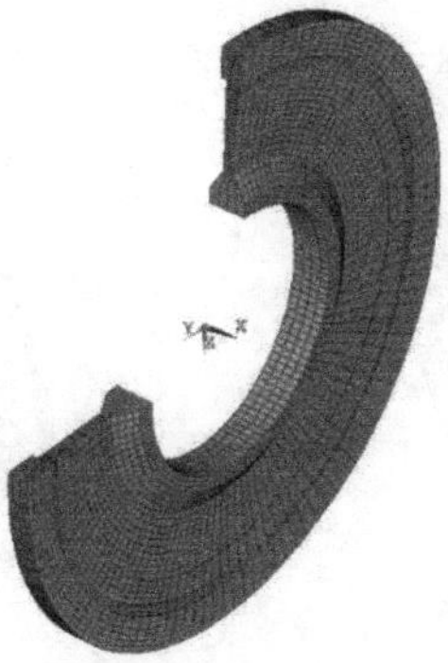

图 12-18　轮盘有限元模型(1/4 剖视图)

3. 计算结果

对于连接面固支的情况，采用 Block Lanczos 法计算得到的轮盘前 10 阶固有频率和振型，如表 12-8 和图 12-19 所示。

表 12-8　计算得到的轮盘前 10 阶频率数值

阶数	频率	振型描述	阶数	频率	振型描述
1	1190.5	内圈 0 瓣	6	4666.9	外圈 1 瓣
2	1743.7	内圈 1 瓣	7	4850.5	外圈 2 瓣
3	2693.1	内圈 2 瓣	8	5168.8	外圈 3 瓣
4	4139.7	内圈 3 瓣	9	5608.9	外圈 4 瓣
5	4609.9	外圈 0 瓣	10	6141.5	内圈 4 瓣

(a) 第 1 阶

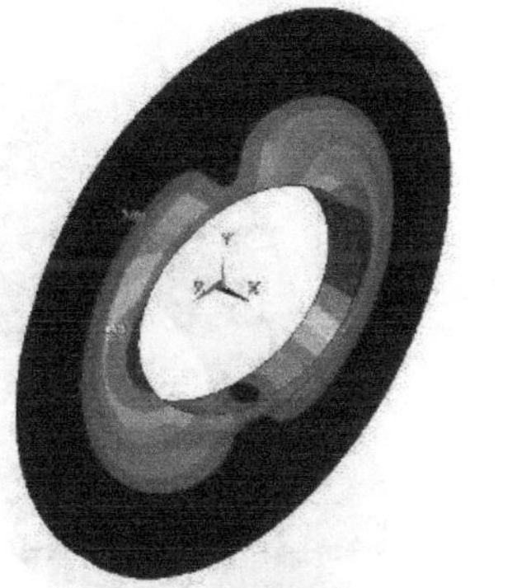

(b) 第 2 阶

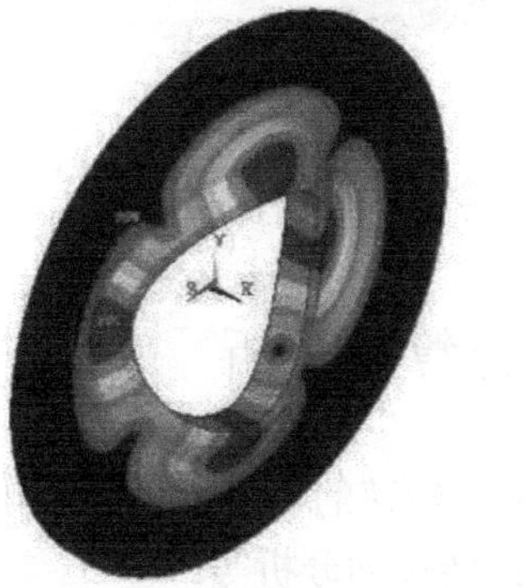

(c) 第 3 阶

(d) 第 4 阶

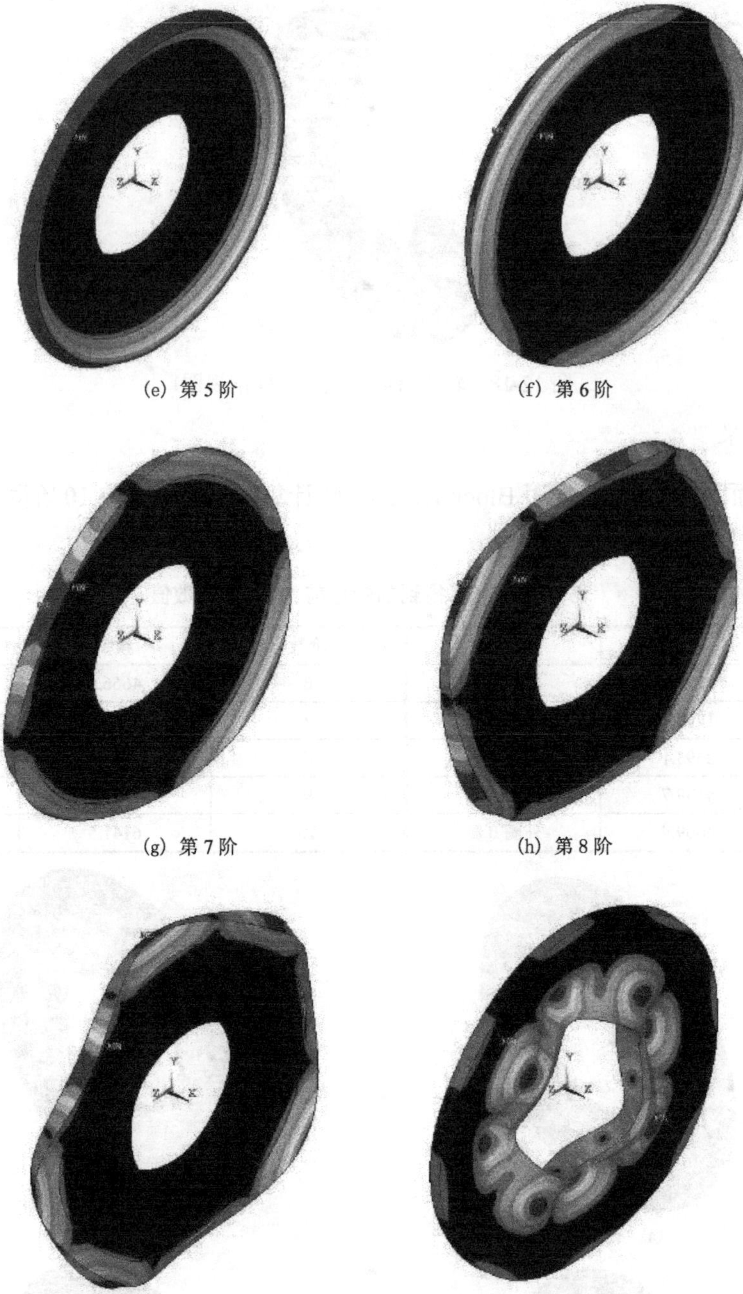

(e) 第 5 阶　(f) 第 6 阶

(g) 第 7 阶　(h) 第 8 阶

(i) 第 9 阶　(j) 第 10 阶

图 12-19　盘结构前 10 阶模态振型

彩图 12-19

12.3　转子系统动力学计算与分析

转子系统动力学主要包括转子弯曲振动的形式、临界转速的特性、不平衡响应和稳定性，此外还涉及转子动平衡、瞬态响应，以及转子系统的扭转振动分析等。

当旋转机械的工作转速低于转子系统的最低临界转速时，其转子系统为刚性的，转子系统振动主要是受到旋转轮盘偏心质量的影响，即轮盘的质心不在回转轴线上。转子系统在经过临界转速时一般会发生较大振动，超过临界转速的柔性转子系统具有不同于刚性转子系统的运动特性和动力学特性。

12.3.1 转子系统的涡动运动特性

以刚性支承下的 Jeffcott 转子系统为对象，对转子系统的涡动特性、固有特性、临界转速与不平衡响应运动特征进行介绍。

Jeffcott 转子系统是一个刚体圆盘安装在两个支承中间的转轴上，把轴视为具有一定弯曲刚度和无限大扭转刚度的无质量弹性轴。利用刚性支承的 Jeffcott 转子系统，可以用于揭示转子系统在不平衡质量的离心力作用下所引起的涡动运动，并对临界转速进行定义，对转子系统的共振特性进行分析。

1. *基本原理*

具有刚性支承、结构对称、各向同性特点的 Jeffcott 转子系统结构示意图如图 12-20 所示，相应的简化力学模型如图 12-21 所示。设 $Axyz$ 为固定坐标系，Az 轴为两个刚性支点所确定的回转定轴。在两支点的中间位置安装质量为 m 的刚性圆盘，并设无质量弹性轴的弯曲刚度为 EI。忽略圆盘重力的影响，且转轴没有静弯曲变形。

设转轴的旋转角速度为 Ω，该运动为转子的自转运动(spin)。在旋转过程中，如果转轴的刚度相对于支承刚度小，则转轴可以产生弹性弯曲变形，该变形形式与转轴动特性有关。

在转子的运动过程中，转轴的弯曲变形可以利用圆盘中心 o' 的位置变化来表征，并以固定坐标系 $Axyz$ 作为参考系，o' 的坐标用 x、y 表示。在这里，设圆盘在旋转过程中不发生摆动而保持平稳(圆盘平面的法线方向保持不变)，圆盘中心 o' 偏离对应的回转轴 z 上对应的回转中心 O 的矢量 $\boldsymbol{r}$ 即圆盘中心 o' 的动态位置，$\boldsymbol{r}=\overline{OO'}$，即 $\boldsymbol{r}$ 是从不动的回转轴线 AB 上的 O 点出发的矢量位移。

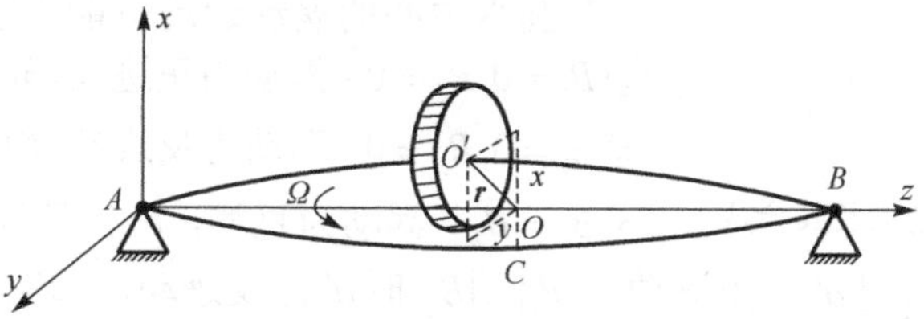

图 12-20 Jeffcott 转子系统结构示意图

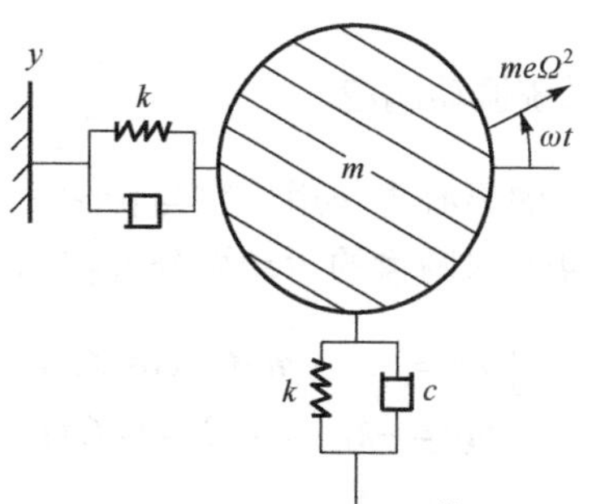

图 12-21 Jeffcott 转子系统的简化力学模型

根据图 12-21，假设圆盘处于自由状态，受到外扰动后，圆盘运动的惯性力与转轴变形的弹性恢复力相平衡，在固定坐标系 Axy 内圆盘的运动微分方程为

$$m\ddot{x}+kx=0,\quad m\ddot{y}+ky=0 \tag{12-61}$$

式中，m 为圆盘的质量；k 为转轴的刚度系数。对于图 12-20 所示的圆盘处于转轴中心位置的对称转轴情况，$k=48EI/l^3$，l 为转轴长度，EI 为转轴弯曲刚度。

2. 转子系统的自由振动特性

令该对称转子系统的固有频率为

$$\omega_n^2=k/m \tag{12-62}$$

为简化标记，记 $z=x+\mathrm{i}y$，将式(12-62)改写为变量 z 表达的形式为

$$\ddot{z}+\omega_n^2 z=0 \tag{12-63}$$

$$z=B_1\mathrm{e}^{\mathrm{i}\omega_n t}+B_2\mathrm{e}^{-\mathrm{i}\omega_n t} \tag{12-64}$$

式中，B_1、B_2 为待定常数，可由初始横向干扰条件决定。

由式(12-64)可知，圆盘中心 o' 的运动是在两个互相垂直的方向做频率为 ω_n 的简谐运动，由于初始条件不同，o' 的轴心运动轨迹可以为一个圆或一个椭圆。圆盘中心的这种运动是一种涡动运动(whirling motion)，固有频率 ω_n 对应的角速度称为涡动角速度(whirling angular velocity)。

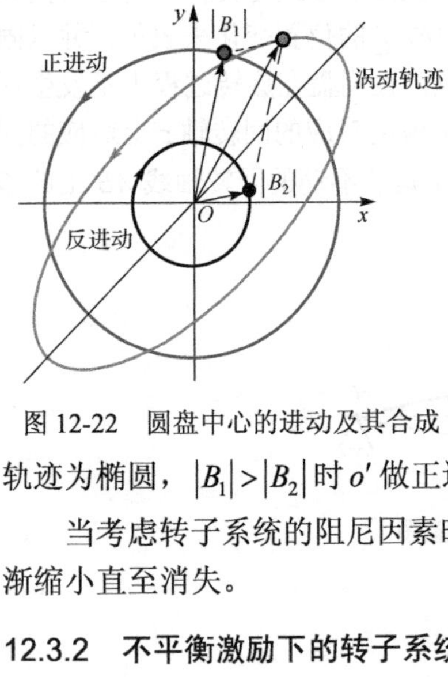

图 12-22 圆盘中心的进动及其合成

转子涡动运动也称为转子的进动。在式(12-64)表示的转子系统圆盘运动解式中，第一项是半径为 $|B_1|$ 的逆时针方向的运动，与转动角速度 Ω 同向，称为正进动；第二项是半径为 $|B_2|$ 的顺时针即 Ω 反方向的运动，称为反进动。圆盘中心 o' 的运动轨迹就是这两种进动的合成。

圆盘中心的涡动运动可能出现如下几种不同情况：①$B_1\neq 0, B_2=0$；涡动为正进动，轨迹为圆，其半径为 $|B_1|$；②$B_1=0, B_2\neq 0$，涡动为反进动，轨迹为圆，其半径为 $|B_2|$；③$B_1=B_2$，涡动为直线，o' 做直线简谐运动；④$B_1\neq B_2$，轨迹为椭圆，$|B_1|>|B_2|$ 时 o' 做正进动，$|B_1|<|B_2|$ 时 o' 做反进动，如图 12-22 所示。

当考虑转子系统的阻尼因素时，转子的涡动是衰减的，圆盘轴心轨迹将绕回转中心 O 逐渐缩小直至消失。

12.3.2 不平衡激励下的转子系统振动响应

假设圆盘受到偏心质量导致的离心力作用，它与转轴变形的弹性恢复力、圆盘运动的惯性力相平衡，即在固定坐标系 Axy 内圆盘的运动微分方程如下

$$\begin{cases} m\ddot{x}=-kx-me\Omega^2\cos(\Omega t) \\ m\ddot{y}=-ky-me\Omega^2\sin(\Omega t) \end{cases} \tag{12-65}$$

式中，me 为圆盘的不平衡量。

式(12-65)可化为

$$\begin{cases}\ddot{x}+\omega_n^2 x = e\Omega^2\cos(\Omega t)\\ \ddot{y}+\omega_n^2 y = e\Omega^2\sin(\Omega t)\end{cases} \tag{12-66}$$

为简化标记，记 $z=x+\mathrm{i}y$，将式(12-66)改写为变量 z 表达的形式为

$$\ddot{z}+\omega_n^2 z = \mathrm{e}\Omega^2\mathrm{e}^{\mathrm{i}\Omega t} \tag{12-67}$$

其特解为

$$z = A\mathrm{e}^{\mathrm{i}\Omega t}，即\ z=\frac{e(\Omega/\omega_n)^2}{1-(\Omega/\omega_n)^2}\mathrm{e}^{\mathrm{i}\Omega t} \tag{12-68}$$

对应的振幅幅值为

$$|A|=\left|\frac{e\Omega^2}{\omega_n^2-\Omega^2}\right|=\left|\frac{e(\Omega/\omega_n)^2}{1-(\Omega/\omega_n)^2}\right| \tag{12-69}$$

从述结果可以看出，转轴回转角速度与转子系统的固有频率之间的大小关系，对转子系统的不平衡响应的相位有直接关系，由此所得到的转子系统的不平衡响应为

$$\begin{cases}x=\dfrac{e(\Omega/\omega_n)^2}{1-(\Omega/\omega_n)^2}\cos(\Omega t)\\ y=\dfrac{e(\Omega/\omega_n)^2}{1-(\Omega/\omega_n)^2}\sin(\Omega t)\end{cases} \tag{12-70}$$

由式(12-70)可知，圆盘中心 o' 在互相垂直的两个方向做频率同为 Ω 的简谐运动。圆盘中心 O' 的运动是一种进动或涡动(whirl)。这种圆盘偏离原平衡位置、转轴绕回转线(即支承连线)的公转运动又称为“弓形回转”。

对比原不平衡激励表达式 $F_x = me\Omega^2\cos(\Omega t), F_y = me\Omega^2\sin(\Omega t)$ 的相位关系可知，当 $\Omega<\omega_n$ 时，圆盘中心 o' 的运动 x、y 与 F_x、F_y 同相位，当 $\Omega>\omega_n$ 时为反相位，即相位差为180°。这两种情况可以用图 12-19 加以说明。在正常运转情况下，O、O' 和圆盘质心 c 三个点始终在同一直线上，该直线绕 O 点以角速度 Ω 转动，即 o' 和 c 做同步进动，两者的轨迹是半径不相等的同心圆。当 $\Omega<\omega_n$ 时，$A>0$，O' 点和 c 点在 O 点的同一侧，如图 12-23(a)所示；当 $\Omega>\omega_n$ 时，$A<0$，但 $|A|>e$，c 在 O 和 O' 之间，如图 12-23 (b)所示。如果是 $\Omega\gg\omega_n$ 的情况，则有 $A\approx -e$，或 $\overline{OO'}\approx-\overline{O'c}$，则圆盘质心 c 近似地落在回转中心点 O 上，这种情况下的转子系统振动很小，但转动比较平稳，这种情况称为“自动对心”。

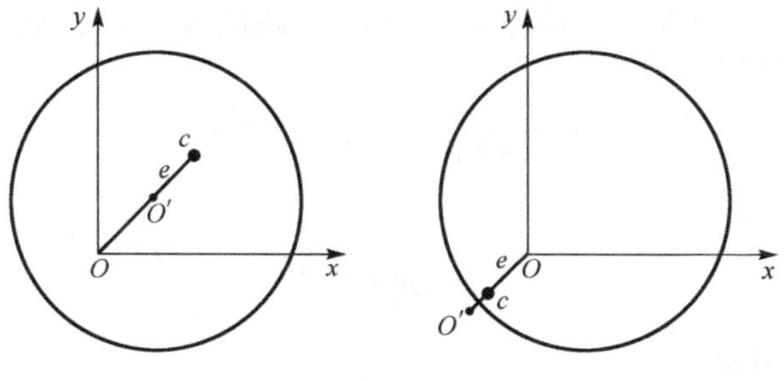

(a) $\Omega<\omega_n$　　(b) $\Omega>\omega_n$

图 12-23　无阻尼情况下转轴固定中心、形心和质心之间的关系

由振幅公式(12-69)还可以看出，当 $\Omega=\omega_n$ 时，振幅会趋向于无穷大，$A\to\infty$，这是典型的共振情况。实际上由于阻尼的存在，振幅 $|A|$ 不可能是无穷大的值，而是较大的有限值，但转轴的振动会非常剧烈。这时，转子系统的固有频率 ω_n 所对应的转轴转速称为转子系统的“临界转速”，即 $n_c=\dfrac{60\omega_n}{2\pi}=9.55\omega_n$。

一般地，如果转子系统的工作转速小于临界转速，则称为刚性转子系统，反之称为柔性转子系统。

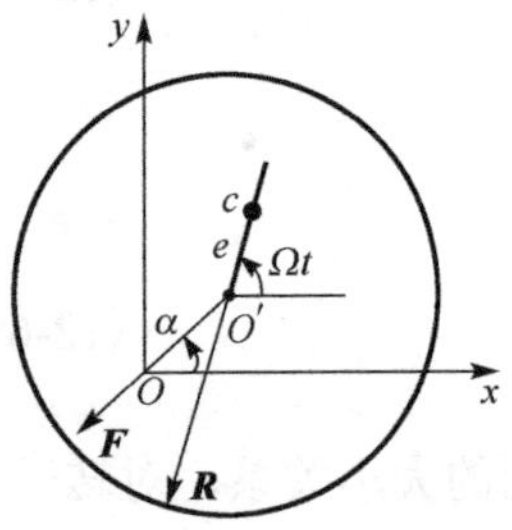

图 12-24　圆盘偏心量

12.3.3　阻尼对转子系统不平衡振动响应的影响

对于考虑转子系统存在黏性阻尼的情况，设圆盘在瞬时 t 的运动状态如图 12-24 所示，其质心 c 和圆盘中心 O' 的几何关系如下所示：

$$\begin{cases}x_c=x+e\cos(\Omega t)\\ y_c=y+e\sin(\Omega t)\end{cases}\tag{12-71}$$

对式(12-71)求导得到重心 c 的加速度在坐标轴上的投影为

$$\begin{cases}\ddot{x}_c=\ddot{x}-e\Omega^2\cos(\Omega t)\\ \ddot{y}_c=\ddot{y}-e\Omega^2\sin(\Omega t)\end{cases}\tag{12-72}$$

式中，$e=O'c$ 为圆盘的偏心距。

圆盘运动惯性力与转轴弹性力和黏性阻尼力相平衡，即

$$\begin{cases}m\ddot{x}_c=-kx-c\dot{x}\\ m\ddot{y}_c=-ky-c\dot{y}\end{cases}\tag{12-73}$$

式(12-72)和式(12-73)合并后整理得到含阻尼、受不平衡量激励的圆盘中心 o' 的运动微分方程：

$$\begin{cases}\ddot{x}+2\zeta\omega_n+\omega_n^2x=e\Omega^2\cos(\Omega t)\\ \ddot{y}+2\zeta\omega_n+\omega_n^2y=e\Omega^2\sin(\Omega t)\end{cases}\tag{12-74}$$

式中，c 为黏性阻尼系数；$\zeta=\dfrac{c}{2\sqrt{km}}=\dfrac{c}{2m\omega_n}$ 为阻尼比。

通常，圆盘的质量偏心 me 还可以看成是在原无偏心的均质圆盘外沿半径 R' 处附加一个小的偏心质量造成的，设小偏心质量为 m'，到 O' 的距离为 R'，有 $me=m'R'$。

令 $z=x+\mathrm{i}y$，式(12-74)变为

$$\ddot{z}+2\zeta\omega_n\dot{z}+\omega_n^2z=e\Omega^2\mathrm{e}^{\mathrm{i}\Omega t}\tag{12-75}$$

设其特解为

$$z=|A|\mathrm{e}^{\mathrm{i}(\Omega t-\theta)}\tag{12-76}$$

代入式(12-75)后可得

$$(\omega_n^2-\Omega^2+2\zeta\omega_n\Omega i)|A|=e\Omega^2\mathrm{e}^{\mathrm{i}\theta}$$

因为 $e^{i\theta}=\cos\theta+i\sin\theta$，故有

$$\begin{cases}(\omega^2-\Omega^2)|A|=e\Omega^2\cos\theta\\2n\Omega|A|=e\Omega^2\sin\theta\end{cases}$$

由此解出 $|A|$ 和 θ 如下：

$$|A|=\frac{e(\Omega/\omega_n)^2}{\sqrt{[1-(\Omega/\omega_n)^2]^2+(2\zeta\Omega/\omega_n)^2}} \tag{12-77}$$

$$\tan\theta=\frac{2\zeta\Omega/\omega_n}{1-(\Omega/\omega_n)^2},\quad \alpha=\Omega t-\theta \tag{12-78}$$

由式(12-78)可知，转子的涡动角速度 ω(公转 $\omega=\Omega$)与转速 Ω(自转)的大小和方向相同，称为同步正向涡动，如图 12-25(a)所示。同步正向涡动又称为刚体弓形回转，此时转子的轴向纤维不受交变力。

在一些特殊情况下，转子系统会出现反向涡动，如图 12-25(b)所示。处于反向涡动的转子系统，其转轴的轴向纤维承受交变应力，很容易发生疲劳失效。

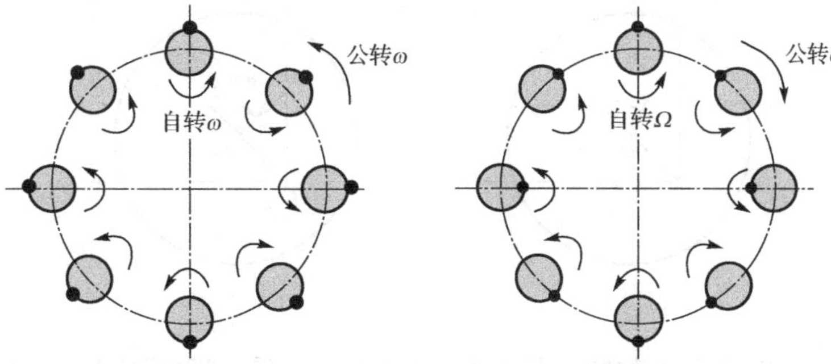

(a) 正向涡动　　(b) 反向涡动

图 12-25　转子系统正向涡动和反向涡动

根据式(12-77)、式(12-78)可画出在不同 ζ 值时，振幅 $|A|$ 与位相差 θ 随转动角速度对固有频率的比值 Ω/ω_n 改变的曲线，即幅频响应曲线与相频响应曲线，如图 12-26 所示。

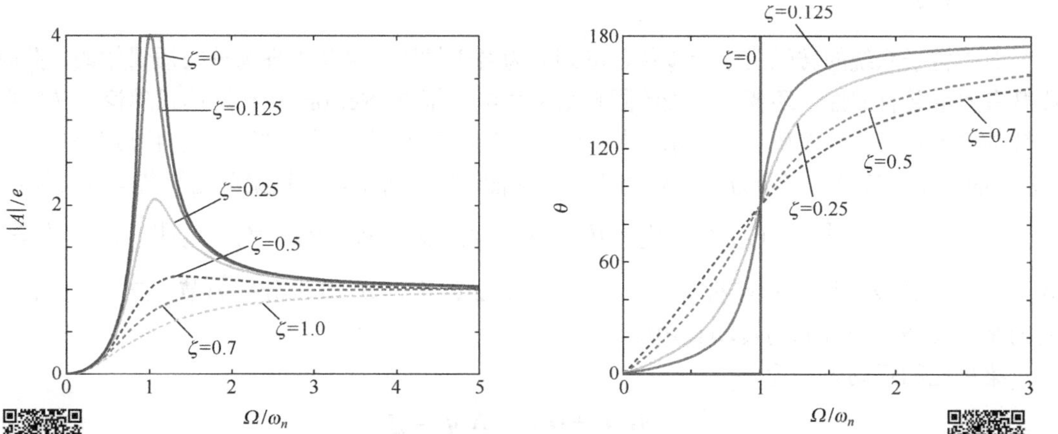

(a) 幅频响应曲线　　(b) 相频响应曲线

图 12-26　转子系统不平衡响应的幅频和相频曲线

彩图 12-26(a)　　彩图 12-26(b)

由于θ的存在，O、O'和c三点并不在一条直线上，而总是成一个$\triangle OO'c$。因为动挠度r绕O点的角速度和偏心e绕O'的角速度都等于Ω，使得$\triangle OO'c$的形状在转动过程中保持不变。而当$\Omega \ll \omega_n$时，$\theta \to 0$，这三点近似在一条直线上，并且O'点位于O和c之间，即所谓圆盘的重边飞出。当$\Omega \gg \omega_n$时，$\theta \to \pi$，这三点又近似在一条直线上，但c点位于O和O'之间，即所谓圆盘的轻边飞出，此时仍然有“自动对心”。这几种情况如图 12-27 所示。

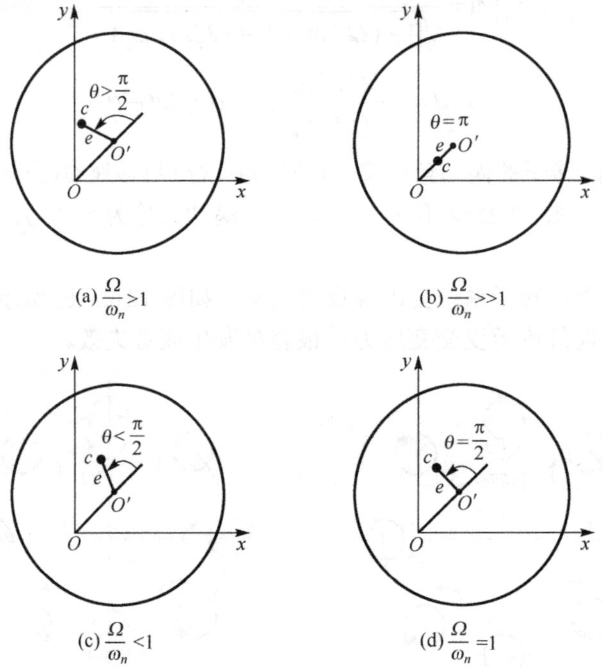

图 12-27　不同转速情况下转子系统圆盘中心、回转中心和圆盘质心的变化

12.3.4　转子系统动力学分析的有限元法

本节给出基于 Nelson 转动梁单元理论建立转子系统有限元模型的理论与方法。

1. 转轴单元

对于转子系统的转轴及轴上零件，可划分为若干轴段，将其处理为分布质量轴段，此时轴段既有质量又有弹性，还要考虑轴的回转效应影响。根据 Nelson 转动梁单元理论，转轴单元即转轴梁单元具有分布质量、其两端节点具有 6 个自由度，每个节点的 6 个自由度分别为x、y、z方向的平动位移及绕三个方向的转动位移，如图 12-28 所示。转轴梁单元的节点位移矢量为

$$\boldsymbol{q}_s = [x_A \quad y_A \quad z_A \quad \theta_{xA} \quad \theta_{yA} \quad \theta_{zA} \quad x_B \quad y_B \quad z_B \quad \theta_{xB} \quad \theta_{yB} \quad \theta_{zB}]^{\mathrm{T}} \tag{12-79}$$

式中，A和B表示梁单元有两个节点，x、y、z、θ_x、θ_y和θ_z分别为节点在x、y、z方向的平动及绕三个方向的转动自由度。

梁单元的运动方程为

$$\boldsymbol{M}_s\ddot{\boldsymbol{q}}_s + \boldsymbol{G}_s\dot{\boldsymbol{q}}_s + \boldsymbol{K}_s\boldsymbol{q}_s = \boldsymbol{Q}_s \tag{12-80}$$

式中，$\boldsymbol{M}_s$为梁单元的质量矩阵；$\boldsymbol{G}_s$为陀螺力矩阵；$\boldsymbol{K}_s$为刚度矩阵；$\boldsymbol{Q}_s$为梁单元广义力向量。

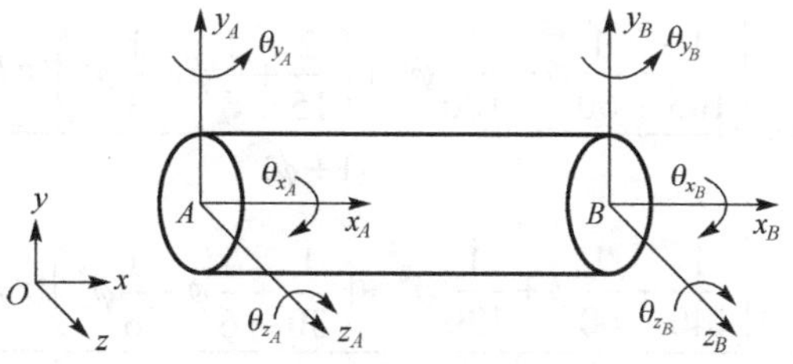

图 12-28　弹性梁单元模型

$\boldsymbol{M}_s$、$\boldsymbol{K}_s$、$\boldsymbol{G}_s$ 的具体形式分别如下：

$$\boldsymbol{M}_s=\rho AL\begin{bmatrix}
1/3 & & & & & & & & & & & \\
0 & A_z & & & & & & & & & & \\
0 & 0 & A_y & & & & & & \text{对称} & & & \\
0 & 0 & 0 & J/3A & & & & & & & & \\
0 & 0 & -C_y & 0 & E_y & & & & & & & \\
0 & C_z & 0 & 0 & 0 & E_z & & & & & & \\
1/6 & 0 & 0 & 0 & 0 & 0 & 1/3 & & & & & \\
0 & B_z & 0 & 0 & 0 & D_z & 0 & A_z & & & & \\
0 & 0 & B_y & 0 & -D_y & 0 & 0 & 0 & A_y & & & \\
0 & 0 & 0 & J/6A & 0 & 0 & 0 & 0 & 0 & J/3A & & \\
0 & 0 & D_y & 0 & F_y & 0 & 0 & 0 & C_y & 0 & E_y & \\
0 & -D_z & 0 & 0 & 0 & F_z & 0 & -C_z & 0 & 0 & 0 & E_z
\end{bmatrix} \tag{12-81}$$

式中，ρ 为轴段单元的密度；A 为横截面积；L 为单元长度；J 为极惯性矩。

$$\begin{aligned}
A_z&=A(r_z,\phi_y)\\
A_y&=A(r_y,\phi_z)\\
B_z&=B(r_z,\phi_y)\\
&\cdots\cdots\\
F_z&=F(r_z,\phi_y)\\
F_y&=F(r_y,\phi_z)
\end{aligned} \tag{12-82}$$

$$A(r,\phi)=\frac{\dfrac{13}{35}+\dfrac{7}{10}\phi+\dfrac{1}{3}\phi^2+\dfrac{6}{5}(r/L)^2}{(1+\phi)^2} \tag{12-83}$$

$$B(r,\phi)=\frac{\dfrac{9}{70}+\dfrac{3}{10}\phi+\dfrac{1}{6}\phi^2-\dfrac{6}{5}(r/L)^2}{(1+\phi)^2} \tag{12-84}$$

$$C(r,\phi)=\frac{\left[\dfrac{11}{210}+\dfrac{11}{120}\phi+\dfrac{1}{24}\phi^2+\left(\dfrac{1}{10}-\dfrac{1}{2}\phi\right)(r/L)^2\right]L}{(1+\phi)^2} \tag{12-85}$$

$$D(r,\phi)=\frac{\left[\dfrac{13}{420}+\dfrac{3}{40}\phi+\dfrac{1}{24}\phi^2-\left(\dfrac{1}{10}-\dfrac{1}{2}\phi\right)(r/L)^2\right]L}{(1+\phi)^2} \tag{12-86}$$

$$E(r,\phi)=\frac{\left[\frac{1}{105}+\frac{1}{60}\phi+\frac{1}{120}\phi^2+\left(\frac{2}{15}+\frac{1}{6}\phi+\frac{1}{3}\phi^2\right)(r/L)^2\right]L^2}{(1+\phi)^2} \tag{12-87}$$

$$F(r,\phi)=\frac{\left[\frac{1}{140}+\frac{1}{60}\phi+\frac{1}{120}\phi^2+\left(\frac{1}{30}+\frac{1}{6}\phi-\frac{1}{6}\phi^2\right)(r/L)^2\right]L^2}{(1+\phi)^2} \tag{12-88}$$

式中，$r=\sqrt{I/A}$；$\phi=\frac{12EI}{GA^sL}$；I 为直径惯性矩；E 为单元材料杨氏模量；G 为剪切模量；$A^s=\frac{A}{2.0}$。

$$\boldsymbol{K}_s=\begin{bmatrix} AE/L & & & & & & & & & & & \\ 0 & a_z & & & & & & & & & & \\ 0 & 0 & a_y & & & & & & & & & \\ 0 & 0 & 0 & GJ/L & & & & & \text{对称} & & & \\ 0 & 0 & -c_y & 0 & e_y & & & & & & & \\ 0 & c_z & 0 & 0 & 0 & e_z & & & & & & \\ -AE/L & 0 & 0 & 0 & 0 & 0 & AE/L & & & & & \\ 0 & -a_z & 0 & 0 & 0 & -c_z & 0 & a_z & & & & \\ 0 & 0 & -a_y & 0 & c_y & 0 & 0 & 0 & a_y & & & \\ 0 & 0 & 0 & -GJ/L & 0 & 0 & 0 & 0 & 0 & GJ/L & & \\ 0 & 0 & -c_y & 0 & f_y & 0 & 0 & 0 & e_y & 0 & e_y & \\ 0 & c_z & 0 & 0 & 0 & f_z & 0 & -c_z & 0 & 0 & 0 & e_z \end{bmatrix} \tag{12-89}$$

式中：

$$a_z=a\left(I_z,\varphi_y\right)=\frac{12EI_z}{L^3\left(1+\varphi_y\right)}；\quad a_y=a\left(I_y,\varphi_z\right)=\frac{12EI_y}{L^3\left(1+\varphi_z\right)}；$$

$$c_z=c\left(I_z,\varphi_y\right)=\frac{6EI_z}{L^2\left(1+\varphi_y\right)}；\quad c_y=c\left(I_y,\varphi_z\right)=\frac{6EI_y}{L^2\left(1+\varphi_z\right)}；$$

$$e_z=e\left(I_z,\varphi_y\right)=\frac{\left(4+\varphi_y\right)EI_z}{L\left(1+\varphi_y\right)}；\quad e_y=e\left(I_y,\varphi_z\right)=\frac{\left(4+\varphi_z\right)EI_y}{L\left(1+\varphi_z\right)}；$$

$$f_z=f\left(I_z,\varphi_y\right)=\frac{\left(2-\varphi_y\right)EI_z}{L\left(1+\varphi_y\right)}；\quad f_y=f\left(I_y,\varphi_z\right)=\frac{\left(2-\varphi_z\right)EI_y}{L\left(1+\varphi_z\right)}；$$

$$\varphi_y=\frac{12EI_z}{GA_z^sL^2}；\quad \varphi_z=\frac{12EI_y}{GA_y^sL^2}。$$

其中 $I_y=I_z=I$，$A_y^s=A_z^s=A^s$。

$$
\boldsymbol{G}_s = 2\Omega\rho AL\begin{bmatrix}
0 & & & & & & & & & & & \\
0 & 0 & & & & & & & & & & \\
0 & -g & 0 & & & & & & & & & \\
0 & 0 & 0 & 0 & & & & & \text{反对称} & & & \\
0 & -h & 0 & 0 & 0 & & & & & & & \\
0 & 0 & -h & 0 & -i & 0 & & & & & & \\
0 & 0 & 0 & 0 & 0 & 0 & 0 & & & & & \\
0 & 0 & -g & 0 & -h & 0 & 0 & 0 & & & & \\
0 & g & 0 & 0 & 0 & -h & 0 & -g & 0 & & & \\
0 & 0 & 0 & 0 & 0 & 0 & 0 & 0 & 0 & 0 & & \\
0 & -h & 0 & 0 & 0 & j & 0 & h & 0 & 0 & 0 & \\
0 & 0 & -h & 0 & -j & 0 & 0 & 0 & h & 0 & -i & 0
\end{bmatrix} \tag{12-90}
$$

式中，Ω 为梁单元绕 x 轴的转动速度。

$$
h = \frac{-\left(\dfrac{1}{10} - \dfrac{1}{2}\phi\right)r^2}{L(1+\phi)^2}, \quad i = \frac{\left(\dfrac{2}{15} + \dfrac{1}{6}\phi + \dfrac{1}{3}\phi^2\right)r^2}{(1+\phi)^2} \tag{12-91}
$$

$$
g = \frac{\dfrac{6}{5}r^2}{L^2(1+\phi)^2}, \quad j = \frac{-\left(\dfrac{1}{30} + \dfrac{1}{6}\phi - \dfrac{1}{6}\phi^2\right)r^2}{(1+\phi)^2} \tag{12-92}
$$

2. 转盘单元

转子系统中的叶轮、轮盘、传动齿轮等可以视为具有回转效应的“刚体”，简化为集中质量与转动惯量，并作用在其质心上。质心节点有 6 个自由度，分别为 x 、 y 、 z 方向的平动位移及绕三个方向的转动位移，如图 12-29 所示，其位移矢量为

$$
\boldsymbol{q}_d = [x \quad y \quad z \quad \theta_x \quad \theta_y \quad \theta_z]^{\mathrm{T}} \tag{12-93}
$$

设刚性转盘的质量、通过轴心的直径转动惯量和极转动惯量分别为 m 、 J_d 和 J_p ，则转盘的振动微分方程为

$$
\boldsymbol{M}_d\ddot{\boldsymbol{q}}_d + \boldsymbol{G}_d\dot{\boldsymbol{q}}_d = \boldsymbol{Q}_d \tag{12-94}
$$

式中，单元的质量矩阵和单元的陀螺力矩分别为

$$
\boldsymbol{M}_d = \begin{bmatrix}
m & & & & & \\
0 & m & & \text{对称} & & \\
0 & 0 & m & & & \\
0 & 0 & 0 & J_p & & \\
0 & 0 & 0 & 0 & J_d & \\
0 & 0 & 0 & 0 & 0 & J_d
\end{bmatrix}, \quad \boldsymbol{G}_d = \Omega\begin{bmatrix}
0 & & & & & \\
0 & 0 & & & \text{对称} & \\
0 & 0 & 0 & & & \\
0 & 0 & 0 & 0 & & \\
0 & 0 & 0 & 0 & 0 & -J_p \\
0 & 0 & 0 & 0 & J_p & 0
\end{bmatrix} \tag{12-95}
$$

其中，Ω 为单元的转速；$\boldsymbol{Q}_d$ 为单元广义力向量。

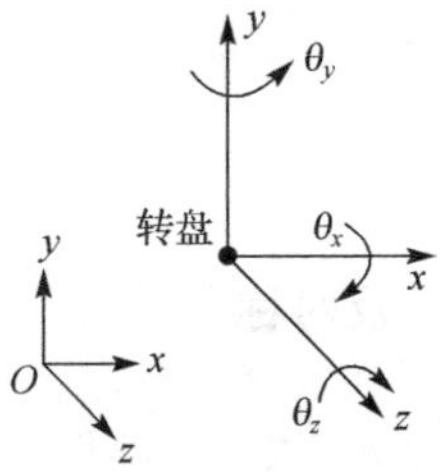

图 12-29　刚性转盘简化模型

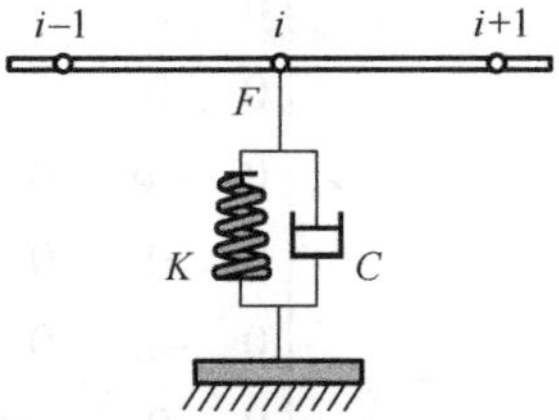

图 12-30　轴承支承模型

3. 支承单元

忽略支承的质量和阻尼，支承单元包含 2 个节点，每个节点有 3 个自由度：x、y、z 的轴向移动，如图 12-30 所示。该单元的 2 个节点中的 1 个节点固定，另 1 个节点固定在转轴上。支承作用在转轴节点上的力和力矩可表示为

$$\boldsymbol{F}_b = \boldsymbol{K}\boldsymbol{q}_i \tag{12-96}$$

式中，$\boldsymbol{F}_b = [F_x \quad F_y \quad F_z \quad M_x \quad M_y \quad M_z]^{\mathrm{T}}$，$F_x$、$F_y$、$F_z$、$M_x$、$M_y$ 和 M_z 分别表示支承轴承作用在节点的 x、y、z 方向上的力和力矩；$\boldsymbol{K}$ 表示支承的刚度矩阵；$\boldsymbol{q}_i$ 表示节点 i 的广义位移向量，$\boldsymbol{q}_i = [x \quad y \quad z \quad \theta_x \quad \theta_y \quad \theta_z]^{\mathrm{T}}$。

4. 系统组集和分析

在完成上述单元定义后，根据有限元理论，可以将一个转子系统进行合理单元划分，进行单元刚度分析之后，再进行系统组集，获得转子系统的有限元模型，进而可以引入边界条件进行固有特性的计算分析，引入载荷条件进行振动响应的计算分析。

12.3.5　二支点转子系统动力学解析分析案例

1. 问题描述

二支点转子系统由转轴、两盘、两弹性轴承支承组成，如图 12-31 所示。转轴通过两个弹性支承固定。两转盘分别安装在转轴的 D_3 处和 D_4 处。支点 3、4 依次位于转轴的 B_3 处和 B_4 处。其中，a_3 为转盘 3 中心到支点 B_3 的距离，a_{34} 为转盘 3 中心到转盘 4 中心的距离，a_4 为转盘 3 中心到支点 B_4 的距离。转子、转盘、转轴的参数分别如表 12-9～表 12-11 所示；支承刚度如表 12-12 所示。

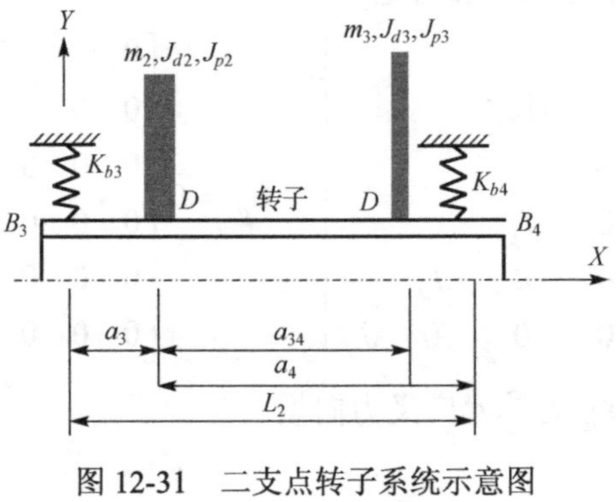

图 12-31　二支点转子系统示意图

基于以下假设建立该二支点转子系统的简化力学模型：①转盘均为刚性；②转轴为无质量刚性轴，其质量集中到转盘处；③考虑转子系统的弯曲振动，忽略扭转振动的影响。

表 12-9　转子结构参数

a_3	a_4	a_{34}	L_2
240mm	960mm	680mm	1200mm

表 12-10　转盘参数

名称	厚度/mm	外径/mm	内径/mm	质量/kg	转动惯量/(kg·m²)
D_3	80	600	250	143.9	J_p=7.14，J_d= 3.58
D_4	40	700	250	103.4	J_p=7.60，J_d= 3.88

表 12-11　转轴参数

外径/mm	内径/mm	长度/mm	质量/kg
250	230	1200	0

表 12-12　支承刚度

支点号	刚度/(N/m)
3	5e7
4	5e7

2. *动力学方程*

基于拉格朗日能量法建立二支点转子系统的动力学微分方程。首先建立圆盘运动坐标系，确定圆盘的位移和速度矢量，获得转子系统的动能和势能表达式，最后根据拉格朗日方程建立转子系统的动力学微分方程。

1) 坐标系建立

在图 12-32 中，标记了转子系统采用的固定参考坐标系 $OXYZ$，可以用以描述转子系统的位置、速度和加速度。该坐标系统的原点 O 为固定点，轴 OX 平行于水平面，与转轴的旋转中心线重合。

对于转子系统，除了建立固定坐标系外，还需要建立转盘的惯性主轴坐标系 $D_1\xi\eta\zeta$。下面以转盘 3 为例详细介绍上述坐标系的建立。

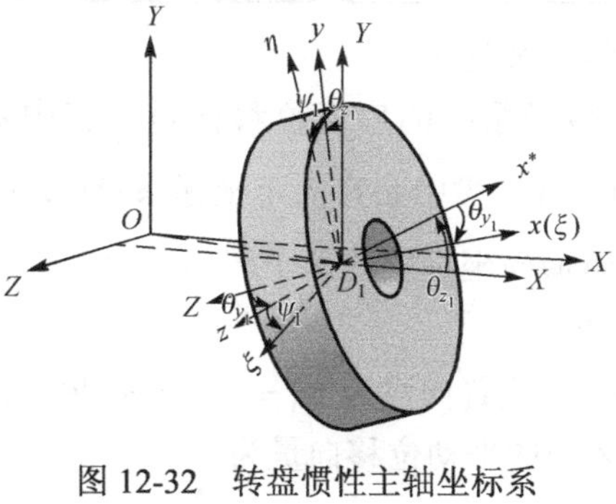

图 12-32　转盘惯性主轴坐标系

彩图 12-32

建立如图 12-32 所示的转盘惯性主轴坐标系 $D_1\xi\eta\zeta$，该坐标系与固定坐标系 $OXYZ$ 之间的坐标变换可分成以下步骤完成：先绕 Z 轴旋转 θ_{z_1} 角后到达 D_1x^*yZ，再绕 y 轴旋转 θ_{y_1} 角后到达 D_1xyz，最后绕 x 轴旋转 $\varPsi_1$ 角后，最终到达转盘 3 的惯性主轴坐标系 $D_1\xi\eta\zeta$，圆盘在 $D_1\eta\zeta$ 平面内。

按照此约定，三次旋转坐标系中的单位矢量 $\boldsymbol{i}_m$、$\boldsymbol{j}_m$、$\boldsymbol{k}_m(m=1,2,3)$ 和固定坐标系中的单位矢量 $\boldsymbol{i}$、$\boldsymbol{j}$、$\boldsymbol{k}$ 间的关系为

$$\begin{bmatrix}\boldsymbol{i}\\\boldsymbol{j}\\\boldsymbol{k}\end{bmatrix}=\begin{bmatrix}\cos\theta_{z_1} & -\sin\theta_{z_1} & 0\\\sin\theta_{z_1} & \cos\theta_{z_1} & 0\\0 & 0 & 1\end{bmatrix}\begin{bmatrix}\boldsymbol{i}_1\\\boldsymbol{j}_1\\\boldsymbol{k}_1\end{bmatrix}\approx\begin{bmatrix}\theta_{z_1} & -\theta_{z_1} & 0\\\theta_{z_1} & \theta_{z_1} & 0\\0 & 0 & 1\end{bmatrix}\begin{bmatrix}\boldsymbol{i}_1\\\boldsymbol{j}_1\\\boldsymbol{k}_1\end{bmatrix}=\boldsymbol{T}_1\begin{bmatrix}\boldsymbol{i}_3\\\boldsymbol{j}_3\\\boldsymbol{k}_3\end{bmatrix}\tag{12-97}$$

$$\begin{bmatrix}\boldsymbol{i}_1\\\boldsymbol{j}_1\\\boldsymbol{k}_1\end{bmatrix}=\begin{bmatrix}\cos\theta_{y_1} & 0 & \sin\theta_{y_1}\\0 & 1 & 0\\-\sin\theta_{y_1} & 0 & \cos\theta_{y_1}\end{bmatrix}\begin{bmatrix}\boldsymbol{i}_2\\\boldsymbol{j}_2\\\boldsymbol{k}_2\end{bmatrix}\approx\begin{bmatrix}\theta_{y_1} & 0 & \theta_{y_1}\\0 & 1 & 0\\-\theta_{y_1} & 0 & \theta_{y_1}\end{bmatrix}\begin{bmatrix}\boldsymbol{i}_2\\\boldsymbol{j}_2\\\boldsymbol{k}_2\end{bmatrix}=\boldsymbol{T}_2\begin{bmatrix}\boldsymbol{i}_2\\\boldsymbol{j}_2\\\boldsymbol{k}_2\end{bmatrix}\tag{12-98}$$

$$\begin{bmatrix}\boldsymbol{i}_2\\\boldsymbol{j}_2\\\boldsymbol{k}_2\end{bmatrix}=\begin{bmatrix}1 & 0 & 0\\0 & \cos\varPsi_1 & -\sin\varPsi_1\\0 & \sin\varPsi_1 & \cos\varPsi_1\end{bmatrix}\begin{bmatrix}\boldsymbol{i}_3\\\boldsymbol{j}_3\\\boldsymbol{k}_3\end{bmatrix}=\boldsymbol{T}_3\begin{bmatrix}\boldsymbol{i}_3\\\boldsymbol{j}_3\\\boldsymbol{k}_3\end{bmatrix}\tag{12-99}$$

式中，$\boldsymbol{T}_1=\begin{bmatrix}\theta_{z_1} & -\theta_{z_1} & 0\\\theta_{z_1} & \theta_{z_1} & 0\\0 & 0 & 1\end{bmatrix}$，$\boldsymbol{T}_2=\begin{bmatrix}\theta_{y_1} & 0 & \theta_{y_1}\\0 & 1 & 0\\-\theta_{y_1} & 0 & \theta_{y_1}\end{bmatrix}$，$\boldsymbol{T}_3=\begin{bmatrix}1 & 0 & 0\\0 & \cos\varPsi_1 & -\sin\varPsi_1\\0 & \sin\varPsi_1 & \cos\varPsi_1\end{bmatrix}$。

假设转盘 3 存在质量偏心，转盘质心 P_1 相对于中心 D_1 的距离为 e_1，相对于 $D_1\eta$ 轴的初始相位角为 $\varPsi_1$。

从固定坐标系 $OXYZ$ 到坐标系 D_1XYZ、D_1x^*yZ、D_1xyz、$D_1\xi\eta\zeta$ 的总坐标变换关系如表 12-13 所示。

表 12-13　坐标变换关系

初始坐标系	目标坐标系	平移	旋转
$OXYZ$	D_1x^*yZ	—	$\boldsymbol{T}_1$
D_1x^*yZ	D_1xyz	—	$\boldsymbol{T}_2$
D_1xyz	$D_1\xi\eta\zeta$	—	$\boldsymbol{T}_3$

2) 转子系统的广义位移和广义速度

选取 $\boldsymbol{q}=[\boldsymbol{q}_1^{\mathrm{T}}\quad \boldsymbol{q}_2^{\mathrm{T}}\ldots]$ 作为转子系统的广义位移向量，其中 $\boldsymbol{q}_1=[y_1\quad z_1\quad \theta_{y_1}\quad \theta_{z_1}]^{\mathrm{T}}$，$\boldsymbol{q}_2=[y_2\quad z_2\quad \theta_{y_2}\quad \theta_{z_2}]^{\mathrm{T}}$，…分别为各轮盘中心在固定坐标系 $OXYZ$ 中的 4 自由度坐标向量，包括两个方向的平动自由度和绕着横向坐标轴的两个转动自由度。由转轴刚性假设可知，转轴上所有点的转动位移均为 θ_{y_1}、θ_{z_1}。

已知转盘质心 P_1 在 $D_1\xi\eta\zeta$ 的位置向量为 $\boldsymbol{s}_{P1}=[0\quad e_1\cos\varPsi_1\quad e_1\sin\varPsi_1]^{\mathrm{T}}$，根据表 12-9 所示坐标系变换关系，$P_1$ 在 $OXYZ$ 中的平动位移向量为

$$\boldsymbol{X}_{P_1}=\boldsymbol{T}_1\boldsymbol{T}_2\boldsymbol{T}_3\boldsymbol{s}_{P_1}\tag{12-100}$$

其他轮盘依次类推。

由转轴的刚性假设可得支点 B_3 在 $OXYZ$ 的广义位移向量 $\boldsymbol{q}_{B_3}$ 为

$$\boldsymbol{q}_{B_3} = \boldsymbol{B}_3\boldsymbol{q}_3 \tag{12-101}$$

式中，$\boldsymbol{B}_3 = \begin{bmatrix} 1 & 0 & 0 & 0 & 0 \\ 0 & 1 & 0 & 0 & -a_3 \\ 0 & 0 & 1 & a_3 & 0 \\ 0 & 0 & 0 & 1 & 0 \\ 0 & 0 & 0 & 0 & 1 \end{bmatrix}$，$a_3$ 为 B_3 到 D_3 间的距离。

由转轴的刚性假设可得支点 B_4 在 $OXYZ$ 的广义位移向量 $\boldsymbol{q}_{B_4}$ 为

$$\boldsymbol{q}_{B_4} = \boldsymbol{B}_4\boldsymbol{q}_3 \tag{12-102}$$

式中，$\boldsymbol{B}_4 = \begin{bmatrix} 1 & 0 & 0 & 0 & 0 \\ 0 & 1 & 0 & 0 & a_4 \\ 0 & 0 & 1 & -a_4 & 0 \\ 0 & 0 & 0 & 1 & 0 \\ 0 & 0 & 0 & 0 & 1 \end{bmatrix}$，$a_4$ 为 B_4 到 D_3 间的距离。

转盘 3 的质心在 $OXYZ$ 中的平动速度向量可表示为

$$\dot{\boldsymbol{X}}_{P_3} = \begin{bmatrix} \dot{y} \\ \dot{z} \end{bmatrix}_{P_3} = \begin{bmatrix} \dot{y}_3 - e_3\Omega_3\sin(\Psi_3 + \Psi_{30}) \\ \dot{z}_3 + e_3\Omega_3\cos(\Psi_3 + \Psi_{30}) \end{bmatrix} \tag{12-103}$$

转盘 3 中心的转动角速度向量为

$$\boldsymbol{\Omega}_3 = \begin{bmatrix} 0 \\ 0 \\ \dot{\theta}_{z_3} \end{bmatrix}_{OXYZ} + \begin{bmatrix} 0 \\ \dot{\theta}_{y_3} \\ 0 \end{bmatrix}_{D_1xyz} + \begin{bmatrix} \Omega_3 \\ 0 \\ 0 \end{bmatrix}_{D_1\xi\eta\zeta} = \begin{bmatrix} \Omega_3 + \dot{\theta}_{z_3}\theta_{y_3} \\ -\dot{\theta}_{z_3}\sin\Psi_3 + \dot{\theta}_{y_3}\cos\Psi_3 \\ \dot{\theta}_{z_3}\cos\Psi_3 + \dot{\theta}_{y_3}\sin\Psi_3 \end{bmatrix}_{D_1\xi\eta\zeta} \tag{12-104}$$

其他轮盘的广义速度向量依次类推。

3) 系统的动能和势能

由转子系统的力学模型及其基本假设可知，该系统的总动能为两圆盘的平动动能和转动动能之和，具体如下。

(1) 系统的总动能。

设转子系统的圆盘质量、极转动惯量、直径转动惯量分别为 m_3、J_{p3}、J_{d3}、m_4、J_{p_4}、J_{d_4}。转盘 3 的平动动能和转动动能分别为

$$T_{t3} = \frac{1}{2}m_3\begin{pmatrix} \dot{x}_3^{\ 2} + \dot{y}_3^{\ 2} + \dot{z}_3^{\ 2} + e_3^{\ 2}\Omega_3^{\ 2} - 2\dot{y}_3 e_3\Omega_3\sin(\Omega_3 t + \Psi_{30}) \\ +2\dot{z}_3 e_3\Omega_3\cos(\Omega_3 t + \Psi_{30}) \end{pmatrix} \tag{12-105}$$

$$T_{r3} = J_{p3}\Omega_3\dot{\theta}_{y3}\theta_{z3} + \frac{1}{2}J_{d3}\dot{\theta}_{y3}^{\ 2} + \frac{1}{2}J_{d3}\dot{\theta}_{z3}^{\ 2} + \frac{1}{2}J_{p3}\Omega_3^{\ 2} \tag{12-106}$$

其他轮盘的动能依次类推。

系统的总动能可记为

$$T = T_{t3} + T_{r3} + T_{t4} + T_{r4} \tag{12-107}$$

(2)系统的总弹性势能。

由支点 B_3 的广义位移，可得

$$U_3 = \frac{1}{2}\boldsymbol{q}_{B_3}^{\mathrm{T}}\boldsymbol{K}\boldsymbol{q}_{B_3} \tag{12-108}$$

式中，$\boldsymbol{K}$ 为支点的支承刚度，包括支座和滚动轴承的刚度。

$$\boldsymbol{K} = \begin{bmatrix} q_{b3y} & 0 & 0 & 0 \\ 0 & q_{b3z} & 0 & 0 \\ 0 & 0 & q_{b3\theta y} & 0 \\ 0 & 0 & 0 & q_{b3\theta z} \end{bmatrix} \tag{12-109}$$

可得其他支点处的弹性势能，系统的总弹性势能为

$$U = U_3 + U_4 \tag{12-110}$$

4)*动力学方程*

将系统简化离散后，可采用如下拉格朗日方程建立系统解析模型，为

$$\frac{\mathrm{d}}{\mathrm{d}t}\frac{\partial T}{\partial \dot{q}_j} - \frac{\partial T}{\partial q_j} + \frac{\partial U}{\partial q_j} + \frac{\partial D}{\partial \dot{q}_j} = Q_j(t), \quad j = 1,2,3\cdots \tag{12-111}$$

式中，q_j、$\dot{q}_j$ 分别为系统的广义坐标和广义速度；T、U 分别为系统的动能和势能；D 为系统的能量散失函数；$Q_j(t)$ 为广义外激励力。

式(12-111)中，第一项中的 $\frac{\partial T}{\partial \dot{q}_j}$ 是动能 T 对其广义速度的偏导数，它表示振动系统在第 j 个坐标方向上所具有的动量，动量 $\frac{\partial T}{\partial \dot{q}_j}$ 对时间 t 的导数 $\frac{d}{dt}\frac{\partial T}{\partial \dot{q}_j}$ 即第 j 个坐标方向上的惯性力；第二项 $\frac{\partial T}{\partial q_j}$ 表示与广义坐标 q_j 有直接联系的惯性力或惯性力矩；第三项 $\frac{\partial U}{\partial q_j}$ 一般表示振动系统中与坐标 q_j 相关的弹性力；第四项 $\frac{\partial D}{\partial \dot{q}_j}$ 是能量散失函数 D 对广义速度的偏导数，表示在第 j 个坐标方向上的阻尼力。方程等号右边的广义激振力 $Q_j(t)$ 是指某坐标 q_j 方向上的激振作用力。若某些激振力所做的功已经表示为振动系统的动能和势能形式，或能量散失函数形式，则在等号右边不再重复考虑这些激振力。针对保守系统，忽略能量散失函数 D 的影响，拉格朗日方程可记为

$$\frac{\mathrm{d}}{\mathrm{d}t}\frac{\partial T}{\partial \dot{q}_j} - \frac{\partial T}{\partial q_j} + \frac{\partial U}{\partial q_j} = Q_j(t), \quad j = 1,2,3\cdots \tag{12-112}$$

推导并整理得到系统的运动微分方程如下：

$$\boldsymbol{M}\ddot{\boldsymbol{q}} + \boldsymbol{G}\dot{\boldsymbol{q}} + \boldsymbol{K}_{cg}\boldsymbol{q} = 0 \tag{12-113}$$

式中，$\boldsymbol{M}$、$\boldsymbol{G}$、$\boldsymbol{K}_{cg}$ 分别为转子系统的质量矩阵、陀螺力矩矩阵、刚度矩阵向量。

根据以上推导建立的二支点转子系统的动力学微分方程如下：

$$
\begin{aligned}
&(m_3+m_4)\ddot{y}_3+m_4\ddot{\theta}_{z3}a_{34}+q_{b4}y_3+\left(-q_{b3y}a_3+q_{b4y}a_4\right)\theta_{z3}+q_{b3y}y_3=0\\
&(m_3+m_4)\ddot{z}_3-m_4\ddot{\theta}_{y3}a_{34}+\left(q_{b3z}a_3-q_{b4z}a_4\right)\theta_{y3}+q_{b3z}z_3+q_{b4z}z_3=0\\
&m_4\ddot{z}_3a_{34}-\left(m_4a_{34}{}^2+J_{d3}+J_{d4}\right)\ddot{\theta}_{y3}+\Omega_3\left(J_{p3}+J_{p4}\right)\dot{\theta}_{z3}\\
&+\left(q_{b3z}a_3{}^2+q_{b4z}a_4{}^2+q_{b4\theta y}\right)\theta_{y3}+z_3\left(q_{b3z}a_3-q_{b4z}a_4\right)=0\\
&m_4\ddot{y}_3a_{34}+\left(m_4a_{34}{}^2+J_{d3}+J_{d4}\right)\ddot{\theta}_{z3}-\Omega_3\left(J_{p3}+J_{p4}\right)\dot{\theta}_{y3}\\
&+\left(q_{b3y}a_3{}^2+q_{b4y}a_4{}^2+q_{b4\theta z}\right)\theta_{z3}-y_3\left(q_{b3y}a_3-q_{b4y}a_4\right)=0
\end{aligned}
\tag{12-114}
$$

3. 计算结果

根据式(12-114)计算出转子系统的临界转速和振型。然后计算不同转速下的模态频率和模态振型，并据此画出坎贝尔图。

式(12-114)是一组齐次线性微分方程，求解它的特征根就可以得到转子振动的自然频率 ω_n，即进动角速度。ω_n 会随着转动角速度 Ω 改变。临界角速度是与进动角速度相等的转动角速度。因此，可以按照 $\Omega=\omega_n$ 来计算转子的临界角速度。计算出的转子临界转速和振型分别如表 12-14 和图 12-33 所示。

表 12-14　转子系统各阶临界转速

进动方向	一阶临界转速/(r/min)	二阶临界转速/(r/min)
正进动	6011	1277
反进动	5969	8241

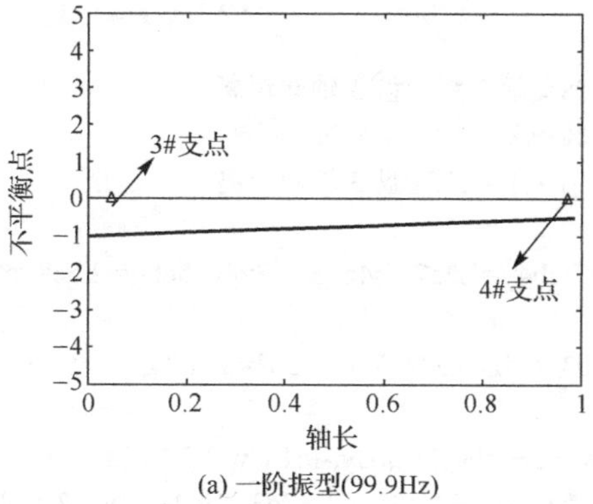

(a) 一阶振型(99.9Hz)

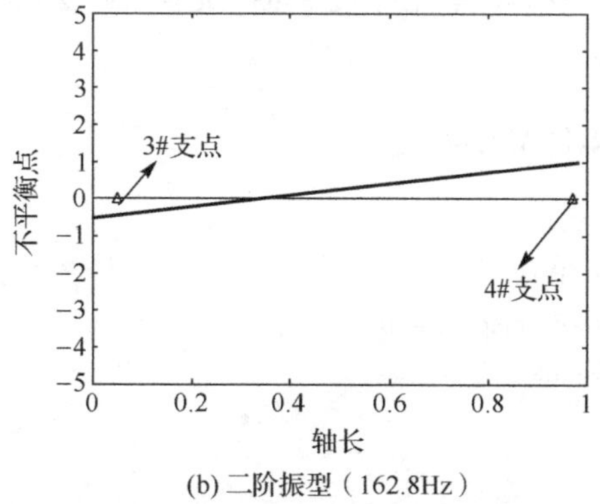

(b) 二阶振型（162.8Hz）

图 12-33　转子模态振型及模态频率

设置 0～10000r/min 不同的转速，计算不同转速下的模态频率，以转速为横坐标、不同转速下的模态频率为纵坐标画出曲线，然后画一条过原点且斜率为 1 的直线，即转子的坎贝尔图(图 12-34)，图中斜率为 1 的直线与其他曲线的交点分别为转子反进动和正进动时的临界转速。

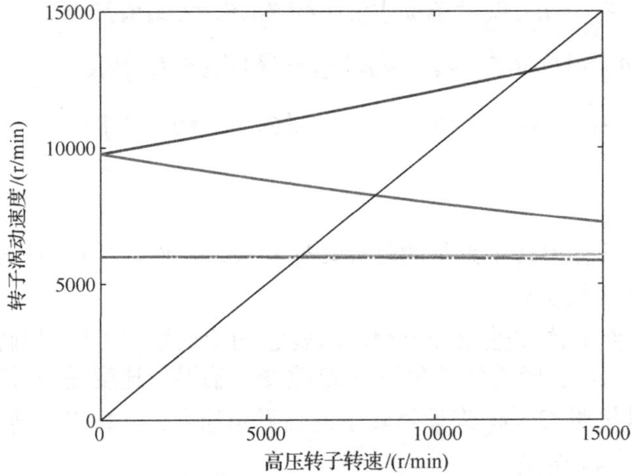

图 12-34　转子坎贝尔图

4. MATLAB 程序

```
clc;clear
syms z30 phi30 w
%位置参数
a3=0.107;          %支承 3 距轮盘 3 轴向距离
a34=0.713;         %3 轮盘距轮盘 4 轴向距离
a4=0.874;          %支承 4 距轮盘 3 轴向距离
%刚度参数
qb3y=3.3e7;qb3z=3.3e7;qb4y=3.3e7;qb4z=3.3e7;qb4thetay=2.5e8;qb4thetaz=2.5e8;qb4theta=2.5e8;
%盘参数
m3=143.1;m4=101.1;Jd3=5.4286;Jd4=2.738; Jp3=5.5674;Jp4=5.431;
Val=[];
AA = [-(m3 + m4) * w ^ 2 + qb4y + qb3y,-m4 * w ^ 2 * a34 - qb3y * a3 + qb4y * a4; -m4 * w ^ 2 *
a34 - qb3y * a3 + qb4y * a4,-(m4 * a34 ^ 2 + Jd3 + Jd4) * w ^ 2 + qb3y * a3 ^ 2 + qb4y * a4 ^ 2 +
w * (Jp3 + Jp4) * w;];
disp('求解...')
    val=solve(vpa(det(AA)),'w');
    Vali=[];
    for i=1:length(val)
        s=double(val(i));
        if real(s)>0 && imag(s)==0
            Vali=[Vali;s];
        end
    end
    Vali=sort(Vali)
    disp('临界转速');
```

```
        Val1= Vali*60/(2*pi)
         %%%振型阶次
          nu=1;
         %%%振型节点数
         N=2;
         AAAA=subs(AA,{Omega1,w},{Vali(nu),Vali(nu)});
        v=null(double(vpa(AAAA)),'r');
        %disp(v);
       Mod(1)=v(1); %select y-axis value
     Mod(2)=v(2);
P_HP_start=Mod(1)-a3*v(2);P_HP_end=Mod(1)+a4*v(2);
y_HP=[P_HP_start,Mod(1),P_HP_end];x_HP=[0,a3,a3+a4];
y_HP=y_HP/max(abs(y_HP));
figure ()
a12=c1+c12+c2;
plot(x_HP,y_HP,x_HP,[0;0;0],[0.05,0.97],[0,0],'^r');
xlabel('轴长'),ylabel('不平衡值')
%title(['\omega' '=' num2str(w(nu))]);
grid on
```

12.3.6 基于 ANSYS 的二支点转子系统动力学分析案例

1. 问题描述

利用 ANSYS 软件，对 12.3.3 节中二支点转子系统进行模态分析，并绘制坎贝尔图。

2. 二支点转子系统有限元建模

利用上述转子、转盘、支承的有限元建模方法，建立如图 12-35 所示的转子系统的有限元模型。

转轴分为 10 段，轴段参数如表 12-15 示。系统共有 11 个节点，每个节点有 6 个自由度，共 66 个自由度。转子系统的广义坐标为 1×66 维的位移矢量。系统两端的支承轴承分别位于 2#、11#节点处，转盘位于转轴中央的 4#节点和 8#节点处。组集得到的系统质量矩阵 $\boldsymbol{M}$ 为 66×66 阶稀疏对称矩阵，陀螺力矩矩阵 $\boldsymbol{G}$、阻尼矩阵 $\boldsymbol{C}$ 和刚度矩阵 $\boldsymbol{K}$ 均为 66×66 阶对称矩阵。

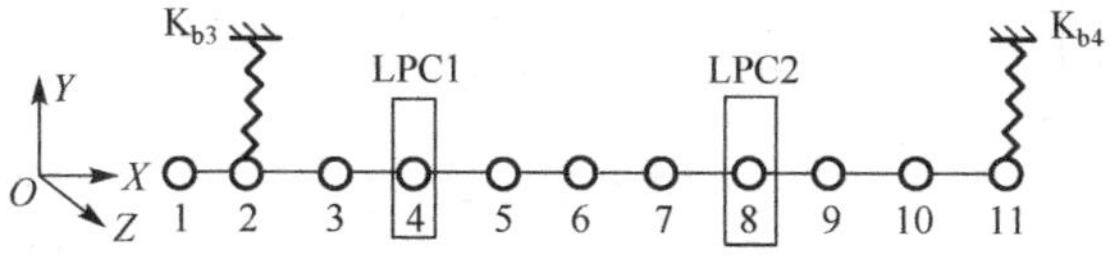

图 12-35 二支点转子系统有限元模型

表 12-15 轴段参数表

轴段编号	外径/mm	内径/mm	长度/mm
1	250	230	30
2	250	230	120
3	250	230	120
4	250	230	170
5	250	230	170

续表

轴段编号	外径/mm	内径/mm	长度/mm
6	250	230	170
7	250	230	170
8	250	230	100
9	250	230	100
10	250	230	80

3. 计算结果

计算得到的二支点转子系统固有频率和振型如图 12-36 所示。

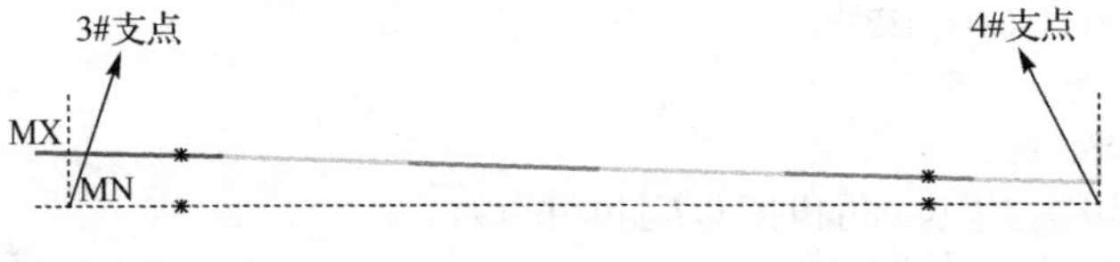

(a) 转子一阶振型(99.5Hz)

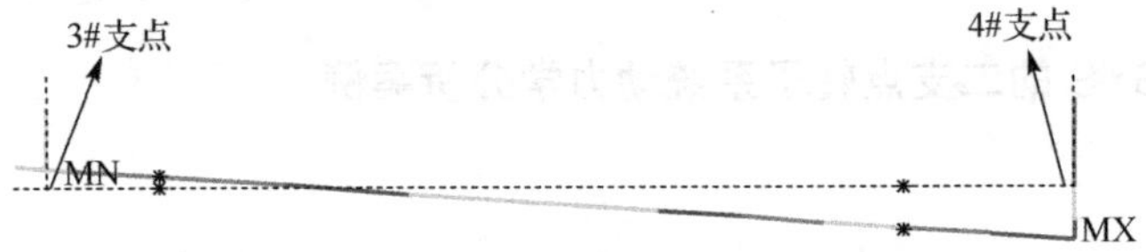

(b) 转子二阶振型(162.3Hz)

图 12-36　转子系统的振型图有限元计算结果

二支点转子系统坎贝尔图如图 12-37 所示。表 12-16 为二支点转子系统的临界转速有限元计算结果。

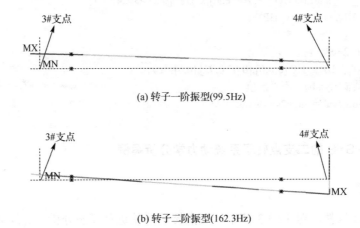

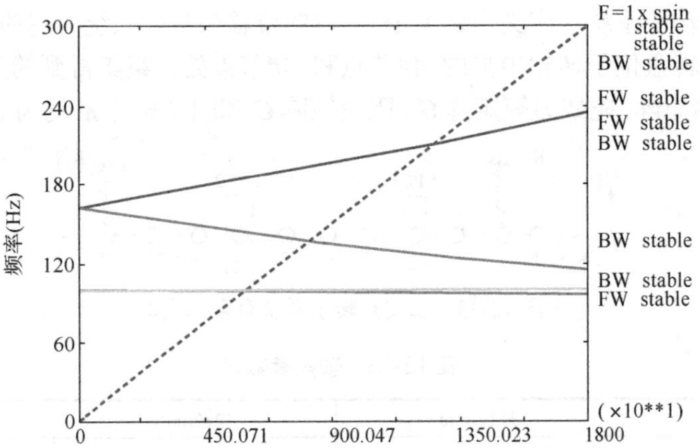

图 12-37　二支点转子系统坎贝尔图

表 12-16　二支点转子系统的临界转速有限元计算结果

进动方向	一阶临界转速/(r/min)	二阶临界转速/(r/min)
正进动	5987	12694
反进动	5946	8224

4. ANSYS 程序

```
FINISH
/CLEAR
*SET,pi,acos(-1)            !π 值
*SET,spin,500*2*pi          !转换成角速度单位 rad/s
/PREP7
/TRIAD,OFF
/REPLOT
ET,1,BEAM188
ET,2,combin14
ET,3,MASS21
m1=143.9                    !叶盘惯性参数
J1=3.58
I1=7.14
m2=103.4                    !叶盘惯性参数
J2=3.88
I2=7.60
R,1,m1,m1,m1,J1,J1,I1
R,2,m2,m2,m2,J2,J2,I2
R,3,5e7
R,4,5e7
MP,EX,1,8e12
MP,DENS,1,100
MP,PRXY,1,0.3
keyopt,1,3,3
sectype,1,BEAM,CTUBE,shaft，0
secoffset,CENT
SECDATA,0.115,0.125 ,10

N,1,0,0,-0.030
N,2,0,0,0
N,3,0,0,0.12
N,4,0,0,0.24
N,5,0,0,0.41
N,6,0,0,0.58
N,7,0,0,0.75
N,8,0,0,0.92
N,9,0,0,1.02
N,10,0,0,1.12
N,11,0,0,1.2
type,1
```

```
MAT,1
SECNUM,1
E,1,2
E,2,3
E,3,4
E,4,5
E,5,6
E,6,7
E,7,8
E,8,9
E,9,10
E,10,11


!定义质量单元
type,3
REAL,1
E,4
type,3
REAL,2
E,8
N,100,0.1,0,0
N,101,0,0.1,0
N,102,0.1,0,1.2
N,103,0,0.1,1.2
!定义弹簧单元
ALLSEL,ALL
type,2
REAL,3
E,100,2
ALLSEL,ALL
type,2
REAL,3
E,101,2
ALLSEL,ALL
type,2
REAL,4
E,102,11
ALLSEL,ALL
type,2
REAL,4
E,103,11

!施加约束
NSEL,S,,,100,103
D,ALL,ALL
ALLSEL,ALL
```

```
D,2,uz
D,2,rotz
ALLSEL,ALL
D,11,uz
D,11,rotz
EPLOT
ALLSEL,ALL
Finish

nbstep=9
dspin=spin/(nbstep-1)
*dim,spins,,nbstep              !定义数组 spins[5]    5 行 1 列
*vfill,spins,ramp,0,dspin       !填充数组，从 0，dspin,2*dispin….
spins(1)=0.1                    !非 0 值有利于 Campbell 图排序


/solu
antype,modal
modopt,qrdamp,30,,,on
mxpand,30
coriolis,on,,,on
*DO,iloop,1,nbstep
Omega,,,spins(iloop)
ALLSEL,ALL
Solve                           !求解
*ENDDO
Fini

!*****Campbell 图*******************************
/post1                          !进入通用后处理器
/output,data1,txt,              !将窗口内容输出到，工作目录 data.txt 文本
/yrange,0,300                   !调整 y 轴显示范围
/xrange,0,18000                 !调整 y 轴显示范围
Plcamp,on,1，RPM,0              !画 Campbell 图
prcamp,on,1                     !输出画 Campbell 图的数据
finish
```

12.3.7 基于 ADAMS 的转子系统动力学分析算例

1. 问题描述

利用 AdamsANSYS 软件，对 12.3.3 节中二支点转子系统进行模态分析。

2. 分析步骤

1)模型导入

首先模型的导入，选择用 SolidWorks 导出.x_t 格式文件导入 ADAMS 中，在 ADAMS 中新建一个文件，然后单击 import，选择.x_t 格式文件，打开转子系统三维模型。操作流程如图 12-38 所示。

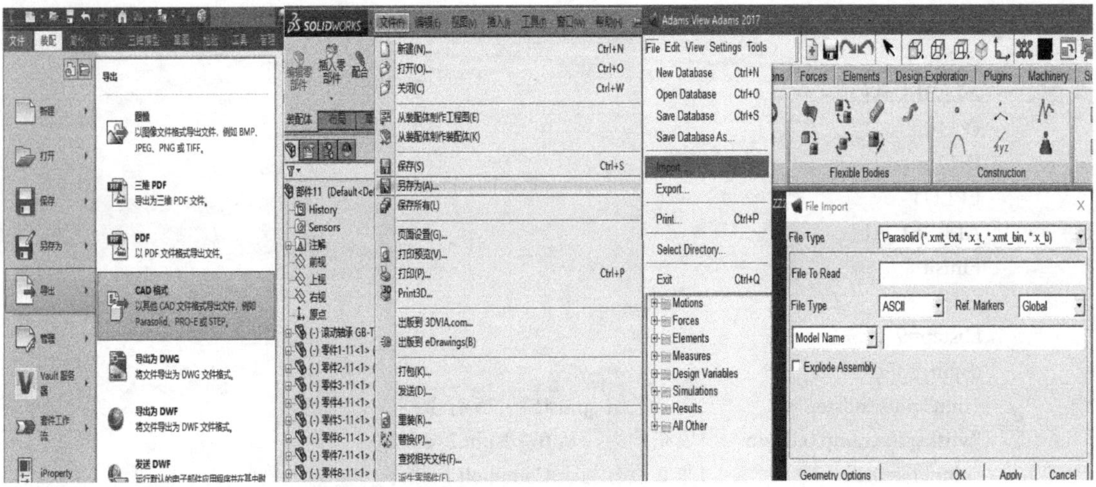

图 12-38　转子系统三维模型导入 ADAMS 流程图

2) 添加零件约束

为了保持转子系统的准确性，对各零件添加相应约束。各盘与轴之间添加固定约束，轴承通过弹簧单元进行模拟，如图 12-39 所示。

3) 添加驱动

ADAMS/View 中的驱动是以时间为函数的运动约束，以满足构件的运动，如图 12-40 所示。这里，对转轴添加旋转驱动。

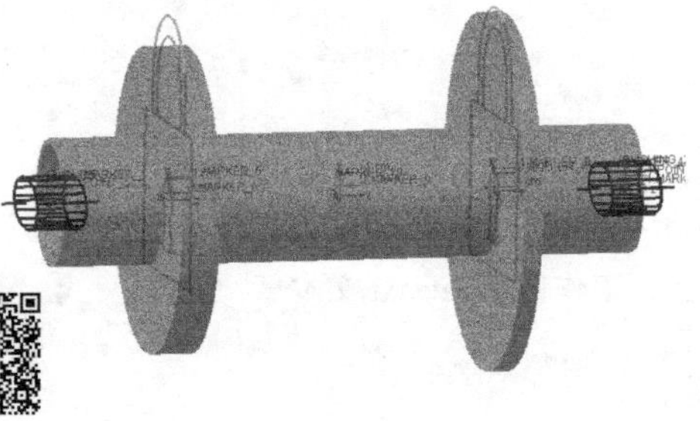

彩图 12-39　　图 12-39　各零件约束添加图

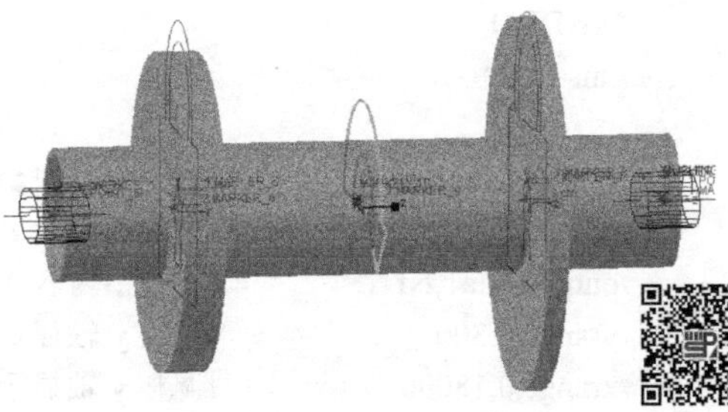

图 12-40　转轴驱动添加图　　彩图 12-40

4) 模态计算

ADAMS/Vibration 模块是 ADAMS 针对 ADAMS/Aircraft、ADAMS/Car、ADAMS/View 等模块设计出来的频域分析功能插件，是对物体进行频域分析的主要工具。通过该模块可以在 ADAMS 中对物体进行时域和频域的自由振动以及受迫振动的线性分析，处理后可以利用后处理模块 ADAMS/Postprocessor 对结果进行深入分析，从而得到物体的固有频率和其他特性。

3. 计算结果

利用 ADAMS/Vibration 模块对转子进行模态分析，得到前 2 阶振型及频率如图 12-41 所示。

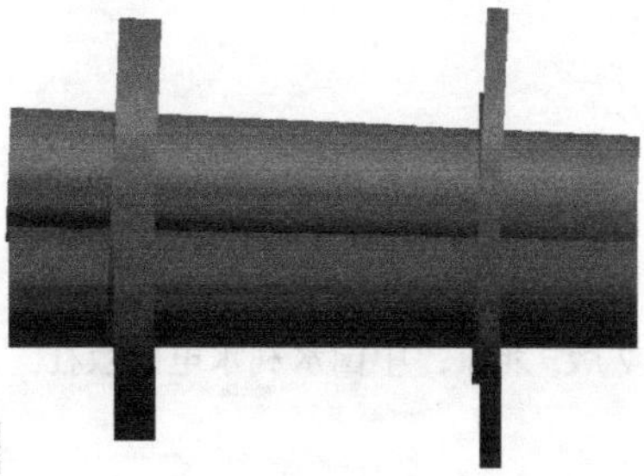

(a) 第 1 阶振型(99.4Hz)

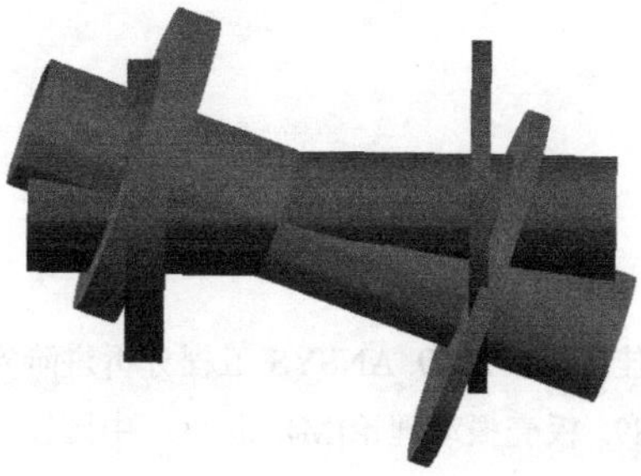

(b) 第 2 阶振型(160.3Hz)

彩图 12-41(a)

图 12-41 转子系统的 ADAMS 仿真计算结果

彩图 12-41(b)

参 考 文 献

包陈，王呼佳，等，2009. ANSYS 工程分析进阶实例[M]. 2 版. 北京：中国水利水电出版社.

曹志远，1989. 板壳振动理论[M]. 北京：中国铁道出版社.

陈德民，槐创锋，张克涛，等，2010. 精通 ADAMS2005/2007 虚拟样机技术[M]. 北京：化学工业出版社.

宫鹏涵，仁喜，康士廷，等，2016. ADAMS 2014 虚拟样机从入门到精通[M]. 北京：机械工业出版社.

郭卫东，李守忠，马璐，等，2015. ADAMS 2013 应用实例精解教程[M]. 北京：机械工业出版社.

韩清凯，罗忠，2010. 机械系统多体动力学分析、控制与仿真[M]. 北京：科学出版社.

韩清凯，孙伟，王伯平，等，2013. 机械结构有限单元法基础[M]. 北京：科学出版社.

韩清凯，翟敬宇，张昊，2016. 机械动力学与振动基础及其数值仿真方法[M]. 武汉：武汉理工大学出版社.

韩清凯，张昊，刘金国，等，2013. 机械臂系统的控制同步理论与应用[M]. 北京：国防工业出版社.

赖宇阳，2012. Isight 参数优化理论与实例详解[M]. 北京：北京航空航天大学出版社.

李卫民，杨红义，王宏祥，等，2007. ANSYS 工程结构实用案例分析[M]. 北京：化学工业出版社.

凌道盛，徐兴，2004. 非线性有限元及程序[M]. 杭州：浙江工业大学出版社.

龙驭球，1991. 有限元法概论[M]. 2 版. 北京：高等教育出版社.

宋叶志，贾东永，2009. MATLAB 数值分析与应用[M]. 北京：机械工业出版社.

宋志安，于涛，李红艳，等，2010. 机械结构有限元分析：ANSYS 与 ANSYS Workbench 工程应用[M]. 北京：国防工业出版社.

王小玉，2012. MATLAB 计算方法[M]. 北京：清华大学出版社.

王新敏，李义强，许宏伟，2001. ANSYS 结构分析单元与应用[M]. 北京：人民交通出版社.

闻邦椿，2011. 机械振动学[M]. 北京：冶金工业出版社.

谢贻权，何福保，1981. 弹性和塑性力学中的有限元法[M]. 北京：机械工业出版社.

徐芝纶，1979. 弹性力学[M]. 北京：人民教育出版社.

张朝晖，2008. ANSYS 11.0 结构分析工程应用实例解析[M]. 2 版. 北京：机械工业出版社.

张德丰，2012. MATLAB 实用数值分析[M]. 北京：清华大学出版社.

张洪武，关振群，李云鹏，等，2004. 有限元分析与 CAE 技术基础[M]. 北京：清华大学出版社.

张文治，韩清凯，刘亚忠，等，2006. 机械结构有限元分析[M]. 哈尔滨：哈尔滨工业大学出版社.

钟一谔，何衍宗，王正，等，1987. 转子动力学[M]. 北京：清华大学出版社.

Chopra A K，2012. Dynamics of Structures[M]. Boston：Prentice Hall.

Heyman J，1982. Elements of Stress Analysis[M]. Cambridge：Cambridge University Press.

Huebner K H，Thornton E A，1982. The Finite Element Method for Engineers[M]. New York：John Wiley & Sons.

Kattan P I，2004. MATLAB 有限元分析与应用[M]. 韩来彬，译. 北京：清华大学出版社.

Rao S S，1982. Finite Element in Engineering[M]. Oxford：Pergamon Press.